Optimierung

Markos Papageorgiou · Marion Leibold ·
Martin Buss

Optimierung

Statische, dynamische, stochastische Verfahren für die Anwendung

4., korrigierte Auflage

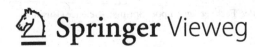 Springer Vieweg

Markos Papageorgiou
Technical University of Crete
Chania, Griechenland

Martin Buss
TU München
München, Deutschland

Marion Leibold
TU München
München, Deutschland

ISBN 978-3-662-46935-4
DOI 10.1007/978-3-662-46936-1

ISBN 978-3-662-46936-1 (eBook)

Die Deutsche Nationalbibliothek verzeichnet diese Publikation in der Deutschen Nationalbibliografie; detaillierte bibliografische Daten sind im Internet über http://dnb.d-nb.de abrufbar.

Springer Vieweg

Gedruckt auf säurefreiem und chlorfrei gebleichtem Papier.

Springer-Verlag GmbH Berlin Heidelberg ist Teil der Fachverlagsgruppe Springer Science+Business Media
(www.springer.com)

Für unsere Familien.

Vorwort zur vierten Auflage

In der vorliegenden vierten Auflage haben wir einige kleinere Korrekturen vorgenommen. Wir danken unseren aufmerksamen Lesern und Studenten für ihre hilfreichen Hinweise.

Mai 2015

Markos Papageorgiou
Marion Leibold
Martin Buss

Vorwort zur dritten Auflage

Nachdem die zweite Auflage des Buches bereits einige Jahre vergriffen war, freuen wir uns, dass wir beim Springer Verlag die Möglichkeit bekommen haben, eine dritte, erweiterte Auflage zu publizieren. Für die dritte Auflage wurde das Buch inhaltlich intensiv überarbeitet und an den Stand der Technik angepasst. Als zusätzliche Autoren wurden dafür Prof. Martin Buss und Dr. Marion Leibold gewonnen, die im Bereich Optimierung und Regelung forschen und lehren. Dr. Leibold liest derzeit die Vorlesung „Optimierungsverfahren in der Automatisierungstechnik" an der TU München, die von Prof. Schmidt in den siebziger Jahren gestartet und, unter anderem von Prof. Papageorgiou und Prof. Buss, fortgeführt und weiterentwickelt wurde. Größere Änderungen in der dritten Auflage betreffen:

- Überarbeitung des Abschn. 4.2 über numerische Verfahren zur Minimumsuche von Funktionen mehrerer Variablen ohne Nebenbedingungen in Kap. 4. Ergänzung um das Armijo-Verfahren zur Liniensuche in Abschn. 4.2.2.2 und dem Trust-Region-Verfahren in Abschn. 4.2.6.
- Überarbeitung des Abschn. 5.4 über numerische Verfahren zur Minimumsuche von Funktionen mehrerer Variablen mit Nebenbedingungen in Kap. 5. Ergänzung um das Innere-Punkte-Verfahren in Abschn. 5.4.5.
- Ergänzung von Kap. 6 über kleinste Quadrate um nichtlineare kleinste Quadrate in Abschn. 6.3.
- Ergänzung von Kap. 10 über optimale Steuerung um optimale Steuerung für hybride Systeme in Abschn. 10.6.
- Überarbeitung von Kap. 15 über numerische Verfahren für dynamische Optimierungsprobleme. Ergänzung um die numerische Behandlung von Anfangswertproblemen in Abschn. 15.2, um indirekte Schießverfahren in Abschn. 15.3.1 und um das direkte Mehrfachschießverfahren in Abschn. 15.4.4.
- Überarbeitung von Kap. 16 über stochastische dynamische Programmierung. Ergänzung um eine Einführung in approximate dynamic programming in Abschn. 16.4.

- Ergänzung von Kap. 17 über optimale Zustandsschätzung um das unscented Kalman-Filter in Abschn. 17.4.3.
- Korrekturen von Druck- und weiteren kleinen Fehlern.
- Schrifttum jüngeren Datums.

Zudem wurden die Abbildungen weitestgehend neu erstellt. Wir danken hier Frau Brigitta Renner für ihre Hilfe. Auch bedanken wir uns bei Muriel Lang und Frederik Deroo für das intensive Korrekturlesen. Nicht zuletzt gilt unser Dank dem Lektorat des Springer Verlags, namentlich Frau Hestermann-Beyerle und Frau Kollmar-Thoni, für die Unterstützung dieser Neuauflage.

Juli 2012   Markos Papageorgiou
                                                                       Marion Leibold
                                                                       Martin Buss

Aus dem Vorwort zur ersten Auflage

Die Optimierungstheorie und ihre Anwendungen bilden ein faszinierendes, seit einigen Jahrzehnten in ständiger Entwicklung befindliches, multidisziplinäres Wissensgebiet. Die intellektuelle Befriedigung bei der Beschäftigung mit der Optimierungstheorie entspringt nicht nur der Tatsache, dass sich mit relativ wenigen theoretischen Ergebnissen und Methoden eine breite Vielfalt praktischer Probleme in einheitlicher Weise bewältigen lassen. Vielmehr wird dem Anwender von Optimierungsverfahren die Möglichkeit geboten, effiziente, systematische, theoretisch abgesicherte Lösungen für seine praktisch bedeutungsvollen Problemstellungen zu entwickeln, die auf der Grundlage seines Expertenwissens allein in vielen Fällen unerreichbar wären. Fügt man hinzu, dass die mittels der Optimierungsverfahren erreichbaren Lösungen unter Nutzung der rasanten Entwicklungen in der Rechnertechnik in sehr kurzer Zeit bereitgestellt werden können, so wird die Bedeutung, die diese Verfahren für einige Anwendungsgebiete erlangt haben, verständlich.

Das Buch präsentiert eine breite Übersicht über statische, dynamische und stochastische Verfahren der Optimierungstheorie, die für die praktische Anwendung ausgereift sind. Diese Übersicht umfasst sowohl klassische (aber nach wie vor bedeutende) Optimierungsverfahren, die sich in der Anwendung bereits vielfach bewährt haben, als auch jüngere Entwicklungen, die für zukünftige Anwendungen besonders vielversprechend erscheinen. Für den interessierten Leser werden bei einem Großteil der Verfahren mathematische Ableitungen und Hintergrundinformationen in verständlicher Form mitgeliefert, die im Zusammenhang mit der weiterführenden, spezialisierten Literatur als Einführung für ein vertieftes Studium der entsprechenden Sachverhalte dienen können.

Bei der Darstellungsform wurde der Versuch unternommen, die vorgestellten Verfahrensweisen aus ihrem für die Mathematik zwar wichtigen, für die praktische Anwendung aber eher störenden formalen Ballast ohne wesentliche inhaltliche Einbußen nach Möglichkeit zu befreien, um sie einem breiten Anwenderkreis zugänglicher zu machen. Die Lektüre des Buches setzt mathematische Grundkenntnisse voraus. Einige oft verwendete mathematische Grundlagen sowie spezielle Grundkenntnisse, die für das Verständnis einzelner Kapitel förderlich sind, werden in drei Abschnitten am Ende des Buches zusammengestellt.

Das Buch wendet sich an Studenten der höheren Semester sowie an Wissenschaftler, in erster Linie Ingenieure und Naturwissenschaftler, in Forschung und Praxis, die Werkzeuge der Optimierungstheorie in ihrem jeweiligen Fachgebiet einsetzen. Das Buch eignet sich aber auch als Grundlagentext für mathematisch orientierte Studenten und Fachleute aus nichttechnisch-mathematischen Disziplinen sowie als anwendungsnahe Einführung für Studenten der Mathematik und Informatik. Da die Bedeutung der Optimierungstheorie für die Steuerungs- und Regelungstechnik besonders hervorzuheben ist, wird das Studium der einschlägigen Verfahren als ein Grundpfeiler einer soliden Ingenieursausbildung in dieser Fachrichtung angesehen. Die eingehende Auseinandersetzung mit den Verfahrensweisen der Optimierungstheorie wird daher den Studenten und jungen Ingenieuren der Steuerungs-, Regelungs- und Automatisierungstechnik besonders empfohlen.

Der Text beinhaltet mehrere Beispiele, die jedem Abschnitt und Unterabschnitt beigefügt sind, und die in erster Linie der Veranschaulichung der entsprechenden Verfahrensweisen dienen. Darüber hinaus ist in einigen Kapiteln auch eine beschränkte Anzahl anspruchsvoller Anwendungen mit praktischer Relevanz enthalten.

Innerhalb der einzelnen Kapitel gibt es Textteile, zum Teil ganze Abschnitte, die in Kleinschrift gedruckt sind. Diese kleingedruckten Textteile umfassen:

- Alle Beweise und Hintergrundinformationen zu entsprechenden theoretischen Resultaten.
- Anmerkungen mit beschränkter Bedeutung für den an den Grundlagen interessierten Leser.

Durch diese Textunterscheidung wird dem eiligen Leser die Möglichkeit geboten, einzelne Textteile zu überspringen, ohne hierbei den Leitfaden der zugrundeliegenden Argumentation zu verlieren.

Ein Teil des Buches entspricht einer Vorlesung, die ich an der Technischen Universität München seit einigen Jahren halte. Eine frühere Version dieser Vorlesung wurde von Professor Dr.-Ing. Günther Schmidt schon seit Anfang der siebziger Jahre an der Technischen Universität München gelesen. Aus dieser Vorlesung, die ich bereits während meiner Studienzeit belegte, sind viele inhaltliche und strukturelle Elemente im Buch wiederzufinden. Meinem Lehrer Professor G. Schmidt gilt mein besonderer Dank und meine Anerkennung nicht nur für die logistische Unterstützung bei der Herstellung des Manuskripts, sondern auch und vor allem für meine ersten Kenntnisse auf dem Gebiet der Optimierung, die ich bei ihm erworben habe.

Bei der Herstellung des Buchmanuskripts haben eine Reihe von Mitarbeitern und Studenten wertvolle Beiträge geleistet. Meinen Mitarbeitern Dipl.-Ing. J.C. Moreno-Baños und Dipl.-Ing. A. Meßmer danke ich für vielfältige Unterstützung und konstruktive Anmerkungen.

Juni 1991   Markos Papageorgiou

Inhaltsverzeichnis

1   **Einleitung** 1
   1.1   Struktur und Einsatz von Optimierungsmethoden 2
   1.2   Einsatz der Optimierung in der Steuerungs- und Regelungstechnik .. 6
   Literatur 7

Teil I   Statische Optimierung

2   **Allgemeine Problemstellung der statischen Optimierung** 11
   2.1   Übungsaufgaben 18
   Literatur 18

3   **Minimierung einer Funktion einer Variablen** 21
   3.1   Notwendige Bedingungen für ein lokales Minimum 21
   3.2   Numerische Verfahren 24
      3.2.1   Eingrenzungsphase 25
      3.2.2   Interpolations-Verfahren 26
      3.2.3   Goldener-Schnitt-Verfahren 30
   3.3   Übungsaufgaben 34

4   **Minimierung einer Funktion mehrerer Variablen ohne Nebenbedingungen** 37
   4.1   Notwendige Bedingungen für ein lokales Minimum 37
   4.2   Numerische Verfahren 40
      4.2.1   Algorithmische Struktur 41
      4.2.2   Liniensuche 43
      4.2.3   Gradientenverfahren 45
      4.2.4   Newton-Verfahren 46
      4.2.5   Konjugierte-Gradienten-Verfahren 51
      4.2.6   Trust-Region-Verfahren 52
      4.2.7   Skalierung 54

4.2.8   Ableitungsfreie Verfahren   56

4.2.9   Stochastische Verfahren   60

4.3   Beispiel: Optimale Festlegung von Reglerparametern   63

4.4   Übungsaufgaben   67

Literatur   71

5   **Minimierung einer Funktion mehrerer Variablen unter Nebenbedingungen**   73

5.1   Minimierung unter Gleichungsnebenbedingungen   73

5.1.1   Notwendige Bedingungen für ein lokales Minimum   74

5.1.2   Reduzierter Gradient   80

5.1.3   Beispiel: Optimale statische Prozesssteuerung   83

5.2   Minimierung unter Ungleichungsnebenbedingungen   84

5.2.1   Notwendige Bedingungen für ein lokales Minimum   86

5.2.2   Sattelpunkt-Bedingung und Dualität   94

5.2.3   Beispiel: Optimale Festlegung von Reglerparametern
unter Beschränkungen   96

5.3   Konvexe Probleme 102

5.4   Numerische Verfahren 103

5.4.1   Penalty-Verfahren 103

5.4.2   Verfahren der Multiplikatoren-Penalty-Funktion 107

5.4.3   QP-Verfahren 111

5.4.4   SQP-Verfahren 113

5.4.5   Innere-Punkte-Verfahren 117

5.5   Übungsaufgaben 120

Literatur 130

6   **Methode der kleinsten Quadrate** 133

6.1   Lineare kleinste Quadrate 133

6.1.1   Kleinste Quadrate unter Gleichungsnebenbedingungen 136

6.1.2   Gewichtete kleinste Quadrate 137

6.1.3   Rekursive kleinste Quadrate 138

6.1.4   Adaptive kleinste Quadrate 141

6.2   Probleme der Parameterschätzung 144

6.2.1   Parameterschätzung statischer Systeme 144

6.2.2   Parameterschätzung linearer dynamischer Systeme 146

6.3   Nichtlineare kleinste Quadrate 147

6.4   Übungsaufgaben 148

Literatur 151

7   Lineare Programmierung 153
    7.1   Simplex-Methode 155
    7.2   Initialisierungsphase 160
    7.3   Beispiele 161
          7.3.1   Netzplantechnik 162
          7.3.2   Transportproblem 163
          7.3.3   Maximalstromproblem 166
    7.4   Übungsaufgaben 167
    Literatur 170

8   Weitere Problemstellungen 173
    8.1   Minimierung von Vektorfunktionen 173
    8.2   Kombinatorische Optimierung 177
    8.3   Spieltheorie 180
    8.4   Übungsaufgaben 181
    Literatur 182

Teil II   Dynamische Optimierung

9   Variationsrechnung zur Minimierung von Funktionalen 185
    9.1   Notwendige Bedingungen für ein lokales Minimum 186
          9.1.1   Feste Endzeit 187
          9.1.2   Freie Endzeit 191
          9.1.3   Allgemeine Endbedingung 192
    9.2   Legendresche Bedingung 195
    9.3   Starke lokale Minima 195
    9.4   Weitere Nebenbedingungen 199
          9.4.1   Gleichungsnebenbedingungen 199
          9.4.2   Ungleichungsnebenbedingungen 203
    9.5   Übungsaufgaben 204
    Literatur 206

10   Optimale Steuerung dynamischer Systeme 207
    10.1   Notwendige Bedingungen für ein lokales Minimum 208
    10.2   Behandlung der Randbedingungen 211
          10.2.1 Feste Endzeit 211
          10.2.2 Freie Endzeit 213
    10.3   Optimale Steuerung und optimale Regelung 214
    10.4   Beispiele 216

10.5   Weitere Nebenbedingungen 223
        10.5.1   Integrationsnebenbedingungen 223
        10.5.2   Gleichungsnebenbedingungen an internen Randpunkten . . . 225
        10.5.3   Diskontinuierliche Zustandsgleichungen 228
10.6   Hybride dynamische Systeme 231
10.7   Übungsaufgaben 233
Literatur 239

11   Minimum-Prinzip 241
11.1   Notwendige Bedingungen für ein lokales Minimum 242
11.2   Bedingungen an die Hamilton-Funktion 253
11.3   Weitere Nebenbedingungen 254
        11.3.1   Gleichungsnebenbedingungen 254
        11.3.2   Ungleichungsnebenbedingungen der Zustandsgrößen 257
11.4   Singuläre optimale Steuerung 261
11.5   Beispiele 266
        11.5.1   Zeitoptimale Steuerung 266
        11.5.2   Verbrauchsoptimale Steuerung 275
        11.5.3   Periodische optimale Steuerung 280
11.6   Übungsaufgaben 282
Literatur 293

12   Lineare-Quadratische (LQ-)Optimierung dynamischer Systeme 295
12.1   Zeitvarianter Fall 296
12.2   Zeitinvarianter Fall 302
12.3   Rechnergestützter Entwurf 307
12.4   Robustheit zeitinvarianter LQ-Regler 309
12.5   LQ-Regler mit vorgeschriebener minimaler Stabilitätsreserve 310
12.6   Regelung der Ausgangsgrößen 313
12.7   LQ-Regelung mit Störgrößenreduktion 317
        12.7.1   Bekannte Störgrößen 317
        12.7.2   Messbare Störgrößen 319
        12.7.3   Bekanntes Störgrößenmodell 322
12.8   Optimale Folgeregelung 323
        12.8.1   Zeitvarianter Fall 323
        12.8.2   Zeitinvarianter Fall 326
12.9   LQ-Regelung mit Integralrückführung 328
        12.9.1   Stationäre Genauigkeit von LQ-Reglern 328
        12.9.2   LQI-Regler 328
        12.9.3   LQI-Regelung von Mehrgrößensystemen 331

12.10 Optimale Regelung linearisierter Mehrgrößensysteme 336
12.11 Übungsaufgaben 338
Literatur 342

13   Optimale Steuerung zeitdiskreter dynamischer Systeme 343
13.1   Notwendige Bedingungen für ein lokales Minimum 344
13.2   Zeitdiskrete LQ-Optimierung 348
       13.2.1 Zeitvarianter Fall 348
       13.2.2 Zeitinvarianter Fall 350
13.3   Übungsaufgaben 353
Literatur 355

14   Dynamische Programmierung 357
14.1   Bellmansches Optimalitätsprinzip 357
14.2   Kombinatorische Probleme 359
14.3   Zeitdiskrete Probleme 362
14.4   Diskrete dynamische Programmierung 367
14.5   Zeitkontinuierliche Probleme 374
14.6   Übungsaufgaben 380
Literatur 386

15   Numerische Verfahren für dynamische Optimierungsprobleme 387
15.1   Zeitdiskrete Probleme 388
15.2   Anfangswertprobleme 391
15.3   Indirekte Verfahren 393
       15.3.1 Indirekte Schießverfahren 395
       15.3.2 Indirekte Gradienten-Verfahren 398
       15.3.3 Quasilinearisierung 407
15.4   Direkte Verfahren 411
       15.4.1 Parameteroptimierung 412
       15.4.2 Direkte Einfachschießverfahren 417
       15.4.3 Direkte Kollokationsverfahren 419
       15.4.4 Direkte Mehrfachschießverfahren 423
15.5   Übungsaufgaben 425
Literatur 427

Teil III   Stochastische optimale Regler und Filter

16   Stochastische dynamische Programmierung 433
16.1   Zeitdiskrete stochastische dynamische Programmierung 440
16.2   Diskrete stochastische dynamische Programmierung 443
16.3   Zeitinvarianter Fall 446

16.4   Approximate dynamic Programming 450
16.5   Stochastische LQ-Optimierung 456
16.6   Stochastische Probleme mit unvollständiger Information 459
16.7   Übungsaufgaben 463
Literatur 465

17   Optimale Zustandsschätzung dynamischer Systeme 467
17.1   Zustandsschätzung zeitkontinuierlicher linearer Systeme 467
        17.1.1   Kalman-Bucy-Filter 469
        17.1.2   Zeitinvarianter Fall 473
        17.1.3   Korrelierte Störungen 476
17.2   Zustandsschätzung zeitdiskreter linearer Systeme 477
        17.2.1   Kalman-Filter 478
        17.2.2   Zeitinvarianter Fall 483
        17.2.3   Korrelierte Störungen 484
17.3   Zustandsschätzung statischer Systeme 484
        17.3.1   Konstanter Zustand 485
        17.3.2   Adaptive Schätzung 486
17.4   Zustandsschätzung nichtlinearer Systeme 487
        17.4.1   Erweitertes Kalman-Filter 488
        17.4.2   Zustands- und Parameterschätzung 489
        17.4.3   Unscented Kalman-Filter 491
17.5   Übungsaufgaben 495
Literatur 498

18   Lineare quadratische Gaußsche (LQG-)Optimierung 499
18.1   Zeitkontinuierliche Probleme 499
18.2   Zeitdiskrete Probleme 506
18.3   Übungsaufgaben 511
Literatur 511

19   Mathematische Grundlagen 513
19.1   Vektoren und Matrizen 513
        19.1.1   Notation 513
        19.1.2   Definitionen 514
        19.1.3   Differentiationsregeln 515
        19.1.4   Quadratische Formen 516
        19.1.5   Transponieren und Invertieren von Matrizen 518
        19.1.6   Übungsaufgaben 518
19.2   Mathematische Systemdarstellung 519
        19.2.1   Dynamische Systeme 519
        19.2.2   Statische Systeme 524

19.3   Grundbegriffe der Wahrscheinlichkeitstheorie 524

      19.3.1   Wahrscheinlichkeit 524

      19.3.2   Zufallsvariablen 525

      19.3.3   Bedingte Wahrscheinlichkeit 528

      19.3.4   Stochastische Prozesse 529

Sachverzeichnis 531

Einleitung

Die menschliche Gesellschaft ist eine Gesellschaft der Entscheidungen. Ob im individuellen, wirtschaftlichen, staatlichen oder gesamtmenschlichen Bereich, entscheidungsfreudige Verantwortungsträger sind besonders gefragt. Philosophisch betrachtet, könnte man die menschliche Entscheidungsfähigkeit zu einem Ausdruck des menschlichen freien Willens erheben. Dieser Gedanke wird freilich durch die Tatsache relativiert, dass auch im technischen Bereich geeignete Einrichtungen – heutzutage meistens Rechner – gewichtige Entscheidungen treffen, so z. B. wie eine Hausgemeinschaft beheizt werden soll, oder wie die Straßenampeln einer Stadt geschaltet werden sollen, oder ob ein Kernkraftwerk wegen einer Irregularität ausgeschaltet werden sollte oder nicht.

Eine Entscheidungsfindung impliziert das Vorhandensein eines Entscheidungsspielraums. Da letzterer üblicherweise nicht unbegrenzt ist, gilt es, Entscheidungs*restriktionen* zu beachten. Eine bestimmte Entscheidung führt zu entsprechenden Veränderungen der Entscheidungsumgebung. Um unterschiedliche Entscheidungen bezüglich ihrer Effektivität vergleichen zu können, muss eine spezifische *Zielsetzung* festgelegt werden. Eine *optimale* Entscheidungsfindung kann somit wie folgt beschrieben werden:

Unter Berücksichtigung der Entscheidungsrestriktionen und -auswirkungen, bestimme diejenige Entscheidung, die die spezifizierte Zielsetzung am ehesten erfüllt.

Die mathematische Optimierungstheorie bietet die Hilfsmittel, die eine systematische Entscheidungsfindung ermöglichen. Voraussetzung für die Nutzung dieser Hilfsmittel ist die im mathematischen Sinne präzise Formulierung einer entsprechenden Aufgabenstellung, d. h. die Verfügbarkeit mathematischer Ausdrücke für die Restriktionen, die Auswirkungen und die Zielsetzung der gesuchten Entscheidungen. Das Spektrum der Anwendungsbereiche, die eine solche Formalisierung zulassen, erstreckt sich von der Betriebs- und Volkswirtschaft bis hin zu den Ingenieurwissenschaften und insbesondere der Steuerungs- und Regelungstechnik. Es ist interessant festzustellen, dass sich viele Naturgesetze und -phänomene, von der Form der Seifenblasen und der Planeten über die Ausbreitung des Lichtes bis hin zur allgemeinen Relativitätstheorie, als Lösungen entsprechender Optimierungsprobleme interpretiert werden können, was *Gottfried Wilhelm*

© Springer-Verlag Berlin Heidelberg 2015
M. Papageorgiou, M. Leibold, M. Buss, *Optimierung*, DOI 10.1007/978-3-662-46936-1_1

Leibniz zu der Überzeugung führte, dass unsere Welt als die beste aller möglichen Welten konstruiert sei. Sogar chaotische dynamische Systeme mögen als optimale Systeme im Sinne entsprechender, geeignet formulierter Problemstellungen interpretiert werden [1, 2].

Es liegt in der Natur einer mathematischen Teildisziplin, von ihren Anwendungsgebieten angetrieben und motiviert zu werden. Die Entwicklung des Methodenreichtums der Optimierungstheorie ist demnach teils Mathematikern, teils Ingenieuren und teils Wissenschaftlern anderer Disziplinen zu verdanken. Wie bei allen interdisziplinären Bereichen ist allerdings auch bei der Optimierungstheorie die Übertragung von Ergebnissen durch fachlinguistische Besonderheiten und unterschiedliche Blickwinkel erschwert.

Die Faszination der Optimierungstheorie entspringt aus ihrer allgemeinen Anwendbarkeit. Ist eine Klasse von Optimierungsproblemen erst einmal formalisiert und mit geeigneten Verfahren lösbar, so können die entsprechenden Algorithmen auf ein vielfältiges Spektrum von spezifischen Gebieten angewandt werden, die von der Nationalökonomie bis hin zur Steuerung einer maschinellen Anlage reichen können. Hierbei erweisen sich angewandte Optimierungsmethoden in vielen Fällen als Quellen künstlicher Intelligenz, sind sie doch imstande, bei komplexen, umfangreichen Problemstellungen Entscheidungen herauszuarbeiten, die die Entscheidungsfähigkeit menschlicher Experten übertreffen. In einigen Fällen ist die gelieferte optimale Entscheidung von den aus menschlicher Sicht üblichen so weit entfernt, dass sie erst einmal von den Anwendern bezüglich ihrer Zutrefflichkeit analysiert und verstanden werden muss. Bei solchen erfolgreichen Anwendungen darf wohl von einem Entscheidungs*subjekt* gesprochen werden, das im Rahmen einer definierten Aufgabenstellung fähig ist, seine Entwickler mit seinen Entscheidungen zu überraschen. Diesen Überraschungseffekt trifft man hingegen weit seltener bei dem Großteil der Expertensysteme, die nach Abarbeitung einer Reihe von „wenn ... dann ... sonst" Bedingungen bestenfalls nichts anderes empfehlen können, als das vom Entwickler Einprogrammierte.

1.1 Struktur und Einsatz von Optimierungsmethoden

Wie bei jeder mathematischen Aufgabe gilt es auch bei Optimierungsproblemen, insbesondere im Hinblick auf die vielfältigen Anwendungsmöglichkeiten, zwischen *Gegebenem* und *Gesuchtem* präzise zu trennen. Hierbei besteht das Gegebene aus den bekannten Restriktionen und Auswirkungen der Optimierungsentscheidungen. Das Gesuchte kann je nach Aufgabenstellung ein arithmetischer Wert oder eine Funktion oder eine binäre bzw. diskrete Entscheidung sein. Die zugrundeliegende Zielsetzung wird in der Regel durch eine zu minimierende oder zu maximierende skalare Maßzahl oder *Gütefunktion*[1] J ausgedrückt. Somit weist jede Optimierungsaufgabe folgende grundsätzliche Struktur auf:

---

[1] Die Verwendung des Begriffes *Güte*funktion impliziert eigentlich eine Maximierungsaufgabe, während die alternative Verwendung des Begriffes *Kosten*funktion streng genommen auf eine Minimierungsaufgabe hinweisen sollte. Trotzdem werden in der Literatur, und auch in diesem Buch, die Begriffe Güte- bzw. Kostenfunktion, ungeachtet einer angestrebten Maximierung bzw. Minimierung, meist als Synonyme verwendet, vgl. hierzu auch (2.12).

Abb. 1.1 Maximale Fläche
zwischen Seil und Strecke

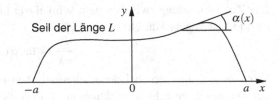

Bestimme das Gesuchte (W) unter Berücksichtigung des Gegebenen (G), so dass die Gütefunktion J (W,G) minimiert (oder maximiert) wird.

Beispiel 1.1 Unter den rechtwinkligen Dreiecken mit gegebener Länge l der Hypotenuse wird dasjenige gesucht, das maximale Fläche aufweist. In diesem Beispiel besteht das Gesuchte aus den Werten x_1, x_2 der zwei Katheten. Die Restriktionen lauten $x_1, x_2 \geq 0$; wegen der Rechtwinkligkeit des Dreiecks muss darüber hinaus $x_1^2 + x_2^2 = l^2$ gelten. Die zu maximierende Fläche berechnet sich zu $\frac{1}{2}x_1 x_2$. Somit kann folgendes Optimierungsproblem formuliert werden:

Unter Berücksichtigung von

$$x_1^2 + x_2^2 = l^2 \tag{1.1}$$
$$x_1 \geq 0, \ x_2 \geq 0 \tag{1.2}$$

bestimme $x_1, x_2 \in \mathbb{R}$, so dass

$$J = \frac{1}{2}x_1 x_2 \tag{1.3}$$

maximiert wird.   □

Beispiel 1.2 Auf einer Ebene soll ein Seil der Länge L die beiden Endpunkte einer Strecke mit der Länge $2a < L$ miteinander verbinden (s. Abb. 1.1). Gesucht wird die Kurvenform, die das Seil annehmen soll, damit die Fläche zwischen dem Seil und der Strecke maximal wird.

Um diese Aufgabe als mathematisches Optimierungsproblem auszudrücken, führen wir ein kartesisches Koordinatensystem (x, y) ein, wie in Abb. 1.1 abgebildet, und suchen eine Funktion $y(x)$ dergestalt, dass die Fläche

$$J = \int\limits_{-a}^{a} y(x)\,dx \tag{1.4}$$

maximiert wird. Die Randwerte der gesuchten Funktion $y(x)$ sind gegeben durch

$$y(-a) = y(a) = 0 \,. \tag{1.5}$$

Da die Seillänge L gegeben ist, und da für den Seilweg $dl = dx/\cos\alpha(x)$ gilt, ist folgende Beziehung zu berücksichtigen

$$l(a) = \int\limits_{-a}^{a} \frac{dx}{\cos\alpha(x)} = L \,. \tag{1.6}$$

Der Zusammenhang zwischen dem Winkel $\alpha(x)$ (s. Abb. 1.1) und der gesuchten Funktion $y(x)$ ist gegeben durch

$$\frac{dy}{dx} = \tan \alpha(x) \, . \tag{1.7}$$

Wir merken, dass sich bei der mathematischen Formulierung der Gegebenheiten neben der eigentlich gesuchten Funktion $y(x)$ auch die Funktion $\alpha(x)$ eingeschlichen hat, so dass die mathematische Problemstellung wie folgt lautet[2]:

Unter Berücksichtigung von (1.5), (1.6), (1.7) bestimme die Funktionen $y(x), \alpha(x)$, so dass J in (1.4) maximal wird.   □

Die Übersetzung einer erstmal verbal vorliegenden Aufgabe in eine mathematische Problemstellung, so dass alle Gegebenheiten tatsächlich berücksichtigt werden, ist in vielen Fällen eine nichttriviale Vorleistung. Insbesondere sind Fragen im Zusammenhang mit der *Existenz* oder der *Eindeutigkeit* der Lösung des Optimierungsproblems oftmals von der mathematischen Problemformulierung abhängig.

Der Anlass für die Formulierung einer Optimierungsaufgabe kann einerseits in der Natur der zu behandelnden Fragestellung liegen, wie bei den Beispielen 1.1 und 1.2, wo bereits in der verbalen Problembeschreibung eine maximale Fläche gesucht wurde. Andererseits kann aber eine Optimierungsaufgabe auch zur indirekten Lösung von Problemstellungen herangezogen werden, die ursprünglich keine Minimierung oder Maximierung forderten.

Beispiel 1.3 Gesucht wird die Lösung der transzendenten Gleichung

$$e^{-x} = x \, . \tag{1.8}$$

Diese Problemstellung kann wie folgt als mathematische Optimierungsaufgabe umformuliert werden: Bestimme $x \in \mathbb{R}$, so dass die Gütefunktion

$$J = (e^{-x} - x)^2 \tag{1.9}$$

minimiert wird. Da in (1.9) $J \geq 0$ gilt, ist man sicher, dass die Lösung x^* der Optimierungsaufgabe $J(x^*) = 0$ liefern wird, sofern eine Lösung von (1.8) existiert, und dass diese Lösung x^* gleichzeitig die gesuchte Lösung von (1.8) darstellt (s. auch Übung 3.2). □

---

[2] Iarbas, ein König der Antike, versprach, der aus Phönizien vertriebenen Prinzessin Dido das Land zu überlassen, das sie mit einer Rindshaut belegen würde. Dido schnitt die Rindshaut in feine Streifen und fand, dass sie die umrandete Landfläche maximieren könnte, wenn sie die verbundenen Streifen kreisförmig auflegen würde. Sodann konnte sie sogar ihre Lösung auf das Doppelte verbessern, indem sie die Streifen als Halbkreis an das geradlinige Ufer des Ortes legte, wodurch Karthago entstanden sein soll. Didos Problem entspricht der Problemstellung unseres Beispiels bei freiem a. In der Tat weisen viele befestigte Uferstädte, so z. B. das alte Köln, einen Halbkreis als Perimeter auf [3].

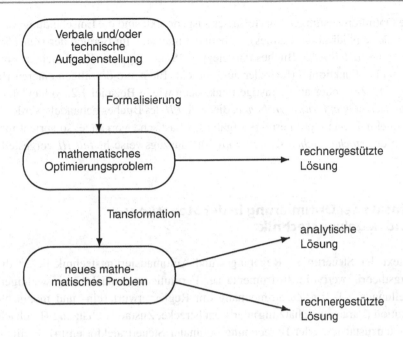

Abb. 1.2 Grundsätzliche Lösungsalternativen

Die Optimierungstheorie stellt die Hilfsmittel bereit, die *nach* der Formulierung eines Optimierungsproblems zu dessen Lösung eingesetzt werden können. Hingegen kann die Übersetzung einer verbal vorliegenden in eine mathematische Aufgabenstellung nicht formalisiert, sondern muss der Erfahrung und dem Anwendungsgeschick des Entwicklers überlassen werden. Freilich liegt in der Kenntnis der Optimierungsmethoden eine Grundvoraussetzung für ihren sinnvollen Einsatz. Im vorliegenden Buch wird im Rahmen mehr oder weniger ausführlich dargelegter Beispiele Wert darauf gelegt, neben der Vorstellung und Erläuterung der mathematischen Werkzeuge auch wichtige Anwendungsaspekte zu berücksichtigen.

Die grundsätzliche Vorgehensweise und die möglichen Alternativen zur Lösung einer Optimierungsaufgabe schildert Abb. 1.2. Die anfangs teils verbal, teils technisch spezifiert vorliegende Aufgabenstellung wird in ein mathematisch präzises Problem übersetzt. Je nach mathematischer Form dieses Problems können sich verschiedene Lösungsalternativen eröffnen. Bei einigen Aufgabenstellungen kann eine direkte – meist rechnergestützte – Lösung angestrebt werden; bei anderen, komplexeren Problemstellungen muss zunächst mittels geeigneter theoretischer Methoden eine Transformation in ein neues mathematisches Problem vorgenommen werden, dessen analytisch oder rechnergestützt erzeugte Lösung unter bestimmten Bedingungen der Lösung des Optimierungsproblems entspricht.

Eine Klassifizierung von Optimierungsproblemen und -methoden kann auf der Grundlage unterschiedlicher Aspekte erfolgen. Handelt es sich, wie im Beispiel 1.1, um eine statische Optimierungsumgebung (formaler ausgedrückt: sind die Entscheidungsvariablen Elemente des euklidischen Raumes), so befindet man sich im Bereich der *statischen Optimierung*, die in *Teil I* des Buches dargelegt ist. Sind hingegen die gesuchten Entscheidungsvariablen Funktionen (formaler ausgedrückt: Elemente des allgemeineren Hilbertraumes), z. B. Zeit- oder aber sonstige Funktionen wie in Beispiel 1.2, so handelt es sich um *dynamische Optimierungsprobleme*, die in *Teil II* des Buches behandelt werden. Beinhaltet schließlich eine Optimierungsaufgabe stochastische Vorgänge, so spricht man von Methoden der *stochastischen Optimierung*, die auszugsweise in *Teil III* vorgestellt werden.

1.2 Einsatz der Optimierung in der Steuerungs- und Regelungstechnik

Im Kontext der Steuerungs-, Regelungs- und Automatisierungstechnik liefert die Optimierungstheorie wertvolle Instrumente zur Formulierung und Lösung wichtiger Aufgabenstellungen z. B. im Zusammenhang mit Reglerentwurf (ein- und mehrschleifig), Identifikation (Parameterschätzung) der Regelstrecke, Zustandsschätzung (Beobachtung) des Streckenzustandes, oder Berechnung optimaler Steuertrajektorien [4]. Freilich existieren in der Regelungstheorie auch alternative Hilfsmittel, die zur Bewältigung mancher dieser Problemstellungen herangezogen werden können und die außerhalb des Bereiches der Optimierungstheorie liegen.

Als Beispiel sei der Regelkreis von Abb. 1.3 betrachtet. Es ist die Aufgabe der Regelung, auf der Grundlage der Messung den Eingang so zu bestimmen, dass der Ausgang trotz der Einwirkung der Störung Werte annimmt, die dem vorgegebenen Ziel möglichst nahekommen. Nun kann im Sinne einer Optimierungsaufgabe das Gegebene (G) z. B. aus dem Streckenmodell und den Reglerrestriktionen und das Gesuchte (W) aus der Reglerstruktur und/oder den Reglerparametern bestehen. Üblicherweise wird die Gütefunktion J in geeigneter Weise formuliert, um die Regelungsgüte im Sinne des festgelegten Ziels zu reflektieren. Auch hier jedoch stellt die sinnvolle Übersetzung eines Regelungsproblems in ein geeignetes Optimierungsproblem eine nichttriviale Ingenieursleistung dar.

Abb. 1.3 Regelkreis

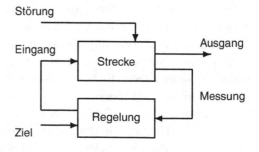

Der Einsatz der Optimierungshilfsmittel für Regelungszwecke kann in der Entwurfsphase – man sagt: *off-line* – oder aber während des Prozessbetriebs – *on-line* – erfolgen. Bei den Optimierungshilfsmitteln ist es im Sinne des benötigten Rechenaufwandes äußerst wichtig, zwischen off-line und on-line Berechnungen zu unterscheiden; bei off-line Berechnungen ist ein hoher Aufwand zwar unerwünscht aber in weiten Grenzen zulässig, wohingegen bei on-line Berechnungen *Echtzeitbedingungen* unbedingt respektiert werden müssen.

Literatur

1. Boldrin M, Montrucchio L (1986) On the indeterminacy of capital accumulation path. J Econ Theory 40:26–39
2. Dana RA, Montrucchio L (1986) Dynamic complexity in duopoly games. J Econ Theory 40:40–56
3. Hildebrandt S, Tromba A (1986) Mathématiques et formes optimales – l'explication des structures naturelles. Pour la Science, Paris
4. DIN (1977) Din 19236. Optimierung, Begriffe. Deutsche Normen, Deutsche Elektrotechnische Kommission im DIN und VDE (DKE)

Teil I
Statische Optimierung

Allgemeine Problemstellung der statischen Optimierung

2

Die allgemeine Problemstellung der statischen Optimierung lautet:
Minimiere

$$f(\mathbf{x}), \quad \mathbf{x} \in \mathbb{R}^n$$

unter Berücksichtigung von (u. B. v.)

$$\mathbf{c}(\mathbf{x}) = \mathbf{0}, \quad \mathbf{c} \in \mathbb{R}^m \tag{2.1}$$

und

$$\mathbf{h}(\mathbf{x}) \leq \mathbf{0}, \quad \mathbf{h} \in \mathbb{R}^q, \tag{2.2}$$

wobei f die zu minimierende Gütefunktion, (2.1) die *Gleichungsnebenbedingungen* und (2.2) die *Ungleichungsnebenbedingungen* in allgemeiner Form darstellen. Der Vektor $\mathbf{x} \in \mathbb{R}^n$ beinhaltet die gesuchten *Entscheidungs-* oder *Optimierungsvariablen*. Die Dimensionen der Vektorfunktionen $\mathbf{c}$ bzw. $\mathbf{h}$ sind m bzw. q. Damit die Problemstellung Sinn macht, muss $m < n$ sein. Gilt nämlich $m = n$, so ist $\mathbf{x}$ aus (2.1) bestimmbar, falls die entsprechenden Teilgleichungen $c_i(\mathbf{x}) = 0$, $i = 1, \ldots, m$, unabhängig sind, und demzufolge gibt es kaum etwas zu optimieren. Bei $m > n$ wäre (2.1) sogar überbestimmt. Für die Anzahl q der Ungleichungsnebenbedingungen gibt es hingegen keine obere Grenze. Im Folgenden werden die Gleichungs- bzw. Ungleichungsnebenbedingungen mit *GNB* bzw. *UNB* abgekürzt. Das formulierte Problem ist allgemein auch als Aufgabenstellung der *nichtlinearen Programmierung*[1] oder *mathematischen Programmierung* bekannt, s. [1] für einen interessanten geschichtlichen Überblick.

Im Sinne des Abschn. 1.1 besteht also das Gesuchte (W) aus den Komponenten des Vektors $\mathbf{x}$, das Gegebene (G) aus den Nebenbedingungen und die Gütefunktion ist $J = f(\mathbf{x})$.

---

[1] Der Begriff *nichtlineare Programmierung* erscheint zuerst in [2].

Beispiel 2.1 Es ist leicht nachzuvollziehen, dass Beispiel 1.1 dieser Problemklasse angehört, wenn man als zu minimierende Gütefunktion

$$f(\mathbf{x}) = -\frac{1}{2}x_1 x_2 \tag{2.3}$$

anstelle von (1.3) berücksichtigt. Das in Beispiel 1.3 formulierte Optimierungsproblem ist als Sonderfall, d. h. ganz ohne Nebenbedingungen, ebenso dieser Problemklasse anzugliedern.   □

Für die Belange dieses Buches wird bei den in der Problemformulierung beteiligten Funktionen $f \in C^2$ und $c_i, h_i \in C^1$ angenommen, wobei C^j die Menge der stetigen Funktionen mit stetigen Ableitungen bis zur j-ten Ordnung ist. Sind diese Bedingungen nicht erfüllt, so hat man es mit der wichtigen Klasse der *nichtglatten Optimierungsprobleme* zu tun, die aber im Rahmen dieses Buches nicht berücksichtigt werden, s. z. B. [3]. Es sollte allerdings erwähnt werden, dass die hier betrachteten Algorithmen bei Problemen mit wenigen Unstetigkeitsstellen oft zu praktischem Erfolg führen können.

Wie bereits erwähnt, sind die Entscheidungsvariablen x_i unserer Problemstellung reell. Werden einige oder alle Entscheidungsvariablen aus der Menge $\mathbb{Z}$ der ganzen Zahlen gesucht, so bekommt man Probleme der *ganzzahligen Optimierung, kombinatorischen Optimierung* bzw. *diskreten Optimierung*, die ebenso außerhalb unseres Deckungsbereiches liegen und nur kurz in Abschn. 8.2 angesprochen werden.

Die obige Problemstellung lässt sich kompakter wie folgt formulieren

$$\min_{\mathbf{x} \in X} f(\mathbf{x}), \quad \text{wobei} \quad X = \{\mathbf{x} \mid \mathbf{c}(\mathbf{x}) = \mathbf{0}; \mathbf{h}(\mathbf{x}) \leq \mathbf{0}\}. \tag{2.4}$$

Hierbei heißt die Menge $X \subset \mathbb{R}^n$ aller Punkte, die die Nebenbedingungen erfüllen, *zulässiger Bereich*, und jedes $\mathbf{x} \in X$ wird als *zulässiger Punkt* bezeichnet. Die Problemstellung besteht also darin, unter den zulässigen Punkten denjenigen ausfindig zu machen, der den kleinsten Wert der Gütefunktion aufweist.

Beispiel 2.2 Abbildung 2.1a zeigt den durch (1.1) und (1.2) definierten zulässigen Bereich für Beispiel 1.1. Möchte man die allgemeine Form der Problemstellung zugrundelegen, so werden (1.1) und (1.2) wie folgt umgeschrieben:

$$c(\mathbf{x}) = x_1^2 + x_2^2 - l^2 = 0 \tag{2.5}$$
$$h_1(\mathbf{x}) = -x_1 \leq 0 \tag{2.6}$$
$$h_2(\mathbf{x}) = -x_2 \leq 0 . \tag{2.7}$$

□

Abb. 2.1 Beispiele für zulässige Bereiche

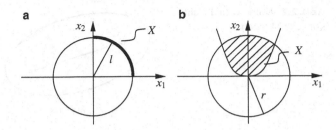

Beispiel 2.3 Abbildung 2.1b zeigt den durch folgende Nebenbedingungen definierten zulässigen Bereich

$$h_1(\mathbf{x}) = x_1^2 + x_2^2 - r^2 \leq 0 \tag{2.8}$$
$$h_2(\mathbf{x}) = x_1^2 - x_2 \leq 0 \,. \tag{2.9}$$

□

Wir sagen, dass die Gütefunktion $f(\mathbf{x})$ an der Stelle $\mathbf{x}^*$ ein *lokales* (oder *relatives*) *Minimum* aufweist, wenn $f(\mathbf{x}^*) \leq f(\mathbf{x})$ für alle zulässigen $\mathbf{x}$ aus einer genügend kleinen Umgebung um $\mathbf{x}^*$. Gilt unter den gleichen Bedingungen $f(\mathbf{x}^*) < f(\mathbf{x})$, so handelt es sich um ein *striktes lokales Minimum*.

Die Gütefunktion $f(\mathbf{x})$ weist an der Stelle $\mathbf{x}^*$ ein *globales* (oder *absolutes*) *Minimum* auf, wenn

$$f(\mathbf{x}^*) \leq f(\mathbf{x}) \quad \forall \mathbf{x} \in X. \tag{2.10}$$

Gilt (2.10) als strikte Ungleichung für alle $\mathbf{x} \in X \setminus \{\mathbf{x}^*\}$, so handelt es sich um ein *eindeutiges globales Minimum*.

Da die Funktionen $\mathbf{c}(\mathbf{x})$ und $\mathbf{h}(\mathbf{x})$ als stetig angenommen wurden, ist der zulässige Bereich X eine abgeschlossene Menge, d. h. die Randpunkte von X sind Elemente von X. Um die *Existenz* eines globalen Minimums der allgemeinen Problemstellung im Sinne von hinreichenden Bedingungen sicherzustellen, müssen wir neben der Stetigkeit der Gütefunktion $f(\mathbf{x})$ folgendes fordern:

(i) Der zulässige Bereich X ist beschränkt, d. h.

$$\exists\, a > 0 : \|\mathbf{x}\| \leq a \quad \forall \mathbf{x} \in X. \tag{2.11}$$

(ii) Der zulässige Bereich X ist nicht leer.

Die Beschränkung der allgemeinen Aufgabenstellung der statischen Optimierung auf Minimierungsprobleme bedeutet keine Einschränkung der Allgemeinheit. In der Tat lassen

Abb. 2.2 Konvexe und nicht
konvexe Mengen

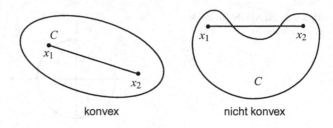

konvex   nicht konvex

sich Maximierungsprobleme unter Beachtung der nachfolgenden Beziehung mühelos in Minimierungsprobleme umwandeln (s. auch Übungen 3.3, 4.1, 5.1)

$$\max_{\mathbf{x} \in X} f(\mathbf{x}) = -\min_{\mathbf{x} \in X}(-f(\mathbf{x})). \tag{2.12}$$

Beispiel 2.4 Die Gültigkeit obiger Beziehung (2.12) kann sich der Leser an dem Beispiel

$$\min_{x \in \mathbb{R}} x^2 = -\max_{x \in \mathbb{R}}(-x^2) \tag{2.13}$$

zeichnerisch veranschaulichen.   □

Konvexität ist ein mathematischer Begriff, der im Hinblick auf die Optimierung eine besondere Bedeutung aufweist, da er uns in die Lage versetzt, zu entscheiden, ob ein lokales Minimum sogar ein globales Minimum ist. Im Folgenden werden einige Definitionen angegeben.

Eine *Menge* $C \subset \mathbb{R}^n$ heißt *konvex*, wenn die Verbindungsstrecke, die zwei beliebige Punkte der Menge miteinander verbindet, ebenso in der Menge C liegt (s. Abb. 2.2), oder, mathematisch ausgedrückt,

$$\mathbf{x}_1, \mathbf{x}_2 \in C \;\; \Rightarrow \;\; \mathbf{x}(\sigma) \in C \quad \forall \, \sigma \in [0,1] \,,$$

wobei

$$\mathbf{x}(\sigma) = \sigma \mathbf{x}_1 + (1-\sigma)\mathbf{x}_2. \tag{2.14}$$

Beispiel 2.5 Der Leser kann sich anhand der obigen Definition vergewissern, dass folgende Mengen konvex sind: eine Gerade; der Raum $\mathbb{R}^n$; ein Punkt $\{\mathbf{x}\}$; die leere Menge $\{\}$.   □

Es ist nicht schwer zu zeigen, dass der Schnitt zweier konvexer Mengen ebenso eine konvexe Menge ist. Diese Eigenschaft hat eine besondere Relevanz im Zusammenhang mit dem zulässigen Bereich von Optimierungsaufgaben. Sind nämlich die von verschiedenen Nebenbedingungen definierten Mengen jeweils konvex, so ist deren Schnitt, der zulässige Bereich, ebenso eine konvexe Menge.

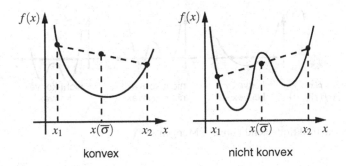

Abb. 2.3 Konvexe und nicht konvexe Funktionen

Eine stetige *Funktion* $f(\mathbf{x})$, $\mathbf{x} \in C$, mit C konvex, heißt *konvex*, wenn für jedes beliebige Punktepaar $\mathbf{x}_1, \mathbf{x}_2 \in C$ folgendes gilt

$$f(\mathbf{x}(\sigma)) \leq \sigma f(\mathbf{x}_1) + (1 - \sigma) f(\mathbf{x}_2) \quad \forall \, \sigma \in [0, 1], \tag{2.15}$$

wobei $\mathbf{x}(\sigma)$ wie in (2.14) definiert ist. Da C konvex vorausgesetzt wurde, gilt $\mathbf{x}(\sigma) \in C$. Gilt (2.15) als strikte Ungleichung für alle $\sigma \in (0, 1)$, so heißt die Funktion *strikt konvex*. Eine Veranschaulichung konvexer Funktionen im eindimensionalen Fall gibt Abb. 2.3. Offenbar ist eine Funktion konvex, genau wenn alle Sekanten, die ein beliebiges Punktepaar verbinden, oberhalb des Funktionsverlaufs liegen.

Eine Funktion $f(\mathbf{x})$ heißt *konkav* bzw. *strikt konkav*, wenn die Funktion $-f(\mathbf{x})$ konvex bzw. strikt konvex ist. Eine lineare Funktion ist also sowohl konvex als auch konkav, beides jedoch nicht im strikten Sinne.

Eine konvexe Funktion weist folgende Eigenschaften auf, die wir hier ohne Beweis anbringen:

(a) Sind die Funktionen $f_i(\mathbf{x})$ konvex auf C und $\alpha_i \geq 0$, $i = 1, \ldots, N$, so ist die Summenfunktion

$$f(\mathbf{x}) = \sum_{i=1}^{N} \alpha_i f_i(\mathbf{x})$$

konvex auf C.

(b) Ist die Funktion $f(\mathbf{x})$ konvex auf C und $\mathbf{x}_1, \mathbf{x}_2 \in C$, so ist die Funktion $\varphi(\sigma) = f(\mathbf{x}(\sigma))$, mit $\mathbf{x}(\sigma)$ aus (2.14), konvex für $\sigma \in [0, 1]$.

(c) Ist die Funktion $f(\mathbf{x})$ konvex, so ist die Menge $\{\mathbf{x} \mid f(\mathbf{x}) \leq 0\}$ konvex. Ist aber eine Menge $\{\mathbf{x} \mid f(\mathbf{x}) \leq 0\}$ konvex, so ist die Funktion $f(\mathbf{x})$ nicht notwendigerweise konvex, wie Abb. 2.4 demonstriert.

(d) Die Funktion $f(\mathbf{x})$ sei stetig differenzierbar. Dieselbe Funktion $f(\mathbf{x})$ ist konvex auf C, genau wenn für alle $\mathbf{x}_1, \mathbf{x}_2 \in C$

$$f(\mathbf{x}_2) \geq f(\mathbf{x}_1) + (\mathbf{x}_2 - \mathbf{x}_1)^T \nabla f(\mathbf{x}_1). \tag{2.16}$$

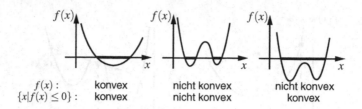

Abb. 2.4 Konvexe Funktionen und konvexe Mengen

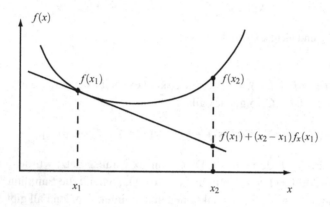

Abb. 2.5 Stützende Tangente einer konvexen Funktion

Die Funktion $f(\mathbf{x})$ ist strikt konvex, genau wenn (2.16) als strikte Ungleichung gilt. Eine Veranschaulichung der Ungleichung (2.16) gibt Abb. 2.5. Sie weist darauf hin, dass an jedem Punkt $\mathbf{x}$ einer konvexen Funktion eine sogenannte *stützende Hyperebene* (im eindimensionalen Fall: stützende Tangente) existiert, d. h., dass die Funktion an jedem Punkt oberhalb der tangentialen Hyperebene verläuft. Siehe Abschn. 19.1 zur Definition der Ableitung $\nabla f(\mathbf{x})$.

(e) Die Funktion $f(\mathbf{x})$ sei zweifach stetig differenzierbar. Dieselbe Funktion $f(\mathbf{x})$ ist konvex auf C, genau wenn die Hessesche Matrix $\nabla^2 f$ für alle $\mathbf{x} \in C$ positiv semidefinit ist. Es sollte allerdings angemerkt werden, dass die strikte Konvexität einer Funktion *nicht* die positive Definitheit ihrer Hesseschen Matrix impliziert. So ist z. B. $f(x) = x^4$ strikt konvex, jedoch $f''(0) = 0$. Siehe Abschn. 19.1 zur Definition der Hesseschen Matrix $\nabla^2 f$ und der positiven Definitheit von Matrizen.

Ein allgemeines Optimierungsproblem, wie es in (2.1), (2.2) definiert wurde, heißt *konvex*, wenn der zulässige Bereich X eine konvexe Menge und die Gütefunktion $f(\mathbf{x})$ eine konvexe Funktion auf X sind. Ist die Gütefunktion $f(\mathbf{x})$ sogar strikt konvex, so heißt das Optimierungsproblem *strikt konvex*. Die Bedeutung konvexer Optimierungsprobleme beruht auf folgenden Eigenschaften:

Bei einem konvexen Optimierungsproblem ist jedes lokale Minimum ein globales Minimum und die Menge der globalen Minima ist konvex.

Um diesen Satz zu beweisen, nehmen wir an, dass $\hat{\mathbf{x}}$ ein lokales und $\mathbf{x}^*$ ein globales Minimum der Problemstellung sei. Als Konsequenz gilt dann $f(\mathbf{x}^*) \leq f(\hat{\mathbf{x}})$. Wegen der Konvexität der Gütefunktion gilt für alle $\mathbf{x} \in [\hat{\mathbf{x}}, \mathbf{x}^*]$ und $\sigma \in [0, 1]$

$$f(\mathbf{x}) = f(\sigma\hat{\mathbf{x}} + (1-\sigma)\mathbf{x}^*) \leq \sigma f(\hat{\mathbf{x}}) + (1-\sigma)f(\mathbf{x}^*) \leq \sigma f(\hat{\mathbf{x}}) + (1-\sigma)f(\hat{\mathbf{x}}) = f(\hat{\mathbf{x}})\,.$$

Obige Beziehung liefert also $f(\mathbf{x}) \leq f(\hat{\mathbf{x}})$. Da aber $\hat{\mathbf{x}}$ als lokales Minimum vorausgesetzt wurde, ist diese Beziehung nur möglich, wenn $f(\mathbf{x}) = f(\hat{\mathbf{x}}) = f(\mathbf{x}^*)$ für alle $\mathbf{x} \in [\hat{\mathbf{x}}, \mathbf{x}^*]$. Letzteres beweist, dass $\hat{\mathbf{x}}$ ein globales Minimum ist, aber auch die Konvexität der Menge der globalen Minima und somit die Gültigkeit des Satzes.

Bei einem *strikt* konvexen Optimierungsproblem ist ein lokales Minimum das *eindeutige* globale Minimum.

Um diesen Satz zu beweisen, werden wir einen Widerspruch bilden, indem wir annehmen, dass es ein globales Minimum $\mathbf{x}^*$ und außerdem ein weiteres (lokales oder globales) Minimum $\hat{\mathbf{x}}$ gebe. In Anbetracht des letzten Satzes gilt dann $f(\mathbf{x}^*) = f(\hat{\mathbf{x}}) = f(\mathbf{x})$, $\forall \mathbf{x} \in [\mathbf{x}^*, \hat{\mathbf{x}}]$. Wegen der strikten Konvexität der Gütefunktion gilt aber für alle $\mathbf{x} \in [\hat{\mathbf{x}}, \mathbf{x}^*]$ und $\sigma \in (0, 1)$

$$f(\mathbf{x}) = f(\sigma\hat{\mathbf{x}} + (1-\sigma)\mathbf{x}^*) < \sigma f(\hat{\mathbf{x}}) + (1-\sigma)f(\mathbf{x}^*) \leq \sigma f(\hat{\mathbf{x}}) + (1-\sigma)f(\hat{\mathbf{x}}) = f(\hat{\mathbf{x}})\,.$$

Zusammenfassend gilt also $f(\mathbf{x}) < f(\hat{\mathbf{x}})$, was einen Widerspruch darstellt. Es kann also neben $\mathbf{x}^*$ kein weiteres Minimum geben.

In den nachfolgenden Kapiteln werden wir spezielle Probleme der statischen Optimierung mit wachsender Komplexität behandeln. Kapitel 3 behandelt den eindimensionalen Fall und Kap. 4 den mehrdimensionalen Fall ohne Nebenbedingungen. In Kap. 5 werden dann erst Gleichungs- und nachfolgend Ungleichungsnebenbedingungen eingeführt. Für alle Klassen von Optimierungsproblemen werden theoretische Aspekte und numerische Verfahren besprochen.

Für weiterführende Studien zur statischen Optimierung, wie sie hier in Teil I des Buches besprochen wird, sind mathematische Lehr- und Fachbücher in deutscher Sprache von Alt [4], Geiger/Kanzow [5, 6], Jarre/Stör [7] oder Ulbrich/Ulbrich [8] zu empfehlen. Entsprechende englischsprachige Lehr- und Fachbücher sind von Bertsekas [9] oder Nocedal/Wright [10]. In all diesen Büchern wird eine streng mathematische Behandlung der Optimierung präsentiert mit den entsprechenden Beweisen, die in vorliegendem Buch teilweise nur skizziert oder ganz weggelassen wurden. Eine alternative Darstellung aus Anwendersicht wird von Rao [11] in englischer Sprache gegeben. Nicht zuletzt sind auch einige klassische Darstellungen der Optimierung zu empfehlen, wie z. B. Fletcher [12] oder Gill/Murray/Wright [13].

2.1   Übungsaufgaben

2.1 Untersuchen Sie folgende Problemstellungen auf Erfüllung der Bedingungen (i), (ii) und auf Existenz einer Lösung
(a) $\min\limits_{x \in \mathbb{R}} e^{-x}$
(b) $\min\limits_{\mathbf{x} \in X} (x_1 + x_2)$ wobei $X = \{\mathbf{x} \mid x_1^2 + x_2^2 \le 1;\ x_2 \ge 2\}$
(c) $\min\limits_{x \in \mathbb{R}} x^2$.

2.2 Zeigen Sie zeichnerisch, dass die Menge $X = \{\mathbf{x} \in \mathbb{R}^2 \mid -x_1 \le 0; -x_2 \le 0; x_1 + x_2 - 1 \le 0\}$ konvex ist.

2.3 Zeigen Sie durch Einsatz der Definition einer konvexen Menge, dass $X = \{\mathbf{x} \in \mathbb{R}^n \mid \mathbf{A}\mathbf{x} \le \mathbf{b}\}$ eine konvexe Menge ist.

2.4 Untersuchen Sie, ob folgende Funktionen (strikt) konvex bzw. (strikt) konkav sind:
(a) $f(x) = e^{-x};\quad x \in \mathbb{R}$
(b) $f(x) = \sqrt{x};\quad x > 0$
(c) $f(x) = e^{-x} - \sqrt{x};\quad x > 0$
(d) $f(\mathbf{x}) = x_1^2 + 2x_2;\quad \mathbf{x} \in \mathbb{R}^2$
(e) $f(\mathbf{x}) = x_1^2 - 2x_2;\quad \mathbf{x} \in \mathbb{R}^2$
(f) $f(\mathbf{x}) = \mathbf{x}^T \mathbf{Q} \mathbf{x};\quad \mathbf{Q} \ge \mathbf{0}, \mathbf{x} \in \mathbb{R}^n$

Literatur

1. Kuhn H (1991) Nonlinear programming: A historical note. In: Lenstra J, Kan AR, Schrijver A (Hrsg.) History of Mathematical Programming, North-Holland, Amsterdam, S. 82–96

2. Kuhn H, Tucker A (1951) Nonlinear programming. In: 2nd Berkeley Symposium on Mathematical Statistics and Probability, Berkeley, California, S. 481–492

3. Clarke F (Reprint 1990) Optimization and nonsmooth analysis. Society for Industrial Mathematics

4. Alt W (1999) Nichtlineare Optimierung. Vieweg

5. Geiger C, Kanzow C (1999) Numerische Verfahren zur Lösung unrestringierter Optimierungsaufgaben. Springer, Berlin, Heidelberg

6. Geiger C, Kanzow C (2002) Theorie und Numerik restringierter Optimierungsaufgaben. Springer, Berlin, Heidelberg

7. Jarre F, Stoer J (2004) Optimierung. Springer, Berlin, Heidelberg

8. Ulbrich M, Ulbrich S (2012) Nichtlineare Optimierung. Birkhäuser, Basel

9. Bertsekas D (1999) Nonlinear programming, 2. Aufl. Athena Scientific, Belmont, Massachusetts

10. Nocedal J, Wright S (2006) Numerical optimization, 2. Aufl. Springer, US

11. Rao S (1996) Engineering optimization: theory and practice, 3. Aufl. Wiley-Interscience

12. Fletcher R (1987) Practical methods of optimization, 2. Aufl. Wiley, Chichester

13. Gill P, Murray W, Wright M (1981) Practical optimization. Academic Press, New York

Minimierung einer Funktion einer Variablen   3

Die in diesem Kapitel behandelte Problemstellung lautet

$$\min_{x \in X} f(x), \quad \text{wobei} \quad X \subset \mathbb{R} \,. \tag{3.1}$$

Bei der Bestimmung des zulässigen Bereichs X dürfen hier keine Gleichungsnebenbedingungen berücksichtigt werden. Der zulässige Bereich X kann durch $\mathbf{h}(x) \leq \mathbf{0}$ oder aber durch $X = [a_1, b_1] \cup [a_2, b_2] \cup \ldots$ definiert werden, wobei $a_i, b_i, i = 1, 2, \ldots$ entsprechende Randwerte sind.

3.1 Notwendige Bedingungen für ein lokales Minimum

Abbildung 3.1 zeigt das Beispiel einer zu minimierenden Funktion $f(x)$ mit mehreren lokalen und einem globalen Minimum. Im Allgemeinen ist die Menge der globalen Minima eine Untermenge der Menge der lokalen Minima. Um mathematische Bedingungen abzuleiten, die uns in die Lage versetzen, die lokalen Minima der Funktion $f(x)$ zu bestimmen, entwickeln wir $f(x)$ um ein bereits bekanntes lokales Minimum x^* mittels einer Taylor-Reihe

$$f(x^* + \delta x) = f(x^*) + f'(x^*)\,\delta x + \frac{1}{2} f''(x^*)\,\delta x^2 + R(\delta x^3) \,, \tag{3.2}$$

wobei f' bzw. f'' die 1. und 2. Ableitung der Funktion f sind. Der Ausdruck $R(\delta x^3)$ beinhaltet Terme dritter und höherer Ordnung. Da es sich bei x^* um ein lokales Minimum handelt, gilt für alle δx aus einer genügend kleinen Umgebung von x^*

$$f(x^* + \delta x) \geq f(x^*) \,. \tag{3.3}$$

© Springer-Verlag Berlin Heidelberg 2015
M. Papageorgiou, M. Leibold, M. Buss, *Optimierung*, DOI 10.1007/978-3-662-46936-1_3

Abb. 3.1 Minimierung einer
Funktion $f(x)$

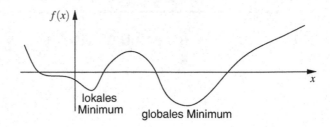

Man definiert die *erste* und *zweite Variation* der Funktion f (die dem zweiten und dritten Summand der Taylor-Reihe entsprechen) durch

$$\delta f(x) = f'(x)\,\delta x \tag{3.4}$$

$$\delta^2 f(x) = \frac{1}{2} f''(x)\,\delta x^2 \; . \tag{3.5}$$

Es ist eine wohlbekannte Eigenschaft der Taylorreihe, dass jede Variation für genügend kleine δx die Summe aller Variationen höherer Ordnung überragt. Demzufolge kann x^* nur dann ein lokales Minimum sein, wenn für alle δx aus einer genügend kleinen Umgebung von x^* die 1. Variation $\delta f(x^*)$ nicht negativ wird; da aber δx positiv oder negativ sein kann, folgt hieraus schließlich $\delta f(x^*) = 0$ bzw.

$$f'(x^*) = 0 \; . \tag{3.6}$$

Dies ist die *notwendige Bedingung 1. Ordnung* für ein lokales Minimum einer Funktion einer Variablen ohne Nebenbedingungen. Offensichtlich stellt aber (3.6) eine notwendige Bedingung auch für ein lokales Maximum oder für einen Wendepunkt mit Nullsteigung dar. Eine striktere notwendige Bedingung für ein lokales Minimum entsteht, wenn wir die zweite Variation heranziehen und gemäß obiger Argumentation zusätzlich $\delta^2 f(x^*) \geq 0$ fordern. Da aber $\delta x^2 \geq 0$ gilt (vgl. (3.5)), ist die zweite Variation in einer genügend kleinen Umgebung von x^* genau dann nicht negativ, wenn $f''(x^*) \geq 0$. Somit erhalten wir die *notwendigen Bedingungen 2. Ordnung* für ein lokales Minimum ohne Nebenbedingungen

$$f'(x^*) = 0 \quad \text{und} \quad f''(x^*) \geq 0 \; . \tag{3.7}$$

Eine *hinreichende Bedingung* für ein striktes lokales Minimum erhält man durch eine ähnliche Argumentation, wie folgt

$$f'(x^*) = 0 \quad \text{und} \quad f''(x^*) > 0 \; . \tag{3.8}$$

Bedauerlicherweise besteht keine Möglichkeit für die hier vorliegende Problemstellung notwendige *und* hinreichende Optimalitätsbedingungen anzugeben.

Die notwendige Bedingung 1. Ordnung, (3.6), ist von allen lokalen Minima, allen lokalen Maxima sowie von allen Wendepunkten mit Nullsteigung erfüllt. Die notwendige Bedingung 2. Ordnung, (3.7), ist strikter: sie umfasst *alle* lokalen Minima, aber nur einige lokale Maxima und Wendepunkte.

Abb. 3.2 Minimierung einer Funktion $f(x)$ mit UNB

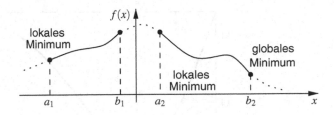

Beispiel 3.1 Die Funktion $f(x) = -x^4$ hat an der Stelle 0 ein lokales Maximum und erfüllt (3.7). □

Die hinreichende Bedingung (3.8) beinhaltet *keine* lokalen Maxima oder Wendepunkte, dafür wird sie aber von einigen lokalen Minima ebenso nicht erfüllt.

Beispiel 3.2 Die Funktion $f(x) = x^4$ hat an der Stelle 0 ein striktes lokales Minimum, erfüllt aber (3.8) nicht. □

Abbildung 3.2 zeigt das Beispiel einer zu minimierenden Funktion $f(x)$ unter Berücksichtigung von UNB. Im Unterschied zu dem eben behandelten Fall

- dürfen lokale Minima der Funktion $f(x)$, die nicht im zulässigen Bereich liegen, nicht berücksichtigt werden;
- sind Randpunkte a_i, b_i, $i = 1, 2, \ldots$ lokale Minima, sofern

$$f'(a_i) \geq 0 , \tag{3.9}$$

wie z. B. der Randwert a_1, Abb. 3.2, oder

$$f'(b_i) \leq 0 , \tag{3.10}$$

wie z. B. der Randwert b_2, Abb. 3.2.

Die angegebenen Optimalitätsbedingungen betreffen ausschließlich lokale Minima. Leider gibt es kein geschlossenes Verfahren zur Ermittlung der üblicherweise interessierenden globalen Minima. Diese müssen durch Wertevergleich unter allen lokalen Minima aussortiert werden. Hierbei sollte beachtet werden, dass das Vorhandensein eines oder mehrerer lokaler Minima nicht notwendigerweise bedeutet, dass eines (oder manche) unter ihnen ein globales Minimum sein *muss*. Für diese Schlussfolgerung muss logischerweise gleichzeitig gesichert werden, dass ein globales Minimum *existiert*[1], vgl. hierzu die Funktion $f(x) = (0.5 + x^2)e^{-x^2}$, für die zwar ein lokales, jedoch kein globales Minimum existiert, s. auch Übung 3.8. Die Existenz eines globalen Minimums kann

---

[1] Das Ignorieren dieser Feststellung im Optimierungskontext hatte zu einigen fehlerhaften Ergebnissen geführt, bevor K. Weierstraß im Jahr 1869 auf ihre Bedeutung hinwies.

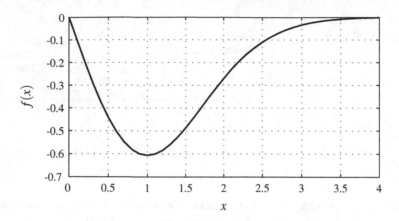

Abb. 3.3 Die Funktion $f(x) = -xe^{-0.5x^2}$

mittels der Existenzbedingungen aus Kap. 2 untersucht werden oder ergibt sich aus dem mathematischen bzw. physikalischen Problemkontext.

Die Optimalitätsbedingungen (3.6)–(3.10) bieten die Möglichkeit, eine analytische Lösung der Optimierungsaufgabe anzustreben. Insbesondere liefert die Lösung von (3.6) Kandidaten für lokale Minima, die mittels der notwendigen Bedingung 2. Ordnung (3.7) bzw. der hinreichenden Bedingung (3.8) weiter aussortiert werden können.

Beispiel 3.3 Für die Funktion $f(x) = -xe^{-0.5x^2}$, $x \in [0, 3]$, wird das globale Minimum gesucht. Es gilt $f'(x) = -(1 - x^2)e^{-0.5x^2}$, so dass die notwendige Bedingung 1. Ordnung die Werte ± 1 und $\pm\infty$ als Kandidaten für lokale Minima liefert. Da die Werte -1 und $\pm\infty$ außerhalb des zulässigen Bereiches liegen, werden sie nicht weiter betrachtet. Mit $f''(x) = x(3 - x^2)e^{-0.5x^2}$ stellen wir fest, dass $f''(1) > 0$, d. h. dass die hinreichenden Bedingungen für ein striktes lokales Minimum an der Stelle $x^* = 1$ erfüllt sind. Ferner sind wegen $f'(0) < 0$ bzw. $f'(3) > 0$ die Bedingungen (3.9) bzw. (3.10) nicht erfüllt, weshalb die Randwerte $x = 0$ bzw. $x = 3$ keine lokalen Minima darstellen. Mangels weiterer lokaler Minima, und da die Existenzbedingungen für ein globales Minimum (Kap. 2) erfüllt sind, ist also $x^* = 1$ das eindeutige globale Minimum der Problemstellung. Abbildung 3.3 skizziert den Funktionsverlauf. Der minimale Funktionswert berechnet sich zu $f(1) = -0.6065$. $\qquad\qquad\square$

3.2 Numerische Verfahren

Eine analytische Lösung der Optimierungsaufgabe ist nicht möglich, wenn

- die Funktion $f(x)$ nicht analytisch vorliegt oder
- die Ableitung $f'(x)$ nicht analytisch berechnet werden kann oder

- die analytische Auswertung der Optimalitätsbedingungen nicht möglich ist, wie in Beispiel 1.3, s. auch Übung 3.2.

In allen diesen Fällen ist man auf eine direkte, rechnergestützte Vorgehensweise angewiesen, unter der Voraussetzung, dass einzelne Funktions- und gegebenenfalls Ableitungswerte bei Vorgabe entsprechender x-Werte berechnet werden können.

Freilich besteht zunächst die Möglichkeit, den ganzen zulässigen Bereich durch Vorgabe dicht aufeinander folgender x-Werte systematisch durchzusuchen. Da diese Vorgehensweise aber einen sehr hohen rechentechnischen Aufwand erfordert, ist man an effektiveren Verfahren interessiert, die mit wenigen Funktionsberechnungen auskommen.

Die in diesem Abschnitt betrachtete Grundproblemstellung besteht in der Bestimmung des Minimums einer unimodalen Funktion innerhalb eines Bereichs $[a, b]$. Unimodale Funktionen sind Funktionen, die nur ein Minimum bzw. Maximum haben. Links des Minimums ist eine unimodale Funktion echt monoton fallend und rechts des Minimums echt monoton steigend bzw. umgekehrt für ein Maximum. Trotz dieser theoretischen Einschränkung ist aber der praktische Anwendungsbereich der entsprechenden Verfahren, gegebenenfalls nach Einführung heuristischer Modifikationen, weitaus größer. Die Bedeutung der Algorithmen dieses Abschnittes reicht weit über die Minimierung von Funktionen einer Variablen hinaus, bilden sie doch wichtige Grundbausteine für Algorithmen der mehrdimensionalen, der beschränkten, bis hin zur dynamischen Optimierung.

3.2.1 Eingrenzungsphase

Bei Problemstellungen ohne UNB liegt der in Frage kommende Suchbereich $[a, b]$ zunächst nicht vor. Es ist daher das Ziel der Eingrenzungsphase, sofern nötig, einen Bereich $[a, b]$ festzulegen, der das gesuchte Minimum beinhaltet.

Abbildung 3.4 beschreibt die Vorgehensweise in der Eingrenzungsphase. Man startet an einem beliebigen Punkt $x = a$ mit einer Schrittweite $|\triangle x|$. Je nach Vorzeichen des Ableitungswertes $f'(a)$ führt man dann einen Schritt in absteigender Richtung aus, um b zu bestimmen. Ist $\text{sign}(f'(a)) = \text{sign}(f'(b))$, so hat man bei einer unimodalen Funktion das Minimum noch nicht überschritten; man schreitet also weiter mit verdoppelter Schrittweite, um die Prozedur bei einer anfangs möglicherweise zu klein gewählten Schrittweite zu beschleunigen. Weisen dagegen $f'(a)$ und $f'(b)$ unterschiedliche Vorzeichen auf, so gilt $x^* \in [a, b]$ und die Eingrenzungsphase ist beendet.

Eine günstige anfängliche Wahl der Schrittweite $\triangle x$ kann vorgenommen werden, wenn ein geschätzter minimaler Funktionswert $\hat{f}(x^*)$ vorab vorliegt (z. B. $\hat{f}(x^*) = 0$, falls $f(x) \geq 0 \,\forall\, x$). Eine quadratische Approximation der zu minimierenden Funktion $f(x)$ liefert dann für das gesuchte Minimum den Schätzwert $\hat{x} = a + \triangle \hat{x}$ mit

$$\triangle \hat{x} = \frac{-2(f(a) - \hat{f}(x^*))}{f'(a)} \, . \tag{3.11}$$

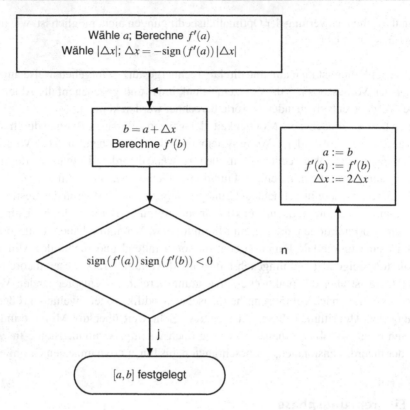

Abb. 3.4 Algorithmus der Eingrenzungsphase

Die Bestimmung von (3.11) erfolgt nach dem Verfahren der quadratischen Interpolation, das im nächsten Abschnitt näher erläutert wird (siehe auch Übung 3.1).

3.2.2 Interpolations-Verfahren

Liegt der Suchbereich $[a, b]$ durch Einsatz der Eingrenzungsphase bzw. durch vorab vorliegende Information einmal fest, so stellt sich folgende Frage (vgl. auch Abb. 3.5):

Bei Kenntnis der Funktions- und Ableitungswerte an den Randpunkten $f(a)$, $f(b)$, $f'(a)$, $f'(b)$ bestimme einen Schätzwert $\hat{x}$ für das gesuchte Minimum der Funktion $f(x)$ (deren Verlauf unbekannt ist).

Approximiert man die unbekannte Funktion $f(x)$ durch eine quadratische Funktion $\hat{f}(x)$, so stellt das Minimum $\hat{x}$ von $\hat{f}(x)$ einen Schätzwert für das Minimum von $f(x)$ dar. Auf Grundlage dieser Überlegung können verschiedene Formeln der *quadratischen*

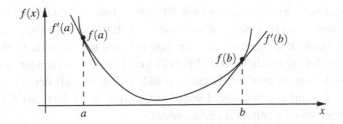

Abb. 3.5 Interpolationsproblem

Interpolation abgeleitet werden

$$\hat{x}_1\left(f(a), f(b), f'(a)\right) = \frac{1}{2} \frac{2a\left(f(a) - f(b)\right) + f'(a)(b^2 - a^2)}{(b-a)f'(a) + f(a) - f(b)} \tag{3.12}$$

$$\hat{x}_2\left(f'(a), f'(b)\right) = \frac{bf'(a) - af'(b)}{f'(a) - f'(b)}. \tag{3.13}$$

Eine weitere Formel der quadratischen Interpolation, die keine Ableitungs-, dafür aber *drei* Funktionswerte benötigt, lautet

$$\hat{x}_3\left(f(a), f(b), f(c)\right) = c - \frac{b-a}{4} \frac{f(b) - f(a)}{f(b) - 2f(c) + f(a)}. \tag{3.14}$$

Hierbei muss $c = 0.5(a + b)$ gelten.

Zur Ableitung der Formeln der quadratischen Interpolation geht man folgendermaßen vor. Die quadratische Approximationsfunktion hat die allgemeine Form $\hat{f}(x) = \alpha x^2 + \beta x + \gamma$; ihr Minimum berechnet sich aus $\hat{f}'(x^*) = 0$ zu

$$\hat{x} = -\frac{\beta}{2\alpha}. \tag{3.15}$$

Zur Bestimmung der Parameterwerte α, β, γ werden bis zu drei von den vier vorliegenden Werten $f(a), f(b), f'(a), f'(b)$ herangezogen. Je nachdem, welche dieser Werte benutzt werden, können unterschiedliche Interpolationsformeln entstehen. Beispielsweise werden für (3.12) die ersten drei Werte verwendet, so dass die quadratische Funktion $\hat{f}(x)$ folgende Beziehungen erfüllen muss

$$\hat{f}(a) = \alpha a^2 + \beta a + \gamma = f(a) \tag{3.16}$$

$$\hat{f}(b) = \alpha b^2 + \beta b + \gamma = f(b) \tag{3.17}$$

$$\hat{f}'(a) = 2\alpha a + \beta = f'(a). \tag{3.18}$$

Die Gleichungen (3.16)–(3.18) bilden ein lineares Gleichungssystem zur Bestimmung der Parameterwerte α, β und γ. Durch analytische Lösung des Gleichungssystems und Einsetzen in (3.15) erhält man die erste Interpolationsformel (3.12), s. auch Übung 3.1.

Die quadratische Interpolation einer zwar differenzierbaren und unimodalen, aber sonst beliebig gestalteten Funktion mag auf den ersten Blick wie eine grobe Annäherung erscheinen. Im Folgenden werden wir aber die Interpolation in eine iterative Prozedur einbetten, wodurch das zugrundeliegende Intervall $[a, b]$ ständig verkleinert werden kann. Denkt man an die am Beginn des Kapitels erwähnte Eigenschaft der Taylor-Reihe, so leuchtet es ein, dass mit abnehmender Länge des Intervalls $[a, b]$ die Genauigkeit der quadratischen Approximation entsprechend zunimmt.

In manchen Fällen mag es vorteilhaft sein, die unbekannte Funktion $f(x)$ durch eine kubische Funktion zu approximieren. Die resultierende Formel der *kubischen Interpolation* lautet

$$\hat{x}_4\left(f(a), f(b), f'(a), f'(b)\right) = b - \frac{f'(b) + w - z}{f'(b) - f'(a) + 2w}(b - a), \qquad (3.19)$$

$$\text{wobei} \quad z = 3\frac{f(a) - f(b)}{b - a} + f'(a) + f'(b) \qquad (3.20)$$

$$\text{und} \quad w = \sqrt{z^2 - f'(a)f'(b)}. \qquad (3.21)$$

Um eine genaue Minimumsbestimmung zu ermöglichen, werden die Interpolationsformeln in eine iterative Prozedur eingebettet, deren Ablaufdiagramm in Abb. 3.6 veranschaulicht ist. Zu jeder Iteration wird zunächst durch Einsatz einer Interpolationsformel, so z. B. (3.12), (3.13) oder (3.19), ein Schätzwert $\hat{x}$ für das gesuchte Minimum berechnet und es wird überprüft, ob dieser Schätzwert innerhalb des Bereiches $[a, b]$ liegt. Gleichung (3.13) liefert garantiert $\hat{x} \in [a, b]$, aber mit (3.12) und (3.19) können $\hat{x} < a$ oder $\hat{x} > b$ auftreten (s. Übungen 3.4 und 3.10). Liegt der Schätzwert $\hat{x}$ außerhalb des Intervalls $[a, b]$, so wird er ins Intervallinnere und zwar auf einen vorgegebenen Abstand δ vom jeweiligen Intervallrand versetzt.

Sodann werden die Funktions- und Ableitungswerte $f(\hat{x})$ und $f'(\hat{x})$ berechnet und es wird je nach Vorzeichen der Ableitung entschieden, ob $\hat{x}$ in der nächsten Iteration die Rolle des linken Randes a oder des rechten Randes b übernehmen soll. Auf diese Art wird das zu untersuchende Intervall bei jeder Iteration kürzer, und der Algorithmus bricht ab, wenn der Ableitungswert $f'(\hat{x})$ betragsmäßig eine Toleranzgrenze unterschreitet.

Bei Einsatz der kubischen Interpolationsformel muss dafür Sorge getragen werden, dass die Diskriminante in (3.21) nicht negativ wird. Für den Einsatz der Interpolationsformel (3.14), die ja keine Ableitungswerte beinhaltet, muss der iterative Algorithmus entsprechend modifiziert werden (s. Übung 3.5). Bei besonderen Aufgabenstellungen können verschiedene Interpolationsformeln und/oder Abbruchkriterien kombiniert eingesetzt werden.

Wenn die analytische Berechnung der Ableitungswerte Schwierigkeiten bereitet und trotzdem eine Interpolationsformel mit Ableitungswerten eingesetzt werden soll, so kann eine numerische Berechnung der Ableitungswerte nach folgender Näherungsformel zugrunde gelegt werden

$$f'(x) \approx \frac{f(x + \delta x) - f(x - \delta x)}{2\delta x}, \qquad (3.22)$$

wobei δx genügend klein gewählt werden muss.

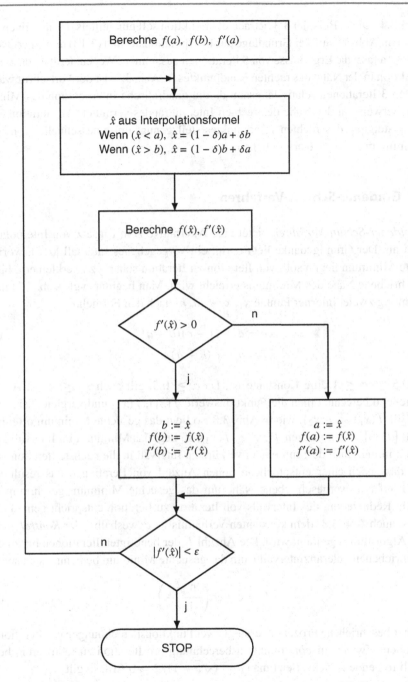

Abb. 3.6 Ablaufdiagramm des iterativen Algorithmus zur eindimensionalen Minimumsuche

Beispiel 3.4 Die in Beispiel 3.3 betrachtete Funktion soll nun mittels des iterativen Algorithmus von Abb. 3.6 auf der Grundlage der Interpolationsformel (3.13) minimiert werden. Tabelle 3.1a fasst die Ergebnisse von 5 Iterationen zusammen. Wegen der flachen Steigung der Funktion in der Nähe des rechten Randpunktes (s. Abb. 3.3) ist der Fortschritt während der ersten 3 Iterationen relativ langsam, da die quadratische Interpolation das Minimum fälschlicherweise in der Nähe des rechten Intervallrandes vermutet. Ab Iteration 3 wird aber die Steigung des rechten Randpunktes steil genug, um eine schnelle Konvergenz zum Minimum $x^* = 1$ zu ermöglichen.   □

3.2.3 Goldener-Schnitt-Verfahren

Das *Goldener-Schnitt-Verfahren* bietet eine Alternative zum Einsatz von Interpolationsformeln an. Der Grundgedanke liegt darin, ein vorgegebenes Intervall $[a, b]$, worin das gesuchte Minimum liegen soll, von Iteration zu Iteration ständig zu verkleinern, bis eine vorgeschriebene Nähe des Minimums erreicht wird. Man beginnt (vgl. Abb. 3.7) mit der Bestimmung zweier interner Punkte $x_1, x_2 \in [a, b]$ nach den Formeln

$$x_1 = a + (1 - c)(b - a) \tag{3.23}$$

$$x_2 = a + c\,(b - a)\,, \tag{3.24}$$

wobei $0.5 \le c \le 1$ eine Konstante ist. Da $c \ge 0.5$, gilt auch $x_1 \le x_2$, s. Abb. 3.8. Anschließend berechnet man die Funktionswerte $f(x_1)$, $f(x_2)$ und vergleicht sie miteinander. Gilt $f(x_1) < f(x_2)$, wie in Abb. 3.8, so liegt das gesuchte Minimum offenbar im Intervall $[a, x_2]$. Gilt hingegen $f(x_1) > f(x_2)$, so liegt das Minimum im Intervall $[x_1, b]$. Wie auch immer, man darf mit einem verkürzten Intervall in die nächste Iteration schreiten, so dass nach einer entsprechend hohen Anzahl von Iterationen das resultierende Intervall auf eine vorgeschriebene Nähe um das gesuchte Minimum geschrumpft sein wird. Die Reduzierung des Intervalls von Iteration zu Iteration entspricht gemäß (3.23), (3.24) (s. auch Abb. 3.8) dem konstanten Verhältnis $1 : c$, weshalb c der *Kontraktionsfaktor* des Algorithmus genannt wird. Die Anzahl L der benötigten Iterationen bis zu einem vorgeschriebenen Toleranzintervall ε um das gesuchte Minimum berechnet sich somit zu

$$L = \text{entier}\left(\frac{\ln \frac{\varepsilon}{b-a}}{\ln c} \right). \tag{3.25}$$

Die bisher beschriebene Prozedur verlangt zwei Funktionsberechnungen pro Iteration. Um den Rechenaufwand auf *eine* Funktionsberechnung pro Iteration zu reduzieren, bedient man sich folgenden Tricks. Setzt man $c = (\sqrt{5} - 1)/2 \approx 0.618$, so gilt

$$x_2 = x_1 + (1 - c)(b - x_1) \tag{3.26}$$

$$x_1 = a + c\,(x_2 - a)\,. \tag{3.27}$$

Tab. 3.1 Iterative Lösung mit **a** Quadratischer Interpolationsformel (3.13) **b** Goldener-Schnitt-Verfahren

a Quadratische Interpolation

Iterationen	a	b	$f'(a)$	$f'(b)$	$\hat{x}$	$f(\hat{x})$	$f'(\hat{x})$
1	0	3.00	−1	0.09	2.75	−0.06	0.15
2	0	2.75	−1	0.15	2.39	−0.14	0.27
3	0	2.39	−1	0.27	1.88	−0.32	0.43
4	0	1.88	−1	0.43	1.31	−0.55	0.30
5	0	1.31	−1	0.30	1.01	−0.61	0.01

b Goldener Schnitt

Iterationen	a	b	x_1	x_2	$f(a)$	$f(b)$	$f(x_1)$	$f(x_2)$	$b-a$
1	0.00	3.00	1.15	1.85	0.00	−0.03	−0.59	−0.33	3.00
2	0.00	1.85	0.71	1.15	0.00	−0.33	−0.55	−0.59	1.85
3	0.71	1.85	1.15	1.42	−0.55	−0.33	−0.59	−0.52	1.15
4	0.71	1.42	0.98	1.15	−0.55	−0.52	−0.61	−0.59	0.71
5	0.71	1.15	0.88	0.98	−0.55	−0.59	−0.60	−0.61	0.44

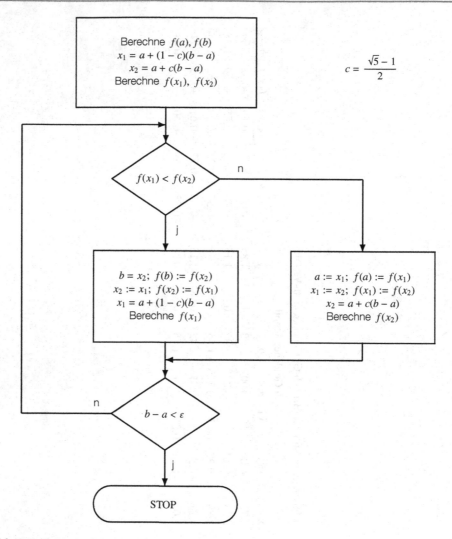

Abb. 3.7 Goldener-Schnitt-Verfahren

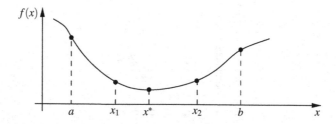

Abb. 3.8 Intervallbildung beim Goldener-Schnitt-Verfahren für $c = 0.75$

Die rechte Seite von (3.26) entspricht dem Einsatz von (3.23) auf das verkürzte Intervall $[x_1, b]$. Mit anderen Worten, der Punkt x_2 darf bei der nächsten Iteration die Rolle des ersten internen Punktes x_1 übernehmen, so dass nur noch der zweite interne Punkt und sein Funktionswert berechnet werden müssen. Entsprechendes gilt nach (3.27) auch für x_1, falls das verkürzte Intervall für die nächste Iteration $[a, x_2]$ lauten sollte. Wie der Vergleich der Funktionswerte $f(x_1)$ und $f(x_2)$ in Abb. 3.7 also auch immer ausgeht, braucht man für die nächste Iteration nur noch einen neuen Punkt und seinen Funktionswert zu berechnen. Dieser aus rechentechnischer Sicht vorteilhaften Eigenschaft verdankt das Goldener-Schnitt-Verfahren seinen Namen.

Zur Ableitung des Wertes des Kontraktionsfaktors für das Goldener-Schnitt-Verfahren beachte man, dass aus (3.23) $(x_1 - a)/(b - a) = 1 - c$ folgt, während sich durch Kombination von (3.24) und (3.27) $(x_1 - a)/(b - a) = c^2$ ergibt. Somit muss c die Gleichung $c^2 + c - 1 = 0$ erfüllen, deren positive Wurzel den oben genannten Wert für c liefert. Wegen der vorhandenen Symmetrie erfüllt dieser Wert auch (3.26).

Die Vorteile des Goldener-Schnitt-Verfahrens entspringen seiner Einfachheit, sowie dem Verzicht auf Ableitungsberechnungen. Letztere Eigenschaft lässt seinen Einsatz auch bei nichtglatten Optimierungsproblemen zu. Als Nachteil erweist sich oft seine zwar garantierte und vorausberechenbare, in vielen Fällen aber doch relativ langsame Konvergenz zum Minimum. Dies liegt nicht zuletzt am Mangel eines Anzeigers für die Lage des Minimums, wie es bei den Interpolationsformeln der Ableitungswert darstellt. Demzufolge kann das gesuchte Minimum in einigen Fällen in unmittelbarer Nähe oder gar auf den untersuchten internen Punkten unerkannt liegen, während der Algorithmus seine Intervallkontraktionen fortsetzt.

Beispiel 3.5 Das im Beispiel 3.4 betrachtete Optimierungsproblem kann auch mit dem Goldener-Schnitt-Verfahren behandelt werden. Die in Tab. 3.1b abgebildeten Ergebnisse zeigen eine konstante aber im Vergleich zur quadratischen Interpolation doch recht langsame Konvergenz. Die von der Interpolationsformel nach 5 Iterationen erreichte Genauigkeit von $|\hat{x} - x^*| = 0.01$ wird vom Goldener-Schnitt-Verfahren gemäß (3.25) erst nach 11 Iterationen erreicht. Es sollte allerdings hinzugefügt werden, dass der Rechenaufwand pro Iteration bei der Interpolationsformel eine Funktions- und eine Ableitungsberechnung umfasst, wohingegen er sich beim Goldener-Schnitt-Verfahren auf eine Funktionsberechnung beschränkt. □

3.3 Übungsaufgaben

3.1 Leiten Sie die Formeln (3.11), (3.12), (3.13), (3.14) der quadratischen Interpolation ab.

3.2 Geben Sie die Optimalitätsbedingungen für die Optimierungsaufgabe von Beispiel 1.3 an. Ist eine analytische Lösung möglich? Führen Sie eine iterative Lösung durch Einsatz

(a) der quadratischen Interpolationsformel (3.12) bzw. (3.13)
(b) der kubischen Interpolationsformel (3.19)
(c) des Goldener-Schnitt-Verfahrens

durch. Vergleichen Sie die Effektivität und den Anwendungsaufwand der Algorithmen.

3.3 Leiten Sie notwendige Bedingungen 1. und 2. Ordnung sowie hinreichende Bedingungen für die Lösung des Maximierungsproblems

$$\max_{x \in \mathbb{R}} f(x)$$

ab. (Hinweis: Verwenden Sie (2.12).)

3.4 Konstruieren Sie zeichnerisch eine Situation, bei der die Interpolationsformel (3.12) einen Schätzwert $\hat{x} > b$ liefern könnte. Schlagen Sie nun eine Funktion $f(x)$ sowie Werte a, b vor, bei denen durch Einsatz von (3.12) $\hat{x} > b$ tatsächlich resultiert. Kann bei den Interpolationsformeln (3.13), (3.14) und (3.19) $\hat{x} < a$ oder $\hat{x} > b$ auftreten?

3.5 Entwerfen Sie nach dem Vorbild von Abb. 3.6 einen iterativen Algorithmus auf der Grundlage der Interpolationsformel (3.14). Ist es möglich, mit *einer* Funktionsberechnung pro Iteration auszukommen?

3.6 Setzen Sie die Interpolationsformeln (3.12), (3.14), (3.19) zur Lösung des Beispiels 3.4 ein, und vergleichen Sie die Ergebnisse mit den Resultaten der Tab. 3.1.

3.7 Bestimmen Sie die Minima und Maxima der Funktion

$$f(x) = 0.333x^3 + 1.5x^2 + 2x + 5 \,.$$

3.8 Bestimmen Sie Minima und Maxima der Funktion

$$f(x) = \left(\frac{1}{2} + x^2 \right) e^{-x^2} \,.$$

Wo liegt das globale Minimum?

3.9 Bei der dynamischen Optimierungsproblemstellung von Beispiel 11.4 wird auf folgenden Verlauf einer optimalen Steuerungstrajektorie geschlossen

$$u^*(t) = \begin{cases} -1 & 0 \le t < t_s \\ 0 & t_s \le t \le T, \end{cases}$$

wobei t_s einen unbekannten Umschaltzeitpunkt darstellt. Durch Einsatz von $u^*(t)$ auf die Systemgleichung (11.76) erhält man

$$x^*(t) = \begin{cases} x_0 - t & 0 \le t < t_s \\ x_0 - t_s & t_s \le t \le T, \end{cases}$$

wobei $x_0 > 0$ der bekannte Anfangszustand ist.

(a) Berechnen Sie durch Einsetzen von $u^*(t)$ und $x^*(t)$ in das Gütefunktional (11.78) und durch Auswerten des entstehenden bestimmten Integrals eine zu minimierende Gütefunktion $J(t_s)$.
(b) Bestimmen Sie das Minimum der Funktion $J(t_s)$, $0 \le t_s \le T$, durch Auswertung der Optimalitätsbedingungen.

3.10 Die Lösung des Gleichungssystems (3.16)–(3.18) liefert

$$\alpha = (f(b) - f(a) + f'(\alpha)(a - b))/(a - b)^2 .$$

Gilt $\alpha < 0$, so hat die entsprechende quadratische Approximationsfunktion $\hat{f}(x) = \alpha x^2 + \beta x + \gamma$ an der Stelle $\hat{x}$ aus (3.15) kein Minimum, sondern ein Maximum. Folglich würde in diesem Fall die Anwendung der Interpolationsformel (3.12) keine Minimum- sondern eine Maximumschätzung liefern.

(a) Geben Sie anhand obiger α-Formel eine zeichnerische Interpretation für das Auftreten der Fehlsituation $\alpha \le 0$ an.
(b) Führen Sie in den Algorithmus von Abb. 3.6 für den Fall $\alpha \le 0$ eine geeignete Maßnahme ein.
(c) Kann die geschilderte Fehlsituation auch bei den Interpolationsformeln (3.13) und (3.14) auftreten?

Minimierung einer Funktion mehrerer Variablen ohne Nebenbedingungen

4

Das in diesem Kapitel behandelte Problem lautet

$$\min_{\mathbf{x} \in \mathbb{R}^n} f(\mathbf{x}) \; . \tag{4.1}$$

Da die Optimierungsvariablen $x_1, \ldots, x_n$ der kürzeren Schreibweise wegen in einem n-dimensionalen Vektor $\mathbf{x}$ zusammengefasst werden, spielen Vektor- und Matrixoperationen bei der Bearbeitung der Problemstellung eine zentrale Rolle. Lesern mit weit in der Vergangenheit liegenden Kenntnissen über Vektoren und Matrizen wird daher an dieser Stelle die Lektüre des Abschn. 19.1 empfohlen.

4.1 Notwendige Bedingungen für ein lokales Minimum

Das mehrdimensionale Problem (4.1) kann durch Definition einer Funktion $F(\varepsilon) = f(\mathbf{x}^* + \varepsilon \boldsymbol{\eta})$ auf ein eindimensionales Problem zurückgeführt werden. Hierbei ist $\mathbf{x}^*$ ein lokales Minimum des Problems (4.1), $\boldsymbol{\eta} \in \mathbb{R}^n$ ist ein beliebiger Vektor und ε ist die eingeführte Variable der eindimensionalen Funktion $F(\varepsilon)$. Offensichtlich hat die Funktion $f(\mathbf{x})$ an der Stelle $\mathbf{x}^*$ ein lokales Minimum, genau wenn die Funktion $F(\varepsilon)$ für jeden beliebigen Vektor $\boldsymbol{\eta} \in \mathbb{R}^n$ an der Stelle $\varepsilon^* = 0$ ein lokales Minimum aufweist. Gemäß (3.6) muss hierzu gelten

$$F'(0) = \boldsymbol{\eta}^T \nabla_{\mathbf{x}} f(\mathbf{x}^*) = 0 \quad \forall \, \boldsymbol{\eta} \in \mathbb{R}^n \; , \tag{4.2}$$

wobei $\nabla_{\mathbf{x}} f$ der Gradient der Funktion f ist. Zur Verkürzung der Notation wird im Weiteren der Gradient auch als ∇f geschrieben, wenn die Funktion f nur ein Argument hat. Gleichung (4.2) ist aber erfüllt, genau wenn

$$\nabla f(\mathbf{x}^*) = \mathbf{0} \; . \tag{4.3}$$

Um diese Schlussfolgerung nachzuvollziehen, setze man in (4.2) nacheinander $\boldsymbol{\eta} = \mathbf{i}_1, \ldots, \mathbf{i}_n$, wobei der jeweilige Vektor $\mathbf{i}_i = [0 \ldots 0 \, 1 \, 0 \ldots 0]^T$ alle bis auf die i-te Komponente Null hat.

Eine notwendige Bedingung 2. Ordnung bzw. eine hinreichende Bedingung für ein lokales Minimum der Funktion f kann durch Heranziehen von (3.7) bzw. (3.8) wie folgt abgeleitet werden

$$F''(0) = \boldsymbol{\eta}^T \nabla_{\mathbf{x}\mathbf{x}}^2 f(\mathbf{x}^*) \boldsymbol{\eta} \geq 0 \quad \forall \, \boldsymbol{\eta} \in \mathbb{R}^n \; , \tag{4.4}$$

© Springer-Verlag Berlin Heidelberg 2015
M. Papageorgiou, M. Leibold, M. Buss, *Optimierung*, DOI 10.1007/978-3-662-46936-1_4

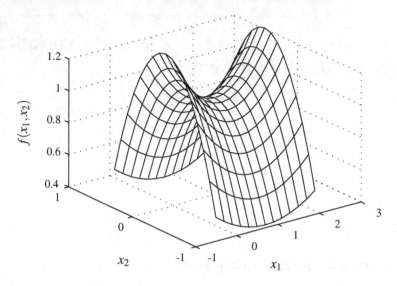

Abb. 4.1 Sattelpunkt

wobei $\nabla^2_{\mathbf{xx}} f = \nabla^2 f$ die Hessesche Matrix der Funktion f ist. Gleichung (4.4) signalisiert, dass $\nabla^2 f(\mathbf{x}^*)$ positiv semidefinit sein muss. Durch eine strikte Ungleichung in (4.4), die nunmehr für alle $\eta \in \mathbb{R}^n \setminus \{\mathbf{0}\}$ gelten muss, kann man auf die gleiche Weise hinreichende Bedingungen für ein striktes lokales Minimum der Funktion f ableiten.

Die bisher befolgte elementare Entwicklung der Optimalitätsbedingungen wird nun zugunsten einer mehrdimensionalen Vektor-Taylor-Reihe aufgegeben. Für die in der Taylor-Reihe auftretende Variation $\delta\mathbf{x}$ gilt $\delta\mathbf{x} = \varepsilon\eta$.

Zur Ableitung von Optimalitätsbedingungen entwickeln wir, ähnlich wie in Abschn. 3.1, die Funktion $f(\mathbf{x})$ um ein lokales Minimum $\mathbf{x}^*$ mittels einer (Vektor-) Taylor-Reihe

$$f(\mathbf{x}^* + \delta\mathbf{x}) = f(\mathbf{x}^*) + \nabla f(\mathbf{x}^*)^T \delta\mathbf{x} + \frac{1}{2}\delta\mathbf{x}^T \nabla^2 f(\mathbf{x}^*)\delta\mathbf{x} + R(\delta\mathbf{x}^3)\,, \qquad (4.5)$$

wobei ∇f der Gradient und $\nabla^2 f$ die Hessesche Matrix der Funktion f sind. Durch eine ähnliche Argumentation wie in Abschn. 3.1 verlangen wir, dass die erste Variation $\nabla f(\mathbf{x}^*)^T \delta\mathbf{x}$ um ein lokales Minimum für alle $\delta\mathbf{x}$ verschwindet. Dies führt uns (s. auch (4.2), (4.3)) zu folgender *notwendigen Bedingung 1. Ordnung* für ein lokales Minimum

$$\nabla f(\mathbf{x}^*) = \mathbf{0}\,. \qquad (4.6)$$

Diese Bedingung wird aber von allen *stationären Punkten*, d. h. von allen lokalen Minima, allen lokalen Maxima sowie von allen sogenannten *Sattelpunkten* (vgl. Abb. 4.1) erfüllt, weshalb sie auch als *Stationaritätsbedingung* bezeichnet wird.

Abb. 4.2 Dreidimensionale Darstellung und Isokosten

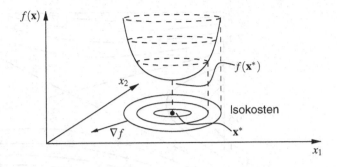

Eine strengere *notwendige Bedingung 2. Ordnung* für ein lokales Minimum entsteht, wenn wir zusätzlich die positive Semidefinitheit der zweiten Variation und somit der Hesseschen Matrix fordern

$$\nabla f(\mathbf{x}^*) = \mathbf{0} \quad \text{und} \quad \nabla^2 f(\mathbf{x}^*) \geq \mathbf{0} \,. \tag{4.7}$$

Schließlich lautet die *hinreichende Bedingung* für ein striktes lokales Minimum ähnlich wie in Abschn. 3.1

$$\nabla f(\mathbf{x}^*) = \mathbf{0} \quad \text{und} \quad \nabla^2 f(\mathbf{x}^*) > \mathbf{0} \,. \tag{4.8}$$

Die Untersuchung der Definitheit der Hesseschen Matrix erfolgt mit Hilfe der in Tab. 19.1 angegebenen Definitheitskriterien.

Die Lösung des durch die notwendigen Bedingungen 1. Ordnung bereitgestellten, im Allgemeinen nichtlinearen Gleichungssystems (4.6) liefert Kandidaten für lokale Minima, die mittels der notwendigen Bedingung 2. Ordnung (4.7) bzw. der hinreichenden Bedingung (4.8) weiter aussortiert werden können. Das globale Minimum ist dann durch Vergleich der Funktionswerte an den lokalen Minima ausfindig zu machen, vgl. aber auch die Anmerkungen in Abschn. 3.1.

Beispiel 4.1 Es gilt die Funktion $\varphi(\mathbf{x}) = -(x_1^2 - 4x_1 + 9x_2^2 - 18x_2 - 7)$ zu maximieren. Stattdessen werden wir die Funktion $f(\mathbf{x}) = -\varphi(\mathbf{x}) = (x_1 - 2)^2 + 9(x_2 - 1)^2 - 20$ minimieren. Die notwendige Bedingung 1. Ordnung (4.6) liefert

$$f_{x_1}(\mathbf{x}^*) = 2(x_1^* - 2) = 0 \iff x_1^* = 2$$
$$f_{x_2}(\mathbf{x}^*) = 18(x_2^* - 1) = 0 \iff x_2^* = 1 \,.$$

Die Hessesche Matrix der Funktion f ist $\nabla^2 f = \mathbf{diag}(2, 18)$ und mit dem Sylvesterkriterium (s. Abschn. 19.1) erweist sie sich durch $D_1 = 2 > 0$ und $D_2 = 36 > 0$ als positiv definit. Somit erfüllt $\mathbf{x}^* = [2\ 1]^T$ die hinreichenden Optimalitätsbedingungen (4.8) für ein striktes lokales Minimum, dessen Wert sich zu $f(\mathbf{x}^*) = -20$ berechnet. Die grundsätzliche Form (Rotationsparaboloid) der Funktion $f(\mathbf{x})$ zeigt Abb. 4.2. $\square$

Eine Funktion $f(x_1, x_2)$ zweier Variablen lässt sich im dreidimensionalen Raum wie in Abb. 4.2 zeichnerisch darstellen. Eine einfachere zeichnerische Darstellung erfolgt

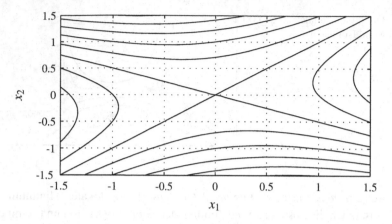

Abb. 4.3 Isokosten für Beispiel 4.2

durch *Isokosten* (auch Höhenlinien oder Niveaulinien). Diese stellen die Gleichungen $f(x_1, x_2) =$ konst. für verschiedene konstante Werte auf der (x_1, x_2)-Ebene grafisch dar. Dabei steht der Gradient ∇f senkrecht auf den Isokosten und zeigt in die Richtung des steilsten Anstiegs (s. Abschn. 4.2.1.1).

Beispiel 4.2 Man untersuche die Funktion $f(x_1, x_2) = x_1^2 - 2x_2^2 + x_1 x_2$ auf Minima, Maxima und Sattelpunkte. Die notwendige Bedingung 1. Ordnung (4.6) liefert

$$\nabla f(\mathbf{x}^*) = \begin{bmatrix} 2x_1^* + x_2^* \\ -4x_2^* + x_1^* \end{bmatrix} = \mathbf{0} \quad \Longleftrightarrow \quad x_1^* = x_2^* = 0 \,.$$

Die Hessesche Matrix ist

$$\nabla^2 f(\mathbf{x}) = \begin{bmatrix} 2 & 1 \\ 1 & -4 \end{bmatrix}$$

und mit $D_1 = 2 > 0$ und $D_2 = -9 < 0$ ist sie indefinit, d. h. sie verletzt die notwendigen Bedingungen 2. Ordnung sowohl für ein lokales Minimum als auch für ein lokales Maximum, folglich muss es sich also um einen Sattelpunkt handeln. Die entsprechende grafische Darstellung zeigt Abb. 4.3 anhand der zugehörigen Isokosten. □

4.2 Numerische Verfahren

Die in Abschn. 3.2 angeführten Gründe, eine rechnergestützte Lösung anzustreben, gewinnen bei Optimierungsproblemen mit mehreren Entscheidungsvariablen angesichts der erhöhten Komplexität einer analytischen Lösung zusätzlich an Bedeutung.

Abb. 4.4 Rechnergestützte
Suche eines lokalen Minimums

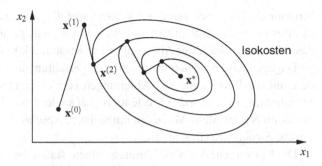

4.2.1   Algorithmische Struktur

Wir werden in diesem Abschnitt eine grundsätzliche algorithmische Struktur zur rechnergestützten Lösung von mehrdimensionalen Optimierungsprobleme vorstellen, und in nachfolgenden Abschnitten weitere Erläuterungen und Einzelheiten zu einzelnen algorithmischen Schritten angeben.

Die Aufgabenstellung kann man sich im zweidimensionalen Fall wie folgt vorstellen: Man befinde sich nachts in einer gebirgigen unbekannten Landschaft, ausgerüstet mit einer schwachen Taschenlampe (zur Ermittlung des lokalen Gradienten) und einem Höhenmesser (zur Ermittlung des lokalen Funktionswertes). Wie müssen wir schreiten, um den tiefsten Talpunkt (dessen Höhe und Lage uns unbekannt sind) zu erreichen?

Die grundsätzliche algorithmische Struktur besteht aus nachfolgenden Schritten und wird in Abb. 4.4 für den zweidimensionalen Fall illustriert:

(a) Wähle einen *Startpunkt* $\mathbf{x}^{(0)}$; setze den Iterationsindex $l = 0$.
(b) *Abstiegsrichtung*: Bestimme eine *Suchrichtung* $\mathbf{s}^{(l)}$.
(c) *Liniensuche*: Bestimme eine skalare Schrittweite $\alpha^{(l)} > 0$. Setze anschließend

$$\mathbf{x}^{(l+1)} = \mathbf{x}^{(l)} + \alpha^{(l)}\mathbf{s}^{(l)} \ . \tag{4.9}$$

(d) Wenn *Abbruchbedingung* erfüllt, *stop*.
(e) Starte neue Iteration $l := l + 1$; gehe nach (b).

Der Algorithmus verläuft also iterativ, wobei zu Beginn jeder Iteration eine Abstiegsrichtung $\mathbf{s}^{(l)}$ festgelegt wird, entlang der dann ein Schritt $\alpha^{(l)}$ so durchgeführt wird, dass der Wert der Kostenfunktion verkleinert wird $f(\mathbf{x}^{(l)} + \alpha^{(l)}\mathbf{s}^{(l)}) < f(\mathbf{x}^{(l)})$.

Das Gradienten-Verfahren (Abschn. 4.2.3), die Newton-Verfahren (Abschn. 4.2.4) und das Konjugierte-Gradienten-Verfahren (Abschn. 4.2.5) basieren auf dieser algorithmischen Struktur und unterscheiden sich in der Wahl der Abstiegsrichtung. Die Verfahren müssen mit einer Methode zur Liniensuche kombiniert werden. Es werden die exakte Liniensuche, s. Abschn. 4.2.2.1, und das Armijo-Verfahren, s. Abschn. 4.2.2.2 vorgestellt. Die Trust-Region-Verfahren (Abschn. 4.2.6) weichen dagegen von dieser algorithmischen

Struktur ab. Bei dieser Verfahrensklasse findet die Suche nach einer Abstiegsrichtung und das Bestimmen einer Schrittweite simultan statt. Alle genannten Verfahren setzen voraus, dass eine oder sogar zwei Ableitungen der Kostenfunktion berechnet werden können.

Dagegen wird bei den ableitungsfreien Verfahren, die in Abschn. 4.2.8 eingeführt werden, auf die Berechnung von Ableitungen verzichtet. Das Vorgehen beim Koordinaten-Verfahren, s. Abschn. 4.2.8.1, orientiert sich an der beschriebenen algorithmischen Struktur. Beim Nelder-Mead-Verfahren hingegen, s. Abschn. 4.2.8.2, wird eine andere algorithmische Struktur zu Grunde gelegt.

Die Konvergenz des Algorithmus zu einem stationären Punkt kann unter relativ schwachen Voraussetzungen nachgewiesen werden [1]. In Anbetracht der Abstiegsrichtung bei Schritt (b) wird es sich hierbei in fast allen praktisch relevanten Fällen um ein lokales Minimum handeln. Ist man an einem globalen Minimum interessiert, so gibt es bedauerlicherweise keinen Algorithmus, der dessen rechnergestützte Bestimmung garantieren könnte. Einen Ausnahmefall bilden konvexe Problemstellungen, die in Kap. 2 behandelt wurden. Bei allen anderen Fällen ist man darauf angewiesen,

- den Startpunkt gegebenenfalls geeignet, d. h. in der Nähe eines vermuteten globalen Minimums, zu wählen oder
- das Problem wiederholt, mit unterschiedlichen Startpunkten, zu lösen oder
- die erhaltene Lösung aus anwendungsorientierten Gesichtspunkten auf ihre Güte hin zu beurteilen oder
- spezielle Verfahren, z. B. stochastische Verfahren (s. Abschn. 4.2.9) einzusetzen, die die Wahrscheinlichkeit der Auffindung eines globalen Minimums erhöhen. Für eine aktuelle Übersicht über Verfahren der globalen Minimierung, s. [2].

4.2.1.1 Abstiegsrichtungen

Eine Abstiegsrichtung $\mathbf{s}^{(l)}$ erfüllt für genügend kleine Schrittweiten $0 < \alpha < \tilde{\alpha}$

$$f(\mathbf{x}^{(l)} + \alpha \mathbf{s}^{(l)}) < f(\mathbf{x}^{(l)}) . \tag{4.10}$$

Hinreichend für diese Bedingung ist, dass die Suchrichtung $\mathbf{s}^{(l)}$ und der Gradient $\mathbf{g}^{(l)}$ einen stumpfen Winkel bilden (s. Abb. 4.5), d. h. deren Skalarprodukt muss negativ sein, wobei $\mathbf{g}$ für die Belange dieses Kapitels den Gradienten ∇f darstellen soll. Ferner verwenden wir die Notation $\mathbf{g}^{(l)} = \mathbf{g}(\mathbf{x}^{(l)})$. Somit lautet die hinreichende Bedingung für eine Abstiegsrichtung

$$\mathbf{s}^{(l)^T} \mathbf{g}^{(l)} < 0 . \tag{4.11}$$

4.2.1.2 Abbruchbedingung

In Anbetracht der notwendigen Bedingung 1. Ordnung (4.6) sollte der iterative Algorithmus abgebrochen werden, wenn der Gradientenbetrag eine vorgegebene Toleranzgrenze $\varepsilon > 0$ unterschritten hat

$$\|\mathbf{g}^{(l)}\| < \varepsilon . \tag{4.12}$$

Abb. 4.5 Abstiegsrichtung

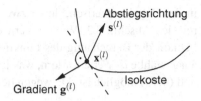

4.2.2 Liniensuche

Es ist die Aufgabe der *Liniensuche*, bei jeder Iteration eine Schrittweite entlang der festgelegten Suchrichtung zu bestimmen. Bestimmt man die Schrittweite so, dass das Minimum der Kostenfunktion entlang der Suchrichtung angenommen wird, spricht man von exakter Liniensuche, s. Abschn. 4.2.2.1. Dies entspricht der Lösung eines eindimensionalen Optimierungsproblems, wie es in Kap. 3 behandelt wurde. Meist ist aber die exakte Liniensuche mit zu großem numerischen Aufwand verbunden. Eine Alternative bietet das Armijo-Verfahren zur Liniensuche, das in Abschn. 4.2.2.2 eingeführt wird. Hier wird in endlich vielen Iterationen eine Schrittweite gefunden, die zu ausreichendem Abstieg in der Kostenfunktion führt, aber nicht notwendigerweise den maximalen Abstieg realisiert. Weitere Methoden zur Liniensuche, wie die Wolfe-Powell-Regel, können in einschlägigen Lehrbüchern nachgelesen werden, z. B. [3].

Abschließend soll noch erwähnt werden, dass die rechnergestützte Optimierung auch ohne Linienoptimierung, mit vorab festgelegter, konstanter Schrittweite α denkbar ist. Die Konvergenz des Verfahrens hängt dann allerdings vom gewählten α-Wert ab. Da in diesem Fall die Länge der Schrittweite für alle Iterationen konstant bleibt, kann eine Divergenzvermeidung üblicherweise nur durch ein sehr kleines α garantiert werden, was wiederum zu schleichender Konvergenz führen kann (s. Übung 4.6).

4.2.2.1 Exakte Liniensuche

Wir bezeichnen mit

$$F(\alpha) = f(\mathbf{x}^{(l)} + \alpha \mathbf{s}^{(l)}) \tag{4.13}$$

die zu minimierende Funktion und führen die Abkürzung $\mathbf{X}(\alpha) = \mathbf{x}^{(l)} + \alpha \mathbf{s}^{(l)}$ für die Punkte entlang der Suchrichtung ein. Die Ableitung von $F(\alpha)$ liefert

$$F'(\alpha) = \nabla f(\mathbf{X}(\alpha))^T \mathbf{X}'(\alpha) = \mathbf{g}(\mathbf{X}(\alpha))^T \mathbf{s}^{(l)} \; . \tag{4.14}$$

Am Linienminimum gilt wegen (3.6) $F'(\alpha^{(l)}) = 0$, so dass aus (4.14) mit $\mathbf{X}(\alpha^{(l)}) = \mathbf{x}^{(l+1)}$ und $\mathbf{g}(\mathbf{X}(\alpha^{(l)})) = \mathbf{g}^{(l+1)}$ folgende Beziehung resultiert

$$\mathbf{g}^{(l+1)^T} \mathbf{s}^{(l)} = 0 \; . \tag{4.15}$$

Gleichung (4.15) besagt, dass bei exakter Linienoptimierung der Gradient am Linienminimum orthogonal zur Suchrichtung ist. Die Bestimmung des Linienminimums erfolgt in der Regel numerisch, durch zweckmäßige Anwendung der rechnergestützten Verfahren des Abschn. 3.2. Wir erinnern uns, dass die rechnergestützten Verfahren die Möglichkeit der Berechnung des Funktionswertes $F(\alpha)$ und des Ableitungswertes $F'(\alpha)$ für ausgewählte α-Werte fordern, was ja bei der hier vorliegenden Anwendung mittels (4.13) und (4.14) möglich ist. Da wegen der Abstiegsbedingung mit (4.14)

$$F'(0) = \mathbf{g}^{(l)^T} \mathbf{s}^{(l)} < 0 \tag{4.16}$$

gilt, liegt der Startwert mit $\alpha = 0$ und die Startrichtung für den Algorithmus von Abb. 3.6 fest. Gemäß (3.11) darf man dann für den ersten Schritt

$$\hat{\alpha}^{(l)} = -2 \frac{\triangle F^{(l)}}{F'(0)} \tag{4.17}$$

setzen, wobei mit $\triangle F^{(l)}$ die erwartete Funktionsverbesserung entlang der Suchrichtung ausgedrückt wird. Als Schätzwert hat sich hierfür bei einigen Anwendungen

$$\triangle F^{(l)} = f(\mathbf{x}^{(l-1)}) - f(\mathbf{x}^{(l)}) \tag{4.18}$$

bewährt. Mit (4.18) wird die erwartete Funktionsverbesserung während der Iteration l dem entsprechenden Wert bei der letzten Iteration $l - 1$ gleichgesetzt. Da der mit (4.18) vorliegende Schätzwert zwar sinnvoll, aber doch willkürlich erscheint, sollten für den ersten Schritt $\hat{\alpha}^{(l)}$, der aus (4.17) resultiert, je nach Problemstellung geeignete untere und vor allem obere Grenzen festgelegt werden. Nach Festlegung des ersten Schrittes läuft die Linienoptimierung nach dem Schema der Abb. 3.6 zur Festlegung des Linienminimums normal ab.

4.2.2.2 Armijo-Verfahren

Die exakte Linienoptimierung aus Abschn. 4.2.2.1 würde im Allgemeinen unendlich viele Schritte benötigen, um das exakte Linienminimum zu bestimmen. Das Armijo-Verfahren ermöglicht es, eine Schrittweite, die so gut ist, dass das Abstiegsverfahren konvergiert, in endlich vielen Schritten zu berechnen.

Man bestimme hierzu die größte Schrittweite $\alpha = \kappa \beta^m$ mit $m = 0, 1, 2, \ldots$, für die gilt

$$f(\mathbf{x}^{(l)}) - f(\mathbf{x}^{(l)} + \alpha \mathbf{s}^{(l)}) \geq -c_1 \alpha \mathbf{g}^{(l)^T} \mathbf{s}^{(l)} > 0 . \tag{4.19}$$

Dabei werden die Parameter üblicherweise wie folgt gewählt: $c_1 \in [10^{-5}; 10^{-1}]$ und $\beta \in [0.1; 0.5]$, vgl. [4]. Die Skalierung κ kann $\kappa = 1$ gewählt werden, sofern die Suchrichtung $\mathbf{s}^{(l)}$ skaliert ist, wie das zum Beispiel bei den Newton-Verfahren der Fall ist. In [4] sind weitere Hinweise zur Skalierung und in [5] weitere Hinweise zur Wahl der Parameter angegeben.

Bedingung (4.19) wird für aufsteigendes m überprüft, bis eine Schrittweite $\alpha = \kappa \beta^m$ gefunden wurde, die Bedingung (4.19) erfüllt. Das heißt, es wird erst ein relativ großer

Abb. 4.6 Armijo-Verfahren

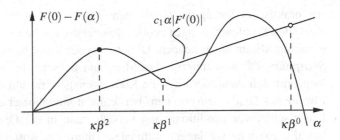

Schritt ausprobiert, und dann sukzessive verkleinert. Drei Schritte des Armijo-Verfahrens sind in Abb. 4.6 veranschaulicht.

Mit der Hilfsfunktion $F(\alpha) = f(\mathbf{x}^{(l)} + \alpha\mathbf{s}^{(l)})$ kann man (4.19) wie folgt umschreiben

$$F(0) - F(\alpha) \geq c_1\alpha|F'(0)| \ . \tag{4.20}$$

Das Armijo-Verfahren fordert also, dass die Verbesserung der Kostenfunktion groß genug ist. Anschaulich gesehen muss die Kurve der Kostenverbesserung $F(0) - F(\alpha)$ über einer Geraden mit Steigung $c_1|F'(0)|$ liegen, s. Abb. 4.6. Weiterhin muss der Abstieg größer sein, wenn die Suchrichtung nur einen kleinen Winkel mit dem negativen Gradienten einschließt, denn $|\mathbf{g}^{(l)T}\mathbf{s}^{(l)}|$ ist maximal für $\mathbf{s}^{(l)} = -\mathbf{g}^{(l)}$.

Oft wird noch eine zweite Bedingung an die Krümmung zu (4.20) hinzugenommen, um zu verhindern, dass die Schrittweite zu klein wird

$$F'(\alpha) \geq c_2 F'(0) \ . \tag{4.21}$$

Für c_2 gilt $c_1 < c_2 < 1$. Anschaulich heißt das, die Schrittweite soll aus einem Bereich gewählt werden, in dem der Graph $-F(\alpha)$ nicht mehr so steil ansteigt, wie bei $\alpha = 0$. Bedingungen (4.20) und (4.21) werden Wolfe-Powell-Bedingungen genannt [3].

Es sei angemerkt, dass (4.20) und (4.21) auch in Abschn. 4.2.2.1 als Abbruchbedingung zur angenäherten Bestimmung des Linienminimums verwendet werden können.

4.2.3 Gradientenverfahren

Es erscheint naheliegend, am jeweiligen Iterationspunkt $\mathbf{x}^{(l)}$ die Richtung des *steilsten Abstiegs*, also die negative Gradientenrichtung, als Suchrichtung festzulegen

$$\mathbf{s}^{(l)} = -\mathbf{g}^{(l)} \ , \tag{4.22}$$

wodurch die Abstiegsbedingung (4.11) bei nichtstationären Punkten sicher erfüllt ist

$$\mathbf{s}^{(l)T}\mathbf{g}^{(l)} = -\|\mathbf{g}^{(l)}\|^2 < 0 \ . \tag{4.23}$$

Als praktischer Vorzug des Gradientenverfahrens ist neben seiner Einfachheit auch das bei vielen Problemstellungen beobachtete relativ rasche Erreichen eines Bereichs um das gesuchte Minimum zu nennen. Dies tritt typischerweise auch dann auf, wenn sich der Startpunkt $\mathbf{x}^{(0)}$ weit entfernt vom Minimum befindet. In der Nähe des Minimums verlangsamt sich dann allerdings die Konvergenzgeschwindigkeit erheblich. Zudem ist der Einsatz des Gradientenverfahrens bei schlecht konditionierten Problemen problematisch. Unter schlechter Konditionierung versteht man in der Optimierung anschaulich gesehen die Existenz von langen, schmalen Tälern des Kostengebirges. In diesem Fall resultieren beim Gradienten-Verfahren sehr kleine Schritte und die Konvergenz ist langsam, vgl. Abb. 4.8. In solchen Fällen vermag eine Skalierung, s. Abschn. 4.2.7, für Abhilfe zu sorgen.

Beispiel 4.3 Man betrachtet die allgemeine Funktion einer n-dimensionalen *Hyperkugel*

$$f(\mathbf{x}) = \frac{1}{2} \sum_{i=1}^{n} (x_i - a_i)^2 \, .$$

Der Gradient ist $\mathbf{g}(\mathbf{x}) = \mathbf{x} - \mathbf{a}$, wodurch sich mit (4.6) der stationäre Punkt $\mathbf{x}^* = \mathbf{a}$ ergibt. Da die Hessesche Matrix gleich der Einheitsmatrix ist, handelt es sich gemäß (4.8) um ein Minimum. Setzt man zur iterativen Minimumsbestimmung, von einem beliebigen Startpunkt $\mathbf{x}^{(0)}$ ausgehend, die Formel (4.9) mit Suchrichtung (4.22) und $\alpha^{(l)} = 1$ ein, so folgt

$$\mathbf{x}^{(1)} = \mathbf{x}^{(0)} - (\mathbf{x}^{(0)} - \mathbf{a}) = \mathbf{a} \, ,$$

d. h. die optimale Lösung wird in genau einer Iteration erreicht. $\qquad\qquad\qquad$ $\square$

4.2.4 Newton-Verfahren

Das Newton-Verfahren ist zunächst als hilfreiches Instrument zur iterativen Lösung nichtlinearer Gleichungssysteme $\mathbf{g}(\mathbf{x}) = \mathbf{0}$ bekannt. Hierbei startet man bei $\mathbf{x}^{(0)}$ und vollzieht zu jeder Iteration den Schritt $\mathbf{x}^{(l+1)} = \mathbf{x}^{(l)} + \delta\mathbf{x}^{(l)}$. Zur Ableitung eines geeigneten Schrittes $\delta\mathbf{x}^{(l)}$ entwickelt man das Gleichungssystem um $\mathbf{x}^{(l)}$ mittels einer Taylor-Reihe, die man nach dem Glied 1. Ordnung abbricht

$$\mathbf{g}(\mathbf{x}^{(l+1)}) = \mathbf{g}(\mathbf{x}^{(l)}) + \mathbf{g}_{\mathbf{x}}(\mathbf{x}^{(l)})\delta\mathbf{x}^{(l)} \qquad\qquad (4.24)$$

und verlangt $\mathbf{g}(\mathbf{x}^{(l+1)}) = \mathbf{0}$, wodurch sich $\delta\mathbf{x}^{(l)}$ wie folgt berechnet

$$\delta\mathbf{x}^{(l)} = -\mathbf{g}_{\mathbf{x}}(\mathbf{x}^{(l)})^{-1}\mathbf{g}(\mathbf{x}^{(l)}) \, . \qquad\qquad (4.25)$$

Anschaulich gesehen, approximiert man die nichtlineare Gleichung wiederholt durch ihre Linearisierung um den Iterationspunkt $\mathbf{x}^{(l)}$ und verwendet die Nullstelle der Linearisierung $\mathbf{x}^{(l)} + \delta\mathbf{x}^{(l)}$ als verbesserte Schätzung für die Nullstelle der nichtlinearen Gleichung.

4.2.4.1 Gedämpftes Newton-Verfahren

Die Vorgehensweise des *Newton-Verfahrens* für nichtlineare Gleichungssysteme lässt sich auf Optimierungsprobleme übertragen, wenn man die Stationaritätsbedingung (4.6) als zu lösendes Gleichungssystem auffasst und die entsprechende Iterationsformel zu seiner Lösung einsetzt

$$\mathbf{x}^{(l+1)} = \mathbf{x}^{(l)} - \nabla^2 f\left(\mathbf{x}^{(l)}\right)^{-1}\mathbf{g}^{(l)}\,. \tag{4.26}$$

Anschaulich gesehen approximiert man demnach die Kostenfunktion wiederholt durch ihre quadratische Näherung um den Punkt $\mathbf{x}^{(l)}$ und bestimmt deren Minimum. Dieses Minimum wird dann als neuer Schätzwert $\mathbf{x}^{(l+1)}$ verwendet.

Das Verfahren ist in dieser Form für seine schnelle Konvergenz bekannt, die aber nur lokal, in einer kleinen Umgebung des Minimums, auftritt. Einen größeren Konvergenzbereich erhält man, wenn man die vom Newton-Verfahren definierte Iteration als Suchrichtung im Sinne der algorithmischen Struktur von Abb. 4.4 auffasst. Der Vergleich von (4.26) mit (4.9) zeigt, dass folgende Suchrichtung auf diese Weise festgelegt wird

$$\mathbf{s}^{(l)} = -\nabla^2 f\left(\mathbf{x}^{(l)}\right)^{-1}\mathbf{g}^{(l)}\,. \tag{4.27}$$

Das führt zur Iterationsvorschrift

$$\mathbf{x}^{(l+1)} = \mathbf{x}^{(l)} - \alpha^{(l)}\nabla^2 f\left(\mathbf{x}^{(l)}\right)^{-1}\mathbf{g}^{(l)}\,, \tag{4.28}$$

wobei $\alpha^{(l)}$ durch ein Liniensuchverfahren bestimmt wird. Man nennt dieses globalisierte Verfahren *gedämpftes Newton-Verfahren*, da für Startwerte, die sehr weit vom gesuchten Minimum entfernt sind, im Allgemeinen $\alpha^{(l)} < 1$ gilt. Hier könnte die Wahl $\alpha^{(l)} = 1$ wie in (4.26) zu Divergenz führen, da für einen so großen Schritt die Abstiegsbedingung $f(\mathbf{x}^{(l+1)}) < f(\mathbf{x}^{(l)})$ oft nicht erfüllt ist. In der Nähe des Minimums kann dann $\alpha^{(l)} = 1$ gewählt werden, um so die lokal schnelle Konvergenz des Newton-Verfahrens zu nutzen.

Die Untersuchung der Abstiegsbedingung (4.11) bei dieser Suchrichtung ergibt

$$\mathbf{s}^{(l)T}\mathbf{g}^{(l)} = -\mathbf{g}^{(l)T}\nabla^2 f\left(\mathbf{x}^{(l)}\right)^{-1}\mathbf{g}^{(l)} < 0\,. \tag{4.29}$$

Die Abstiegsbedingung ist also erfüllt, wenn $\nabla^2 f\left(\mathbf{x}^{(l)}\right)$ positiv definit ist. Die gleiche Bedingung garantiert die in (4.27) erforderliche Invertierbarkeit der Hesseschen Matrix. In Anbetracht der hinreichenden Bedingung (4.8) mag die positive Definitheit der Hesseschen Matrix in der Nähe des Minimums in den meisten Anwendungsfällen gegeben sein. Jedoch kann für weiter entfernte Iterationspunkte die Hessesche Matrix diese Bedingung verletzen, so dass durch Einsatz von (4.27) eine Anstiegsrichtung resultieren könnte, wodurch die Konvergenz des Algorithmus in Gefahr wäre. Mehrere alternative Abhilfemaßnahmen sind für diesen Fall in der Literatur vorgeschlagen worden und sind als modifizierte Newton-Verfahren bekannt. Die einfachste dieser Maßnahmen besteht darin, die Hessesche Matrix bei jeder Iteration auf positive Definitheit zu überprüfen, und sie, sofern nicht positiv definit, durch die Einheitsmatrix zu ersetzen. Ein Vergleich von (4.27)

mit (4.22) zeigt, dass daraus eine simple Gradientenrichtung resultiert, die ja die Abstiegsbedingung auf alle Fälle erfüllt, wie wir in (4.23) festgestellt haben.

Der wichtigste Vorteil des Newton-Verfahrens besteht in seiner sehr schnellen Konver-
genz in der Nähe des Minimums, sofern $\nabla^2 f(\mathbf{x}^{(l)}) > \mathbf{0}$ erfüllt ist. Ein Nachteil entsteht
vor allem bei hochdimensionalen Problemen durch den relativ hohen Rechenaufwand, um
die Hessesche Matrix zu berechnen und das Gleichungssystem aus (4.26)

$$\nabla^2 f(\mathbf{x}^{(l)})\mathbf{s}^{(l)} = -\mathbf{g}^{(l)} \tag{4.30}$$

zu lösen. Die Inverse der Hesseschen Matrix wird dabei nie explizit berechnet. Zur Lösung
des Gleichungssystems (4.30) werden Zerlegungen der Hesseschen Matrix $\nabla^2 f(\mathbf{x}^{(l)})$
herangezogen. Weit verbreitet ist die sogenannte *Cholesky-Zerlegung* (für symmetrische
positiv definite Matrizen), $\nabla^2 f = \mathbf{L}\mathbf{L}^T$, wobei $\mathbf{L}$ eine untere Dreiecksmatrix ist. Die Cholesky-Zerlegung lässt sich effizient berechnen und das Gleichungssystem $\mathbf{L}\mathbf{L}^T\mathbf{s}^{(l)} = -\mathbf{g}^{(l)}$
für die Suchrichtung $\mathbf{s}^{(l)}$ kann in zwei Schritten gelöst werden: zuerst wird $\tilde{\mathbf{s}}^{(l)}$ als Lösung
von $\mathbf{L}\tilde{\mathbf{s}}^{(l)} = -\mathbf{g}^{(l)}$ durch Gauß-Elimination berechnet; anschliessend wird $\mathbf{s}^{(l)}$ als Lösung
von $\mathbf{L}^T\mathbf{s}^{(l)} = \tilde{\mathbf{s}}^{(l)}$ ebenfalls durch Gauß-Elimination berechnet. Siehe z. B. [4, 6, 7] für
weitere Zerlegungen und Adaptionen.

Beispiel 4.4 Zu minimieren sei die allgemeine quadratische Funktion

$$f(\mathbf{x}) = \frac{1}{2}\mathbf{x}^T \mathbf{Q}\mathbf{x} + \mathbf{p}^T \mathbf{x} + c \tag{4.31}$$

mit $\mathbf{Q} > \mathbf{0}$. Der Gradient und die Hessesche Matrix berechnen sich zu

$$\mathbf{g}(\mathbf{x}) = \mathbf{Q}\mathbf{x} + \mathbf{p} \tag{4.32}$$
$$\nabla^2 f(\mathbf{x}) = \mathbf{Q} . \tag{4.33}$$

Durch analytische Auswertung erhält man offenbar ein globales Minimum bei $\mathbf{x}^* =
-\mathbf{Q}^{-1}\mathbf{p}$. Setzt man zur iterativen Minimumsbestimmung, von einem beliebigen Startpunkt
$\mathbf{x}^{(0)}$ ausgehend, die Formel (4.26) mit $\alpha^{(0)} = 1$ ein, so folgt

$$\mathbf{x}^{(1)} = \mathbf{x}^{(0)} - \mathbf{Q}^{-1}(\mathbf{Q}\mathbf{x}^{(0)} + \mathbf{p}) = -\mathbf{Q}^{-1}\mathbf{p} , \tag{4.34}$$

d. h. die optimale Lösung wird in genau einer Iteration erreicht. $\qquad\square$

Man darf also festhalten: Wie zu erwarten war, konvergiert das Newton-Verfahren bei
quadratischen Gütefunktionen mit positiv definiter Hesseschen Matrix in genau einer Iteration, da die quadratische Näherung der Funktion die Funktion selber ist.

4.2.4.2 Quasi-Newton-Verfahren und Variable-Metrik-Verfahren

Variable-Metrik-Verfahren sind als Abstiegsverfahren mit Suchrichtung

$$\mathbf{s}^{(l)} = -(\mathbf{A}^{(l)})^{-1}\mathbf{g}^{(l)} \tag{4.35}$$

und positiv definiter Matrix $\mathbf{A}^{(l)}$ definiert. Für $\mathbf{A} = \nabla^2 f$ erhält man hierbei das Newton-Verfahren.

Die *Quasi-Newton-Verfahren* sind Variable-Metrik-Verfahren, die das Ziel haben, den hohen rechentechnischen Aufwand des gedämpften Newton-Verfahrens abzuschwächen. Trotzdem wird dabei angestrebt, eine Konvergenzgeschwindigkeit vergleichbar zum Newton-Verfahren zu erreichen. Hierzu werden bei der Berechnung einer Suchrichtung symmetrische Approximationen $\mathbf{G}$ der inversen Hesseschen Matrix herangezogen, zu deren Berechnung keine Matrixinversion erforderlich ist. Je nach der verwendeten Approximation erhält man verschiedene *Quasi-Newton-Verfahren*, die alle nach folgendem Schema die Suchrichtung bestimmen

$$\mathbf{s}^{(0)} = -\mathbf{g}^{(0)} \tag{4.36}$$

$$\mathbf{s}^{(l)} = -\mathbf{G}^{(l)}\mathbf{g}^{(l)} \quad \text{für} \quad l \geq 1 \,. \tag{4.37}$$

Bei der 0-ten Iteration startet man also mit dem steilsten Abstieg, (4.36), und bei allen nachfolgenden Iterationen zieht man die Approximation $\mathbf{G}^{(l)}$ der inversen Hesseschen Matrix zur Bestimmung der Suchrichtung heran.

Die zwei meist verwendeten Formeln zur Berechnung von $\mathbf{G}^{(l)}$ sind unter den Initialen ihrer Erfinder bekannt, nämlich *DFP-Formel* (Davidon, Fletcher, Powell) [8]

$$\mathbf{G}^{(l)} = \left(\mathbf{G} + \frac{\boldsymbol{\delta}\boldsymbol{\delta}^T}{\boldsymbol{\delta}^T\mathbf{y}} - \frac{\mathbf{G}\mathbf{y}\mathbf{y}^T\mathbf{G}}{\mathbf{y}^T\mathbf{G}\mathbf{y}} \right)^{(l-1)} \tag{4.38}$$

mit den Abkürzungen

$$\boldsymbol{\delta}^{(l-1)} = \mathbf{x}^{(l)} - \mathbf{x}^{(l-1)} \tag{4.39}$$

$$\mathbf{y}^{(l-1)} = \mathbf{g}^{(l)} - \mathbf{g}^{(l-1)} \tag{4.40}$$

und *BFGS-Formel* (Broyden, Fletcher, Goldfarb, Shanno) [9–12]

$$\mathbf{G}^{(l)} = \left(\mathbf{G} + \left(1 + \frac{\mathbf{y}^T\mathbf{G}\mathbf{y}}{\boldsymbol{\delta}^T\mathbf{y}}\right)\frac{\boldsymbol{\delta}\boldsymbol{\delta}^T}{\boldsymbol{\delta}^T\mathbf{y}} - \frac{\boldsymbol{\delta}\mathbf{y}^T\mathbf{G} + \mathbf{G}\mathbf{y}\boldsymbol{\delta}^T}{\boldsymbol{\delta}^T\mathbf{y}} \right)^{(l-1)} \,. \tag{4.41}$$

Für beide Formeln gilt $\mathbf{G}^{(0)} = \mathbf{I}$. Formel (4.38) bzw. (4.41) muss bei jeder Iteration zur Bestimmung der Suchrichtung ausgewertet werden. Obwohl beide Formeln relativ kompliziert aussehen, ist die damit verknüpfte Rechenzeit weit niedriger als die Rechenzeit bei den Newton-Verfahren für die erforderliche Matrixinversion, s. auch [13] für eine ausführliche Übersicht.

Die Untersuchung der Abstiegsbedingung für Quasi-Newton-Verfahren zeigt, dass (4.11) bei nichtstationären Punkten erfüllt ist, wenn $\mathbf{G}^{(l)} > \mathbf{0}$. Es kann aber gezeigt werden [8–12], dass die positive Definitheit von $\mathbf{G}^{(l)}$ durch Einsatz obiger Formeln zumindest bei exakter Liniensuche (Abschn. 4.2.2.1) gewährleistet ist.

Die praktischen Eigenschaften der Quasi-Newton-Verfahren lassen sich wie folgt zusammenfassen:

- Anstiegsrichtungen treten theoretisch (bei exakter Liniensuche) nicht auf; nichtsdestotrotz sollte die positive Definitheit von $\mathbf{G}^{(l)}$ überwacht werden, da wegen ungenauer Liniensuche (4.37) im praktischen Einsatz doch eine Anstiegsrichtung produzieren könnte.
- Die Konvergenz ist schnell, erreicht aber üblicherweise nicht den Stand des Newton-Verfahrens.
- Der rechentechnische Aufwand ist mäßig stark.
- Bei exakter Liniensuche liefern die DFP- und die BFGS-Formel die gleiche Folge von Iterationspunkten $\mathbf{x}^{(l)}$. Bei inexakter Liniensuche erwies sich die BFGS-Formel bei einigen in der Literatur gemeldeten praktischen Aufgabenstellungen als robuster.
- Bei quadratischen Problemen der Dimension n mit positiv definiter Hessescher Matrix wird die Lösung bei exakter Liniensuche in maximal n Iterationen erreicht.

Eine alternative Möglichkeit, um den Rechenaufwand des Newton-Verfahrens zu umgehen, bieten die *inexakten Newton-Verfahren*. Es wird zwar davon ausgegangen, dass die Hessesche Matrix $\nabla^2 f$ bestimmt werden kann, jedoch wird das Gleichungssystem $\nabla^2 f \, \mathbf{s}^{(l)} = -\nabla f$, das die Suchrichtung $\mathbf{s}^{(l)}$ des Newtonschrittes bestimmt, nicht exakt gelöst, sondern die Lösung wird nur durch

$$\left\| \nabla^2 f(\mathbf{x}^{(l)}) \mathbf{s}^{(l)} + \nabla f(\mathbf{x}^{(l)}) \right\| \leq \eta^{(l)} \left\| \nabla f(\mathbf{x}^{(l)}) \right\| \tag{4.42}$$

approximiert. Dabei ist $\eta^{(l)}$ eine Folge von Toleranzen und für $\eta^{(l)} = 0$ wird die Newton-Suchrichtung bestimmt. Die Lösung von (4.42) kann effizient in weniger als n Schritten durch das CG-Verfahren [14] bestimmt werden.

Das inexakte Newton-Verfahren ist von besonderer Bedeutung bei der Lösung hochdimensionaler Optimierungsprobleme (*large-scale problems*). Hochdimensionale Probleme erhält man zum Beispiel bei der numerischen Lösung optimaler Steuerungsprobleme durch Kollokationsverfahren, s. Abschn. 15.4.3. Die Idee des inexakten Newton-Verfahrens stammt von Dembo *et al.* [15]. Eine gute Übersicht ist in [14] zu finden. Dort kann auch über die Speicherung dünn besetzter (*sparse*) Matrizen nachgelesen werden, die bei der Lösung hochdimensionaler Probleme auftreten.

4.2.5 Konjugierte-Gradienten-Verfahren

Die *Konjugierte-Gradienten-Verfahren* bieten eine weitere alternative Möglichkeit der Bestimmung einer Suchrichtung, und zwar mit rechentechnischem Aufwand, der wenig höher als beim Gradientenverfahren ist, und mit Effizienz, die nicht weit hinter den Quasi-Newton-Verfahren zurückbleibt. Die entsprechenden Formeln lauten wie folgt

$$s^{(0)} = -g^{(0)} \tag{4.43}$$

$$s^{(l)} = -g^{(l)} + \beta^{(l)}s^{(l-1)} \quad \text{für} \quad l \geq 1 \tag{4.44}$$

$$\text{mit} \quad \beta^{(l)} = \frac{g^{(l)^T}g^{(l)}}{g^{(l-1)^T}g^{(l-1)}} . \tag{4.45}$$

Bei der 0-ten Iteration startet man also auch hier mit dem steilsten Abstieg (4.43), während man bei allen nachfolgenden Iterationen (4.44) verwendet. Die Aktualisierung der skalaren Größe $\beta^{(l)}$ mittels (4.45) entspricht der von *Fletcher und Reeves* [16] vorgeschlagenen Vorgehensweise. Eine effiziente Alternative zu (4.45) bietet die *Polak-Ribière* Formel [17]

$$\beta^{(l)} = \frac{(g^{(l)} - g^{(l-1)})^T g^{(l)}}{g^{(l-1)^T} g^{(l-1)}} . \tag{4.46}$$

Weitere Formeln sind in der Literatur vorgeschlagen worden [6], s. auch [18] für eine Kombination der Fletcher-Reeves und Polak-Ribière Verfahren. Alle diese Verfahren sind durch die Bestimmung effizienter Suchrichtungen unter Verzicht auf aufwendige Matrizenoperationen charakterisiert. Bei quadratischen Problemen der Dimension n mit positiv definiter Hessescher Matrix wird die Lösung bei exakter Liniensuche auch hier in maximal n Iterationen erreicht.

Bezüglich der Abstiegsbedingung (4.11) ergibt sich hier

$$s^{(l)^T}g^{(l)} = -g^{(l)^T}g^{(l)} + \beta^{(l)}s^{(l-1)^T}g^{(l)} . \tag{4.47}$$

Der erste Term der rechten Seite von (4.47) ist bei nicht stationären Punkten sicher negativ, wohingegen der zweite Term bei exakter Liniensuche verschwindet, s. (4.15). Somit ist also die Abstiegsbedingung von dem Konjugierte-Gradienten-Verfahren bei exakter Liniensuche erfüllt.

Bei den Konjugierte-Gradienten-Verfahren sowie bei den Quasi-Newton-Verfahren, können während einer Iteration, durch nichtquadratische Gütefunktionen oder inexakte Liniensuche bedingt, gewisse Fehlsituationen entstehen, so z. B.

• Schwierigkeiten bei der Liniensuche, die sich in einer übermäßigen Anzahl von Linieniterationen reflektieren.

• eine Degeneration der Suchrichtung, die sich durch eine annähernde Orthogonalität der Gradienten- mit der Suchrichtung, d. h. $s^{(l)^T}g^{(l)} \approx 0$, oder gar durch eine Anstiegsrichtung, d. h. $\mathbf{s}^{(l)^T} \mathbf{g}^{(l)} > 0$, ausdrückt. Diese Degeneration ist mittels folgender *Bedingung hinreichender Negativität* erkennbar

$$\mathbf{s}^{(l)^T} \mathbf{g}^{(l)} < -\sigma_2 \|\mathbf{s}^{(l)}\| \|\mathbf{g}^{(l)}\| \; , \; \sigma_2 > 0 \; . \tag{4.48}$$

Da $\mathbf{s}^{(l)^T} \mathbf{g}^{(l)} = \|\mathbf{s}^{(l)}\| \|\mathbf{g}^{(l)}\| \cos\varphi$ (wobei φ den Winkel zwischen den zwei Vektoren darstellt), ist (4.48) mit $\cos\varphi < -\sigma_2$ äquivalent. Der zu wählende Parameter σ_2 bestimmt somit einen zulässigen Sektor für die Suchrichtung $\mathbf{s}^{(l)}$.

Treten die geschilderten Schwierigkeiten auf, so empfiehlt sich ein Auffrischen des Suchrichtungsalgorithmus mittels eines *Restart*. Diese Maßnahme besteht darin, die laufende Iteration abzubrechen und bei der nächsten Iteration einen Neubeginn mit steilstem Abstieg vorzunehmen, d. h. $\mathbf{s}^{(l)} = -\mathbf{g}^{(l)}$, vgl. (4.36), (4.43). Die nachfolgenden Suchrichtungen werden dann normal, mit den entsprechenden Verfahrensformeln fortgesetzt.

Ungeachtet der möglicherweise auftretenden Fehlsituationen empfiehlt sich vor allem bei hochdimensionalen Problemen auch ein *periodischer Restart* alle N Iterationen, wobei $N \le n$ vorab gewählt werden muss [19, 20].

4.2.6 Trust-Region-Verfahren

Bei den *Trust-Region-Verfahren* wird von der in Abschn. 4.2.1 eingeführten algorithmischen Struktur abgewichen. Die Suchrichtung und eine dazu passende Schrittweite werden gemeinsam bestimmt. Hier wird die Variante des *Trust-Region-Newton-Verfahrens* eingeführt. Wie beim Newton-Verfahren ist der Ausgangspunkt eine quadratische Näherung $\Phi(\delta\mathbf{x})$ der Kostenfunktion $f(\mathbf{x})$

$$f(\mathbf{x}^{(l)} + \delta\mathbf{x}) \approx \Phi(\delta\mathbf{x}) := \frac{1}{2}\delta\mathbf{x}^T \nabla^2 f(\mathbf{x}^{(l)})\,\delta\mathbf{x} + \nabla f(\mathbf{x}^{(l)})^T \delta\mathbf{x} + f(\mathbf{x}^{(l)}) \; . \tag{4.49}$$

Es wird das Minimum der quadratischen Näherung bestimmt, allerdings wird zusätzlich ein Vertrauensbereich $\delta_{\text{trust}}^{(l)}$ um den aktuellen Iterationspunkt $\mathbf{x}^{(l)}$ angegeben, in dem die quadratische Näherung ausreichend genau erwartet wird. Der Vertrauensbereich wird als Nebenbedingung an die Minimierung der quadratischen Kostenfunktion betrachtet

$$\min_{\|\delta\mathbf{x}\| \le \delta_{\text{trust}}} \Phi(\delta\mathbf{x}) \; . \tag{4.50}$$

Für den neuen Iterationspunkt ergibt sich $\mathbf{x}^{(l+1)} = \mathbf{x}^{(l)} + \delta\mathbf{x}^{(l)}$. Stellt man durch Vergleich der Kostenreduktion im approximierten Problem mit der Reduktion im tatsächlichen Problem fest

$$r^{(l)} = \frac{f(\mathbf{x}^{(l)}) - f(\mathbf{x}^{(l)} + \delta\mathbf{x}^{(l)})}{\Phi(\mathbf{0}) - \Phi(\delta\mathbf{x}^{(l)})} \; , \tag{4.51}$$

dass die Approximation gut genug war, kann man den Vertrauensbereich vergrößern. Sonst muss der Iterationsschritt mit einem kleineren Vertrauensbereich wiederholt werden.

Algorithmisch kann man die Methode wie folgt notieren:

(a) Wähle einen Startpunkt $\mathbf{x}^{(0)}$ und einen Vertrauensradius $\delta_{\text{trust}}^{(0)}$. Setze $l = 0$.

(b) Bestimme die Approximation (4.49) und berechne das Minimum $\delta\mathbf{x}^{(l)}$ aus (4.50).

(c) Berechne $r^{(l)}$ aus (4.51), um die Güte der quadratische Approximation abzuschätzen. Für Konstanten $0 < c_1 < c_2 < 1$ wird eine Fallunterscheidung vorgenommen. Es gilt $0 < \sigma_1 < 1 < \sigma_2$.

- $r^{(l)} < c_1$: kein erfolgreicher Iterationsschritt

$$\mathbf{x}^{(l+1)} = \mathbf{x}^{(l)}$$

Setze den Vertrauensbereich:

$$\delta_{\text{trust}}^{(l+1)} = \sigma_1 \delta_{\text{trust}}^{(l)}$$

- $r^{(l)} \geq c_1$: erfolgreicher Iterationsschritt

$$\mathbf{x}^{(l+1)} = \mathbf{x}^{(l)} + \delta\mathbf{x}^{(l)}$$

Setze den Vertrauensbereich:

$$\delta_{\text{trust}}^{(l+1)} = \begin{cases} \sigma_1 \delta_{\text{trust}}^{(l)} & \text{falls } c_1 \leq r^{(l)} < c_2 \\ \sigma_2 \delta_{\text{trust}}^{(l)} & \text{falls } c_2 \leq r^{(l)} \end{cases} \qquad (4.52)$$

(d) Wenn $\| \nabla f(\mathbf{x}^{(l)}) \| < \varepsilon$, *stop.*

(e) Setze $l := l + 1$ und wiederhole von (b).

Teilproblem (4.50) des Algorithmus kann nur mit Methoden gelöst werden, die erst in Kap. 5 des Buches eingeführt werden, s. Beispiel 5.11. Die Lösung dieses Teilproblems stellt einen erheblichen Rechenaufwand dar.

Die Minimierung der quadratischen Approximation haben die Newton-Verfahren und die Trust-Region-Verfahren gemeinsam. Die Adaption des Vertrauensbereichs bei den Trust-Region-Verfahren ist hier die Globalisierungsstrategie, ähnlich wie die Schrittweitensteuerung, die bei den Newton-Verfahren vorgeschlagen wurde. Allerdings ändert sich bei den Trust-Region-Verfahren durch die Veränderung des Vertrauensbereichs nicht nur die Schrittweite, sondern auch die Suchrichtung selber, s. Abb. 4.7. Im Gegensatz zu den Newton-Verfahren kann bei den Trust-Region-Verfahren auch bei nicht positiv definiter Hessescher Matrix eine Lösung mit Abstieg gefunden werden, wenn der Vertrauensbereich klein ist. Nahe am Minimum degeneriert das Trust-Region-Newton-Verfahren zum Newton-Verfahren und hat somit lokal ähnlich gute Konvergenzeigenschaften. Für ein vertieftes Studium s. [14].

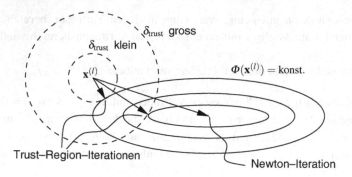

Abb. 4.7 Trust-Region-Verfahren im $\mathbb{R}^2$

4.2.7 Skalierung

Die Suchrichtungsverfahren funktionieren am effektivsten, wenn die Isokosten der zu minimierenden Funktion Hyperkugeln ähneln. Für den Fall exakter Hyperkugeln zeigte Beispiel 4.3, dass sogar das Gradienten-Verfahren in genau einer Iteration zum Minimum konvergiert. Schlecht konditionierte Funktionen wirken sich am negativsten bei den Gradientenverfahren aus, gefolgt von den Konjugierte-Gradienten-Verfahren, den Quasi-Newton-Verfahren und schließlich den gedämpften Newton-Verfahren.

Eine *Skalierung* der Optimierungsvariablen kann bei schlechter Konditionierung der Gütefunktion eingesetzt werden. Hierzu nehmen wir an, dass die Variablen $\mathbf{x}$ mittels einer regulären, quadratischen *Skalierungsmatrix* $\mathbf{A}$ in neue Optimierungsvariablen $\tilde{\mathbf{x}}$ transformiert werden

$$\tilde{\mathbf{x}} = \mathbf{A}\,\mathbf{x} \tag{4.53}$$

bzw.

$$\mathbf{x} = \mathbf{A}^{-1}\tilde{\mathbf{x}} \,. \tag{4.54}$$

Zur Unterscheidung kennzeichnen wir nun die Gütefunktion und ihre Ableitungen mit Tilde, sofern sie in $\tilde{\mathbf{x}}$ ausgedrückt werden. Es gilt also für die Funktionen

$$f(\mathbf{x}) = f(\mathbf{A}^{-1}\tilde{\mathbf{x}}) = \tilde{f}(\tilde{\mathbf{x}}) \tag{4.55}$$

für die zugehörigen Gradienten

$$\mathbf{g}(\mathbf{x}) = \nabla_{\mathbf{x}} f(\mathbf{x}) = \nabla_{\mathbf{x}} \tilde{f}(\tilde{\mathbf{x}}) = \left(\frac{d\tilde{\mathbf{x}}}{d\mathbf{x}}\right)^T \nabla_{\tilde{\mathbf{x}}} \tilde{f}(\tilde{\mathbf{x}}) = \mathbf{A}^T \tilde{\mathbf{g}}(\tilde{\mathbf{x}}) \tag{4.56}$$

und für die zugehörigen Hesseschen Matrizen

$$\nabla_{\mathbf{x}\mathbf{x}}^2 f(\mathbf{x}) = \mathbf{g}_{\mathbf{x}}(\mathbf{x}) = \frac{d\left(\mathbf{A}^T \tilde{\mathbf{g}}(\tilde{\mathbf{x}})\right)}{d\mathbf{x}} = \mathbf{A}^T \nabla_{\tilde{\mathbf{x}}\tilde{\mathbf{x}}}^2 \tilde{f}(\tilde{\mathbf{x}})\mathbf{A} \,. \tag{4.57}$$

Aus (4.57) folgt

$$\nabla^2_{\tilde{\mathbf{x}}\tilde{\mathbf{x}}} \tilde{f}(\tilde{\mathbf{x}}) = \mathbf{A}^{T-1} \nabla^2_{\mathbf{x}\mathbf{x}} f(\mathbf{x}) \mathbf{A}^{-1} \, . \tag{4.58}$$

Das skalierte Problem wird also gut konditioniert sein, wenn $\mathbf{A}$ so gewählt wird, dass die aus (4.58) resultierende Hessesche Matrix $\nabla^2_{\tilde{\mathbf{x}}\tilde{\mathbf{x}}} \tilde{f}(\tilde{\mathbf{x}})$ der Einheitsmatrix nahekommt. Freilich wird die Wahl der Skalierungsmatrix $\mathbf{A}$ dadurch erschwert, dass bei nichtquadratischen Funktionen die Hesseschen Matrizen nicht konstant sind. Trotzdem ist aber im Mittel eine Verbesserung der Konditionierung der Gütefunktion bei vielen Problemstellungen erreichbar.

Beispiel 4.5 Man betrachtet die Gütefunktion

$$f(\mathbf{x}) = \frac{1}{2}\left(\frac{x_1^2}{a^2} + \frac{x_2^2}{b^2}\right) \, , \quad a \neq b \tag{4.59}$$

mit elliptischen Isokosten. Es gilt $\nabla^2_{\mathbf{x}\mathbf{x}} f = \mathbf{diag}(a^{-2}, b^{-2})$, so dass mit $\mathbf{A} = \mathbf{diag}(a^{-1}, b^{-1})$ aus (4.58) $\nabla^2_{\tilde{\mathbf{x}}\tilde{\mathbf{x}}} \tilde{f} = \mathbf{I}$ resultiert. Durch Einsetzen von (4.54) in (4.59) erhält man mit dieser Skalierungsmatrix die skalierte Funktion

$$\tilde{f}(\tilde{\mathbf{x}}) = \frac{1}{2}(\tilde{x}_1^2 + \tilde{x}_2^2) \, , \tag{4.60}$$

deren Isokosten tatsächlich Kreise sind.

Es ist interessant festzuhalten, dass das Newton-Verfahren gemäß Beispiel 4.4 auch bei der unskalierten (quadratischen) Funktion (4.59) in genau einer Iteration konvergiert. □

Es ist auch möglich, eine *on-line Skalierung* während der Auswertung der Iterationen, so z. B. zu Beginn jedes Restart, vorzunehmen [19]. Hierbei wird bei jedem Restart die Skalierungsmatrix $\mathbf{A}$ beispielsweise wie folgt bestimmt (vgl. auch (4.58))

$$\mathbf{A} = \mathbf{diag}\left(\sqrt{\nabla^2_{x_i x_i} f(\mathbf{x})}\right) \tag{4.61}$$

und bis zum nächsten Restart konstant gehalten. Der Einfluss dieser Skalierungsmatrix zeigt sich dann in den entsprechend modifizierten (skalierten) Versionen der Suchrichtungsformeln. Für den *skalierten steilsten Abstieg* erhalten wir anstelle von (4.22)

$$\mathbf{s}^{(l)} = -\mathbf{A}^{-2} \mathbf{g}^{(l)} \, . \tag{4.62}$$

Zur Ableitung von (4.62) beachte man, dass in der skalierten Problemumgebung folgende Richtungswahl getroffen werden müsste

$$\tilde{\mathbf{s}}^{(l)} = -\tilde{\mathbf{g}}^{(l)} \, . \tag{4.63}$$

Mit $\tilde{\mathbf{s}} = \mathbf{As}$ und (4.56) resultiert aus dieser Gleichung die Richtungswahl (4.62) für die unskalierten Problemvariablen.

Bei den *skalierten konjugierten Gradienten* werden (4.43)–(4.45) wie folgt modifiziert (s. Übung 4.10)

$$\mathbf{s}^{(0)} = -\mathbf{A}^{-2}\mathbf{g}^{(0)} \tag{4.64}$$

$$\mathbf{s}^{(l)} = -\mathbf{A}^{-2}\mathbf{g}^{(l)} + \beta^{(l)}\mathbf{s}^{(l-1)}, \quad l \geq 1 \tag{4.65}$$

$$\beta^{(l)} = \frac{\mathbf{g}^{(l)^T}\mathbf{A}^{-2}\mathbf{g}^{(l)}}{\mathbf{g}^{(l-1)^T}\mathbf{A}^{-2}\mathbf{g}^{(l-1)}} . \tag{4.66}$$

Bei den *skalierten Variable-Metrik-Verfahren* wird lediglich die erste Richtungswahl nach (4.64) statt (4.36) festgelegt. Sonst bleiben die Formeln (4.37)–(4.41) in der skalierten Version unverändert (s. Übung 4.10).

Bei den Newton-Verfahren hätte man in skalierter Problemumgebung die Richtungswahl

$$\tilde{\mathbf{s}}^{(l)} = -\nabla^2_{\tilde{\mathbf{x}}\tilde{\mathbf{x}}} \tilde{f}(\tilde{\mathbf{x}}^{(l)})^{-1}\tilde{\mathbf{g}}^{(l)}. \tag{4.67}$$

Setzt man in diese Gleichung $\tilde{\mathbf{s}} = \mathbf{As}$, (4.56) und (4.58) ein, so erhält man die Gleichung

$$\mathbf{s}^{(l)} = -\nabla^2_{\mathbf{xx}} f(\mathbf{x}^{(l)})^{-1}\mathbf{g}^{(l)}, \tag{4.68}$$

die ja mit (4.27) identisch ist. Folglich ist die Newton-Richtung unabhängig von linearen Skalierungsmaßnahmen nach (4.53).

4.2.8 Ableitungsfreie Verfahren

Bei Problemstellungen, für die kein analytischer Ausdruck für den Gradienten angegeben werden kann, muss der Gradient numerisch berechnet werden. Die numerische Gradientenberechnung ist im mehrdimensionalen Fall eine rechenaufwendige Angelegenheit. Für jede Gradientenkomponente gilt nämlich

$$g_i(\mathbf{x}) \approx \frac{f(\mathbf{x} + \delta\mathbf{x}_i) - f(\mathbf{x} - \delta\mathbf{x}_i)}{2\delta_i} \quad i = 1, \dots, n, \tag{4.69}$$

wobei $\delta\mathbf{x}_i = [0 \dots 0\, \delta_i\, 0 \dots 0]^T$. Gleichung (4.69) macht deutlich, dass für eine einzige numerische Gradientenberechnung $\mathbf{g}(\mathbf{x})$ $2n$ Funktionsberechnungen erforderlich sind. Zudem ist der numerisch berechnete Gradient manchmal zu ungenau, zum Beispiel wenn die Auswertung der Kostenfunktion Ergebnis einer stochastischen Simulation oder sogar das Messergebnis eines Experiments ist. Die Klasse der *ableitungsfreien Verfahren*, oft auch *direct search*- oder *blackbox*-Verfahren genannt, erlaubt die numerische Suche nach einem

Minimum einer Kostenfunktion ohne Kenntnis des Gradienten. Oft weisen solche Verfahren deshalb keine schnelle Konvergenz auf und können nur für relativ kleine Probleme Minima finden. Eine Übersicht ist in [21] zu finden.

In Abschn. 4.2.8.1 wird das Koordinaten-Verfahren vorgestellt, als denkbar einfachstes und damit sehr schnell zu implementierendes numerisches Minimierungsverfahren. Das Nelder-Mead-Verfahren (oder auch Simplex-Verfahren) verwendet geometrische Argumente zur Bestimmung eines besseren Iterationspunkts und hat eine leicht verbesserte Konvergenz, aber auch einen größeren Rechenaufwand, s. Abschn. 4.2.8.2.

Eine weitere erwähnenswerte Verfahrensklasse sind die Interpolationsverfahren [21]. Hierbei wird die Kostenfunktion quadratisch interpoliert, wobei die Koeffizienten der quadratischen Interpolation aus einer genügend großen Menge von bekannten Stützpunkten berechnet werden. Das Vorgehen zur Bestimmung einer verbesserten Iteration erfolgt dann ähnlich wie bei den Trust-Region-Verfahren durch Festlegung und Adaption eines Vertrauensbereichs.

4.2.8.1 Koordinaten-Verfahren

Das *Koordinaten-Verfahren*, auch als *achsenparallele Suche* oder *Gauß-Seidel-Verfahren* bekannt, besteht darin, zu jeder Iteration abwechselnd entlang einer Koordinatenrichtung zu schreiten, d. h.

$$\mathbf{s}^{(0)} = \begin{bmatrix} 1 \\ 0 \\ 0 \\ \vdots \\ 0 \end{bmatrix} ; \ \mathbf{s}^{(1)} = \begin{bmatrix} 0 \\ 1 \\ 0 \\ \vdots \\ 0 \end{bmatrix} \ \text{usw.,} \tag{4.70}$$

wobei für die Schrittweite α entlang der Suchrichtung gilt $\alpha \in \mathbb{R}$.

Die Attraktivität des Koordinaten-Verfahrens entspringt seiner Einfachheit sowie dem Verzicht auf Gradientenberechnungen. Seine Effektivität bei relativ komplexen praktischen Aufgabenstellungen liegt allerdings weit zurück im Vergleich zu einigen der bereits genannten Verfahren und Konvergenz kann nicht garantiert werden. Abbildung 4.8 zeigt das Beispiel einer relativ *schlecht konditionierten* (gestreckten) Funktion bei Einsatz des Koordinaten-Verfahrens. Es ist ersichtlich, dass das Verfahren eine erhebliche Anzahl von Iterationen zum Minimum benötigt.

Das *Pattern-Search-Verfahren* kann als Generalisierung des Koordinaten-Verfahrens gesehen werden. In jedem Iterationsschritt wird eine Menge von Suchrichtungen definiert, und in jede der Suchrichtungen wird ein Schritt mit vorher festgelegter Schrittweite durchgeführt. Entweder man findet auf diese Weise einen Iterationspunkt mit ausreichendem Abstieg in der Kostenfunktion, oder die Prozedur wird mit kleinerer Schrittweite wiederholt [22]. Unter einigen Voraussetzungen an die Menge der Suchrichtungen und den Abstieg kann für diese Verfahren globale Konvergenz gegen ein lokales Minimum gezeigt werden.

Abb. 4.8 Koordinaten-Verfahren

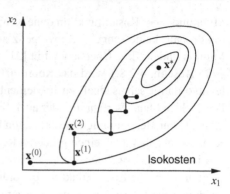

Isokosten

4.2.8.2 Nelder-Mead-Verfahren

Das *Nelder-Mead-Verfahren* [23] ist in der Literatur auch als *Simplex-Verfahren* bekannt, da das Verfahren eine Folge von Simplexen im Suchraum produziert, so dass die Kostenfunktion an den Ecken der Simplexe abnimmt.

Ein Simplex S ist definiert als die konvexe Hülle affin unabhängiger Vektoren $\mathbf{x}_0, \ldots, \mathbf{x}_n \in \mathbb{R}^n$, d. h. $\mathbf{x}_1 - \mathbf{x}_0, \ldots, \mathbf{x}_n - \mathbf{x}_0$ sind linear unabhängig. Es kann notiert werden als

$$S = \left\{ \sum_{i=0}^{n} \lambda_i \mathbf{x}_i \mid \lambda_i \geq 0, \sum_{i=0}^{n} \lambda_i = 1 \right\} . \tag{4.71}$$

Das Verfahren iteriert die Ecken des Simplex S und berechnet den aktuellen Simplex S_{neu} aus S durch eine Reihe geometrischer Operationen. Wir führen folgende Notationen für die Ecke mit dem größten und kleinsten Kostenfunktionswert ein

$$f(\mathbf{x}_{\text{max}}) = \max_{i=0,\ldots,n} f(\mathbf{x}_i) \tag{4.72}$$

$$f(\mathbf{x}_{\text{min}}) = \min_{i=0,\ldots,n} f(\mathbf{x}_i) . \tag{4.73}$$

Man erhält den Simplex S_{neu} aus S, indem man die Ecke $\mathbf{x}_{\text{max}}$ entfernt und als Ersatz eine neue Ecke $\mathbf{x}_{\text{neu}}$ hinzufügt. Zur Berechnung einer neuen Ecke mit kleinerer Kostenfunktion $f(\mathbf{x}_{\text{neu}}) < f(\mathbf{x}_{\text{max}})$ wird die Ecke $\mathbf{x}_{\text{max}}$ zuerst an der gegenüberliegenden Facette des Simplex reflektiert und man erhält $\mathbf{x}_{\text{ref}}$. Man berechnet die Kosten der reflektierten Ecke $f(\mathbf{x}_{\text{ref}})$ und je nach Ergebnis führt man anschließend noch eine Expansion oder eine Kontraktion durch. Das Verfahren endet, wenn der Durchmesser des Simplex S_{neu} eine untere Schranke erreicht.

Bevor wir den Algorithmus im Detail beschreiben, führen wir noch zwei Notationen ein. Ohne Beschränkung der Allgemeinheit sei $\mathbf{x}_{\text{max}} = \mathbf{x}_0$. Dann berechnet sich der Schwerpunkt $\hat{\mathbf{x}}$ der Facette F, die durch Wegnehmen der Ecke $\mathbf{x}_{\text{max}} = \mathbf{x}_0$ entsteht, als

$$\hat{\mathbf{x}} = \frac{1}{n} \sum_{i=1}^{n} \mathbf{x}_i = \frac{1}{n} \left(\sum_{i=0}^{n} \mathbf{x}_i - \mathbf{x}_{\text{max}} \right) . \tag{4.74}$$

Weiterhin wird die Ecke der Facette F mit maximaler Kostenfunktion benötigt. Das ist gleichzeitig die Ecke mit der zweitgrößten Kostenfunktion des Simplex

$$f(\mathbf{x}_{max}^F) = \max_{i=1,...,n} f(\mathbf{x}_i) \,. \tag{4.75}$$

Im Detail sieht ein Iterationsschritt des Algorithmus so aus:

(a) *Reflektion*

Man berechnet die Reflektion $\mathbf{x}_{ref}$ der Ecke $\mathbf{x}_{max}$ an der Facette F als

$$\mathbf{x}_{ref} = \hat{\mathbf{x}} + \gamma(\hat{\mathbf{x}} - \mathbf{x}_{max}) \tag{4.76}$$

mit Reflektionskonstante $0 < \gamma \leq 1$. Üblicherweise ist $\gamma = 1$ gewählt, s. auch Abb. 4.9. Es werden drei Fälle unterschieden:
– Die Reflektion führt zu einer Ecke mit minimalen Kosten

$$f(\mathbf{x}_{ref}) < f(\mathbf{x}_{min}) \,. \tag{4.77}$$

Probiere im Anschluss, ob eine weitere *Expansion*, s. (b), der Ecke nach außen noch kleinere Kostenwerte ergibt.
– Die Reflektion führt zu einer Ecke mit maximalen Kosten

$$f(\mathbf{x}_{ref}) > f(\mathbf{x}_{max}^F) \,. \tag{4.78}$$

Es wird durch eine *Kontraktion*, s. (c), eine andere, weiter innen liegende Ecke gesucht, die die Kostenfunktion verbessert.
– Die Reflektion führt zu einer Ecke mit mittleren Kosten

$$f(\mathbf{x}_{min}) < f(\mathbf{x}_{ref}) < f(\mathbf{x}_{max}^F) \,. \tag{4.79}$$

Die reflektierte Ecke kann als neue Ecke akzeptiert werden, $\mathbf{x}_{neu} = \mathbf{x}_{ref}$, und die Iteration ist beendet.

(b) *Expansion*

Nachdem bereits die reflektierte Ecke $\mathbf{x}_{ref}$ kleinere Kosten als alle Ecken des Simplex hat, wird versucht, die potentielle neue Ecke noch weiter nach außen zu legen

$$\mathbf{x}_{exp} = \hat{\mathbf{x}} + \beta(\mathbf{x}_{ref} - \hat{\mathbf{x}}) \,. \tag{4.80}$$

Wenn die Expansion eine weitere Verbesserung ergeben hat, wird als neue Ecke $\mathbf{x}_{neu}$ die Expansion $\mathbf{x}_{exp}$ gewählt, sonst wird die reflektierte Ecke $\mathbf{x}_{ref}$ gewählt. Für die Expansionskonstante gilt $\beta > 1$, s. Abb. 4.9 für $\beta = 2$. Somit hat man

$$\mathbf{x}_{neu} = \begin{cases} \mathbf{x}_{exp}, & \text{wenn } f(\mathbf{x}_{exp}) < f(\mathbf{x}_{ref}) \\ \mathbf{x}_{ref}, & \text{sonst} \,. \end{cases} \tag{4.81}$$

Abb. 4.9 Nelder-Mead-
Verfahren im $\mathbb{R}^2$

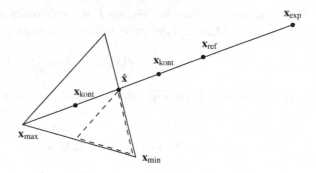

(c) *Kontraktion*

Man unterscheidet zwischen innerer Kontraktion und äußerer Kontraktion, jeweils mit einer Kontraktionskonstanten $0 < \alpha < 1$, siehe Abb. 4.9 für Illustration von $\alpha = 0.5$. Eine innere Kontraktion wird durchgeführt, wenn die Kosten der reflektierte Ecke $\mathbf{x}_{\text{ref}}$ sogar höher sind, als die der Ecke $\mathbf{x}_{\text{max}}$. Andernfalls wird eine äußere Kontraktion durchgeführt.

$$\mathbf{x}_{\text{kont}} = \begin{cases} \hat{\mathbf{x}} + \alpha(\mathbf{x}_{\text{max}} - \hat{\mathbf{x}}), & \text{wenn } f(\mathbf{x}_{\text{ref}}) > f(\mathbf{x}_{\text{max}}) \\ \hat{\mathbf{x}} + \alpha(\mathbf{x}_{\text{ref}} - \hat{\mathbf{x}}), & \text{sonst} . \end{cases} \quad (4.82)$$

War die Kontraktion erfolgreich, und es konnte eine Ecke mit kleineren Kosten gefunden werden, $f(\mathbf{x}_{\text{kont}}) < f(\mathbf{x}_{\text{max}})$, dann wird die Kontraktion als neue Ecke gesetzt. Andernfalls, wird eine totale Kontraktion vorgenommen. Der gesamte Simplex wird dann kontrahiert, indem alle Ecken, bis auf die mit dem minimalen Kosten, neugesetzt werden.

$$\begin{cases} \mathbf{x}_{\text{neu}} = \mathbf{x}_{\text{kont}}, & \text{wenn } f(\mathbf{x}_{\text{kont}}) < f(\mathbf{x}_{\text{max}}) \\ \mathbf{x}_{i,\text{neu}} = \frac{1}{2}(\mathbf{x}_i + \mathbf{x}_{\text{min}}), i = 0, \ldots, n & \text{sonst} . \end{cases} \quad (4.83)$$

Für das Nelder-Mead-Verfahren sind keine Konvergenzaussagen möglich, die zu den Konvergenzresultaten der Abstiegsverfahren vergleichbar wären, siehe [24] für eine Konvergenzanalyse. Das Verfahren ist trotz dessen in der Praxis beliebt.

4.2.9   Stochastische Verfahren

Der Einsatz der in den früheren Abschnitten dieses Kapitels vorgestellten numerischen Verfahren kann mit Schwierigkeiten verbunden sein, wenn die zu minimierende Funktion viele wenig interessante lokale Minima aufweist. In solchen Fällen ist es empfehlenswert, numerische Verfahren einzusetzen, die um den Preis eines erhöhten rechentechnischen Aufwandes bessere Chancen anbieten, das globale Minimum oder zumindest ein aus praktischer Sicht zufriedenstellendes lokales Minimum zu erreichen. Aus der großen Auswahl [2] entsprechender, meist heuristischer Verfahren werden in diesem Abschnitt zwei Verfahren exemplarisch vorgestellt. Die vorgestellten Verfahren setzen gezielt Zufallsvariablen bei der Suche nach einem Minimum ein. Es sei angemerkt, dass diese Verfahren keine Ableitungen der zu minimierenden Funktionen benötigen.

4.2.9.1 Simuliertes Ausglühen

Die Verfahren des *simulierten Ausglühens* (englisch: *simulated annealing*), zuerst vorgeschlagen in [25], s. auch [26], basieren auf einer Analogie mit dem technisch-physikalischen Prozess des Ausglühens, wobei Metalle zum Zweck der Änderung des Materialgefüges erst bis zum Glühen erhitzt und dann langsam abgekühlt werden. Während des Abkühlens reduziert sich die freie Energie des Metalls, und die einzelnen Partikeln bilden strukturierte Gitter. Bei langsamen Abkühlen bildet sich idealerweise ein einziger Kristall, wodurch die freie Energie bis nahe Null reduziert wird (globales Minimum). Bei zu schnellem Abkühlen hingegen mögen Unvollkommenheiten bei der Kristallisierung entstehen, wodurch lediglich ein lokales Minimum der Energie erreicht wird.

Eine ähnliche Vorgehensweise kann bei der numerischen Minimierung einer Funktion $f(\mathbf{x})$ eingesetzt werden. Man startet mit einem Punkt $\mathbf{x}^{(0)}$ (oder mit einer Gruppe von Punkten $\mathbf{x}_i^{(0)}$, $i = 1, \ldots, N$) und berechnet den zugehörigen Funktionswert $f(\mathbf{x}^{(0)})$. Ein Temperaturparameter T wird auf einen genügend hohen Wert $T = T_{\max}$ gesetzt. Mit dem Iterationsindex $l = 0$ werden dann die folgenden iterativen Schritte ausgeführt:

(a) Generiere einen stochastischen Schritt $\Delta \mathbf{x}^{(l)}$.

(b) Berechne $\Delta f = f(\mathbf{x}^{(l)} + \Delta \mathbf{x}^{(l)}) - f(\mathbf{x}^{(l)})$; wenn $\Delta f \leq 0$, dann setze $\Delta f = 0$.

(c) Bestimme den neuen Iterationspunkt $\mathbf{x}^{(l+1)}$ mit Hilfe eines Zufallsgenerators wie folgt:

$$\mathbf{x}^{(l+1)} = \mathbf{x}^{(l)} + \Delta \mathbf{x}^{(l)} \quad \text{mit Wahrscheinlichkeit } W(\Delta f)$$
$$\mathbf{x}^{(l+1)} = \mathbf{x}^{(l)} \quad \text{mit Wahrscheinlichkeit } 1 - W(\Delta) \,,$$

wobei $W(\Delta f) = e^{-\frac{\Delta f}{k_B T}}$ und k_B ist ein vorab zu wählender Parameter, der der Boltzmann-Konstante des natürlichen Phänomens entspricht. Setze $l := l + 1$.

(d) Entscheide, ob eine Temperaturänderung vorgenommen werden soll. Wenn nicht, gehe nach (a).

(e) Reduziere die Temperatur um ΔT. Wenn $T > 0$, gehe nach (a), sonst *stop*.

Der Hauptunterschied dieser Vorgehensweise verglichen mit den Abstiegsverfahren liegt darin, dass mit gewisser Wahrscheinlichkeit ein Schritt vorgenommen werden kann, der die Gütefunktion verschlechtert. Diese Wahrscheinlichkeit ist umso höher, je höher die Temperatur T und je kleiner die erlittene Verschlechterung $\Delta f > 0$. Da die Temperatur in der Anfangsphase hoch ist und graduell verkleinert wird, besteht mittels obiger iterativer Vorgehensweise die Möglichkeit, das frühe Steckenbleiben in wenig interessierenden lokalen Minima zu vermeiden und somit später ein zumindest besseres lokales Minimum zu bestimmen. Wäre von Anfang an $T = 0$ (Abschrecken des glühenden Metalls!), so würde der Algorithmus nur Schritte akzeptieren, die zu einer Verbesserung der Gütefunktion führen, wodurch das „klettern über Hügel" kaum möglich wäre. Bei Schritt (d) muss die Temperatur ausreichend langsam verändert werden, um dem Algorithmus die Chance zu geben, aus dem möglichen Einzugsbereich eines schlechten lokalen Minimums zu flüchten. Gegen Ende der iterativen Prozedur ist die Temperatur genügend abgesenkt, um mittels der Schritte (a)–(c) den Talpunkt des aktuellen Einzugsbereichs zu bestimmen, der hoffentlich dem gesuchten globalen Minimum entspricht.

4.2.9.2 Evolutionäre Algorithmen

Evolutionäre oder *genetische Algorithmen* imitieren in einer rudimentären Weise den biologischen Prozess der Evolution mit dem Ziel der globalen Maximierung einer Funktion $f(\mathbf{x})$. Zuerst von *John H. Holland* [27] vorgeschlagen, setzen die genetischen Algorithmen die biologischen Begriffe der Mutation, Rekombination und Selektion in entsprechende mathematisch-algorithmische Prozeduren um.

Üblicherweise sind die Argumente x_i der zu maximierenden Funktion $f(\mathbf{x})$ binäre Zahlen bestimmter Länge, deren einzelnen Ziffern (0 oder 1) den natürlichen Chromosomen entsprechen sollen. Problemstellungen mit $\mathbf{x} \in \mathbb{R}^n$ können, durch entsprechende Transformation der reellen in binäre Variablen, mit ausreichender Genauigkeit in binäre Problemstellungen transformiert werden. Es existieren aber auch Varianten genetischer Algorithmen, die die direkte Manipulation reeller Variablen ohne die erwähnte Variablentransformation erlauben [28].

Grundlage der iterativen Optimierungsprozedur genetischer Algorithmen bildet eine Bevölkerung $\mathbf{x}_j$, $j = 1, \ldots, N$, von Punkten, auch *Individuen* genannt. Die Chromosomenreihe jedes Individuums besteht aus der entsprechenden Reihe binärer Variablenwerte x_i.

Das *Maß der Anpassung* eines Individuums $\mathbf{x}_i$ aus der Bevölkerung $\mathbf{x}_j$, $j = 1, \ldots, N$, ist folgenderweise definiert

$$F(\mathbf{x}_i) = \frac{f(\mathbf{x}_i)}{\sum\limits_{j=1}^{N} f(\mathbf{x}_j)} . \tag{4.84}$$

Genetische Algorithmen starten mit einer Bevölkerung $\mathbf{x}_j$, $j = 1, \ldots, N$, und unternehmen durch iterative Selektion und Manipulation eine graduelle Verbesserung bis zur Bestimmung eines guten lokalen oder gar globalen Maximums.

Bei der *Selektion* wird aus der gegenwärtigen Bevölkerung der N Individuen eine stochastische Auswahl von M Individuen ($M < N$) getroffen. Hierbei wird ein Individuum $\mathbf{x}_i$ mit einer Wahrscheinlichkeit ausgewählt, die seinem Maß der Anpassung entspricht, was freilich die Auswahl schlechter Individuen, die aber potentiell zu weit besseren Nachkommen führen könnten, nicht ausschließt. *Elitistische* Varianten genetischer Algorithmen behalten in ihrer Bevölkerung unbedingt (d. h. neben der stochastischen Selektion) auch die gegenwärtig besten Individuen.

Die so ausgewählten Individuen werden üblicherweise den zwei Phasen einer *genetischen Manipulation* ausgesetzt. Bei der *Rekombination* werden bei zufällig gewählten Paaren (oder Trios, Quartetten usw.) durch Chromosomenaustausch neue Individuen geschaffen. Hierzu ist die üblichste Vorgehensweise die stochastische Bestimmung eines *Kreuzpunktes* in der Chromosomenreihe der beiden Eltern, wobei das entstehende neue Individuum die Chromosomen des ersten bzw. zweiten Elternteils, die vor bzw. nach dem Kreuzpunkt liegen, vererbt. Bei entsprechenden Varianten genetischer Algorithmen mögen bei der Rekombination ein oder mehrere Kreuzpunkte zugrunde gelegt werden; es können auch ein oder mehrere Kinder (mit unterschiedlichen Kreuzpunkten) pro Elternpaar produziert werden bzw. jedes Elternteil kann mit einem oder mehreren Individuen kreuzen usw.

Anschließend wird die neue Generation von Individuen einer *Mutation* unterzogen, wobei einzelne Chromosomen mit relativ geringer Wahrscheinlichkeit verändert werden können. Die Mutation eröffnet die Möglichkeit der Erforschung neuer Domänen im Definitionsbereich von $f(\mathbf{x})$ im Sinne ihrer globalen Maximierung.

Die genetische Manipulation endet somit mit einer neuen Bevölkerung (aus Eltern und Kindern) von N Individuen, die die Grundlage der nächsten Iteration, d. h. Selektion von M Individuen, Rekombination und Mutation, bildet.

Diverse Variationen der genetischen Algorithmen berücksichtigen unterschiedliche Generationenmischungen bei der Bildung der neuen Bevölkerung; andere *verteilte genetische Algorithmen*, die eine Parallelisierung der entsprechenden Berechnungen mittels eines Mehrrechnersystems erleichtern, sehen eine geografische Isolation vor und erlauben nur die Paarung benachbarter Individuen, s. [28, 29] für weitere Entwicklungen und Anwendungen.

4.3 Beispiel: Optimale Festlegung von Reglerparametern

In diesem Abschnitt wollen wir uns mit einer regelungstechnischen Anwendung der bisher entwickelten Verfahrensweise beschäftigen und zwar mit dem Entwurf eines Reglers für einschleifige Regelkreise, wie in Abb. 1.3 gezeigt. Es sollte allerdings erwähnt werden, dass anspruchsvollere Verfahren zum Reglerentwurf unter Berücksichtigung verschiedener technisch relevanter Restriktionen und Spezifikationen auch in Abschn. 5.2.3 vorgestellt werden.

Das *Gegebene* der hiesigen Problemstellung besteht aus dem linearen oder nichtlinearen Streckenmodell mit Eingangsgröße u und Ausgangsgröße x, aus der linearen oder nichtlinearen Reglerstruktur, sowie aus dem Führungssignal w und dem Störsignal z. *Gesucht* sind freie Reglerparameter, zusammengefasst in einem Vektor ϑ, die im Sinne eines zu definierenden Gütemaßes optimiert werden sollen.

Da das regelungstechnische Ziel die Minimierung der Regeldifferenz $x_d = w - x$ einschließt, die ja von den gesuchten Reglerparametern ϑ abhängt, kommen folgende zu minimierende Gütemaße in Frage (s. auch [30])

$$J_{LF}(\boldsymbol{\vartheta}) = \int\limits_{0}^{\infty} x_d(t)\, dt \tag{4.85}$$

$$J_{BLF}(\boldsymbol{\vartheta}) = \int\limits_{0}^{\infty} \mid x_d(t) \mid dt \tag{4.86}$$

$$J_{QF}(\boldsymbol{\vartheta}) = \int\limits_{0}^{\infty} x_d(t)^2 dt \tag{4.87}$$

$$J_{ZBLF}(\boldsymbol{\vartheta}) = \int\limits_{0}^{\infty} t \mid x_d(t) \mid dt \tag{4.88}$$

$$J_{VQF}(\boldsymbol{\vartheta}) = \int\limits_{0}^{\infty} x_d(t)^2 + ru(t)^2 dt, \quad r \geq 0 . \tag{4.89}$$

Die *lineare Regelfläche* (4.85) ist nur in Ausnahmefällen geeignet, das regelungstechnische Ziel auszudrücken, da sogar eine grenzstabile Schwingung zu $J_{LF} = 0$ führen kann. Aus regelungstechnischen Gesichtspunkten geeigneter erscheint die *betragslineare Regelfläche* (4.86), die positive und negative Regeldifferenzen gleichermaßen bestraft. Die *quadratische Regelfläche* (4.87) bestraft höhere Abweichungen stärker, während bei der *zeitgewichteten betragslinearen Regelfläche* (4.88) spätere Abweichungen stärker ins Gewicht fallen. Schließlich berücksichtigt die *verallgemeinerte quadratische Regelfläche* (4.89) auch den notwendigen Steueraufwand mittels eines zusätzlichen Terms mit einem frei wählbaren nichtnegativen Gewichtungsfaktor r. Durch diesen zweiten Term können auch vorhandene Steuergrößenbeschränkungen indirekt Berücksichtigung finden. Die unterschiedlichen Gütemaße werden durch Abb. 4.10 beispielhaft verdeutlicht.

Es sei hier erwähnt, dass die Einführung quadratischer Terme in der Gütefunktion eines Optimierungsproblems eine vergleichmässigende Wirkung bezüglich der Werte der entsprechenden Strafterme ausübt, wie es folgendes Beispiel demonstriert.

Beispiel 4.6 Für eine hier nicht weiter interessierende Problemstellung gilt es, eine Auswahl zwischen folgenden Lösungskandidaten zu treffen: $(x_1 = 1, x_2 = 7)$ oder $(x_1 = 4, x_2 = 5)$ oder $(x_1 = 6, x_2 = 6)$. Wird die Auswahl auf der Grundlage der Minimierung einer linearen Gütefunktion $J_L = x_1 + x_2$ getroffen, so kommt der erstere der drei Lösungskandidaten zum Zuge. Soll hingegen eine quadratische Gütefunktion $J_Q = x_1^2 + x_2^2$ minimiert werden, so wird die zweite Lösung, wegen ihrer gleichmässigeren Verteilung, favorisiert. Die dritte Lösung wird nicht gewählt, da sie zwar völlig gleichmäßig ist, allerdings auf hohem Niveau.   □

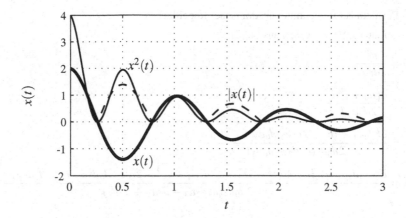

Abb. 4.10 Zur Verdeutlichung der Gütemaße

Es sollte erwähnt werden, dass durch die Wahl der vorab festgelegten Reglerstruktur dafür Sorge getragen werden muss, dass der Endwert x_d ($t \to \infty$) auf Null gebracht werden kann, da die Optimierungsaufgabe sonst keinen Sinn macht. Tritt eine bleibende Regeldifferenz auf, so sollte die obere Integralgrenze in den Gütemaßen unbedingt endlich groß gewählt werden.

Welche Gütefunktion (4.85)–(4.89) auch immer gewählt wird, kann eine analytische Auswertung je nach Problemstellung mit Schwierigkeiten verbunden sein. In vielen Fällen wird daher eine numerische Auswertung mittels Simulation (zur Berechnung der Güte-funktion) und rechnergestützter Lösung nach Abschn. 4.2 vorgenommen werden muss.

Lediglich bei linearen Systemen ist eine analytische Lösung für einige Gütemaße möglich. Betrachtet man z. B. die lineare Regelfläche, so kann mittels des Endwertsatzes der Laplace-Transformation aus (4.85)

$$J_{LF}(\boldsymbol{\vartheta}) = \lim_{p \to 0} x_d(p) \tag{4.90}$$

gefolgert werden, wobei $x_d(p)$ die Laplace-Transformierte der Regeldifferenz darstellt. Der Einsatz des Endwertsatzes setzt voraus, dass alle Pole von $x_d(p)$ in der linken Halb-ebene liegen, was aber für die hier vorliegende Problemstellung eine sinnvolle Annahme ist. Da die rechte Seite von (4.90) üblicherweise analytisch angegeben werden kann, steht einer analytischen Lösung vorerst nichts im Wege.

Für die quadratische Regelfläche bedient man sich unter den gleichen Voraussetzun-gen einer speziellen Form des Parsevalschen Satzes, um aus (4.87) folgende Beziehung abzuleiten

$$J_{QF}(\boldsymbol{\vartheta}) = \frac{1}{j\,2\pi} \int\limits_{-j\infty}^{j\infty} |x_d(p)|^2 dp \; . \tag{4.91}$$

Tab. 4.1 Formeln zur Berechnung quadratischer Regelflächen

n	J_{QF} gemäß (4.91) mit $x_d(p)$ aus (4.92)
1	$J_{QF} = \dfrac{c_0^2}{2d_0d_1}$
2	$J_{QF} = \dfrac{c_1^2 d_0 + c_0^2 d_2}{2d_0 d_1 d_2}$
3	$J_{QF} = \dfrac{c_2^2 d_0 d_1 + (c_1^2 - 2c_0 c_2)d_0 d_3 + c_0^2 d_2 d_3}{2d_0 d_3 (d_1 d_2 - d_0 d_3)}$
4	$J_{QF} = \dfrac{c_3^2(d_0 d_1 d_2 - d_0^2 d_3) + (c_2^2 - 2c_1 c_3)d_0 d_1 d_4 + (c_1^2 - 2c_0 c_2)d_0 d_3 d_4 + c_0^2(d_2 d_3 d_4 - d_1 d_4^2)}{2d_0 d_4 (d_1 d_2 d_3 - d_0 d_3^2 - d_1^2 d_4)}$

Zur Auswertung der rechten Seite von (4.91) wird der Residuensatz der Funktionentheorie herangezogen, der für gebrochen rationales

$$x_d(p) = \frac{c_{n-1} p^{n-1} + c_{n-2} p^{n-2} + \cdots + c_0}{d_n p^n + d_{n-1} p^{n-1} + \cdots + d_0} \tag{4.92}$$

die in Tab. 4.1 angeführten Ausdrücke für die rechte Seite von (4.91) bereitstellt. Da die gesuchten Reglerparameter ϑ in den Polynomkoeffizienten von (4.92) enthalten sind, kann die Gütefunktion $J_{QF}(\vartheta)$ auf diese Weise analytisch bestimmt werden. Für eine Fortsetzung der Formeln der Tab. 4.1 bis zur Ordnung $n = 10$, s. [31].

Beispiel 4.7 Für den in Abb. 4.11 gezeigten Regelkreis sollen die Reglerparameter K, T so festgelegt werden, dass die quadratische Regelfläche (4.87) bei einer Führungsrampe $w(t) = r_0 t \sigma(t)$ minimiert wird.

Die Laplace-Transformierte der Regeldifferenz berechnet sich zu

$$x_d(p) = \frac{3r_0 T p + r_0 T}{3T p^3 + T p^2 + K T p + K}$$

und hat ihre Pole in der linken Halbebene, sofern $K > 0, T > 3$. Die quadratische Gütefunktion ergibt sich gemäß Tab. 4.1 mit $n = 3, c_0 = r_0 T, c_1 = 3r_0 T, c_2 = 0, d_0 = K$, $d_1 = KT, d_2 = T, d_3 = 3T$ zu

$$J_{QF}(K, T) = \frac{r_0^2 T(9K + T)}{2K^2(T - 3)} .$$

Während diese Funktion für positive K monoton abnimmt (und sie somit ein Minimum für $K \to \infty$ aufweist), liefert die notwendige Optimalitätsbedingung (4.6) für gegebenes K

$$T^* = 3(1 + \sqrt{1 + 3K}) .$$

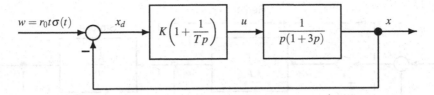

Abb. 4.11 Regelkreis zu Beispiel 4.7

Durch Überprüfung der hinreichenden Bedingung (3.8) kann verifiziert werden, dass es sich tatsächlich um ein striktes lokales Minimum bezüglich T handelt. Da der Randwert $T = 3$ kein lokales Minimum ergibt, ist T^* das gesuchte globale Minimum, das sich als unabhängig von der Rampenstärke r_0 erweist. □

4.4 Übungsaufgaben

4.1 Leiten Sie notwendige Bedingungen 1. und 2. Ordnung sowie hinreichende Bedingungen für ein lokales Maximum einer Funktion $f(\mathbf{x})$ ab. (Hinweis: Machen Sie von (2.12) Gebrauch.) Geben Sie auch hinreichende Bedingungen für einen Sattelpunkt an.

4.2 Geben Sie die Gleichungen der Isokosten für die Beispiele 4.1 und 4.2 an. Um was für Kurven handelt es sich? Welchen Isokosten entspricht jeweils der Wert $f = 0$?

4.3 Die Funktion $f(x_1, x_2) = 1 - (x_1 - 1)^2 \cos x_2$ soll auf lokale Minima, lokale Maxima und Sattelpunkte untersucht werden.

4.4 Die Übertragungsfunktion eines geschlossenen Regelkreises hat die Form eines PT_2-Gliedes

$$\frac{x(p)}{w(p)} = \frac{\omega_0^2}{p^2 + 2D\omega_0 p + \omega_0^2}.$$

Während ω_0 fest vorliegt, soll der Dämpfungsfaktor D so bestimmt werden, dass die quadratische Regelfläche der Regeldifferenz $x_d(p)$ bei sprungförmiger Anregung $w(t) = \sigma(t)$ minimal wird. Bestimmen Sie D^* und beurteilen Sie qualitativ das Dämpfungsverhalten des resultierenden Regelkreises.

4.5 Gegeben ist der in Abb. 4.12 abgebildete Regelkreis.

Bestimmen Sie den Reglerparameter K_R so, dass für einen Führungssprung $w = a\sigma(t)$ die verallgemeinerte quadratische Regelfläche (4.89) minimal wird. Welchen Einfluss hat der Gewichtungsfaktor r?

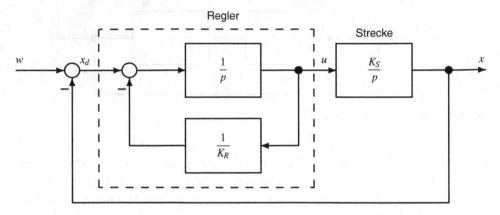

Abb. 4.12 Abbildung zu Aufgabe 4.5

4.6 Zur Minimierung der Funktion $f(\mathbf{x})$ aus Beispiel 4.1 sollen folgende rechnergestützte Verfahren eingesetzt werden:

(a) Gradienten-Verfahren mit konstanter Schrittweite α: Bestimmen Sie den Bereich der α-Werte, für welche des Verfahren konvergiert. (Hinweis: Betrachten Sie die iterative Prozedur als lineares diskretes dynamisches System und untersuchen Sie dessen Stabilität mittels der Lage der Eigenwerte der Systemmatrix.) Führen Sie einige Iterationen durch.
(b) Gradienten-Verfahren: Bestimmen Sie die Schrittweite $\alpha^{(l)}$ durch exakte Liniensuche analytisch und führen Sie einige Iterationen durch.
(c) Newton-Verfahren: Wie viele Iterationen bis zum Minimum sind nötig?

4.7 Bestimmen Sie das Minimum der *Bananenfunktion von Rosenbrock* (s. Abb. 4.13) $f(\mathbf{x}) = 100\,(x_1^2 - x_2)^2 + (1 - x_1)^2$ vom Startpunkt $x_1^{(0)} = -1, x_2^{(0)} = 1$ ausgehend numerisch, durch Einsatz

(a) des Koordinaten-Verfahrens
(b) des Gradienten-Verfahrens
(c) des Newton-Verfahrens
(d) der Quasi-Newton-Verfahren DFP und BFGS
(e) des Konjugierte-Gradienten-Verfahrens
(f) des Trust-Region-Verfahrens
(g) des Nelder-Mead-Verfahrens.

Vergleichen Sie die jeweils benötigte Rechenzeit sowie die Anzahl der Iterationen. Versuchen Sie jeweils auch eine skalierte Version.

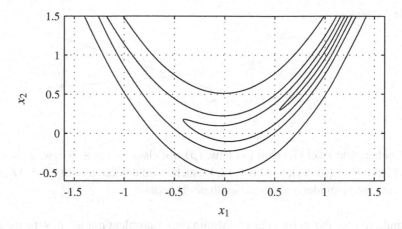

Abb. 4.13 Abbildung zu Aufgabe 4.7

4.8 Zeigen Sie, dass das Koordinaten-Verfahren zur Minimierung der Funktion einer Hyperkugel (Beispiel 4.3) maximal n Iterationen benötigt. Berechnen Sie die optimalen Schrittweiten $\alpha^{(l)}$.

4.9 Bestimmen Sie das Maximum der Funktion

$$f(\mathbf{x}) = \frac{1}{(x_1 - 1)^2 + (x_2 - 1)^2 + 1}, \quad \mathbf{x} \in \mathbb{R}^2$$

durch Auswertung der Optimalitätsbedingungen.

4.10 Leiten Sie die skalierte Version (4.64)–(4.66) für die Formeln des Konjugierte-Gradienten-Verfahrens zum on-line Einsatz ab. Zeigen Sie ferner, dass die skalierte Version der Variable-Metrik-Verfahren lediglich das Ersetzen von (4.36) durch (4.64) erfordert, während alle anderen Formeln (4.37)–(4.41) unverändert bleiben.

4.11 Gesucht werden die globalen Minima der Funktion

$$f(x_1, x_2) = 2x_1^2 + x_2^2 - 2x_1 x_2 + 2x_1^3 + x_1^4 \, .$$

(a) Stellen Sie die notwendigen Bedingungen 1. Ordnung für lokale Minima auf, und ermitteln Sie alle Kandidaten für ein lokales Minimum.
(b) Überprüfen Sie die hinreichenden Bedingungen für ein lokales Minimum bei allen vorliegenden Kandidaten.
(c) Bestimmen Sie nun die globalen Minima.

Abb. 4.14 Abbildung zu Aufgabe 4.12

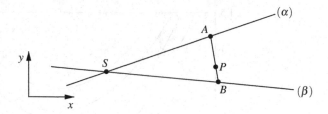

4.12 Gegeben sind zwei Geraden (α) bzw. (β) mittels $y = ax + b$ bzw. $y = cx + d$ und ein Punkt $P = (x_p, y_p)$, s. Abb. 4.14. Gesucht wird die kürzeste Strecke $\overline{AB}$, die die beiden Geraden verbindet und durch den Punkt P verläuft.

(a) Formulieren Sie das entsprechende Minimierungsproblem mit allen Nebenbedingungen.
(b) Lösen Sie das formulierte Problem durch Auswertung der Optimalitätsbedingungen.

4.13 Gesucht wird eine lineare Funktion $l(x) = \alpha_1 + \alpha_2 x$, die die Exponentialfunktion e^{-x} im Bereich $x \in [0, X]$, $X > 0$, im Sinne der Minimierung der Gütefunktion

$$f(\boldsymbol{\alpha}) = \frac{1}{X} \int_0^X (e^{-x} - \alpha_1 - \alpha_2 x)^2 dx$$

optimal approximiert.

(a) Berechnen Sie die Funktion $f(\boldsymbol{\alpha})$ durch Auswertung des Integrals.
(b) Lösen Sie das Minimierungsproblem durch Auswertung der Optimalitätsbedingungen.
(c) Skizzieren Sie den Verlauf von e^{-x} und ihrer linearen Approximation für $X = 1$ und $X = 4$.
(d) Skizzieren Sie den Verlauf der optimalen Approximationsgüte $f(\boldsymbol{\alpha}^*)$ als Funktion der oberen Intervallgrenze X.

Literatur

1. Fletcher R (1987) Practical methods of optimization, 2. Aufl. Wiley, Chichester

2. Horst R, Pardalos P (Hrsg.) (1995) Handbook of global optimization. Kluwer, Dordrecht

3. Geiger C, Kanzow C (1999) Numerische Verfahren zur Lösung unrestringierter Optimierungs-aufgaben. Springer, Berlin, Heidelberg

4. Bertsekas D (1999) Nonlinear programming, 2. Aufl. Athena Scientific, Belmont, Massachus-setts

5. Alt W (1999) Nichtlineare Optimierung. Vieweg

6. Gill P, Murray W, Wright M (1981) Practical optimization. Academic Press, New York.

7. Nocedal J, Wright S (2006) Numerical optimization, 2. Aufl. Springer, US

8. Fletcher R, Powell M (1963) A rapidly convergent descent method for minimization. Comput J 6:163–168

9. Broyden C (1970) The convergence of a class of double rank minimization algorithms, parts I and II. J Inst Maths Applns S 676–90 and 222–231

10. Fletcher R (1970) A new approach to variable metric algorithms. Comput J 13:317–322

11. Goldfarb D (1970) A family of variable metric methods derived by variational means. Math Comput 24:23–26

12. Shanno D (1970) Conditioning of quasi-newton methods for function minimization. Math Comput 24:647–656

13. Dennis J, Moré J (1977) Quasi–Newton methods, motivation and theory. SIAM Review 19:46–89

14. Conn AR, Gould NIM, Toint PL (2000) Trust-region methods. Society for Industrial and Applied Mathematics, Philadelphia, PA, USA

15. Dembo RS, Eisenstat SC, Steihaug T (1982) Inexact newton methods. SIAM J Numer Anal 19:400–408

16. Fletcher R, Reeves C (1964) Function minimization by conjugate gradients. Comput J 7:149–154

17. Polak E, Ribière G (1969) Note sur la convergence de méthodes de directions conjugées. Rev Fr Inform Rech O 16:35–43

18. Touati-Ahmed D, Storey C (1990) Efficient hydrid conjugate gradient techniques. J Optimiz Theory App 64:379–397

19. Bertsekas D (1974) Partial conjugate gradient methods for a class of optimal control problems. IEEE T Automat Contr 19:209–217

20. Powell M (1977) Restart procedures for the conjugate gradient method. Math Program 12:241–254

21. Conn A, Scheinberg K, Toint P (1997) Recent progress in unconstrained nonlinear optimization without derivatives. Math Program 79:397–414

22. Kolda TG, Lewis RM, Torczon V (2003) Optimization by direct search: New perspectives on some classical and modern methods. SIAM Review 45:385–482

23. Nelder JA, Mead R (1965) A simplex method for function minimization. Comput J 7:308–313

24. Lagarias JC, Reeds JA, Wright MH, Wright PE (1996) Convergence properties of the Nelder–Mead simplex algorithm in low dimensions. SIAM J Optimiz 9:112–147

25. Kirkpatrick S, Gelatt Jr C, Vecchi M (1983) Optimization by simulated annealing. Science (220):671–680

26. Aarts E, Korst J (1989) Simulated annealing and Boltzmann machines. Wiley, Chichester

27. Holland J (1975) Adaptation in natural and artificial systems. The University of Michigan Press, Ann Arbor

28. Dasgupta D, Michalewicz Z (1997) Evolutionary algorithms – an overview. In: Dasgupta D, Michalewicz Z (Hrsg.) Evolutionary algorithms in engineering applications, Springer, Berlin

29. Goldberg D (1989) Genetic algorithms in search, optimization and machine learning. Addison-Wesley

30. DIN (1977) Din 19236. Optimierung, Begriffe. Deutsche Normen, Deutsche Elektrotechnische Kommission im DIN und VDE (DKE)

31. Newton G, Gould L, Kaiser J (1957) Analytical design of linear feedback controls. Wiley, New York

Minimierung einer Funktion mehrerer Variablen unter Nebenbedingungen $\quad$ 5

In diesem Kapitel wird das unrestringierte Problem aus Kap. 4,

$$\min_{\mathbf{x} \in \mathbb{R}^n} f(\mathbf{x}) \,, \tag{5.1}$$

in zwei Schritten zur allgemeinen Problemstellung aus Kap. 2 erweitert. Erst wird dazu ein durch *Gleichungsnebenbedingungen (GNB)* definierter zulässiger Bereich berücksichtigt

$$\min_{\mathbf{x} \in X} f(\mathbf{x}), \quad \text{wobei} \quad X = \{\mathbf{x} \mid \mathbf{c}(\mathbf{x}) = \mathbf{0}\} \,. \tag{5.2}$$

Später werden zusätzlich *Ungleichungsnebenbedingungen (UNB)* hinzugenommen, die den zulässigen Bereich weiter einschränken. Es gilt für den zulässigen Bereich

$$X = \{\mathbf{x} \mid \mathbf{c}(\mathbf{x}) = \mathbf{0}, \mathbf{h}(\mathbf{x}) \le \mathbf{0}\} \,. \tag{5.3}$$

5.1 Minimierung unter Gleichungsnebenbedingungen

Das durch Gleichungsnebenbedingungen restringierte Optimierungsproblem, das im Folgenden betrachtet wird, lautet

$$\min_{\mathbf{x} \in X} f(\mathbf{x}), \quad \text{wobei} \quad X = \{\mathbf{x} \mid \mathbf{c}(\mathbf{x}) = \mathbf{0}\} \,. \tag{5.4}$$

Dabei sei n die Dimension der Optimierungsvariablen $\mathbf{x}$ und m die Anzahl der Gleichungsnebenbedingungen. Wir nennen alle $\mathbf{x}$, für die die $m \times n$-Matrix $\mathbf{c}_\mathbf{x}$ vollen Rang m aufweist, *reguläre Punkte*.

Eine Möglichkeit, das hier vorliegende Problem (5.4) auf das in Kap. 4 behandelte Problem (4.1) ohne Nebenbedingungen zurückzuführen, bietet das *Einsetzverfahren*. Hierzu

© Springer-Verlag Berlin Heidelberg 2015
M. Papageorgiou, M. Leibold, M. Buss, *Optimierung*, DOI 10.1007/978-3-662-46936-1_5

denken wir uns den Vektor $\mathbf{x} \in \mathbb{R}^n$ in zwei Teilvektoren $\mathbf{x}_1 \in \mathbb{R}^m$ und $\mathbf{x}_2 \in \mathbb{R}^{n-m}$ aufgespalten. Falls sich ein Vektor $\mathbf{x}_1$ so bestimmen lässt, dass die GNB mittels

$$\mathbf{x}_1 = \tilde{\mathbf{c}}(\mathbf{x}_2) \tag{5.5}$$

analytisch nach $\mathbf{x}_1$ auflösbar ist, so erhält man durch Einsetzen von (5.5) in die Gütefunktion

$$f(\mathbf{x}) = f(\mathbf{x}_1, \mathbf{x}_2) = f\left(\tilde{\mathbf{c}}(\mathbf{x}_2), \mathbf{x}_2\right) = \tilde{f}(\mathbf{x}_2) . \tag{5.6}$$

Die *reduzierte Gütefunktion* $\tilde{f}(\mathbf{x}_2)$, die nur noch von $\mathbf{x}_2$ abhängt, darf nunmehr ohne Berücksichtigung von Nebenbedingungen minimiert werden. Der wesentliche Nachteil des Einsetzverfahrens liegt aber darin, dass sich die wenigsten praktisch relevanten Systeme von Gleichungsnebenbedingungen analytisch auflösen lassen. Darüber hinaus verbirgt das Einsetzverfahren auch manche Fallen, wie in Beispiel 5.5 demonstriert wird.

Beispiel 5.1 Wir betrachten die Problemstellung von Beispiel 1.1. Die GNB (1.1) lässt sich analytisch nach x_1 auflösen

$$x_1 = \sqrt{l^2 - x_2^2} = \tilde{c}(x_2) , \tag{5.7}$$

wobei angesichts (1.2) die negative Lösung weggelassen wurde. Zur Anwendung des Einsetzverfahrens wird (5.7) in die Gütefunktion (2.3) eingesetzt,

$$f(x_1, x_2) = -\frac{1}{2} x_1 x_2 = -\frac{1}{2} x_2 \sqrt{l^2 - x_2^2} = \tilde{f}(x_2) , \tag{5.8}$$

wodurch nunmehr die reduzierte Gütefunktion $\tilde{f}(x_2)$ ohne Berücksichtigung der GNB (1.1) minimiert werden darf. Aus der notwendigen Bedingung 1. Ordnung (4.6) erhält man die Lösung $x_2^* = l/\sqrt{2}$, die auch die hinreichende Bedingung (4.8) für ein lokales Minimum von $\tilde{f}(x_2)$ erfüllt. Nun kann aus (5.7) auch der korrespondierende Wert der anderen Kathete zu $x_1^* = l/\sqrt{2}$ ermittelt werden. Wir können somit festhalten, dass unter den rechtwinkligen Dreiecken mit gegebener Hypotenuse l das gleichschenklige Dreieck eine maximale Fläche aufweist.   □

5.1.1 Notwendige Bedingungen für ein lokales Minimum

Zur Ableitung von Optimalitätsbedingungen entwickeln wir, ähnlich wie in Abschn. 4.1, die zu minimierende Funktion $f(\mathbf{x})$ um einen regulären zulässigen Punkt $\overline{\mathbf{x}} \in X$ mittels einer Taylor-Reihe

$$f(\overline{\mathbf{x}} + \delta\mathbf{x}) = f(\overline{\mathbf{x}}) + \nabla f(\overline{\mathbf{x}})^T \delta\mathbf{x} + R(\delta\mathbf{x}^2) . \tag{5.9}$$

Nun wollen wir aber nur *zulässige Variationen* $\delta\mathbf{x}$ berücksichtigen, d. h. solche, die $\mathbf{c}(\overline{\mathbf{x}} + \delta\mathbf{x}) = \mathbf{0}$ in erster Näherung erfüllen. Durch eine Taylor-Entwicklung der GNB erhalten wir

$$\mathbf{c}(\overline{\mathbf{x}} + \delta\mathbf{x}) = \mathbf{c}(\overline{\mathbf{x}}) + \mathbf{c}_{\mathbf{x}}(\overline{\mathbf{x}})\delta\mathbf{x} + \mathbf{R}(\delta\mathbf{x}^2) . \tag{5.10}$$

Abb. 5.1 Geometrische Deutung für $n = 2$, $m = 1$

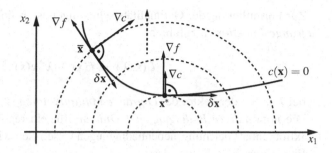

Da $\bar{\mathbf{x}}$ bereits zulässig war, gilt $\mathbf{c}(\bar{\mathbf{x}}) = \mathbf{0}$, so dass schließlich folgende Bedingung für zulässige Variationen resultiert

$$\mathbf{c_x}(\bar{\mathbf{x}})\delta\mathbf{x} = \mathbf{0}\,. \tag{5.11}$$

Gleichung (5.11) besagt, dass ein zulässiger Variationsvektor $\delta\mathbf{x}$ orthogonal zu jedem Zeilenvektor der Jacobi-Matrix $\mathbf{c_x}$ sein muss. Da diese Zeilenvektoren $\mathbf{c}_{i_{\mathbf{x}}}^T$, $i = 1,\dots,m$, an einem regulären Punkt unabhängig sind, spannen sie einen Vektorraum Ψ der Dimension m auf und $\delta\mathbf{x}$ ist also orthogonal zu Ψ. Letzteres ist aber gleichbedeutend damit, dass der Vektor $\delta\mathbf{x}$ im $(n-m)$-dimensionalen komplementären Vektorraum Φ liegt.

Eine geometrische Deutung des beschriebenen Sachverhalts kann anhand der Abb. 5.1 für den Fall $n = 2$, $m = 1$ gegeben werden. Die Matrix $\mathbf{c_x}$ wird in diesem Fall ein Vektor, der an der Stelle $\bar{\mathbf{x}}$ senkrecht zur Kurve $c(\mathbf{x}) = 0$ steht. Eine zulässige Variation $\delta\mathbf{x}$ muss offenbar tangential zur GNB-Kurve verlaufen und ist also orthogonal zu $c_{\mathbf{x}}$.

Nun wenden wir uns wieder (5.9) zu. Durch eine ähnliche Argumentation wie in Abschn. 4.1 verlangen wir, dass die erste Variation $\nabla f(\mathbf{x}^*)^T \delta\mathbf{x}$ um ein lokales Minimum $\mathbf{x}^*$ für alle zulässigen $\delta\mathbf{x}$ verschwindet. Dies bedeutet aber, dass der Gradient $\nabla f(\mathbf{x}^*)$ orthogonal zu $\delta\mathbf{x}$ ist, und da $\delta\mathbf{x} \in \Phi$, muss $\nabla f(\mathbf{x}^*) \in \Psi$ gelten. Aber Ψ wird bekanntlich von den Zeilenvektoren $\mathbf{c}_{i_{\mathbf{x}}}(\mathbf{x}^*)^T$ aufgespannt, also kann $\nabla f(\mathbf{x}^*)$ als Linearkombination dieser Vektoren ausgedrückt werden, d. h.

$$\nabla f(\mathbf{x}^*) + \sum_{i=1}^{m} \lambda_i^* \mathbf{c}_{i_{\mathbf{x}}}(\mathbf{x}^*) = \mathbf{0}\,. \tag{5.12}$$

Im Fall von Abb. 5.1 ist somit der Gradient ∇f an einem lokalen Minimum kolinear zum Vektor $c_{\mathbf{x}}$. In der Tat kann man sich nach kurzer Betrachtung der Abb. 5.1 davon überzeugen, dass an allen Punkten, an denen ∇f und $c_{\mathbf{x}}$ nicht kolinear sind, eine *zulässige Verbesserung* der Gütefunktion möglich ist, weshalb es sich nicht um lokale Minima handeln kann

Neben (5.12) muss ein lokales Minimum natürlich auch die GNB erfüllen

$$\mathbf{c}(\mathbf{x}^*) = \mathbf{0}\,. \tag{5.13}$$

Gleichungen (5.12), (5.13) sind die notwendigen Optimalitätsbedingungen 1. Ordnung für die hier vorliegende Problemstellung. Sie sollen nachfolgend in leicht modifizierter und kompakter Form angegeben werden.

Zur Formulierung der Optimalitätsbedingungen ist es üblich, zunächst die sogenannte *Lagrange-Funktion* einzuführen

$$L(\mathbf{x}, \boldsymbol{\lambda}) = f(\mathbf{x}) + \boldsymbol{\lambda}^T \mathbf{c}(\mathbf{x}) \,, \tag{5.14}$$

wobei $\boldsymbol{\lambda} \in \mathbb{R}^m$ der Vektor der *Lagrange-Multiplikatoren* ist.

Die *notwendigen Bedingungen 1. Ordnung* für ein reguläres lokales Minimum einer Funktion unter Gleichungsnebenbedingungen lassen sich wie folgt ausdrücken:
Es existiert $\boldsymbol{\lambda}^* \in \mathbb{R}^m$, so dass

$$\nabla_{\mathbf{x}} L(\mathbf{x}^*, \boldsymbol{\lambda}^*) = \nabla f(\mathbf{x}^*) + \mathbf{c}_{\mathbf{x}}(\mathbf{x}^*)^T \boldsymbol{\lambda}^* = \mathbf{0} \tag{5.15}$$

$$\nabla_{\boldsymbol{\lambda}} L(\mathbf{x}^*, \boldsymbol{\lambda}^*) = \mathbf{c}(\mathbf{x}^*) = \mathbf{0} \,. \tag{5.16}$$

Gleichung (5.15) beinhaltet n und (5.16) m skalare Gleichungen. Somit bilden die notwendigen Bedingungen 1. Ordnung ein Gleichungssystem $(n + m)$-ter Ordnung zur Berechnung von $n + m$ Unbekannten $\mathbf{x}^*$, $\boldsymbol{\lambda}^*$. Als alternative Interpretationsmöglichkeit kann man (5.15), (5.16) als notwendige Bedingungen für einen stationären Punkt der Lagrange-Funktion (5.14) auffassen. Sind keine GNB in der Problemstellung enthalten, so reduziert sich (5.15) offenbar auf die bekannte Form (4.6).

Beispiel 5.2 Nun wollen wir die Problemstellung von Beispiel 1.1 unter Nutzung der neuen Erkenntnisse behandeln. Die Lagrange-Funktion lautet

$$L(\mathbf{x}, \lambda) = -\frac{1}{2} x_1 x_2 + \lambda (x_1^2 + x_2^2 - l^2) \,, \tag{5.17}$$

so dass aus (5.15), (5.16) folgende drei Gleichungen resultieren

$$L_{x_1}(\mathbf{x}^*, \lambda) = -\frac{1}{2} x_2^* + 2\lambda^* x_1^* = 0 \tag{5.18}$$

$$L_{x_2}(\mathbf{x}^*, \lambda) = -\frac{1}{2} x_1^* + 2\lambda^* x_2^* = 0 \tag{5.19}$$

$$L_{\lambda}(\mathbf{x}^*, \lambda) = x_1^{*2} + x_2^{*2} - l^2 = 0 \,. \tag{5.20}$$

Aus (5.18), (5.19) erhalten wir $x_1^* = x_2^*$ und durch Einsetzen in (5.20) schließlich auch die mit dem Einsetzverfahren (Beispiel 5.1) abgeleitete Lösung $x_1^* = x_2^* = l/\sqrt{2}$. Der zugehörige Wert des Lagrange-Multiplikators berechnet sich zu $\lambda^* = 0.25$. Eine geometrische Deutung der hier vorliegenden Situation liefert Abb. 5.2.   □

Eine offensichtliche Eigenschaft der Lagrange-Funktion, wovon später oft Gebrauch gemacht wird, ist die folgende

$$L(\overline{\mathbf{x}}, \lambda) = f(\overline{\mathbf{x}}) \qquad \forall \, \overline{\mathbf{x}} \in X \,. \tag{5.21}$$

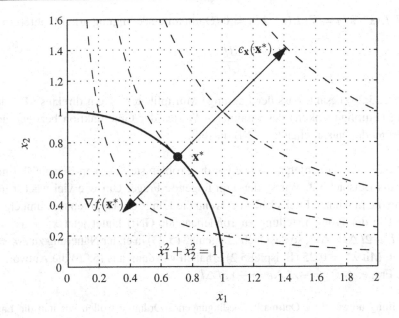

Abb. 5.2 Geometrische Deutung des Beispiels 5.2

Es sei auch angemerkt, dass sich die Lagrange-Multiplikatoren bei gegebenem regulärem $\mathbf{x}^*$ aus (5.15) mittels der Pseudoinversen aus (6.5) eindeutig berechnen lassen

$$\boldsymbol{\lambda}^* = -(\mathbf{c_x}(\mathbf{x}^*)^T)^+ \nabla f(\mathbf{x}^*) . \tag{5.22}$$

Eine anschauliche Interpretation der zunächst abstrakt erscheinenden Lagrange-Multiplikatoren kann wie folgt gewonnen werden. Stellen wir uns vor, dass die GNB leicht modifiziert wird, so dass nunmehr

$$\mathbf{c}(\mathbf{x}) = \boldsymbol{\varepsilon} \tag{5.23}$$

gelten soll, wobei die Komponenten ε_i des Vektors $\boldsymbol{\varepsilon}$ einen kleinen Betrag aufweisen. Die Lagrange-Funktion der modifizierten Problemstellung lautet dann

$$L(\mathbf{x}, \boldsymbol{\lambda}, \boldsymbol{\varepsilon}) = f(\mathbf{x}) + \boldsymbol{\lambda}^T (\mathbf{c}(\mathbf{x}) - \boldsymbol{\varepsilon}) \tag{5.24}$$

und die entsprechende Lösung kann als Funktion von $\boldsymbol{\varepsilon}$ ausgedrückt werden: $\mathbf{x}^*(\boldsymbol{\varepsilon}), \boldsymbol{\lambda}^*(\boldsymbol{\varepsilon})$. Der zugehörige Wert der Gütefunktion sei $f^*(\boldsymbol{\varepsilon}) = f(\mathbf{x}^*(\boldsymbol{\varepsilon}))$ und derjenige der Lagrange-Funktion sei $L^*(\boldsymbol{\varepsilon}) = L(\mathbf{x}^*(\boldsymbol{\varepsilon}), \boldsymbol{\lambda}^*(\boldsymbol{\varepsilon}), \boldsymbol{\varepsilon})$.

Nun gilt gemäß (5.21) $f^*(\boldsymbol{\varepsilon}) = L^*(\boldsymbol{\varepsilon})$ und daher auch $f_{\boldsymbol{\varepsilon}}^*(\boldsymbol{\varepsilon}) = L_{\boldsymbol{\varepsilon}}^*(\boldsymbol{\varepsilon})$. Unter Nutzung von (5.24) erhalten wir also

$$\frac{df^*}{d\varepsilon_i} = \frac{dL^*}{d\varepsilon_i} = \left(\frac{d\mathbf{x}^*}{d\varepsilon_i}\right)^T \nabla_{\mathbf{x}} L(\mathbf{x}^*, \boldsymbol{\lambda}^*) + \left(\frac{d\boldsymbol{\lambda}^*}{d\varepsilon_i}\right)^T \nabla_{\boldsymbol{\lambda}} L(\mathbf{x}^*, \boldsymbol{\lambda}^*) + \frac{\partial L^*}{\partial \varepsilon_i} . \tag{5.25}$$

Da $\nabla_{\mathbf{x}}L(\mathbf{x}^*, \boldsymbol{\lambda}^*) = \nabla_{\boldsymbol{\lambda}}L(\mathbf{x}^*, \boldsymbol{\lambda}^*) = \mathbf{0}$ (Optimalitätsbedingungen) gilt, liefert (5.25)

$$\frac{df^*}{d\varepsilon_i} = -\lambda_i^* \, . \tag{5.26}$$

Gleichung (5.26) besagt, dass der Lagrange-Multiplikator λ_i^* ein direktes Maß der Ver-änderung (Empfindlichkeit) des minimalen Wertes der Gütefunktion bezogen auf eine Veränderung der entsprechenden GNB darstellt.

Beispiel 5.3 Wir betrachten nach wie vor die Problemstellung von Beispiel 1.1 und ihre Lösung aus Beispiel 5.2. Wir stellen nun folgende Frage: Um wie viel wächst in erster Näherung die maximale Dreiecksfläche, wenn die Länge der Hypotenuse nunmehr $l + \triangle l$ beträgt? Die der Problemstellung zugrundeliegende GNB lautet jetzt $x_1^2 + x_2^2 = (l + \triangle l)^2 = l^2 + 2l\triangle l + \triangle l^2$, so dass sich $\triangle\varepsilon$ gemäß (5.23) in erster Näherung zu $\triangle\varepsilon = 2l\triangle l$ berechnet. Mit $\lambda^* = 0.25$ (Beispiel 5.2) erhalten wir dann aus (5.26) die Antwort auf die gestellte Frage: $\triangle f^* = -\lambda^*\triangle\varepsilon = -0.5l\triangle l$. $\qquad\square$

Zur Ableitung notwendiger Optimalitätsbedingungen 2. Ordnung wollen wir nun die Lagrange-Funktion um einen zulässigen Punkt $\overline{\mathbf{x}} \in X$ mittels einer Taylor-Reihe entwickeln

$$L(\overline{\mathbf{x}} + \delta\mathbf{x}, \boldsymbol{\lambda}) = L(\overline{\mathbf{x}}, \boldsymbol{\lambda}) + \nabla_{\mathbf{x}}L(\overline{\mathbf{x}}, \boldsymbol{\lambda})^T \delta\mathbf{x} + \frac{1}{2}\delta\mathbf{x}^T \nabla_{\mathbf{xx}}^2 L(\overline{\mathbf{x}}, \boldsymbol{\lambda})\delta\mathbf{x} + R(\delta\mathbf{x}^3) \, . \tag{5.27}$$

Ist $\delta\mathbf{x}$ eine zulässige Variation, so gilt mit (5.21) $L(\overline{\mathbf{x}}, \boldsymbol{\lambda}) = f(\overline{\mathbf{x}})$ und $L(\overline{\mathbf{x}} + \delta\mathbf{x}, \boldsymbol{\lambda}) = f(\overline{\mathbf{x}} + \delta\mathbf{x})$. Ferner gilt an einem stationären Punkt der Lagrange-Funktion $\nabla_{\mathbf{x}}L(\mathbf{x}^*, \boldsymbol{\lambda}^*) = \mathbf{0}$, so dass sich aus (5.27) folgende Beziehung ergibt

$$f(\mathbf{x}^* + \delta\mathbf{x}) = f(\mathbf{x}^*) + \frac{1}{2}\delta\mathbf{x}^T \nabla_{\mathbf{xx}}^2 L(\mathbf{x}^*, \boldsymbol{\lambda}^*)\delta\mathbf{x} + R(\delta\mathbf{x}^3) \, . \tag{5.28}$$

Eine ähnliche Argumentation wie in Abschn. 4.1, nunmehr aber mit zulässiger Variation $\delta\mathbf{x}$, die also (5.11) erfüllen muss, liefert nun die nachfolgend angeführten Optimalitätsbedingungen 2. Ordnung.

Die *notwendigen Bedingungen 2. Ordnung* für ein reguläres lokales Minimum bestehen aus den notwendigen Bedingungen 1. Ordnung und

$$\nabla_{\mathbf{xx}}^2 L(\mathbf{x}^*, \boldsymbol{\lambda}^*) \geq \mathbf{0} \tag{5.29}$$

unter der Restriktion (zulässige Variation)

$$Y = \{\delta\mathbf{x} \mid c_x(x^*)\delta\mathbf{x} = \mathbf{0}\} \, . \tag{5.30}$$

Ein geeignetes Kriterium zur Überprüfung der Definitheit einer Matrix unter Restrik-tion ist in Abschn. 19.1.4 angegeben. Die Anwendung dieses Kriteriums auf den hier vorliegenden Fall führt zur Überprüfung der Wurzeln folgenden Polynoms $(n - m)$-ten Grades

$$p(\Lambda) = \begin{vmatrix} \Lambda \mathbf{I} - \nabla_{\mathbf{xx}}^2 L(\mathbf{x}^*, \lambda^*) & \mathbf{c_x}(\mathbf{x}^*)^T \\ \mathbf{c_x}(\mathbf{x}^*) & \mathbf{0} \end{vmatrix} = 0 . \qquad (5.31)$$

Die *hinreichenden Bedingungen* für ein striktes reguläres lokales Minimum bestehen aus den notwendigen Bedingungen 1. Ordnung und

$$\nabla_{\mathbf{xx}}^2 L(\mathbf{x}^*, \lambda^*) > \mathbf{0} \qquad (5.32)$$

unter der Restriktion Y aus (5.30).

Es sollte hier betont werden, dass sich die Bedingungen 2. Ordnung für beschränkte Optimierungsprobleme auf der Hesseschen Matrix $\nabla_{\mathbf{xx}}^2 L$ der Lagrange-Funktion (nicht der Gütefunktion) basieren, da die (im Allgemeinen nichtlinearen) Nebenbedingungen mitberücksichtigt werden müssen. Tatsächlich gibt es Aufgaben (s. Übung 5.12), die $\nabla_{\mathbf{xx}}^2 f(\mathbf{x}^*) > \mathbf{0}$ an einem stationären Punkt $\mathbf{x}^*$ aufweisen, obwohl $\mathbf{x}^*$ kein Minimum darstellt.

Beispiel 5.4 Wir wollen nun überprüfen, ob die in Beispiel 5.2 ermittelte Lösung der Problemstellung des Beispiels 1.1 die Optimalitätsbedingungen 2. Ordnung erfüllt. Hierzu wird die Matrix

$$\nabla_{\mathbf{xx}}^2 L(\mathbf{x}^*, \lambda^*) = \begin{bmatrix} 0.5 & -0.5 \\ -0.5 & 0.5 \end{bmatrix}$$

auf positive Definitheit überprüft. Das Sylvester-Kriterium liefert $D_1 = 0.5$, $D_2 = 0$, so dass also $\nabla_{\mathbf{xx}}^2 L(\mathbf{x}^*, \lambda^*)$ bereits ohne die Restriktion (5.30) die notwendigen Bedingungen 2. Ordnung erfüllt. Da aber die hinreichende Bedingung (5.32) ohne Restriktion nicht erfüllt ist, wollen wir nun feststellen, ob diese Bedingung unter (5.30) erfüllt ist. Hierzu stellen wir das Polynom (5.31) auf

$$p(\Lambda) = \begin{vmatrix} \Lambda - 0.5 & 0.5 & l\sqrt{2} \\ 0.5 & \Lambda - 0.5 & l\sqrt{2} \\ l\sqrt{2} & l\sqrt{2} & 0 \end{vmatrix} = l^2(-\Lambda + 1) = 0 .$$

Die Wurzel dieses Polynoms von Grad $n - m = 1$ lautet $\Lambda = 1 > 0$. Demzufolge ist $\nabla_{\mathbf{xx}}^2 L(\mathbf{x}^*, \lambda^*)$ positiv definit für zulässige Variationen $\delta \mathbf{x}$ und die hinreichende Bedingung ist also erfüllt. $\square$

Beispiel 5.5 Es gilt, die Gütefunktion

$$f(x_1, x_2) = 4 - x_1^2 - x_2^2 \qquad (5.33)$$

unter Berücksichtigung der GNB

$$c(x_1, x_2) = 1 - x_1^2 + x_2 = 0 \qquad (5.34)$$

bezüglich Minima und Maxima zu untersuchen. Die zugehörige Lagrange-Funktion lautet

$$L(x_1, x_2, \lambda) = 4 - x_1^2 - x_2^2 + \lambda \left(1 - x_1^2 + x_2 \right) , \qquad (5.35)$$

und die Auswertung der notwendigen Bedingungen 1. Ordnung liefert drei stationäre Lösungen: $(x_1^* = 0, x_2^* = -1, \lambda^* = -2)$, $(x_1^* = 1/\sqrt{2}, x_2^* = -0.5, \lambda^* = -1)$ und $(x_1^* = -1/\sqrt{2}, x_2^* = -0.5, \lambda^* = -1)$. Die Untersuchung der Matrix $\nabla_{xx}^2 L(\mathbf{x}^*, \lambda^*)$ ohne Restriktion führt zu keinem brauchbaren Ergebnis. Die Berechnung des Polynoms (5.31) ergibt eine Wurzel

$$\Lambda = \frac{2(1 + \lambda^*) - 8x_1^{*2}}{4x_1^{*2} - 1} . \qquad (5.36)$$

Für die erste stationäre Lösung erhalten wir mit $\Lambda = 2 > 0$ ein lokales Minimum. Die anderen zwei stationären Lösungen werden mit $\Lambda = -2 < 0$ als lokale Maxima identifiziert (s. Übung 5.1).

Nun sei auf das gleiche Problem das Einsetzverfahren angewandt. Aus (5.34) lässt sich

$$x_1^2 = 1 + x_2 \qquad (5.37)$$

ableiten. Durch Einsetzen in die Gütefunktion erhalten wir

$$\tilde{f}(x_2) = 3 - x_2 - x_2^2 . \qquad (5.38)$$

Die Auswertung der notwendigen Bedingungen 1. Ordnung für diese Funktion einer Variablen ergibt einen stationären Punkt, nämlich $x_2^* = -0.5$, der sich nach Auswertung der 2. Ableitung der reduzierten Funktion $\tilde{f}(x_2)$ als lokales Maximum entpuppt. Für die ursprüngliche Problemstellung erhalten wir somit durch Auflösung von (5.37) zwei lokale Maxima $(x_1^* = 1/\sqrt{2}, x_2^* = -0.5)$ und $(x_1^* = -1/\sqrt{2}, x_2^* = -0.5)$, die der zweiten und dritten Lösung des Lagrange-Verfahrens entsprechen. Wo ist aber das lokale Minimum geblieben? Die Falle des Einsetzverfahrens lässt sich aufklären, wenn wir die Einsetzgleichung (5.37) erneut betrachten und festhalten, dass offensichtlich $x_2 \geq -1$ gelten muss, wenn x_1 definiert sein soll. Konsequenterweise müsste aber dann die reduzierte Funktion $\tilde{f}(x_2)$ aus (5.38) unter Berücksichtigung der UNB $x_2 \geq -1$ untersucht werden, wodurch sich ein lokales Minimum bei $x_2^* = -1$ tatsächlich identifizieren ließe.

Im Übrigen sollte festgehalten werden, dass kein absolutes Minimum für die formulierte Problemstellung existiert, oder, anders ausgedrückt, das absolute Minimum auf der Kurve $x_2 = x_1^2 - 1$ für $x_1 \to \pm\infty$ zu suchen ist, vgl. auch die Existenzbedingungen in Kap. 2.   □

5.1.2 Reduzierter Gradient

Die Existenz von m Gleichungsnebenbedingungen $\mathbf{c}(\mathbf{x}) = \mathbf{0}$ deutet darauf hin, dass – auch wenn ein analytisches Auflösen unmöglich erscheint – m Optimierungsvariablen von den restlichen $n - m$ abhängig sind, so dass also insgesamt $n - m$ Freiheitsgrade für die Optimierung bestehen. Betrachtet man z. B. Abb. 5.1, so ist das Minimum entlang der durch $c(\mathbf{x}) = 0$ definierten Kurve zu suchen, d. h., dass $n - m = 1$ Freiheitsgrad der Minimumsuche zugrunde liegt.

Unser Ziel in diesem Abschnitt ist es, unter Umgehung der GNB ein Minimum der reduzierten Gütefunktion $\tilde{f}(\mathbf{x}_2)$, (5.6), auf numerischem Wege zu ermöglichen. Hierzu erfordern bekanntlich die numerischen Verfahren des Abschn. 4.2, dass bei Vorgabe eines Wertes $\mathbf{x}_2$, der Funktionswert $\tilde{f}(\mathbf{x}_2)$ und der Gradient $\nabla_{\mathbf{x}_2} \tilde{f}(\mathbf{x}_2)$ berechnet werden können. Im Folgenden wollen wir nun klären, auf welchem Wege die Bereitstellung dieser Werte erfolgen kann.

Es wurde bei der Besprechung des Einsetzverfahrens bereits erwähnt, dass sich die wenigsten praktisch relevanten Gleichungssysteme analytisch auflösen lassen. Eine numerische Auflösung hingegen ist in den meisten praktisch interessierenden Fällen möglich. Gibt man also einen Wert $\mathbf{x}_2$ des Vektors der unabhängigen Variablen vor, so besteht die Möglichkeit, durch numerische Auswertung der GNB den zugehörigen Wert $\mathbf{x}_1$ der abhängigen Variablen und somit auch den Funktionswert $f(\mathbf{x}_1, \mathbf{x}_2) = \tilde{f}(\mathbf{x}_2)$ zu berechnen (s. auch (5.6)). Somit ist aber die erste Auflage der numerischen Verfahren des Abschn. 4.3 erfüllbar.

Nun wollen wir uns der Berechnung des *reduzierten Gradienten* $\nabla_{\mathbf{x}_2} \tilde{f}$ zuwenden. Wegen (5.6) gilt

$$\nabla_{\mathbf{x}_2} \tilde{f} = \tilde{\mathbf{c}}_{\mathbf{x}_2}^T \nabla_{\mathbf{x}_1} f + \nabla_{\mathbf{x}_2} f \;. \tag{5.39}$$

Die Jacobi-Matrix $\tilde{\mathbf{c}}_{\mathbf{x}_2}$ lässt sich berechnen, wenn man $\mathbf{c}(\mathbf{x}_1, \mathbf{x}_2) = \mathbf{c}\,(\tilde{\mathbf{c}}(\mathbf{x}_2), \mathbf{x}_2) = \mathbf{0}$ nach $\mathbf{x}_2$ ableitet, d. h. $\mathbf{c}_{\mathbf{x}_1} \tilde{\mathbf{c}}_{\mathbf{x}_2} + \mathbf{c}_{\mathbf{x}_2} = \mathbf{0}$, und dann nach $\tilde{\mathbf{c}}_{\mathbf{x}_2}$ auflöst

$$\tilde{\mathbf{c}}_{\mathbf{x}_2} = -\mathbf{c}_{\mathbf{x}_1}^{-1} \mathbf{c}_{\mathbf{x}_2} \;, \tag{5.40}$$

wobei die Invertierbarkeit der Jacobischen $m \times m$-Matrix $\mathbf{c}_{\mathbf{x}_1}$ vorausgesetzt werden muss. Durch Einsetzen von (5.40) in (5.39) erhält man schließlich den gesuchten Ausdruck für den reduzierten Gradienten

$$\nabla_{\mathbf{x}_2} \tilde{f} = -\mathbf{c}_{\mathbf{x}_2}^T {\mathbf{c}_{\mathbf{x}_1}^{-1}}^T \nabla_{\mathbf{x}_1} f + \nabla_{\mathbf{x}_2} f \;. \tag{5.41}$$

Zusammenfassend lassen sich Optimierungsprobleme mit GNB durch die numerische Berechnung von $\tilde{f}(\mathbf{x}_2)$ und durch den reduzierten Gradienten aus (5.41) mittels der numerischen Verfahren zur Minimierung einer Funktion ohne Nebenbedingungen (Abschn. 4.2) lösen. Weitere numerische Verfahren zur Lösung von Minimierungsproblemen unter Nebenbedingungen werden in Abschn. 5.4 vorgestellt.

Um den Zusammenhang zwischen reduziertem Gradienten und den Lagrange-Bedingungen herzustellen, wollen wir nun die notwendige Bedingung (5.15) getrennt nach $\mathbf{x}_1$ und $\mathbf{x}_2$ betrachten. Es gilt zunächst

$$\nabla_{\mathbf{x}_1} L = \nabla_{\mathbf{x}_1} f + \mathbf{c}_{\mathbf{x}_1}^T \boldsymbol{\lambda} = \mathbf{0} \;. \tag{5.42}$$

Löst man (5.42) nach λ auf und setzt man diesen Wert in der entsprechenden Gleichung für $\nabla_{\mathbf{x}_2} L$ ein, so erhält man

$$\nabla_{\mathbf{x}_2} L = -\mathbf{c}_{\mathbf{x}_2}^T \mathbf{c}_{\mathbf{x}_1}^{-1}{}^T \nabla_{\mathbf{x}_1} f + \nabla_{\mathbf{x}_2} f \,, \tag{5.43}$$

was nichts anderes als der reduzierte Gradient aus (5.41) ist. Wenn also λ aus (5.42) berechnet und eingesetzt wird, dann gilt $\nabla_{\mathbf{x}_2} L = \nabla_{\mathbf{x}_2} \tilde{f}$ und das Nullsetzen des reduzierten Gradienten entspricht somit der Erfüllung der notwendigen Bedingung (5.15). Wie es zu erwarten war, lassen sich demnach die notwendigen Bedingungen 1. Ordnung für die Minimierung einer Funktion unter GNB auch folgendermaßen ausdrücken

$$\nabla_{\mathbf{x}_2} \tilde{f}(\mathbf{x}_2^*) = \mathbf{0} \tag{5.44}$$

$$\mathbf{c}(\mathbf{x}_1^*, \mathbf{x}_2^*) = \mathbf{0} \,. \tag{5.45}$$

Freilich ist für die Bildung des reduzierten Gradienten in (5.44) nach wie vor die Invertierbarkeit der Matrix $\mathbf{c}_{\mathbf{x}_1}(\mathbf{x}_1^*, \mathbf{x}_2^*)$ Voraussetzung.

Beispiel 5.6 Erneut wollen wir die Problemstellung des Beispiels 1.1 behandeln, diesmal bei Anwendung des reduzierten Gradienten. Mit (5.41) erhalten wir

$$\tilde{f}_{x_2} = \frac{x_2^2}{2x_1} - \frac{1}{2}x_1 \,, \tag{5.46}$$

und aus (5.44) resultiert dann $x_1^* = x_2^*$, so dass schließlich die GNB (1.1) die bekannte Lösung $x_1^* = x_2^* = l/\sqrt{2}$ liefert.   □

Beispiel 5.7 Wir betrachten nun die Problemstellung des Beispiels 5.5 und setzen den reduzierten Gradienten zu ihrer Lösung ein. Damit $c_{x_1} = -2x_1$ invertierbar ist, setzen wir $x_1 \neq 0$ voraus und erhalten bei Anwendung von (5.41)

$$\tilde{f}_{x_2} = -2x_2 - 1 \tag{5.47}$$

und mit (5.44) auch $x_2^* = -0.5$. Die Untersuchung der 2. Ableitung $\tilde{f}_{x_2 x_2}(x_2^*) = -2$ stellt sicher, dass es sich um ein lokales Maximum handelt. Durch Einsetzen in die GNB (5.34) erhalten wir schließlich zwei lokale Maxima der ursprünglichen Problemstellung, nämlich $(x_1^* = l/\sqrt{2}, x_2^* = -0.5)$ und $(x_1^* = -l/\sqrt{2}, x_2^* = -0.5)$. Wo bleibt das in Beispiel 5.5 identifizierte lokale Minimum? Leider liegt es ausgerechnet auf jenem Wert $x_1 = 0$, den wir ausgeschlossen hatten, um den reduzierten Gradienten bilden zu können.   □

Für den Leser mit systemtechnischen Grundkenntnissen mag die Aufteilung des gesuchten Vektors der Optimierungsvariablen in abhängige und unabhängige verständlicher erscheinen, wenn er die abhängigen Variablen mit den Zustandsgrößen und die unabhängigen Variablen mit den Steuergrößen eines Systems identifiziert (s. auch Abschn. 19.2). Für die Mathematiker sind nämlich Steuer-

und Zustandsgrößen allesamt gesuchte Optimierungsvariablen und die zwischen ihnen bestehenden Beziehungen schlichtweg allgemeine Gleichungsnebenbedingungen. Für den Systemtechniker aber hängt die Steuerungsgüte ausschließlich von den (unabhängigen) Steuergrößen ab, da sich die (abhängigen) Zustandsgrößen mittels der Zustandsgleichung aus den Steuergrößen bestimmen lassen.

5.1.3   Beispiel: Optimale statische Prozesssteuerung

Wir wollen nun die in diesem Kapitel vorgestellte Methodologie auf ein Problem der *optimalen statischen Prozesssteuerung* anwenden. Das statische Prozessmodell lautet (s. Abschn. 19.2.2)

$$g(\mathbf{x}, \mathbf{u}, \mathbf{z}) = 0 \,, \tag{5.48}$$

und die steuerungstechnische Aufgabenstellung besteht darin, für gegebene Störgrößen $\mathbf{z}$ die Steuergrößen $\mathbf{u}$ und die zugehörigen Zustandsgrößen $\mathbf{x}$ so zu bestimmen, dass eine Gütefunktion $f(\mathbf{x}, \mathbf{u})$ unter Berücksichtigung von (5.48) minimiert wird. Dies ist eine Aufgabenstellung, die dem Format der allgemeinen Problemstellung (5.4) dieses Kapitels direkt entspricht.

Ein wichtiger Sonderfall optimaler statischer Prozesssteuerung entsteht bei der Betrachtung eines linearen Systemmodells und einer quadratischen Gütefunktion, d. h.

$$\tilde{\mathbf{A}}\mathbf{x} + \tilde{\mathbf{B}}\mathbf{u} + \tilde{\mathbf{z}} = 0 \tag{5.49}$$

$$f(\mathbf{x}, \mathbf{u}) = \frac{1}{2}\|\mathbf{x}\|_{\mathbf{Q}}^2 + \frac{1}{2}\|\mathbf{u}\|_{\mathbf{R}}^2 \,, \tag{5.50}$$

wobei die Systemmatrix $\tilde{\mathbf{A}}$ regulär angenommen wird, um eine eindeutige Berechnung der Zustandsgrößen zu gewährleisten; die Gewichtungsmatrizen $\mathbf{Q}$, $\mathbf{R}$ werden positiv definit angenommen. Mit $\mathbf{B} = \tilde{\mathbf{A}}^{-1}\tilde{\mathbf{B}}$ und $\mathbf{z} = \tilde{\mathbf{A}}^{-1}\tilde{\mathbf{z}}$ lässt sich (5.49) wie folgt umschreiben

$$\mathbf{x} + \mathbf{B}\mathbf{u} + \mathbf{z} = 0 \,. \tag{5.51}$$

Zur Lösung dieses linear-quadratischen Optimierungsproblems können nun die Verfahren dieses Kapitels herangezogen werden (s. Übung 5.5). Die Lagrange-Funktion für diese Problemstellung lautet

$$L(\mathbf{x}, \mathbf{u}, \lambda) = \frac{1}{2}\left(\|\mathbf{x}\|_{\mathbf{Q}}^2 + \|\mathbf{u}\|_{\mathbf{R}}^2\right) + \lambda^T(\mathbf{x} + \mathbf{B}\mathbf{u} + \mathbf{z}) \,, \tag{5.52}$$

und die notwendigen Bedingungen 1. Ordnung ergeben

$$\nabla_{\mathbf{x}} L(\mathbf{x}^*, u^*, \lambda^*) = \mathbf{Q}\mathbf{x}^* + \lambda^* = 0 \tag{5.53}$$

$$\nabla_{\mathbf{u}} L(\mathbf{x}^*, u^*, \lambda^*) = \mathbf{R}\mathbf{u}^* + \mathbf{B}^T\lambda^* = 0 \tag{5.54}$$

$$\nabla_{\lambda} L(\mathbf{x}^*, u^*, \lambda^*) = \mathbf{x}^* + \mathbf{B}\mathbf{u}^* + \mathbf{z} = 0 \,. \tag{5.55}$$

Abb. 5.3 Statische optimale
Prozesssteuerung

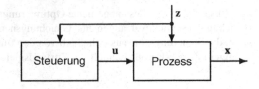

Durch Lösung dieses linearen Gleichungssystems lässt sich der optimale Steuervektor

$$\mathbf{u}^* = -(\mathbf{R} + \mathbf{B}^T \mathbf{Q} \mathbf{B})^{-1} \mathbf{B}^T \mathbf{Q} \mathbf{z} \tag{5.56}$$

als Funktion des Störgrößenvektors $\mathbf{z}$ berechnen. Durch Auswertung der hinreichenden
Bedingungen kann man sich dessen vergewissern, dass es sich bei $\mathbf{u}^*$ um ein globales Minimum handelt. Interessanterweise liefert die Grenzsituation $\mathbf{R} \rightarrow \mathbf{0}$ (d. h. Steueraufwand
interessiert nicht) ein sinnvolles Ergebnis, sofern die Matrix $\mathbf{B}^T \mathbf{Q} \mathbf{B}$ invertierbar ist. Andererseits führt die Grenzsituation $\mathbf{Q} \rightarrow \mathbf{0}$ erwartungsgemäß zu einer technisch unsinnigen
Nullsteuerung $\mathbf{u}^* = \mathbf{0}$.

Es sei angemerkt, dass sich die abgeleitete Formel (5.56) gemäß Abb. 5.3 zur on-line
Steuerung von Prozessen mit relativ langsamen, messbaren Störgrößen $\mathbf{z}$ einsetzen lässt.

5.2   Minimierung unter Ungleichungsnebenbedingungen

In diesem Abschnitt wollen wir den letzten Schritt hin zur allgemeinen Problemstellung (2.4) von Kap. 2 vollziehen, indem wir zusätzlich zu den bereits in Abschn. 5.1
berücksichtigten GNB nun auch *Ungleichungsnebenbedingungen (UNB)* einführen. Der
zulässige Bereich kann als

$$X = \{\mathbf{x} \mid c(x) = \mathbf{0}, \mathbf{h}(\mathbf{x}) \leq \mathbf{0}\} \tag{5.57}$$

notiert werden.

Wie bereits in Kap. 2 erwähnt, werden die q vorhandenen UNB in Vektorschreibweise
$\mathbf{h}(\mathbf{x}) \leq \mathbf{0}$ zusammengefasst. An einem zulässigen Punkt $\mathbf{x} \in X$ definieren wir die *aktiven*
Ungleichungsnebenbedingungen $\mathbf{h}^a(\mathbf{x})$, für die $\mathbf{h}^a(\mathbf{x}) = \mathbf{0}$ gilt, und die *inaktiven Unglei-*
chungsnebenbedingungen $\mathbf{h}^i(\mathbf{x})$, für die die strikte Ungleichung $\mathbf{h}^i(\mathbf{x}) < \mathbf{0}$ erfüllt ist. Wir
nehmen an, dass es q^a aktive und q^i inaktive UNB gibt, wobei offenbar $q^a + q^i = q$
gelten muss.

Wir werden stets voraussetzen, dass für die hier betrachteten Problemstellungen die
sogenannte *Qualifikationsbedingung* erfüllt ist. Auf die genaue Erläuterung dieser zuerst in [1] formulierten[1] Bedingung, die lediglich von pathologischen Problemstellungen
verletzt wird, wollen wir hier verzichten und uns später (s. Beispiel 5.8) auf eine Illustration der mit ihr zusammenhängenden Sachlage beschränken. Anstelle ihrer ausführlichen

---

[1] Eigentlich bereits in der MSc-Arbeit von *W. Karush* [2] vom Jahr 1939, zusammen mit dem von
H.W. Kuhn und *A.W. Tucker* [1] viel später veröffentlichten Theorem, enthalten.

Erläuterung seien hier zwei hinreichende Bedingungen für die Erfüllung der Qualifikationsbedingung angegeben:

(a) Die Qualifikationsbedingung ist an einem zulässigen Punkt $\mathbf{x} \in X$ erfüllt, wenn die Jacobi-Matrix

$$d \begin{bmatrix} \mathbf{c}(\mathbf{x}) \\ \mathbf{h}^a(\mathbf{x}) \end{bmatrix} / d\mathbf{x}$$

vollen Rang hat. In Abwesenheit von aktiven UNB entspricht diese Bedingung offenbar den regulären Punkten aus Abschn. 5.1.

(b) Die Qualifikationsbedingung ist an einem zulässigen Punkt $\mathbf{x} \in X$ erfüllt, wenn $\mathbf{c}(\mathbf{x})$ und $\mathbf{h}^a(\mathbf{x})$ linear sind.

In manchen Fällen liegt das gesuchte Minimum der hier vorliegenden Problemstellung dergestalt, dass keine UNB am Minimum aktiv ist. Offenbar hätte man in solchen Fällen das Minimum auch ohne Berücksichtigung der UNB bestimmen können. Diese Feststellung suggeriert folgende vereinfachte Vorgehensweise zur Lösungsbestimmung:

(i) Ignoriere zunächst die UNB und löse das Optimierungsproblem unter Berücksichtigung der GNB allein.

(ii) Falls die gefundene Lösung keine UNB verletzt, ist das Problem gelöst.

(iii) Falls die gefundene Lösung mindestens eine UNB verletzt, kann die Lösung hoffentlich auf heuristischem Wege gefunden werden.

Diese Vorgehensweise haben wir stillschweigend bei der mehrfachen Behandlung des Beispiels 1.1 in Abschn. 5.1 angewandt, da wir ja zu keinem Zeitpunkt die vorhandenen UNB (1.2) explizit berücksichtigten; trotzdem konnten wir durch Ausschluss physikalisch unsinniger Lösungskandidaten (keine negativen Kathetenlängen) die richtige Lösung bestimmen, die keine UNB verletzte. Leider kann man aber bei der allgemeinen Problemstellung nicht erwarten, dass diese einfache Vorgehensweise sicher zum Ziel führt.

Eine andere Möglichkeit, die vorliegende allgemeine Problemstellung auf eine Optimierungsaufgabe mit GNB allein zurückzuführen, bietet die Verwendung von *Schlupfvariablen* (*slack variables*) an. Anstelle der UNB kann man hierbei die Berücksichtigung folgender GNB verlangen

$$\tilde{h}_i(\mathbf{x}, z_i) = h_i(\mathbf{x}) + z_i^2 = 0, \quad i = 1, \ldots, q, \tag{5.58}$$

wobei z_i die Schlupfvariablen sind. Die modifizierte Problemstellung, die nur noch GNB enthält, lautet also

$$\min_{\mathbf{x}, \mathbf{z}} f(\mathbf{x})$$

$$\text{u. B. v.} \quad \mathbf{c}(\mathbf{x}) = \mathbf{0} \tag{5.59}$$

$$\text{und} \quad \tilde{\mathbf{h}}(\mathbf{x}, \mathbf{z}) = \mathbf{0}. \tag{5.60}$$

Neben der in (5.58) verwendeten Quadrierung sind auch andere Transformationsmöglichkeiten denkbar, die indirekt die Erfüllung der anfangs vorhandenen UNB garantieren. Bei der Anwendung des Verfahrens der Schlupfvariablen ist allerdings Vorsicht geboten, da unter gewissen Umständen theoretische wie praktische Schwierigkeiten auftreten können (s. z. B. Übungen 5.13 und 5.21), wenn man sich auf die Auswertung der notwendigen Optimalitätsbedingungen 1. Ordnung beschränkt, wie wir im nächsten Abschnitt sehen werden.

5.2.1 Notwendige Bedingungen für ein lokales Minimum

Zur Ableitung von Optimalitätsbedingungen können wir die zu minimierende Funktion $f(\mathbf{x})$ wie in Abschn. 5.1.1 um einen zulässigen Punkt $\bar{\mathbf{x}} \in X$ mittels einer Taylor-Reihe (5.9) entwickeln. Nun müssen aber zulässige Variationen $\delta\mathbf{x}$ neben (5.11) auch folgende Ungleichung erfüllen

$$\mathbf{h}^a_{\mathbf{x}}(\bar{\mathbf{x}})\delta\mathbf{x} \leq \mathbf{0} \,, \tag{5.61}$$

wie in ähnlicher Weise wie in Abschn. 5.1.1 gezeigt werden kann. Hierbei muss vermerkt werden, dass die inaktiven UNB bei der Festlegung einer zulässigen Variation keine Rolle spielen, weil sie durch infinitesimale Variationen $\delta\mathbf{x}$ nicht verletzt werden können. Durch eine ähnliche Argumentation wie in Abschn. 5.1.1 kann nun gezeigt werden, dass der Gradient $\nabla f(\mathbf{x}^*)$ an einem lokalen Minimum als Linearkombination der Vektoren $\nabla c_i(\mathbf{x}^*)$ und $\nabla\mathbf{h}^a_i(\mathbf{x}^*)$ ausgedrückt werden kann (vgl. (5.12))

$$\nabla f(\mathbf{x}^*) + \sum_{i=1}^{m} \lambda_i^* \nabla \mathbf{c}_i(\mathbf{x}^*) + \sum_{i=1}^{q^a} \mu_i^* \nabla \mathbf{h}^a_i(\mathbf{x}^*) = \mathbf{0} \,, \tag{5.62}$$

allerdings mit der zusätzlichen Auflage, dass $\mu_i^* \geq 0$, $i = 1, \ldots, q^a$, gelten muss. Gleichzeitig muss natürlich $\mathbf{c}(\mathbf{x}^*) = \mathbf{0}$ und $\mathbf{h}^a(\mathbf{x}^*) = \mathbf{0}$ gelten, wodurch die notwendigen Optimalitätsbedingungen 1. Ordnung entstehen, die weiter unten in leicht modifizierter und kompakter Form ausgedrückt werden.

Um die Bedeutung von (5.62) zu illustrieren, wollen wir den Fall $n = 2$, $m = 0$, $q^a = 1$ in Abb. 5.4a betrachten. Die Auflage $\mu^* \geq 0$ bedeutet hier, dass die Vektoren $\nabla f(\mathbf{x}^*)$ und $\nabla h^a(\mathbf{x}^*)$ nicht nur kolinear, sondern auch entgegengerichtet sein müssen. Wären sie es nicht, so wäre in der Tat eine Verkleinerung der Gütefunktion in zulässiger Richtung ($h^a < 0$) möglich, weshalb $\mathbf{x}^*$ kein lokales Minimum hätte sein können. Abbildung 5.4b verdeutlicht den Fall $n = 2$, $m = 0$, $q^a = 2$. Auch hier kann leicht eingesehen werden, dass der Schnittpunkt der Kurven $h^a_1(\mathbf{x}) = 0$ und $h^a_2(\mathbf{x}) = 0$ nur dann ein lokales Minimum sein kann, wenn der Gradient $\nabla f(\mathbf{x}^*)$ in dem durch die zwei gestrichelten Geraden eingegrenzten Sektor liegt, d. h. wenn $\mu_1^* \geq 0$ und $\mu_2^* \geq 0$ gelten.

Unter dem Licht der neuen Erkenntnisse lassen sich aber auch die Randbedingungen (3.9), (3.10) aus Abschn. 3.1 für das Minimum einer Funktion einer Variablen neu interpretieren. Die UNB lauteten dort $a \leq x \leq b$, so dass sie sich wie folgt in den Formalismus dieses Kapitels umschreiben lassen

$$h_1(x) = a - x \leq 0 \tag{5.63}$$

$$h_2(x) = x - b \leq 0 \,. \tag{5.64}$$

Abb. 5.4 Verdeutlichung der notwendigen Bedingungen im zweidimensionalen Fall

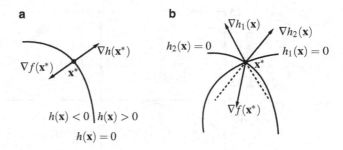

Ist eine dieser UNB an einem lokalen Minimum aktiv, so muss gemäß (5.62) gelten

$$\mu_i^* = \frac{-f(x)}{h_{ix}^a(x)} \geq 0 \,. \tag{5.65}$$

Da aber aus (5.63), (5.64) $h_{1x} = -1$ und $h_{2x} = 1$ resultiert, ergeben sich aus (5.65) für $i = 1, 2$ die in Abschn. 3.1 anschaulich abgeleiteten Bedingungen (3.9), (3.10).

Beispiel 5.8 [3] Wir betrachten die Minimierung der Funktion $f(\mathbf{x}) = x_1$ unter Berücksichtigung der UNB $h_1 = x_2 - x_1^3 \leq 0$ und $h_2 = -x_2 \leq 0$. Die geometrische Deutung der Problemstellung in Abb. 5.5 liefert uns sofort das Minimum am Ursprung. Es wird aber auch ersichtlich, dass der Gradient $\nabla f(\mathbf{0})$ nicht als Linearkombination der Vektoren $\nabla h_1^a(\mathbf{0})$ und $\nabla h_2^a(\mathbf{0})$ angegeben werden kann. Der Grund dieser Verletzung der Bedingung (5.62) liegt darin, dass die vorliegende Problemstellung an der Stelle $(0, 0)$ die Qualifikationsbedingung verletzt. In der Tat ist die Jacobi-Matrix

$$\mathbf{h}_{\mathbf{x}}^a(\mathbf{0}) = \begin{bmatrix} 0 & 1 \\ 0 & -1 \end{bmatrix}$$

singulär und somit eine hinreichende Bedingung für die Erfüllung der Qualifikationsbedingung ebenso verletzt. □

Zur Formulierung der Optimalitätsbedingungen wollen wir die (verallgemeinerte) *Lagrange-Funktion* der Problemstellung wie folgt definieren

$$L(\mathbf{x}, \boldsymbol{\lambda}, \boldsymbol{\mu}) = f(\mathbf{x}) + \boldsymbol{\lambda}^T \mathbf{c}(\mathbf{x}) + \boldsymbol{\mu}^T \mathbf{h}(\mathbf{x}) \,, \tag{5.66}$$

wobei $\boldsymbol{\lambda} \in \mathbb{R}^m$ wieder den Vektor der Lagrange-Multiplikatoren und $\boldsymbol{\mu} \in \mathbb{R}^q$ den Vektor der *Kuhn-Tucker-Multiplikatoren* darstellen. Die *notwendigen Bedingungen 1. Ordnung* oder *Kuhn-Tucker-Bedingungen* für ein reguläres lokales Minimum einer Funktion unter Gleichungs- und Ungleichungsnebenbedingungen lassen sich wie folgt ausdrücken:

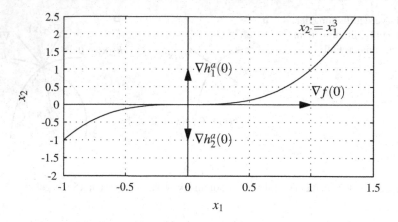

Abb. 5.5 Geometrische Darstellung zu Beispiel 5.8

Es existieren $\boldsymbol{\lambda}^*$, $\boldsymbol{\mu}^*$, so dass

$$\nabla_\mathbf{x} L(\mathbf{x}^*, \boldsymbol{\lambda}^*, \boldsymbol{\mu}^*) = \nabla_\mathbf{x} f(\mathbf{x}^*) + \mathbf{c}_\mathbf{x}(\mathbf{x}^*)^T \boldsymbol{\lambda}^* + \mathbf{h}_\mathbf{x}(\mathbf{x}^*)^T \boldsymbol{\mu}^* = \mathbf{0} \qquad (5.67)$$

$$\nabla_\lambda L(\mathbf{x}^*, \boldsymbol{\lambda}^*, \boldsymbol{\mu}^*) = \mathbf{c}(\mathbf{x}^*) = \mathbf{0} \qquad (5.68)$$

$$\mathbf{h}(\mathbf{x}^*) \leq \mathbf{0} \qquad (5.69)$$

$$\mathbf{h}(\mathbf{x}^*)^T \boldsymbol{\mu}^* = 0 \qquad (5.70)$$

$$\boldsymbol{\mu}^* \geq \mathbf{0} . \qquad (5.71)$$

Die notwendige Bedingung (5.70) kann auch ersetzt werden durch

$$h_i(\mathbf{x}^*)\mu_i^* = 0 \quad i = 1, \ldots, q . \qquad (5.72)$$

In der Tat besagt (5.70), dass $h_1(\mathbf{x}^*)\mu_1^* + \cdots + h_q(\mathbf{x}^*)\mu_q^* = 0$ gelten muss. Aus (5.69) und (5.71) lässt sich aber folgern, dass $h_i(\mathbf{x}^*)\mu_i^* \leq 0$, $i = 1, \ldots, q$, gilt, so dass obige Summe ausschließlich nichtpositive Summanden beinhaltet. Diese Summe ist also gleich Null, genau wenn (5.72) gilt.

Die Bedingung (5.72) lässt sich wie folgt interpretieren. Entweder ist eine UNB i am Minimum inaktiv, d. h. $h_i(\mathbf{x}^*) < 0$, und dann muss $\mu_i^* = 0$ gelten (Abb. 5.6a); oder aber ist die UNB am Minimum aktiv, d. h. $h_i(\mathbf{x}^*) = 0$, und dann gilt $\mu_i^* \geq 0$. Letzterer Fall lässt folgende zwei Situationen zu: die UNB ist *gerade aktiv*, wenn $h_i(\mathbf{x}^*) = 0$ und $\mu_i^* = 0$ (Abb. 5.6b); die UNB ist *strikt aktiv*, wenn $h_i(\mathbf{x}^*) = 0$ und $\mu_i^* > 0$ (Abb. 5.6c). Da die strikte Aktivierung einer UNB den Regelfall darstellt, werden wir im folgenden bei einem zulässigen Punkt $\mathbf{x} \in X$ alle strikt aktiven UNB in den Vektor $\mathbf{h}^a(\mathbf{x})$ zusammengefasst denken, wohingegen die gerade aktiven UNB einen separaten Vektor $\mathbf{h}^g(\mathbf{x})$ bilden sollen. Sind bei einer Problemstellung keine UNB enthalten oder werden beim Minimum keine UNB aktiviert, so reduzieren sich die Bedingungen (5.67)–(5.71) offenbar auf die

Abb. 5.6 Kategorisierung von UNB

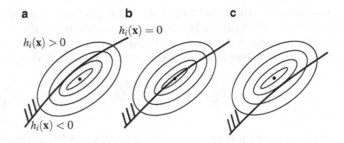

entsprechenden notwendigen Bedingungen einer Problemstellung mit GNB allein (5.15) und (5.16).

Die Bedeutung der notwendigen Bedingung $\mu^* \geq 0$ kann auch folgendermaßen verdeutlicht werden. Man nehme eine geringfügige Verschärfung einer aktiven UNB mittels $\varepsilon > 0$ an, d. h. $h_i^a(\mathbf{x}) \leq -\varepsilon$. Diese Verschärfung kann natürlich zu keiner Verbesserung der Gütefunktion am Minimum führen, da der zulässige Bereich enger wird. Gemäß (5.26) gilt aber $df^*/d\varepsilon = \mu_i^*$ und wäre $\mu_i < 0$, so wäre in der Tat eine Verringerung des Minimums durch eine Verengung des zulässigen Bereiches möglich, was einen Widerspruch darstellt. Diese Argumentation führt uns unmittelbar zu der nachfolgenden Feststellung.

Wir halten hier folgende Aussage fest, die uns später dienlich sein wird: Sind an einem Punkt die Bedingungen (5.67)–(5.70) erfüllt und gilt darüber hinaus an einer aktiven UNB $\mu_i < 0$, so ist durch Verlassen dieser UNB eine Verkleinerung der Gütefunktion in zulässiger Richtung möglich.

Die Ableitung der notwendigen Bedingungen 1. Ordnung (5.67)–(5.71) kann auch durch die Einführung von Schlupfvariablen z_i mittels der Transformation (5.58) erfolgen. Um dies zu erreichen, wollen wir für das durch (5.59), (5.60) definierte Problem die notwendigen Optimalitätsbedingungen nach Abschn. 5.1 aufstellen. Die zugehörige Lagrange-Funktion (5.14) lautet

$$L^z(\mathbf{x}, \mathbf{z}, \boldsymbol{\lambda}, \boldsymbol{\mu}) = f(\mathbf{x}) + \boldsymbol{\lambda}^T \mathbf{c}(\mathbf{x}) + \boldsymbol{\mu}^T \left(\mathbf{h}(\mathbf{x}) + \mathbf{z}^2\right),$$

wobei die Notation $\mathbf{z}^2 = [z_1^2 \dots z_q^2]^T$ gilt und $\boldsymbol{\mu}$ Lagrange-Multiplikatoren sind. Die notwendigen Bedingungen 1. Ordnung (5.15), (5.16) liefern

$$\nabla_{\mathbf{x}} L^z(\mathbf{x}^*, \mathbf{z}^*, \boldsymbol{\lambda}^*, \boldsymbol{\mu}^*) = \nabla f(\mathbf{x}^*) + \mathbf{c}_{\mathbf{x}}(\mathbf{x}^*)^T \boldsymbol{\lambda}^* + \mathbf{h}_{\mathbf{x}}(\mathbf{x}^*)^T \boldsymbol{\mu}^* = \mathbf{0} \tag{5.73}$$

$$L^z_{z_i}(\mathbf{x}^*, \mathbf{z}^*, \boldsymbol{\lambda}^*, \boldsymbol{\mu}^*) = 2\mu_i^* z_i^* = 0, \quad i = 1, \dots, q \tag{5.74}$$

$$\nabla_{\boldsymbol{\lambda}} L^z(\mathbf{x}^*, \mathbf{z}^*, \boldsymbol{\lambda}^*, \boldsymbol{\mu}^*) = \mathbf{c}(\mathbf{x}^*) = \mathbf{0} \tag{5.75}$$

$$\nabla_{\boldsymbol{\mu}} L^z(\mathbf{x}^*, \mathbf{z}^*, \boldsymbol{\lambda}^*, \boldsymbol{\mu}^*) = \mathbf{h}(\mathbf{x}^*) + \mathbf{z}^{*2} = \mathbf{0}. \tag{5.76}$$

Gleichungen (5.73) bzw. (5.75) sind identisch mit (5.67) bzw. (5.68), während (5.69) aus (5.76) unmittelbar resultiert. Gleichungen (5.70) bzw. (5.72) resultieren aus (5.74) und (5.76). Um dies zu sehen, beachte man, dass, wenn $z_i^* = 0$ gilt, dann wegen (5.76) auch $h_i^* = 0$ gelten muss; und wenn $z_i^* \neq 0$ gilt, dann muss wegen (5.74) $\mu_i^* = 0$ gelten; insgesamt ist also $\mu_i^* h_i^* = 0$ eine Folge von (5.74) und (5.76).

Die Nichtnegativität (5.71) der Lagrange-Multiplikatoren ist die einzige Bedingung, die noch nicht bewiesen wurde. In der Tat ist hierzu die Nutzung der notwendigen Bedingungen 2. Ordnung (5.29), (5.30) erforderlich. Angewandt auf die hier betrachtete Problemstellung (ohne Sternindex der einfacheren Darstellung halber) verlangen diese Bedingungen, dass die Ungleichung

$$\delta\mathbf{x}^T \nabla_{\mathbf{xx}}^2 L^z \delta\mathbf{x} + \delta\mathbf{z}^T \nabla_{\mathbf{zz}}^2 L^z \delta\mathbf{z} = \delta\mathbf{x}^T \nabla_{\mathbf{xx}}^2 L^z \delta\mathbf{x} + 2 \sum_{i=1}^{q} \mu_i \delta z_i^2 \geq 0 \tag{5.77}$$

erfüllt ist für alle $[\delta\mathbf{x}^T \ \delta\mathbf{z}^T] \neq \mathbf{0}^T$, die folgende, aus (5.30) ableitbare Restriktionen erfüllen

$$\mathbf{c_x} \delta\mathbf{x} = \mathbf{0} \tag{5.78}$$

$$\nabla h_i^T \delta\mathbf{x} + 2z_i \delta z_i = 0, \quad i = 1, \ldots, q. \tag{5.79}$$

Wir haben bereits gesehen, dass $h_j < 0$ wegen $h_j \mu_j = 0$ zu $\mu_j = 0$ führt. Nun werden wir beweisen, dass (5.77)–(5.79) bei $h_j = 0$ zu $\mu_j \geq 0$ führen. Um dies zu sehen, lege man $\delta\tilde{\mathbf{x}} = \mathbf{0}$ fest und konstruiere einen Vektor $\delta\tilde{\mathbf{z}}$ so, dass alle seine Komponenten bis auf die j-te Null sind. Dann gilt offenbar $[\delta\tilde{\mathbf{x}}^T \ \delta\tilde{\mathbf{z}}^T] \neq \mathbf{0}^T$ und die Restriktionen (5.78), (5.79) sind von $\delta\tilde{\mathbf{x}}, \delta\tilde{\mathbf{z}}$ wegen $z_j = 0$ erfüllt. Folglich muss die Bedingung (5.77) auch erfüllt sein und sie liefert tatsächlich direkt das erwünschte Ergebnis $\mu_j \geq 0$. Durch Wiederholung dieser Prozedur für $j = 1, \ldots, q$ können wir schließlich $\boldsymbol{\mu} \geq \mathbf{0}$ erhalten.

Zusammenfassend haben wir also durch die Transformation (5.58) und durch Nutzung der notwendigen Bedingungen 1. und 2. Ordnung aus Abschn. 5.1 die notwendigen Bedingungen 1. Ordnung (5.67)–(5.71) für Minimierungsprobleme mit UNB abgeleitet.

Beispiel 5.9   Es gilt, die Gütefunktion

$$f(x_1, x_2) = x_1^2 + x_2^2 + x_1 x_2 + 2x_1 \tag{5.80}$$

unter Berücksichtigung folgender UNB

$$h_1(x_1, x_2) = x_1^2 + x_2^2 - 1.5 \leq 0 \tag{5.81}$$

$$h_2(x_1, x_2) = x_1 \leq 0 \tag{5.82}$$

$$h_3(x_1, x_2) = -x_2 \leq 0 \tag{5.83}$$

zu minimieren. Die entsprechende Lagrange-Funktion lautet

$$L(\mathbf{x}, \boldsymbol{\mu}) = x_1^2 + x_2^2 + x_1 x_2 + 2x_1 + \mu_1(x_1^2 + x_2^2 - 1.5) + \mu_2 x_1 - \mu_3 x_2.$$

Abbildung 5.7 zeigt den zulässigen Bereich und einige Isokosten der Problemstellung. Zur analytischen Lösung der Aufgabenstellung wollen wir nun verschiedene Fälle untersuchen:

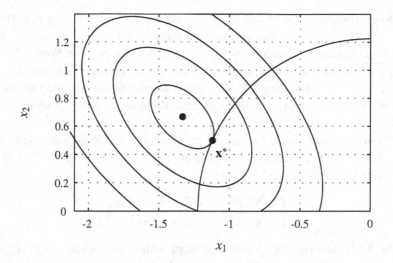

Abb. 5.7 Veranschaulichung des Beispiels 5.9

Fall 1: Keine UNB sei am gesuchten Minimum aktiv, d. h. gemäß (5.72), dass $\mu_1^* = \mu_2^* = \mu_3^* = 0$ gelten muss. Die notwendige Optimalitätsbedingung (5.67) liefert

$$L_{x_1}(\mathbf{x}^*, \boldsymbol{\mu}^*) = 2x_1^* + x_2^* + 2 = 0$$
$$L_{x_2}(\mathbf{x}^*, \boldsymbol{\mu}^*) = 2x_2^* + x_1^* = 0\,,$$

woraus $x_1^* = -4/3, x_2^* = 2/3$ resultiert. Dieser Punkt entspricht dem unbe-schränkten Minimum (s. Abb. 5.7), das aber außerhalb des zulässigen Bereiches liegt, da es (5.81) und somit die notwendige Bedingung (5.69) verletzt.

Fall 2: Nun treffen wir die Annahme, dass am gesuchten Minimum die UNB (5.81) aktiv, die UNB (5.82), (5.83) aber inaktiv seien. Demzufolge gilt $\mu_1^* \geq 0, \mu_2^* = \mu_3^* = 0$ und die Optimalitätsbedingung (5.67) ergibt

$$L_{x_1}(\mathbf{x}^*, \boldsymbol{\mu}^*) = 2x_1^* + x_2^* + 2 + 2\mu_1^* x_1^* = 0$$
$$L_{x_2}(\mathbf{x}^*, \boldsymbol{\mu}^*) = 2x_2^* + x_1^* + 2\mu_1^* x_2^* = 0\,.$$

Daraus resultieren

$$x_1^* = \frac{4(1 + \mu_1^*)}{N} \qquad x_2^* = \frac{-2}{N}\,, \tag{5.84}$$

wobei $N = 1 - 4(1 + \mu_1^*)^2$. Da (5.81) aktiv ist, gilt ferner

$$x_1^{*^2} + x_2^{*^2} = 1.5\,. \tag{5.85}$$

Durch Einsetzen von (5.84) in (5.85) und bei Berücksichtigung der Abkürzung $a = 4(1 + \mu_1^*)^2$ erhalten wir die Gleichung 2. Ordnung $1.5a^2 - 7a - 2.5 = 0$ mit der positiven Lösung $a = 5$, wodurch sich der positive Wert $\mu_1^* = -1 + \sqrt{1.25}$ berechnen lässt. Mit diesem Wert von μ_1^* ergeben sich aus (5.84) $x_1^* = -\sqrt{5}/2, x_2^* = 0.5$. Dieser Punkt verletzt also keine notwendige Optimalitätsbedingung 1. Ordnung und stellt somit einen Kandidaten für das gesuchte Minimum dar.

Fall 3: Wir nehmen nun an, dass am gesuchten Minimum die UNB (5.82) aktiv, die UNB (5.81), (5.83) aber inaktiv seien. Demzufolge gilt $\mu_2^* \geq 0, \mu_1^* = \mu_3^* = 0$ und die Optimalitätsbedingung (5.67) ergibt

$$L_{x_1}(\mathbf{x}^*, \boldsymbol{\mu}^*) = 2x_1^* + x_2^* + 2 + \mu_2^* = 0$$
$$L_{x_2}(\mathbf{x}^*, \boldsymbol{\mu}^*) = 2x_2^* + x_1^* = 0 \,.$$

Da (5.82) aktiv ist, gilt $x_2^* = 0$, so dass aus obigen zwei Gleichungen $x_1^* = 0$ und $\mu_2^* = -2$ resultieren. Der Wert von μ_2^* verletzt aber die notwendigen Optimalitätsbedingungen, weshalb es sich bei dem festgelegten Punkt für diesen Fall um kein lokales Minimum handeln kann.

In der gleichen Art und Weise können alle weiteren möglichen Fälle durchgearbeitet werden. Wie bei Fall 3 wird man aber feststellen, dass keine weiteren Punkte ausgemacht werden können, die alle notwendigen Bedingungen 1. Ordnung erfüllen. Als einziger Kandidat für ein Minimum bleibt somit der unter Fall 2 festgelegte Punkt.   □

Zur Ableitung von Optimalitätsbedingungen 2. Ordnung werden Punkte unter die Lupe genommen, die die notwendigen Bedingungen 1. Ordnung erfüllen. Hierbei spielen die inaktiven UNB für infinitesimale Variationen bekanntlich keine Rolle. Andererseits besteht bei strikt aktiven UNB kein Interesse, Variationen in Richtung des zulässigen Bereichsinneren zu untersuchen, da wegen $\mu_i^* > 0$ auf jeden Fall eine Vergrößerung der Gütefunktion auftreten wird. Bei strikt aktiven UNB werden wir also nur Variationen entlang der Grenze untersuchen, wie wenn es sich um GNB nach Abschn. 5.1.1 handeln würde. Dadurch entstehen durch eine ähnliche Argumentation wie in Abschn. 5.1.1 die nachfolgenden Optimalitätsbedingungen 2. Ordnung.

Die *notwendigen Bedingungen 2. Ordnung* für ein reguläres lokales Minimum bestehen aus den notwendigen Bedingungen 1. Ordnung und

$$\nabla_{\mathbf{xx}}^2 L(\mathbf{x}^*, \boldsymbol{\lambda}^*, \boldsymbol{\mu}^*) \geq \mathbf{0} \qquad (5.86)$$

unter der Restriktion

$$Y = \{\delta\mathbf{x} \mid \mathbf{c}_{\mathbf{x}}(\mathbf{x}^*)\delta\mathbf{x} = \mathbf{0}, \mathbf{h}_{\mathbf{x}}^a(\mathbf{x}^*)\delta\mathbf{x} = \mathbf{0}, \mathbf{h}_{\mathbf{x}}^g(\mathbf{x}^*)\delta\mathbf{x} \leq \mathbf{0}\} \,. \qquad (5.87)$$

Die *hinreichenden Bedingungen* für ein striktes reguläres lokales Minimum bestehen aus den notwendigen Bedingungen 1. Ordnung und

$$\nabla_{\mathbf{xx}}^2 L(\mathbf{x}^*, \boldsymbol{\lambda}^*, \boldsymbol{\mu}^*) > \mathbf{0} \qquad (5.88)$$

unter der Restriktion Y aus (5.87).

Falls keine gerade aktiven UNB vorhanden sind, lässt sich die Untersuchung der Definitheit der Matrix $\nabla_{\mathbf{xx}}^2 L$ unter der Restriktion Y bekanntlich mittels des in Abschn. 19.1.4 angegebenen Kriteriums durchführen. Die Anwendung dieses Kriteriums auf den hier vorliegenden Fall führt zur Überprüfung der Wurzeln folgenden Polynoms der Ordnung $n - m - q^a$

$$p(\Lambda) = \begin{vmatrix} \Lambda\mathbf{I} - \nabla_{\mathbf{xx}}^2 L(\mathbf{x}^*, \lambda^*, \mu^*) & \mathbf{c}_{\mathbf{x}}(\mathbf{x}^*)^T & \mathbf{h}_{\mathbf{x}}^a(\mathbf{x}^*)^T \\ \mathbf{c}_{\mathbf{x}}(\mathbf{x}^*) & \mathbf{0} & \mathbf{0} \\ \mathbf{h}_{\mathbf{x}}^a(\mathbf{x}^*) & \mathbf{0} & \mathbf{0} \end{vmatrix} = 0 \,. \tag{5.89}$$

Sind auch gerade aktive UNB vorhanden, so muss die Definitheit der Matrix $\nabla_{\mathbf{xx}}^2 L$ unter Y aus (5.87) explizit untersucht werden.

Beispiel 5.10 Wir wollen nun untersuchen, ob die im Beispiel 5.9 unter Fall 2 ermittelte Lösung die Optimalitätsbedingungen 2. Ordnung erfüllt. Hierzu wird die Hessesche Matrix der Lagrange-Funktion

$$\nabla_{\mathbf{xx}}^2 L(\mathbf{x}^*, \mu^*) = \begin{bmatrix} 2 + 2\mu_1^* & 1 \\ 1 & 2 + 2\mu_1^* \end{bmatrix}$$

auf positive Definitheit überprüft. Mit den Unterdeterminanten $D_1 = 2 + 2\mu_1^* > 0$ und $D_2 = (2 + 2\mu_1^*) - 1 > 0$ ist das Sylvesterkriterium erfüllt und die Hessesche Matrix ist also positiv definit bereits ohne Berücksichtigung der Restriktion Y. Somit erfüllt der festgelegte Punkt die hinreichenden Bedingungen für ein striktes lokales Minimum, das mangels eines anderen Kandidaten (und wegen Erfüllung der Existenzbedingungen von Kap. 2) ein globales Minimum sein muss. $\square$

Beispiel 5.11 Es wird erneut Teilproblem (4.50) des Trust-Region-Verfahrens betrachtet

$$\min_{\|\delta\mathbf{x}\| \le \delta_{\mathrm{trust}}} \Phi(\delta\mathbf{x}) \,, \tag{5.90}$$

wobei

$$\Phi(\delta\mathbf{x}) = \frac{1}{2}\delta\mathbf{x}^T \nabla^2 f(\mathbf{x}^{(l)})\delta\mathbf{x} + \nabla f(\mathbf{x}^{(l)})^T \delta\mathbf{x} + f(\mathbf{x}^{(l)}) \,. \tag{5.91}$$

mit $\mathbf{x}^{(l)}$ fest und δ_{trust} konstant.

Die Ungleichung $\|\delta\mathbf{x}\| \le \delta_{\mathrm{trust}}$ wird als Nebenbedingung $h(\delta\mathbf{x}) = \frac{1}{2}(\|\delta\mathbf{x}\|^2 - \delta_{\mathrm{trust}}^2)$ mit Hilfe eines Kuhn-Tucker-Multiplikators μ an die Kostenfunktion Φ angekoppelt und resultiert in der Lagrange-Funktion L des Problems, wobei $\mathbf{Q} = \nabla^2 f(\mathbf{x}^{(l)})$, $\mathbf{p} = \nabla f(\mathbf{x}^{(l)})$ und $c = f(\mathbf{x}^{(l)})$,

$$L = \frac{1}{2}\delta\mathbf{x}^T \mathbf{Q}\,\delta\mathbf{x} + \mathbf{p}^T \delta\mathbf{x} + c + \frac{1}{2}\mu\left(\|\delta\mathbf{x}\|^2 - \delta_{\mathrm{trust}}^2\right) \,. \tag{5.92}$$

Die Auswertung der Bedingungen (5.67)–(5.71) und (5.86) ergibt die notwendigen Bedingungen für ein Minimum des Problems und liefert somit Kandidaten für das gesuchte Minimum

$$\nabla_{\delta \mathbf{x}} L = \mathbf{0} \Rightarrow (\mathbf{Q} + \mu \mathbf{E}) \delta \mathbf{x} = -\mathbf{p} \tag{5.93}$$

$$\mu h = 0 \Rightarrow \mu (\|\delta \mathbf{x}\|^2 - \delta_{\text{trust}}^2) = 0 \tag{5.94}$$

$$\mu \geq 0, \ h \leq 0 \Rightarrow \mu \geq 0, \ \|\delta \mathbf{x}\| \leq \delta_{\text{trust}} \tag{5.95}$$

$$\nabla^2 L \geq 0 \Rightarrow \mathbf{Q} + \mu \mathbf{E} \geq 0 . \tag{5.96}$$

$\square$

Die analytische Lösung durch Anwendung der Optimalitätsbedingungen wird bei zunehmender Problemkomplexität erschwert. Für Probleme höherer Ordnung kommt daher nur der Einsatz von numerischen Verfahren in Frage, die in Abschn. 5.4 besprochen werden.

5.2.2 Sattelpunkt-Bedingung und Dualität

In einigen Fällen lässt sich die Lösung der allgemeinen Problemstellung (2.4) der nichtlinearen Programmierung mittels Auswertung der *Sattelpunkt-Bedingung* der Lagrange-Funktion festlegen [4, 5]. Hierzu macht man sich folgenden Satz zunutze:

Wenn $\hat{\mathbf{x}}$, $\hat{\boldsymbol{\lambda}}$ und $\hat{\boldsymbol{\mu}} \geq \mathbf{0}$ folgende Sattelpunkt-Bedingung erfüllen

$$L(\hat{\mathbf{x}}, \boldsymbol{\lambda}, \boldsymbol{\mu}) \leq L(\hat{\mathbf{x}}, \hat{\boldsymbol{\lambda}}, \hat{\boldsymbol{\mu}}) \leq L(\mathbf{x}, \hat{\boldsymbol{\lambda}}, \hat{\boldsymbol{\mu}}) \tag{5.97}$$

$$\forall \mathbf{x} \in \mathbb{R}^n, \ \forall \boldsymbol{\lambda} \in \mathbb{R}^m, \ \forall \boldsymbol{\mu} \geq \mathbf{0},$$

dann ist $\hat{\mathbf{x}}$ ein globales Minimum des Problems (2.4).

Zum Beweis dieses Satzes werden wir zeigen, dass bei Erfüllung von (5.97) erstens $\hat{\mathbf{x}} \in X$ und zweitens $f(\hat{\mathbf{x}}) \leq f(\mathbf{x}) \ \forall \mathbf{x} \in X$ gelten muss:

(a) Um $\hat{\mathbf{x}} \in X$ nachzuweisen, nehmen wir an, $\hat{\mathbf{x}}$ erfülle (5.97) aber $\hat{\mathbf{x}} \notin X$. Letzteres impliziert, dass entweder

  (a1) $\exists i : c_i(\hat{\mathbf{x}}) \neq 0$ oder
  (a2) $\exists i : h_i(\hat{\mathbf{x}}) > 0$.

  Im Fall (a1) setze man $\tilde{\lambda}_i = \hat{\lambda}_i + \text{sign}(c_i(\hat{\mathbf{x}}))$ und definiere den Vektor $\tilde{\boldsymbol{\lambda}} = [\hat{\lambda}_1 \ldots \tilde{\lambda}_i \ldots \hat{\lambda}_m]^T$. Es folgt $L(\hat{\mathbf{x}}, \hat{\boldsymbol{\lambda}}, \hat{\boldsymbol{\mu}}) - L(\hat{\mathbf{x}}, \tilde{\boldsymbol{\lambda}}, \hat{\boldsymbol{\mu}}) = -c_i(\hat{\mathbf{x}})^2 < 0$, was einen Widerspruch zu der linken Seite von (5.97) darstellt. Im Fall (a2) definiert man $\tilde{\mu}_i = \hat{\mu}_i + 1$ und $\tilde{\boldsymbol{\mu}} = [\hat{\mu}_1 \ldots \tilde{\mu}_i \ldots \hat{\mu}_q]^T$. In Anbetracht von $h_i(\hat{\mathbf{x}}) > 0$, $\hat{\mu}_i \geq 0$ und $\tilde{\mu}_i > \hat{\mu}_i$ muss auch $L(\hat{\mathbf{x}}, \hat{\boldsymbol{\lambda}}, \hat{\boldsymbol{\mu}}) < L(\hat{\mathbf{x}}, \hat{\boldsymbol{\lambda}}, \tilde{\boldsymbol{\mu}})$ gelten, was im Widerspruch zu der linken Seite von (5.97) steht. Folglich gilt also $\hat{\mathbf{x}} \in X$.

(b) Wir werden nun nachweisen, dass unter den Voraussetzungen des Satzes $f(\hat{\mathbf{x}}) \leq f(\mathbf{x}) \ \forall \mathbf{x} \in X$ gelten muss. Hierzu wird zunächst nachgewiesen, dass $\hat{\mu}_i h_i(\hat{\mathbf{x}}) = 0$ gelten muss. In der Tat folgt aus der linken Seite von (5.97) mit $\mathbf{c}(\hat{\mathbf{x}}) = \mathbf{0}$, dass $(\hat{\boldsymbol{\mu}} - \boldsymbol{\mu})^T \mathbf{h}(\hat{\mathbf{x}}) \geq 0$, und für $\boldsymbol{\mu} = \mathbf{0}$ auch $\hat{\boldsymbol{\mu}}^T \mathbf{h}(\hat{\mathbf{x}}) \geq 0$. Andererseits gilt aber wegen $\hat{\boldsymbol{\mu}} \geq \mathbf{0}$ und $\mathbf{h}(\hat{\mathbf{x}}) \leq \mathbf{0}$ auch $\hat{\boldsymbol{\mu}}^T \mathbf{h}(\hat{\mathbf{x}}) \leq 0$, folglich muss insgesamt $\hat{\mu}_i h_i(\hat{\mathbf{x}}) = 0$ erfüllt sein. Dann ergibt aber die rechte Seite von (5.97) die Ungleichung $f(\hat{\mathbf{x}}) \leq f(\mathbf{x}) + \hat{\boldsymbol{\lambda}}^T \mathbf{c}(\mathbf{x}) + \hat{\boldsymbol{\mu}}^T \mathbf{h}(\mathbf{x})$. Für $\mathbf{x} \in X$ gilt aber $\mathbf{c}(\mathbf{x}) = \mathbf{0}$ und $\mathbf{h}(\mathbf{x}) \leq \mathbf{0}$, woraus sich schließlich das erwünschte Resultat ergibt.

Zum Verständnis der Bedeutung des Satzes sind einige Klarstellungen erforderlich:

- Die in (5.97) enthaltenen Ungleichungen sind ohne Berücksichtigung jeglicher Nebenbedingungen außer $\boldsymbol{\mu} \geq \mathbf{0}$ zu verstehen.
- Der Satz ist als *hinreichende* Bedingung zur Bestimmung der gesuchten Lösung zu verstehen. Ist man also in der Lage, einen Sattelpunkt $(\hat{\mathbf{x}}, \hat{\boldsymbol{\lambda}}, \hat{\boldsymbol{\mu}})$ im Sinne von (5.97) zu bestimmen, so hat man eine globale Lösung der Optimierungsaufgabe erreicht. Nicht jede Optimierungsaufgabe, die eine wohl definierte Lösung hat, muss allerdings auch einen solchen Sattelpunkt aufweisen.
- Der Satz gilt auch für Optimierungsaufgaben mit nicht differenzierbaren Funktionen f, $\mathbf{h}$, $\mathbf{c}$.

Ist man an einer Lösung der Optimierungsaufgabe (2.4) interessiert, so kann man also versuchen, einen Sattelpunkt der Lagrange-Funktion zu bestimmen. Wenn dieser Versuch erfolgreich ist, dann hat man die gesuchte Lösung tatsächlich erreicht. Zur Bestimmung eines Sattelpunktes definiere man zunächst folgende *duale* Funktion

$$\psi(\boldsymbol{\lambda}, \boldsymbol{\mu}) = \min_{\mathbf{x} \in \mathbb{R}^n} L(\mathbf{x}, \boldsymbol{\lambda}, \boldsymbol{\mu}) . \tag{5.98}$$

Die Maximierung der dualen Funktion $\psi(\boldsymbol{\lambda}, \boldsymbol{\mu})$ bezüglich $\boldsymbol{\lambda}$ und $\boldsymbol{\mu} \geq \mathbf{0}$ kann gegebenenfalls zu dem gesuchten Sattelpunkt führen. Diese Min-Max-Prozedur kann auch numerisch durchgeführt werden, wenn eine innere Schleife für vorgegebene $\boldsymbol{\lambda}$, $\boldsymbol{\mu}$-Werte die *unbeschränkte* Minimierung von $L(\mathbf{x}, \boldsymbol{\lambda}, \boldsymbol{\mu})$ nach $\mathbf{x}$ vornimmt, während eine äußere Iteration die $\boldsymbol{\lambda}$, $\boldsymbol{\mu}$-Werte im Sinne einer Maximierung von $\psi(\boldsymbol{\lambda}, \boldsymbol{\mu})$ geeignet modifiziert. Es kann nachgewiesen werden [4, 5], dass ein Sattelpunkt genau dann erreicht wird, wenn die Lösung $(\mathbf{x}°, \boldsymbol{\lambda}°, \boldsymbol{\mu}°)$ der Min-Max-Prozedur die Bedingung $\psi(\boldsymbol{\lambda}°, \boldsymbol{\mu}°) = f(\mathbf{x}°)$ erfüllt. Wir wiederholen aber an dieser Stelle, dass die Existenz eines Sattelpunktes nicht für alle Problemstellungen (2.4) gesichert ist. Existiert der Sattelpunkt nicht, so entsteht eine sogenannte *Dualitätslücke*, deren Wert für allgemeine Problemstellungen geschätzt werden kann [6].

Beispiel 5.12 Wir betrachten die Minimierung der Gütefunktion $f(\mathbf{x}) = (x_1 - 1)^2 + (x_2 - 2)^2$ unter Berücksichtigung der Nebenbedingungen $x_2 - x_1 - 1 = 0$ und $x_2 + x_1 - 2 \leq 0$. Die Lagrange-Funktion lautet

$$L(\mathbf{x}, \lambda, \mu) = (x_1 - 1)^2 + (x_2 - 2)^2 + \lambda(x_2 - x_1 - 1) + \mu(x_2 + x_1 - 2) ,$$

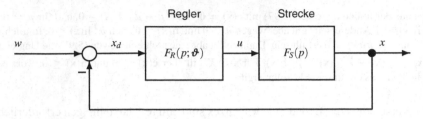

Abb. 5.8 Einschleifiger Regelkreis im Frequenzbereich

und ihre *unbeschränkte* Minimierung bezüglich **x** liefert $x_1^\circ = 1 + 0.5(\lambda - \mu)$ und $x_2^\circ = 2 - 0.5(\lambda + \mu)$ mit $\nabla_{\mathbf{xx}}^2 L(\mathbf{x}^\circ, \lambda, \mu) = \text{diag}(2, 2) > \mathbf{0}$. Die duale Funktion lautet also gemäß (5.98)

$$\psi(\lambda, \mu) = -\frac{1}{2}\mu^2 + \mu - \frac{1}{2}\lambda^2 ,$$

und ihre Maximierung bezüglich λ und $\mu \geq 0$ ergibt $\lambda^\circ = 0$ und $\mu^\circ = 1$, wie durch Verifikation der hinreichenden Bedingungen $\psi_{\lambda\lambda}(\lambda^\circ, \mu^\circ) = -1 < 0$ und $\psi_{\mu\mu}(\lambda^\circ, \mu^\circ) = -1 < 0$ gesichert werden kann. Es gilt also $x_1^\circ = 0.5$ und $x_2^\circ = 1.5$, und da $\psi(\lambda^\circ, \mu^\circ) = f(\mathbf{x}^\circ) = 0.5$, liefert die Min-Max-Prozedur tatsächlich einen Sattelpunkt und somit auch die Lösung der Optimierungsaufgabe (s. auch Übung 5.16)   □

5.2.3 Beispiel: Optimale Festlegung von Reglerparametern unter Beschränkungen

Bereits in Abschn. 4.3 wurde die Anwendung von Optimierungsverfahren zur Festlegung von Reglerparametern diskutiert. Dort wurden allerdings technische Restriktionen, so z. B. obere und untere Grenzen der gesuchten Parameter, heuristisch behandelt (s. Beispiel 4.7). Die in diesem Kapitel vorgestellten Optimierungsverfahren versetzen uns aber in die Lage, komplexere, technisch relevante Spezifikationen, so z. B. Überschwingweite, Ausregelzeit, aber auch Robustheit, explizit zu berücksichtigen.

In diesem Abschnitt wollen wir zunächst die Nützlichkeit der Optimierungsmittel zum *Regelkreisentwurf im Frequenzbereich* vorführen. Hierbei gehen wir von dem einschleifigen Regelkreis von Abb. 5.8 aus und setzen voraus, dass ein Streckenmodell $F_S(p)$ im Frequenzbereich sowie die Regler*struktur* vorliegen. Das Entwurfsproblem besteht dann darin, die freien Reglerparameter ϑ so festzulegen, dass bestimmte Spezifikationen im Rahmen des Möglichen erfüllt werden. Übliche regelungstechnische Anforderungen für den Regelkreisentwurf im Frequenzbereich (Bode-Diagramm) umfassen [7, 8]:

(a) Maximierung der Durchtrittsfrequenz ω_D des offenen Regelkreises in der Absicht, die Schnelligkeit des geschlossenen Regelkreises zu maximieren.

(b) Gegebenenfalls soll der Betrag der Frequenzgangsfunktion des offenen Regelkreises $F_0(j\omega) = -F_R(j\omega)F_S(j\omega)$ einen Sollverlauf $|F_{0S}(j\omega)|$ approximieren.

(c) Einhaltung vorgegebener oberer und unterer Grenzen für den Phasenrand im Sinne eines erwünschten Dämpfungs- und Robustheitsverhaltens des Regelkreises.

(d) Einhaltung eines vorgegebenen minimalen Betragsabfalls von $F_0(j\omega)$ in der Nähe der Durchtrittsfrequenz.

(e) Ausreichende Dämpfung bekannter Störfrequenzen.

(f) Einhaltung oberer und unterer Grenzen der festzulegenden Reglerparameter ϑ.

Die geeignete Festlegung von Reglerparametern, die allen diesen Anforderungen gerecht werden, ist selbst bei halbwegs einfachen Streckenmodellen und Reglerstrukturen eine nichttriviale Aufgabe. Üblicherweise wird man unterschiedliche Reglerstrukturen ausprobieren, wobei jede Erweiterung der zugrundeliegenden Reglerstruktur zwar potentiell die Regelkreisgüte im Sinne obiger Anforderungen verbessern könnte, gleichzeitig aber die Komplexität der entstehenden Entwurfsaufgaben und den damit verbundenen Aufwand erhöht. Die Optimierungsverfahren bieten nun aber die Möglichkeit an, diese mehrstufige Entwurfsprozedur über weite Teile zu automatisieren. Hierzu muss die zugrunde liegende regelungstechnische Aufgabenstellung in geeigneter Weise in ein mathematisches Optimierungsproblem umgesetzt werden.

Die zwei ersten Anforderungen können am besten als alternative Möglichkeiten zur Definition einer zu minimierenden Gütefunktion herangezogen werden. Somit wird aus Anforderung (a)

$$J(\vartheta, \omega_D) = -\omega_D \,. \tag{5.99}$$

Alternativ, falls ein gewünschter Sollverlauf $|F_{0S}(j\omega)|$ des Amplitudengangs des offenen Regelkreises im Sinne von Anforderung (b) vorliegt, kann folgende zu minimierende Gütefunktion berücksichtigt werden

$$J(\vartheta, \omega_D) = \sum_{i=1}^{N} (\log |F_0(j\omega_i; \vartheta)| - \log |F_{0S}(j\omega_i)|)^2 \,, \tag{5.100}$$

wobei ω_i, $i = 1, \ldots, N$, einzelne Frequenzstützpunkte darstellen. Freilich kann auch eine gewichtete Summe von (5.99) und (5.100) als Gütefunktion in Betracht gezogen werden.

Alle restlichen Anforderungen können in Form von Nebenbedingungen berücksichtigt werden. Für den Phasenrand gilt es im Sinne von Anforderung (c), folgende UNB einzuhalten

$$\varphi_u \leq \mathrm{arc}(-F_0(j\omega_D; \vartheta)) + 180° \leq \varphi_0 \,, \tag{5.101}$$

wobei φ_u und φ_0 vorgegebene obere und untere Grenzen darstellen. Die Bestimmungsgleichung für die Durchtrittsfrequenz ω_D kann als GNB hinzugefügt werden

$$|F_0(j\omega_D; \vartheta)| = 1 \,. \tag{5.102}$$

Anforderung (d) wird mittels folgender UNB berücksichtigt

$$\log \frac{\mid F_0(j\,0.5\omega_D;\vartheta)\mid}{\mid F_0(j\,5\omega_D;\vartheta)\mid} \geq \alpha\,, \tag{5.103}$$

wobei α den vorgegebenen minimalen Betragsabfall darstellt. Ausreichende Dämpfung bei bekannten Störfrequenzen ω_{si}, $i = 1,\ldots,S$, (Anforderung (e)) wird durch folgende UNB gewährleistet

$$\mid F_0(j\omega_{si};\vartheta)\mid \leq b_i\,, \quad i = 1,\ldots,S\,, \tag{5.104}$$

wobei b_i die entsprechenden vorgegebenen maximalen Betragswerte darstellen. Schließlich führt Anforderung (f) zu folgenden UNB

$$\vartheta_{\min} \leq \vartheta \leq \vartheta_{\max}\,. \tag{5.105}$$

Die zugrundeliegende regelungstechnische Entwurfsaufgabe lässt sich mit obigen Festlegungen wie folgt in Form eines Optimierungsproblems ausdrücken

Bestimme ϑ, ω_D, so dass die Gütefunktion (5.99) bzw. (5.100) unter Berücksichtigung der GNB (5.102) und der UNB (5.101), (5.103), (5.104), (5.105) minimiert wird.

Diese Aufgabenstellung kann für allgemeine Verläufe der Übertragungsfunktionen der Strecke und des Reglers in allgemein anwendbarer Form formuliert und mittels geeigneter numerischer Verfahren aus Abschn. 5.4 ausgewertet werden. Die hierzu erforderliche Gradientenbildung kann numerisch, mittels (4.69), durchgeführt werden.

Beispiel 5.13 Zur Regelung einer PT_1T_t-Strecke mit der Übertragungsfunktion

$$F_S(p) = 2\frac{e^{-p}}{1 + p}$$

soll ein PI-Regler mit der Übertragungsfunktion $F_R(p) = K\frac{1+Tp}{p}$ eingesetzt werden. Die freien Reglerparameter K, T sollen so eingestellt werden, dass folgende Anforderungen erfüllt sind:

(a) Um maximale Schnelligkeit des Regelkreises zu erreichen, soll die Durchtrittsfrequenz ω_D des offenen Regelkreises maximiert werden.
(b) Um ausreichendes Dämpfungsverhalten zu erreichen, soll der Phasenrand größer 60° sein.
(c) Bei der Störfrequenz $\omega_s = 5$ soll die Amplitude des Frequenzgangs des offenen Regelkreises maximal $A_s = 0.18$ betragen.
(d) Die gesuchten Reglerparameter sollen im Bereich $0 \leq K \leq 0.35$ und $0 \leq T \leq 5$ liegen.

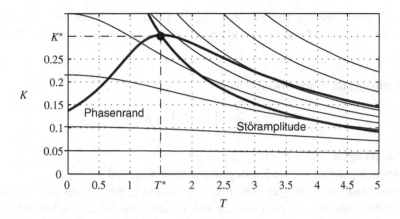

Abb. 5.9 Verdeutlichung von Beispiel 5.13

Um die vorliegende Problemstellung zeichnerisch verdeutlichen zu können, wollen wir bei diesem relativ einfachen Beispiel die Durchtrittsfrequenz aus (5.102) analytisch berechnen und in allen anderen Beziehungen einsetzen. Gleichung (5.102) ergibt hier

$$\omega_D = \sqrt{0.5(4K^2T^2 - 1 + \sqrt{1 + 16K^4T^4 + 8K^2(2 - T^2)})}. \tag{5.106}$$

Diesen Term gilt es gemäß Anforderung (a) zu maximieren. Aus Anforderung (b) resultiert nach (5.101)

$$\omega_D + \arctan \omega_D - \arctan(\omega_D T) - 30° \le 0. \tag{5.107}$$

Wegen Anforderung (c) erhalten wir ferner die UNB

$$2K\sqrt{1 + \omega_s^2 T^2} - A_s\omega_s\sqrt{1 + \omega_s^2} \le 0. \tag{5.108}$$

Abbildung 5.9 zeigt in der (K, T)-Ebene die beiden UNB sowie einige Isokosten. Aus der grafischen Darstellung wird ersichtlich, dass die optimalen Reglerparameter $K^* = 0.31$ und $T^* = 1.55$ betragen. Sie führen zur maximalen Durchtrittsfrequenz $\omega_D = 0.72$ und erfüllen alle gestellten Anforderungen. □

Für den einschleifigen *Regelkreisentwurf im Zeitbereich* gehen wir wieder von einem bekannten Streckenmodell (einschließlich Anfangsbedingungen) und einer gegebenen Reglerstruktur mit unbekannten Reglerparametern aus. Zusätzlich muss aber nun der Zeitverlauf des Führungs- und/oder der Störsignale vorliegen. Das Ziel der Entwurfsaufgabe besteht dann darin, die freien Reglerparameter so festzulegen, dass eines der bereits in Abschn. 4.3 vorgestellten Gütekriterien (4.85)–(4.89) minimiert wird und zwar unter

Beachtung einer Reihe von Restriktionen, die als UNB einer Optimierungsaufgabe aufgefasst werden können. Typische Restriktionen für den Regelkreisentwurf im Zeitbereich
sind:

- Beschränkung der Überschwingweite

$$\ddot{u} = \max_t \left\{ \frac{x-w}{w} \right\} \leq \ddot{u}_{max} .$$ (5.109)

- Beschränkung der Stellgröße $u_{min} \leq u \leq u_{max}$.
- Beschränkung der zu wählenden Reglerparameter $\vartheta_{min} \leq \vartheta \leq \vartheta_{max}$.
- *Robustheit* bei Veränderungen von Streckenparametern; hierzu kann gefordert werden,
  dass die Verschlechterung der Gütefunktion, die aus einer definierten Veränderung von
  Streckenparametern um deren Nominalwerte resultiert, eine vorgegebene obere Grenze
  nicht überschreiten darf.

Die Berechnung eines Gütefunktionswerts $J(\vartheta)$ kann hierbei mittels Simulation erfolgen,
wenn die obere Zeitgrenze des Integrals in (4.85)–(4.89) endlich (aber ausreichend hoch)
gewählt wird. Somit können auch für den Zeitbereichsentwurf allgemein anwendbare
Entwurfsprogramme entwickelt werden, die von den numerischen Optimierungsverfahren von Abschn. 5.4 Gebrauch machen. Eine Anwendung der nichtlinearen Optimierung
zum systematischen Entwurf von *mehrschleifigen* Regelkreisen unter Berücksichtigung
weitreichender Anforderungen ist ebenso möglich [9–11], liegt allerdings außerhalb der
Reichweite dieses Buches. Umfangreiche Reglerentwurfsumgebungen unter Nutzung statischer Optimierungsverfahren liegen bereits vor, s. z. B. [12, 13].

Beispiel 5.14 Als Beispiel des optimierten Regelkreisentwurfs im Zeitbereich betrachte
man das zeitdiskrete totzeitbehaftete Streckenmodell

$$x(k) = p_1 x(k-1) + p_2 u(k-10) ,$$

wobei $p_1 = 0.67$, $p_2 = 0.66$ bekannte Modellparameter sind. Die Reglerstruktur sei
gegeben durch

$$u(k) = b_0 u(k-1) + a_0 x_d(k) + a_1 x_d(k-1)$$

mit den unbekannten Reglerparametern a_0, a_1, b_0. Abbildung 5.10 zeigt die optimierte
Sprungantwort des geschlossenen Regelkreises für folgende Fälle:

(a) Minimierung der zeitdiskreten Version der betragslinearen Regelfläche (4.86) unter
    Berücksichtigung einer maximalen Überschwingweite $\ddot{u} \leq 0.1$ (nicht aktiviert). Re-
    sultat: $a_0 = 0.231$, $a_1 = -0.197$, $b_0 = 1.0$.
(b) Minimierung der zeitdiskreten Version der zeitgewichteten betragslinearen Regelflä-
    che (4.88) unter Berücksichtigung einer maximalen Überschwingweite $\ddot{u} \leq 0.1$ (nicht
    aktiviert). Resultat: $a_0 = 0.194$, $a_1 = -0.161$, $b_0 = 1.0$.

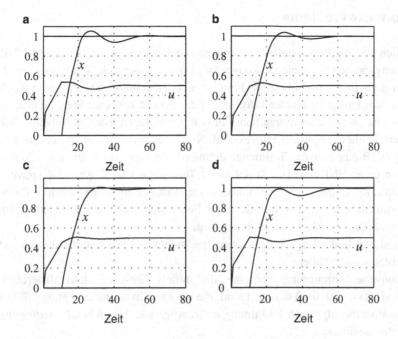

Abb. 5.10 Sprungantworten des optimierten Regelkreises für Beispiel 5.14

(c) Minimierung der zeitdiskreten Version der zeitgewichteten betragslinearen Regelfläche (4.88) unter Berücksichtigung einer maximalen Überschwingweite $\ddot{u} \leq 0.0$ (aktiviert). Resultat: $a_0 = 0.174$, $a_1 = -0.143$, $b_0 = 1.0$.

(d) Wie Fall (c), aber es wird zusätzlich gefordert, dass die Verschlechterung der Gütefunktion, die bei einer $\pm 10\,\%$-tigen Veränderung des Streckenparameters p_1 entsteht,
maximal $60\,\%$ beträgt. Resultat: $a_0 = 0.225$, $a_1 = -0.194$, $b_0 = 1.0$.

Es ist interessant, anhand obiger Ergebnisse die folgenden Feststellungen zu treffen:

- In allen vier Fällen liefert die Optimierung automatisch den Parameter $b_0 = 1.0$, d. h.
integrierendes Reglerverhalten; dies ist eine übliche Entwurfsentscheidung, die im Hinblick auf eine verschwindende bleibende Regeldifferenz auch vorab hätte getroffen
werden können.

- Durch die zeitliche Gewichtung im Fall (b) wird der Sollwert im Vergleich zu Fall (a)
zwar etwas später erreicht, dafür gestaltet sich aber die Sprungantwort des Regelkreises
weniger schwingungsbehaftet.

- Ferner bringt die zusätzliche Respektierung eines Nullüberschwingers im Fall (c) eine
weitere knappe Verlangsamung der Regelkreisreaktion mit sich.

- Schließlich ist im Fall (d) eine Verschlechterung des Nominalverhaltens der Preis, den
man zahlen muss, um die Robustheitseigenschaften des Regelkreises zu verbessern. □

5.3   Konvexe Probleme

Nun wollen wir die Frage stellen, unter welchen Umständen die GNB und UNB eines Optimierungsproblems zu einem konvexen zulässigen Bereich X führen. Diese Frage kann in allgemeiner Form nur mittels hinreichender Bedingungen beantwortet werden, die die Nebenbedingungen einhalten müssen. Da der Schnitt konvexer Mengen eine konvexe Menge ist, ist es zunächst hinreichend, dass die von verschiedenen Nebenbedingungen definierten Teilmengen jeweils konvex sind. Nun ist es einerseits leicht nachzuvollziehen, dass eine GNB eine konvexe Teilmenge definiert, genau wenn sie linear ist. Andererseits ist die von einer UNB $h_i(\mathbf{x}) \leq 0$ definierte Teilmenge gemäß Abb. 2.4 konvex, wenn die Funktion $h_i(\mathbf{x})$ konvex ist. Zusammenfassend ist der zulässige Bereich X einer Optimierungsaufgabe konvex, wenn alle GNB linear sind und alle UNB mittels konvexer Funktionen $h_i(\mathbf{x})$, $i = 1, \ldots, q$, definiert sind.

Wir sind nun in der Lage, eine weitere fundamentale Eigenschaft konvexer Optimierungsprobleme festzuhalten:

Für konvexe Optimierungsprobleme, die mittels konvexer, stetig differenzierbarer Funktionen $f(\mathbf{x}), \mathbf{c}(\mathbf{x}), \mathbf{h}(\mathbf{x})$ definiert sind, die die Qualifikationsbedingung erfüllen, sind die Optimalitätsbedingungen 1. Ordnung *notwendige und hinreichende Bedingungen für ein globales Minimum*.

Zum Beweis dieses Satzes betrachten wir ein Optimierungsproblem mit UNB allein

$$\min_{\mathbf{x} \in X} f(\mathbf{x}), \quad \text{wobei} \quad X = \{\mathbf{x} \mid \mathbf{h}(\mathbf{x}) \leq \mathbf{0}\}.$$

Dies ist ohne Einschränkung der Allgemeinheit möglich, da eine GNB $\mathbf{c}(\mathbf{x}) = \mathbf{0}$ mittels zweier UNB $\mathbf{c}(\mathbf{x}) \leq \mathbf{0}$ und $-\mathbf{c}(\mathbf{x}) \leq \mathbf{0}$ berücksichtigt werden kann. Sei $\mathbf{x}^*$ ein Punkt, der die notwendigen Bedingungen 1. Ordnung erfüllt. Für $\mathbf{x} \in X$ gilt $h_i(\mathbf{x}) \leq 0$, $i = 1, \ldots, q$, und mit $\mu_i^* \geq 0$, $i = 1, \ldots, q$, erhält man

$$f(\mathbf{x}) \geq f(\mathbf{x}) + \sum_{i=1}^{q} \mu_i^* h_i(\mathbf{x}) = F(\mathbf{x}). \tag{5.110}$$

Die Funktion $F(\mathbf{x})$ ist eine konvexe Funktion, so dass man folgendes bekommt

$$f(\mathbf{x}) \geq F(\mathbf{x}) \geq f(\mathbf{x}^*) + (\mathbf{x} - \mathbf{x}^*)^T \nabla_{\mathbf{x}} f(\mathbf{x}^*) + \sum_{i=1}^{q} \mu_i^* (h_i(\mathbf{x}^*) + (\mathbf{x} - \mathbf{x}^*)^T h_{i,\mathbf{x}}(\mathbf{x}^*))$$

$$= f(\mathbf{x}^*) + (\mathbf{x} - \mathbf{x}^*)^T \nabla_{\mathbf{x}} f(\mathbf{x}^*) + (\mathbf{x} - \mathbf{x}^*)^T \mathbf{h}_{\mathbf{x}}(\mathbf{x}^*)^T \boldsymbol{\mu}^*.$$

Nun heben sich wegen (5.67) der zweite und dritte Summand der rechten Seite obiger Gleichung gegenseitig auf und wir erhalten schließlich $f(\mathbf{x}) \geq f(\mathbf{x}^*) \; \forall \mathbf{x} \in X$, was ja darauf hinweist, dass die Erfüllung der Optimalitätsbedingungen 1. Ordnung für ein globales Minimum hinreichend sind. Da sie bekanntlich auch notwendig sind, sind diese Bedingungen also notwendig *und* hinreichend für ein globales Minimum, was zu beweisen war.

Wir werden diesen Abschnitt mit der Feststellung abschließen, dass unter den Voraussetzungen des obigen Satzes konvexe Optimierungsprobleme immer einen Sattelpunkt der

Lagrange-Funktion im Sinne von Abschn. 5.2.2 aufweisen, sofern mindestens eine UNB am Minimum inaktiv bleibt [4, 5, 14].

5.4 Numerische Verfahren

Die bisher in diesem Kapitel vorgestellten Methoden ermöglichen die *analytische* Lösung von statischen Optimierungsproblemen mit beschränkter Komplexität. Die Lösung von Problemen höherer Ordnung hingegen erscheint nur auf *numerischem* Wege erreichbar. Selbst die numerische Aufgabenstellung ist aber durch die Aufnahme von GNB und UNB im Vergleich zu Abschn. 4.2 weit schwieriger und bildet den Gegenstand einer regen Forschungstätigkeit seit vielen Jahren. Jedes der Verfahren, die wir in diesem Kapitel vorstellen, wurde zu gegebener Zeit als das in verschiedenartiger Hinsicht geeignetste zur Lösung von statischen Optimierungsproblemen erachtet, bevor es dann durch neuere Entwicklungen abgelöst wurde. Jedes Verfahren behält jedoch bei spezifischen Anwendungen bestimmte Vorteile gegenüber den anderen, weshalb unsere nachfolgende Übersicht nicht nur als historischer Rückblick zu verstehen ist. Freilich würde es den Rahmen dieses Buches sprengen, würden wir auf Einzelprobleme und -maßnahmen im Zusammenhang mit jedem Verfahren detailliert eingehen. Unsere Absicht ist es vielmehr, die Grundidee und -struktur jeder Methode für Neulinge auf diesem Gebiet verständlich darzustellen. Für weitergehende Einzelheiten sei auf die ausgezeichneten Texte [3, 15–20] verwiesen. Schließlich sollte angemerkt werden, dass inzwischen viele Programmsammlungen mit guten Algorithmen der nichtlinearen Programmierung ausgestattet sind, die der Anwender für eine breite Palette von Aufgabenstellungen als Black-Box benutzen kann.

5.4.1 Penalty-Verfahren

Der Grundgedanke des *Penalty-Verfahrens*, oder auch *Straffunktionsverfahren*, besteht darin, das durch GNB und UNB beschränkte Problem durch geeignete Transformationen auf ein unbeschränktes Optimierungsproblem zurückzuführen, das mittels der numerischen Algorithmen von Abschn. 4.2 gelöst werden kann. Beim Penalty-Verfahren erweitert man hierzu die Gütefunktion $f(\mathbf{x})$ durch Hinzufügen geeigneter *Penalty-Terme* (Strafterme), die die Erfüllung der Nebenbedingungen $\mathbf{c}(\mathbf{x}) = \mathbf{0}$ und $\mathbf{h}(\mathbf{x}) \leq \mathbf{0}$ erzwingen sollen

$$\phi(\mathbf{x}, \sigma) = f(\mathbf{x}) + \frac{1}{2}\sigma \sum_{i=1}^{m} c_i(\mathbf{x})^2 + \frac{1}{2}\sigma \sum_{i=1}^{q} \max\{h_i(\mathbf{x}), 0\}^2 , \qquad (5.111)$$

wobei $\sigma > 0$ einen Gewichtungsfaktor ist. Die quadratischen Penalty-Terme bestrafen die Verletzung der Nebenbedingungen, so dass für $\sigma \to \infty$ erwartet werden kann, dass die unbeschränkte Minimierung von $\phi(\mathbf{x}, \sigma)$ neben der Minimierung von $f(\mathbf{x})$ auch $\mathbf{c}(\mathbf{x}) \to \mathbf{0}$

und $\mathbf{h}(\mathbf{x}) \leq \mathbf{0}$ erzwingen wird. Für ein gegebenes σ bezeichnen wir mit $\mathbf{x}^*(\sigma)$ die Lösung des unbeschränkten Minimierungsproblems (5.111).

Anstelle der Quadrierung sind auch andere geeignete Strafterme $r(\mathbf{x})$ denkbar, im Allgemeinen gilt

$$\phi(\mathbf{x}, \sigma) = f(\mathbf{x}) + \sigma r(\mathbf{x}) . \tag{5.112}$$

Auf Alternativen für die Wahl des Strafterms werden wir später zurückkommen.

Der anfängliche Optimismus, der der theoretischen Eleganz und Einfachheit der Penalty-Verfahren entsprang, wurde bald durch die auftretenden praktischen Schwierigkeiten stark relativiert. In der Tat erfordert die genaue Berücksichtigung der Nebenbedingungen hohe σ-Werte, was zu einer extrem schlechten Konditionierung (vgl. auch Abschn. 4.2.8.1) der unbeschränkten Problemstellung (5.111) führt, so dass auch die effektivsten numerischen Verfahren in Schwierigkeiten geraten können. Um die durch die schlechte Konditionierung entstehenden numerischen Schwierigkeiten zu mildern, löst man üblicherweise eine Sequenz $l = 1, 2, \ldots$ von unbeschränkten Problemen mit jeweils um eine Zehnerpotenz wachsender Gewichtung $\sigma^{(l)}$, d. h. $\sigma^{(l+1)} = 10\sigma^{(l)}$, wobei die Lösung $\mathbf{x}^*(\sigma^{(l)})$ als Startpunkt für die $(l+1)$-te Problemstellung herangezogen wird. Freilich erhöht sich der rechentechnische Aufwand durch die wiederholten Optimierungsläufe erheblich und die ursprüngliche Erwartung einer relativ leichten, indirekten Lösung der beschränkten Problemstellung wird nur zum Teil erfüllt. Die Optimierungssequenz wird abgebrochen, wenn bestimmte vorgegebene Toleranzgrenzen

$$\|\mathbf{c}(\mathbf{x}^*(\sigma^{(l)}))\| < \varepsilon_1 \quad \text{und} \quad \|\max\{\mathbf{h}(\mathbf{x}^*(\sigma^{(l)})), \mathbf{0}\}\| < \varepsilon_2$$

erreicht sind, wobei $\varepsilon_1, \varepsilon_2 > 0$ vorab gewählt werden müssen.

Man kann nachweisen [16], dass, wenn $\mathbf{x}^*(\sigma)$ globale Lösungen der unbeschränkten Problemstellung sind, folgendes gilt:

- $\phi(\mathbf{x}^*(\sigma^{(l)}), \sigma^{(l)})$ nimmt mit l monoton zu
- $\|\mathbf{c}(\mathbf{x}^*(\sigma^{(l)}))\|$, $\|\max\{\mathbf{h}(\mathbf{x}^*(\sigma^{(l)})), \mathbf{0}\}\|$ nehmen mit l monoton ab
- $f(\mathbf{x}^*(\sigma^{(l)}))$ nimmt mit l monoton zu,

so dass die Konvergenz der Optimierungssequenz gegen die Lösung $\mathbf{x}^*$ des beschränkten Optimierungsproblems garantiert ist. Alternativerweise ist es freilich möglich, die unbeschränkte Minimierung von (5.111) einmalig vorzunehmen. Die entsprechende Gewichtung σ müsste aber dann einen geeigneten Kompromiss zwischen Konvergenzgeschwindigkeit einerseits und Genauigkeit bei der Einhaltung der Nebenbedingungen andererseits reflektieren.

Beispiel 5.15 [3] Man betrachtet die Minimierung der Gütefunktion

$$f(x_1, x_2) = -x_1 - x_2$$

unter der GNB

$$1 - x_1^2 - x_2^2 = 0 .$$

Tab. 5.1 Ergebnisse des Penalty-Verfahrens

σ	1	10	100	1000	10.000	∞
$x_1^*(\sigma)$	0.885	0.731	0.710	0.7074	0.70713	$1/\sqrt{2}$
$\lvert c(x_1^*(\sigma), x_2^*(\sigma))\rvert$	0.566	0.0687	0.0082	$8.3 \cdot 10^{-4}$	$6.6 \cdot 10^{-5}$	0

Die analytische Lösung mittels des Lagrange-Verfahrens (s. Übung 5.6) liefert $x_1^* = x_2^* = 1/\sqrt{2}$. Nun kann das Straffunktionsverfahren eingesetzt werden, indem die erweiterte Gütefunktion

$$\phi(x_1, x_2, \sigma) = -x_1 - x_2 + \frac{1}{2}\sigma(1 - x_1^2 - x_2^2)^2 \qquad (5.113)$$

ohne Beschränkungen minimiert wird. Die notwendigen Optimalitätsbedingungen lauten

$$\phi_{x_1}(x_1^*(\sigma), x_2^*(\sigma), \sigma) = -1 - 2\sigma x_1^*(\sigma)(1 - x_1^*(\sigma)^2 - x_2^*(\sigma)^2) = 0$$
$$\phi_{x_2}(x_1^*(\sigma), x_2^*(\sigma), \sigma) = -1 - 2\sigma x_2^*(\sigma)(1 - x_1^*(\sigma)^2 - x_2^*(\sigma)^2) = 0. \qquad (5.114)$$

Aus der Symmetrie dieser zwei Gleichungen folgern wir $x_1^*(\sigma) = x_2^*(\sigma)$ und durch Einsetzen dieser Beziehung in (5.114) erhalten wir die Gleichung 3. Grades

$$4\sigma x_1^*(\sigma)^3 - 2\sigma x_1^*(\sigma) - 1 = 0$$

zur Bestimmung von $x_1^*(\sigma)$. Die hinreichende Bedingung $\nabla^2_{\mathbf{xx}}\phi(\mathbf{x}^*(\sigma)) > 0$ ist erfüllt, sofern $x_1^*(\sigma) > 1/\sqrt{2}$. Die Lösung obiger Gleichung liefert einen reellen Wert für $x_1^*(\sigma)$, der für verschiedene Werte von σ in Tab. 5.1 angegeben ist. Tabelle 5.1 zeigt, dass bei wachsender Gewichtung σ die Genauigkeit der Lösung hinsichtlich der Einhaltung der GNB monoton zunimmt. Abbildung 5.11 zeigt die Isokosten der unbeschränkten Problemstellung bei wachsendem σ. Es wird ersichtlich, dass bei zunehmender Genauigkeit die schlechte Konditionierung entsprechend zunimmt. $\square$

Einige der in den nachfolgenden Abschnitten beschriebenen numerischen Verfahren benötigen einen *zulässigen Startpunkt*, um ihre Iterationen in Gang zu setzen. Hierzu ist es möglich, eine Initialisierungsphase vorzuschalten, die die Minimierung folgender Straffunktion ohne Nebenbedingungen anstrebt

$$\phi(\mathbf{x}) = \frac{1}{2}\sum_{i=1}^{m} c_i(\mathbf{x})^2 + \frac{1}{2}\sum_{i=1}^{q}\max\{h_i(\mathbf{x}), 0\}^2. \qquad (5.115)$$

Diese Straffunktion entsteht, wenn in (5.111) die eigentliche Gütefunktion $f(\mathbf{x})$ und somit auch der Gewichtungsfaktor σ gestrichen werden. Gelingt es, einen minimalen Wert $\phi(\mathbf{x}^{(0)}) = 0$ zu erreichen, so hat man offenbar einen zulässigen Punkt der ursprünglichen Problemstellung bestimmt, der als Startpunkt verwendet werden kann. Ist der gefundene minimale Wert von ϕ größer Null, so hat man kein globales Minimum von $\phi(\mathbf{x})$ erreicht bzw. der zulässige Bereich der entsprechenden Problemstellung ist leer.

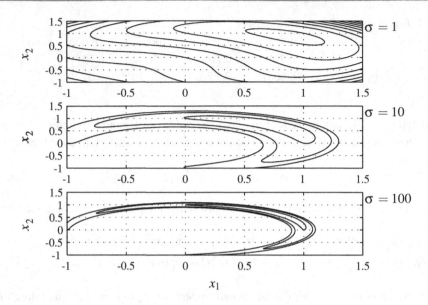

Abb. 5.11 Isokosten bei wachsender Gewichtung σ

Eng verwandt mit den Penalty-Verfahren sind die *Barriere-Verfahren*, die allerdings nur bei UNB angewendet werden können. Als Strafterm werden z. B. logarithmische Terme verwendet

$$\phi(\mathbf{x}, \sigma) = f(\mathbf{x}) - \sigma \sum_{i=1}^{q} \ln(-h_i(\mathbf{x})) . \qquad (5.116)$$

Theoretisch konvergieren die Lösungen von (5.116) für $\sigma \to 0$ gegen eine Lösung des restringierten Problems, allerdings wieder mit Problemen bei der Konditionierung. Andererseits sind die Minima der Barriere-Kostenfunktion strikt zulässig, im Vergleich zu Minima der Penalty-Kostenfunktion (5.111), die im Allgemeinen unzulässig sind. Man nennt Barriere-Verfahren daher auch *innere Penalty-Verfahren*, und sie spielen eine Rolle bei den in Abschn. 5.4.5 eingeführten Innere-Punkte-Verfahren.

Der wesentliche Nachteil der Penalty-Verfahren ist, dass man theoretisch unendlich viele, immer schlechter konditionierte, unbeschränkte Minimierungsprobleme lösen muss, um eine Lösung des restringierten Minimierungsproblems zu erhalten. In der Praxis wird das Verfahren daher kaum verwendet. Wünschenswert für die Anwendbarkeit ist also, eine Schranke σ_{lim} für σ zu kennen, so dass für $\sigma > \sigma_{\text{lim}}$ das Minimum des beschränkten ursprünglichen Problems auch ein Minimum des unbeschränkten Penalty-Problems ist. Eine Penalty-Funktion der allgemeinen Form (5.112) heißt exakt, wenn die eben genannte Eigenschaft erfüllt ist.

Man kann zeigen, dass es nicht differenzierbare Penalty-Funktionen der Form (5.112) gibt, die exakt sind, bzw. umgekehrt, dass eine *exakte Penalty-Funktion* der Form (5.112) notwendigerweise nicht differenzierbar ist. Ein Beispiel für eine exakte Penalty-Funktion ist

$$\phi(\mathbf{x}, \sigma) = f(\mathbf{x}) + \sigma \sum_{i=1}^{m} |c_i(\mathbf{x})| + \sigma \sum_{i=1}^{q} \max\{h_i(\mathbf{x}), 0\}. \tag{5.117}$$

Zwei Probleme sind bei der numerischen Lösung mit Hilfe einer solchen exakten Penalty-Funktion zu berücksichtigen: einerseits ist natürlich die Schranke $\sigma_{\lim}$ nicht vorher bekannt, und es bedarf einer iterativen Anpassung von σ, um einen Wert überhalb der Schranke zu finden. Andererseits müssen numerische Verfahren der unrestringierten Minimierung eingesetzt werden, die für nicht differenzierbare Funktionen geeignet sind. Für Details und Algorithmen dazu s. [19].

5.4.2 Verfahren der Multiplikatoren-Penalty-Funktion

Der Grundgedanke dieses Verfahrens, das in den 70er Jahren Gegenstand reger Forschungstätigkeit gewesen ist, strebt eine Kombination des Penalty- mit dem Lagrange-Verfahren dergestalt an, dass die restringierte Lösung exakt erreicht wird, ohne dass die Gewichtungsfaktoren unendlich wachsen müssten. Dafür wird eine differenzierbare exakte Penalty-Funktion, die nicht der allgemeinen Form (5.112) entspricht, sondern noch durch einen Lagrange-Term erweitert wird, betrachtet. Daher spricht man auch vom Verfahren der erweiterten Lagrange-Funktion, bzw. der Methode der *augmented Lagrangian* [15, 16, 21].

5.4.2.1 Probleme mit GNB

Für Probleme mit GNB allein definiert man folgende Hilfsfunktion

$$\phi(\mathbf{x}, \boldsymbol{\lambda}; \sigma) = f(\mathbf{x}) + \boldsymbol{\lambda}^T \mathbf{c}(\mathbf{x}) + \frac{1}{2} \sum_{i=1}^{m} \sigma_i c_i(\mathbf{x})^2, \tag{5.118}$$

die offenbar eine Kombination der Lagrange- und Penalty-Funktion ist, weshalb sie auch erweiterte Lagrange-Funktion bzw. Augmented Lagrangian genannt wird.

Sei $\mathbf{x}^*$ ein lokales Minimum der restringierten Problemstellung und $\boldsymbol{\lambda}^*$ der zugehörige Vektor der Lagrange-Multiplikatoren. Sei ferner

$$\mathbf{x}(\boldsymbol{\lambda}) = \underset{\mathbf{x}}{\mathrm{argmin}} \ \phi(\mathbf{x}, \boldsymbol{\lambda}), \tag{5.119}$$

d. h. $\mathbf{x}(\boldsymbol{\lambda})$ sei der Wert, bei dem die Funktion $\phi(\mathbf{x}, \boldsymbol{\lambda})$ für ein gegebenes $\boldsymbol{\lambda}$ ein Minimum aufweist. Offensichtlich gilt dann

$$\nabla_{\mathbf{x}}\phi(\mathbf{x}(\boldsymbol{\lambda}), \boldsymbol{\lambda}) = \mathbf{0}. \tag{5.120}$$

Wir werden folgenden Satz ohne Beweis festhalten [16], der die theoretische Grundlage des Verfahrens Multiplikatoren-Penalty-Funktion darstellt:

Wenn die restringierte Lösung $\mathbf{x}^*, \boldsymbol{\lambda}^*$ die hinreichenden Bedingungen erfüllt, dann existiert σ_{lim}, so dass für alle $\sigma > \sigma_{\text{lim}}$, $\mathbf{x}^*$ ein striktes lokales Minimum von $\phi(\mathbf{x}, \boldsymbol{\lambda}^*; \sigma)$ ist, d. h. $\mathbf{x}^* = \mathbf{x}(\boldsymbol{\lambda}^*)$.

Dieser Satz impliziert, dass bei Kenntnis von $\boldsymbol{\lambda}^*$ und für genügend hohe, aber endliche Gewichtung σ die Lösung $\mathbf{x}^*$ des restringierten Problems durch die Lösung $\mathbf{x}(\boldsymbol{\lambda}^*)$ des unrestringierten Problems (5.118) erreicht werden könnte. Man kann von einer exakten Penalty-Funktion sprechen. Woher soll aber der Wert $\boldsymbol{\lambda}^*$ kommen?

Man definiere

$$\psi(\boldsymbol{\lambda}) = \phi(\mathbf{x}(\boldsymbol{\lambda}), \boldsymbol{\lambda}) = \min_{\mathbf{x}} \phi(\mathbf{x}, \boldsymbol{\lambda}) . \tag{5.121}$$

In Anbetracht von (5.119), (5.121) gilt $\psi(\boldsymbol{\lambda}) \leq \phi(\mathbf{x}^*, \boldsymbol{\lambda})$; da $\mathbf{x}^*$ zulässig ist, gilt auch $\phi(\mathbf{x}^*, \boldsymbol{\lambda}) = \phi(\mathbf{x}^*, \boldsymbol{\lambda}^*)$ und schließlich in Anbetracht des obigen Satzes $\phi(\mathbf{x}^*, \boldsymbol{\lambda}^*) = \psi(\boldsymbol{\lambda}^*)$. Zusammenfassend erhalten wir also $\psi(\boldsymbol{\lambda}) \leq \psi(\boldsymbol{\lambda}^*)$, d. h. $\boldsymbol{\lambda}^*$ ist ein lokales unrestringiertes Maximum der Funktion $\psi(\boldsymbol{\lambda})$. Wir können auch den zugehörigen Gradienten wie folgt berechnen

$$\nabla_{\boldsymbol{\lambda}} \psi = \mathbf{x}_{\boldsymbol{\lambda}}(\boldsymbol{\lambda})^T \nabla_{\mathbf{x}} \phi(\mathbf{x}(\boldsymbol{\lambda}), \boldsymbol{\lambda}) + \nabla_{\boldsymbol{\lambda}} \phi(\mathbf{x}(\boldsymbol{\lambda}), \boldsymbol{\lambda}) = \mathbf{c}(\mathbf{x}(\boldsymbol{\lambda})) . \tag{5.122}$$

Gleichung (5.122) entsteht bei Beachtung von (5.120) und (5.118). Somit ergibt sich eine Möglichkeit der iterativen Bestimmung von $\mathbf{x}^*$ durch Maximierung der Funktion $\psi(\boldsymbol{\lambda})$.

Beim Verfahren der Multiplikatoren-Penalty-Funktion wird ein Sattelpunkt der Hilfsfunktion $\phi(\mathbf{x}, \boldsymbol{\lambda}; \sigma)$ aus (5.118) auf iterativem Wege gesucht, d. h.

$$\max_{\boldsymbol{\lambda}} \min_{\mathbf{x}} \phi(\mathbf{x}, \boldsymbol{\lambda}; \sigma) , \tag{5.123}$$

wobei sowohl die Maximierung als auch die Minimierung unbeschränkt zu verstehen sind. Der entsprechende Algorithmus lautet:

(a) Wähle Startwerte $\boldsymbol{\lambda}^{(0)}, \sigma^{(0)}$; setze $l = 0, |\mathbf{c}^{(0)}| = \infty$;
(b) Bestimme $\mathbf{x}^{(l+1)} = \mathbf{x}(\boldsymbol{\lambda}^{(l)})$
　　durch unrestringierte Minimierung von $\phi(\mathbf{x}, \boldsymbol{\lambda}^{(l)}; \sigma^{(l)})$;
　　berechne $\mathbf{c}^{(l+1)} = \mathbf{c}(\mathbf{x}^{(l+1)})$;
(c) Für alle i: Wenn $|c_i^{(l+1)}| > 1/4 |c_i^{(l)}|$, dann $\sigma_i^{(l+1)} = 10\sigma_i^{(l)}$, sonst $\sigma_i^{(l+1)} = \sigma_i^{(l)}$.
(d) Wenn $|\mathbf{c}^{(l+1)}| < \varepsilon$, *stop*.
(e) $\boldsymbol{\lambda}^{(l+1)} = \boldsymbol{\lambda}^{(l)} + \mathbf{S}^{(l+1)} \mathbf{c}^{(l+1)}$, wobei $\mathbf{S}^{(l+1)} = \mathbf{diag}(\sigma_i^{(l+1)})$.
(f) $l := l + 1$; gehe nach (b).

Der Algorithmus minimiert bei gegebenem $\boldsymbol{\lambda}^{(l)}$ die Funktion $\phi(\mathbf{x}, \boldsymbol{\lambda}^{(l)}; \sigma^{(l)})$ im Schritt (b) durch Nutzung der Algorithmen aus Abschn. 4.2, wobei die zugehörige Abbruchbedingung mit fortschreitendem l verschärft werden kann, so z. B.

$$\|\nabla_{\mathbf{x}} \phi(\mathbf{x}^{(l+1)}, \boldsymbol{\lambda}^{(l)}; \sigma^{(l)})\| \leq \min\{\varepsilon_1^{(l)}, \varepsilon_2^{(l)} \|\mathbf{c}(\mathbf{x}^{(l+1)})\|\} .$$

Die positiven Toleranzgrenzen $\varepsilon_1, \varepsilon_2$ werden so konstruiert, dass $\varepsilon_1^{(l)}, \varepsilon_2^{(l)} \to 0$ für $l \to \infty$. Ist die Genauigkeit der Nebenbedingung von einer Iteration zur nächsten nicht genügend verbessert, so erhöht Schritt (c) die zugehörigen Gewichtungen; dieser Schritt ist erforderlich, da der endliche Wert $\sigma^{\lim}$ des obigen Satzes zwar existiert, aber unbekannt ist. Im Schritt (e) wird dann eine Verbesserung von $\lambda^{(l+1)}$ im Hinblick auf eine Maximierung der erweiterten Lagrange-Funktion angestrebt; es kann gezeigt werden [3], dass die hierbei verwendete Formel eine Newton-Iteration approximiert.

Beispiel 5.16 Wir wollen die Gütefunktion $f(\mathbf{x}) = 0.5(x_1 - 2)^2 + 0.5(x_2 - 2)^2$ unter der GNB $c(\mathbf{x}) = x_1 + x_2 - 1 = 0$ minimieren. Die analytische Lösung (s. Übung 5.7) lautet $x_1^* = x_2^* = 1/2$ und $\lambda^* = 3/2$. Die erweiterte Lagrange-Funktion lautet

$$\phi(\mathbf{x}, \lambda) = \frac{1}{2}(x_1 - 2)^2 + \frac{1}{2}(x_2 - 2)^2 + \lambda(x_1 + x_2 - 1) + \frac{1}{2}\sigma(x_1 + x_2 - 1)^2 , \quad (5.124)$$

und die Auswertung der notwendigen Minimierungsbedingungen 1. Ordnung bezüglich $\mathbf{x}$ ergibt

$$x_1(\lambda) = x_2(\lambda) = \frac{2 - \lambda + \sigma}{1 + 2\sigma} . \quad (5.125)$$

Die hinreichenden Bedingungen für ein lokales Minimum von (5.124) sind erfüllt, wenn $\sigma > -1/2$. Mit (5.124), (5.125) berechnet sich $\psi(\lambda)$ aus (5.121) wie folgt

$$\psi(\lambda) = \left(\frac{\lambda + 3\sigma}{1 + 2\sigma}\right)^2 + \lambda \frac{3 - 2\lambda}{1 + 2\sigma} + \frac{1}{2}\sigma\left(\frac{3 - 2\lambda}{1 + 2\sigma}\right)^2 . \quad (5.126)$$

Zur Maximierung von $\psi(\lambda)$ wertet man die notwendige Bedingung 1. Ordnung aus

$$\psi_\lambda(\lambda^*) = \frac{-2\lambda^* - 4\sigma\lambda^* + 3 + 6\sigma}{(1 + 2\sigma)^2} = 0 , \quad (5.127)$$

und man bekommt die Lösung $\lambda^* = 3/2$, die bemerkenswerterweise unabhängig von σ ist. Soll es sich tatsächlich um ein Maximum handeln, so muss

$$\psi_{\lambda\lambda}(\lambda^*) = \frac{-2 - 4\sigma}{(1 + 2\sigma)^2} < 0 \iff \sigma > -\frac{1}{2}$$

gelten. Wird λ^* in (5.125) eingesetzt, so erhalten wir unabhängig vom σ-Wert $x_1^* = x_2^* = 1/2$, was mit der analytisch bekannten Lösung übereinstimmt.

Zusammenfassend lässt sich also für dieses Beispiel festhalten, dass die Lösung des unrestringierten Max-Min-Problems (5.123) für $\sigma > -1/2$ zur Lösung $\mathbf{x}^*, \lambda^*$ des restringierten Problems führt.

Nun können wir auch die numerische Lösung des Problems unter Nutzung von (5.125) (Schritt (b)) und $\lambda^{(l+1)} = \lambda^{(l)} + \sigma c^{(l+1)}$ (Schritt (e)) vornehmen. Wir erhalten

$$\lambda^{(l+1)} = \lambda^{(l)} + \sigma(x_1^{(l+1)} + x_2^{(l+1)} - 1)$$

$$= \lambda^{(l)} + \sigma\left(2\frac{2 - \lambda + \sigma}{1 + 2\sigma} - 1\right) = \frac{1}{1 + 2\sigma}\lambda^{(l)} + \frac{3\sigma}{1 + 2\sigma} .$$

Diese Differenzengleichung konvergiert für alle $\sigma > -1$ (mit Ausnahme von $\sigma = -0.5$) gegen die Lösung $\lambda^* = 3/2$. $\square$

5.4.2.2 Probleme mit UNB

Ungleichungsnebenbedingungen $h_i(\mathbf{x}) \leq 0$, $i = 1, \ldots, q$, werden mittels Schlupfvariablen z_i in GNB $h_i(\mathbf{x}) + z_i^2 = 0$ umgewandelt, so dass die erweiterte Lagrange-Funktion nunmehr wie folgt lautet

$$\tilde{\phi}(\mathbf{x}, \mathbf{z}, \boldsymbol{\mu}, \boldsymbol{\sigma}) = f(\mathbf{x}) + \sum_{i=1}^{q} \mu_i (h_i(\mathbf{x}) + z_i^2) + \frac{1}{2} \sum_{i=1}^{q} \sigma_i (h_i(\mathbf{x}) + z_i^2)^2 . \tag{5.128}$$

Nunmehr müsste die Funktion $\tilde{\phi}$ bei jeder Iteration auch bezüglich der Schlupfvariablen z_i minimiert werden. Stattdessen wollen wir aber diese Minimierung analytisch vorab erledigen. Hierzu setzen wir die Ableitung $\tilde{\phi}_{z_i} = 2z_i \mu_i + 2z_i \sigma_i (h_i(\mathbf{x}) + z_i^2)$ zu Null und erhalten

$$z_i^{*2} = \begin{cases} 0 & \text{wenn} \quad h_i(\mathbf{x}) \geq -\frac{\mu_i}{\sigma_i} \\ -\frac{\mu_i}{\sigma_i} - h_i(\mathbf{x}) & \text{wenn} \quad h_i(\mathbf{x}) < -\frac{\mu_i}{\sigma_i} \end{cases} . \tag{5.129}$$

Nun definieren wir folgende Funktion

$$\phi(\mathbf{x}, \boldsymbol{\mu}, \boldsymbol{\sigma}) = \min_{\mathbf{z}} \tilde{\phi}(\mathbf{x}, \mathbf{z}, \boldsymbol{\mu}, \boldsymbol{\sigma}) = \tilde{\phi}(\mathbf{x}, \mathbf{z}^*, \boldsymbol{\mu}, \boldsymbol{\sigma}) ,$$

so dass sich unter Beachtung von (5.128), (5.129) schließlich (5.130) ergibt.

Bei Vorhandensein von UNB ist statt (5.118) folgende Hilfsfunktion zu berücksichtigen

$$\phi(\mathbf{x}, \boldsymbol{\mu}, \boldsymbol{\sigma}) = f(\mathbf{x}) + \sum_{i=1}^{q} \begin{cases} \mu_i h_i(\mathbf{x}) + \frac{1}{2}\sigma_i h_i(\mathbf{x})^2 & \text{wenn} \quad h_i(\mathbf{x}) \geq -\frac{\mu_i}{\sigma_i} \\ -\frac{\mu_i^2}{2\sigma_i} & \text{wenn} \quad h_i(\mathbf{x}) < -\frac{\mu_i}{\sigma_i} \end{cases} . \tag{5.130}$$

Man definiert nun $\mathbf{x}(\boldsymbol{\mu})$ analog zu (5.119) und $\psi(\boldsymbol{\mu}) = \phi(\mathbf{x}(\boldsymbol{\mu}), \boldsymbol{\mu})$. Dann gilt auch hier $\psi(\boldsymbol{\mu}) \leq \psi(\boldsymbol{\mu}^*)$, d. h. $\boldsymbol{\mu}^*$ ist ein lokales unrestringiertes Maximum der Funktion $\psi(\boldsymbol{\mu})$, wie folgende Beziehungen belegen

$$\psi(\boldsymbol{\mu}) = \phi(\mathbf{x}(\boldsymbol{\mu}), \boldsymbol{\mu}) \leq \phi(\mathbf{x}^*, \boldsymbol{\mu}) = f(\mathbf{x}^*) + \sum_{i=1}^{q} \begin{cases} \mu_i h_i(\mathbf{x}^*) + \frac{1}{2}\sigma_i h_i(\mathbf{x}^*)^2 \\ -\frac{\mu_i^2}{2\sigma_i} \end{cases}$$

$$\leq f(\mathbf{x}^*) + \sum_{i=1}^{q} \begin{cases} -\frac{1}{2}\sigma_i h_i(\mathbf{x}^*)^2 \\ -\frac{\mu_i^2}{2\sigma_i} \end{cases} \leq f(\mathbf{x}^*) = \phi(\mathbf{x}^*, \boldsymbol{\mu}^*) = \psi(\boldsymbol{\mu}^*) .$$

Die zugehörige Ableitung berechnet sich zu $\psi_{\mu_i}(\boldsymbol{\mu}) = \max\{h_i(\mathbf{x}(\boldsymbol{\mu})), -\mu_i/\sigma_i\}$.

Bei Vorhandensein von UNB erfährt der Algorithmus von Abschn. 5.4.2.1 folgende Modifikationen:

- Man ersetzt überall $\boldsymbol{\lambda}$ durch $\boldsymbol{\mu}$, $\mathbf{c}$ durch $\mathbf{h}$ und $\|\mathbf{c}\|$ durch $\|\boldsymbol{\psi}_{\boldsymbol{\mu}}\|$.
- Die μ-Iteration bei Schritt (e) lautet $\mu_i^{(l+1)} = \mu_i^{(l)} + \max\{\sigma_i^{(l)} h_i^{(l)}, -\mu_i^{(l)}/\sigma_i^{(l)}\}$.

Es ist nicht schwer, bei Problemstellungen mit GNB und UNB einen kombinierten Algorithmus bereitzustellen. Auch beim Verfahren der erweiterten Lagrange-Funktion wurde der ursprüngliche Optimismus, der aus der allgemeinen Anwendbarkeit herrührte, durch manche praktische Schwierigkeiten relativiert. Diese rühren daher, dass:

- Ein unrestringiertes Optimierungsproblem beim Schritt (b) des Algorithmus wiederholt gelöst werden muss, was den rechentechnischen Aufwand steigen lässt.
- Mehrere Konstanten des Algorithmus in geeigneter Weise festgelegt werden müssen. Wird z. B. bei Schritt (c) die Gewichtung σ zu schnell gesteigert, so bekommt man wegen der resultierenden schlechten Konditionierung die gleichen Probleme, die das Penalty-Verfahren dequalifizieren.

5.4.3 QP-Verfahren

Das *QP-Verfahren* (quadratische Programmierung, quadratic programming) löst Minimierungsprobleme mit quadratischer Kostenfunktion und einem zulässigen Bereich, der durch lineare Gleichungs- und Ungleichungsnebenbedingungen beschränkt wird. Formal betrachtet man also

$$\min \ \mathbf{x}^T \mathbf{Q} \mathbf{x} + \mathbf{p}^T \mathbf{x}$$

mit $\mathbf{x} \in \mathbb{R}^n$ und $\mathbf{Q} \in \mathbb{R}^{n \times n}$ symmetrisch, positiv definit, unter den Restriktionen

$$\mathbf{A}\mathbf{x} = \mathbf{a}$$

und

$$\mathbf{B}\mathbf{x} \leq \mathbf{b} \,,$$

wobei $\mathbf{A} \in \mathbb{R}^{m \times n}$ und $\mathbf{B} \in \mathbb{R}^{q \times n}$ mit $m < n$ und q beliebig. Diese Problemklasse taucht in vielen Anwendungen auf. Zusätzlich kann das Problem der quadratischen Programmierung als Grundlage für die allgemeinere nichtlineare Optimierung unter Restriktionen durch das SQP-Verfahren (Abschn. 5.4.4) verwendet werden.

Eine wichtige Annahme zum Start des Verfahrens ist, dass ein zulässiger (aber noch nicht optimaler) Punkt $\mathbf{x}^{(0)}$ bekannt ist, samt dazu passender Menge von aktiven Ungleichungen $\mathbf{B}_a \mathbf{x}^{(0)} = \mathbf{b}_a$. Betrachtet man nur die aktiven Ungleichungsnebenbedingungen, reduziert sich das Minimierungsproblem zu

$$\min \ \mathbf{x}^T \mathbf{Q} \mathbf{x} + \mathbf{p}^T \mathbf{x}$$

unter Gleichungsnebenbedingungen

$$\mathbf{A}\mathbf{x} = \mathbf{a}$$
$$\mathbf{B}_a \mathbf{x} = \mathbf{b}_a \,.$$

Die Lösung des angegebenen Minimierungsproblems unter Gleichungsnebenbedingungen kann mit Hilfe des Newton-Verfahrens, siehe Abschn. 4.2.4, bestimmt werden, indem die zugehörigen notwendigen Bedingungen gelöst werden. Die Lagrange-Funktion für dieses Problem lautet

$$L(\mathbf{x}, \lambda, \mu) = \mathbf{x}^T \mathbf{Q} \mathbf{x} + \mathbf{p}^T \mathbf{x} + \lambda^T (\mathbf{A}\mathbf{x} - \mathbf{a}) + \mu^T (\mathbf{B}_a \mathbf{x} - \mathbf{b}_a) .$$

Daraus folgen die notwendigen Bedingungen 1. Ordnung (vergleiche (5.15) und (5.16))

$$\nabla_{\mathbf{x}} L = \mathbf{Q}\mathbf{x} + \mathbf{p} + \mathbf{A}^T \lambda + \mathbf{B}_a^T \mu = \mathbf{0}$$

$$\nabla_\lambda L = \mathbf{A}\mathbf{x} - \mathbf{a} = \mathbf{0}$$

$$\nabla_\mu L = \mathbf{B}_a \mathbf{x} - \mathbf{b}_a = \mathbf{0} .$$

Da diese Bedingungen für diese Problemklasse linear sind, kann man sie in folgendem linearen Gleichungssystem zusammenfassen

$$\begin{bmatrix} \mathbf{Q} & \mathbf{A}^T & \mathbf{B}_a^T \\ \mathbf{A} & \mathbf{0} & \mathbf{0} \\ \mathbf{B}_a & \mathbf{0} & \mathbf{0} \end{bmatrix} \begin{bmatrix} \mathbf{x} \\ \lambda \\ \mu \end{bmatrix} = \begin{bmatrix} -\mathbf{p} \\ \mathbf{a} \\ \mathbf{b}_a \end{bmatrix} .$$

Durch die Umformung $\mathbf{x} = \mathbf{x}^{(k+1)} = \mathbf{x}^{(k)} + \delta\mathbf{x}^{(k)}$ und mit $\lambda = \lambda^{(k+1)}$ und $\mu = \mu^{(k+1)}$ kann die vorangegangene Gleichung umgeformt werden. Voraussetzung dafür ist, dass $\mathbf{x}^{(k)}$ bereits ein zulässiger Punkt war, der die Gleichungsnebenbedingungen und die aktiven Ungleichungsnebenbedingungen erfüllt.

$$\begin{bmatrix} \mathbf{Q} & \mathbf{A}^T & \mathbf{B}_a^T \\ \mathbf{A} & \mathbf{0} & \mathbf{0} \\ \mathbf{B}_a & \mathbf{0} & \mathbf{0} \end{bmatrix} \begin{bmatrix} \delta\mathbf{x}^{(k)} \\ \lambda^{(k+1)} \\ \mu^{(k+1)} \end{bmatrix} = \begin{bmatrix} -\mathbf{p} - \mathbf{Q}\mathbf{x}^{(k)} \\ \mathbf{0} \\ \mathbf{0} \end{bmatrix} . \tag{5.131}$$

Gleichung (5.131) kann als die Bestimmungsgleichung für einen Newton-Schritt interpretiert werden. Die Gleichung kann auch durch Anwendung des Newton-Verfahrens zur Lösung von Gleichungssystemen, vgl. Abschn. 4.2.4, auf das Gleichungssystem der notwendigen Bedingungen in der selben Form erhalten werden.

Im folgenden Algorithmus wird das Gleichungssystem (5.131) verwendet. Der größte Teil des Rechenaufwands liegt in der Lösung dieses Gleichungssystems. Auf keinen Fall wird die Inverse zur Lösung von (5.131) explizit bestimmt. Stattdessen werden Zerlegungen der zu invertierenden Matrix (z. B. QR-Zerlegung) verwendet, die eine effiziente Lösung des linearen Gleichungssystems erlauben, siehe auch Abschn. 4.2.4 oder [19].

Um nun die aktiven Ungleichungsnebenbedingungen des Minimums zu finden, wird folgendes Verfahren vorgeschlagen. Die Menge der aktiven Ungleichungsnebenbedingungen wird iterativ bestimmt und immer wieder wird das Gleichungssystem (5.131) für die entsprechenden *active sets* (Menge der aktiven UNB) gelöst. Dieses Verfahren wird daher auch *active-set-Verfahren* genannt.

(a) Bestimme zulässige Startwerte $\mathbf{x}^{(0)}$ mit einer Anfangsmenge von aktiven UNB $\mathbf{B}_{a^{(0)}}\mathbf{x} = \mathbf{b}_{a^{(0)}}$. Setze $l = 0$.

(b) Bestimme $\delta\mathbf{x}^{(l)}$, $\boldsymbol{\lambda}^{(l+1)}$ und $\boldsymbol{\mu}^{(l+1)}$ aus (5.131).

(c) Fallunterscheidung:

   (c1) Wenn $\delta\mathbf{x}^{(l)} = \mathbf{0}$ und $\boldsymbol{\mu}^{(l+1)} \geq \mathbf{0}$:

       stop, $\mathbf{x}^{(l)}$ ist zulässiges Minimum.

   (c2) Wenn $\delta\mathbf{x}^{(l)} = \mathbf{0}$ und mindestens ein Multiplikator $\mu_i^{(l+1)} < 0$:

       Setze $\mathbf{x}^{(l+1)} = \mathbf{x}^{(l)}$ und entferne die UNB mit dem kleinstem Multiplikator aus der Menge der aktiven Ungleichungen.

       Wiederhole von (b) mit $l := l + 1$.

   (c3) Wenn $\delta\mathbf{x}^{(l)} \neq \mathbf{0}$ und $\mathbf{x}^{(l)} + \delta\mathbf{x}^{(l)}$ zulässig:

       Setze $\mathbf{x}^{(l+1)} = \mathbf{x}^{(l)} + \delta\mathbf{x}^{(l)}$ und behalte die Menge der Ungleichungen bei.

       Wiederhole von (b) mit $l := l + 1$.

   (c4) Wenn $\delta\mathbf{x}^{(l)} \neq \mathbf{0}$ und $\mathbf{x}^{(l)} + \delta\mathbf{x}^{(l)}$ nicht zulässig:

       Bestimme die größtmögliche Schrittweite $\sigma^{(l)}$, so dass $\mathbf{x}^{(l+1)} = \mathbf{x}^{(l)} + \sigma^{(l)}\delta\mathbf{x}^{(l)}$ zulässig, und ergänze die Menge der aktiven Ungleichungen um die neue aktive Ungleichung.

       Wiederhole von (b) mit $l := l + 1$.

Zur Erinnerung sei hier nochmal angemerkt, dass die Kuhn-Tucker-Multiplikatoren einer aktiven Ungleichungsnebenbedingung größer gleich Null sein müssen, vergleiche die notwendigen Bedingungen (5.67)–(5.71). Daher kann das Verfahren in Fall (c1) abgebrochen werden, da offensichtlich eine gültige Lösung gefunden wurde. Im Fall (c2) konnte zwar keine Verbesserung der Optimierungsvariablen unter den derzeit aktiven UNB mehr erreicht werden, allerdings kann das Minimum verbessert werden, indem aktive UNB mit negativem Multiplikator weggelassen werden (*Inaktivierungsschritt*), vgl. Abschn. 5.2.1. Im Fall (c4) resultiert die Aktualisierung der Optimierungsvariable $\mathbf{x}$ in einer Verletzung einer oder mehrerer UNB, die bisher als inaktiv betrachtet wurden. Der Aktualisierungs-Schritt wird geeignet verkürzt (s. [16] für Einzelheiten), so dass keine UNB mehr verletzt wird. Die Menge der aktiven UNB muss vergrößert werden (*Aktivierungsschritt*).

Man kann zeigen, dass das Verfahren unter Voraussetzung der Einhaltung der Qualifikationsbedingungen aus Abschn. 5.2 wohldefiniert ist und in endlich vielen Schritten konvergiert [16].

5.4.4 SQP-Verfahren

Die Verfahren der *sequentiellen quadratischen Programmierung (SQP-Verfahren)* gelten gegenwärtig als besonders effektive Verfahren für allgemeine Aufgabenstellungen der nichtlinearen Programmierung und werden in verschiedenen Versionen als Black-Box-Programme in vielen Programmsammlungen angeboten. Die SQP-Verfahren können als Verallgemeinerung der Newton-Verfahren für beschränkte Problemstellungen interpretiert werden.

Wir betrachten zunächst Problemstellungen mit GNB und legen die notwendigen Bedingungen 1. Ordnung zugrunde

$$\nabla L(\mathbf{x}^*, \boldsymbol{\lambda}^*) = \begin{bmatrix} \nabla_{\mathbf{x}} L(\mathbf{x}^*, \boldsymbol{\lambda}^*) \\ \nabla_{\boldsymbol{\lambda}} L(\mathbf{x}^*, \boldsymbol{\lambda}^*) \end{bmatrix} = \mathbf{0}, \tag{5.132}$$

die bekannterweise ein Gleichungssystem zur Bestimmung der Unbekannten $\mathbf{x}^*$, $\boldsymbol{\lambda}^*$ darstellen. Zur Lösung dieses Gleichungssystems setzen wir Newton-Iterationen ein. Hierzu wird zunächst eine Taylor-Entwicklung vorgenommen

$$\nabla L(\mathbf{x}^{(l)} + \delta \mathbf{x}^{(l)}, \boldsymbol{\lambda}^{(l)} + \delta \boldsymbol{\lambda}^{(l)})$$

$$= \nabla L(\mathbf{x}^{(l)}, \boldsymbol{\lambda}^{(l)}) + \mathbf{H}(L(\mathbf{x}^{(l)}, \boldsymbol{\lambda}^{(l)}))[\delta \mathbf{x}^{(l)^T} \ \delta \boldsymbol{\lambda}^{(l)^T}]^T + \ldots = \mathbf{0}$$

oder

$$\begin{bmatrix} \mathbf{W}^{(l)} & \mathbf{c}_{\mathbf{x}}(\mathbf{x}^{(l)})^T \\ \mathbf{c}_{\mathbf{x}}(\mathbf{x}^{(l)}) & \mathbf{0} \end{bmatrix} \begin{bmatrix} \delta \mathbf{x}^{(l)} \\ \delta \boldsymbol{\lambda}^{(l)} \end{bmatrix} = - \begin{bmatrix} \nabla_{\mathbf{x}} L(\mathbf{x}^{(l)}, \boldsymbol{\lambda}^{(l)}) \\ \mathbf{c}(\mathbf{x}^{(l)}) \end{bmatrix}, \tag{5.133}$$

wobei die Abkürzung $\mathbf{W}^{(l)} = \nabla_{\mathbf{xx}}^2 f(\mathbf{x}^{(l)}) + \sum_{i=1}^{m} \lambda_i^{(l)} \nabla_{\mathbf{xx}}^2 c_i(\mathbf{x}^{(l)})$ verwendet wurde.

Aus (5.133) lassen sich $\delta \mathbf{x}^{(l)}, \delta \boldsymbol{\lambda}^{(l)}$ berechnen und die Newton-Iteration lautet also

$$\mathbf{x}^{(l+1)} = \mathbf{x}^{(l)} + \delta \mathbf{x}^{(l)}, \quad \boldsymbol{\lambda}^{(l+1)} = \boldsymbol{\lambda}^{(l)} + \delta \boldsymbol{\lambda}^{(l)}. \tag{5.134}$$

Mit (5.134) lässt sich (5.133) auch folgendermaßen schreiben

$$\begin{bmatrix} \mathbf{W}^{(l)} & \mathbf{c}_{\mathbf{x}}(\mathbf{x}^{(l)})^T \\ \mathbf{c}_{\mathbf{x}}(\mathbf{x}^{(l)}) & \mathbf{0} \end{bmatrix} \begin{bmatrix} \delta \mathbf{x}^{(l)} \\ \boldsymbol{\lambda}^{(l+1)} \end{bmatrix} = - \begin{bmatrix} \nabla_{\mathbf{x}} f(\mathbf{x}^{(l)}) \\ \mathbf{c}(\mathbf{x}^{(l)}) \end{bmatrix}. \tag{5.135}$$

Gleichung (5.135) lässt sich aber als notwendige Bedingung 1. Ordnung folgenden Problems der quadratischen Programmierung interpretieren:

$$\min_{\delta \mathbf{x}} \frac{1}{2} \delta \mathbf{x}^T \mathbf{W}^{(l)} \delta \mathbf{x} + \nabla_{\mathbf{x}} f(\mathbf{x}^{(l)})^T \delta \mathbf{x} + f(\mathbf{x}^{(l)}) \tag{5.136}$$

$$\text{u. B. v.} \quad \mathbf{c}_{\mathbf{x}}(\mathbf{x}^{(l)}) \delta \mathbf{x} + \mathbf{c}(\mathbf{x}^{(l)}) = \mathbf{0}. \tag{5.137}$$

Wie bei den Newton-Verfahren für unrestringierte Probleme aus Abschn. 4.2.4 können also auch die Newton-Verfahren für Probleme mit Gleichungsnebenbedingungen durch iterative Lösung quadratischer Approximationen des nichtlinearen Problems gelöst werden. Dabei beschreibt (5.135) die Aktualisierung für das nichtlineare Problem, bzw. berechnet das Minimum des quadratischen Problems (5.136) und (5.137) in einem Schritt.

Bevor wir untersuchen, wie auch Ungleichungsnebenbedingungen betrachtet werden können, notieren wir den Algorithmus für Gleichungsnebenbedingungen. Bei Problemen mit GNB besteht das Verfahren der sequentiellen quadratischen Programmierung in der Auswertung des folgenden iterativen Algorithmus:

(a) Wähle Startwerte $\mathbf{x}^{(0)}, \boldsymbol{\lambda}^{(0)}$; setze $l = 0$.

(b) Löse das Problem (5.136), (5.137) der quadratischen Programmierung zur Bestimmung von $\delta \mathbf{x}^{(l)}$; hierzu stehen effiziente Algorithmen zur Verfügung (s. Abschn. 5.4.3).

(c) Setze $\mathbf{x}^{(l+1)} = \mathbf{x}^{(l)} + \delta \mathbf{x}^{(l)}$ und setze $\boldsymbol{\lambda}^{(l+1)}$ gleich dem aus (b) resultierenden Vektor der Lagrange-Multiplikatoren.

(d) Wenn $\|\nabla L(\mathbf{x}^{(l)}, \boldsymbol{\lambda}^{(l)})\| < \varepsilon$, stop; sonst gehe nach (b) und setze $l := l + 1$.

Es sollte angemerkt werden, dass dieser Algorithmus bei Konvergenz tatsächlich zu einem Minimum und nicht lediglich zu einer Lösung des Gleichungssystems (5.132) führt.

Beispiel 5.17 Wir betrachten die numerische Minimierung der Gütefunktion

$$f(\mathbf{x}) = -x_1 - x_2$$

unter der GNB

$$c(\mathbf{x}) = x_1^2 + x_2^2 - 1 \, .$$

Es gilt

$$\mathbf{W}^{(l)} = \begin{bmatrix} 2\lambda^{(l)} & 0 \\ 0 & 2\lambda^{(l)} \end{bmatrix},$$

folglich lautet das Problem (5.136), (5.137) der quadratischen Programmierung

$$\min_{\delta\mathbf{x}} \lambda^{(l)}\delta x_1^2 + \lambda^{(l)}\delta x_2^2 - \delta x_1 - \delta x_2$$

$$\text{u. B. v.} \quad 2x_1^{(l)}\delta x_1 + 2x_2^{(l)}\delta x_2 + x_1^{(l)2} + x_2^{(l)2} - 1 = 0 \, .$$

Die Lagrange-Funktion zur analytischen Lösung dieses Problems lautet (Merke: Gemäß Schritt (c) des Algorithmus ist $\lambda^{(l+1)}$ gleich dem Lagrange-Multiplikator obigen Problems der quadratischen Programmierung)

$$L(\delta\mathbf{x}, \lambda^{(l+1)}) = \lambda^{(l)}\delta x_1^2 + \lambda^{(l)}\delta x_2^2 - \delta x_1 - \delta x_2$$
$$+ \lambda^{(l+1)}(2x_1^{(l)}\delta x_1 + 2x_2^{(l)}\delta x_2 + x_1^{(l)2} + x_2^{(l)2} - 1) = 0$$

und folglich erhalten wir die notwendigen Optimalitätsbedingungen

$$\frac{\partial L}{\partial \delta x_1} = 2\lambda^{(l)}\delta x_1 - 1 + 2\lambda^{(l+1)}x_1^{(l)} = 0$$

$$\frac{\partial L}{\partial \delta x_2} = 2\lambda^{(l)}\delta x_2 - 1 + 2\lambda^{(l+1)}x_2^{(l)} = 0$$

$$\frac{\partial L}{\partial \lambda^{(l+1)}} = 2x_1^{(l)}\delta x_1 + 2x_2^{(l)}\delta x_2 + x_1^{(l)2} + x_2^{(l)2} - 1 = 0$$

mit der Lösung

$$\delta x_1^{(l)} = \frac{\lambda^{(l)}(1 - x_1^{(l)2} - x_2^{(l)2})x_1^{(l)} - x_2^{(l)}(x_1^{(l)} - x_2^{(l)})}{2\lambda^{(l)}(x_1^{(l)2} + x_2^{(l)2})}$$

$$\delta x_2^{(l)} = \frac{\lambda^{(l)}(1 - x_1^{(l)2} - x_2^{(l)2})x_2^{(l)} - x_1^{(l)}(x_2^{(l)} - x_1^{(l)})}{2\lambda^{(l)}(x_1^{(l)2} + x_2^{(l)2})}$$

$$\lambda^{(l+1)} = \frac{x_1^{(l)} + x_2^{(l)} - \lambda^{(l)}(1 - x_1^{(l)2} - x_2^{(l)2})}{2(x_1^{(l)2} + x_2^{(l)2})} \, .$$

Tab. 5.2 SQP-Iterationen zu Beispiel 5.17

l	0	1	2	3	4	5	6	7	8	Genaue Lösung
$x_1^{(l)}$	0	5	2.6	1.341	0.903	0.7106	0.7086	0.7071052	0.707106781	$\frac{1}{\sqrt{2}}$
$x_2^{(l)}$	0.1	5.05	2.525	1.418	0.842	0.737	0.7063	0.7071103	0.707106781	$\frac{1}{\sqrt{2}}$
$\lambda^{(l)}$	0.1	5.05	0.124	0.252	0.455	0.6507	0.7055	0.7071051	0.707106781	$\frac{1}{\sqrt{2}}$

Somit lauten die Iterationen gemäß Schritt (c) des Algorithmus SQP

$$\mathbf{x}^{(l+1)} = \mathbf{x}^{(l)} + \delta\mathbf{x}^{(l)} \, .$$

Tabelle 5.2 zeigt den Fortschritt der Iterationen von den Startwerten $x_1^{(0)} = 0$, $x_2^{(0)} = \lambda^{(0)} = 0.1$ ausgehend. Innerhalb von 8 Iterationen wird die genaue Lösung bis auf 9 Stellen hinter dem Komma approximiert. □

Bei Problemen mit UNB wird das Problem der quadratischen Programmierung (Schritt (b)) in Analogie zu obiger Vorgehensweise durch folgende lineare UNB erweitert

$$\mathbf{h_x}(\mathbf{x}^{(l)})\,\delta\mathbf{x} + \mathbf{h}(\mathbf{x}^{(l)}) \leq \mathbf{0} \qquad (5.138)$$

und der obige Algorithmus sonst beibehalten. In Schritt (b) des Algorithmus wird dann der in Abschn. 5.4.3 eingeführte QP-Algorithmus mit iterativer Bestimmung der Menge der aktiven UNB verwendet.

Der Algorithmus in der obigen Form stellt nur das Grundgerüst für einen SQP-Algorithmus dar. In praktischen Implementierungen werden noch einige Erweiterungen verwendet, um die Konvergenz zu verbessern. Es gibt daher zahlreiche Varianten von SQP-Algorithmen. Über numerische Experimente zur Untersuchung der Effizienz verschiedener Versionen der SQP-Verfahrensfamilie wird in [22] berichtet.

Ähnlich wie bei dem Newton-Verfahren für unbeschränkte Problemstellungen lässt sich nachweisen, dass das SQP-Verfahren quadratische Konvergenz aufweist, wenn die Startwerte $\mathbf{x}^{(0)}$, $\lambda^{(0)}$ genügend nahe an der gesuchten Lösung $\mathbf{x}^*$, λ^* gewählt wurden; sonst kann zu Beginn des Algorithmus divergierendes Verhalten auftreten, dem durch geeignete Maßnahmen entgegengewirkt werden muss [3].

Zur Globalisierung werden, wie bei den Newton-Verfahren für unrestringierte Probleme aus Abschn. 4.2.4, auch für das SQP-Verfahren Schrittweitensteuerungen und Strategien für nicht positiv definite Hessesche Matrizen vorgeschlagen. Für die Schrittweitensteuerung, z. B. durch das Armijo-Verfahren aus Abschn. 4.2.2.2, wird ein Maß für die Güte des vorgeschlagenen Schrittes benötigt. Im Gegensatz zu den unrestringierten Verfahren, bei welchen die Güte eines Schrittes rein über die Verbesserung der Kostenfunktion beurteilt werden kann, muss bei den restringierten Verfahren die Verbesserung der Kostenfunktion *und* die Einhaltung der Beschränkungen beurteilt werden. Als sogenannte *Merit-Funktionen* werden die Penalty-Funktionen aus Abschn. 5.4.1 eingesetzt, insbesondere auch exakte Penalty-Funktionen wie z. B. (5.117). Allerdings kann in diesem Zusammenhang der sogenannte *Maratos-Effekt* auftreten [23]: Obwohl durch einen Iterationsschritt der Abstand zum Minimum kleiner wird, $\|\mathbf{x}^* - \mathbf{x}^{(l+1)}\| < \|\mathbf{x}^* - \mathbf{x}^{(l)}\|$, wird die Merit-Funktion größer, das heißt, der Wert der Kostenfunktion wird größer und die Einhaltung der Beschränkungen verschlechtert sich. Somit kann ein eigentlich sehr guter Schritt abgelehnt werden, und die Konvergenzgeschwindigkeit des Algorithmus, insbesondere nahe des gesuchten Minimums, verschlechtert sich erheblich. Effiziente Implementierungen der SQP-Verfahren verhindern das Auftreten des Maratos-Effektes, z. B. durch Abschätzungen höherer Ordnung.

Eine Alternative zur Schrittweitensteuerung ist die Verwendung von Vertrauensbereichen, wie sie in Abschn. 4.2.6 eingeführt wurden. Man nennt die Verfahren dann Trust-Region-SQP-Verfahren.

Auch beim SQP-Verfahren stellt die Berechnung der 2. Ableitungen für die Hessesche Matrix einen erheblichen Teil des Rechenaufwands dar. In vielen Implementierungen werden daher Quasi-Newton Schritte eingeführt, die mit Approximationen der Hesseschen Matrix arbeiten, vgl. Abschn. 4.2.4.2.

Zuletzt sei noch darauf hingewiesen, dass, obwohl ein zulässiges Minimum zu einer Menge von Beschränkungen existiert, während der Iterationen der Fall auftreten kann, dass zwar die nichtlinearen Beschränkungen eine nicht leere zulässige Menge definieren, der zulässige Bereich der linearisierten Beschränkungen aber leer ist. In vielen SQP-Algorithmen wird dann in den *elastic mode* gewechselt, in dem ein nicht leerer zulässiger Bereich durch Relaxierung der Beschränkungen erhalten wird.

Eine gute Übersicht über SQP-Verfahren ist in [19] oder in [16] gegeben. Einige interessante kritische Anmerkungen zu diesen Verfahren sind in [24] zu finden.

5.4.5 Innere-Punkte-Verfahren

Die *Innere-Punkte-Verfahren* (*interior-point methods*) sind die Jüngsten der beschriebenen Verfahren. Erst nach dem großen Erfolg der Innere-Punkte-Verfahren in der linearen Programmierung in den 1980er Jahren (s. auch Kap. 7), wurde die algorithmische Grundidee auf nichtlineare Probleme übertragen. Die Innere-Punkte-Verfahren sind gemeinsam mit den SQP-Verfahren derzeit die weit verbreitetsten und erfolgreichsten Löser für restringierte Minimierungsprobleme.

Beim SQP-Verfahren wird eine *active-set Strategie* verfolgt, das heißt, die im Minimum aktiven UNB werden iterativ durch Ausprobieren verschiedener Mengen möglicher aktiver UNB bestimmt. Daher kann man anschaulich sagen, das restringierte Problem wird gelöst, indem man auf dem Rand des zulässigen Bereichs bis ins Minimum wandert. Dagegen wird bei den Innere-Punkte-Verfahren das Minimum, das auf dem Rand liegt, aus dem Inneren des zulässigen Bereichs erreicht. Hierzu werden die UNB in jeder Iteration strikt erfüllt und ein kleiner werdender Barriere-Parameter kontrolliert den Abstand der aktuellen Iteration vom Rand des zulässigen Bereichs. Die kombinatorische Komplexität der active-set Strategie der SQP-Verfahren wird somit umgangen, was gerade bei sehr großen Problemen von Vorteil sein kann.

Das allgemeine Minimierungsproblem, dessen zulässiger Bereich gemäß (5.57) durch GNB und UNB bestimmt wird, wird im Weiteren durch die Einführung von Schlupfvariablen $\mathbf{s}$, vgl. Abschn. 5.2, in folgender transformierter Form betrachtet

$$\min_{\mathbf{x},\mathbf{s}} f(\mathbf{x})$$

$$\text{u. B. v.} \quad \mathbf{c}(\mathbf{x}) = \mathbf{0} \tag{5.139}$$

$$\mathbf{h}(\mathbf{x}) + \mathbf{s} = \mathbf{0} \tag{5.140}$$

$$\mathbf{s} \geq \mathbf{0}. \tag{5.141}$$

Mit der Lagrange-Funktion

$$L = f(\mathbf{x}) + \mathbf{y}^T \mathbf{c}(\mathbf{x}) + \mathbf{z}^T (\mathbf{h}(\mathbf{x}) + \mathbf{s}) - \boldsymbol{v}^T \mathbf{s}$$

und den Multiplikatoren $\mathbf{y}$, $\mathbf{z}$ und $\boldsymbol{v}$ können die notwendigen Bedingungen 1. Ordnung bestimmt werden (vgl. (5.67)–(5.72)), wobei aus $\nabla_{\mathbf{s}} L = \mathbf{0}$ sofort $\boldsymbol{v} = \mathbf{z}$ folgt, und damit

$$\nabla f(\mathbf{x}) + \mathbf{c}_{\mathbf{x}}^T \mathbf{y} + \mathbf{h}_{\mathbf{x}}^T \mathbf{z} = \mathbf{0} \tag{5.142}$$

$$\mathbf{c}(\mathbf{x}) = \mathbf{0} \tag{5.143}$$

$$\mathbf{h}(\mathbf{x}) + \mathbf{s} = \mathbf{0} \tag{5.144}$$

$$\mathbf{z}^T \mathbf{s} = 0 \tag{5.145}$$

mit

$$\mathbf{s} \geq \mathbf{0}, \quad \mathbf{z} \geq \mathbf{0}. \tag{5.146}$$

Ersetzt man nun (5.145) durch Einführung eines Barriere-Parameters μ durch die relaxierte Form

$$z_i s_i = \mu, \quad i = 1, \ldots, q \tag{5.147}$$

und löst das nichtlineare Gleichungssystem (5.142)–(5.144) und (5.147), erhält man Approximationen der Lösung des Kuhn-Tucker Gleichungssystems (5.142)–(5.145), das für $\mu = 0$ erhalten wird. Die Lösungen des modifizierten Gleichungssystems liegen, soweit die Ungleichungen (5.146) erfüllt werden, strikt im Inneren des zulässigen Bereichs. Lässt man den Parameter μ gegen Null streben, so kann unter einigen zusätzlichen Annahmen gezeigt werden, dass die Lösungen des modifizierten Gleichungssystems gegen Minima des ursprünglichen Problems konvergieren. Man nennt die durch den Barriere-Parameter μ parametrisierte Trajektorie von Lösungen $(\mathbf{x}^*(\mu), \mathbf{s}^*(\mu), \mathbf{y}^*(\mu), \mathbf{z}^*(\mu))$ den *zentralen Pfad* (*central path*).

Die Herleitung des nichtlinearen Gleichungssystems (5.142)–(5.147) kann auch über einen Ansatz mit einer Barriere-Funktion erfolgen, vgl. Abschn. 5.4.1. Wählt man als Barriere-Funktion

$$\phi(\mathbf{x}, \mu) = f(\mathbf{x}) - \mu \sum_{i=1}^{q} \ln s_i \tag{5.148}$$

mit den GNB (5.139) und (5.140), so erhält man notwendige Bedingungen, die äquivalent zu (5.142)–(5.144) und (5.147) sind. Der Parameter μ heißt daher *Barriere-Parameter*.

Das nichtlineare Gleichungssystem (5.142)–(5.144) und (5.147) kann durch Einsatz des Newton-Verfahrens gelöst werden. Dabei wird eine Schrittweite entlang der Newton-Suchrichtung so bestimmt, dass die Ungleichungen (5.146) erfüllt bleiben. Das Gleichungssystem, das die Suchrichtung bestimmt, kann wie folgt notiert werden und wird in der Literatur als *primal-duales System* bezeichnet

$$
\begin{bmatrix} \nabla_{xx}^2 L & 0 & c_x & h_x \\ 0 & Z & 0 & S \\ c_x & 0 & 0 & 0 \\ h_x & I & 0 & 0 \end{bmatrix} \begin{bmatrix} \delta x \\ \delta s \\ \delta y \\ \delta z \end{bmatrix} = - \begin{bmatrix} \nabla f + c_x^T y + h_x^T z \\ Sz - \mu e \\ c(x) \\ h(x) + s \end{bmatrix}, \qquad (5.149)
$$

wobei die Abkürzungen Z und S für Diagonalmatrizen mit den Elementen der Vektoren z bzw. s auf der Diagonalen und $e = [1 \ldots 1]^T$ verwendet wurden. Es resultiert die Aktualisierung der Optimierungsvariablen

$$
\begin{bmatrix} x \\ s \end{bmatrix}^{(l+1)} = \begin{bmatrix} x \\ s \end{bmatrix}^{(l)} + \alpha_s \begin{bmatrix} \delta x \\ \delta s \end{bmatrix}^{(l)} \qquad (5.150)
$$

und der adjungierten Variablen

$$
\begin{bmatrix} y \\ z \end{bmatrix}^{(l+1)} = \begin{bmatrix} y \\ z \end{bmatrix}^{(l)} + \alpha_z \begin{bmatrix} \delta y \\ \delta z \end{bmatrix}^{(l)}. \qquad (5.151)
$$

Die Schrittweiten α_s und α_z werden so gewählt, dass die Ungleichungen aus (5.146) nicht zu schnell erreicht werden ($\tau \approx 0.995$)

$$
\alpha_s = \max\{0 < \alpha \leq 1, \ s + \alpha \delta s \geq (1 - \tau)s\} \qquad (5.152)
$$
$$
\alpha_z = \max\{0 < \alpha \leq 1, \ z + \alpha \delta z \geq (1 - \tau)z\}. \qquad (5.153)
$$

Eine Abbruchbedingung der Form

$$
E = \max\{\|\nabla f + c_x^T y + h_x^T z\|, \|Sz - \mu e\|, \|c(x)\|, \|h(x) + s\|\} < \varepsilon \qquad (5.154)
$$

zeigt, dass das Minimum mit genügender Genauigkeit gefunden wurde.

Zusammenfassend kann ein Algorithmus notiert werden, der als Grundgerüst für zahlreiche Varianten der Innere-Punkte-Verfahren dient.

(a) Wähle $x^{(0)}$ und $s^{(0)} > 0$. Wähle $\mu^{(0)} > 0$. Berechne $y^{(0)}$ und $z^{(0)} > 0$. Setze $l = 0$.
(b) Löse das Gleichungssystem (5.149), um die Suchrichtung $[\delta x^{(l)} \ \delta s^{(l)} \ \delta y^{(l)} \ \delta z^{(l)}]^T$ zu erhalten.

(c) Berechne die Schrittweiten $\alpha_s^{(l)}$ und $\alpha_z^{(l)}$ aus (5.152) und (5.153).

(d) Aktualisierung der Optimierungsvariable und ihrer Adjungierten nach (5.150) und (5.151).

(e) Überprüfe Abbruchbedingung (5.154). Wenn erfüllt, *stop*; sonst setze $\mu^{(l)} \in (0, \mu^{(l)})$ und $l := l + 1$ und wiederhole von (b).

Im vorangegangenen Algorithmus wird der Barriere-Parameter μ in jedem Iterations-schritt aktualisiert. Eine Alternative ist den Barriere-Parameter nur dann zu aktualisieren, wenn die Abbruchbedingung erfüllt wurde (*Fiacco-McCormick Ansatz*). Im Allgemeinen ist die Konvergenz des Algorithmus stark von der Aktualisierungs-Strategie des Barriere-Parameters abhängig. Wird der Parameter zu langsam gesenkt, ist die Konvergenz lang-sam, wird der Parameter jedoch zu schnell gesenkt, konvergieren die Variablen **z** und **s** zu schnell gegen Null, was wiederum die Konvergenzgeschwindigkeit verringert.

Auch mit einer guten Aktualisierungs-Strategie ist der oben beschriebene Algorithmus für viele nichtlineare, nichtkonvexe Probleme nicht robust genug und kann somit nur als Grundgerüst für eine Vielzahl von Varianten des IP-Algorithmus gesehen werden.

Die Lösung des primal-dualen Systems ist numerisch sehr aufwendig. In der Literatur werden verschiedene Matrixfaktorisierungen zur effizienten Lösung vorgeschlagen [19]. Alternativ können auch Quasi-Newton Ansätze, vgl. Abschn. 4.2.4.2, zur Lösung des Gleichungssystems verwendet werden.

Ebenso wie bei den SQP-Verfahren, gibt es auch bei den Innere-Punkte-Verfahren eine Variante, die auf die Liniensuche verzichtet, und statt dessen einen Trust-Region Ansatz verwendet. Für die Liniensuche wird zur Bestimmung einer effizienten Schrittweite ei-ne Merit-Funktion vorgeschlagen, die die Barriere-Funktion (5.148) um ein Maß für die Einhaltung der GNB erweitert

$$\phi(\mathbf{x}, \mu) = f(\mathbf{x}) - \mu \sum_{i=1}^{q} \ln s_i + \kappa \|\mathbf{c}(\mathbf{x})\| + \kappa \|\mathbf{h}(\mathbf{x}) + \mathbf{s}\| . \tag{5.155}$$

Die Darstellung in diesem Buch stützt sich auf das Vorgehen in [19]. Dort sind auch Referenzen zu aktueller Spezialliteratur angegeben.

5.5 Übungsaufgaben

5.1 Leiten Sie notwendige Bedingungen 1. und 2. Ordnung sowie hinreichende Bedin-gungen für ein reguläres lokales Maximum einer Funktion unter GNB ab. (Hinweis: Ma-chen Sie von (2.12) Gebrauch.)

5.2 Die Funktion $f(x, y) = 2x + 3y - 1$ soll unter Berücksichtigung von $x^2 + 1.5y^2 - 6 = 0$ minimiert werden. Bestimmen Sie die optimalen Werte x^*, y^*, f^* durch Auswer-tung der notwendigen und hinreichenden Optimalitätsbedingungen.

Abb. 5.12 Abbildung zu Aufgabe 5.4

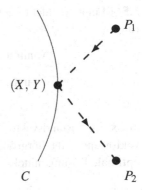

5.3 In einer Reihe von n Flüssigkeitsbehältern soll eine vorgegebene Wassermenge V_G (in m^3) gespeichert werden. Die abgespeicherten Wasservolumina V_i in den einzelnen Behältern sollen hierbei dem Verhältnis $V_i / V_j = V_{i,\max} / V_{j,\max}$ $\forall\, i, j$ entsprechen, wobei $V_{i,\max}$ die Kapazität des Behälters i bezeichnet. Nun betrachte man das Optimierungsproblem

$$\min_{\mathbf{V} \in X} \frac{1}{2} \sum_{i=1}^{n} \alpha_i V_i^2 \quad \text{wobei} \quad X = \left\{ \mathbf{V} \,\middle|\, V_G = \sum_{i=1}^{n} V_i \right\}.$$

Zeigen Sie, dass, wenn die Gewichtungsfaktoren $\alpha_i = 1 / V_{i,\max}$ gewählt werden, die Lösung des Optimierungsproblems dem gewünschten Abspeicherungsverhältnis entspricht. Berechnen Sie die Volumina V_i als Funktionen von V_G und $V_{i,\max}$, $i = 1, \ldots, n$.

5.4 Auf einer Ebene sind zwei Punkte P_1 und P_2 mit Koordinaten (x_1, y_1) und (x_2, y_2) sowie eine Kurve C, definiert durch $g(x, y) = 0$, gegeben (s. Abb. 5.12). Gesucht wird der kürzeste, aus zwei Strecken bestehende Weg, der bei P_1 startet, die Kurve C berührt und bei P_2 endet.

(a) Formulieren Sie das mathematische Optimierungsproblem mit den Koordinaten (X, Y) des Berührungspunktes auf C als Optimierungsvariablen. Stellen Sie die notwendigen Bedingungen 1. Ordnung auf.

(b) Lösen Sie das Problem zeichnerisch. (Hinweis: Zeichnen Sie einige Isokosten. Welche Form haben diese? Was muss an einem stationären Punkt auf C gelten?)

(c) Bestimmen Sie die Art des stationären Punktes (Minimum oder Maximum), wenn die Kurve C bezüglich der Strecke $\overline{P_1 P_2}$ linkskurvig oder rechtskurvig ist.

(d) Sei P_1 als Lichtsender, P_2 als Lichtempfänger und C als Reflektor interpretiert. Zeigen Sie, dass sich ein Lichtstrahl gemäß obiger Lösung verhält (Theorem von *Heron aus Alexandrien*, 1. Jhd. n. C.).

5.5 Man betrachtet folgendes verallgemeinertes Problem der statischen optimalen Steuerung

$$\text{Minimiere} \quad f(\mathbf{y}, \mathbf{u}) = \frac{1}{2}(\mathbf{w} - \mathbf{y})^T \mathbf{Q}(\mathbf{w} - \mathbf{y}) + \frac{1}{2}\mathbf{u}^T \mathbf{R}\mathbf{u}$$

$$\text{u. B. v.} \quad \mathbf{Ax} + \mathbf{Bu} + \mathbf{z} = \mathbf{0}$$

$$\mathbf{y} = \mathbf{Cx}$$

mit $\mathbf{x}$ als Zustandsvektor, $\mathbf{u}$ als Steuervektor, $\mathbf{y}$ als Ausgangsvektor, $\mathbf{w}$ als Sollausgangsvektor und $\mathbf{z}$ als Störgrößenvektor; ferner ist $\mathbf{A}$ regulär und $\mathbf{Q}, \mathbf{R} > 0$. Bestimmen Sie die optimale Lösung mittels

(a) des Einsetzverfahrens
(b) des Lagrange-Verfahrens
(c) des reduzierten Gradienten.

Diskutieren Sie die Rolle der Gewichtungsmatrizen $\mathbf{Q}$ und $\mathbf{R}$.

5.6 Es gilt, die Gütefunktion $f(x_1, x_2) = -x_1 - x_2$ unter der GNB $c(x_1, x_2) = 1 - x_1^2 - x_2^2 = 0$ zu minimieren. Lösen Sie das Problem grafisch auf der (x_1, x_2)-Ebene. Bestimmen Sie die Lösung auch analytisch, durch Auswertung der Optimalitätsbedingungen.

5.7 Minimieren Sie die Gütefunktion $f(\mathbf{x}) = 0.5(x_1 - 2)^2 + 0.5(x_2 - 2)^2$ unter der GNB $c(\mathbf{x}) = x_1 + x_2 - 1 = 0$ durch Auswertung der Optimalitätsbedingungen.

5.8 Drei Produktionsanlagen P_1, P_2 und P_3 stellen das gleiche Produkt mit den Produktionsraten x_1, x_2 und x_3 her. Die Gesamtproduktionsrate sei $X = x_1 + x_2 + x_3$. Die unterschiedlichen Kostenkurven $c_i(x_i)$ der Produktionsanlagen sind bekannt. Für eine fest vorgegebene Gesamtproduktionsrate X sollen die Gesamtproduktionskosten $C = c_1 + c_2 + c_3$ minimiert werden.

(a) Geben Sie unter Anwendung der Lagrange-Multiplikatormethode die notwendigen Bedingungen 1. Ordnung für die optimalen Produktionsraten x_i^* bei allgemeinen $c_i = c_i(x_i)$ an. Wie lassen sich diese Bedingungen grafisch interpretieren?
(b) Wie lautet die Lösung des Optimierungsproblems für die spezielle Annahme $c_i = a_i + b_i x_i^2$, $i = 1, 2, 3$, und $a_i, b_i > 0$? Geben Sie den minimalen Wert der Gesamtproduktionskosten C^* an!
(c) Berechnen Sie die Empfindlichkeit dC^*/dX der minimalen Gesamtproduktionskosten bezüglich der Gesamtproduktionsrate.

5.9 Bestimmen Sie den Punkt $\mathbf{x}^* \in \mathbb{R}^3$, der sich auf dem Schnitt der Oberflächen

$$x_3 = x_1 x_2 + 5 \quad \text{und} \quad x_3 = 1 - x_1 - x_2$$

befindet, und den minimalen Abstand zum Ursprung des Koordinatensystems aufweist.

5.10 Der durch

$$x_1 = a(u_1 + u_2); a = 2$$
$$x_2 = x_1 + bu_2; b = 14$$

gegebene stationäre Endwert eines dynamisch langsamen Prozesses soll so eingestellt werden, dass die Gütefunktion

$$J = u_1^2 + 9u_2^2 - (x_1 + x_2)$$

minimiert wird.

(a) Berechnen Sie die optimalen Steuergrößen u_1^*, u_2^* durch Auswertung der notwendigen Optimalitätsbedingungen 1. Ordnung.
(b) Zeigen Sie, dass die berechneten Werte u_1^* und u_2^* tatsächlich ein Minimum liefern.

5.11 Lösen Sie die Übung 4.13, nunmehr unter der zusätzlichen Auflage, dass, für gegebenes $Y, e^{-Y} = l(Y), 0 \le Y \le X$, gelten soll.

5.12 Minimieren Sie die Gütefunktion $f(\mathbf{x}) = 0.5 \left((x_1 - 1)^2 + x_2^2 \right)$ unter der GNB $-x_1 + \beta x_2^2 = 0$, wobei $\beta > 0$ einen gegebenen Parameter darstellt:

(a) Grafisch.
(b) Durch Auswertung der Optimalitätsbedingungen. Wo liegen die Minima in Abhängigkeit von $\beta > 0$?

5.13 Zeigen Sie, dass die notwendigen Bedingungen 1. Ordnung für die Problemstellung (2.4) den notwendigen Bedingungen 1. Ordnung für die modifizierte Problemstellung (5.59), (5.60) nicht exakt entsprechen. (Hinweis: Zeigen Sie, dass die Bedingung $\mu \ge \mathbf{0}$ in den notwendigen Bedingungen 1. Ordnung der modifizierten Problemstellung nicht enthalten ist.) Konstruieren Sie ein Problem, bei dem ein stationärer Punkt der modifizierten Problemstellung keinen stationären Punkt für (2.4) darstellt (s. auch Übung 5.21).

5.14 Gesucht wird das Minimum der Funktion

$$f(x_1, x_2, x_3) = -x_1 - x_2 + 3x_3$$

unter Berücksichtigung der Restriktionen

$$x_1 - 2x_3 = 0$$
$$x_1 + x_2 + 2x_3 \le 5.5$$
$$(x_1 - 1)^2 + x_2 \le 3$$
$$x_1 \ge 0$$
$$x_2 \ge 0.$$

Abb. 5.13 Abbildung zu Aufgabe 5.15

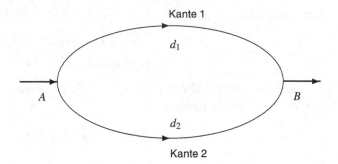

(a) Eliminieren Sie x_3 aus der Problemstellung durch Nutzung der Gleichungsnebenbedingung.

(b) Zeichnen Sie den zulässigen Bereich der modifizierten Problemstellung in der (x_1, x_2)-Ebene. Zeichnen Sie den Isokosten-Verlauf und die Richtung steigender Gütefunktionen.

(c) Bestimmen Sie den Lösungspunkt grafisch. Zeigen Sie, dass er die hinreichenden Optimalitätsbedingungen erfüllt.

5.15 Das bekannte Verkehrsaufkommen d [Fahrzeuge/h] am Punkt A eines Verkehrsnetzes, das in Abb. 5.13 skizziert ist, wird in zwei Teilströme d_1 (Kante 1) und d_2 (Kante 2) aufgeteilt. Die Fahrzeiten von A nach B betragen

$$t_1 = 1 + \frac{d_1^2}{3} \text{ (Kante 1)} \quad \text{und} \quad t_2 = 2 + \frac{d_2^2}{3} \text{ (Kante 2)} .$$

Die gesamte Fahrzeit aller Verkehrsteilnehmer berechnet sich aus

$$T(d_1, d_2) = t_1 d_1 + t_2 d_2 .$$

Gesucht wird die optimale Verkehrsaufteilung im Sinne der Minimierung der gesamten Fahrzeit T.

(a) Formulieren Sie eine Optimierungsaufgabe mit Entscheidungsvariablen d_1, d_2 zur Lösung des Optimierungsproblems.

(b) Stellen Sie die notwendigen Bedingungen (Kuhn-Tucker-Bedingungen) zur Lösung des Optimierungsproblems auf.

(c) Bestimmen Sie die optimale Verkehrsaufteilung in Abhängigkeit von dem Verkehrsaufkommen $d \geq 0$ durch Auswertung der notwendigen Optimalitätsbedingungen. Überprüfen Sie die hinreichenden Bedingungen für ein Minimum von T.

(d) Berechnen Sie für $d = 0.5$ und $d = 2$ die optimale Verteilung, die jeweiligen Fahrzeiten entlang der Kanten 1, 2 und die gesamte Fahrzeit T.

5.16 Lösen Sie die Optimierungsaufgabe von Beispiel 5.12 durch analytische Auswertung der notwendigen und hinreichenden Optimalitätsbedingungen. Vergleichen Sie die Lösung mit der aus der Sattelpunkt-Bedingung resultierenden Lösung.

5.17 Zeigen Sie, dass die Lösung der Optimierungsaufgabe von Beispiel 5.9 die Sattelpunkt-Bedingung erfüllt.

5.18 Gesucht wird das Minimum der Funktion

$$J(c_1, c_2) = \frac{3}{10}c_1^2 + \frac{3}{10}c_1c_2 + \frac{13}{105}c_2^2 - \frac{1}{6}c_1 - \frac{1}{10}c_2$$

unter Berücksichtigung der UNB

$$c_1 \leq 0.08$$
$$0.6c_1 + 0.28c_2 \leq 0.08$$
$$0.2c_1 + 0.32c_2 \leq 0.08$$
$$-0.2c_1 + 0.12c_2 \leq 0.08$$
$$-0.6c_1 - 0.32c_2 \leq 0.08 \,.$$

Bestimmen Sie die Lösung dieser Problemstellung durch analytische Auswertung der notwendigen Optimalitätsbedingungen.

5.19 Für den stationären Prozess 2. Ordnung

$$0 = \mathbf{A}\mathbf{x} + \mathbf{B}\mathbf{u} + \mathbf{z}$$

mit

$$\mathbf{A} = \begin{bmatrix} -1 & -2 \\ -3 & -1 \end{bmatrix}, \quad \mathbf{B} = \begin{bmatrix} 39 & -9 \\ 32 & -2 \end{bmatrix}, \quad \mathbf{z} = \begin{bmatrix} -33 \\ -89 \end{bmatrix}$$

sollen die optimalen Werte der Steuergrößen $\mathbf{u}$ und Zustandsgrößen $\mathbf{x}$ im Sinne der Minimierung der Gütefunktion

$$J = 4u_1^2 + u_2^2 - 2u_1u_2 - (x_1 + x_2)$$

ermittelt werden. Der Zustand x_1 darf nicht negativ sein.

(a) Geben Sie die mathematische Formulierung des Optimierungsproblems an.
(b) Mit Hilfe des Einsetzverfahrens sollen die Gleichungsnebenbedingungen berücksichtigt werden. Geben Sie das daraus entstehende reduzierte Problem mit den Steuergrößen u_1, u_2 als Optimierungsvariablen an.

Abb. 5.14 Abbildung zu Aufgabe 5.20

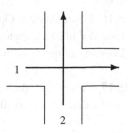

(c) Stellen Sie die Optimalitätsbedingungen 1. Ordnung für das reduzierte Problem auf.

(d) Ermitteln Sie den Wert der optimalen Steuergrößen durch Auswertung der in (c) erhaltenen Beziehungen. Zeigen Sie, dass das Ergebnis die Gütefunktion tatsächlich minimiert (hinreichende Bedingung). Berechnen Sie die zugehörigen Werte für x_1 und x_2, sowie den Wert der Gütefunktion.

5.20 Eine Ampelanlage an der Straßenkreuzung aus Abb. 5.14 soll die zwei Verkehrsströme 1 und 2 (kein Abbiegen!) ihrem Verkehrsaufkommen entsprechend regeln. Für den Schaltzyklus c (in Sekunden) der Ampelanlage gilt

$$c = V + g_1 + g_2 \, ,$$

wobei $V = 6\,\text{s}$ die Verlustzeit (Dauer der Gelbphase) und g_1 bzw. g_2 die Dauer der Grünschaltung für den Verkehrsstrom 1 bzw. 2 sind. Für g_1, g_2, c gelten die Restriktionen:

$$40\,\text{s} \le c \le 60\,\text{s}$$
$$10\,\text{s} \le g_i, \ i = 1, 2 \, .$$

Mit z_1 bzw. z_2 sei das jeweilige Verkehrsaufkommen (Fahrzeuge/s) und mit s_1 bzw. s_2 sei die jeweilige Kapazität (Fahrzeuge/s) der Fahrtrichtung 1 bzw. 2 bezeichnet. Um das jeweilige Verkehrsaufkommen zu bewältigen, muss

$$\frac{g_i}{c} \ge \frac{z_i}{s_i}, \quad i = 1, 2$$

gelten, wobei $z_1 = 0.25$, $z_2 = 0.2$, $s_1 = 1$, $s_2 = 0.8$. Gesucht sind optimale Werte g_1^*, g_2^*, c^*, so dass die gewichtete Summe

$$J = z_1 g_1 + z_2 g_2$$

maximiert wird.

(a) Skizzieren Sie den zulässigen Bereich in der (g_1, g_2)-Ebene.

(b) Bestimmen Sie die optimalen Werte für g_1, g_2, c.

(c) Wie lautet die optimale Lösung für folgende Gütekriterien J_a, J_b?

$$J_a = g_1^2 + g_2^2 \longrightarrow \max$$
$$J_b = g_1^2 + g_2^2 \longrightarrow \min \, .$$

5.21 Gesucht wird das Minimum der Funktion

$$f(x_1, x_2) = (x_1 - 1)^2 + (x_2 - 2)^2$$

unter Berücksichtigung der UNB

$$x_1 + 2x_2 \leq 2$$
$$x_1 \geq 0, \ x_2 \geq 0 \,.$$

(a) Lösen Sie das Problem grafisch in der (x_1, x_2)-Ebene.

(b) Lösen Sie das Problem durch Auswertung der Optimalitätsbedingungen.

(c) Transformieren Sie das Problem durch Einführung von Schlupfvariablen gemäß (5.58)–(5.60) in ein Optimierungsproblem mit GNB.

(d) Werten Sie die notwendigen Optimalitätsbedingungen 1. Ordnung für das transformierte Problem aus. Erfüllen *alle* stationären Punkte des transformierten Problems die Optimalitätsbedingungen 1. Ordnung des ursprünglichen Problems?

5.22 Nach den Bestimmungen einer Fluggesellschaft darf ein Fluggast bei Überseereisen ein einziges Gepäckstück mitnehmen, dessen Dimensionen folgende Bedingung erfüllen müssen

$$b + h + l \leq c \,,$$

wobei b die Breite, h die Höhe und l die Länge des Gepäckstückes darstellen, während c eine vorgegebene Konstante ist.

(a) Gesucht sind die optimalen Dimensionen b^*, h^*, l^* eines quaderförmigen Koffers, der (unter Beachtung obiger Bedingung) maximales Gepäckvolumen aufweist. Hierbei soll die obige Bedingung sinnvollerweise als Gleichungsnebenbedingung berücksichtigt werden.

Lösen Sie das entstehende Optimierungsproblem durch Einsatz des Lagrange-Verfahrens. Werten Sie auch die hinreichenden Optimalitätsbedingungen aus.

(b) Nun sei zusätzlich zu obiger Bedingung gefordert, dass

$$b \leq b_{\max}, \ l \leq l_{\max}, \ h \leq h_{\max}$$

gelten soll, wobei $b_{\max}$, $l_{\max}$, $h_{\max}$ vorgegebene Konstanten sind.

(b1) Stellen Sie die notwendigen Bedingungen 1. Ordnung des entstehenden erweiterten Optimierungsproblems auf.

(b2) Nun sei $b_{\max} = c/5$, $l_{\max} = c/2$, $h_{\max} = c/2$. Bestimmen Sie die Lösung des Optimierungsproblems, indem Sie von der Annahme $b^* = b_{\max}$, $l^* < l_{\max}$, $h^* < h_{\max}$ ausgehen. Sind alle notwendigen Bedingungen erfüllt?

5.23 Lösen Sie die Übung 4.13, nunmehr unter der zusätzlichen Auflage, dass $e^{-x} \geq l(x) \ \forall x \in [0, X]$ gelten soll. Wiederholen Sie die Lösung auch für die beiden Fälle $e^{-x} \leq l(x) \ \forall x \in [0, X]$ bzw. $e^{-x} \geq l(x) \ \forall x \in [0, X]$ *und* $e^{-Y} = l(Y)$ für gegebenes Y, $0 \leq Y \leq X$, vgl. auch Übung 5.11.

5.24 Man betrachte die Minimierung der Gütefunktion $f(\mathbf{x}, \mathbf{u}) = x_1^2 + 2x_2^2 + u_1^2 + 2u_2^2$ unter Berücksichtigung der GNB $3x_1 + x_2 + u_1 + 2 = 0$ und $x_1 + 2x_2 + u_2 + 1 = 0$. Handelt es sich um ein konvexes Problem? Bestimmen Sie die Lösung

(a) durch Auswertung der Optimalitätsbedingungen
(b) durch Auswertung der Sattelpunkt-Bedingung.

5.25 Zeigen Sie, dass die Funktion

$$f(x) = \alpha(1 + 0.5x^2) + (1 - a)(4(x - 0.5)^2 + 0.5), \ 0 \le \alpha \le 1$$

bezüglich x strikt konvex ist. Bestimmen Sie das globale Minimum $x^*(\alpha)$.

5.26 Man betrachte die Minimierung der quadratischen Gütefunktion

$$f(\mathbf{x}) = \frac{1}{2}\mathbf{x}^T\mathbf{Q}\mathbf{x} + \mathbf{p}^T\mathbf{x}, \quad \mathbf{Q} > \mathbf{0}$$

unter Berücksichtigung der GNB

$$\mathbf{A}\mathbf{x} + \mathbf{c} = \mathbf{0}.$$

Handelt es sich um ein konvexes Problem? Bestimmen Sie die Lösung

(a) durch Auswertung der Optimalitätsbedingungen
(b) durch Auswertung der Sattelpunkt-Bedingung.

5.27 Für Übung 5.8, mit c_i wie unter 5.8(b), soll die Optimierungsaufgabe mittels des Penalty-Verfahrens gelöst werden.

(a) Ermitteln Sie die optimale Lösung analytisch.
(b) Wenden Sie zur unbeschränkten Minimierung das Newton-Verfahren an.

5.28 Bei der reduzierten Aufgabenstellung der Übung 5.19 sollen die UNB mittels des Penalty-Verfahrens behandelt werden. Leiten Sie die Lösung in Abhängigkeit vom Gewichtungsfaktor σ ab und vergleichen Sie mit der in Übung 5.19 ermittelten Lösung.

5.29 Lösen Sie die Aufgabenstellungen der Übungen 5.27, 5.28 mittels des Verfahrens der Multiplikatoren-Penalty-Funktion.

5.30 Wir betrachten die Minimierung der Gütefunktion

$$f(\mathbf{x}) = 0.5(x_1 - 1)^2 + 0.5(x_2 - 2)^2$$

unter Berücksichtigung der UNB

$$-2 + x_1 + x_2 \le 0.$$

(a) Ermitteln Sie die Lösung analytisch mittels der Optimalitätsbedingungen von Abschn. 5.1.

(b) Ermitteln Sie die Lösung analytisch mittels des Penalty-Verfahrens. Bestimmen Sie $x_1^*(\sigma)$ und $x_2^*(\sigma)$ und die entsprechenden Grenzwerte für $\sigma \to \infty$.

(c) Ermitteln Sie die Lösung analytisch mittels des Multiplikatoren-Penalty-Verfahrens. Bestimmen Sie $x_1(\lambda, \sigma)$, $x_2(\lambda, \sigma)$, $\psi(\lambda)$.

(d) Untersuchen Sie die Konvergenz des Multiplikatoren-Penalty-Verfahrens.

5.31 Wir betrachten die Minimierung der Gütefunktion

$$f(\mathbf{x}) = x_1^4 + (x_2 - 1)^2 + x_1 x_2$$

unter Berücksichtigung der GNB

$$x_1 + x_2 - 0.5 = 0 \,.$$

(a) Lösen Sie das Problem durch das SQP-Verfahren.

(b) Zeigen Sie, dass die gefundene Lösung die hinreichenden Optimalitätsbedingungen erfüllt.

5.32 (**Maratos-Effekt** [25]) Wir betrachten die Minimierung der Gütefunktion

$$f(\mathbf{x}) = 2(x_1^2 + x_2^2 - 1) - x_1$$

unter Berücksichtigung der GNB

$$x_1^2 + x_{2^2} - 1 = 0 \,.$$

(a) Berechnen Sie das Minimum x^* und den zugehörigen Lagrange-Multiplikator λ^*.

(b) Skizzieren Sie einige Isokosten, die GNB und das Minimum.

(c) Zeigen Sie, dass $\mathbf{x}^{(l)} = [\cos\theta, \sin\theta]^T$ für alle θ zulässig ist.

(d) Berechnen Sie für $\triangle \mathbf{x}^{(l)} = [\sin^2\theta, -\sin\theta\cos\theta]^T$ den Quotienten

$$\frac{\|\mathbf{x}^{(l+1)} - x^*\|}{\|\mathbf{x}^{(l)} - x^*\|} \,.$$

Bewerten Sie zudem $f(\mathbf{x}^{(l+1)})$ und $c(\mathbf{x}^{(l+1)})$ im Vergleich zu $f(\mathbf{x}^{(l)})$ und $c(\mathbf{x}^{(l)})$.

5.33 ([19]) Zeigen Sie, dass der zulässige Bereich der beiden UNB $x \le 0$ und $x^2 \ge 4$ nicht leer ist. Linearisieren Sie die UNB um $x_0 = 1$. Zeigen Sie, dass der zulässige Bereich der Linearisierungen leer ist.

5.34 Zeigen Sie, dass die notwendigen Bedingungen, die mit Hilfe der Barriere-Funktion (5.148) hergeleitet werden, äquivalent zu den notwendigen Bedingungen (5.142)–(5.145) sind.

Literatur

1. Kuhn H, Tucker A (1951) Nonlinear programming. In: 2nd Berkeley Symposium on Mathematical Statistics and Probability, Berkeley, California, S 481–492

2. Karush W (1939) Minima of functions of several variables with inequalities as side constraints. Master's thesis, Department of Mathematics, University of Chicago, Chicago

3. Fletcher R (1987) Practical methods of optimization, 2. Aufl. Wiley, Chichester

4. Lasdon L (1968) Duality and decomposition in mathematical programming. IEEE Trans on Systems, Man and Cybernetics 4:86–100

5. Schoeffler J (1971) Static multilevel systems. Optimization Methods for Large-Scale Systems, S 1–46, d.A. Wismer, Hrsg. Mc Graw Hill, New York

6. Aubin J, Ekeland I (1976) Estimates of the duality gap in nonconvex optimization. Math Oper Res 1:225–245

7. Föllinger O (10. Aufl., 2008) Regelungstechnik. Hüthig

8. Lunze J (8./6. Aufl., 2010) Regelungstechnik 1/2. Springer

9. Davison E, Ferguson I (1981) The design of controllers for the multivariable robust servomechanism problem using parameter optimization methods. IEEE Trans on Automatic Control 26:93–110

10. Mayne D, Polak E (1993) Optimization based design and control. In: 12th IFAC World Congress, vol 3, S 129–138

11. Polak E, Mayne D, Stimler D (1984) Control system design via semi-infinite optimization: a review. P IEEE 72:1777–1794

12. Grübel G, Joos HD, Otter M, Finsterwalder R (1993) The ANDECS design environment for control engineering. In: 12th IFAC World Congress, vol 6, S 447–454

13. Kasper R, Lückel J, Jäker K, Schroer J (1990) CACE tool for mutli-input, mutli-output systems using a new vector optimization method. Int J Control 51:963–993

14. Geoffrion A (1971) Duality in nonlinear programming: a simplified applications-oriented development. SIAM Review 13 S 1–37

15. Bertsekas D (1999) Nonlinear programming, 2. Aufl. Athena Scientific, Belmont, Massachussetts

16. Geiger C, Kanzow C (2002) Theorie und Numerik restringierter Optimierungsaufgaben. Springer, Berlin, Heidelberg

17. Gill P, Murray W, Wright M (1981) Practical optimization. Academic Press, New York

18. Jarre F, Stoer J (2004) Optimierung. Springer, Berlin, Heidelberg

19. Nocedal J, Wright S (2006) Numerical optimization, 2. Aufl. Springer, US

20. Powell M (Hrsg) (1982) Nonlinear optimization 1981. Academic Press, New York

21. Bertsekas D (1976) Multiplier methods: A survey. Automatica 12:133–145

22. Fan Y, Sarkar S, Lasdon L (1988) Experiments with successive quadratic programming algorithms. J Optimiz Theory App 56:359–383

23. Maratos N (1978) Exact penalty function algorithms for finite dimensional and control optimization problems. PhD thesis, University of London

24. Powell M (1991) A view of nonlinear optimization. In: Lenstra J, Kan AR, Schrijver A (Hrsg.) History of Mathematical Programming, North-Holland, Amsterdam, S 119–125

25. Powell M (1986) Convergence properties of algorithms for nonlinear optimization. SIAM Review 28:487–500

Methode der kleinsten Quadrate 6

Das Grundprinzip der Methode der kleinsten Quadrate wurde zu Beginn des 19. Jahrhunderts von *C. F. Gauß* [1] im Zusammenhang mit der Berechnung von Planetenbahnen formuliert. Es handelt sich um einen Spezialfall der im letzten Kapitel behandelten Problemstellung, der wegen seiner großen praktischen Bedeutung in diesem Kapitel getrennt behandelt werden soll.

Allgemein gilt für die zu minimierende Kostenfunktion f in einem Problem der kleinsten Quadrate

$$f(\mathbf{x}) = \frac{1}{2} \sum_{i=1}^{m} w_i^2(\mathbf{x}) \,,$$

wobei w_i als Residuen bezeichnet werden. Ein häufig auftretender Spezialfall ist, dass die Residuen linear in der Optimierungsvariable $\mathbf{x}$ sind, wodurch man folgende Kostenfunktion

$$f(\mathbf{x}) = \frac{1}{2} \|\mathbf{y} - \mathbf{C}\mathbf{x}\|^2$$

mit gegebenem $\mathbf{C}$ und $\mathbf{y}$ erhält. Dieser Fall der linearen kleinsten Quadrate, einschließlich einiger wichtigen Erweiterungen, wird in Abschn. 6.1 behandelt. Einige Anwendungen für diesen Spezialfall werden in Abschn. 6.2 behandelt. Der allgemeine nichtlineare Fall wird dann abschließend in Abschn. 6.3 besprochen.

6.1 Lineare kleinste Quadrate

Gegeben ist ein Vektor $\mathbf{y} \in \mathbb{R}^m$ und eine Matrix $\mathbf{C} \in \mathbb{R}^{m \times n}$, $m \geq n$, die vollen Rang n aufweist; aus dieser Eigenschaft der Matrix $\mathbf{C}$ folgt die Invertierbarkeit der quadratischen Matrix $\mathbf{C}^T \mathbf{C}$. Gesucht wird ein Vektor $\hat{\mathbf{x}} \in \mathbb{R}^n$ dergestalt, dass die Gütefunktion

$$f(\hat{\mathbf{x}}) = \frac{1}{2} \| \mathbf{y} - \mathbf{C}\hat{\mathbf{x}} \|^2 = \frac{1}{2} \| \hat{\mathbf{w}} \|^2 = \frac{1}{2} \sum_{i=1}^{m} \hat{w}_i^2 \qquad (6.1)$$

© Springer-Verlag Berlin Heidelberg 2015
M. Papageorgiou, M. Leibold, M. Buss, *Optimierung*, DOI 10.1007/978-3-662-46936-1_6

minimiert wird, wobei $\hat{\mathbf{w}} = \mathbf{y} - \mathbf{C}\hat{\mathbf{x}}$ den Vektor der zu minimierenden Abweichungen darstellt.

Bei einem üblichen Anwendungshintergrund des formulierten mathematischen Problems stellen die Vektorkomponenten y_i Beobachtungen aus einem System dar. Der Vektor $\mathbf{x}$ besteht aus Systemgrößen, die nicht (oder nicht exakt) messbar sind und an deren Wert wir interessiert sind. Gemäß eines vorliegenden mathematischen Systemmodells, das durch die Matrix $\mathbf{C}$ ausgedrückt wird, gilt

$$\mathbf{y} = \mathbf{C}\mathbf{x} + \mathbf{w}\,, \tag{6.2}$$

wobei der Vektor $\mathbf{w}$ unbekannte Mess- und Modellfehler beinhaltet. Es wird vorausgesetzt, dass die Anzahl m der Beobachtungen y_i höher als die Anzahl n der interessierenden Systemgrößen x_i ist. Das mit der Gütefunktion (6.1) ausgedrückte Ziel besteht also darin, einen Schätzwert $\hat{\mathbf{x}}$ zu bestimmen, der die Abweichungen zwischen Beobachtung und Modellrechnung im Sinne der quadratischen Summe minimiert (daher auch der Name des Verfahrens).

Warum verwendet man eine quadratische Gütefunktion? Zweifellos könnte man auch mit anders gearteten Funktionen ein praktisch sinnvolles Ergebnis erreichen. Da aber die quadratische Gütefunktion nicht nur aus der Anwendungssicht sinnvoll erscheint (vgl. Beispiel 4.6), sondern auch angenehme analytische Eigenschaften aufweist, wird ihr der Vorzug gegeben, s. auch den Originaltext von Gauß [1].

Beispiel 6.1 Eine konstante Temperatur x wird in konstanten Zeitabständen T gemessen, wobei jeder Messwert y_k mit einem Messfehler w_k, $k = 1, 2, \ldots, m$, behaftet ist: $y_k = x + w_k$. Gesucht wird ein Schätzwert $\hat{x}$ der Temperatur. Formuliert man das Problem mit Hilfe der Methode der kleinsten Quadrate, so ist m die Anzahl der vorliegenden Temperaturmessungen und $n = 1$. Die Matrix $\mathbf{C}$ schrumpft hier zu einem Vektor $\mathbf{c}^T = [1\ 1 \ldots 1]$.   □

Die Minimierung der Fehlerquadrate führt bekanntlich zu einer stärkeren Bewertung größerer Abweichungen. Ist in den Messungen y_i, $i = 1, \ldots, m$, ein durch einen einmaligen Vorgang (z. B. elektrische Messstörung) stark gestörter Messwert enthalten, so könnte dieser zu einer entsprechend starken Verzerrung des Schätzwerts führen. Bei praktischen Anwendungen ist es daher ratsam, Ausfallmessungen vor der Schätzung aus der Messreihe zu eliminieren.

Gilt $m = n$, so ist $\mathbf{C}$ quadratisch und die gesuchte Lösung kann durch einfache Inversion

$$\hat{\mathbf{x}}^* = \mathbf{C}^{-1}\mathbf{y}$$

bestimmt werden, wodurch $f(\hat{\mathbf{x}}^*) = 0$ wird. Ein echtes Schätz- bzw. Optimierungsproblem entsteht also erst, wenn $m > n$ vorausgesetzt wird.

Durch Ausmultiplizieren in (6.1) erhält man die quadratische Funktion

$$f(\hat{\mathbf{x}}) = \frac{1}{2}(\hat{\mathbf{x}}^T \mathbf{C}^T \mathbf{C}\hat{\mathbf{x}} - 2\mathbf{y}^T \mathbf{C}\hat{\mathbf{x}} + \mathbf{y}^T \mathbf{y})\,. \tag{6.3}$$

Das Nullsetzen der ersten Ableitung

$$\mathbf{C}^T \mathbf{C} \hat{\mathbf{x}} - \mathbf{C}^T \mathbf{y} = \mathbf{0}$$

liefert uns sofort die Lösung

$$\hat{\mathbf{x}}^* = (\mathbf{C}^T \mathbf{C})^{-1} \mathbf{C}^T \mathbf{y} . \tag{6.4}$$

Die in Beispiel 4.4 geforderte positive Definitheit der Hesseschen Matrix ist hier gegeben, da $\mathbf{C}^T \mathbf{C}$ unter den getroffenen Annahmen positiv definit ist. In der Tat gilt mit $\mathbf{a} = \mathbf{C}\mathbf{x}$ für die quadratische Form: $\mathbf{x}^T \mathbf{C}^T \mathbf{C} \mathbf{x} = \mathbf{a}^T \mathbf{a} > 0$ für alle $\mathbf{x} \neq \mathbf{0}$.

Die bei der Lösung (6.4) entstehende $n \times m$-Matrix

$$\mathbf{C}^+ = (\mathbf{C}^T \mathbf{C})^{-1} \mathbf{C}^T \tag{6.5}$$

trägt den Namen *verallgemeinerte Inverse* oder *Pseudoinverse* der rechteckigen Matrix $\mathbf{C}$. In der Tat führt eine Multiplikation von rechts an (6.5) mit $\mathbf{C}$ zu

$$\mathbf{C}^+ \mathbf{C} = \mathbf{I}, \tag{6.6}$$

wodurch die Bezeichnungswahl verständlich wird. Ist die Matrix $\mathbf{C}$ quadratisch, so ergibt (6.5) $\mathbf{C}^+ = \mathbf{C}^{-1}$, d. h., dass $\mathbf{C}^+$ in diesem Fall der normalen Inversen entspricht.

Beispiel 6.2 Gegeben sei nun die Gleichung

$$\mathbf{y} = \mathbf{C}\mathbf{x}, \tag{6.7}$$

wobei im Unterschied zur bisherigen Annahme nunmehr $\dim(\mathbf{y}) = m < n = \dim(\mathbf{x})$ gelten soll, d. h. dass das Gleichungssystem (6.7) *unter*bestimmt ist und unendlich viele Lösungen für $\mathbf{x}$ besitzt. Die Matrix $\mathbf{C} \in \mathbb{R}^{m \times n}$ habe auch hier vollen Rang m. Wir wollen nun $\mathbf{x}$ so bestimmen, dass

$$f(\mathbf{x}) = \frac{1}{2}\mathbf{x}^T \mathbf{x} \tag{6.8}$$

unter Berücksichtigung von (6.7) minimiert wird. Durch Auswertung der notwendigen Bedingungen 1. Ordnung erhalten wir den stationären Punkt

$$\mathbf{x} = \mathbf{C}^T (\mathbf{C}\mathbf{C}^T)^{-1} \mathbf{y} . \tag{6.9}$$

Da $\nabla_{xx}^2 L(\mathbf{x}^*, \boldsymbol{\lambda}^*) > 0$ nachgewiesen werden kann, handelt es sich tatsächlich um ein Minimum. Die bei der Lösung (6.9) auftretende Matrix

$$\mathbf{C}^{\square} = \mathbf{C}^T (\mathbf{C}\mathbf{C}^T)^{-1} \tag{6.10}$$

weist folgende Eigenschaft auf

$$\mathbf{C}\mathbf{C}^{\square} = \mathbf{I}, \tag{6.11}$$

weshalb sie auch als *Pseudoinverse* bezeichnet werden darf.

Ein Vergleich mit (6.5) zeigt jedoch, dass $\mathbf{C}^{\square}$ eine *rechte Pseudoinverse* ist, während $\mathbf{C}^{+}$ aus (6.5) eine *linke Pseudoinverse* ist. Die beiden Pseudoinversen sind für eine Matrix $\mathbf{C} \in \mathbb{R}^{m \times n}$, $m \leq n$, mit vollem Rang m, wie folgt miteinander verknüpft

$$\mathbf{C}^{\square} = \left((\mathbf{C}^T)^+ \right)^T . \tag{6.12}$$

Freilich gilt bei einer quadratischen Matrix $\mathbf{C}^{\square} = \mathbf{C}^+ = \mathbf{C}^{-1}$. $\square$

6.1.1 Kleinste Quadrate unter Gleichungsnebenbedingungen

Für viele praktische Problemstellungen müssen die zu schätzenden Problemgrößen $\hat{\mathbf{x}}$ bestimmte Nebenbedingungen strikt erfüllen, die sich allgemein in folgender linearer Gleichungsform ausdrücken lassen

$$\mathbf{A}\hat{\mathbf{x}} = \mathbf{a} , \tag{6.13}$$

wobei $\mathbf{A} \in \mathbb{R}^{M \times n}$, $\mathbf{a} \in \mathbb{R}^M$, $M < n$ bekannte Größen sind. Für die rechteckige Matrix $\mathbf{A}$ wird sinnvollerweise voller Rang M angenommen. Die erweiterte Problemstellung dieses Abschnitts besteht also darin, die quadratische Gütefunktion der Abweichungen (6.1) nunmehr unter Berücksichtigung der GNB (6.13) zu minimieren.

Die Lagrange-Funktion dieser erweiterten Problemstellung lautet

$$L(\hat{\mathbf{x}}, \boldsymbol{\lambda}) = \frac{1}{2} \parallel \mathbf{y} - \mathbf{C}\hat{\mathbf{x}} \parallel^2 + \boldsymbol{\lambda}^T (\mathbf{A}\hat{\mathbf{x}} - \mathbf{a}) \tag{6.14}$$

und die notwendigen Optimalitätsbedingungen 1. Ordnung ergeben

$$\nabla_{\hat{\mathbf{x}}} L(\hat{\mathbf{x}}^*, \boldsymbol{\lambda}^*) = \mathbf{C}^T \mathbf{C}\hat{\mathbf{x}}^* - \mathbf{C}^T \mathbf{y} + \mathbf{A}^T \boldsymbol{\lambda}^* = \mathbf{0} \tag{6.15}$$

$$\nabla_{\boldsymbol{\lambda}} L(\hat{\mathbf{x}}^*, \boldsymbol{\lambda}^*) = \mathbf{A}\hat{\mathbf{x}}^* - \mathbf{a} = \mathbf{0} . \tag{6.16}$$

Die Lösung dieses linearen Gleichungssystems liefert [2]

$$\hat{\mathbf{x}}^* = (\mathbf{C}^T \mathbf{C})^{-1} \mathbf{C}^T \mathbf{y} + \mathbf{z} , \tag{6.17}$$

wobei

$$\mathbf{z} = (\mathbf{C}^T \mathbf{C})^{-1} \mathbf{A}^T \left(\mathbf{A}(\mathbf{C}^T \mathbf{C})^{-1} \mathbf{A}^T \right)^{-1} \left(\mathbf{a} - \mathbf{A}(\mathbf{C}^T \mathbf{C})^{-1} \mathbf{C}^T \mathbf{y} \right) . \tag{6.18}$$

Die Lösung der beschränkten Problemstellung besteht also aus der unbeschränkten Lösung (erster Summand von (6.17)) zuzüglich des Vektors $\mathbf{z}$, der offenbar eine Korrektur der unbeschränkten Lösung im Sinne der strikten Einhaltung der GNB bewirkt.

Beispiel 6.3 Die an einer Straßenkreuzung ankommenden bzw. abfahrenden Fahrzeugströme (Dimension: Fahrzeuge/Ampelzyklus) seien durch e_i, $i = 1, \ldots, M$, bzw. f_j, $j = 1, \ldots, N$, gekennzeichnet. Sei b_{ij} der Stromanteil von e_i, der in Richtung j

ausfährt. Werden die Stromanteile b_{ij} konstant angenommen, so gilt zu jedem Ampelzyklus k

$$f_j(k) = \sum_{i=1}^{M} b_{ij} e_i(k) + w_j(k) \quad j = 1, \ldots, N, \tag{6.19}$$

wobei $w_i(k)$ Mess- und Modellfehler sind. Nun ist man an einem rekursiven Algorithmus interessiert, der aus der Messung der Fahrzeugströme $f_i(k)$, $e_i(k)$, $i = 1, \ldots, N$, $j = 1, \ldots, M$; $k = 1, 2, \ldots$, Schätzwerte für die Stromanteile b_{ij} berechnet, wobei folgende Gleichungsnebenbedingungen, die aus dem Massenerhaltungssatz $e_1(k) + \cdots + e_M(k) = f_1(k) + \cdots + f_N(k)$ resultieren, beachtet werden müssen

$$\sum_{j=1}^{N} b_{ij} = 1; \quad i = 1, \ldots, M. \tag{6.20}$$

Da sowohl die Modellgleichung (6.19) als auch die GNB (6.20) linear sind, lässt sich diese für die Verkehrstechnik wichtige Problemstellung mit Hilfe der linearen kleinsten Quadrate behandeln [2, 3].   □

6.1.2 Gewichtete kleinste Quadrate

Eine verallgemeinerte Problemstellung entsteht, wenn eine *gewichtete* Summe der quadratischen Abweichungen minimiert werden soll, d. h.

$$f_G(\hat{\mathbf{x}}) = \frac{1}{2} \parallel \mathbf{y} - \mathbf{C}\hat{\mathbf{x}} \parallel_Q^2 \tag{6.21}$$

mit einer positiv definiten Gewichtungsmatrix $\mathbf{Q} > \mathbf{0}$.

Die Gütefunktion (6.21) bietet die Möglichkeit an, Beobachtungen unterschiedlicher Qualität unterschiedlich zu bewerten. Wenn die Messfehler w_i unkorreliert sind, wählt man typischerweise eine diagonale Gewichtungsmatrix $\mathbf{Q}$ mit Diagonalelementen Q_{ii}, die proportional zu der Zuverlässigkeit der korrespondierenden Messwerte y_i sind.

Ähnlich wie vorher kann die Lösung des gewichteten Problems wie folgt bestimmt werden

$$\mathbf{x}_G^* = (\mathbf{C}^T \mathbf{Q} \mathbf{C})^{-1} \mathbf{C}^T \mathbf{Q} \mathbf{y}, \tag{6.22}$$

woraus im Sonderfall $\mathbf{Q} = \mathbf{I}$ offenbar (6.4) entsteht.

Es sei vermerkt, dass auch die in (6.22) auftretende Matrix $\mathbf{C}^\sharp = (\mathbf{C}^T \mathbf{Q} \mathbf{C})^{-1} \mathbf{C}^T \mathbf{Q}$ die Eigenschaft $\mathbf{C}^\sharp \mathbf{C} = \mathbf{I}$ aufweist, so dass also unendlich viele Pseudoinversen der rechteckigen Matrix $\mathbf{C}$ existieren. Ist allerdings $\mathbf{C}$ quadratisch, so gilt mit (6.22) $\mathbf{C}^\sharp = \mathbf{C}^{-1} \mathbf{Q}^{-1} \mathbf{C}^{-T} \mathbf{C}^T \mathbf{Q} = \mathbf{C}^{-1}$, d. h., dass trotz unterschiedlicher Gewichtsmatrizen $\mathbf{Q}$ nur eine Inverse existiert.

Beispiel 6.4 Für das Problem von Beispiel 6.1 liegen vier Temperaturmesswerte vor, nämlich $y_1 = 98$, $y_2 = 106$, $y_3 = 96$, $y_4 = 104$. Durch Einsatz von (6.4) erhält man für die konstante Temperatur den Schätzwert

$$\hat{x}^* = \frac{1}{4}(y_1 + y_2 + y_3 + y_4) = 101 .$$

Für dieses einfache Beispiel entspricht also die Schätzung der kleinsten Quadrate dem Mittelwert der Messwerte.

Nun nehmen wir an, dass die Messungen y_2 und y_4 wegen höherer Zuverlässigkeit höher bewertet werden sollen und wählen $\mathbf{Q} = \mathbf{diag}(1, 2, 1, 2)$ als Gewichtungsmatrix. Durch Einsatz von (6.22) erhält man dann die gewichtete Schätzung

$$\hat{x}_G^* = \frac{1}{6}(y_1 + 2y_2 + y_3 + 2y_4) = 103.5. \qquad \square$$

6.1.3 Rekursive kleinste Quadrate

Die Lösung (6.4) erfordert die Inversion einer $n \times n$-Matrix sowie zwei Matrizenmultiplikationen von $n \times m$-Matrizen. Bei praktischen Anwendungen ist aber oft ein prozessgekoppelter Betrieb vorgesehen, d. h., dass neue Messwerte laufend anfallen, die zur Verbesserung des bisherigen Schätzwerts herangezogen werden sollen. Unter diesen Umständen erscheint die geschlossene Lösungsform (6.4) rechentechnisch unbefriedigend, da

- die Anzahl m der Messungen ständig wächst
- bei jeder neu anfallenden Messung die aktualisierte Schätzung durch erneute Auswertung von (6.4) berechnet werden muss.

Erwünscht ist also eine Berechnungsprozedur, die bei jeder neu ankommenden Messung die aktualisierte Schätzung mit geringerem und nichtwachsendem Rechenaufwand liefert.

Um die Sachlage zu formalisieren, nehmen wir an, dass bis zu einem gegebenen Zeitpunkt eine Anzahl k von Messungen $y_i, i = 1, \ldots, k$, eingetroffen sind, die in den Messvektor $\mathbf{Y}_k = [y_1 \ldots y_k]^T$ zusammengefasst werden. Jeder Messwert y_i hängt modellmäßig mittels des Ausdruckes $y_i = \mathbf{c}_i^T \mathbf{x} + w_i$ mit den interessierenden Systemgrößen $\mathbf{x}$ zusammen, wobei vorausgesetzt wird, dass mindestens n Vektoren $\mathbf{c}_i$ unabhängig sind. Wenn wir eine $k \times n$-Matrix $\mathbf{C}_k$ mit Zeilenvektoren $\mathbf{c}_i^T, i = 1, \ldots, k$, konstruieren, dann erhalten wir auf der Grundlage der vorliegenden k Messungen gemäß (6.4) folgenden Schätzwert

$$\hat{\mathbf{x}}_k = (\mathbf{C}_k^T \mathbf{C}_k)^{-1} \mathbf{C}_k^T \mathbf{Y}_k . \qquad (6.23)$$

Nun falle die $(k + 1)$-te Messung y_{k+1} mit dem zugehörigen Zeilenvektor $\mathbf{c}_{k+1}^T$ an. Mit

$$\mathbf{C}_{k+1} = \begin{bmatrix} \mathbf{C}_k \\ \mathbf{c}_{k+1}^T \end{bmatrix}, \qquad \mathbf{Y}_{k+1} = \begin{bmatrix} \mathbf{Y}_k \\ y_{k+1} \end{bmatrix} \qquad (6.24)$$

lässt sich der aktualisierte Schätzwert durch erneuten Einsatz von (6.4) wie folgt angeben

$$\hat{\mathbf{x}}_{k+1} = (\mathbf{C}_{k+1}^T \mathbf{C}_{k+1})^{-1} \mathbf{C}_{k+1}^T \mathbf{Y}_{k+1} . \tag{6.25}$$

Wie bereits erwähnt, erfordert diese Vorgehensweise einen hohen, mit jeder neuen Messung wachsenden Rechenaufwand, weshalb wir an einfacheren Alternativen interessiert sind.

Durch Einsetzen von (6.24) in (6.25) erhalten wir

$$\hat{\mathbf{x}}_{k+1} = (\mathbf{C}_k^T \mathbf{C}_k + \mathbf{c}_{k+1} \mathbf{c}_{k+1}^T)^{-1} (\mathbf{C}_k^T \mathbf{Y}_k + \mathbf{c}_{k+1} y_{k+1}) . \tag{6.26}$$

Mit der Abkürzung $\mathbf{\Pi}_k = (\mathbf{C}_k^T \mathbf{C}_k)^{-1}$ kann aus (6.23)

$$\mathbf{C}_k^T \mathbf{Y}_k = \mathbf{\Pi}_k^{-1} \hat{\mathbf{x}}_k \tag{6.27}$$

gefolgert werden. Mit (6.27) und dem Matrixinversionslemma (19.39) lässt sich aus (6.26) eine rekursive Berechnungsformel (6.30) für den aktualisierten Schätzwert $\hat{\mathbf{x}}_{k+1}$ ableiten. Setzt man ferner (6.24) in die Definitionsgleichung für $\mathbf{\Pi}_{k+1}$ ein und wendet man erneut das Matrixinversionslemma (19.39) an, so erhält man auch für die Matrix $\mathbf{\Pi}_k$ eine rekursive Berechnungsformel (6.32).

Eine einfache Berechnungsprozedur zur Aktualisierung des Schätzwerts lässt sich wie folgt zusammenfassen:

(a) *Initialisierung*: Sammle die ersten n Messungen $\mathbf{Y}_n$ mit unabhängigen Modellvektoren $\mathbf{c}_i, i = 1, \ldots, n$, und bilde gemäß (6.4) den ersten Schätzwert

$$\hat{\mathbf{x}}_n = \mathbf{C}_n^{-1} \mathbf{Y}_n \tag{6.28}$$

sowie die Matrix

$$\mathbf{\Pi}_n = (\mathbf{C}_n^T \mathbf{C}_n)^{-1} . \tag{6.29}$$

Setze $k = n$.

(b) *Rekursion*: Berechne bei jeder neu anfallenden Messung y_{k+1} mit zugehörigem Modellvektor $\mathbf{c}_{k+1}$ den aktualisierten Schätzwert $\hat{\mathbf{x}}_{k+1}$ nach folgender Formel

$$\hat{\mathbf{x}}_{k+1} = \hat{\mathbf{x}}_k + \mathbf{h}_k \left(y_{k+1} - \mathbf{c}_{k+1}^T \hat{\mathbf{x}}_k \right) , \tag{6.30}$$

wobei

$$\mathbf{h}_k = \frac{\mathbf{\Pi}_k \mathbf{c}_{k+1}}{\mathbf{c}_{k+1}^T \mathbf{\Pi}_k \mathbf{c}_{k+1} + 1} . \tag{6.31}$$

Berechne außerdem den aktualisierten Wert der $n \times n$-Matrix $\mathbf{\Pi}_{k+1}$ mittels

$$\mathbf{\Pi}_{k+1} = \mathbf{\Pi}_k - \mathbf{h}_k \mathbf{c}_{k+1}^T \mathbf{\Pi}_k . \tag{6.32}$$

Die Eigenschaften dieser alternativen Berechnungsprozedur werden nun zusammengefasst und kommentiert:

- Gleichung (6.30) ist eine rekursive Formel zur Berechnung des neuen Schätzwerts $\hat{\mathbf{x}}_{k+1}$ als Funktion des alten Schätzwerts $\hat{\mathbf{x}}_k$ und der neuen Daten y_{k+1} und $\mathbf{c}_{k+1}$.
- Eine plausible Interpretation der streng mathematisch abgeleiteten Gleichung (6.30) kann wie folgt angegeben werden. Der Term $y_{k+1} - \mathbf{c}_{k+1}^T \hat{\mathbf{x}}_k$ repräsentiert die aufgrund der alten Schätzung auftretende Abweichung (Schätzfehler) zwischen Modellrechnung und neuer Messung. Diese Abweichung wird, mit einem Verstärkungsfaktor $\mathbf{h}_k$ multipliziert, zur Korrektur des alten Schätzwerts herangezogen. Mit (6.31) liefert das Verfahren gleichzeitig eine optimale Berechnungsvorschrift für den Verstärkungsvektor $\mathbf{h}_k$.
- Gleichung (6.32) ist eine nichtlineare Matrix-Differenzengleichung zur Aktualisierung der in (6.31) benötigten Matrix $\mathbf{\Pi}_k$. Es sollte betont werden, dass (6.32) zwar von den Modellvektoren $\mathbf{c}_{k+1}$, nicht aber von den Messungen y_{k+1} abhängt. Es ist daher möglich – falls bei einer gegebenen Anwendung die Rechenzeit kritischer als der Speicherplatzbedarf erscheint – die Matrizen $\mathbf{\Pi}_i, i = n, n+1, \ldots$, vorab (off-line) zu berechnen und abzuspeichern, sofern die Reihenfolge der anfallenden Messungen im Voraus bekannt ist.
- Die zur Auswertung von (6.30)–(6.32) benötigte Rechenzeit ist relativ gering, zumal diese Gleichungen keine Matrixinversion beinhalten. Darüber hinaus bleibt die Rechenzeit bei jeder neuen Messung konstant, steigt also nicht mit wachsendem k.
- Der Speicherplatzbedarf beschränkt sich auf die Speicherung von $\hat{\mathbf{x}}_k$ und $\mathbf{\Pi}_k$ und wächst also auch nicht mit wachsendem k.
- Die vorgestellte rekursive Berechnungsprozedur ist mathematisch äquivalent zur Auswertung von (6.25) zu jedem Zeitpunkt. Aus diesem Grund ist die Anwendung der rekursiven Version des Verfahrens der kleinsten Quadrate bei großem m auch bei nicht prozessgekoppeltem Betrieb empfehlenswert, um den hohen rechentechnischen Aufwand der Berechnung der Pseudoinversen zu vermeiden.

Beispiel 6.5 Für das Problem von Beispiel 6.1 gilt $c_{k+1} = 1$, so dass die rekursive Formel (6.30) für die Aktualisierung des Temperaturschätzwerts folgendermaßen lautet

$$\hat{x}_{k+1} = \hat{x}_k + h_k(y_{k+1} - \hat{x}_k) \tag{6.33}$$

$$\text{mit} \quad h_k = \frac{\Pi_k}{\Pi_k + 1} \tag{6.34}$$

$$\text{und} \quad \Pi_{k+1} = \frac{\Pi_k}{\Pi_k + 1}. \tag{6.35}$$

Mit $\Pi_1 = 1$ gemäß (6.29) lassen sich (6.33)–(6.35) für dieses einfache Beispiel wie folgt zusammenfassen

$$\hat{x}_{k+1} = \frac{k\hat{x}_k + y_{k+1}}{k+1}. \tag{6.36}$$

Mit dieser Formel können wir die aktualisierten Schätzwerte $\hat{x}_{k+1}, k = 1, 2, 3$, berechnen zu $\hat{x}_2 = 102$, $\hat{x}_3 = 100$, $\hat{x}_4 = 101$. Offenbar ist der letzte Wert mit dem in Beispiel 6.4 unter Nutzung der geschlossenen Formel (6.4) berechneten Wert identisch. $\quad\square$

Der bisher betrachtete Fall der rekursiven kleinsten Quadrate kann in zwei Richtungen verallgemeinert werden:

(a) Man erlaubt das gleichzeitige Antreffen mehrerer neuer Messungen $\mathbf{y}_{k+1}$ mit zugehöriger Modell*matrix* $\mathbf{c}_{k+1}$

$$\mathbf{y}_{k+1} = \mathbf{c}_{k+1}\mathbf{x} + \mathbf{w}_k \; .$$

(b) Man erlaubt eine Gewichtung nach Abschn. 6.1.2 der anfallenden Messungen mit Gewichtungsmatrix $\mathbf{q}_{k+1}$, die gegebenenfalls auch nichtdiagonal sein darf.

Unter den erweiterten Bedingungen lassen sich die Formeln (6.30)–(6.32) wie folgt verallgemeinern (s. auch Übung 6.1)

$$\hat{\mathbf{x}}_{k+1} = \hat{\mathbf{x}}_k + \mathbf{H}_k(\mathbf{y}_{k+1} - \mathbf{c}_{k+1}\hat{\mathbf{x}}_k) \tag{6.37}$$

$$\mathbf{H}_k = \mathbf{\Pi}_k \mathbf{c}_{k+1}^T (\mathbf{c}_{k+1}\mathbf{\Pi}_k\mathbf{c}_{k+1}^T + \mathbf{q}_{k+1}^{-1})^{-1} \tag{6.38}$$

$$\mathbf{\Pi}_{k+1} = \mathbf{\Pi}_k - \mathbf{H}_k\mathbf{c}_{k+1}\mathbf{\Pi}_k \; , \tag{6.39}$$

wobei anstelle des Verstärkungsvektors $\mathbf{h}_k$ nunmehr eine Verstärkungsmatrix $\mathbf{H}_k$ erforderlich wird. Es sei angemerkt, dass dieser verallgemeinerten Problemstellung die Definition $\mathbf{\Pi}_k = (\mathbf{c}_k\mathbf{q}_k\mathbf{c}_k^T)^{-1}$ zugrunde gelegt wird.

6.1.4 Adaptive kleinste Quadrate

Die betriebsgekoppelte Schätzung bestimmter systeminterner Größen kann sich über längere Zeithorizonte hin erstrecken. In solchen Fällen wird aber der Beitrag jeder neu ankommenden Messung auf die Schätzwertbildung kontinuierlich abnehmen, was sich durch ein entsprechendes Abnehmen des Verstärkungsvektors $\mathbf{h}_k$ bemerkbar macht, vgl. z. B. (6.36) für sehr hohe k-Werte. Sind nun die zu schätzenden Größen leicht zeitveränderlich, so ist die entsprechende Adaption des Schätzwerts wegen der abnehmenden Verstärkungsfaktoren bei der bisherigen Verfahrensweise unbefriedigend.

Abhilfe kann in solchen Fällen verschaffen werden, wenn anstelle von (6.1) folgende modifizierte Gütefunktion zugrunde gelegt wird

$$f_\lambda(\hat{\mathbf{x}}_k) = \frac{1}{2}\sum_{i=1}^{k} \lambda^{k-i}\hat{w}_i^2 \; , \quad 0 < \lambda \le 1 \; . \tag{6.40}$$

Durch die Einführung des *Vergesslichkeitsfaktors* λ verlieren nämlich ältere Messungen bei wachsendem k allmählich an Gewicht, wodurch die Adaptionsfähigkeit des Algorithmus an leicht zeitveränderliche Umstände gefördert wird. Bei der Wahl des λ-Werts ist offenbar ein Kompromiss zu schließen zwischen

- schneller Adaption an interessierende Systemveränderungen mittels eines genügend kleinen λ-Werts
- Ausfilterung unbedeutender, stochastischer Veränderungen (z. B. Messfehler), mittels eines genügend hohen λ-Werts.

Eine geeignete Wahl des Vergesslichkeitsfaktors hängt also von der zugrunde liegenden Anwendung ab, wobei übliche λ-Werte im Bereich 0.95 bis 0.99 liegen.

Freilich erfordert die Berücksichtigung der modifizierten (gewichteten) Gütefunktion (6.40) eine entsprechende Modifikation der rekursiven Lösungsformeln (s. auch Übung 6.2). Während (6.28) und (6.30) unverändert übernommen werden können, erfahren (6.29), (6.31) und (6.32) folgende Modifikationen.

$$\mathbf{\Pi}_n = (\mathbf{C}_n^T \mathbf{\Lambda}_n \mathbf{C}_n)^{-1} \quad \text{mit} \quad \mathbf{\Lambda}_n = \mathbf{diag}\,(\lambda^{n-i}) \tag{6.41}$$

$$\mathbf{h}_k = \frac{\mathbf{\Pi}_k \mathbf{c}_{k+1}}{\mathbf{c}_{k+1}^T \mathbf{\Pi}_k \mathbf{c}_{k+1} + \lambda} \tag{6.42}$$

$$\mathbf{\Pi}_{k+1} = \frac{\mathbf{\Pi}_k - \mathbf{h}_k \mathbf{c}_{k+1}^T \mathbf{\Pi}_k}{\lambda}. \tag{6.43}$$

Alternativ ist die Adaption an langsam zeitveränderliche Betriebsbedingungen auch dadurch möglich, dass man jeweils die letzten N Messungen zur Schätzwertbildung heranzieht, wobei N je nach Anwendung geeignet gewählt werden muss. Dies ist das Verfahren des *rollenden Zeithorizonten*, bei dem also laufend eine um N zurückliegende Messung aus der Schätzwertbildung herausgenommen und dafür eine neu anfallende Messung herangezogen wird. Um die entsprechenden rekursiven Formeln angeben zu können, definieren wir mit $\hat{\mathbf{x}}_{k,N}$ den Schätzwert, der aufgrund der letzten N Messungen $y_{k-N+1}, y_{k-N+2}, \dots, y_k$ entsteht. Bei jeder neu anfallenden Messung y_{k+1} kann nun zunächst $\hat{\mathbf{x}}_{k+1,N+1}$ mittels der bekannten rekursiven Formeln (6.30)–(6.32) in der neuen Schreibweise angegeben werden

$$\hat{\mathbf{x}}_{k+1,N+1} = \hat{\mathbf{x}}_{k,N} + \mathbf{h}_{k,N}\,(y_{k+1} - \mathbf{c}_{k+1}^T \hat{\mathbf{x}}_{k,N}) \tag{6.44}$$

$$\mathbf{h}_{k,N} = \frac{\mathbf{\Pi}_{k,N} \mathbf{c}_{k+1}}{\mathbf{c}_{k+1}^T \mathbf{\Pi}_{k,N} \mathbf{c}_{k+1} + 1} \tag{6.45}$$

$$\mathbf{\Pi}_{k+1,N+1} = \mathbf{\Pi}_{k,N} - \mathbf{h}_{k,N}\,\mathbf{c}_{k+1}^T\,\mathbf{\Pi}_{k,N}. \tag{6.46}$$

Um die Länge des rollenden Horizonts konstant zu halten, muss nun der Einfluss der $(k - N + 1)$-ten Messung auf den neuen Schätzwert mittels folgender rekursiver Formeln rückgängig gemacht werden

$$\hat{\mathbf{x}}_{k+1,N} = \hat{\mathbf{x}}_{k+1,N+1}$$
$$+ \mathbf{h}_{k+1,N+1} \left(y_{k-N+1} - \mathbf{c}_{k-N+1}^T \hat{\mathbf{x}}_{k+1,N+1} \right) \tag{6.47}$$

$$\mathbf{h}_{k+1,N+1} = \frac{\boldsymbol{\Pi}_{k+1,N+1} \mathbf{c}_{k-N+1}}{\mathbf{c}_{k-N+1}^T \boldsymbol{\Pi}_{k+1,N+1} \mathbf{c}_{k-N+1} - 1} \tag{6.48}$$

$$\boldsymbol{\Pi}_{k+1,N} = \boldsymbol{\Pi}_{k+1,N+1} - \mathbf{h}_{k+1,N+1} \mathbf{c}_{k-N+1}^T \boldsymbol{\Pi}_{k+1,N+1} . \tag{6.49}$$

Bei jeder neu anfallenden Messung müssen also bei dem Verfahren des rollenden Zeithorizonten zunächst (6.44)–(6.46) und dann (6.47)–(6.49) ausgewertet werden. Der erforderliche Speicherplatz erhöht sich geringfügig, da die Anwendung der Formeln (6.47)–(6.49) die Abspeicherung der letzten N Messungen und der zugehörigen Modellvektoren erforderlich macht.

Zur Ableitung der Formeln (6.47)–(6.49), die den Einfluss einer zurückliegenden Messung y_{k-N+1} aufheben, beachte man, dass folgende Beziehungen gültig sind

$$\hat{\mathbf{x}}_{k+1,N+1} = \hat{\mathbf{x}}_{k+1,N} + \mathbf{h}_{k+1,N} \left(y_{k-N+1} - \mathbf{c}_{k-N+1}^T \hat{\mathbf{x}}_{k+1,N} \right) \tag{6.50}$$

$$\mathbf{h}_{k+1,N} = \frac{\boldsymbol{\Pi}_{k+1,N} \mathbf{c}_{k-N+1}}{\mathbf{c}_{k-N+1}^T \boldsymbol{\Pi}_{k+1,N} \mathbf{c}_{k-N+1} + 1} \tag{6.51}$$

$$\boldsymbol{\Pi}_{k+1,N+1} = \boldsymbol{\Pi}_{k+1,N} - \mathbf{h}_{k+1,N} \mathbf{c}_{k-N+1}^T \boldsymbol{\Pi}_{k+1,N} . \tag{6.52}$$

Durch Auflösen von (6.50) nach $\hat{\mathbf{x}}_{k+1,N}$, Anwendung des Matrixinversionslemmas (19.39) und durch die Festlegung

$$\mathbf{h}_{k+1,N+1} = \frac{\mathbf{h}_{k+1,N}}{\mathbf{c}_{k-N+1}^T \mathbf{h}_{k+1,N} - 1} \tag{6.53}$$

ergibt sich (6.47). Durch Auflösen von (6.52) nach $\boldsymbol{\Pi}_{k+1,N}$, Anwendung des Matrixinversionslemmas (19.39) und Beachtung von (6.53) ergibt sich (6.49). Schließlich lässt sich durch Einsetzen von (6.49) und (6.51) in (6.53) die Gleichung (6.48) ableiten.

Beispiel 6.6 Für das Problem von Beispiel 6.1 setzen wir nun das Verfahren des rollenden Zeithorizonten mit $N = 2$ ein. Auf der Grundlage von $\hat{x}_{2,2} = 102$ und $\hat{\Pi}_{2,2} = 0.5$ (vgl. Beispiel 6.5), lassen sich nach Anfallen der 3. Messung $y_3 = 96$ durch Auswertung von (6.44) und (6.46) zunächst $\hat{x}_{3,3} = 100$ und $\Pi_{3,3} = 1/3$ berechnen, deren Werte erwartungsgemäß identisch mit $\hat{x}_3$ und $\hat{\Pi}_3$ aus Beispiel 6.5 ausfallen. Zur Aufhebung des Einflusses der 1. Messung $y_1 = 98$ (merke hier: $k - N + 1 = 1$) werden nun die Formeln (6.47)–(6.49) ausgewertet, wodurch sich $\hat{x}_{3,2} = 101$ und $\Pi_{3,2} = 0.5$ berechnen. Diese Werte entsprechen offenbar der Nutzung der Messungen y_2, y_3 (rollender Zeithorizont!) zur Schätzwertbildung. □

Eine Verallgemeinerung der Gleichungen der adaptiven kleinsten Quadrate zur Berücksichtigung gewichteter Abweichungen sowie mehrerer gleichzeitig anfallender neuer Messungen im Sinne von (6.37)–(6.39) lässt sich leicht ableiten (s. Übung 6.5). Außerdem ist auch eine Kombination des Vergesslichkeitsfaktors mit dem rollenden Zeithorizonten möglich.

Für die prozessgekoppelte Anwendung ist es auch im beschränkten Fall möglich, eine rekursive Schätzwertbildung vorzunehmen. Hierbei lässt sich zeigen [2], dass eine leichte Modifikation in der Initialisierung des rekursiven Algorithmus von Abschn. 6.1.3 ausreichend ist, um die Einhaltung der GNB für die nachfolgenden Rekursionsschritte zu gewährleisten. Die Modifikation der Initialisierungsphase besteht einerseits darin, die Anfangsschätzung (6.28) nach den ersten n Messungen durch (6.17), (6.18) zu ersetzen. Andererseits soll der Anfangswert (6.29) der Matrix $\mathbf{\Pi}_n$ nunmehr wie folgt gebildet werden

$$\mathbf{\Pi}_n = \left(\mathbf{I} - \mathbf{A}^T \left(\mathbf{A}\mathbf{A}^T\right)^{-1}\mathbf{A}\right)\left(\mathbf{C}_n^T \mathbf{Q}\mathbf{C}_n\right)^{-1}. \tag{6.54}$$

Die weiteren Berechnungen erfolgen mit (6.30)–(6.32) ohne explizite Berücksichtigung der GNB, die aber bei den resultierenden Schätzwerten trotzdem respektiert werden.

6.2 Probleme der Parameterschätzung

In diesem Abschnitt wollen wir einige wichtige Anwendungen der Methode der linearen kleinsten Quadrate im Zusammenhang mit der Parameterschätzung statischer und dynamischer Systeme vorstellen.

6.2.1 Parameterschätzung statischer Systeme

Das mathematische Modell eines nichtlinearen statischen Systems ist üblicherweise gegeben durch (s. auch Kap. 19.2.2 und Abb. 19.2)

$$\mathbf{g}(\mathbf{x}, \mathbf{u}, \mathbf{z}, \boldsymbol{\vartheta}) = \mathbf{0} \tag{6.55}$$

$$\mathbf{y} = \mathbf{h}(\mathbf{x}, \mathbf{u}, \mathbf{z}, \boldsymbol{\vartheta}). \tag{6.56}$$

Hierbei sind (6.55) die Zustandsgleichungen mit einer Vektorfunktion $\mathbf{g}$, deren Dimension gleich der Dimension des Zustandsvektors $\mathbf{x}$ ist. Darüber hinaus sind $\mathbf{u}$ der Vektor der Steuergrößen, $\mathbf{z}$ der Vektor der Störgrößen und $\boldsymbol{\vartheta}$ der Vektor der unbekannten Modellparameter. Gleichung (6.56) ist die Ausgangsgleichung mit dem Vektor $\mathbf{y}$ der messbaren Ausgangsgrößen. Für die Belange dieses Abschnitts werden wir annehmen, dass (6.55) numerisch oder analytisch nach $\mathbf{x}$ auflösbar sei

$$\mathbf{x} = \bar{\mathbf{g}}(\mathbf{u}, \mathbf{z}, \boldsymbol{\vartheta}), \tag{6.57}$$

so dass durch Einsetzen von (6.57) in (6.56) und Einführung eines Modell- bzw. Messfehlers $\mathbf{w}$ schließlich

$$\mathbf{y} = \mathbf{h}(\overline{\mathbf{g}}(\mathbf{u}, \mathbf{z}, \vartheta), \mathbf{u}, \mathbf{z}, \vartheta) + \mathbf{w} = \mathbf{d}(\mathbf{u}, \mathbf{z}, \vartheta) + \mathbf{w} \qquad (6.58)$$

resultiert.

Die in diesem Abschnitt behandelte Aufgabe besteht nun darin, bei Vorhandensein von Messungen $\mathbf{y}_k, \mathbf{u}_k, \mathbf{z}_k, k = 1, \ldots, K$, die Systemparameter ϑ zu bestimmen. Hierzu kann man die Summe der quadratischen Abweichungen als zu minimierende Gütefunktion heranziehen

$$f(\vartheta) = \frac{1}{2} \sum_{k=1}^{K} \|\mathbf{y}_k - \mathbf{d}(\mathbf{u}_k, \mathbf{z}_k, \vartheta)\|^2 . \qquad (6.59)$$

Die Minimierung dieser allgemein nichtlinearen Gütefunktion kann mit Hilfe der Algorithmen von Kap. 4 angegangen werden.

In manchen Anwendungsfällen liegt im Voraus kein mathematisches Systemmodell vor. Man ist daher bestrebt, durch einen geeigneten mathematischen Ansatz, so z. B. eine Funktionenreihe oder ein künstliches neuronales Netz [4, 5], eine geeignete Modellstruktur zu konstruieren. Im Folgenden werden wir uns der Einfachheit halber auf den eindimensionalen Fall *einer* Eingangsgröße u und *einer* Ausgangsgröße y beschränken, da sich die Ergebnisse mühelos auf den mehrdimensionalen Fall übertragen lassen. Sei

$$y = \sum_{i=1}^{n} \vartheta_i \varphi_i(u) + w \qquad (6.60)$$

ein Modellansatz mit der gewählten Funktionenreihe $\varphi_i(u), i = 1, \ldots, n$, und Modellfehler w. Für einen polynomischen Ansatz gilt beispielsweise $\varphi_i(u) = u^{i-1}$. Die zu minimierende Gütefunktion (6.59) lautet dann

$$f(\vartheta) = \frac{1}{2} \sum_{k=1}^{K} \left(y_k - \sum_{i=1}^{n} \vartheta_i \varphi_i(u_k) \right)^2 , \qquad (6.61)$$

und die Parameterschätzungsaufgabe lässt sich wie folgt ausdrücken:

Bei gegebenen Messwerten $y_k, u_k, k = 1, \ldots, K$, bestimme $\vartheta_i, i = 1, \ldots, n$, mit $n \leq K$, so dass $f(\vartheta)$ aus (6.61) minimiert wird.

Diese Aufgabenstellung entsteht z. B. auch, wenn man eine unbekannte nichtlineare Kennlinie eines Systems mittels eines Ansatzes (6.60) auf der Grundlage von Messpaaren (y_k, u_k) bestimmen möchte (*curve fitting*), s. Abb. 6.1.

Da der Modellansatz (6.60) bezüglich des Parametervektors linear ist, entspricht die Gütefunktion (6.61) der zu Beginn dieses Kapitels definierten Gütefunktion (6.1). In der Tat lassen sich die Elemente der in (6.1) auftretenden Modellmatrix $\mathbf{C}$ für die hier vorliegende Anwendung wie folgt angeben: $C_{ij} = \varphi_j(u_i)$. Infolgedessen darf die Methode der

Abb. 6.1 Kennlinien-
bestimmung

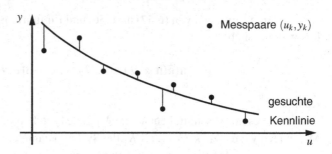

kleinsten Quadrate einschließlich ihrer rekursiven und adaptiven Versionen auf die hier
vorliegende Problemstellung der Parameterschätzung direkt angewandt werden.

Ein besonderes Problem der vorgestellten Methodologie zur Parameterschätzung statischer Systeme stellt die Wahl von n dar, d. h. die Anzahl der zu verwendenden Funktionen
φ_i. Eine kleine Anzahl n könnte sich nämlich für die Annäherung stark nichtlinearer Zusammenhänge als unzureichend erweisen. Ein hoher Wert für n könnte aber zu einer
unerwünschten „Modellierung der Messfehler" führen, wie in Abb. 6.2 illustriert wird.
Für die detaillierte Erörterung dieser Problematik sei aber an dieser Stelle auf die Spezialliteratur verwiesen.

6.2.2 Parameterschätzung linearer dynamischer Systeme

Wir betrachten nun ein Parameterschätzungsproblem für ein zeitdiskretes lineares dynamisches System, vgl. Abschn. 19.2.1.2. Da die Übertragung der Ergebnisse auf den
mehrdimensionalen Fall keine konzeptuellen Schwierigkeiten bereitet, wollen wir uns
hier auf den Fall *einer* Eingangsgröße u und *einer* Ausgangsgröße y beschränken. Das
betrachtete zeitdiskrete Modell lautet

$$y(k) = a_1 u(k-1) + \cdots + a_m u(k-m) +$$
$$+ b_1 y(k-1) + \cdots + b_n y(k-n) + w(k) , \tag{6.62}$$

wobei k den Zeitindex und $w(k)$ einen Modellfehler darstellen. Die gesuchten Modellparameter lassen sich in einem Parametervektor $\vartheta^T = [a_1 \ldots a_m \ b_1 \ldots b_n]$ zusammenfassen.

Mit der Voraussetzung, dass $u(k) = y(k) = 0$ für $k < 0$ gilt und dass Messpaare
$y(k)$, $u(k)$, $k = 0, \ldots, K$, vorliegen, kann auch hier die Minimierung der Summe der
quadratischen Abweichungen zur Bestimmung des Parametervektors ϑ gefordert werden

$$f(\vartheta) = \frac{1}{2} \sum_{k=0}^{K} (y(k) - a_1 u(k-1) - \cdots - a_m u(k-m)$$
$$- b_1 y(k-1) - \cdots - b_n y(k-n))^2 . \tag{6.63}$$

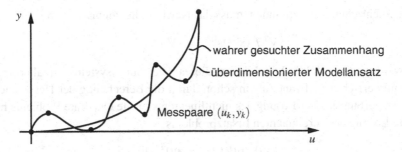

Abb. 6.2 Illustration eines überdimensionierten Modellansatzes

Gleichung (6.63) weist die Form der Gütefunktion (6.1) auf (s. Übung 6.3), so dass für $K \geq m + n$ die Methode der kleinsten Quadrate zur Lösung des vorliegenden Parameterschätzungsproblems herangezogen werden kann. Es sei angemerkt, dass für die Parameterschätzung dynamischer Systeme ein umfangreiches spezialisiertes Schrifttum mit einer großen Vielfalt von erweiterten Problemstellungen und Verfahren existiert, s. z. B. [6, 7].

6.3 Nichtlineare kleinste Quadrate

Im allgemeinen Fall sind die Residuen w_i einer quadratischen Kostenfunktion nichtlinear in der Optimierungsvariable $\mathbf{x}$ und man betrachtet das Problem der Minimierung der nichtlinearen Kostenfunktion

$$f(\mathbf{x}) = \frac{1}{2} \|\mathbf{w}(\mathbf{x})\|^2 = \frac{1}{2} \sum_{i=1}^{m} w_i^2(\mathbf{x}) .$$

Soll das Problem durch das Newton-Verfahren aus Abschn. 4.2.4 gelöst werden, so berechnet man den Gradienten und die Hessesche Matrix der Kostenfunktion f und erhält mit Hilfe der Jacobischen Matrix (siehe (19.14))

$$\mathbf{J} = \begin{bmatrix} \frac{\partial w_1}{\partial x_1} & \cdots & \frac{\partial w_1}{\partial x_n} \\ \vdots & \ddots & \vdots \\ \frac{\partial w_m}{\partial x_1} & \cdots & \frac{\partial w_m}{\partial x_n} \end{bmatrix}$$

den Gradienten und die Hessesche Matrix von f,

$$\nabla f(\mathbf{x}) = \mathbf{J}(\mathbf{x})^T \mathbf{w}(\mathbf{x})$$

und

$$\nabla^2 f(\mathbf{x}) = \mathbf{J}(\mathbf{x})^T \mathbf{J}(\mathbf{x}) + \sum_{i=1}^{m} w_i(\mathbf{x}) \nabla^2 w_i(\mathbf{x}) . \tag{6.64}$$

Um eine Suchrichtung $\mathbf{s}^{(l)}$ zu finden, muss das Newton-Gleichungssystem

$$\nabla^2 f\,(\mathbf{x}^{(l)})\mathbf{s}^{(l)} = -\nabla f(\mathbf{x}^{(l)})$$

gelöst werden, vgl. (4.30). Die Lösung dieses Gleichungssystems ist allerdings mit großem numerischen Aufwand, allein schon durch die Berechnung der Hesseschen Matrix (6.64), verbunden. Zur Lösung des nichtlinearen kleinste Quadrate Problems hat sich daher die Lösung des vereinfachten Ersatzproblems

$$\mathbf{J}^{(l)^T}\mathbf{J}^{(l)}\mathbf{s}^{(l)} = -\mathbf{J}^{(l)^T}\mathbf{w}^{(l)} \tag{6.65}$$

mit $\mathbf{J}^{(l)} = \mathbf{J}(\mathbf{x}^{(l)})$ für die Suchrichtung und anschließender Liniensuche bewährt. Das Verfahren ist unter dem Namen *Gauß-Newton-Verfahren* bekannt.

Formal kann die Berechnungsvorschrift für die Suchrichtung (6.65) aus einer Linearisierung der Residuen $w_i(\mathbf{x}^{(l)} + \mathbf{s}^{(l)})$ gewonnen werden. Es gilt in erster Näherung

$$\mathbf{w}(\mathbf{x}^{(l)} + \mathbf{s}^{(l)}) \approx \mathbf{w}(\mathbf{x}^{(l)}) + \mathbf{J}(\mathbf{x}^{(l)})\mathbf{s}^{(l)} ,$$

und somit erhält man ein lineares kleinste Quadrate Problem für die Suchrichtung $\mathbf{s}^{(l)}$, vgl. (6.1) mit $\mathbf{C} = \mathbf{J}(\mathbf{x}^{(l)})$ und $\mathbf{y} = \mathbf{w}(\mathbf{x}^{(l)})$, dessen Lösung mit (6.4) bestimmt werden kann und in Gleichungssystem (6.65) resultiert. Die Lösung eines nichtlinearen Problems der kleinsten Quadrate wird somit durch iterative Lösung linearer kleinste Quadrate Probleme gelöst.

Das Gauß-Newton-Verfahren konvergiert gerade in der Nähe des Minimums trotz der vorgenommenen Approximation vergleichbar mit dem Newton-Verfahren. Gerade bei kleinen Residuen oder bei fast affinen Residuen dominiert der erste Term in (6.64) den zweiten Term. Zudem sind beim Gauß-Newton-Verfahren alle Suchrichtungen Abstiegsrichtungen, so dass eine Liniensuche möglich ist.

Offen ist noch die Frage, wie das Gleichungssystem (6.65) tatsächlich gelöst wird. Wie beim Newton-Verfahren wird auch hier die Inverse nicht explizit berechnet, sondern es werden Zerlegungen der Matrix $\mathbf{J}^T\mathbf{J}$ vorgenommen. Neben der bereits in Abschn. 4.2.4 angesprochenen Cholesky-Zerlegung findet hier auch die QR-Zerlegung Anwendung. Für weiterführendes Studium siehe [8].

6.4 Übungsaufgaben

6.1 Leiten Sie die Rekursionsformeln (6.37)–(6.39) für den mehrdimensionalen Fall ab. (Hinweis: Verfolgen Sie die gleichen Schritte wie in Abschn. 6.1.3 unter Nutzung des allgemeinen Matrixinversionslemmas (19.38) und der Abkürzung $\mathbf{\Pi}_k = (\mathbf{c}_k \mathbf{q}_k \mathbf{c}_k^T)^{-1}$.)

6.2 Leiten Sie die Rekursionsformeln (6.41)–(6.43) der adaptiven kleinsten Quadrate ab. (Hinweis: Betrachten Sie eine Gewichtungsmatrix $\mathbf{\Lambda}_k = \mathbf{diag}(\lambda^{k-i})$ und leiten Sie die modifizierten Rekursionsformeln wie in Abschn. 6.1.3 auf der Grundlage der Formel (6.22) ab.)

6.3 Geben Sie durch Vergleich mit (6.1) die Matrix **C** an, die bei der Parameterschätzung linearer dynamischer Systeme aus der quadratischen Gütefunktion (6.63) resultiert.

6.4 Ein linearer dynamischer Prozess lässt sich durch

$$y(k+1) = au(k) - by(k)$$

beschreiben. Folgende Messpaare liegen vor (Sprungantwort)

k	< 0	0	1	2	3	4
u	0	1	1	1	1	1
y	0	0	0.18	0.26	0.29	0.30

Bestimmen Sie durch Minimierung von (6.63) die Parameterwerte a, b. Berechnen Sie mit den ermittelten Parameterwerten die modellierte Sprungantwort, und vergleichen Sie diese mit den gemessenen Werten.

6.5 Leiten Sie Rekursionsformeln der adaptiven kleinsten Quadrate (mit Vergesslichkeitsfaktor oder rollendem Zeithorizonten) für den mehrdimensionalen Fall ab (vgl. auch Übung 6.1).

6.6 Bestimmen Sie die Schätzwerte $\hat{x}_1$, $\hat{x}_2$, die gemäß dem Verfahren der kleinsten Quadrate aus dem Modell $\mathbf{y} = \mathbf{Cx} + \mathbf{w}$ mittels folgender Werte resultieren

$$\mathbf{y} = [\ 1.01 \quad 2.033.0 \quad 3.051.95 \quad 0.97 \ ]^T$$

$$\mathbf{C} = \begin{bmatrix} 10 & 11 & 01 \\ 0 & 11 & 11 & 0 \end{bmatrix}^T.$$

6.7 In der Straßenkreuzung aus Abb. 6.3 werden die Fahrzeugströme (Dimension: Fahrzeuge/Ampelzyklus) E_1, E_2, A_2 durch entsprechende Detektoren gemessen.

Die Fahrzeugströme E_i, $i = 1, 2$, teilen sich jeweils in einen abbiegenden Teil $\gamma_i E_i$ und einen geradeaus fahrenden Teil $(1 - \gamma_i)E_i$. Gesucht werden Schätzwerte $\hat{\gamma}_1, \hat{\gamma}_2$ der Abbiegeraten.

(a) Stellen Sie eine skalare Modellgleichung $y_k = \mathbf{c}_k^T \mathbf{x}$ auf, wobei $\mathbf{x} = [\gamma_1 \ \gamma_2]^T$ und $y_k, \mathbf{c}_k$ aus gemessenen Werten bestehen.

Gegeben sei folgende Messreihe:

k	E_1	E_2	A_2
1	21	32	13
2	18	33	12
3	19	31	16
4	19	30	14

Abb. 6.3 Abbildung zu Aufgabe 6.7

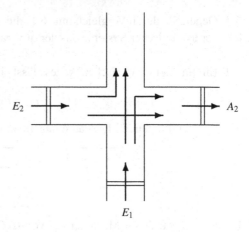

(b) Berechnen Sie mit Hilfe der Methode der kleinsten Quadrate einen Schätzwert $\hat{\gamma}_3$ für die Abbiegeraten für die ersten 3 Messungen.

(c) Berechnen Sie nun $\hat{\gamma}_4$ durch Anwendung der entsprechenden Rekursionsformel.

6.8 Ein Flugkörper bewegt sich geradlinig mit der Geschwindigkeit v von einem Radargerät weg. Seine Entfernung R wird in konstanten Zeitintervallen $\triangle t = 1$ von dem Radarmessgerät mit einem Messfehler w_k gemessen, wobei $k = t/\triangle t$. Die ersten drei Messungen haben folgende Werte geliefert

$$y_1 = 11; \quad y_2 = 17; \quad y_3 = 34 \,.$$

Aus den Entfernungsmessungen soll mit dem Verfahren der kleinsten Quadrate die Geschwindigkeit v des Flugkörpers geschätzt werden.

(a) Ermitteln Sie aus den Messungen y_1 und y_2 einen ersten Schätzwert $\hat{v}_2$.

(b) Geben Sie Rekursionsformeln für die laufende Verbesserung des Schätzwerts $\hat{v}_k$ mit jeder neu eintreffenden Messung y_k an.

(c) Ermitteln Sie anhand der Rekursionsformel den verbesserten Schätzwert $\hat{v}_3$ unter Verarbeitung des Messwerts y_3.

6.9 Zeigen Sie, dass die Suchrichtungen des Gauß-Newton-Verfahrens Abstiegsrichtungen bilden.

Literatur

1. Gauß K (1963) Teoria Motus Corpurum Coelestium (1809), Englische Übersetzung: Theory of the motion of the heavenly bodies moving about the aun in conic sections. Dover, New York

2. Kessaci A (1988) Estimation en ligne et gestion des capacités pour la commande du trafic urbain. PhD thesis, Ecole Nationale Supérieure de l'Aeronautique et de l'Espace, Toulouse, Frankreich

3. Nihan N, Davies G (1987) Recursive estimation of origin-destination matrices from input/output counts. Transport Res B 21:149–163

4. Johansson E, Dowla F, Goodman D (1992) Backpropagation learning for mutlilayer feed-forward neural networks using the conjugate gradient method. Int J Neural Syst 2:291–301

5. Papageorgiou M, Messmer A, Azema J, Drewanz D (1995) A neural network approach to freeway network traffic control. Control Eng Pract 3:1719–1726

6. Ljung L (1998) System identification – theory for the user, 2. Aufl. Prentice Hall, Englewood Cliffs, New Jersey

7. Söderström T, Stoica P (1989) System identification. Prentice Hall, New York

8. Nocedal J, Wright S (2006) Numerical optimization, 2. Aufl. Springer, US

Lineare Programmierung

7

Ein wichtiger Spezialfall der in Kap. 5 behandelten Problemstellung entsteht, wenn alle beteiligten Funktionen $f(\mathbf{x})$, $\mathbf{c}(\mathbf{x})$, $\mathbf{h}(\mathbf{x})$ linear sind. Dieser Spezialfall, der unter dem Namen *lineare Programmierung (LP)*[1] bekannt ist, stellt die für praktische Anwendungen bei Weitem am meisten verbreitete und verwendete Optimierungsaufgabe dar. Ihre vielfältige Anwendung bei wirtschaftlichen, Transport-, Produktions-, Ingenieur- und weiteren Problemen verdankt die lineare Programmierung ihrer Einfachheit, aber auch und vor allem dem Vorhandensein zuverlässiger numerischer Lösungsalgorithmen zur Bestimmung globaler Minima. Diese Algorithmen, die seit einigen Jahrzehnten in jeder Programmsammlung einer Rechneranlage den Anwendern als Black-Box-Programme zur Verfügung stehen, sind in der Lage, nicht nur die Problemlösung bereitzustellen, sondern gegebenenfalls auch über die Existenz und Vielfalt der Lösung einer spezifischen Problemstellung Auskunft zu erteilen.

Die *Standardform der linearen Programmierung* [1] lautet wie folgt:
Minimiere

$$f(\mathbf{x}) = \mathbf{c}^T \mathbf{x} \tag{7.1}$$

unter Berücksichtigung der Nebenbedingungen

$$\mathbf{A}\mathbf{x} = \mathbf{b} \tag{7.2}$$

$$\mathbf{x} \geq \mathbf{0}, \tag{7.3}$$

wobei $\mathbf{c} \in \mathbb{R}^n$, $\mathbf{A} \in \mathbb{R}^{m \times n}$, $m < n$, und $\mathbf{b} \in \mathbb{R}^m$ bekannte Größen sind. Hierbei ist es sinnvoll anzunehmen, dass die rechteckige Matrix $\mathbf{A}$ vollen Rang m habe.

Diese Formulierung mag zunächst den Anschein erwecken, dass die Standardform der linearen Programmierung nicht den allgemeinsten Fall abdecke, und zwar aus zwei Gründen. Erstens treten in der Problemformulierung keine allgemeinen linearen UNB

---

[1] Zum Gebrauch des Begriffes *Programmierung* im Sinne von *Optimierung* vergleiche die Anmerkung im Abschn. 14.1.

© Springer-Verlag Berlin Heidelberg 2015

M. Papageorgiou, M. Leibold, M. Buss, *Optimierung*, DOI 10.1007/978-3-662-46936-1_7

auf; dies ist jedoch keine Einschränkung der Allgemeinheit, da eine lineare UNB der Form $\mathbf{a}^T\mathbf{x} \leq b$ nach Einführung einer Schlupfvariable $z \geq 0$ mittels $\mathbf{a}^T\mathbf{x} + z = b$ in die Gleichungsform (7.2) gebracht werden kann, wodurch die Schlupfvariable eine zusätzliche Optimierungsvariable wird. Zweitens ist es denkbar, dass eine Optimierungsvariable x_i der Nichtnegativitäts-Bedingung (7.3) nicht unterliegen muss; in diesem Fall kann aber x_i mittels der Substitution $x_i = x_i^+ - x_i^-$ mit $x_i^+ \geq 0, x_i^- \geq 0$ durch zwei neue nichtnegative Optimierungsvariablen x_i^+, x_i^- ersetzt werden. Zusammenfassend können wir also festhalten, dass die oben eingeführte Standardform tatsächlich keine Einschränkung der Allgemeinheit darstellt.

Beispiel 7.1 Man betrachte folgende Problemstellung

$$\begin{aligned} \text{Minimiere} \quad & -x_1 + 2x_2 + x_3 \\ \text{u. B. v.} \quad & x_1 + x_3 = 1; \ -x_1 + x_2 + x_3 \leq 1; \ x_2 \geq 0; \ x_3 \geq 0 \,. \end{aligned} \tag{7.4}$$

Um diese Problemstellung in die Standardform zu bringen, führen wir zunächst die Schlupfvariable $x_4 \geq 0$ ein, so dass $-x_1 + x_2 + x_3 + x_4 = 1$ die frühere UNB ersetzt. Ferner ersetzen wir $x_1 = \overline{x}_1 - x_5$ mit $\overline{x}_1, x_5 \geq 0$ in den Problemgleichungen und erhalten schließlich folgende Problemstellung, die die Standardform aufweist

$$\begin{aligned} \text{Minimiere} \quad & -\overline{x}_1 + 2x_2 + x_3 + x_5 \\ \text{u. B. v.} \quad & \overline{x}_1 + x_3 - x_5 = 1; \ -\overline{x}_1 + x_2 + x_3 + x_4 + x_5 = 1 \,; \\ & \overline{x}_1 \geq 0; \ x_2 \geq 0; \ x_3 \geq 0; \ x_4 \geq 0; \ x_5 \geq 0 \,. \end{aligned} \tag{7.5}$$

□

Relativ einfache LP-Probleme, bei denen $n - m \leq 2$ gilt, können (auch in deren ursprünglichen Form statt in der Standardform) grafisch gelöst werden. Hierbei löst man (7.2) nach $n - m$ abhängigen Variablen auf, wodurch ein höchstens zweidimensionales Problem entsteht, das eine zeichnerische Lösung zulässt. Diese Vorgehensweise entspricht dem Einsetzverfahren (5.5) aus Abschn. 5.1.

Beispiel 7.2 Die Problemstellung (7.4) aus Beispiel 7.1 nimmt durch Ersetzen von $x_3 = 1 - x_1$ aus der GNB folgende Form an

$$\begin{aligned} \text{Minimiere} \quad & 1 - 2x_1 + 2x_2 \\ \text{u. B. v.} \quad & -2x_1 + x_2 \leq 0; \ 1 - x_1 \geq 0; \ x_2 \geq 0 \,. \end{aligned} \tag{7.6}$$

Diese Problemstellung wird in Abb. 7.1 zeichnerisch verdeutlicht. Wegen der Linearität sind alle UNB sowie die Isokosten Geraden. Die Lösung lässt sich also an der weitesten Ecke $x_1^* = 1$, $x_2^* = 0$ des zulässigen Bereichs bestimmen, die sich von den parallelen geradlinigen Isokosten erreichen lässt. Zwar ist bei der vorliegenden Problemstellung die Lösung eindeutig; würden wir aber anstelle der Gütefunktion in (7.6) die Güte-

Abb. 7.1 Verdeutlichung der Problemstellung von Beispiel 7.2

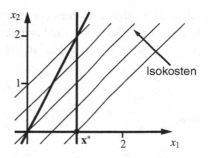

funktion $-x_1 + 0.5x_2$ berücksichtigen, so wäre die Lösung mehrdeutig, wie sich der Leser anhand der Abb. 7.1 leicht vergewissern kann. $\square$

Wegen der Linearität der Gütefunktion und der Nebenbedingungen wird die Lösung einer LP-Aufgabe, sofern sie existiert, immer auf dem Rand des zulässigen Bereiches zu finden sein und zwar entweder an einer Ecke (eindeutige Lösung) oder an einer Kante bzw. Ebene (mehrdeutige Lösung). Es ist aber auch möglich, dass das Problem keine Lösung hat, wenn der zulässige Bereich leer oder unbeschränkt ist (vgl. Kap. 2). Welche Situation bei einer gegebenen Problemstellung gerade vorliegt, kann durch den numerischen Algorithmus des nachfolgenden Abschnitts detektiert werden.

Wenden wir uns nun wieder der Standardform der LP zu. Unter Nutzung der GNB (7.2) ist es möglich, m Optimierungsvariablen $\mathbf{x}_B$, die *Basisvariablen* genannt werden, mittels der restlichen $n - m$ Variablen $\mathbf{x}_N$, *Nichtbasisvariablen* genannt, zu berechnen. Es kann allgemein gezeigt werden, dass an jedem Randpunkt des zulässigen Bereiches eine Verteilung dergestalt gefunden werden kann, dass alle Nichtbasisvariablen verschwinden, $\mathbf{x}_N = \mathbf{0}$, während alle Basisvariablen nichtnegativ sind, $\mathbf{x}_B \geq \mathbf{0}$. Da die Problemlösung bekanntlich an einem Randpunkt zu suchen ist, wird in der nachfolgend beschriebenen *Simplex-Methode* der Versuch unternommen, iterativ, von Randpunkt zu Randpunkt wandernd, den Lösungsrandpunkt zu bestimmen.

7.1 Simplex-Methode

Die Simplex-Methode generiert eine endliche Sequenz von zulässigen Randpunkten $\mathbf{x}^{(1)}, \mathbf{x}^{(2)}, \ldots$, die schließlich bei der gesuchten Lösung $\mathbf{x}^*$ endet. Randpunkte zeichnen sich dadurch aus, dass einige der Ungleichungsnebenbedingungen aktiv sind und andere nicht. Daher spricht man auch bei der Simplex-Methode von einer *active-set* Strategie. Der einfacheren Darstellung halber wird bei den folgenden Ausführungen der Iterationsindex l mancherorts weggelassen. Bei jeder Iteration werden wir ferner annehmen, dass die Komponenten des Vektors $\mathbf{x}$ so umsortiert werden, dass die ersten m Komponenten den nichtnegativen Basisvariablen und die restlichen $n - m$ Komponenten den verschwindenden Nichtbasisvariablen entsprechen, d. h. $\mathbf{x}^T = [\mathbf{x}_B^T \ \mathbf{x}_N^T]$. Dementsprechend erhält die Matrix $\mathbf{A}$ der GNB (7.2) die Form $\mathbf{A} = [\mathbf{A}_B \ \mathbf{A}_N]$, wobei $\mathbf{A}_B \in \mathbb{R}^{m \times m}$ als *Basismatrix* und $\mathbf{A}_N \in \mathbb{R}^{m \times (n-m)}$ als *Nichtbasismatrix* bezeichnet werden. Folglich gilt

$$\mathbf{A}_B \mathbf{x}_B + \mathbf{A}_N \mathbf{x}_N = \mathbf{b}$$

bzw.

$$\mathbf{x}_B = \mathbf{A}_B^{-1} \mathbf{b} - \mathbf{A}_B^{-1} \mathbf{A}_N \mathbf{x}_N \ , \tag{7.7}$$

wobei $\mathbf{A}_B$ immer regulär gewählt werden kann, wenn $\mathbf{A}$ vollen Rang hat. Mit $\mathbf{x}_N = \mathbf{0}$ erhalten wir dann aus (7.7) $\mathbf{x}_B = \mathbf{A}_B^{-1} \mathbf{b} = \hat{\mathbf{b}}$, wobei $\mathbf{x}_B = \hat{\mathbf{b}} \geq \mathbf{0}$ gilt, da jeder Randpunkt ein zulässiger Punkt ist. Ein Randpunkt $\mathbf{x}^{(l)}$ mit einer Variablenaufteilung $\mathbf{x}_N^{(l)} = \mathbf{0}$ und $\mathbf{x}_B^{(l)} \geq \mathbf{0}$ wird als eine *zulässige Basislösung* bezeichnet und die Punktesequenz $\mathbf{x}^{(1)}, \mathbf{x}^{(2)}, \ldots$ der Simplex-Methode besteht in der Tat aus solchen zulässigen Basislösungen. Um die Iterationen in Gang zu setzen, wird eine zulässige Basislösung als Startwert benötigt, deren Bereitstellung in einer Initialisierungsphase gemäß Abschn. 7.2 erfolgen kann. Bei allen weiteren Punkten $\mathbf{x}^{(2)}, \mathbf{x}^{(3)}, \ldots$ sorgt dann die Simplex-Methode selbstständig dafür, dass diese Punkte tatsächlich zulässigen Basislösungen entsprechen.

Entsprechend der jeweiligen Variablenaufteilung lässt sich auch der *Kostenvektor* $\mathbf{c}$ aus (7.1) an einer zulässigen Basislösung aufspalten, d. h. $\mathbf{c}^T = [\mathbf{c}_B^T \ \mathbf{c}_N^T]$. Mit diesen Festlegungen ist es nun einfach, die Optimalität einer zulässigen Basislösung zu überprüfen. Hierzu setzen wir allgemein $\mathbf{x}_B$ aus (7.7) in die Gütefunktion ein und erhalten die *reduzierte Gütefunktion*

$$\begin{aligned} \overline{f}(\mathbf{x}_N) &= \mathbf{c}_B^T \mathbf{x}_B + \mathbf{c}_N^T \mathbf{x}_N \\ &= \mathbf{c}_B^T (\mathbf{A}_B^{-1} \mathbf{b} - \mathbf{A}_B^{-1} \mathbf{A}_N \mathbf{x}_N) + \mathbf{c}_N^T \mathbf{x}_N \\ &= \hat{f} + \hat{\mathbf{c}}_N^T \mathbf{x}_N \ , \end{aligned} \tag{7.8}$$

wobei $\hat{f} = \mathbf{c}_B^T \mathbf{A}_B^{-1} \mathbf{b}$ wegen $\mathbf{x}_N = \mathbf{0}$ den Funktionswert an der aktuellen zulässigen Basislösung darstellt. Der *reduzierte Kostenvektor* $\hat{\mathbf{c}}_N$ beträgt hierbei

$$\hat{\mathbf{c}}_N = \mathbf{c}_N - \mathbf{A}_N^T \mathbf{A}_B^{-T} \mathbf{c}_B \ . \tag{7.9}$$

An dieser Stelle können wir unter Betrachtung des Vektors $\hat{\mathbf{c}}_N$ folgende drei Fälle unterscheiden:

(a) Es gibt mindestens einen Koeffizienten $\hat{c}_i < 0$. Dann ist es aber aus (7.8) ersichtlich, dass durch Erhöhung der entsprechenden Nichtbasisvariable x_i eine Verkleinerung des Funktionswerts erzielt werden kann. Folglich kann es sich bei der aktuellen zulässigen Basislösung nicht um die optimale Lösung handeln.

(b) Es gilt $\hat{\mathbf{c}}_N > \mathbf{0}$, d. h. die reduzierte Kostenfunktion (7.8) lässt sich durch zulässige Veränderungen $\mathbf{x}_N \geq \mathbf{0}$ nicht mehr verkleinern. Folglich entspricht die aktuelle zulässige Basislösung einem eindeutigen Minimum.

(c) Es gilt $\hat{\mathbf{c}}_N \geq \mathbf{0}$, d. h. es gibt mindestens einen Koeffizienten $\hat{c}_i = 0$, während für die anderen $\hat{c}_j > 0$ gilt. Dann ist es aber aus (7.8) ersichtlich, dass durch Erhöhung der entsprechenden Nichtbasisvariable x_i der Funktionswert unverändert bleibt. Die aktuelle zulässige Basislösung entspricht also einem Minimum, das aber mehrdeutig ist.

Beispiel 7.3 [1] Man betrachte folgendes Standardproblem der LP

$$\text{Minimiere} \quad x_1 + 2x_2 + 3x_3 + 4x_4$$

$$\text{u. B. v.} \quad x_1 + x_2 + x_3 + x_4 = 1; \ x_1 + x_3 - 3x_4 = 0.5$$

$$x_i \geq 0, \quad i = 1, \dots, 4 \,.$$

Eine zulässige Basislösung entsteht durch die Variablenaufteilung $\mathbf{x}_B = [x_1 \ x_2]^T$ und $\mathbf{x}_N = [x_3 \ x_4]^T = \mathbf{0}^T$, woraus

$$\mathbf{A}_B = \begin{bmatrix} 1 & 1 \\ 1 & 0 \end{bmatrix} \quad \text{und} \quad \mathbf{A}_N = \begin{bmatrix} 1 & 1 \\ 1 & -3 \end{bmatrix}$$

und somit

$$\mathbf{x}_B = \hat{\mathbf{b}} = \mathbf{A}_B^{-1}\mathbf{b} = [\ 0.5 \quad 0.5 \ ]^T \geq \mathbf{0}$$

resultieren. Setzt man $\mathbf{x} = [\ 0.5 \quad 0.5 \quad 0 \quad 0 \ ]^T$ in die Gütefunktion ein, so berechnet sich ihr Wert an dieser zulässigen Basislösung zu $\hat{f} = 1.5$.

Die Basisvariablen x_1, x_2 können aber auch allgemein, unter Nutzung der GNB, als Funktionen der Nichtbasisvariablen ausgedrückt werden:

$$x_1 = 0.5 - x_3 + 3x_4 \quad x_2 = 0.5 - 4x_4 \,. \tag{7.10}$$

Setzt man (7.10) in die Gütefunktion ein, so erhält man die reduzierte Gütefunktion

$$\overline{f}(x_3, x_4) = 1.5 + 2x_3 - x_4 \,, \tag{7.11}$$

d. h. $\hat{\mathbf{c}}_N = [\ 2 \quad -1 \ ]^T$. Wir haben also den Fall (a) vorliegen, da eine Erhöhung von x_4 die Gütefunktion verkleinern kann. $\qquad\square$

Liegen bei einer bestimmten Iteration die Fälle (b) bzw. (c) vor, so ist das gesuchte Minimum gefunden und der Algorithmus kann gestoppt werden. Liegt hingegen Fall (a) vor, so wird unter den Nichtbasisvariablen x_i mit $c_i < 0$ eine ausgewählt, so z. B. diejenige mit dem kleinsten reduzierten Kostenkoeffizienten $\hat{c}_q$ [1], d. h.

$$\hat{c}_q = \min_{i \in Q} \hat{c}_i, \quad Q = \{i \mid \hat{c}_i < 0\} \,. \tag{7.12}$$

Nun kann zur Bestimmung einer neuen zulässigen Basislösung mit einem geringeren Funktionswert die bisherige Nichtbasisvariable x_q vergrößert werden, wodurch der Wert der Basisvariablen $\mathbf{x}_B$ gemäß (7.7) zur Einhaltung der GNB verändert wird

$$\mathbf{x}_B = \mathbf{A}_B^{-1}\mathbf{b} - \mathbf{A}_B^{-1}\mathbf{a}_q x_q = \hat{\mathbf{b}} + \mathbf{d}x_q \,, \tag{7.13}$$

wobei $\mathbf{a}_q$ die q-te Spalte der Nichtbasismatrix $\mathbf{A}_N$ darstellt. Für den in (7.13) eingeführten Vektor $\mathbf{d}$ gilt offenbar

$$\mathbf{d} = -\mathbf{A}_B^{-1}\mathbf{a}_q \,. \tag{7.14}$$

Die Vorzeichen der Komponenten d_i signalisieren also gemäß (7.13) die Veränderungs*richtung* der entsprechenden Basisvariablen bei einer Erhöhung von x_q. Gilt insbesondere $d_i < 0$, so führt die Erhöhung von x_q zu einer Verkleinerung der entsprechenden Basisvariablen x_i. Wie weit darf x_q erhöht werden? Offenbar soweit, bis eine bisherige Basisvariable auf die Zulässigkeitsgrenze $\mathbf{x} \geq 0$ stößt. Gemäß (7.13) wird aber eine Basisvariable x_i gleich Null, wenn $x_q = \hat{b}_i/(-d_i)$, so dass die erste Basisvariable x_p, die auf die Zulässigkeitsgrenze stößt, bestimmt werden kann mittels

$$\frac{\hat{b}_p}{-d_p} = \min_{i \in P} \frac{\hat{b}_i}{-d_i}, \quad P = \{i \mid d_i < 0\} \,. \tag{7.15}$$

Sollte $\mathbf{d} \geq 0$, d. h. $P = \{\}$, gelten, so darf x_q beliebig wachsen, ohne dass eine UNB verletzt wäre. In diesem Fall haben wir es mit einem unbeschränkten zulässigen Bereich der Problemstellung zu tun, der keine Lösung im Endlichen beinhaltet.

Beispiel 7.4 Wir betrachten die LP-Problemstellung und die zulässige Basislösung von Beispiel 7.3. Da der reduzierte Kostenkoeffizient der Nichtbasisvariable x_4 negativ ist, wird diese Variable erhöht, während die andere Nichtbasisvariable x_3, die einen positiven reduzierten Kostenkoeffizienten aufweist, Null bleibt. Die Basisvariablen x_1 und x_2 verändern sich dann gemäß $0.5 + 3x_4$ und $0.5 - 4x_4$ (vgl. (7.10)), weshalb der Wert von x_1 zu- und der Wert von x_2 abnimmt. Die Erhöhung von x_4 darf nun soweit gehen, bis x_2 die Zulässigkeitsgrenze $x_2 = 0$ erreicht hat, d. h. bis $x_4 = 0.125$. Für diesen Wert ergibt sich $x_1 = 0.875$. □

Geometrisch interpretiert bedeutet die Vergrößerung der Nichtbasisvariablen x_q eine geradlinige Bewegung entlang einer Randgeraden des zulässigen Bereiches und zwar bis zum nächsten Randpunkt [1]. Bei diesem erhält die bisherige Nichtbasisvariable x_q einen positiven Wert und wird somit für die neue Iteration zur Basisvariable, während die bisherige Basisvariable x_p nunmehr gemäß (7.13) verschwindet. Sie wird somit bei der neuen Iteration zu den Nichtbasisvariablen aufgenommen. Durch die vorangegangenen Schritte wird offenbar garantiert, dass am neuen Randpunkt $\mathbf{x}_N = \mathbf{0}$ und $\mathbf{x}_B \geq \mathbf{0}$ erfüllt sind, so dass er also eine neue zulässige Basislösung darstellt, die wiederum auf Optimalität geprüft werden kann, bevor gegebenenfalls eine neue Iteration gestartet wird.

Beispiel 7.5 Wir führen nun Beispiel 7.4 fort. Mit den neuen Werten $x_4 = 0.125, x_2 = 0$ und den alten Werten $x_1 = 0.875, x_3 = 0$ haben wir einen neuen Randpunkt erreicht, der mit der neuen Variablenaufteilung $\mathbf{x}_B = [x_1 \, x_4]^T$ und $\mathbf{x}_N = [x_2 \, x_3]^T$ eine neue zulässige Basislösung darstellt. Um den Optimalitätstest für die neue Basislösung auszuführen, berechnen wir nach (7.9) den neuen reduzierten Kostenvektor $\hat{\mathbf{c}}_N = [\, 0.25 \quad 2 \,]^T$, dessen Komponenten positiv sind. Folglich liegt nunmehr der Fall (b) vor und die eindeutige Problemlösung lautet $\mathbf{x}^* = [\, 0.875 \quad 0 \quad 0 \quad 0.125 \,]^T$. □

Das geschilderte Verfahren garantiert also bei jeder Iteration eine Verkleinerung des Gütefunktionswerts und da die Anzahl der Randpunkte endlich ist, ist ein erfolgreicher Abbruch garantiert. Eine Ausnahme bildet der *entartete Fall*, bei dem in (7.13) $\hat{b}_q = 0$ und $d_q < 0$ auftritt. In diesem Fall kann offensichtlich keine Verkleinerung der Gütefunktion erzeugt werden, folglich muss eine neue Aufteilung in $\mathbf{x}_N$ und $\mathbf{x}_B$ vorgenommen werden. Hierbei ist es aber möglich, dass zyklische Bewegungen mit endloser Iterationenzahl ohne Verkleinerung des Funktionwerts auftreten. Für die Behandlung dieses entarteten Falls, der keineswegs bedeuten muss, dass die entsprechende Problemstellung keine Lösung hätte, sind wirksame Abhilfemaßnahmen vorgeschlagen worden, die wir aber hier außer Acht lassen wollen, s. beispielsweise [1–3].

Die bei einer *Simplexiteration* benötigten Rechenschritte werden nachfolgend zusammengefasst:

(i)   Zu Beginn der Iteration steht eine zulässige Basislösung mit $\mathbf{x}_B = \hat{\mathbf{b}} \geq \mathbf{0}$ und $\mathbf{x}_N = \mathbf{0}$ zur Verfügung.

(ii)   Berechne die reduzierten Kostenkoeffizienten $\hat{\mathbf{c}}_N$ nach (7.9).

(iii) Wenn $\hat{\mathbf{c}}_N > \mathbf{0}$, *stop*: $\mathbf{x}^* = \mathbf{x}$.

(iv)   Wenn $\hat{\mathbf{c}}_N \geq \mathbf{0}$, *stop*: mehrdeutige Lösung.

(v)   Bestimme q gemäß (7.12) und $\mathbf{d}$ gemäß (7.14).

(vi)   Wenn $\mathbf{d} \geq \mathbf{0}$, *stop*: unbeschränkter zulässiger Bereich; keine Lösung im Endlichen.

(vii) Bestimme p gemäß (7.15).

(viii) Wenn $\hat{b}_p = 0$, dann liegt der entartete Fall vor; Abhilfemaßnahmen müssen eingesetzt werden.

(ix)   Berechne die sich aus (7.13) mit $x_q = -\hat{b}_p/d_p > 0$ ergebenden neuen Werte der Basisvariablen.

(x)   Nimm $x_q > 0$ zu den Basisvariablen auf; nimm $x_p = 0$ zu den Nichtbasisvariablen auf; eine neue Iteration kann gestartet werden.

Bei kleindimensionalen Problemen kann diese iterative Prozedur direkt verfolgt werden. Für hochdimensionale Probleme besteht allerdings das Interesse, die beim Schritt (ii) benötigte Inversion der Basismatrix $\mathbf{A}_B$ zu umgehen, um den erforderlichen rechentechnischen Aufwand zu reduzieren. Dies ist in der Tat möglich, wenn man die *Tableau-Version* der Simplex-Methode einsetzt, die hier aber nicht weiter erörtert werden soll, s. [2, 4].

Die Simplex-Methode hat sich in ihrer langjährigen Geschichte myriadenfach bewährt. Ein rechentechnischer Nachteil dieser Methode besteht allerdings darin, dass die Anzahl der Iterationen im schlimmsten Fall gleich der Anzahl der Randpunkte der Problemstellung werden kann, die ihrerseits exponentiell mit der Anzahl der Entscheidungsvariablen wächst. Aus diesem Grund wurde immer schon nach Algorithmen für LP-Problemstellungen geforscht, die einen garantiert polynomisch (statt exponentiell) ansteigenden Rechenaufwand benötigen. Ein gewisser Durchbruch in dieser Richtung wurde 1984 gemeldet. Karmarkar [5] stellte ein Verfahren vor, dessen Aufwand lediglich polynomisch steigt. Weiterentwicklungen dieses Verfahrens, die sogenannten *primal-dualen Innere-Punkte-Verfahren für lineare Probleme*, werden heute mit Erfolg eingesetzt, speziell bei großen Problemdimensionen.

Die in Abschn. 5.4.5 eingeführten Innere-Punkte-Verfahren für nichtlineare Probleme können als Verallgemeinerungen dieser früher entstandenen Verfahren für lineare Probleme gesehen werden. Im Gegensatz zur active-set Strategie der Simplex-Methode werden beim Innere-Punkte-Verfahren nur strikt zulässige Punkte betrachtet. Anstelle der Wanderung von Ecke zu Ecke des zulässigen Bereichs in die optimale Ecke wird hier die optimale Ecke aus dem Inneren des zulässigen Bereichs erreicht. Die kombinatorische Komplexität der Auswahl der passenden Menge aktiver Nebenbedingungen entfällt. Die Grundidee der Innere-Punkte-Verfahren für lineare Probleme kann aus Abschn. 5.4.5 übernommen werden [6].

7.2 Initialisierungsphase

Wie bereits erwähnt, benötigt die Simplex-Methode eine zulässige Basislösung $x^{(1)}$, um die Iterationen in Gang zu setzen. Da die Bereitstellung eines solchen Startpunkts eine nichttriviale Aufgabe an sich darstellen kann, wollen wir das *Verfahren der künstlichen Variablen* vorstellen, das eine systematische Suche einer zulässigen Basislösung ermöglicht.

Zunächst werden in den GNB (7.2) *künstliche Variablen* $\mathbf{r}$ wie folgt eingefügt

$$\mathbf{r} = \mathbf{b} - \mathbf{A}\mathbf{x}, \tag{7.16}$$

wobei die Vereinbarung getroffen wird, dass $\mathbf{b} \geq \mathbf{0}$ gilt. Sofern in der ursprünglichen Problemstellung manche $b_i < 0$ vorhanden waren, soll eine Vorzeichenumkehr bei den entsprechenden Gleichungen vorgenommen werden. Sodann betrachtet man folgendes Hilfsproblem der Initialisierungsphase mit $n + m$ Optimierungsvariablen:

$$
\begin{aligned}
\text{Minimiere} \quad & \sum_{i=1}^{m} r_i \\
\text{u. B. v.} \quad & \mathbf{A}\mathbf{x} + \mathbf{r} = \mathbf{b} \\
& \mathbf{x} \geq \mathbf{0}, \mathbf{r} \geq \mathbf{0}.
\end{aligned}
\tag{7.17}
$$

Das Problem (7.17) wird gelöst, um möglichst alle r_i zu Null zu machen. Sei $\mathbf{x}_H^*, \mathbf{r}_H^*$ die Lösung von (7.17); wenn $\mathbf{r}_H^* = \mathbf{0}$, dann ist $\mathbf{x}_H^*$ im Hinblick auf (7.16) ein zulässiger Punkt der ursprünglichen Problemstellung; wenn $\mathbf{r}_H^* \neq \mathbf{0}$, dann gibt es keinen zulässigen Punkt, d. h. der zulässige Bereich der ursprünglichen Problemstellung ist leer.

Nun beachte man, dass das Hilfsproblem (7.17) ebenso ein LP-Problem ist, wofür aber eine zulässige Basislösung $\mathbf{x}_{HB} = \mathbf{r}, \mathbf{x}_{HN} = \mathbf{x}$ sofort angegeben werden kann. In der Tat folgt mit $\mathbf{x}_{HN} = \mathbf{x} = \mathbf{0}$ aus der GNB $\mathbf{x}_{HB} = \mathbf{r} = \mathbf{b} \geq \mathbf{0}$ und die Simplex-Methode kann also zur Lösung des Hilfsproblems gestartet werden. Ist der zulässige Bereich des ursprünglichen Problems nicht leer, so resultiert als Lösung des Hilfsproblems einerseits $\mathbf{r}_H^* = \mathbf{0}$; da das Hilfsproblem aber insgesamt n Nichtbasisvariablen beinhaltet, werden andererseits $n-m$ Komponenten des Lösungsvektors $\mathbf{x}_H^*$ Null und die restlichen nichtnegativ sein. Die Lösung des Hilfsproblems liefert somit eine zulässige Basislösung $\mathbf{x}^{(1)} = \mathbf{x}_H^*$ für das ursprüngliche Problem.

Beispiel 7.6 Wir wollen das Hilfsproblem der Initialisierungsphase einsetzen, um eine zulässige Basislösung für das Problem des Beispiels 7.3 abzuleiten. Da bereits in der Problemstellung $\mathbf{b} \geq \mathbf{0}$ gilt, brauchen wir keine Vorzeichenumkehr in den GNB vorzunehmen. Man führt zwei künstliche Variablen r_1 und r_2 für die zwei GNB ein, die aber als x_5 und x_6 umbenannt seien. Das Hilfsproblem lautet dann

$$\text{Minimiere} \quad x_5 + x_6$$
$$\text{u. B. v.} \quad x_1 + x_2 + x_3 + x_4 + x_5 = 1; \quad x_1 + x_3 - 3x_4 + x_6 = 0.5$$
$$x_i \geq 0, \quad i = 1, \ldots, 6.$$

Als Startpunkt für die Simplex-Methode darf die zulässige Basislösung $\mathbf{x}^T = [\, 0 \quad 0 \quad 0 \quad 0 \quad 1 \quad 0.5\,]$ verwendet werden. Nach Ausführung von drei Simplex Iterationen bekommt man die Lösung des Hilfsproblems $\mathbf{x}_H^* = [\, 0.875 \quad 0 \quad 0 \quad 0.125 \quad 0 \quad 0\,]^T$. Da $x_5^* = x_6^* = 0$, ist ein zulässiger Punkt der ursprünglichen Problemstellung bestimmt worden, so dass der Startpunkt $\mathbf{x}^{(1)} = [\, 0.875 \quad 0 \quad 0 \quad 0.125\,]$ zur Durchführung der Simplex-iterationen für das ursprüngliche LP-Problem hergenommen werden kann. Wie man aus Beispiel 7.5 bereits weiß, ist aber durch diesen Punkt zufälligerweise die Lösung des Problems gegeben. □

7.3 Beispiele

In diesem Abschnitt wollen wir unter den zahllosen Anwendungen der linearen Programmierung drei weit verbreitete Einsatzgebiete herausgreifen, die allerdings auch mittels bekannter dedizierter Algorithmen effizient gelöst werden können. Einige weitere interessante Anwendungen können auch den Übungsaufgaben zu diesem Kapitel entnommen werden.

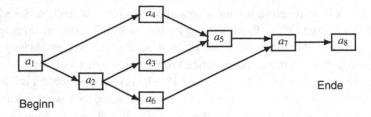

Abb. 7.2 Beispiel eines Netzplans

7.3.1 Netzplantechnik

Die *Netzplantechnik* wird bei der zeitlichen Planung eines aus einzelnen *Teilaktivitäten* bestehenden Prozesses eingesetzt, so z. B. dem Bau eines Gebäudes oder der Montage eines komplexen zusammengesetzten Produkts. Hierbei geht man von der Annahme aus, dass die Ausführung der Teilaktivitäten a_i, $i = 1, \ldots, n$, eine bekannte Zeitdauer $d_i \geq 0$ in Anspruch nimmt und dass die Durchführung einer Teilaktivität a_i erst nach Vollendung anderer Teilaktivitäten möglich ist, die jeweils in der Menge $V(a_i)$ der *Vorgängeraktivitäten* zusammengefasst werden. Die Bestimmung der Vorgängeraktivitäten einer Teilaktivität a_i ist bei komplexen Planungen eine nichttriviale Aufgabe, die aber aus der Sachlage der konkreten Anwendung abgeleitet werden kann und für unsere Zwecke als gegeben betrachtet wird.

Das zugrundeliegende Planungsschema kann mittels eines gerichteten Graphen (*Netzplan*) visualisiert werden (Abb. 7.2), dessen Knoten die auszuführenden Teilaktivitäten darstellen, während die Bögen die Vorgängeraktivitäten der Menge $V(a_i)$ mit a_i verbinden. Sinnvollerweise bezeichnen die erste bzw. letzte Teilaktivität Beginn bzw. Ende des geplanten Prozesses und werden jeweils mit Nulldauer beaufschlagt.

Folglich besteht das Problem der *Terminplanung* darin, die Zeitpunkte t_i des Beginns der Aktivitäten $i = 1, \ldots, n$ so zu bestimmen, dass unter Berücksichtigung der logischen Netzplanzusammenhänge die Ausführungszeit $t_n - t_1 + d_n$ des Gesamtwerks minimiert wird. Setzt man ohne Einschränkung der Allgemeinheit $t_1 = 0$, so lässt sich diese Aufgabenstellung als LP-Problem ausdrücken:

$$\text{Minimiere} \quad f(\mathbf{t}) = t_n$$
$$\text{u. B. v.} \quad t_i - t_j \geq d_j, \quad j \in V(a_i), \quad i = 2, \ldots, n \qquad (7.18)$$
$$t_1 = 0, \ \mathbf{t} \geq \mathbf{0} .$$

Es kann nach kurzer Überlegung realisiert werden, dass die Lösung dieser Aufgabenstellung mit der *längsten Bahn* im Netzplan (Abb. 7.2) verknüpft ist, wenn man als Länge der Bögen die Dauer des jeweiligen Vorgängerknotens einsetzt. Es kann in der Tat allgemein gezeigt werden, dass die Lösung von (7.18) *eindeutige* optimale Anfangszeiten für alle diejenigen Teilaktivitäten liefert, die auf der längsten Bahn (oder dem kritischen Pfad) des

Abb. 7.3 Netzplan für Beispiel 7.7

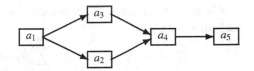

Netzplans liegen; die Lösung ist hingegen mehrdeutig bezüglich aller anderen Teilaktivitäten, d. h., dass bei deren Durchführung ein gewisser Spielraum besteht, innerhalb dessen
die minimale Gesamtdauer unberührt bleibt. Üblicherweise bedient man sich bei der Lösung von Netzplanaufgaben spezieller Algorithmen der kombinatorischen Optimierung
(Abschn. 8.2), die aber hier nicht weiter erörtert werden [7–9].

Beispiel 7.7 Als einfachstes Beispiel zur Bebilderung obiger Zusammenhänge betrachten
wir die Produktion eines aus zwei Teilstücken zusammengesetzten Produkts, und definieren folgende Teilaktivitäten:

a_1 Beginn (Dauer $d_1 = 0$)
a_2 Produktion des Teilstücks 1 (Dauer $d_2 = 2$)
a_3 Produktion des Teilstücks 2 (Dauer $d_3 = 1$)
a_4 Montage (Dauer $d_4 = 1$)
a_5 Ende (Dauer $d_5 = 0$).

Abbildung 7.3 zeigt den zugehörigen Netzplan. Das resultierende LP-Problem lautet gemäß (7.18)

$$\text{Minimiere} \quad t_5$$
$$\text{u. B. v.} \quad t_4 - t_2 \geq 2, \; t_4 - t_3 \geq 1, \; t_5 - t_4 \geq 1$$
$$t_2 \geq 0, t_3 \geq 0, t_4 \geq 0, t_5 \geq 0 .$$

Es ist unschwer zu erkennen, dass die optimale Lösung zunächst $t_2^* = 0, t_4^* = 2, t_5^* = 3$
eindeutig vorschreibt, wohingegen die Teilaktivität a_3 im Spielraum $0 \leq t_3^* \leq 1$ gestartet
werden darf, ohne dass die Lösungsgüte berührt wäre.   □

7.3.2 Transportproblem

Das *Transportproblem* ist ein Spezialfall des Problems der linearen Programmierung und
lässt sich am besten in Form einer Transportaufgabe formulieren. In einem gewissen festen
Zeitintervall T stehen in m Angebotsorten A_μ, $\mu = 1, 2, \ldots, m$, jeweils a_μ Mengeneinheiten eines bestimmten Artikels zur Verfügung, während im gleichen Zeitintervall T in n
Bedarfsorten B_ν, $\nu = 1, 2, \ldots, n$, jeweils ein Bedarf von b_ν Mengeneinheiten dieses Artikels besteht. Der Transport einer Mengeneinheit des Artikels von A_μ nach B_ν koste $c_{\mu,\nu}$
Geldeinheiten und die Transportkosten seien proportional zur transportierten Menge.

Wir nehmen zunächst an, dass die gesamte Angebotsmenge gleich der gesamten Bedarfsmenge ist, d. h.

$$\sum_{\mu=1}^{m} a_\mu = \sum_{\nu=1}^{n} b_\nu \ . \tag{7.19}$$

Gesucht sind die Mengeneinheiten $x_{\mu,\nu}$, die im Zeitintervall T vom Angebotsort A_μ zum Bedarfsort B_ν transportiert werden sollen, damit die gesamten Transportkosten

$$J = \sum_{\mu=1}^{m} \sum_{\nu=1}^{n} c_{\mu,\nu} x_{\mu,\nu} \tag{7.20}$$

minimal werden.

Diese Problemstellung führt auf folgendes mathematisches Optimierungsproblem, das als Transportproblem bekannt ist:

Minimiere J aus (7.20) u. B. v. (7.19) und

$$\sum_{\nu=1}^{n} x_{\mu,\nu} = a_\mu; \quad \mu = 1, \dots, m \tag{7.21}$$

$$\sum_{\mu=1}^{m} x_{\mu,\nu} = b_\nu; \quad \nu = 1, \dots, n \tag{7.22}$$

$$x_{\mu,\nu} \geq 0 \ .$$

Das Transportproblem kann mittels dedizierter Algorithmen, die auf der Grundidee der Simplex-Methode aufbauen, effizient gelöst werden [2]. Das Anwendungsspektrum der Problemstellung ist sehr breit und umfasst auch Aufgaben, die keinen direkten Transportbezug aufweisen, wie einige der nachfolgenden Beispiele belegen.

Beispiel 7.8 Transportkosten: A_μ seien m Werke, die alle ein bestimmtes Produkt produzieren und zwar im Zeitintervall T genau a_μ Mengeneinheiten. B_ν seien n Kunden, die im Zeitintervall T genau b_ν Mengeneinheiten benötigen. Die Lieferungen der Werke A_μ an die Kunden B_ν sollen nun so erfolgen, dass der Bedarf der Kunden erfüllt wird und die Transportkosten minimal sind. Die optimale Lösung besteht nicht notwendig darin, dass jedes Werk die ihm nächstliegenden Kunden befriedigt, da einerseits Kapazitätsbeschränkungen der Werke (Gesamtbedarf der umliegenden Kunden ist größer als die Kapazität eines Werks) vorliegen können und andererseits die Transportkosten (besonders günstige oder ungünstige Transportbedingungen) berücksichtigt werden müssen.   □

Beispiel 7.9 Produktionsplanung: Aus m verschiedenen Erdölquellen A_μ werde dieser Rohstoff von einem Unternehmen in n verschiedene Raffinerien B_ν verarbeitet. Im Zeitintervall T betrage die Ergiebigkeit von A_μ genau a_μ, die Verarbeitungskapazität von B_ν genau b_ν Mengeneinheiten. Der Gewinn des Unternehmers betrage bei Verarbeitung einer Mengeneinheit aus A_μ in der Raffinerie B_ν genau $c_{\mu,\nu}$ Geldeinheiten. Gesucht werden die Mengeneinheiten $x_{\mu,\nu}$, die aus der Quelle A_μ in der Raffinerie B_ν im Zeitintervall T zu verarbeiten sind, damit der Gesamtgewinn maximal wird. Hierbei kann durchaus der Fall betrachtet werden, dass auch einige $c_{\mu,\nu} \leq 0$ sind, d. h., dass einige Raffinerien ohne Gewinn oder gar mit Verlust arbeiten. $\qquad\square$

Beispiel 7.10 Investitionsplanung: Einem Unternehmen stehen m Produktionsfaktoren A_μ, $\mu = 1, \ldots, m$, von jeweils a_μ Werteinheiten (z. B. Geld) für n Investitionen B_ν, $\nu = 1, \ldots, n$, zur Verfügung. Für B_ν seien b_ν Werteinheiten erforderlich. Wenn der Produktionsfaktor A_μ bei B_ν zum Einsatz kommt, ergebe sich pro eingesetzter Werteinheit von A_μ ein Gewinn von $c_{\mu,\nu}$ Werteinheiten. Gesucht werden die Werteinheiten $x_{\mu,\nu}$, die von A_μ bei B_ν zum Einsatz kommen müssen, um den Gewinn zu maximieren. $\qquad\square$

Wir sind bisher von der Voraussetzung ausgegangen, dass das gesamte Angebot gleich dem gesamten Bedarf ist, dass also die Bedingung (7.19) erfüllt ist. Der Fall, dass das Angebot größer als der Bedarf ist, dass also gilt

$$\sum_{\mu=1}^{m} a_\mu > \sum_{\nu=1}^{n} b_\nu \qquad (7.23)$$

lässt sich durch Einführen eines fiktiven Bedarfsorts B_{n+1}, der den Überschuss der Produktion aufnimmt, auf den Fall (7.19) zurückführen. Die Einführung der Zuweisungen $x_{\mu,n+1}$ führt zu

$$\sum_{\mu=1}^{m} x_{\mu,n+1} = b_{n+1} = \sum_{\mu=1}^{m} a_\mu - \sum_{\nu=1}^{n} b_\nu > 0 \, . \qquad (7.24)$$

Verursacht der Überschuss in A_μ Kosten (z. B. Lager- oder Vernichtungskosten), so kann man die Kostenmatrix $(c_{\mu,\nu})$ durch eine $(n + 1)$-te Spalte mit den Komponenten $c_{\mu,n+1}$, $\mu = 1, \ldots, m$, erweitern und bei den Gesamtkosten berücksichtigen

$$J = \sum_{\mu=1}^{m} \sum_{\nu=1}^{n+1} c_{\mu,\nu} x_{\mu,\nu} \, .$$

Auch der Fall, dass die Gesamtproduktion kleiner als die gesamte Bestellmenge der Kunden ist und dass Fehlmengen mit Strafkosten verbunden sind, lässt sich wieder auf das Standardtransportproblem zurückführen. Nehmen wir hierzu einen fiktiven Angebotsort A_{m+1}, dem die Fehlmengen $x_{m+1,\nu}$, $\nu = 1, \ldots, n$, zuzuweisen sind, so ist

$$\sum_{\nu=1}^{n} x_{m+1,\nu} = \sum_{\nu=1}^{n} b_\nu - \sum_{\mu=1}^{m} a_\mu = a_{m+1} > 0$$

mit $x_{m+1,\nu} \geq 0$. Die Kostenmatrix erhält eine $(m + 1)$-te Zeile mit den n Strafkosten $c_{m+1,\nu}$, $\nu = 1, \ldots, n$, wodurch wieder das Transportproblem entsteht.

Abb. 7.4 Transportnetz zu
Beispiel 7.11

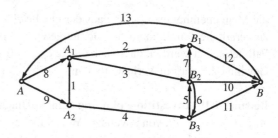

7.3.3 Maximalstromproblem

Das *Maximalstromproblem* kann ebenso wie das Transportproblem auf der Grundlage einer Transportproblemstellung erläutert werden. Ein bestimmtes Produkt wird an den Orten A_μ, $\mu = 1, \ldots, m$, in den jeweils pro Zeiteinheit gegebenen Mengen a_μ erzeugt. An den Orten B_ν, $\nu = 1, \ldots, n$, besteht ein Bedarf für dieses Produkt, wobei die Bedarfsmengen b_ν pro Zeiteinheit ebenfalls bekannt sind. Zwischen den Erzeuger- und Verbraucherorten ist ein Netz von Transportverbindungen vorhanden, die aber jeweils eine *beschränkte Kapazität* pro Zeiteinheit aufweisen. Die erzeugte Produktmenge soll nun im Rahmen der vorhandenen Transportmöglichkeiten so verteilt werden, dass der Gesamtbedarf auf der Verbraucherseite soweit wie möglich gedeckt wird. Wenn die Produktion den Bedarf nicht decken kann, ist eine volle Bedarfsbefriedigung natürlich nicht möglich. Aber auch im Falle niedrigeren Gesamtbedarfs (7.23) kann es wegen der beschränkten Kapazität der Transportwege sein, dass eine vollständige Deckung des Bedarfs nicht zu erreichen ist. Um einen möglichst großen Teil des Bedarfs zu decken, ist es also erforderlich, die Transportmöglichkeiten optimal auszunutzen.

Beispiel 7.11 Man betrachte ein Transportnetz (Abb. 7.4) mit 2 Erzeuger- (A_1, A_2) und 3 Abnahmestätten (B_1, B_2, B_3) sowie 7 Transportwegen mit entsprechenden Kapazitäten $c_1, \ldots, c_7$. Zur Behandlung des Maximalstromproblems werden eine fiktive Erzeugerstätte A bzw. eine fiktive Verbraucherstätte B eingeführt, die mittels fiktiver Wege mit A_1, A_2 bzw. mit B_1, B_2, B_3 verbunden werden. Die Kapazität der fiktiven Wege wird auf a_1, a_2 (Produktionsmengen von A_1, A_2) bzw. b_1, b_2, b_3 (Bedarfsmengen von B_1, B_2, B_3) festgelegt. Ferner werden A und B mittels eines weiteren fiktiven Weges miteinander verbunden. Das Maximalstromproblem für dieses Beispiel besteht dann darin, den fiktiven Strom ϕ_{13} zu maximieren und zwar unter

(a) (linearen) GNB, die den Stromverteilungen im Transportnetz Rechnung tragen und
(b) (linearen) UNB, die die Nichtnegativität und die beschränkte Kapazität der Netzflüsse berücksichtigen.   □

    Maximalstromprobleme können als LP-Probleme formuliert oder aber mittels effizienter dedizierter Algorithmen aus der Graphentheorie gelöst werden [7–9].

7.4 Übungsaufgaben

7.1 Für das in Abb. 7.5 skizzierte Autobahnteilstück sollen an den Einfahrten A und B die Verkehrsstärken r_1, r_2 so gesteuert werden, dass deren Summe maximal wird und stets $r_1 \geq 10$, $r_2 \geq 15$ gilt.

Langzeitmessungen an den Kontrollquerschnitten haben folgende Verkehrsstärken [Fahrzeuge/min] ergeben:

$$q_1 = 32 = \text{konst.}; \quad q_2 = 0.7r_1 + 5; \quad q_3 = 0.2r_1 + 0.8r_2 + 1.$$

Die Kapazitäten c_i (= max. Verkehrsstärken) der Teilabschnitte sind in der Skizze vermerkt. Zeichnen Sie den zulässigen Bereich für die Verkehrsstärken r_1, r_2 und einige Isokostenkonturen. Bestimmen Sie grafisch die optimalen Werte von r_1, r_2.

7.2 (Produktionsplanung) Für die Produktion der Endprodukte E_ν, $\nu = 1, 2, \ldots, n$, seien die Faktoren F_μ, $\mu = 1, 2, \ldots, m$, (z. B. Stahl, Kupfer, Aluminium, Energie, Bearbeitungszeit, Arbeitskräfte usw.) erforderlich. In einem festen Zeitintervall T werden zur Produktion einer Mengeneinheit von E_ν vom Faktor F_μ genau $a_{\mu\nu}$ Mengeneinheiten benötigt, während vom Faktor F_μ in T nur insgesamt b_μ Mengeneinheiten zur Verfügung stehen. Eine Mengeneinheit des Endprodukts E_ν erbringt einen Nettogewinn von c_ν Geldeinheiten. $a_{\mu\nu}, b_\mu$ und c_ν seien bekannt.

Gesucht sind die Mengen x_ν (in geeigneten Mengeneinheiten), die vom Endprodukt E_ν (im festen Zeitintervall T) zu produzieren sind, damit unter den angeführten Produktionsbeschränkungen der als linear anzusetzende Gesamtnettogewinn in T

$$J = \sum_{\nu=1}^{n} c_\nu x_\nu$$

ein Maximum wird. Formulieren Sie die Aufgabenstellung in Form eines LP-Problems. Geben Sie die zugehörige Standardform an.

7.3 Zur Fertigung zweier Endprodukte E_1 und E_2 sind drei Maschinen nötig. Pro Mengeneinheit der Produkte E_1 und E_2 sind an der Maschine F_1 bzw. F_2 bzw. F_3 die in

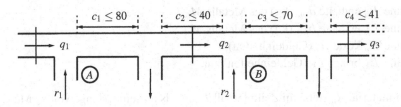

Abb. 7.5 Abbildung zu Aufgabe 7.1

folgender Tabelle angegebenen Bearbeitungszeiten $a_{\mu\nu}$ (Stunden) erforderlich

	F_1	F_2	F_3
E_1	1	2	3
E_2	4	3	1

Pro Woche sind an den einzelnen Maschinentypen die folgenden Maschinenzeiten b_μ (Stunden) verfügbar

$$b_1 = 36, \ b_2 = 32, \ b_3 = 34 \ .$$

Pro produzierte Mengeneinheit des Endprodukts E_ν ergebe sich ein Nettogewinn von c_ν (Geldeinheiten)

$$c_1 = 12, \ c_2 = 30 \ .$$

Gesucht sind die pro Woche zu fertigenden Mengen x_1, x_2 (Mengeneinheiten) der Produkte E_1, E_2, so dass – unter Nichtüberschreitung der verfügbaren Maschinenzeiten – der Gesamtgewinn J pro Woche möglichst groß ist. Formulieren Sie die Aufgabenstellung in Form eines LP-Problems. Lösen Sie das Problem grafisch auf der (x_1, x_2)-Ebene. Geben Sie die Standardform an und lösen Sie das gleiche Problem durch Einsatz der Simplex-Methode.

7.4 (Ernährungsproblem) Zur Fütterung einer Tiersorte benötige man in einer Zeitspanne T von gewissen Nährstoffen N_μ, $\mu = 1, 2, \ldots, m$, wenigstens b_μ Mengeneinheiten. Die Stoffe N_μ sind in gewissen Futtermitteln F_ν, $\nu = 1, 2, \ldots, n$, enthalten. $a_{\mu\nu}$ sei die Menge (in Mengeneinheiten), die vom Stoff N_μ in einer Mengeneinheit des Futtermittels F_ν enthalten ist. c_ν sei der Preis für eine Mengeneinheit von F_ν, x_ν sei die Menge des Futtermittels F_ν, die im Zeitraum T zu kaufen ist. $c_\nu, b_\mu, a_{\mu\nu}$ seien bekannt. Gesucht sind die Mengen der einzelnen Futtermittel die in T gekauft werden müssen, um den Bedarf an Nährstoffen zu einem Minimalpreis zu decken. Formulieren Sie die Aufgabenstellung in Form eines LP-Problems und geben Sie die zugehörige Standardform an.

7.5 (Veredelungsproblem) Es besteht die Aufgabe, l Metalllegierungen $L_\lambda, \lambda = 1, 2, \ldots, l$, aus r Rohmaterialien R_ρ, $\rho = 1, 2, \ldots, r$, anzufertigen. Hierbei gelten folgende Angaben:

eine Tonne R_ρ enthalte $a_{\rho\mu}$ (kg) des Metalls M_μ,
eine Tonne L_λ enthalte $b_{\lambda\mu}$ (kg) des Metalls M_μ,
eine Tonne R_ρ koste p_ρ (Geldeinheiten),
eine Tonne L_λ bringe q_λ (Geldeinheiten) ein.

Vom Rohmaterial R_ρ stehe im Zeitintervall T jeweils nur eine Menge von k_ρ Mengeneinheiten zur Verfügung.

Abb. 7.6 Abbildung zu Aufgabe 7.7

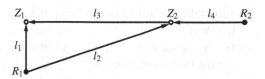

Gesucht sind die Mengeneinheiten x_ρ von R_ρ, die es einzukaufen gilt, und die Mengeneinheiten y_λ von jeder Legierung L_λ, die es zu verkaufen gilt (beides im festen Zeitabschnitt T), so dass unter den vorgegebenen Produktionsbeschränkungen der Gewinn ein Maximum wird. Hierbei sind $a_{\rho\mu}, b_{\lambda\mu}, p_\rho, q_\lambda, k_\rho$ bekannt und es wird angenommen, dass die übrigen anfallenden Kosten bei der Herstellung unabhängig von x_ρ und y_λ sind. Formulieren Sie das entsprechende LP-Problem und geben Sie seine Standardform an.

7.6 Gegeben sei das Problem

$$\text{Minimiere} \quad x_1 + 3x_2$$

$$\text{u. B. v.} \quad -x_1 + x_2 \leq 1, \ x_1 + x_2 \leq 2$$

$$x_1 \geq 0, x_2 \geq 0 \,.$$

Lösen Sie das Problem grafisch, sowie durch Einsatz der Simplex-Methode.

7.7 Das an 2 Raffinenerien R_1, R_2 hergestellte Benzin soll über das in Abb. 7.6 als gerichteter Graph dargestellte und aus 4 Leitungen $l_1, \ldots, l_4$ bestehende Pipelinesystem zu den Verbrauchszentren Z_1, Z_2 mit den als konstant angenommenen Verbrauchsraten V_1, V_2 transportiert werden. Die Transportkosten innerhalb einer Leitung l_i sind direkt proportional zu dem Durchfluss x_i der Leitung mit dem Proportionalitätsfaktor $K_i, i = 1, \ldots, 4$. Gesucht sind die Flüsse x_i, die die Summe aller Transportkosten minimieren, so dass die auftretenden Verbrauchsraten vollständig gedeckt und die Duchflusskapazitäten C_i der Leitungen $l_i, i = 1, \ldots, 4$, nicht überschritten werden.

(a) Formulieren Sie das vorliegende Transportproblem als Optimierungsproblem.
(b) Reduzieren Sie das Problem auf ein zweidimensionales Optimierungsproblem mit Optimierungsvariablen x_1, x_2 mittels des Einsetzverfahrens.

Es gilt nun

$$\begin{aligned}
K_1 &= 40 & C_1 &= 30 & V_1 &= 50 \\
K_2 &= 20 & C_2 &= 20 & V_2 &= 40 \\
K_3 &= 10 & C_3 &= 30 \\
K_4 &= 10 & C_4 &= 60
\end{aligned}$$

(c) Zeichnen Sie den zulässigen Bereich der reduzierten Problemstellung.

(d) Ermitteln Sie Lösung der reduzierten Problemstellung grafisch. Geben Sie die optimalen Werte für x_i, $i = 1, \ldots, 4$, und die minimalen Transportkosten an.

(e) Geben Sie die Kuhn-Tucker-Multiplikatoren der am Minimum aktiven UNB der reduzierten Problemstellung an.

7.8 Die zeitabhängige Funktion

$$J = (t - 1)x_1 + x_2$$

soll unter Berücksichtigung der Nebenbedingungen

$$2x_1 + x_2 \leq 5$$
$$x_1 + 2x_2 \leq 4$$
$$x_1 \geq 0, \ x_2 \geq 0$$

bezüglich x_1, x_2 maximiert werden.

(a) Zeichnen Sie den zulässigen Bereich für x_1, x_2 in der (x_1, x_2)-Ebene.

(b) Bestimmen Sie die optimalen Werte x_1^*, x_2^* in Abhängigkeit von t im Intervall $0 \leq t \leq 4$. Skizzieren Sie $J^*(t)$.

Die gleiche Gütefunktion wie oben soll nun unter Berücksichtigung der Nebenbedingungen

$$2x_1 + x_2 \leq 5$$
$$(x_1 - 1)^2 + x_2 \leq 3$$
$$x_1 \geq 0, \ x_2 \geq 0$$

maximiert werden.

(c) Zeichnen Sie in einer neuen Zeichnung den zulässigen Bereich für x_1, x_2 in der (x_1, x_2)-Ebene.

(d) Bestimmen Sie die optimalen Werte x_1^*, x_2^* in Abhängigkeit von t im Intervall $0 \leq t \leq 4$.

Literatur

1. Fletcher R (1987) Practical methods of optimization, 2. Aufl. Wiley, Chichester

2. Gaede K, Heinhold J (1976) Grundzüge des Operations Research, Teil 1. Carl Hanser Verlag, München

3. Jarre F, Stoer J (2004) Optimierung. Springer, Berlin, Heidelberg

4. Dantzig G (1963) Linear programming and extensions. Princeton University Press, Princeton

5. Karmakar N (1984) A new polynomial-time algorithm for linear programming. Combinatorica (4):373–395

6. Nocedal J, Wright S (2006) Numerical optimization, 2. Aufl. Springer, US

7. Biess G (1976) Graphentheorie. B.G. Teubner Verlagsgesellschaft, Leipzig

8. Biggs N (1985) Discrete mathematics. Clarendon Press, Oxford

9. Walther H, Nägler G (1987) Graphen-Algorithmen-Programme. Springer, Berlin

Weitere Problemstellungen

8

Wir werden in diesem Kapitel einige Problemstellungen ansprechen, deren Bedeutung für entsprechende Anwendungen zwar kontinuierlich wächst, deren detaillierte Darlegung aber außerhalb des Rahmens dieses Buches fällt.

8.1 Minimierung von Vektorfunktionen

Bei den meisten praktischen Anwendungen ist die Güte der zu optimierenden Entscheidungen von mehr als einem Kriterium abhängig. In solchen Fällen ist es zunächst denkbar, die qualitativ unterschiedlichen, teilweise konkurrierenden Teilziele mittels geeigneter Gewichtungsfaktoren in eine einzige Gütefunktion zu subsummieren. Bei manchen Anwendungen erscheint es aber schwierig, geeignete Gewichtungsfaktoren vorab festzulegen, weshalb man weniger an einem eindeutigen Optimum, sondern vielmehr an mehreren, in gewisser Hinsicht optimalen Alternativen interessiert ist, unter denen schließlich die endgültige Entscheidung zu treffen sein wird.

Um unsere Vorgehensweise zu formalisieren, wollen wir in Übereinstimmung mit obiger Problematik folgendes *Polyoptimierungsproblem* definieren

$$\min_{\mathbf{x} \in X} \mathbf{f}(\mathbf{x}), \quad X = \{\mathbf{x} \mid \mathbf{c}(\mathbf{x}) = \mathbf{0}; \mathbf{h}(\mathbf{x}) \leq \mathbf{0}\}, \tag{8.1}$$

wobei im Unterschied zu den bisher behandelten Problemstellungen die Minimierung einem *Gütefunktionsvektor* $\mathbf{f}(\mathbf{x}) = [f_1(\mathbf{x}) \ldots f_p(\mathbf{x})]^T$ gilt. Um eine mathematisch sinnvolle Aufgabenstellung zu bekommen, definieren wir als Lösung von (8.1) den *Pareto optimalen Bereich P* wie folgt

$$\mathbf{x}^* \in P \iff \{\mathbf{x} \in X \mid \mathbf{f}(\mathbf{x}) \leq \mathbf{f}(\mathbf{x}^*)\} = \{\}. \tag{8.2}$$

© Springer-Verlag Berlin Heidelberg 2015

M. Papageorgiou, M. Leibold, M. Buss, *Optimierung*, DOI 10.1007/978-3-662-46936-1_8

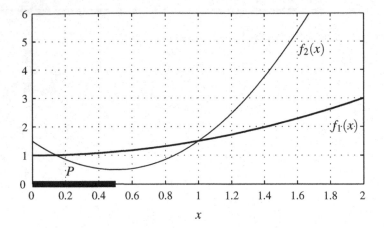

Abb. 8.1 Minimierung zweier Gütefunktionen

Gemäß dieser Definition gehört ein zulässiger Punkt $\mathbf{x}^*$ der optimalen Lösungsmenge P an, wenn es keinen zulässigen Punkt gibt, der bezüglich *aller* Teilgütefunktionen $f_i(\mathbf{x})$, $i = 1, \ldots, p$, eine Verbesserung mit sich bringt. Die Definition impliziert ferner, dass die Verbesserung einer Teilgütefunktion an einem $\mathbf{x}^* \in P$ nur durch Verschlechterung anderer Teilgütefunktionen erkauft werden kann, so dass die Lösungsmenge P in der Tat aus optimalen Alternativen besteht, unter denen gegebenenfalls durch subjektive Beurteilung der enthaltenen Punkte die endgültige Entscheidung zu treffen sein wird.

Beispiel 8.1 Bei der Produktion eines Guts bezeichnet x das verwendete Materialmischverhältnis. Bei der Wahl von $x \geq 0$ sind zwei Kriterien ausschlaggebend, nämlich die Minimierung der Stückkosten, gegeben durch $f_1(x) = 1 + 0.5x^2$, und die Maximierung der Produktqualität, die durch Minimierung von $f_2(x) = 4(x - 0.5)^2 + 0.5$ erreicht werden kann. Abbildung 8.1 zeigt, dass die zwei Teilgütefunktionen teilweise konkurrierend sind. Der Pareto optimale Bereich P entspricht gemäß der Definition (8.2) genau jenem Wertebereich $0 \leq x^* \leq 0.5$, wo die zwei Gütefunktionen konkurrierend sind, d. h. wo jede Verbesserung der Produktqualität zu einer Erhöhung der Produktionskosten führt und umgekehrt. Abbildung 8.2 verdeutlicht den gleichen Sachverhalt in der (f_1, f_2)-Ebene mit dem Materialmischverhältnis x als Parameter. □

Im Folgenden werden mögliche Verfahrensweisen zur Bestimmung der Lösungsmenge P beschrieben. Für weitergehende Informationen wird auf die Spezialliteratur [1, 2] verwiesen.

Die Bestimmung des Pareto optimalen Bereichs für (8.1) kann dadurch vorgenommen werden, dass lediglich eine, im Vektor $\mathbf{f}$ enthaltene, skalare Gütefunktion $f_j(\mathbf{x})$ minimiert wird, während alle anderen Gütefunktionen $f_i(x)$, $i \neq j$, unterhalb vorgegebener

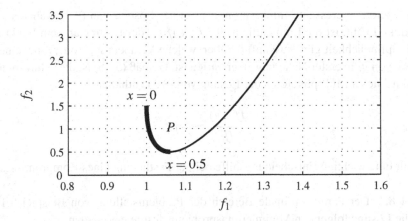

Abb. 8.2 Pareto optimaler Bereich für zwei Gütefunktionen

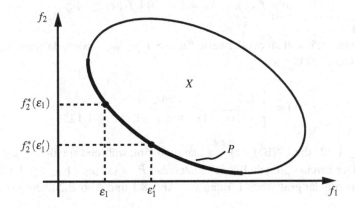

Abb. 8.3 Grafische Darstellung des Pareto optimalen Bereiches

Grenzen ε_i liegen sollen. Dies führt zu folgender Problemstellung der nichtlinearen Programmierung

$$\min_{\mathbf{x} \in X_j} f_j(\mathbf{x}), \quad X_j = \{\mathbf{x} \in X \mid f_i(\mathbf{x}) \le \varepsilon_i; \quad i = 1, \ldots, p; i \ne j\}, \tag{8.3}$$

die mehrmals, für verschiedene Kombinationen von ε_i-Werten, gelöst werden soll, um entsprechende Punkte des Pareto optimalen Bereiches zu bestimmen. Jede globale Lösung $\mathbf{x}^*(\boldsymbol{\varepsilon})$ der obigen Problemstellung gehört dem Pareto optimalen Bereich an, wenn mindestens eine der UNB $f_i(\mathbf{x}^*) \le \varepsilon_i$, $i = 1, \ldots, p, i \ne j$, strikt aktiv ist, da in diesem Fall die Verkleinerung der minimalen Gütefunktion $f_j^*(\boldsymbol{\varepsilon})$ nur mittels einer Verschlechterung derjenigen Gütefunktionen ermöglicht werden kann, die an $\mathbf{x}^*(\boldsymbol{\varepsilon})$ strikt aktiv sind. Dieser Sachverhalt wird auch in Abb. 8.3 für den Fall $p = 2$ illustriert.

Eine weitere interessante Information, die bei der Lösung von (8.3) mühelos als Nebenprodukt abfällt, ist die Empfindlichkeit $df_j^*(\boldsymbol{\varepsilon})/df_i$ der Lösung an dem Punkt $\mathbf{x}^*(\boldsymbol{\varepsilon})$. Diese Empfindlichkeit gibt Auskunft darüber, welche Veränderung von f_j^* bei einer Veränderung von f_i in erster Näherung zu erwarten ist. Gemäß (5.26) ist diese Information in den Kuhn-Tucker Multiplikatoren der Lösung von (8.3) enthalten

$$\frac{df_j^*(\boldsymbol{\varepsilon})}{df_i} = -\mu_i^* \tag{8.4}$$

und stellt eine wichtige Entscheidungshilfe bei der Festlegung eines Kompromisses dar.

Beispiel 8.2 Der Pareto optimale Bereich der Problemstellung von Beispiel 8.1 kann durch die Lösung folgenden Minimierungsproblems festgelegt werden

$$\min_{x \in X_1} f_2(x), \quad X_1 = \{x \geq 0 \mid f_1(x) \leq \varepsilon\}. \tag{8.5}$$

Die Lösung von (8.5) soll sinnvollerweise für $\varepsilon \geq 1$ gelöst werden, da sonst $X_1 = \{\}$ gilt. Die Lösung von (8.5) lautet

$$x^*(\varepsilon) = \begin{cases} 0.5 & \text{wenn} \quad \varepsilon \geq 1.125 \\ \sqrt{2(\varepsilon - 1)} & \text{wenn} \quad 1 \leq \varepsilon \leq 1.125 \,, \end{cases}$$

wobei für $\varepsilon \geq 1.125$ die UNB $f_1(x) \leq \varepsilon$ inaktiv bleibt, während sie für $1 \leq \varepsilon \leq 1.125$ aktiviert wird. Der Pareto optimale Bereich lautet also $P = \{\mathbf{x}^*(\varepsilon) \mid 1 \leq \varepsilon \leq 1.125\} = \{0 \leq x \leq 0.5\}$, was mit der grafischen Lösung von Abb. 8.1 und Abb. 8.2 übereinstimmt. $\square$

Eine alternative Möglichkeit der Berechnung des Pareto optimalen Bereiches besteht darin, folgendes Problem der nichtlinearen Programmierung mehrmals zu lösen

$$\min_{\mathbf{x} \in X} \sum_{i=1}^{p} \alpha_i f_i(\mathbf{x}) \,, \tag{8.6}$$

wobei α_i, $i = 1, \ldots, p$, Gewichtungsfaktoren sind, die in verschiedenen Kombinationen aus der Menge

$$\left\{ \boldsymbol{\alpha} \geq \mathbf{0} \,\middle|\, \sum_{i=1}^{p} \alpha_i = 1 \right\}$$

hergenommen werden sollen. Jede globale Lösung $\mathbf{x}^*(\boldsymbol{\alpha})$ des Problems (8.6) ist ein Element der Lösungsmenge P des Polyoptimierungsproblems, wie leicht nachgewiesen werden kann. Es sollte allerdings vermerkt werden, dass nicht jeder Pareto optimale Punkt als Lösung des Problems (8.6) darstellbar sein muss, s. z. B. Übung 8.2.

Beispiel 8.3 Wir betrachten wieder das Polyoptimierungsproblem vom Beispiel 8.1 und formulieren zur Bestimmung der Lösungsmenge folgendes Minimierungsproblem

$$\min_{x \geq 0} \alpha f_1(x) + (1 - \alpha) f_2(x)$$

mit der Lösung (s. Übung 5.25) $x^*(\alpha) = 4(1 - \alpha)/(8 - 7\alpha)$. Offensichtlich wird für $\alpha = 0$ die Funktion $f_2(x)$ und für $\alpha = 1$ die Funktion $f_1(x)$ minimiert, während sich für $0 \leq \alpha \leq 1$ der Pareto optimale Bereich $P = \{x \mid 0 \leq x \leq 0.5\}$ in Übereinstimmung mit der grafischen Lösung von Abb. 8.1 und Abb. 8.2 bestimmen lässt.   □

8.2 Kombinatorische Optimierung

Bei allen nichttrivialen Optimierungsproblemen, die wir bisher betrachtet haben, beinhaltet der zulässige Bereich $X \subset \mathbb{R}^n$ unendlich viele Kandidaten für das gesuchte Minimum. Bei Problemen der *kombinatorischen Optimierung* hingegen, gilt es, unter einer zulässigen Menge *abzählbar vieler* Kandidaten denjenigen zu wählen, der den Wert einer Gütefunktion minimiert. Nun könnte der Anschein erweckt werden, dass Optimierungsprobleme dieser Art leichter behandelt werden könnten (man braucht ja nur die abzählbar vielen Kandidaten untereinander zu vergleichen). Tatsächlich ist es aber so, dass ein direkter Vergleich einer sehr hohen Anzahl von Kandidaten bei den meisten praktisch interessierenden Anwendungen wegen des entsprechend hohen rechentechnischen Aufwandes nicht in Frage kommt. Darüber hinaus ist aber auch ein systematisches Vorgehen nach den bisherigen Verfahrensweisen mangels des effizienten und einheitlichen Gradientenbegriffes in der Regel ausgeschlossen. Bei Problemen der kombinatorischen Optimierung müssen demnach für Gruppen von ähnlich gelagerten Problemstellungen entsprechende neue Verfahrensweisen entwickelt werden, die unter den neuen Problembedingungen eine möglichst systematische und effiziente Minimumsuche ermöglichen. Eine nützliche Darstellungsweise zur Vereinheitlichung vieler solcher Problemgruppen der kombinatorischen Optimierung stellt die *Graphentheorie* bereit, die in den letzten 50 Jahren verstärkt entwickelt und formalisiert wurde. Die ausführliche Darlegung der Verfahren der kombinatorischen Optimierung fällt aber außerhalb des Rahmens dieses Buches, s. beispielsweise die Spezialwerke [3–6]. Unsere Absicht ist es hier vielmehr, anhand repräsentativer Beispiele die Art und das Anwendungspotential kombinatorischer Problemstellungen sowie deren Unterscheidung von analytischen Problemstellungen zu illustrieren.

Beispiel 8.4 (Knotenfärbung eines Graphen) Man betrachte die Zeitplanung einer Anzahl von Ereignissen ohne unerwünschte Überschneidungen. Seien beispielsweise $x_1, \ldots, x_6$ sechs einstündige Vorlesungen, wofür sieben Zuhörergruppen existieren, die jeweils an folgenden Vorlesungen interessiert sind

$$\{x_1, x_2\}, \{x_1, x_4\}, \{x_3, x_5\}, \{x_2, x_6\}, \{x_4, x_5\}, \{x_5, x_6\}, \{x_1, x_6\}.$$

Abb. 8.4 Graph zu Beispiel 8.4

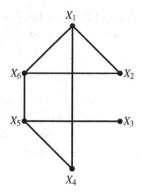

Jede Vorlesung wird einmalig, gegebenenfalls zeitparallel mit anderen Vorlesungen, abgehalten. Gesucht wird eine optimale Zeitplanung zur Minimierung der gesamten Zeitdauer, so dass jeder Zuhörergruppe die Teilnahme an den sie interessierenden Vorlesungen ermöglicht wird. Offenbar gibt es bei dieser Problemstellung abzählbar viele Planungsalternativen. Die im Sinne der Minimierung der Gesamtdauer schlechteste Zeitplanung besteht darin, die Vorlesungen einzeln $(x_1), (x_2), \ldots, (x_6)$ nacheinander zu planen (Gesamtdauer 6 h). Eine bessere Lösung mit einer Gesamtdauer von 4 h lautet $(x_1, x_3), (x_2, x_4), (x_5), (x_6)$. Welche ist die minimale Gesamtdauer?

Zur systematischen Behandlung dieses Problems betrachte man einen Graphen mit sechs Knoten $x_1, \ldots, x_6$, s. Abb. 8.4. Zwei Knoten werden mittels einer Kante miteinander verbunden, wenn beide dem Interessenbereich einer bestimmten Zuhörergruppe angehören. Das Problem wird somit auf folgendes allgemeineres Problem der *Knotenfärbung eines Graphen* zurückgeführt:

Wie viele Farben sind mindestens erforderlich, um die Knoten eines Graphen so zu färben, dass miteinander verbundene (adjazente) Knoten niemals die gleiche Farbe aufweisen?

Die Lösung dieses Problems bei unserem Anwendungsbeispiel lautet 3 Farben (d. h. Gesamtdauer von 3 h), nämlich $(x_1), (x_2, x_5), (x_3, x_4, x_6)$.   □

Beispiel 8.5 (**Problem der kürzesten Bahn**) Man betrachte einen Graphen, dessen (gerichtete oder ungerichtete) Kanten mittels entsprechender Kosten (z. B. Länge oder Zeitdauer) bewertet sind. Die Problemstellung besteht darin, die kostengünstigste Verbindung zwischen zwei Knoten des Graphen zu bestimmen. Dieses Problem, bei dem unter abzählbar vielen Alternativen die kürzeste Verbindungsbahn gesucht wird, wird in Abschn. 14.2 (s. auch Übung 14.1) behandelt. Das Problem kann sich freilich auch so stellen, dass die längste statt der kürzesten Verbindung zwischen zwei Knoten gesucht wird. Wie wir bereits in Abschn. 7.3.1 gesehen haben, steht die Problemstellung der längsten Bahn in engem Zusammenhang mit der *Netzplantechnik* und kann in vielen Fällen mit geringerem Rechenaufwand als die Lineare Programmierung zu entsprechenden Lösungen führen.   □

Tab. 8.1 Verbindungskosten für Beispiel 8.6

	a_2	a_3	a_4	a_5	a_6
a_1	1307.2	683.4	850	1790.8	1409.7
a_2		490	1040.3	860	1000
a_3			561	840	864
a_4				1309.8	673.2
a_5					620

Abb. 8.5 Verbindungsgraph für Beispiel 8.6

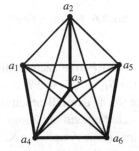

Beispiel 8.6 (**Minimalgerüst eines Graphen**) Fünf Orte $a_1, \ldots, a_5$ sollen mittels entsprechender Entwässerungskanäle mit einer Kläranlage a_6 verbunden werden. Die möglichen Verbindungsalternativen sind im Graphen der Abb. 8.5 gezeigt. Die Konstruktionskosten für die einzelnen Verbindungskanten werden in Tab. 8.1 angegeben. Gesucht wird die Entwurfsalternative des Entwässerungsnetzes, die minimale Konstruktionskosten aufweist.

Dieses Problem lässt sich auf das allgemeinere Problem der Bestimmung eines *Minimalgerüsts* eines Graphen zurückführen. Die Lösung des vorliegenden Beispiels ist in Abb. 8.5 fett eingezeichnet und führt zu Konstruktionskosten von 3027.6. □

Beispiel 8.7 (**Zuordnungsprobleme in bipartiten Graphen**) An eine Gruppe von Studenten $S_1, \ldots, S_5$ sollen Themen für deren Diplomarbeit vergeben werden. In einem Lehrstuhl liegt eine Liste mit 6 Arbeitsthemen $T_1, \ldots, T_6$ vor. Jeder Student hat folgende Themen ausgewählt, an deren Bearbeitung er interessiert wäre

$$S_1: \quad T_5$$
$$S_2: \quad T_2, T_3$$
$$S_3: \quad T_1, T_2, T_4$$
$$S_4: \quad T_5, T_6$$
$$S_5: \quad T_5, T_6 \,.$$

Gesucht ist eine Verteilung der Themen, so dass möglichst viele Studenten ein gewünschtes Thema erhalten.

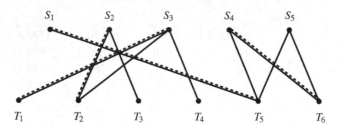

Abb. 8.6 Bipartiter Graph für Beispiel 8.7

Zur Formalisierung dieses Problems erstellen wir einen *bipartiten*[1] Graphen mit Knoten $S_1, \ldots, S_5$ und $T_1, \ldots, T_6$, wobei ein Knoten S_i mit denjenigen Knoten T_j verbunden wird, an deren Bearbeitung der Student S_i interessiert ist, vgl. Abb. 8.6. Das Problem lässt sich dann auf ein *Zuordnungsproblem* in bipartiten Graphen zurückführen, bei dem eine maximale Anzahl von Kanten ohne gemeinsame Knoten bestimmt werden soll. Eine (nicht eindeutige) Lösung des vorliegenden Beispiels ist in Abb. 8.6 gestrichelt eingezeichnet und führt zur Versorgung von 4 Studenten $S_1, \ldots, S_4$ mit gewünschten Arbeitsthemen. Der Student S_5 müsste sich demnach mit einem nicht gewünschten Thema begnügen oder sich bei einem anderen Lehrstuhl nach einer Diplomarbeit umschauen.   □

8.3 Spieltheorie

Bei den bisherigen Betrachtungen sind wir von der Minimierung oder Maximierung einer Gütefunktion seitens *eines einzigen* Entscheidungsträgers ausgegangen. Nun sind aber in Technik, Wirtschaft, Politik und in Zwei-Personen-Spielen Situationen üblich, bei denen der Wert der Gütefunktion von *zwei* Entscheidungsträgern mit entgegengesetzten (konkurrierenden) Zielsetzungen beeinflusst werden kann. Man spricht dann von Problemen der *Spieltheorie* mit zwei beteiligten *Spielern*.

Zur Formalisierung definieren wir eine Gütefunktion $f(\mathbf{x}_A, \mathbf{x}_B)$, wobei die Entscheidungsvariablen $\mathbf{x}_A$ von Spieler A und die Entscheidungsvariablen $\mathbf{x}_B$ von Spieler B festgelegt werden. Nun versucht Spieler A die Funktion f zu minimieren, während Spieler B die Maximierung dieser Funktion zum Ziel hat. Beide Spieler sind über die Existenz und Zielsetzung des Gegners informiert. Zur Veranschaulichung nehmen wir an, dass die Funktion $f(\mathbf{x}_A, \mathbf{x}_B)$ Geldeinheiten darstellt, die A an B zahlen muss, wenn nach den entsprechenden Entscheidungen $\mathbf{x}_A^*$ und $\mathbf{x}_B^*$ der Wert von $f(\mathbf{x}_A^*, \mathbf{x}_B^*)$ feststeht. Spieler A will also $f(\mathbf{x}_A, \mathbf{x}_B)$ minimieren, weiß aber, dass sein Gegner das Gegenteil anstrebt. Wenn Spieler A als erster spielen soll, wird er infolgedessen versuchen, den Gewinn seines Gegners durch Lösung des folgenden *Min-Max-Problems* zu minimieren

$$\min_{\mathbf{x}_A} \max_{\mathbf{x}_B} f(\mathbf{x}_A, \mathbf{x}_B) \, .$$

---

[1] Ein Graph heißt bipartit, wenn 2 Farben für seine Knotenfärbung (s. Beispiel 8.4) ausreichen.

Würde Spieler B das Spiel eröffnen, so müsste er seine Entscheidung aus der Lösung des entsprechenden Max-Min-Problems treffen

$$\max_{\mathbf{x}_B} \min_{\mathbf{x}_A} f(\mathbf{x}_A, \mathbf{x}_B) \,.$$

Wir erhalten somit für diesen einfachen Sachverhalt einen Sattelpunkt

$$f(\mathbf{x}_A^*, \mathbf{x}_B) \leq f(\mathbf{x}_A^*, \mathbf{x}_B^*) \leq f(\mathbf{x}_A, \mathbf{x}_B^*) \,,$$

der die optimale Strategie für die zwei Spieler festlegt.

Die Probleme der Spieltheorie werden interessanter, aber auch schwieriger, wenn man mehrstufige Spiele (z. B. Schach und weitere Zwei-Mann-Spiele) oder sogenannte *Differentialspiele* betrachtet. Bei den letzteren handelt es sich um die Min-Maximierung eines Gütefunktionals unter Berücksichtigung dynamischer Nebenbedingungen im Sinne der dynamischen Optimierung (Teil II dieses Buches). Ein bekanntes Beispiel aus der Theorie der Differentialspiele ist das *Verfolgungs-Ausweich-Problem*, bei dem ein bewegliches Objekt mit bestimmten dynamischen Eigenschaften (maximale Geschwindigkeit, Lenkungsfähigkeit usw.) im zwei- oder dreidimensionalen Raum ein weiteres bewegliches Objekt verfolgt, das zu fliehen versucht. Die Speziallitteratur der Spieltheorie ist sehr umfangreich und beinhaltet ein breites Spektrum möglicher Anwendungen, s. z. B. [7–11].

8.4 Übungsaufgaben

8.1 Zur Fertigung von zwei Produkten P_1, P_2, werden zwei Maschinen M_1, M_2 benötigt. Pro Mengeneinheit des Produkts P_1 sind an der Maschine M_1 $t_{M_1 P_1} = 1$ Stunde und an der Maschine M_2 $t_{M_2 P_1} = 1/12$ Stunde Bearbeitungszeit erforderlich. Beim Produkt P_2 betragen die entsprechenden Bearbeitungszeiten an den Maschinen M_1 bzw. M_2 $t_{M_1 P_2} = 1/11$ Stunde bzw. $t_{M_2 P_2} = 1$ Stunde. Pro Tag stehen die Maschinen M_1, M_2 zur Herstellung der beiden Produkte jeweils 6 Stunden zur Verfügung. Darüber hinaus muss wegen Lagerkapazitätsbeschränkungen für die Gesamtmenge der produzierten Mengeneinheiten $x_1 + x_2 \leq 8$ eingehalten werden, wobei x_1 bzw. x_2 die hergestellten Produktmengen von P_1 bzw. P_2 darstellen. Pro hergestellte Mengeneinheit der Produkte P_1 bzw. P_2 ergibt sich ein Nettogewinn von $G_1 = 20$ Geldeinheiten bzw. $G_2 = 10$ Geldeinheiten. Ferner sei die Gesamtproduktqualität durch die Funktion $x_1 + 2x_2$ gegeben. Gesucht sind die herzustellenden Produktmengen x_1, x_2, so dass unter Berücksichtigung der verfügbaren Maschinenzeiten und der Aufnahmekapazität des Produktionslagers der Gesamtgewinn pro Tag und die Gesamtproduktqualität pro Tag maximiert werden.

(a) Formulieren Sie das vorliegende Problem als Polyoptimierungsproblem mit den Produktmengen x_1, x_2 als Optimierungsvariablen. Betrachten Sie hierbei den negativen Gesamtgewinn pro Tag f_1 und die negative Gesamtqualität pro Tag f_2 als zu *minimierende* Gütefunktionen.

(b) Tragen Sie den zulässigen Bereich der Problemstellung in ein Diagramm ein.

Der Pareto optimale Bereich dieser Aufgabenstellung soll nun mit Hilfe der beschränkten Optimierung ermittelt werden. Hierbei soll die Minimierung der Gütefunktion f_1 unter Berücksichtigung der in (a) festgelegten Ungleichungsnebenbedingungen und der Ungleichung $f_2 \leq \varepsilon$ betrachtet werden.

(c) Setzen Sie $\varepsilon = -11$, tragen Sie die Ungleichungsnebenbedingung $f_2 \leq \varepsilon$ in das Diagramm ein und bestimmen Sie grafisch das Minimum von f_1 unter Berücksichtigung der vorhandenen Ungleichungsnebenbedingungen.

(d) Ermitteln Sie nun den Bereich von ε, bei dem die beschränkte Optimierung von f_1 zu einer Aktivierung der Ungleichungsnebenbedingung $f_2 \leq \varepsilon$ führt. Tragen Sie den Pareto-optimalen Bereich des Polyoptimierungsproblems in das Diagramm ein und geben Sie seine formelmäßige Charakterisierung an.

8.2 Im Beispiel 8.1 sei die Funktion $f_1(x)$ durch $f_1(x) = 1 + 0.5\sqrt{x}$ ersetzt. Zeichnen Sie die entsprechenden Diagramme der Abb. 8.1, 8.2 und bestimmen Sie grafisch den Pareto optimalen Bereich. Zeigen Sie, dass der Pareto optimale Bereich mittels des Hilfsproblems (8.6) nicht vollständig bestimmt werden kann.

Literatur

1. Eschenauer H, Koski J (1990) Multicriteria design optimization. Springer, Berlin

2. Zionts S (Hrsg) (1978) Multicriteria problem solving. Springer, Berlin

3. Gondran M, Minoux M (1984) Graphs and Algorithms. Wiley, New York

4. Papadimitriou C, Steiglitz K (1982) Combinatorial optimization, algorithms and complexity. Prentice-Hall, Englewood Cliffs, New Jersey

5. Walther H, Nägler G (1987) Graphen-Algorithmen-Programme. Springer, Berlin

6. Korte B, Vygen J (2008) Kombinatorische Optimierung. Springer, Heidelberg, Berlin

7. Bryson Jr A, Ho Y (1969) Applied optimal control. Ginn, Waltham, Massachusetts

8. Hagedorn P, Knobloch H, Olsder G (Hrsg.) (1977) Differential games and applications. Springer, Berlin

9. Isaacs R (1965) Differential games. Wiley, New York

10. Nilsson N (1980) Principles of artificial intelligence. Tioga Publ. Co., Palo Alto

11. Rich E (1986) Artificial intelligence. McGraw-Hill, Singapore

Variationsrechnung zur Minimierung von Funktionalen

9

Bei den bisher betrachteten Problemstellungen waren die Entscheidungsvariablen $\mathbf{x}$ Werte aus dem euklidischen Raum $\mathbb{R}^n$ oder aus einem Unterraum $X \subset \mathbb{R}^n$. Bei der dynamischen Optimierung werden *Funktionen* $\mathbf{x}(t)$ einer unabhängigen Variable t, d. h. Elemente des allgemeineren *Hilbertraums* bestimmt. Da bei unseren Beispielen die unabhängige Variable t oft die Zeit sein wird, wollen wir die entsprechende Methodenlehre als *dynamische Optimierung* bezeichnen. Dass die entsprechenden Problemstellungen auch einen anderen als den zeitlichen Hintergrund haben können, demonstriert Beispiel 1.2 sowie folgendes Beispiel.

Beispiel 9.1 Auf der (x, t)-Ebene sei der Punkt $A = (1, 0)$ und die Gerade $t = t_e$ gegeben (Abb. 9.1). Gesucht wird der Funktionsverlauf $x(t)$, $0 \le t \le t_e$, der den Punkt A mit der Gerade $t = t_e$ auf kürzestem Wege verbindet.

Bezeichnet man mit $s(t)$ den bereits zurückgelegten Weg, so kann die bezüglich $x(t)$ zu minimierende Größe wie folgt ausgedrückt werden

$$J(x(t)) = \int\limits_{s(0)}^{s(t_e)} ds = \int\limits_{0}^{t_e} \sqrt{1 + \dot{x}(t)^2}\, dt \,, \qquad (9.1)$$

wobei von der Beziehung $ds = \sqrt{dx^2 + dt^2}$ Gebrauch gemacht wurde. Die gemäß der Problemstellung zu (9.1) gehörigen Randbedingungen lauten

$$x(0) = 1; \quad x(t_e) \text{ frei}; \quad t_e \text{ fest} \,. \qquad (9.2)$$

$\square$

Werden mehrere Funktionen $x_i(t)$ gesucht, die in einer Vektorfunktion $\mathbf{x}(t)$ zusammengefasst werden, so ist also $J(\mathbf{x}(t))$ im Allgemeinen eine Abbildung eines Funktionenraumes in die Menge $\mathbb{R}$ der reellen Zahlen. Wir bezeichnen $J(\mathbf{x}(t))$ als das zu minimierende

© Springer-Verlag Berlin Heidelberg 2015
M. Papageorgiou, M. Leibold, M. Buss, *Optimierung*, DOI 10.1007/978-3-662-46936-1_9

Abb. 9.1 Grafische Darstellung zu Beispiel 9.1

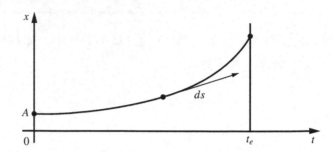

Funktional oder *Gütefunktional*. In den folgenden Abschnitten werden wir Problemstellungen im Zusammenhang mit der Minimierung von Funktionalen betrachten, wobei der
Allgemeinheitsgrad von Abschnitt zu Abschnitt schrittweise erhöht wird. Für eine allgemeine Einführung in die Variationsrechnung aus mathematischer Sicht, s. [1]. Das Variationsprinzip ist auch fundamental in der theoretischen Mechanik, eine Einführung in die
Variationsrechnung aus Sicht der Physik wird in [2] gegeben.

9.1   Notwendige Bedingungen für ein lokales Minimum

In diesem Abschnitt wollen wir eine Problemstellung betrachten, die als Verallgemeinerung von Beispiel 9.1 betrachtet werden kann. Es handelt sich um die Minimierung
folgenden Gütefunktionals

$$J(\mathbf{x}(t)) = \int\limits_{t_a}^{t_e} \phi(\mathbf{x}(t), \dot{\mathbf{x}}(t), t) \, dt \ . \tag{9.3}$$

Hierbei ist ϕ eine zweifach stetig differenzierbare Funktion, während die *Anfangs-* bzw.
Endzeiten t_a bzw. t_e entweder feste (gegebene) Werte aufweisen oder frei sind und optimal bestimmt werden müssen. Das Problem besteht darin, unter der Klasse der zweifach
stetig differenzierbaren Vektor-Funktionen $\mathbf{x}(t) \in C^2$, $\mathbf{x} \in \mathbb{R}^n$, diejenige zu bestimmen,
die $J(\mathbf{x}(t))$ minimiert, wobei die Randbedingungen $\mathbf{x}(t_a)$, $\mathbf{x}(t_e)$ teils fest und teils frei
sein dürfen. Die Einschränkung $\mathbf{x}(t) \in C^2$ schließt mögliche Funktionen aus, die außerhalb dieser Klasse liegen, jedoch gegebenenfalls zu kleineren Werten des Gütefunktionals
führen können. Das gesuchte Minimum wird wegen dieser Einschränkung als *schwaches
Minimum* bezeichnet.

Wir werden den einfacheren Fall fester Endzeit t_e vorerst separat betrachten und in
Abschn. 9.1.2 die Verallgemeinerung auf eine freie Endzeit beschreiben. In Abschn. 9.1.3
wird dann der noch allgemeinere Fall einer allgemeinen Endbedingung $\mathbf{g}(\mathbf{x}(t_e), t_e) = \mathbf{0}$
betrachtet.

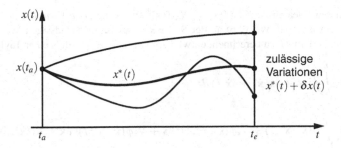

Abb. 9.2 Zulässige Variationen

9.1.1   Feste Endzeit

Die Ableitung notwendiger Bedingungen für das gesuchte Minimum kann mittels folgender Vorgehensweise der *Variationsrechnung* erfolgen, die Ende des 17. und Anfang des 18. Jahrhunderts von
den Gebrüdern *Jean und Jacques Bernoulli* sowie von *Leonhard Euler* und *Joseph Louis Lagrange*
entwickelt wurde.

Sei $\mathbf{x}^*(t)$ die gesuchte Lösung, die etwaige gegebene Randbedingungen erfüllt. Wir definieren folgende Funktion $F(\varepsilon)$ einer skalaren Variablen ε

$$F(\varepsilon) = J(\mathbf{x}^*(t) + \varepsilon\boldsymbol{\eta}(t)) \, . \tag{9.4}$$

Hierbei ist $\boldsymbol{\eta}(t) \in C^2$ eine beliebige Funktion dergestalt, dass $\mathbf{x}^*(t) + \varepsilon\boldsymbol{\eta}(t)$ die gegebenen Randbedingungen erfüllt. Unter diesen Annahmen kann man die Funktion

$$\delta\mathbf{x}(t) = \varepsilon\boldsymbol{\eta}(t) \tag{9.5}$$

als *zulässige Variation* bezeichnen, da offensichtlich $\eta_i(t_a) = \delta x_i(t_a) = 0$, sofern $x_i(t_a)$ fest, und
$\eta_j(t_e) = \delta x_j(t_e) = 0$, falls $x_j(t_e)$ fest, gelten müssen. Abbildung 9.2 zeigt einige zulässige Variationen für ein eindimensionales Problembeispiel mit $x(t_a)$ fest und $x(t_e)$ frei (vgl. auch Beispiel 9.1).

Wenn $\mathbf{x}^*(t)$ ein lokales Minimum von (9.3) sein soll, dann muss die Funktion $F(\varepsilon)$ für alle zulässigen $\boldsymbol{\eta}(t)$ ein lokales Minimum an der Stelle $\varepsilon = 0$ aufweisen. Hierfür muss aber bekanntlich
$F_\varepsilon(0) = 0$ gelten, woraus wir folgende Bedingung erhalten

$$F_\varepsilon(0) = \nabla_\mathbf{x} J(\mathbf{x}^*(t))^T \boldsymbol{\eta}(t) = 0 \, . \tag{9.6}$$

Nun entwickeln wir das Gütefunktional (9.4) um $\varepsilon = 0$ mittels einer Taylor-Reihe und erhalten
unter Nutzung von (9.5)

$$J(\mathbf{x}^* + \delta\mathbf{x}) = J(\mathbf{x}^*) + \nabla_\mathbf{x} J(\mathbf{x}^*)^T \delta\mathbf{x} + \frac{1}{2}\delta\mathbf{x}^T \nabla_\mathbf{xx}^2 J(\mathbf{x}^*)\delta\mathbf{x} + R(\delta\mathbf{x}^3) \, . \tag{9.7}$$

Wir bezeichnen den linearen Anteil $\delta J(\mathbf{x}) = \nabla_\mathbf{x} J(\mathbf{x})^T \delta \mathbf{x}$ als die *erste Variation des Gütefunktionals* $J(\mathbf{x})$, die in Anbetracht von (9.6) an der Stelle $\mathbf{x} = \mathbf{x}^*$ für alle zulässigen Variationen $\delta \mathbf{x}(t)$ verschwinden muss. Um δJ zu berechnen, entwickeln wir nun (9.3) mittels einer Taylor-Reihe

$$J(\mathbf{x}^* + \delta \mathbf{x}) = \int_{t_a}^{t_e} \phi(\mathbf{x}^* + \delta \mathbf{x}, \dot{\mathbf{x}}^* + \delta \dot{\mathbf{x}}, t) \, dt$$

$$= \int_{t_a}^{t_e} \phi(\mathbf{x}^*, \dot{\mathbf{x}}^*, t) + \nabla_\mathbf{x} \phi(\mathbf{x}^*, \dot{\mathbf{x}}^*, t)^T \delta \mathbf{x} + \nabla_{\dot{\mathbf{x}}} \phi(\mathbf{x}^*, \dot{\mathbf{x}}^*, t)^T \delta \dot{\mathbf{x}} + R(\delta \mathbf{x}^2, \delta \dot{\mathbf{x}}^2) \, dt \, . \quad (9.8)$$

Aus (9.7) und (9.8) lässt sich nun δJ wie folgt angeben, wenn wir die Argumente der Funktionen und den Sternindex der einfacheren Darstellung halber weglassen

$$\delta J = \int_{t_a}^{t_e} \nabla_\mathbf{x} \phi^T \delta \mathbf{x} + \nabla_{\dot{\mathbf{x}}} \phi^T \delta \dot{\mathbf{x}} \, dt \, . \quad (9.9)$$

Der zweite Summand im Integral von (9.9) ergibt

$$\int_{t_a}^{t_e} \nabla_{\dot{\mathbf{x}}} \phi^T \delta \dot{\mathbf{x}} \, dt = \left[\nabla_{\dot{\mathbf{x}}} \phi^T \delta \mathbf{x} \right]_{t_a}^{t_e} - \int_{t_a}^{t_e} \frac{d}{dt} (\nabla_{\dot{\mathbf{x}}} \phi^T) \delta \mathbf{x} \, dt \, . \quad (9.10)$$

Zur Ableitung von (9.10) berücksichtige man folgende bekannte Formel der partiellen Integration

$$\int \mathbf{u}^T \dot{\mathbf{v}} \, dt = \mathbf{u}^T \mathbf{v} - \int \dot{\mathbf{u}}^T \mathbf{v} \, dt \, , \quad (9.11)$$

die mit $\mathbf{u} = \nabla_{\dot{\mathbf{x}}} \phi$ und $\mathbf{v} = \delta \mathbf{x}$ unmittelbar zu (9.10) führt. Mit (9.10) lässt sich schließlich (9.9) wie folgt umschreiben

$$\delta J = \int_{t_a}^{t_e} \left(\nabla_\mathbf{x} \phi - \frac{d}{dt} \nabla_{\dot{\mathbf{x}}} \phi \right)^T \delta \mathbf{x} \, dt + \left[\nabla_{\dot{\mathbf{x}}} \phi^T \delta \mathbf{x} \right]_{t_a}^{t_e} \, . \quad (9.12)$$

Bekanntlich muss die 1. Variation die Bedingung $\delta J(\mathbf{x}^*) = 0$ für alle zulässigen $\delta \mathbf{x}$ erfüllen. Dies ist aber gleichbedeutend mit dem Nullsetzen sowohl des Integranden als auch der Terme außerhalb des Integrals von (9.12), wie man unter Nutzung des folgenden *Fundamentallemmas der Variationsrechnung* leicht nachweisen kann.

Fundamentallemma der Variationsrechnung
Sei $\mathbf{h}(t)$ eine stetige Funktion, die

$$\int_{t_a}^{t_e} \mathbf{h}(t)^T \delta \mathbf{x}(t) \, dt = 0 \quad (9.13)$$

für alle stetigen Funktionen $\delta \mathbf{x}(t)$ erfüllt. Dann gilt

$$\mathbf{h}(t) = \mathbf{0} \quad \forall t \in [t_a, t_e] \, .$$

Ein anschaulicher Nachweis des Fundamentallemmas kann wie folgt gewonnen werden. Man konstruiere eine Vektorfunktion $\delta \mathbf{x}(t) = [\ \delta x_1(t) \quad 0 \quad \ldots \quad 0\ ]^T$, wobei $\delta x_1(t)$ bis auf einen kurzen

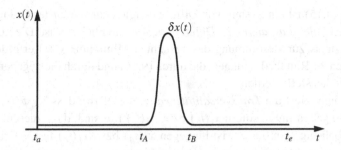

Abb. 9.3 Zur Veranschaulichung des Fundamentallemmas

Bereich $[t_A, t_B]$ eine Nullfunktion ist, wie in Abb. 9.3 dargestellt. Dann muss aber wegen Annahme (9.13) gelten

$$\int\limits_{t_a}^{t_e} \mathbf{h}(t)^T \delta\mathbf{x}(t)\, dt = \int\limits_{t_A}^{t_B} h_1(t)\, \delta x_1(t)\, dt = 0 \,. \tag{9.14}$$

Wenn nun das Intervall $t_B - t_A$ genügend kurz gewählt wird, so dass die stetige Funktion $h_1(t)$ für die Dauer $t_B - t_A$ keine Vorzeichenwechsel erfährt, dann muss zur Erfüllung obiger Beziehung $h_1(t) = 0$ für $t_A \leq t \leq t_B$ gelten. Da aber $\delta\mathbf{x}(t)$ frei wählbar ist, kann man diese Prozedur für verschiedene Bereiche $t_a \leq t_A, t_B \leq t_e$ und für verschiedene Komponenten $h_i(t)$ durchführen, woraus schließlich die nachzuweisende Eigenschaft $\mathbf{h}(t) = \mathbf{0}$, $t_a \leq t \leq t_e$, resultiert.

Die weitere Argumentation zu (9.12) auf der Grundlage des Fundamentallemmas ist nun wie folgt. Da $\delta\mathbf{x}(t)$ beliebig sein darf, wählen wir Funktionen $\delta\mathbf{x}(t)$ mit $\delta\mathbf{x}(t_a) = \delta\mathbf{x}(t_e) = \mathbf{0}$. Dann muss aber der Integrand in (9.12) wegen des Fundamentallemmas[1] verschwinden. Somit verbleiben in (9.12) nur noch die Randterme

$$\nabla_{\dot{\mathbf{x}}}\phi^T \delta\mathbf{x}\big|_{t_e} - \nabla_{\dot{\mathbf{x}}}\phi^T \delta\mathbf{x}\big|_{t_a} = \mathbf{0} \,.$$

Nun kann man aber wieder eine Funktion $\delta\mathbf{x}$ mit $\delta\mathbf{x}(t_a) = \mathbf{0}$ (bzw. $\delta\mathbf{x}(t_e) = \mathbf{0}$) wählen und erhält $\nabla_{\dot{\mathbf{x}}}\phi^T \delta\mathbf{x}\big|_{t_e} = 0$ (bzw. $\nabla_{\dot{\mathbf{x}}}\phi^T \delta\mathbf{x}\big|_{t_a} = 0$). Somit entstehen also durch Nullsetzen von (9.12) die nachfolgend präsentierten notwendigen Optimalitätsbedingungen.

Die *notwendigen Bedingungen für ein schwaches lokales Minimum eines Gütefunktionals (9.3) mit fester Endzeit* lauten wie folgt

$$\nabla_{\mathbf{x}}\phi^* - \frac{d}{dt}\nabla_{\dot{\mathbf{x}}}\phi^* = \mathbf{0} \qquad \forall t \in [t_a, t_e] \tag{9.15}$$

$$\nabla_{\dot{\mathbf{x}}}\phi^{*T} \delta\mathbf{x} = 0 \quad \text{für} \quad t = t_a \quad \text{und für} \quad t = t_e \tag{9.16}$$

mit den Abkürzungen $\phi^* = \phi(\mathbf{x}^*, \dot{\mathbf{x}}^*, t)$ und $\nabla_{\dot{\mathbf{x}}}\phi^* = \nabla_{\dot{\mathbf{x}}}\phi(\mathbf{x}^*, \dot{\mathbf{x}}^*, t)$. Darüber hinaus müssen gegebenenfalls die Randbedingungen für $\mathbf{x}(t_a)$ und $\mathbf{x}(t_e)$ eingehalten werden.

---

[1] Das Fundamentallemma gilt auch, wenn (9.13) für alle stetigen Funktionen $\delta\mathbf{x}(t)$ mit $\delta\mathbf{x}(t_a) = \delta\mathbf{x}(t_e) = \mathbf{0}$ erfüllt ist, wie man leicht nachvollziehen kann.

Gleichung (9.15) ist ein System von Differentialgleichungen $2n$-ter Ordnung, das unter dem Namen *Euler-Lagrangesche Differentialgleichung* bekannt ist. Die Lösung dieses Gleichungssystems zur Bestimmung des gesuchten Minimums $\mathbf{x}^*(t)$ erfordert das Vorhandensein von $2n$ Randbedingungen, die durch (9.16) und durch die gegebenen Randbedingungen bereitgestellt werden.

In der Tat impliziert die *Transversalitätsbedingung* (9.16), dass $\nabla_{\dot{x}_i} \phi^*(t_a) = 0$ bzw. $\nabla_{\dot{x}_i} \phi^*(t_e) = 0$ gelten muss, sofern $x_i(t_a)$ bzw. $x_i(t_e)$ frei sind, da in diesem Fall $\delta x_i(t_a)$ bzw. $\delta x_i(t_e)$ beliebig sein dürfen. Ist hingegen $x_j(t_a)$ bzw. $x_j(t_e)$ fest, so gilt für zulässige Variationen $\delta x_j(t_a) = 0$ bzw. $\delta x_j(t_e) = 0$ und die zugehörigen Werte $\nabla_{\dot{x}_j} \phi^*(t_a)$ bzw. $\nabla_{\dot{x}_j} \phi^*(t_e)$ dürfen beliebig sein. Wenn wir also zusammenfassend annehmen, dass bei einer bestimmten Problemstellung N Randbedingungen fest vorgegeben sind, wobei $0 \leq N \leq 2n$, dann stellt (9.16) die restlichen $2n - N$ erforderlichen Randbedingungen zur Verfügung.

Die Lösung eines Systems von Differentialgleichungen bei ausreichenden Randbedingungen, die teils für die Anfangs- und teils für die Endzeit gelten, ist unter dem Namen *Zwei-Punkt-Randwert-Problem (ZPRWP)* bekannt. Seine analytische Lösung ist nur bei einfachen Problemstellungen möglich, sonst ist eine numerische Lösung anzustreben. Im vorliegenden Fall hat man also aus dem ursprünglichen Optimierungsproblem ein ZPRWP abgeleitet, dessen Lösung die gesuchte Funktion $\mathbf{x}^*(t)$ beinhaltet, die das Gütefunktional (9.3) minimiert.

Ähnlich wie bei der statischen Optimierung sind die hier abgeleiteten notwendigen Bedingungen 1. Ordnung bei allen sogenannten *Extremalen*, also auch bei einem eventuellen lokalen Maximum des Gütefunktionals, erfüllt. Ob es sich tatsächlich um ein Minimum handelt, lässt sich möglicherweise aus dem Anwendungskontext, bzw. durch Ausprobieren einer kleinen zulässigen Variation $\delta\mathbf{x}(t)$ feststellen (s. Übung 9.2). Wichtige diesbezügliche Hinweise ergeben sich auch nach Auswertung der notwendigen Bedingungen 2. Ordnung, die in Abschn. 9.2 angegeben werden. *Hinreichende Bedingungen für ein Minimum* sind zwar aus der zweiten Variation ableitbar, erfordern allerdings sowohl zu ihrer Herleitung als auch zu ihrer Anwendung einen erheblichen Aufwand, weshalb sie außerhalb unseres Blickfeldes bleiben sollen, s. z. B. [3, 4].

Beispiel 9.2 Wir wollen nun die abgeleiteten notwendigen Bedingungen zur Lösung der Problemstellung von Beispiel 9.1 einsetzen. Mit $\phi = \sqrt{1 + \dot{x}^2}, \phi_x = 0$ und $\phi_{\dot{x}} = \dot{x}/\sqrt{1 + \dot{x}^2}$ ergibt sich aus (9.15)

$$\frac{d}{dt}\phi_{\dot{x}}^* = 0 \iff \phi_{\dot{x}}^* = \text{const.} \iff \dot{x}^*(t) = c_1 \iff x^*(t) = c_1 t + c_2 , \quad (9.17)$$

wobei c_1, c_2 Integrationskonstanten sind. Aus der Anfangsbedingung $x^*(0) = 1$ ergibt sich zunächst $c_2 = 1$. Da $x(t_e)$ frei ist, ist $\delta x(t_e)$ beliebig, weshalb

$$\phi_{\dot{x}}(x^*(t_e), \dot{x}^*(t_e), t_e) = 0$$

gelten muss, um (9.16) zu erfüllen. Aus letzterer Beziehung lässt sich aber $\dot{x}^*(t_e) = 0$ und somit $c_1 = 0$ folgern. Zusammenfassend lautet also die Lösung des ZPRWP $x^*(t) = 1$, $0 \leq t \leq t_e$, was offensichtlich ein Minimum der Problemstellung ist. □

9.1.2 Freie Endzeit

In diesem Abschnitt wollen wir folgende Erweiterungen im Vergleich zur Problemstellung des letzten Abschn. 9.1.1 einführen:

- Wir werden $t_a = 0$ und $\mathbf{x}(t_a)$ fest annehmen; diese Einschränkung ist ohne besondere Bedeutung und dient lediglich der einfacheren Darstellung der Ergebnisse. Tatsächlich lassen sich die Ergebnisse dieses Abschnittes problemlos auf den Fall freier Anfangszeit t_a und freien Anfangszustandes $\mathbf{x}(t_a)$ erweitern.
- Wir werden erlauben, dass die Endzeit t_e frei sein darf; der Endzustand $\mathbf{x}(t_e)$ darf nach wie vor fest oder frei sein.
- Das Gütefunktional wird um einen *Endzeitterm* wie folgt erweitert

$$J(\mathbf{x}(t), t_e) = \vartheta(\mathbf{x}(t_e), t_e) + \int_0^{t_e} \phi(\mathbf{x}(t), \dot{\mathbf{x}}(t), t)\, dt \,, \tag{9.18}$$

wobei ϑ eine zweifach stetig differenzierbare Funktion ist. Offensichtlich macht die Einführung des neuen Termes nur dann einen Sinn, wenn t_e und/oder $\mathbf{x}(t_e)$ frei sind.

Zur Bildung der 1. Variation δJ muss nunmehr auch eine Variation δt_e der freien Endzeit berücksichtigt werden

$$\begin{aligned} J(\mathbf{x}^* + \delta\mathbf{x}, t_e^* + \delta t_e) &= \vartheta(\mathbf{x}^*(t_e^* + \delta t_e) + \delta\mathbf{x}(t_e), t_e^* + \delta t_e) \\ &+ \int_0^{t_e^* + \delta t_e} \phi(\mathbf{x}^* + \delta\mathbf{x}, \dot{\mathbf{x}}^* + \delta\dot{\mathbf{x}}, t)\, dt \,. \end{aligned} \tag{9.19}$$

Ähnlich wie in Abschn. 9.1.1 ergibt sich für die 1. Variation δJ (ohne Argumente und Sternindex)

$$\begin{aligned} \delta J &= \nabla_{\mathbf{x}(t_e)} \vartheta^T \delta\mathbf{x}(t_e) + (\nabla_{\mathbf{x}(t_e)} \vartheta^T \dot{\mathbf{x}}(t_e) + \vartheta_{t_e}) \delta t_e \\ &+ \int_0^{t_e} (\nabla_{\mathbf{x}} \phi^T \delta\mathbf{x} + \nabla_{\dot{\mathbf{x}}} \phi^T \delta\dot{\mathbf{x}})\, dt + \phi(\mathbf{x}(t_e), \dot{\mathbf{x}}(t_e), t_e) \delta t_e \,. \end{aligned} \tag{9.20}$$

Unter Berücksichtigung der Gesamtvariation des Endzustandes $\delta\mathbf{x}_e = \delta\mathbf{x}(t_e) + \dot{\mathbf{x}}(t_e)\delta t_e$ und der partiellen Integration (9.11) erhält man aus (9.20)

$$\begin{aligned} \delta J &= \left(\vartheta_{t_e} + \phi(\mathbf{x}(t_e), \dot{\mathbf{x}}(t_e), t_e) - \nabla_{\dot{\mathbf{x}}} \phi(\mathbf{x}(t_e), \dot{\mathbf{x}}(t_e), t_e)^T \dot{\mathbf{x}}(t_e)\right) \delta t_e \\ &+ \left(\nabla_{\mathbf{x}(t_e)} \vartheta + \nabla_{\dot{\mathbf{x}}} \phi(\mathbf{x}(t_e), \dot{\mathbf{x}}(t_e), t_e)\right)^T \delta\mathbf{x}_e + \int_0^{t_e} \left(\nabla_{\mathbf{x}} \phi - \frac{d}{dt} \nabla_{\dot{\mathbf{x}}} \phi\right)^T \delta\mathbf{x}\, dt \,. \end{aligned} \tag{9.21}$$

Aus (9.21) lassen sich schließlich mit dem Fundamentallemma der Variationsrechnung die notwendigen Optimalitätsbedingungen ableiten.

Die *notwendigen Bedingungen für ein schwaches lokales Minimum eines Gütefunktionals (9.18) mit freier Endzeit* lauten wie folgt

$$\nabla_{\mathbf{x}}\phi^* - \frac{d}{dt}\nabla_{\dot{\mathbf{x}}}\phi^* = \mathbf{0} \quad \forall t \in [t_a, t_e] \tag{9.22}$$

$$\left(\nabla_{\mathbf{x}(t_e)}\vartheta^* + \nabla_{\dot{\mathbf{x}}}\phi(\mathbf{x}^*(t_e^*), \dot{\mathbf{x}}^*(t_e^*), t_e^*)\right)^T \delta\mathbf{x}_e = 0 \tag{9.23}$$

$$\left(\vartheta_{t_e}^* + \phi(\mathbf{x}^*(t_e^*), \dot{\mathbf{x}}^*(t_e^*), t_e^*) - \nabla_{\dot{\mathbf{x}}}\phi(\mathbf{x}^*(t_e^*), \dot{\mathbf{x}}^*(t_e^*), t_e^*)^T \dot{\mathbf{x}}^*(t_e^*)\right) \delta t_e = 0 \,. \tag{9.24}$$

Darüber hinaus müssen die gegebenen Randbedingungen für $\mathbf{x}(0)$ und gegebenenfalls für $\mathbf{x}(t_e)$ eingehalten werden.

Gleichung (9.22) ist die aus (9.15) bekannte Euler-Lagrangesche Differentialgleichung. Gleichung (9.23) ist die aus (9.16) bekannte Transversalitätsbedingung für den Endzustand, nunmehr erweitert durch die Einführung des Endzeittermes ins Gütefunktional. Wir erinnern daran, dass diese Bedingung für beliebige Variationen δx_{e_i} gelten muss, sofern die entsprechenden $x_i(t_e)$ frei sind, weshalb also jeder Summand des Skalarproduktes (9.23) unabhängig gleich Null sein muss. Gleichung (9.24) ist eine neue Transversalitätsbedingung für die freie Endzeit t_e.

In ähnlicher Weise wie in Abschn. 9.1.1 liefern (9.23) und die gegebenen Randbedingungen die $2n$ Randbedingungen, die zur Lösung des Differentialgleichungssystems (9.22) erforderlich sind, während (9.24) eine zusätzliche Beziehung zur Berechnung der freien Endzeit t_e zur Verfügung stellt. Ist t_e fest, so gilt $\delta t_e = 0$, folglich ist die Bedingung (9.24) automatisch erfüllt und wird also nicht mehr benötigt.

Sollten die Anfangszeit t_a und/oder der Anfangszustand $\mathbf{x}(t_a)$ frei sein, so können die entsprechenden Transversalitätsbedingungen in analoger Weise wie folgt abgeleitet werden (s. Übung 9.9)

$$\left(\nabla_{\mathbf{x}(t_a)}\vartheta^* - \nabla_{\dot{\mathbf{x}}}\phi\left(\mathbf{x}^*(t_a^*), \dot{\mathbf{x}}^*(t_a^*), t_a^*\right)\right)^T \delta\mathbf{x}_a = 0 \tag{9.25}$$

$$\left(\vartheta_{t_a}^* - \phi(\mathbf{x}^*(t_a^*), \dot{\mathbf{x}}^*(t_a^*), t_a^*) + \nabla_{\dot{\mathbf{x}}}\phi(\mathbf{x}^*(t_a^*), \dot{\mathbf{x}}^*(t_a^*), t_a^*)^T \dot{\mathbf{x}}^*(t_a)\right) \delta t_a = 0 \,. \tag{9.26}$$

9.1.3 Allgemeine Endbedingung

Die Forderung nach freier Endzeit vom letzten Abschn. 9.1.2 wollen wir in diesem Abschnitt dahingehend verallgemeinern, dass wir die Minimierung von Funktionalen (9.18) bei zusätzlicher Erfüllung folgender *Endbedingung* berücksichtigen

$$\mathbf{g}(\mathbf{x}(t_e), t_e) = \mathbf{0} \,, \tag{9.27}$$

wobei $\mathbf{g}$ eine zweifach stetig differenzierbare Vektorfunktion der Dimension $l \leq n + 1$ ist. Gilt $l = n + 1$, so lassen sich $\mathbf{x}(t_e)$ und t_e aus (9.27) eindeutig bestimmen und

Abb. 9.4 Grafische Darstellung zu Beispiel 9.3

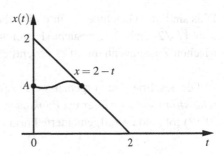

die Problemstellung kann auf diejenige von Abschn. 9.1.1 zurückgeführt werden. Ferner werden wir stets annehmen, dass die Jacobi-Matrix von **g** nach ihren Argumenten vollen Rang hat.

Zur Berücksichtigung von (9.27) führen wir wie bei der statischen Optimierung einen Lagrange-Multiplikatoren-Vektor $\boldsymbol{\nu} \in \mathbb{R}^l$ ein, und bilden eine Lagrange-Funktion

$$\Theta(\mathbf{x}(t_e), t_e, \boldsymbol{\nu}) = \vartheta(\mathbf{x}(t_e), t_e) + \boldsymbol{\nu}^T \mathbf{g}(\mathbf{x}(t_e), t_e) . \tag{9.28}$$

Zur Ermittlung eines stationären Punktes der Lagrange-Funktion brauchen wir lediglich die Funktion ϑ in den notwendigen Bedingungen (9.23), (9.24) durch die Funktion Θ von (9.28) zu ersetzen. Die Endzeitbedingungen für $\mathbf{x}(t_e)$ und die Endzeit t_e werden hierbei als frei betrachtet, während zur Ermittlung der zusätzlichen Unbekannten $\boldsymbol{\nu}$ nunmehr auch (9.27) in den Satz der notwendigen Bedingungen aufgenommen werden muss.

Beispiel 9.3 Auf der (x, t)-Ebene sei der Punkt $A = (1, 0)$ und die Gerade $x = 2 - t$ gegeben (Abb. 9.4). Gesucht wird der Funktionsverlauf $x(t)$, der den Punkt A mit der Gerade $x = 2 - t$ auf kürzestem Wege verbindet. Während das Gütefunktional für diese Problemstellung identisch mit (9.1) ist, lauten nunmehr die gegebenen Randbedingungen

$$x(0) = 1; \; x(t_e) = 2 - t_e . \tag{9.29}$$

Aus der notwendigen Bedingung (9.22) erhalten wir zunächst die gleiche Euler-Lagrangesche Differentialgleichung (9.17) wie bei Beispiel 9.2 mit der Lösung $x^*(t) = c_1 t + c_2$. Durch Berücksichtigung der Anfangsbedingung $x^*(0) = 1$ ergibt sich auch hier die Integrationskonstante $c_2 = 1$. Mit

$$\Theta(x(t_e), t_e, \nu) = \nu(2 - x(t_e) - t_e)$$

erhalten wir aber nunmehr aus (9.23), (9.24) und (9.27)

$$-\nu + \frac{\dot{x}(t_e)}{\sqrt{1 + \dot{x}(t_e)^2}} = 0 \tag{9.30}$$

$$-\nu + \sqrt{1 + \dot{x}(t_e)^2} - \frac{\dot{x}(t_e)^2}{\sqrt{1 + \dot{x}(t_e)^2}} = 0 \tag{9.31}$$

$$2 - x(t_e) - t_e = 0 . \tag{9.32}$$

Dies sind drei Gleichungen für drei Unbekannte ν, c_1, t_e^*, deren Lösung $t_e^* = 0.5, c_1 = 1$, $\nu = 1/\sqrt{2}$ ergibt. Die gesuchte Extremale lautet also $x^*(t) = t + 1$ und aus dem geometrischen Zusammenhang ist es ersichtlich, dass es sich um ein Minimum handelt.   □

Die beschriebene Vorgehensweise kann auch angewendet werden, wenn *GNB oder Gütefunktionsterme an internen Punkten* vorliegen. In diesem Fall nimmt das Gütefunktional (9.18) folgende verallgemeinerte Form an

$$\tilde{J}(\mathbf{x}(t), t_e, t_1) = \vartheta(\mathbf{x}(t_e), t_e) + \tilde{\vartheta}(\mathbf{x}(t_1), t_1) + \int\limits_0^{t_e} \phi(\mathbf{x}(t), \dot{\mathbf{x}}(t), t)\, dt\,, \tag{9.33}$$

wobei $0 < t_1 < t_e$ vorausgesetzt wird und der *interne Zeitpunkt* t_1 fest oder frei sein darf. Zusätzlich gilt es, folgende *interne GNB*

$$\tilde{\mathbf{g}}(\mathbf{x}(t_1), t_1) = \mathbf{0} \tag{9.34}$$

einzuhalten.

Die beschriebene Erweiterung der Problemstellung hat keinen Einfluss auf die bereits abgeleiteten Optimalitätsbedingungen (9.22)–(9.24). Nun wirken aber $\tilde{\vartheta}$ in (9.33) bzw. $\tilde{\mathbf{g}}$ aus (9.34) wie Endzeitterm bzw. -bedingung für das Zeitintervall $[0, t_1]$; ferner wirken $\tilde{\vartheta}$ bzw. $\tilde{\mathbf{g}}$ wie Anfangszeitterm bzw. -bedingung für das Zeitintervall $[t_1, t_e]$. Deshalb müssen ähnliche Transversalitätsbedingungen wie (9.23)–(9.26) nunmehr zusätzlich für Variationen $\delta\mathbf{x}_1 = \delta\mathbf{x}(t_1)$ und δt_1 abgeleitet werden, wobei in Analogie zu (9.28) die Funktion

$$\tilde{\Theta}(\mathbf{x}(t_1), t_1, \tilde{\boldsymbol{\nu}}) = \tilde{\vartheta}(\mathbf{x}(t_1), t_1) + \tilde{\boldsymbol{\nu}}^T \tilde{\mathbf{g}}(\mathbf{x}(t_1), t_1) \tag{9.35}$$

zu Grunde gelegt wird. Bezeichnet man mit t_1^- die Zeit kurz vor t_1 und mit t_1^+ die Zeit kurz nach t_1, so lassen sich ähnlich wie in Abschn. 9.1.2 folgende Transversalitätsbedingungen für Variationen $\delta\mathbf{x}_1$ und δt_1 ableiten (s. Übung 9.11)

$$\left(\nabla_{\mathbf{x}(t_1)} \tilde{\vartheta}^* + \tilde{\mathbf{g}}_{\mathbf{x}(t_1)}^{*T} \tilde{\boldsymbol{\nu}} + \nabla_{\dot{\mathbf{x}}} \phi(\mathbf{x}^*(t_1^{-*}), \dot{\mathbf{x}}^*(t_1^{-*}), t_1^{-*}) \right.$$

$$\left. - \nabla_{\dot{\mathbf{x}}} \phi(\mathbf{x}^*(t_1^{+*}), \dot{\mathbf{x}}^*(t_1^{+*}), t_1^{+*}) \right)^T \delta\mathbf{x}_1 = 0 \tag{9.36}$$

$$\left(\tilde{\vartheta}_{t_1}^* + \tilde{\mathbf{g}}_{t_1}^{*T} \tilde{\boldsymbol{\nu}} + \phi(\mathbf{x}^*(t_1^{-*}), \dot{\mathbf{x}}^*(t_1^{-*}), t_1^{-*}) - \nabla_{\dot{\mathbf{x}}} \phi(\mathbf{x}^*(t_1^{-*}), \dot{\mathbf{x}}^*(t_1^{-*}), t_1^{-*})^T \dot{\mathbf{x}}^*(t_1^{-*}) \right.$$

$$\left. - \phi(\mathbf{x}^*(t_1^{+*}), \dot{\mathbf{x}}^*(t_1^{+*}), t_1^{+*}) + \nabla_{\dot{\mathbf{x}}} \phi(\mathbf{x}^*(t_1^{+*}), \dot{\mathbf{x}}^*(t_1^{+*}), t_1^{+*})^T \dot{\mathbf{x}}^*(t_1^{+*}) \right) \delta t_1 = 0\,. \tag{9.37}$$

Es sollte aber vermerkt werden, dass die Verläufe $\mathbf{x}(t), \dot{\mathbf{x}}(t)$ mit den Optimalitätsbedingungen (9.22)–(9.24) bereits vollständig bestimmt sind. Die zusätzlichen Transversalitätsbedingungen an dem internen Zeitpunkt t_1 sind daher nur erfüllbar, wenn $\dot{\mathbf{x}}(t)$ an der Stelle t_1 unstetig sein darf, vgl. Abschn. 9.3 und Übung 9.8, vgl. auch Abschn. 10.5.2.

9.2   Legendresche Bedingung

Im Gegensatz zu den hinreichenden Bedingungen ist die Ableitung und vor allem der Einsatz von notwendigen Bedingungen 2. Ordnung für die lokale Optimierung von Funktionalen relativ einfach. Für die Ableitung notwendiger Bedingungen 2. Ordnung muss man die *2. Variation* des Funktionals

$$\delta^2 J(\mathbf{x}^*) = \delta \mathbf{x}^T \nabla^2_{\mathbf{xx}} J(\mathbf{x}^*) \delta \mathbf{x} \tag{9.38}$$

berechnen und fordern, dass $\delta^2 J(\mathbf{x}^*) \geq 0$ gelten soll, falls ein Minimum gesucht wird (bzw. $\delta^2 J(\mathbf{x}^*) \leq 0$, falls ein Maximum gesucht wird). Zur Ableitung notwendiger Bedingungen 2. Ordnung wird auch hier die Funktion $F(\varepsilon)$ aus (9.4) zugrunde gelegt und $F_{\varepsilon\varepsilon}(0) \geq 0$ bzw. $F_{\varepsilon\varepsilon}(0) \leq 0$ gefordert. Diese Vorgehensweise führt schließlich zu folgender *notwendiger Bedingung 2. Ordnung oder Legendrescher Bedingung* für ein schwaches lokales Minimum bzw. Maximum

$$\nabla^2_{\dot{\mathbf{x}}\dot{\mathbf{x}}}\phi(\mathbf{x}^*, \dot{\mathbf{x}}^*, t) \geq 0 \quad \text{bzw.} \quad \nabla^2_{\dot{\mathbf{x}}\dot{\mathbf{x}}}\phi(\mathbf{x}^*, \dot{\mathbf{x}}^*, t) \leq 0 \quad \forall t \in [t_a, t_e]\,. \tag{9.39}$$

Unter Nutzung dieser Bedingung lassen sich in recht einfacher Weise die festgelegten Extremalen weiter aussondern. Die Legendresche Bedingung gilt ungeachtet der aktuellen Konstellation der gegebenen Randbedingungen sowohl für freie als auch für feste Endzeit.

Beispiel 9.4 Wir wollen unter Nutzung der Legendreschen Bedingungen die Art der bei Beispielen 9.2 und 9.3 festgelegten Extremalen untersuchen. Es gilt

$$\phi_{\dot{x}\dot{x}}(\dot{x}^*) = \frac{1}{(1 + \dot{x}^{*2})^{\frac{3}{2}}}\,,$$

so dass sich für $\dot{x}^*(t) = 0$ (Beispiel 9.2) $\phi_{\dot{x}\dot{x}}(\dot{x}^*) = 1 > 0$ und für $\dot{x}^*(t) = 1$ (Beispiel 9.3) $\phi_{\dot{x}\dot{x}}(\dot{x}^*) = 1/(2\sqrt{2}) > 0$ ergeben. In beiden Fällen kann es sich also um kein Maximum handeln, da die entsprechenden notwendigen Bedingungen verletzt sind.   □

9.3   Starke lokale Minima

Bei den bisherigen Betrachtungen in diesem Kapitel haben wir uns mit der Ableitung notwendiger Bedingungen für stetig differenzierbare Lösungen $x(t)$ zur Minimierung von Funktionalen beschäftigt. Bei vielen wichtigen Problemstellungen mögen aber stetige Funktionen $x(t)$ mit *stückweise* stetigen Ableitungen $\dot{x}(t)$ interessante Lösungskandidaten darstellen. Stückweise stetig bedeutet, dass die Ableitungen $\dot{x}(t)$ im Zeitintervall $[t_a, t_e]$ endlich viele Unstetigkeitsstellen aufweisen dürfen. Die Funktion $x(t)$ wird dann an solchen Unstetigkeitsstellen einen Knick aufweisen, weshalb wir auch von *Ecken* des Funktionsverlaufs sprechen.

Beispiel 9.5 Man betrachte die Minimierung des Gütefunktionals

$$J(x) = \int_0^2 \dot{x}(t)^2 (1 - \dot{x}(t))^2 \, dt \qquad (9.40)$$

mit den gegebenen Randbedingungen $x(0) = 0$, $x(2) = 1$. Da der Integrand ϕ nur von $\dot{x}$ abhängt, liefert die Euler-Lagrangesche Bedingung (9.15) ähnlich wie für Beispiel 9.2 die Lösungskandidaten

$$x^*(t) = c_1 t + c_2 \qquad (9.41)$$

mit den Integrationskonstanten c_1, c_2, die sich mittels der gegebenen Randbedingungen zu $c_1 = 0.5$, $c_2 = 0$ berechnen. Die Gerade $x^*(t) = 0.5t$ ist somit das globale Minimum unter den stetig differenzierbaren Funktionen, wie man sich auch grafisch leicht veranschaulichen kann. Der zugehörige Wert des Gütefunktionals beträgt $J(x^*) = 0.125$. Nun ist es aber offensichtlich, dass die stückweise C^1-Funktion (s. Abb. 9.5, Verlauf (1))

$$\tilde{x}(t) = \begin{cases} t & 0 \leq t \leq 1 \\ 1 & 1 \leq t \leq 2 \end{cases} \qquad (9.42)$$

mit einer Ecke bei $t = 1$ sowohl die Euler-Lagrangesche-Bedingung als auch alle gegebenen Randbedingungen erfüllt und mit $J(\tilde{x}) = 0$ auch zu einem besseren Minimum führt.   □

Welche Bedingungen muss – zusätzlich zu den bisher abgeleiteten notwendigen Optimalitätsbedingungen – eine stückweise C^1-Funktion erfüllen, um als Lösungskandidat (*starkes Minimum*) in Frage zu kommen? Dies sind zunächst folgende *Weierstraß-Erdmann-Eckbedingungen*, die an jeder Ecke $t = \tau$ einer stückweise C^1-Lösungsfunktion als notwendige Optimalitätsbedingungen für ein lokales Extremum erfüllt sein müssen

$$\nabla_{\dot{\mathbf{x}}} \phi^* \big|_{t=\tau^-} = \nabla_{\dot{\mathbf{x}}} \phi^* \big|_{t=\tau^+} \qquad (9.43)$$

$$\left[\phi^* - \dot{\mathbf{x}}^{*^T} \nabla_{\dot{\mathbf{x}}} \phi^* \right]_{t=\tau^-} = \left[\phi^* - \dot{\mathbf{x}}^{*^T} \nabla_{\dot{\mathbf{x}}} \phi^* \right]_{t=\tau^+} , \qquad (9.44)$$

wobei die Abkürzungen $\phi^* = \phi(\mathbf{x}^*, \dot{\mathbf{x}}^*, t)$ und $\nabla_{\dot{\mathbf{x}}} \phi^* = \nabla_{\dot{\mathbf{x}}} \phi(\mathbf{x}^*, \dot{\mathbf{x}}^*, t)$ verwendet wurden.

Zur Ableitung der Weierstraß-Erdmann-Bedingungen nehmen wir an, dass eine optimale Lösungsfunktion $\mathbf{x}^*(t)$ zur Minimierung von (9.3) an der Stelle τ, $t_a < \tau < t_e$, eine Ecke aufweist. Dann spalten (9.3) wie folgt auf

$$J(\mathbf{x}^*) = \int_{t_a}^{\tau} \phi(\mathbf{x}^*, \dot{\mathbf{x}}^*, t) \, dt + \int_{\tau}^{t_e} \phi(\mathbf{x}^*, \dot{\mathbf{x}}^*, t) \, dt = J_1(\mathbf{x}^*) + J_2(\mathbf{x}^*) . \qquad (9.45)$$

Nun können wir die zwei Variationen δJ_1, δJ_2 getrennt bilden. Hierbei ist die Eckzeit τ eine freie Endzeit für $J_1(\mathbf{x})$ und eine freie Anfangszeit für $J_2(\mathbf{x})$. Der zugehörige End- bzw. Anfangswert $\mathbf{x}(\tau)$

Abb. 9.5 Extremalen zu Beispiel 9.6

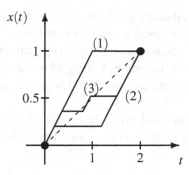

ist ebenso frei. Mit (9.21) bekommen wir zunächst δJ_1 wie folgt (Argumente und Sternindex werden weggelassen)

$$\delta J_1 = \left[\phi - \nabla_{\dot{\mathbf{x}}}\phi^T \dot{\mathbf{x}}\right]_{\tau^-} \delta\tau + \nabla_{\dot{\mathbf{x}}}\phi^T\big|_{\tau^-} \delta\mathbf{x}(\tau^-) + \int_{t_a}^{\tau} \left(\nabla_{\mathbf{x}}\phi - \frac{d}{dt}\nabla_{\dot{\mathbf{x}}}\phi\right)^T \delta\mathbf{x}\, dt \,. \tag{9.46}$$

Da aber $\mathbf{x}(t)$ die Euler-Lagrangesche-Bedingung (9.22) erfüllen muss, folgt aus (9.46)

$$\delta J_1 = \left[\phi - \nabla_{\dot{\mathbf{x}}}\phi^T \dot{\mathbf{x}}\right]_{\tau^-} \delta\tau + \nabla_{\dot{\mathbf{x}}}\phi^T\big|_{\tau^-} \delta\mathbf{x}(\tau^-) \tag{9.47}$$

und durch eine ähnliche Argumentation (vgl. (9.25), (9.26)) auch

$$\delta J_2 = -\left[\phi - \nabla_{\dot{\mathbf{x}}}\phi^T \dot{\mathbf{x}}\right]_{\tau^+} \delta\tau - \nabla_{\dot{\mathbf{x}}}\phi^T\big|_{\tau^+} \delta\mathbf{x}(\tau^+) \,. \tag{9.48}$$

Für eine Extremale muss nun gelten

$$\delta J = \delta J_1 + \delta J_2 = 0 \,,$$

woraus mit (9.47) und (9.48) die Weierstraß-Erdmann-Bedingungen (9.43), (9.44) direkt resultieren, vgl. auch (9.36), (9.37).

Beispiel 9.6 Für die Problemstellung des Beispiels 9.5 liefern die Weierstraß-Erdmann-Bedingungen folgende notwendige Bedingungen für eine mögliche Ecke der Extremale

$$2\dot{x}^*(\tau^-)(1 - 2\dot{x}^*(\tau^-))(1 - \dot{x}^*(\tau^-)) = 2\dot{x}^*(\tau^+)(1 - 2\dot{x}^*(\tau^+))(1 - \dot{x}^*(\tau^+))$$
$$\dot{x}^*(\tau^-)^2(1 - \dot{x}^*(\tau^-))(3\dot{x}^*(\tau^-) - 1) = \dot{x}^*(\tau^+)^2(1 - \dot{x}^*(\tau^+))(3\dot{x}^*(\tau^+) - 1) \,.$$

Diese zwei Bedingungen sind gleichzeitig an einer echten Ecke (d. h. $\dot{x}^*(\tau^-) \neq \dot{x}^*(\tau^+)$) nur erfüllt, wenn

$$\dot{x}^*(\tau^-) = 0 \quad \text{und} \quad \dot{x}^*(\tau^+) = 1 \quad \text{oder} \quad \dot{x}^*(\tau^-) = 1 \quad \text{und} \quad \dot{x}^*(\tau^+) = 0 \,.$$

Abbildung 9.5 visualisiert einige der unendlich vielen stückweise stetig differenzierbaren Extremalen, die neben den Euler-Lagrangeschen Bedingungen auch obige Bedingungen erfüllen und tatsächlich optimal sind, darunter auch $\tilde{x}(t)$ aus (9.42). Ebenso ist in Abb. 9.5 die minimale Lösung (9.41) unter den stetig differenzierbaren Funktionen (schwaches Minimum) gestrichelt eingezeichnet. □

Beispiel 9.7 Gibt es eine stückweise stetig differenzierbare Extremale für die Problemstellung von Beispiel 9.1? Die Weierstraß-Erdmann-Bedingungen liefern

$$\left.\frac{\dot{x}^*}{\sqrt{1+\dot{x}^{*2}}}\right|_{\tau^-} = \left.\frac{\dot{x}^*}{\sqrt{1+\dot{x}^{*2}}}\right|_{\tau^+}$$

$$\left.\frac{1}{\sqrt{1+\dot{x}^{*2}}}\right|_{\tau^-} = \left.\frac{1}{\sqrt{1+\dot{x}^{*2}}}\right|_{\tau^+}.$$

Beide Bedingungen weisen darauf hin, dass $\dot{x}^*(\tau^-) = \dot{x}^*(\tau^+)$ gelten muss, weshalb die Extremalen keine Ecken aufweisen können. □

Nun wollen wir eine weitere notwendige Bedingung anbringen, die ein starkes lokales Minimum erfüllen muss. Es handelt sich um die *Weierstraß-Bedingung*, die nachfolgend mittels der *Weierstraß-Funktion e* ohne Beweis vorgestellt wird

$$e(\mathbf{x}^*, \dot{\mathbf{x}}^*, \dot{\mathbf{X}}, t) = \phi(\mathbf{x}^*, \dot{\mathbf{X}}, t) - \phi(\mathbf{x}^*, \dot{\mathbf{x}}^*, t)$$
$$- (\dot{\mathbf{X}} - \dot{\mathbf{x}}^*)^T \nabla_{\dot{\mathbf{x}}} \phi(\mathbf{x}^*, \dot{\mathbf{x}}^*, t) \geq 0 \quad \forall t \in [t_a, t_e]. \tag{9.49}$$

Diese Ungleichung muss für alle stückweise stetig differenzierbaren Funktionen $\dot{\mathbf{X}}(t)$ erfüllt sein, wenn $\mathbf{x}^*$ ein starkes Minimum sein soll.

Beispiel 9.8 Wir wollen nun untersuchen, ob die Funktion $\tilde{x}(t)$ aus (9.42) bei der Problemstellung von Beispiel 9.5 die Weierstraß-Bedingung erfüllt. Mit (9.40) und (9.49) bekommen wir

$$e = \dot{X}^2 (1 - \dot{X})^2,$$

so dass $e \geq 0$ für alle $\dot{X}$ tatsächlich gewährleistet ist. □

Zusammenfassend muss also eine stückweise stetig differenzierbare Funktion folgende notwendige Bedingungen erfüllen, um ein starkes lokales Minimum eines Gütefunktionals darzustellen:

(a) Alle notwendigen Bedingungen für schwache Minima, d. h.
   – die Euler-Lagrangesche Bedingung (9.15) bzw. (9.22)
   – die Transversalitätsbedingungen je nach Gestaltung der Randbedingungen und der Endzeit

– die Legendresche Bedingung (9.39).
(b) Zusätzlich müssen folgende Bedingungen erfüllt sein:
   – die Weierstraß-Erdmann-Eckbedingungen (9.43), (9.44)
   – die Weierstraß-Bedingung (9.49).

9.4 Weitere Nebenbedingungen

Wir wollen nun die bisher betrachtete Problemstellung erweitern, indem wir die Minimierung von Funktionalen (9.18) nicht nur unter Endbedingungen (9.27), sondern zusätzlich unter *Gleichungsnebenbedingungen* oder *Ungleichungsnebenbedingungen* behandeln, die über die ganze Dauer des zeitlichen Optimierungsintervalls $[0, t_e]$ gelten.

9.4.1 Gleichungsnebenbedingungen

Als Erstes betrachten wir die Gleichungsnebenbedingung

$$\mathbf{f}(\mathbf{x}(t), \dot{\mathbf{x}}(t), t) = \mathbf{0} \quad \forall t \in [0, t_e] . \tag{9.50}$$

Hierbei ist $\mathbf{f} \in C^2$ und $\mathbf{f} \in \mathbb{R}^p$, $p < n$. Ferner wird vorausgesetzt, dass die Jacobi-Matrix $\mathbf{f}_{\dot{\mathbf{x}}}$ für alle $t \in [0, t_e]$ vollen Rang hat.

Die in diesem Abschnitt betrachtete Problemstellung lautet also:
Minimiere

$$J(\mathbf{x}(t), t_e) = \vartheta(\mathbf{x}(t_e), t_e) + \int_0^{t_e} \phi(\mathbf{x}(t), \dot{\mathbf{x}}(t), t) \, dt \tag{9.51}$$

unter Berücksichtigung von

$$\mathbf{x}(0) = \mathbf{x}_0 \tag{9.52}$$
$$\mathbf{g}(\mathbf{x}(t_e), t_e) = \mathbf{0} \tag{9.53}$$

und (9.50).

Es kann nachgewiesen werden [5, 6], dass sich diese erweiterte Problemstellung in Analogie zu der entsprechenden Problemstellung der statischen Optimierung durch die Einführung eines *Lagrange-Funktionals* behandeln lässt

$$L(\mathbf{x}(t), \dot{\mathbf{x}}(t), \boldsymbol{\lambda}(t), \boldsymbol{\nu}, t_e) = \vartheta(\mathbf{x}(t_e), t_e) + \boldsymbol{\nu}^T \mathbf{g}(\mathbf{x}(t_e), t_e)$$

$$+ \int_0^{t_e} \phi(\mathbf{x}(t), \dot{\mathbf{x}}(t), t) + \boldsymbol{\lambda}(t)^T \mathbf{f}(\mathbf{x}(t), \dot{\mathbf{x}}(t), t) \, dt , \tag{9.54}$$

wobei $\boldsymbol{\lambda}(t) \in \mathbb{R}^p$ *Lagrange-Multiplikatorfunktionen* sind. Mit Θ wie in (9.28)

$$\Theta(\mathbf{x}(t_e), t_e, \boldsymbol{v}) = \vartheta(\mathbf{x}(t_e), t_e) + \boldsymbol{v}^T \mathbf{g}(\mathbf{x}(t_e), t_e) \tag{9.55}$$

und mit der Festlegung

$$\Phi(\mathbf{x}(t), \dot{\mathbf{x}}(t), \boldsymbol{\lambda}(t), t) = \phi(\mathbf{x}(t), \dot{\mathbf{x}}(t), t) + \boldsymbol{\lambda}(t)^T \mathbf{f}(\mathbf{x}(t), \dot{\mathbf{x}}(t), t) \tag{9.56}$$

lässt sich nun (9.54) in die bekannte Form der letzten Abschnitte zurückführen

$$L(\mathbf{x}(t), \dot{\mathbf{x}}(t), \boldsymbol{\lambda}(t), \boldsymbol{v}, t_e) = \Theta(\mathbf{x}(t_e), t_e, \boldsymbol{v}) + \int_0^{t_e} \Phi(\mathbf{x}(t), \dot{\mathbf{x}}(t), \boldsymbol{\lambda}(t), t)\, dt \ . \tag{9.57}$$

Die Anwendung der Euler-Lagrangeschen Bedingung und der Transversalitätsbedingungen auf dieses (Lagrange-)Funktional führt direkt zu den nachfolgenden notwendigen Bedingungen für ein lokales Extremum [5, 6][2]:

Es existieren Multiplikatoren $\boldsymbol{v}^* \in \mathbb{R}^l$ und Zeitfunktionen $\boldsymbol{\lambda}(t)^* \in \mathbb{R}^p$, die bis auf mögliche Eckstellen von $\mathbf{x}^*(t)$ stetig sind, so dass folgende Bedingungen erfüllt sind:

- *Euler-Lagrangesche Bedingung*

$$\nabla_{\mathbf{x}} \Phi^* - \frac{d}{dt} \nabla_{\dot{\mathbf{x}}} \Phi^* = \mathbf{0} \quad \forall t \in [t_a, t_e] \tag{9.58}$$

- *Nebenbedingungen* (9.50), (9.52), (9.53)
- *Transversalitätsbedingungen*

$$\left(\nabla_{\mathbf{x}(t^*)} \Theta^* + \nabla_{\dot{\mathbf{x}}} \Phi(\mathbf{x}^*(t_e^*), \dot{\mathbf{x}}^*(t_e^*), t_e^*) \right)^T \delta \mathbf{x}_e = 0 \tag{9.59}$$

$$\left(\Theta_{t_e}^* + \Phi(\mathbf{x}^*(t_e^*), \dot{\mathbf{x}}^*(t_e^*), t_e^*) - \nabla_{\dot{\mathbf{x}}} \Phi(\mathbf{x}^*(t_e^*), \dot{\mathbf{x}}^*(t_e^*), t_e^*)^T \dot{\mathbf{x}}^*(t_e^*) \right) \delta t_e = 0 \ . \tag{9.60}$$

Auch die *Weierstraß-Erdmann-Eckbedingungen* (9.43), (9.44) lassen sich für die hiesige Problemstellung mit Φ aus (9.56) anstelle von ϕ wie folgt angeben

$$\nabla_{\dot{\mathbf{x}}} \Phi^* \big|_{\tau^-} = \nabla_{\dot{\mathbf{x}}} \Phi^* \big|_{\tau^+} \tag{9.61}$$

$$\left[\Phi^* - \dot{\mathbf{x}}^{*T} \nabla_{\dot{\mathbf{x}}} \Phi^* \right]_{\tau^-} = \left[\Phi^* - \dot{\mathbf{x}}^{*T} \nabla_{\dot{\mathbf{x}}} \Phi^* \right]_{\tau^+} \ . \tag{9.62}$$

---

[2] Die hier gegebene Formulierung der notwendigen Bedingungen setzt das Vorhandensein der sog. *Normalität*seigenschaft des Optimierungsproblems voraus, die aber bei den meisten praktisch interessierenden Problemstellungen tatsächlich gegeben ist. Kriterien zur Untersuchung der Normalität sind in [5, 7] zu finden. Diese Anmerkung gilt auch für die notwendigen Bedingungen in den Abschn. 10.1 und 11.1. Der Verlust der Normalitätseigenschaft tritt im wesentlichen dann auf, wenn bei mindestens einer Komponente $x_i^*(t)$ der Extremale $\mathbf{x}^*(t)$ keine zulässige Variation $x_i^* + \varepsilon \eta_i(t)$, $\varepsilon \neq 0$, existiert, die die GNB (9.50) und die gegebenen Randbedingungen (9.52), (9.53) erfüllt.

Abb. 9.6 Das Problem der Brachystochrone

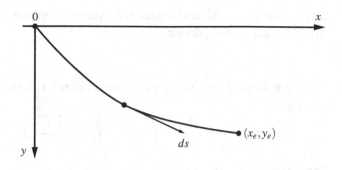

Ferner nimmt die *Weierstraß-Bedingung* für Probleme mit Gleichungsnebenbedingungen folgende Form an [5, 6]

$$e = \Phi(\mathbf{x}^*, \dot{\mathbf{X}}, \boldsymbol{\lambda}^*, t) - \Phi(\mathbf{x}^*, \dot{\mathbf{x}}^*, \boldsymbol{\lambda}^*, t) - (\dot{\mathbf{X}} - \dot{\mathbf{x}}^*)^T \nabla_{\dot{\mathbf{x}}} \Phi(\mathbf{x}^*, \dot{\mathbf{x}}^*, \boldsymbol{\lambda}^*, t) \geq 0$$
$$\forall t \in [0, t_e]. \tag{9.63}$$

Hierbei bezeichnet $\mathbf{x}^*(t)$ die Extremale, während $\dot{\mathbf{X}}(t)$ eine beliebige stückweise C^1-Funktion ist mit der Einschränkung, dass das Funktionenpaar $[\mathbf{x}^*(t), \dot{\mathbf{X}}(t)]$ die Nebenbedingung (9.50) erfüllen muss.

Schließlich lautet die *notwendige Bedingung 2. Ordnung* oder *Legendresche Bedingung* für ein lokales Minimum bei der hier betrachteten Problemstellung

$$\nabla_{\dot{\mathbf{x}}\dot{\mathbf{x}}}^2 \Phi(\mathbf{x}^*(t), \dot{\mathbf{x}}^*(t), \boldsymbol{\lambda}^*(t), t) \geq \mathbf{0} \quad \forall t \in [0, t_e] \tag{9.64}$$

unter der Restriktion

$$\mathbf{Y} = \{\delta\dot{\mathbf{x}}(t) \mid \mathbf{f}_{\dot{\mathbf{x}}}(\mathbf{x}^*(t), \dot{\mathbf{x}}^*(t), t)^T \delta\dot{\mathbf{x}}(t) = \mathbf{0}\}. \tag{9.65}$$

Man beachte, dass eine gewisse Analogie zu der entsprechenden Bedingung 2. Ordnung von Abschn. 5.1 vorliegt.

Beispiel 9.9 Wir betrachten das Problem der *Brachystochrone* (griechisch: kürzeste Zeit), das im Jahre 1697 von Jean Bernoulli als Wettaufgabe formuliert und kurz darauf von *Jean* und *Jacques Bernoulli, Isaac Newton, Gottfried Wilhelm Leibniz* und *Marquis de l'Hospital* unabhängig voneinander gelöst wurde. Es handelt sich um einen Gegenstand, der in einer vertikalen Ebene unter der Wirkung der Gravitation entlang eines Kabels mit der Form $y(x)$ reibungslos rutscht. Gesucht wird die Funktion $y(x)$, so dass der Gegenstand, der sich zum Zeitpunkt $t = 0$ am Ursprung des Koordinatensystems (x, y) mit gegebener Anfangsgeschwindigkeit v_0 befindet, in kürzester Zeit den gegebenen Punkt (x_e, y_e) erreicht, s. Abb. 9.6.

Die Bewegung des Gegenstands wird beschrieben durch

$$\frac{dv}{dt} = \frac{d^2s}{dt^2} = g\frac{dy}{ds}, \tag{9.66}$$

wobei g die Erdbeschleunigung darstellt. Multipliziert man (9.66) mit $ds/dx = v\,dt/dx$, so erhält man die Nebenbedingung

$$vv' = gy' \,, \tag{9.67}$$

wobei der Strich die Ableitung nach x kennzeichnet. Das zu minimierende Gütefunktional lautet

$$J = t_e = \int_0^{t_e} 1 \, dt = \int_0^{x_e} \frac{\sqrt{1 + y'^2}}{v} \, dx, \quad x_e \text{ frei.} \tag{9.68}$$

Somit lautet Φ aus (9.56)

$$\Phi(v, v', y', \lambda) = \frac{\sqrt{1 + y'^2}}{v} + \lambda(vv' - gy') \,, \tag{9.69}$$

und die notwendigen Bedingungen (9.58), (9.50), genommen für v, y, λ, ergeben nach kurzen Zwischenrechnungen (ohne Argumente)

$$\frac{\frac{dy}{ds}}{v} = \lambda g + a \tag{9.70}$$

$$\frac{d\lambda}{ds} = \frac{-1}{v^3} \tag{9.71}$$

$$v \frac{dv}{ds} = g \frac{dy}{ds} \,, \tag{9.72}$$

wobei a eine Integrationskonstante ist. Durch Elimination von dy und ds aus (9.70) – (9.72) erhält man zunächst

$$-\frac{dv}{v^3} = (g\lambda + a)g \, d\lambda$$

und nach Integration

$$g\lambda + a = \sqrt{v^{-2} - b^2} \,, \tag{9.73}$$

wobei b eine weitere Integrationskonstante ist. Nun lässt sich aus (9.70)–(9.73) ferner ableiten

$$\frac{dy}{dv} = \frac{v}{g} \tag{9.74}$$

$$\frac{dx}{dv} = \frac{bv}{g\sqrt{v^{-2} - b^2}} \,, \tag{9.75}$$

und nach Integration von (9.74), (9.75) erhalten wir schließlich die Lösung

$$y = \frac{v^2}{2g} + d \tag{9.76}$$

$$x = -\frac{v\sqrt{1 - b^2 v^2}}{2bg} + \frac{\arcsin bv}{2b^2 g} + c \,, \tag{9.77}$$

wobei c, d weitere Integrationskonstanten sind.

Abb. 9.7 Ein Zykloid

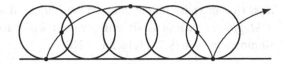

Gleichungen (9.76), (9.77) beschreiben in parametrischer Form, mittels des Parameters v, die gesuchte Brachystochrone. Mittels folgender vier gegebener Randbedingungen lassen sich die Konstanten b, c, d, v_e berechnen

$$0 = \frac{v_0^2}{2g} + d$$

$$0 = -\frac{v_0 \sqrt{1 - b^2 v_0^2}}{2bg} + \frac{\arcsin b v_0}{2b^2 g}$$

$$y_e = \frac{v_e^2}{2g} + d$$

$$x_e = -\frac{v_e \sqrt{1 - b^2 v_e^2}}{2bg} + \frac{\arcsin b v_e}{2b^2 g} \, .$$

Es kann gezeigt werden, dass die Brachystochrone ein *Zykloid* ist, d. h. eine Kurve, die ein Punkt eines Rades beschreibt, wenn sich das Rad mit konstanter Geschwindigkeit ohne zu rutschen rollt (s. Übung 10.1), Abb. 9.7.

Dass es sich bei der gefundenen Lösung um ein Minimum handelt, wird durch die Auswertung der Legendreschen Bedingung (9.64) erhärtet. Mit Φ aus (9.69) erhalten wir $\Phi_{v'v'} = 0$ und

$$\Phi_{y'y'} = \frac{v(1 + y'^2) - 0.5 y' v}{v^2 (1 + y'^2)^{\frac{3}{2}}} \, .$$

Aus physikalischen Erwägungen gilt $y' \leq 0$ und $v \geq 0$, so dass $\Phi_{y'y'} \geq 0$ gilt. Folglich ist die Legendresche Beziehung auch ohne Restriktion stets erfüllt. □

Die Ergebnisse dieses Abschnittes versetzen uns in die Lage, eine Reihe von klassischen Problemen zu lösen, so z. B. *isoperimetrische Probleme* (s. Beispiele 1.2 und 10.3), das *Problem der hängenden Kette, Seifenblasenprobleme, kürzeste Wege auf gekrümmten Oberflächen* und anderes mehr, s. [5] für Einzelheiten.

9.4.2 Ungleichungsnebenbedingungen

Die Minimierung von Funktionalen unter UNB der Art

$$\mathbf{h}(\mathbf{x}(t), \dot{\mathbf{x}}(t), t) \leq \mathbf{0} \quad \forall t \in [0, t_e] \tag{9.78}$$

lässt sich in vielen Fällen dadurch bewältigen, dass die UNB durch die Einführung von *Schlupffunktionen* in GNB transformiert werden [8], vgl. auch (5.58). Man erhält pro Komponente von (9.78) folgende GNB

$$h_i(\mathbf{x}(t), \dot{\mathbf{x}}(t), t) + \dot{z}_i(t)^2 = 0 \quad \forall t \in [0, t_e]\,, \tag{9.79}$$

wobei $z_i(t)$ die zugehörige Schlupffunktion ist. Diese mathematische Umformung soll insbesondere bei der optimalen Steuerung dynamischer Systeme unter UNB in Abschn. 11.1 angewandt werden.

9.5 Übungsaufgaben

9.1 Bei der Problemstellung von Beispiel 1.2 können die zu berücksichtigenden Nebenbedingungen auch wie folgt ausgedrückt werden

$$\frac{dl}{dx} = \sqrt{1 + \left(\frac{dy}{dx}\right)^2}$$

$$l\,(-a) = 0,\ l\,(a) = 0\,.$$

Maximieren Sie das Gütefunktional (1.4) unter Berücksichtigung obiger Bedingungen sowie der Randbedingungen (1.5). Zeigen Sie, dass die optimale Seilform einen Kreisbogen ausmacht (vgl. auch Beispiel 10.2).

9.2 Bestimmen Sie eine Extremale $x^*(t)$ des Gütefunktionals

$$J(x) = \int_0^{\frac{\pi}{2}} \dot{x}(t)^2 - x(t)^2 dt\,,$$

die die Randbedingungen $x(0) = 0, x(\pi/2) = 1$ erfüllt. Handelt es sich um ein Minimum oder Maximum? Zur Behandlung dieser Frage setzen Sie

$$x(t) = x^*(t) + \alpha \arcsin(2t)$$

mit $\alpha \in \mathbb{R}^+$, und untersuchen Sie, ob sich der resultierende Wert des Gütefunktionals gegenüber der extremalen Lösung vergrößert oder verkleinert.

9.3 Bestimmen Sie durch Auswertung aller notwendigen Bedingungen ein Minimum des Gütefunktionals

$$J(x) = \int_0^2 \dot{x}(t)^2 + 2x(t)\dot{x}(t) + 4x(t)^2 dt\,,$$

wobei $x(0) = 1$ und $x(2)$ frei sein sollen.

9.4 Bestimmen Sie ein Minimum des Gütefunktionals

$$J(x) = \int\limits_1^{t_e} 2x(t) + \frac{1}{2}\dot{x}(t)^2 dt$$

mit Randbedingungen $x(1) = 4, x(t_e) = 4$ und $t_e > 1$ frei.

9.5 Bestimmen Sie ein Minimum des Gütefunktionals

$$J(\mathbf{x}) = \int\limits_0^{\frac{\pi}{4}} x_1(t)^2 + 4x_2(t)^2 + \dot{x}_1(t)\dot{x}_2(t)\, dt \,,$$

so dass folgende Randbedingungen erfüllt sind

$$\mathbf{x}(0) = [\; 0 \quad 1\;]^T \quad \mathbf{x}\left(\frac{\pi}{4}\right) = [\; 1 \quad 0\;]^T \,.$$

9.6 Bestimmen Sie ein Minimum des Gütefunktionals

$$J(\mathbf{x}) = \int\limits_0^{\frac{\pi}{4}} x_1(t)^2 + \dot{x}_1(t)\dot{x}_2(t) + \dot{x}_2(t)^2 dt \,,$$

so dass folgende Randbedingungen erfüllt sind

$$x_1(0) = 1, \; x_2(0) = 1.5, \; x_1\left(\frac{\pi}{4}\right) = 2, \; x_2\left(\frac{\pi}{4}\right) \quad \text{frei}\,.$$

9.7 Bestimmen Sie durch Auswertung aller notwendigen Bedingungen ein Minimum des Gütefunktionals

$$J(x) = \int\limits_0^1 \dot{x}(t)^2 + t^2 dt \,,$$

das die Randbedingungen $x(0) = 0, x(1) = 0$ und die GNB

$$\int\limits_0^1 x(t)^2\, dt = 2$$

erfüllt. (Hinweis: Führen Sie eine neue Problemvariable y ein, die die GNB $\dot{y} = x^2$ und die Randbedingungen $y(0) = 0, y(1) = 2$ erfüllen soll, wodurch obige GNB automatisch erfüllt ist, s. auch Abschn. 10.5.1.)

9.8 Bestimmen Sie die kürzeste stückweise C^1-Funktion, die die Punkte $x(0) = 1.5$ und $x(1.5) = 0$ miteinander verbindet und zwischendurch die Gerade $x(t) = -t + 2$ berührt (vgl. auch Übung 5.4).

9.9 Leiten Sie die Transversalitätsbedingungen (9.25), (9.26) für Probleme mit freier Anfangszeit t_a und/oder freiem Anfangszustand $\mathbf{x}(t_a)$ ab.

9.10 Bestimmen Sie eine stückweise stetig differenzierbare Funktion $x(t)$ zur Minimierung von

$$J(x) = \int\limits_0^2 x^2(1 - \dot{x})^2 dt \,,$$

so dass $x(0) = 0$, $x(2) = 1$ erfüllt sind.

9.11 Leiten Sie die Transversalitätsbedingungen (9.36), (9.37) für Variationen des internen Zustandes $\delta\mathbf{x}_1 = \delta\mathbf{x}(t_1)$ und des internen Zeitpunktes δt_1 ab. (Hinweis: Verfolgen Sie die Schritte der Abschn. 9.1.1, 9.1.2.)

Literatur

1. Troutman J (1995) Variational Calculus and Optimal Control: Optimization with Elementary Convexity, 2. Aufl. Springer, New York

2. Goldstein H, Poole C, Safko J (2001) Classical mechanics, 3. Aufl. Addison Wesley

3. Athans M, Falb P (1966) Optimal control. McGraw Hill, New York

4. Bryson Jr A, Ho Y (1969) Applied optimal control. Ginn, Waltham, Massachusetts

5. Bliss G (1930) The problem of Lagrange in the calculus of variations. Am J Math 52:673–744

6. Shane EM (1939) On multipliers for Lagrange problems. Am J Math 61:809–819

7. Berkovitz L (1961) Variational methods in problems of control and programming. J Math Anal Appl 3:145–169

8. Valentine F (1937) The problem of Lagrange with differential inequalities as added side conditions. In: Contributions to the Calculus of Variations 1933–1937, University of Chicago Press, Chicago

Optimale Steuerung dynamischer Systeme 10

In diesem Kapitel wollen wir uns einem wichtigen Spezialfall des Abschn. 9.4.1, nämlich dem Problem der *optimalen Steuerung dynamischer Systeme* zuwenden.

Einen Sonderfall von Nebenbedingungen im Sinne von (9.50) stellt die Berücksichtigung der Zustandsgleichung eines dynamischen Systems dar (s. Abschn. 19.2)

$$\dot{\mathbf{x}}(t) = \mathbf{f}(\mathbf{x}(t), \mathbf{u}(t), t) \quad t \in [0, t_e] \,. \tag{10.1}$$

Hierbei ist $\mathbf{x} \in \mathbb{R}^n$ der *Zustands-* und $\mathbf{u} \in \mathbb{R}^m$ der *Steuervektor*. Bei gegebenem Anfangszustand $\mathbf{x}(0) = \mathbf{x}_0$ (s. Übung 10.15 für freien Anfangszustand) soll das System einen Endzustand erreichen, der folgende l Beziehungen erfüllt

$$\mathbf{g}(\mathbf{x}(t_e), t_e) = \mathbf{0} \,. \tag{10.2}$$

Gleichung (10.2), die hier als *Endbedingung* oder *Steuerziel* bezeichnet wird, ist, wie bereits im letzten Kapitel, allgemein genug, um die Fälle festen oder freien Endzustandes $\mathbf{x}(t_e)$ und fester oder freier Endzeit t_e als Spezialfälle zu beinhalten.

Wenn die Aufgabenstellung sinnvoll formuliert wurde, existieren eine ganze Klasse von stückweise stetig differenzierbaren Steuertrajektorien $\mathbf{u}(t)$, $0 \leq t \leq t_e$, die das System (10.1) vom Anfangszustand $\mathbf{x}_0$ in die Endbedingung (10.2) führen können. Unter diesen Trajektorien ist nun diejenige optimale Steuertraktorie $\mathbf{u}^*(t)$ (und die dazugehörige optimale Zustandstrajektorie $\mathbf{x}^*(t)$) gesucht, die das Gütefunktional

$$J(\mathbf{x}(t), \mathbf{u}(t), t_e) = \vartheta(\mathbf{x}(t_e), t_e) + \int\limits_0^{t_e} \phi(\mathbf{x}(t), \mathbf{u}(t), t)\, dt \tag{10.3}$$

minimiert. Das Gütefunktional (10.3) nennt man Gütefunktional in *Bolza-Form*. Eine alternative, äquivalente Darstellung ist die *Mayer-Form*

$$J(\mathbf{x}(t), \mathbf{u}(t), t_e) = \tilde{\vartheta}(\mathbf{x}(t_e), t_e) \,. \tag{10.4}$$

© Springer-Verlag Berlin Heidelberg 2015
M. Papageorgiou, M. Leibold, M. Buss, *Optimierung*, DOI 10.1007/978-3-662-46936-1_10

Zur Überführung von der Bolza-Form in die Mayer-Form wird ein zusätzlicher Hilfszustand x_{n+1} eingeführt. Mit der Zustandsdifferentialgleichung $\dot{x}_{n+1} = \phi(\mathbf{x}(t), \mathbf{u}(t), t)$ und $x_{n+1}(0) = 0$ gilt

$$J(\mathbf{x}(t), \mathbf{u}(t), t_e) = \vartheta(\mathbf{x}(t_e), t_e) + x_{N+1}(t_e) \tag{10.5}$$

in Mayer-Form. Die Mayer-Form kann zu einer Vereinfachung der Notation führen und wird hier z. B. bei der Herleitung einiger numerischer Verfahren in Kap. 15 verwendet.

Eine stückweise stetig differenzierbare Steuertrajektorie $\mathbf{u}(t)$ darf endlich viele Unstetigkeitsstellen aufweisen. Hat $\mathbf{u}(t)$ für $t = \tau$ eine Unstetigkeitsstelle, so wird der mittels Integration von (10.1) entstehende Zustandsvariablenvektor $\mathbf{x}(t)$ für $t = \tau$ eine Knickstelle (*Ecke*) aufweisen.

10.1 Notwendige Bedingungen für ein lokales Minimum

Während man aus steuertechnischer Sicht in erster Linie an der Ableitung einer Steuertrajektorie interessiert ist, sind aus mathematischer Sicht sowohl $\mathbf{u}(t)$ als auch $\mathbf{x}(t)$ Problemvariablen, bezüglich derer die notwendigen Bedingungen des letzten Kapitels Anwendung finden sollen. Die Funktion Φ aus (9.56) lautet für den hier vorliegenden Fall

$$\Phi(\mathbf{x}(t), \dot{\mathbf{x}}(t), \mathbf{u}(t), \boldsymbol{\lambda}(t), t) = \phi(\mathbf{x}(t), \mathbf{u}(t), t) + \boldsymbol{\lambda}(t)^T (\mathbf{f}(\mathbf{x}(t), \mathbf{u}(t), t) - \dot{\mathbf{x}}(t)) \ . \tag{10.6}$$

Um gegebenenfalls auch einen stückweise stetigen Steuergrößenverlauf $\mathbf{u}(t)$ zulassen zu können, setzen wir nun in allen Problembeziehungen formal $\mathbf{u}(t) = \dot{\boldsymbol{\xi}}(t)$ und erhalten zunächst aus (9.58), getrennt nach $\mathbf{x}$ und $\boldsymbol{\xi}$ dargestellt, folgende Bedingungen (ohne Sternindex)

$$\nabla_{\mathbf{x}}\Phi - \frac{d}{dt}\nabla_{\dot{\mathbf{x}}}\Phi = \mathbf{0} = \nabla_{\mathbf{x}}\phi + \mathbf{f}_{\mathbf{x}}^T \boldsymbol{\lambda} + \dot{\boldsymbol{\lambda}} \tag{10.7}$$

$$\nabla_{\boldsymbol{\xi}}\Phi - \frac{d}{dt}\nabla_{\dot{\boldsymbol{\xi}}}\Phi = \mathbf{0} \Longrightarrow \nabla_{\dot{\boldsymbol{\xi}}}\Phi = \text{const.} \tag{10.8}$$

Aus der Transversalitätsbedingung (9.59) folgt ferner mit Θ aus (9.55)

$$\left(\nabla_{\mathbf{x}(t_e)}\Theta + \nabla_{\dot{\mathbf{x}}}\Phi\big|_{t_e}\right)^T \delta\mathbf{x}_e = 0 = \left(\nabla_{\mathbf{x}(t_e)}\vartheta + \mathbf{g}_{\mathbf{x}(t_e)}^T - \boldsymbol{\lambda}(t_e)\right)^T \delta\mathbf{x}_e \tag{10.9}$$

$$\nabla_{\boldsymbol{\xi}(t_e)}\Theta + \nabla_{\dot{\boldsymbol{\xi}}}\Phi\big|_{t_e} = \mathbf{0} \Longrightarrow \nabla_{\dot{\boldsymbol{\xi}}}\Phi\big|_{t_e} = \mathbf{0} \ , \tag{10.10}$$

wobei (10.10) ohne die Variation $\delta\boldsymbol{\xi}_e$ geschrieben wurde, da $\boldsymbol{\xi}(t_e)$ bei der hier betrachteten Problemstellung immer frei ist. Da $\nabla_{\dot{\boldsymbol{\xi}}}\Phi$ wegen (9.61) stetig sein muss, kann aus (10.8) und (10.10) gefolgert werden, dass

$$\nabla_{\dot{\boldsymbol{\xi}}}\Phi = \mathbf{0} = \nabla_{\dot{\boldsymbol{\xi}}}\phi + \mathbf{f}_{\dot{\boldsymbol{\xi}}}^T \boldsymbol{\lambda}, \quad \forall t \in [0, t_e] \ . \tag{10.11}$$

Die Transversalitätsbedingung (9.60) für die Endzeit t_e mit Θ aus (9.55) ergibt schließlich

$$\left(\Theta_{t_e} + \Phi\big|_{t_e} - \nabla_{\dot{\mathbf{x}}}\Phi^T\big|_{t_e}\dot{\mathbf{x}}(t_e) - \nabla_{\dot{\boldsymbol{\xi}}}\Phi^T\big|_{t_e}\dot{\boldsymbol{\xi}}(t_e)\right)\delta t_e = 0 \ .$$

Daraus resultiert mit (10.6), (10.10) und (10.1)

$$\left(\vartheta_{t_e} + \mathbf{g}_{t_e}^T \boldsymbol{\nu} + \phi(\mathbf{x}(t_e), \dot{\boldsymbol{\xi}}(t_e), t_e) + \boldsymbol{\lambda}(t_e)^T \mathbf{f}(\mathbf{x}(t_e), \dot{\boldsymbol{\xi}}(t_e), t_e)\right)\delta t_e = 0 \ . \tag{10.12}$$

Zusammenfassend bestehen also die notwendigen Optimalitätsbedingungen der hier betrachteten Problemstellung aus (10.7), (10.9), (10.11), (10.12), aus den Nebenbedingungen (10.1), (10.2) und aus der Anfangsbedingung $\mathbf{x}(0) = \mathbf{x}_0$. Diese Bedingungen werden nachfolgend in leicht modifizierter Form zusammengefasst. Für eine alternative Herleitung über das Variationsprinzip, s. [1, 2].

Um die notwendigen Optimalitätsbedingungen zu formulieren, definieren wir folgende *Hamilton-Funktion*[1], die Ähnlichkeiten mit der Lagrange-Funktion aus der statischen Optimierung aufweist

$$H(\mathbf{x}(t), \mathbf{u}(t), \boldsymbol{\lambda}(t), t) = \phi(\mathbf{x}(t), \mathbf{u}(t), t) + \boldsymbol{\lambda}(t)^T \mathbf{f}(\mathbf{x}(t), \mathbf{u}(t), t) \,, \tag{10.13}$$

wobei $\boldsymbol{\lambda}(t) \in \mathbb{R}^n$ Lagrange-Multiplikatoren sind, die in dem hiesigen Zusammenhang auch als *Kozustände* oder *adjungierte Variable* bezeichnet werden.

Die *notwendigen Bedingungen 1. Ordnung für die optimale Steuerung dynamischer Systeme*[2] lauten wie folgt (Argumente und Sternindex werden der einfacheren Darstellung halber weggelassen):

Es existieren Multiplikatoren $\boldsymbol{\nu} \in \mathbb{R}^l$ und Zeitfunktionen $\boldsymbol{\lambda}(t) \in \mathbb{R}^n$, stetig für alle $t \in [0, t_e]$, so dass folgende Bedingungen für alle $t \in [0, t_e]$ erfüllt sind:

$$\dot{\mathbf{x}} = \nabla_{\boldsymbol{\lambda}} H = \mathbf{f} \tag{10.14}$$

$$\dot{\boldsymbol{\lambda}} = -\nabla_{\mathbf{x}} H = -\nabla_{\mathbf{x}} \phi - \mathbf{f}_{\mathbf{x}}^T \boldsymbol{\lambda} \tag{10.15}$$

$$\nabla_{\mathbf{u}} H = \nabla_{\mathbf{u}} \phi + \mathbf{f}_{\mathbf{u}}^T \boldsymbol{\lambda} = \mathbf{0} \,. \tag{10.16}$$

Ferner müssen folgende Bedingungen erfüllt sein:

$$\left(\nabla_{\mathbf{x}} \vartheta(t_e) + \mathbf{g}_{\mathbf{x}(t_e)}^T - \boldsymbol{\lambda}(t_e) \right)^T \delta \mathbf{x}_e = 0 \tag{10.17}$$

$$\left(H(\mathbf{x}(t_e), \mathbf{u}(t_e), \boldsymbol{\lambda}(t_e), t_e) + \vartheta_{t_e} + \mathbf{g}_{t_e}^T \boldsymbol{\nu} \right) \delta t_e = 0 \tag{10.18}$$

$$\mathbf{x}(0) = \mathbf{x}_0 \tag{10.19}$$

$$\mathbf{g}(\mathbf{x}(t_e), t_e) = \mathbf{0} \,. \tag{10.20}$$

Diese wichtigen notwendigen Bedingungen sollen nun ausführlich kommentiert werden:

- Gleichung (10.14) ist die n-dimensionale Zustandsgleichung des zu steuernden Systems, die wir erwartungsgemäß unter den notwendigen Bedingungen wiederfinden. Gleichung (10.15) beinhaltet weitere n Differentialgleichungen für $\boldsymbol{\lambda}$, die auch als *Kozustandsdifferentialgleichungen* bezeichnet werden. Gleichungen (10.14), (10.15) bilden also gemeinsam einen Satz von $2n$ verkoppelten Differentialgleichungen 1. Ordnung, die die *kanonischen Differentialgleichungen* der Problemstellung heißen.

---

[1] Nach dem irischen Mathematiker *William Rowan Hamilton* benannt. Der Begriff der Hamilton-Funktion wurde ursprünglich zur dynamischen Beschreibung mechanischer Systeme eingeführt.
[2] Normalität des Optimierungsproblems wird vorausgesetzt, s. auch Fußnote in Abschn. 9.4.1.

- In den kanonischen Differentialgleichungen tritt die Steuergröße $\mathbf{u}(t)$ auf, die mittels der m *Koppelgleichungen* (10.16) als Funktion von $\mathbf{x}(t)$ und $\boldsymbol{\lambda}(t)$ ausgedrückt und in die kanonischen Differentialgleichungen eingesetzt werden kann.

- Gleichung (10.17) ist die *Transversalitätsbedingung für den Endzustand* und (10.18) ist die *Transversalitätsbedingung für die Endzeit*, während (10.19) die gegebenen Anfangsbedingungen und (10.20) die gegebenen Endbedingungen wiedergeben. Insgesamt beinhalten (10.17)–(10.20) $2n + l + 1$ Beziehungen.

- Die kanonischen Differentialgleichungen und die Koppelgleichung können als *Zwei-Punkt-Randwert-Problem* (ZPRWP) gelöst werden, sofern $2n$ Randbedingungen bekannt sind. Diese werden von (10.17)–(10.20) zur Verfügung gestellt, zuzüglich einer Bedingung (10.18) für die Endzeit t_e, falls diese frei ist, und zuzüglich weiterer l Bedingungen zur Bestimmung der Lagrange-Multiplikatoren $\boldsymbol{\nu} \in \mathbb{R}^l$. Die Handhabung der Randbedingungen je nach vorliegender Situation wird ausführlich im nächsten Abschn. 10.2 erläutert.

- Die Lösung des ZPRWP kann bei relativ einfachen Problemstellungen analytisch erfolgen. Komplexere Aufgaben hingegen erfordern den Einsatz numerischer Algorithmen, die in Kap. 15 präsentiert werden.

- In der hier betrachteten Formulierung sind Problemstellungen mit *totzeitbehafteten* Modellen ausgeschlossen, s. [3] für entsprechende Erweiterungen.

Bei der Auswertung der Legendreschen Bedingung (9.64) für die hiesige Problemstellung erhalten wir mit Φ aus (10.6) zunächst $\nabla^2_{\mathbf{xx}} \Phi = \mathbf{0}$. Folglich muss lediglich

$$\nabla^2_{\dot{\boldsymbol{\xi}}\dot{\boldsymbol{\xi}}} \Phi(\mathbf{x}(t), \dot{\mathbf{x}}(t), \dot{\boldsymbol{\xi}}(t), \boldsymbol{\lambda}(t), t) \geq \mathbf{0} \quad \forall t \in [0, t_e]$$

durch die optimalen Trajektorien erfüllt sein. Die Restriktion (9.65) ergibt $\delta\dot{\mathbf{x}} - \mathbf{f}_{\dot{\boldsymbol{\xi}}} \delta\dot{\boldsymbol{\xi}} = \mathbf{0}$. Diese Gleichung braucht hier nicht mehr betrachtet zu werden, da sich für alle $\delta\dot{\boldsymbol{\xi}}$ entsprechende $\delta\dot{\mathbf{x}} = \mathbf{f}_{\dot{\boldsymbol{\xi}}} \delta\dot{\boldsymbol{\xi}}$ berechnen lassen, so dass (9.65) immer erfüllt ist. Mit der Rücktransformation $\mathbf{u} = \dot{\boldsymbol{\xi}}$ und mit H aus (10.13) erhalten wir die nachfolgende Optimalitätsbedingung.

Die Legendresche Bedingung liefert für die hier vorliegende Problemstellung folgende *notwendige Bedingung 2. Ordnung* für ein lokales Minimum (Sternindex wird weggelassen)

$$\nabla^2_{\mathbf{uu}} H(\mathbf{x}(t), \mathbf{u}(t), \boldsymbol{\lambda}(t), t) \geq \mathbf{0} \,. \tag{10.21}$$

Zur Auswertung der Weierstraß-Erdmann-Bedingungen (9.61), (9.62) für diese Problemstellung beachte man zunächst, dass aus den Definitionsgleichungen (10.6) und (10.13) folgende Beziehungen resultieren (ohne Sternindex)

$$\nabla_{\dot{\mathbf{x}}} \Phi = -\boldsymbol{\lambda} \tag{10.22}$$

und

$$\Phi - \dot{\mathbf{x}}^T \nabla_{\dot{\mathbf{x}}} \Phi - \dot{\boldsymbol{\xi}}^T \nabla_{\dot{\boldsymbol{\xi}}} \Phi = \phi + \boldsymbol{\lambda}^T \mathbf{f} = H \,, \tag{10.23}$$

wobei in (10.23) von (10.11) Gebrauch gemacht wurde. Somit ergibt sich aus (9.61), (9.62) und (10.22), (10.23) unmittelbar die folgende Aussage:

Die Weierstraß-Erdmann-Bedingungen verlangen bei der Problemstellung der optimalen Steuerung die Stetigkeit der Funktionen λ und H über das ganze Optimierungsintervall $[0, t_e]$ einschließlich möglicher Eckstellen von $\mathbf{x}^*(t)$.

Die Auswertung der Weierstraß-Bedingung (9.63) für die vorliegende Problemstellung mit Nebenbedingungen liefert zunächst

$$\Phi(\mathbf{x}, \dot{\mathbf{X}}, \dot{\Xi}, \lambda, t) - \Phi(\mathbf{x}, \dot{\mathbf{x}}, \dot{\xi}, \lambda, t) - (\dot{\mathbf{X}} - \dot{\mathbf{x}})^T \nabla_{\dot{\mathbf{x}}} \Phi - (\dot{\Xi} - \dot{\xi})^T \nabla_{\dot{\xi}} \Phi \geq 0 \quad \forall t \in [0, t_e], \tag{10.24}$$

wobei $\dot{\mathbf{X}}(t)$, $\dot{\Xi}(t)$ beliebige stückweise C^1-Funktionen sind mit der Einschränkung, dass die Funktionengruppe $[\mathbf{x}(t), \dot{\mathbf{X}}(t), \dot{\Xi}(t)]$ die Nebenbedingungen (10.1) erfüllen, d. h. $\dot{\mathbf{X}} = \mathbf{f}(\mathbf{x}, \dot{\Xi}, t)$. Durch Einsetzen von (10.11), (10.22), (10.23) in (10.24) erhält man sofort (10.25). In (10.25) taucht $\dot{\mathbf{X}}$ nicht mehr auf. Folglich muss (10.25) für alle $\mathbf{U} \in \mathbb{R}^m$ ohne Einschränkung gelten, da man immer ein $\dot{\mathbf{X}}$ berechnen kann, so dass die Nebenbedingung (10.1) erfüllt ist.

Die Weierstraß-Bedingung, angewandt auf die hiesige Problemstellung, verlangt, dass die Lösungstrajektorien (ohne Sternindex) folgende Bedingung erfüllen

$$H(\mathbf{x}, \mathbf{u}, \lambda, t) \leq H(\mathbf{x}, \mathbf{U}, \lambda, t) \quad \forall \mathbf{U} \in \mathbb{R}^m, \ \forall t \in [0, t_e]. \tag{10.25}$$

Diese Beziehung besagt, dass die Hamilton-Funktion *zu jedem Zeitpunkt* ein globales (statisches) Minimum bezüglich der Eingangsgröße $\mathbf{u}(t)$ darstellen soll. Offenbar sind die früher abgeleiteten notwendigen Bedingungen (10.16), (10.21) in dieser allgemeineren Bedingung enthalten. Diese wichtige Bedingung (10.25) wird in Kap. 11 in einem allgemeineren Zusammenhang ausführlich kommentiert.

10.2 Behandlung der Randbedingungen

In den letzten Abschnitten wurde mittels (10.2) der allgemeinste Fall gegebener Endbedingungen berücksichtigt. Die Handhabung der Randbedingungen vereinfacht sich aber erheblich bei praktischen Anwendungen mit einfacherer Vorgabe der Endbedingungen.

10.2.1 Feste Endzeit

Bei fester Endzeit gilt $\delta t_e = 0$, so dass sich die Berücksichtigung von (10.18) erübrigt. Wir werden in diesem Fall drei Unterfälle unterscheiden.

(a) Fester Endzustand
  Ein üblicher Spezialfall von (10.2) ist die Vorgabe $\mathbf{x}(t_e) = \mathbf{x}_e$. In diesem Fall gilt $\delta \mathbf{x}_e = \mathbf{0}$ und folglich ist (10.17) immer erfüllt. Abbildung 10.1a zeigt mögliche zulässige Lösungstrajektorien im eindimensionalen Fall. Bei fester Endzeit und festem

Abb. 10.1 Endbedingungen
bei fester Endzeit

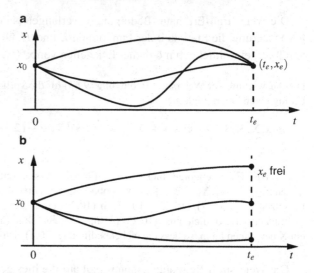

Endzustand beschränken sich also die zu berücksichtigenden Randbedingungen auf die insgesamt $2n$ Anfangs- und Endbedingungen für den Zustand, d. h. $\mathbf{x}(0) = \mathbf{x}_0$ und $\mathbf{x}(t_e) = \mathbf{x}_e$, was für die Lösung des ZPRWP ausreichend ist.

(b) Freier Endzustand

Falls keine Endbedingung vorgegeben wird, darf die Variation des Endzustandes $\delta\mathbf{x}_e$ beliebig sein und somit verlangt die Erfüllung von (10.17), dass

$$\boldsymbol{\lambda}(t_e) = \nabla_{\mathbf{x}(t_e)}\vartheta \ . \tag{10.26}$$

Abbildung 10.1b zeigt einige zulässige Lösungstrajektorien im eindimensionalen Fall. Gleichung (10.26) liefert n Endbedingungen für $\boldsymbol{\lambda}(t)$, die mit den n Anfangsbedingungen $\mathbf{x}(0) = \mathbf{x}_0$ für die Lösung des ZPRWP ausreichen.

(c) Endzustand erfüllt eine Endbedingung

Da die Endzeit als fest vorausgesetzt wurde, lautet die Endbedingung

$$\mathbf{g}(\mathbf{x}(t_e)) = \mathbf{0} \ , \tag{10.27}$$

wobei $\mathbf{g} \in \mathbb{R}^l$ und $l < n$. Gilt $l = n$, so kann das Gleichungssystem (10.27) vorab nach $\mathbf{x}(t_e)$ gelöst werden und man bekommt den oben behandelten Fall (a). Abbildung 10.2 illustriert den vorliegenden Fall für einen zweidimensionalen Zustandsvektor, da die hier besprochene Situation bei einem eindimensionalen Zustand nicht darstellbar wäre. Auch in diesem Fall ist die Variation des Endzustandes $\delta\mathbf{x}_e$ beliebig, so dass aus (10.17) folgende n-dimensionale Randbedingung resultiert

$$\boldsymbol{\lambda}(t_e) = \nabla_{\mathbf{x}(t_e)}\vartheta + \mathbf{g}_{\mathbf{x}(t_e)}^T \boldsymbol{\nu} \ . \tag{10.28}$$

Somit ergeben (10.27), (10.28) und die Anfangsbedingung insgesamt $2n + l$ Randbedingungen, die zur Lösung des ZPRWP und zur Berechnung von $\boldsymbol{\nu}$ benötigt werden.

Abb. 10.2 Allgemeine Endbedingung bei fester Endzeit

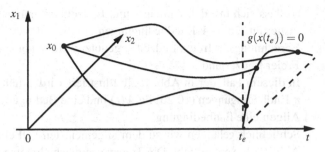

Abb. 10.3 Endbedingungen bei freier Endzeit

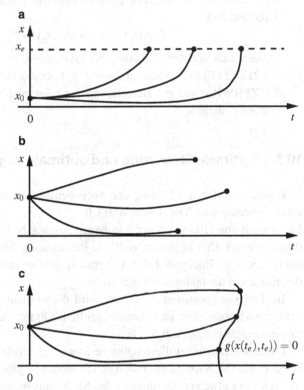

10.2.2 Freie Endzeit

Wir werden nun die gleichen drei Unterfälle von Abschn. 10.2.1 bei freier Endzeit t_e betrachten.

(a) Fester Endzustand

Diesen Fall illustriert Abb. 10.3a. Da die Variation der Endzeit δt_e nunmehr beliebig sein darf, folgt aus (10.18)

$$H(\mathbf{x}(t_e), \mathbf{u}(t_e), \boldsymbol{\lambda}(t_e), t_e) + \vartheta_{t_e} = 0 \,, \qquad (10.29)$$

so dass sich mit den Anfangs- und Endzeitbedingungen $\mathbf{x}(0) = \mathbf{x}_0$ und $\mathbf{x}(t_e) = \mathbf{x}_e$ insgesamt $2n + 1$ Randbedingungen ergeben, die zur Lösung des ZPRWP und zur Berechnung der freien Endzeit t_e genutzt werden können.

(b) Freier Endzustand

In diesem Fall, der in Abb. 10.3b illustriert wird, erhält man n Anfangsbedingungen, n Endbedingungen (10.26) für $\boldsymbol{\lambda}(t)$ und eine Bedingung (10.29) für die freie Endzeit.

(c) Allgemeine Endbedingung

Schließlich gelangen wir zu dem allgemeinsten Fall einer Endbedingung (10.2), den Abb. 10.3c verdeutlicht. Die Transversalitätsbedingung (10.18) für die Endzeit ergibt in diesem Fall

$$H(\mathbf{x}(t_e), \mathbf{u}(t_e), \boldsymbol{\lambda}(t_e), t_e) + \vartheta_{t_e} + \mathbf{g}_{t_e}^T = 0 \,, \tag{10.30}$$

so dass sich mit den n Anfangsbedingungen $\mathbf{x}(0) = \mathbf{x}_0$ und den Endbedingungen (10.2) und (10.28) insgesamt $2n + l + 1$ Randbedingungen ergeben, die zur Lösung des ZPRWP sowie zur Berechnung der Lagrange-Multiplikatoren $\boldsymbol{\nu}$ und der freien Endzeit t_e dienen.

10.3 Optimale Steuerung und optimale Regelung

Bekanntlich liefert die Lösung der Aufgabenstellung der optimalen Steuerung dynamischer Systeme eine Trajektorie $\mathbf{u}^*(t), 0 \leq t \leq t_e$, die den Systemzustand $\mathbf{x}(t)$ durch Integration von (10.1) von der gegebenen Anfangsbedingung $\mathbf{x}(0) = \mathbf{x}_0$ in eine Endbedingung $\mathbf{g}(\mathbf{x}(t_e), t_e)$ in optimaler Weise im Sinne der Minimierung eines Gütefunktionals überführt. Vom Blickpunkt der Anwendung gibt es aber zwei alternative Möglichkeiten des Einsatzes der optimalen Ergebnisse.

Im Fall der *optimalen Steuerung* wird die optimale Steuertrajektorie als feste Zeitfunktion *abgespeichert* und über das zeitliche Optimierungsintervall $[0, t_e]$ auf den realen Prozess eingesetzt, s. Abb. 10.4a.

Offensichtlich hängt diese optimale Steuertrajektorie von dem gegebenen Anfangszustand $\mathbf{x}_0$ ab. Ein Nachteil der optimalen Steuerung ergibt sich aus der Tatsache, dass durch die Wirkung etwaiger Störungen oder Modellungenauigkeiten, die bei der Optimierung nicht berücksichtigt wurden, das Steuerungsziel verfehlt werden könnte, wie Abb. 10.5a für eine impulsartige Störung demonstriert: Mangels Rück- oder a priori-Information über die Störung wird bei Einsatz der optimalen Steuertrajektorie $\mathbf{u}^*(t)$ ein Zustandsverlauf $\mathbf{x}(t)$ erzeugt, der vom modellmäßig erwarteten Verlauf $\mathbf{x}^*(t)$ abweicht und möglicherweise die Endbedingung verletzt.

Im Fall der *optimalen Regelung* leitet man aus den notwendigen Bedingungen als Lösung des sogenannten *Synthese-Problems* ein *optimales Regelgesetz* ab

$$\mathbf{u}(t) = \mathbf{R}^*(\mathbf{x}(t), t) \,, \tag{10.31}$$

d. h. eine Rechenvorschrift, die zur on-line Berechnung der Steuergrößen $\mathbf{u}(t)$ aus den *gemessenen* Zustandsgrößen $\mathbf{x}(t)$ dient. Die wesentliche Eigenschaft der optimalen Re-

Abb. 10.4 **a** Optimale Steuerung und **b** optimale Regelung

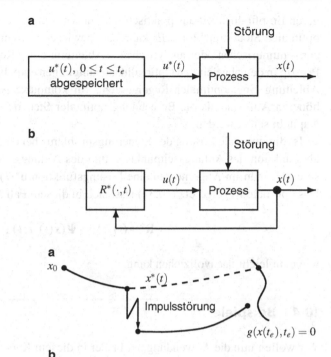

Abb. 10.5 **a** Impulsstörung
bei optimaler Steuerung und
b optimaler Regelung

gelung ergibt sich aus der Tatsache, dass das Regelgesetz $\mathbf{R}^*(\mathbf{x}(t), t)$ *unabhängig vom jeweiligen Anfangszustand* $\mathbf{x}_0$ ist. Die erhaltene Lösung ist also bei weitem allgemeiner als eine optimale Steuertrajektorie, kann sie doch bei beliebigen Anfangs- bzw. aktuellen Zuständen ohne weitere Berechnungen direkt eingesetzt werden. Den Sachverhalt der optimalen Regelung veranschaulicht Abb. 10.5b. Tritt nun im Fall der optimalen Regelung eine Impulsstörung auf, so führt das Regelgesetz, von dem durch die Störung versetzten Zustand ausgehend trotzdem in optimaler Weise zum Ziel. Tritt allerdings eine bleibende Störung, z. B. ein Störungs*sprung*, auf, so kann auch die optimale Regelung das Ziel verfehlen.

Freilich liefern die optimale Steuerung und die optimale Regelung für einen gegebenen Anfangszustand $\mathbf{x}_0$ exakt die gleichen Ergebnisse, sofern keine unerwartete Störung bzw. Modellungenauigkeit gegenwärtig ist, was allerdings bei praktischen Anwendungen eher die Ausnahme sein dürfte.

Wir halten also zusammenfassend fest, dass bei einer gegebenen Problemstellung die Ableitung eines optimalen Regelgesetzes wegen seiner Allgemeinheit und seiner geringeren Empfindlichkeit aus praktischer Sicht wünschenswerter ist, als die Ableitung einer optimalen Steuertrajektorie. Es kann nachgewiesen werden [4], dass die Information, die zur – numerischen oder analytischen – Ableitung eines Regelgesetzes benötigt wird, im Prinzip in den abgeleiteten Optimalitätsbedingungen enthalten ist. Allerdings erfordert die Ableitung eines optimalen Regelgesetzes für komplexe Aufgabenstellungen einen weit höheren Aufwand als die Berechnung optimaler Steuertrajektorien, wie wir in späteren Kapiteln sehen werden.

Ist die optimale Lösung des Steuerungsproblems bei einer gegebenen Problemstellung als Funktion des Anfangszeitpunkts t_0 und des Anfangszustands $\mathbf{x}_0$ *analytisch* ableitbar, so erhält man im Allgemeinen eine Lösungsfunktion $\mathbf{u}^*(t) = \boldsymbol{\Psi}(\mathbf{x}_0, t_0, t)$, $t_0 \leq t \leq t_e$. Das optimale Regelgesetz (10.31) lässt sich in diesem Fall sofort wie folgt angeben

$$\mathbf{R}^*(\mathbf{x}(t), t) = \boldsymbol{\Psi}(\mathbf{x}(t), t, t) \,, \tag{10.32}$$

wie man leicht nachvollziehen kann.

10.4   Beispiele

Wir wollen nun die Anwendung der bisher in diesem Kapitel erzielten Ergebnisse mittels einfacher Beispiele in aller Ausführlichkeit erläutern.

Beispiel 10.1 Gegeben sei ein einfacher dynamischer Prozess 1. Ordnung, z. B. das vereinfachte Modell eines Gleichstrommotors oder der Füllvorgang eines Flüssigkeitsbehälters, der durch folgende Zustandsdifferentialgleichung beschrieben wird

$$\dot{x} = u \,. \tag{10.33}$$

Gesucht wird eine optimale Steuertrajektorie $u^*(t)$ und die zugehörige Zustandstrajektorie $x^*(t)$, $0 \leq t \leq T$, so dass der gegebene Anfangszustand $x(0) = x_0$ in vorgegebener, fester Zeit T in den Endzustand $x(T) = 0$ überführt wird und das quadratische Gütefunktional

$$J(x(t), u(t)) = \frac{1}{2} \int_0^T x(t)^2 + u(t)^2 dt \tag{10.34}$$

einen minimalen Wert annimmt. Abbildung 10.6 zeigt einige zulässige Zustandsverläufe, die klarstellen, dass hier bezüglich der Randbedingungen der Fall 10.2.1(a) vorliegt.

Zur Auswertung der notwendigen Bedingungen bilden wir zunächst die Hamilton-Funktion (10.13)

$$H = \frac{1}{2}(x^2 + u^2) + \lambda u \,. \tag{10.35}$$

Abb. 10.6 Zulässige Zustandsverläufe

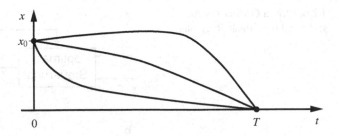

Die notwendigen Bedingungen (10.14)–(10.16) liefern

$$\dot{x} = H_\lambda = u \tag{10.36}$$

$$\dot{\lambda} = -H_x = -x \tag{10.37}$$

$$H_u = u + \lambda = 0 \iff u = -\lambda. \tag{10.38}$$

Im Übrigen ist die Legendresche Bedingung (10.21) mit $H_{uu} = 1 > 0$ erfüllt. Durch Einsetzen der Koppelgleichung (10.38) in (10.36), Differenzieren und anschließendes Einsetzen von (10.37) erhält man folgende Differentialgleichung 2. Ordnung

$$\ddot{x} - x = 0. \tag{10.39}$$

Auf der Grundlage des Lösungsansatzes $x(t) = Ae^t + Be^{-t}$ bekommt man mit den gegebenen Randbedingungen $x(0) = x_0$ und $x(T) = 0$ für die Konstanten A, B die Werte

$$A = \frac{-x_0 e^{-2T}}{1 - e^{-2T}}, \quad B = \frac{x_0}{1 - e^{-2T}},$$

so dass die gesuchte Lösungstrajektorie wie folgt lautet

$$x^*(t) = \frac{x_0 \sinh(T - t)}{\sinh T} \quad 0 \le t \le T. \tag{10.40}$$

Hierbei gilt $\sinh \alpha = (1 - e^{-2\alpha})/(2e^{-\alpha})$. Durch Einsetzen von (10.40) in (10.36) erhält man schließlich die optimale Steuerung

$$u^*(t) = -\frac{x_0 \cosh(T - t)}{\sinh T} \quad 0 \le t \le T. \tag{10.41}$$

Aus dem physikalischen Kontext ist zu erwarten, dass ein Minimum der Problemstellung existiert. Da nun (10.40), (10.41) die einzige Lösung des ZPRWP ist und somit die notwendigen Optimalitätsbedingungen erfüllt, muss es sich um ein globales Minimum handeln.

Abb. 10.7 a Optimale Steuerung und **b** optimale Regelung

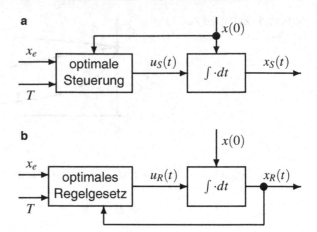

Es ist interessant festzustellen, dass sich für $T \to \infty$ die Lösungstrajektorien wie folgt vereinfachen

$$x^*(t) = x_0 e^{-t}, \quad u^*(t) = -x_0 e^{-t} . \tag{10.42}$$

Wie in Abschn. 10.3 beschrieben wollen wir nun die Realisierung der Lösung in Form einer optimalen Steuerung und einer optimalen Regelung vornehmen.

(a) Optimale Steuerung

Abbildung 10.7a zeigt den Einsatz der optimalen Steuertrajektorie, die wir zur Ver- deutlichung $u_S(t)$ bezeichnen wollen. Abbildung 10.8 zeigt die optimalen Verläufe der Lösungstrajektorien.

(b) Optimale Regelung

Bei diesem einfachen Beispiel bereitet es keine Schwierigkeiten, aus den Lösungs- trajektorien (10.40), (10.41) folgendes lineares, vom Anfangszustand unabhängiges, optimales Regelgesetz abzuleiten

$$u_R(t) = -\coth(T - t)x_R(t) = -K(t; T)x_R(t) \tag{10.43}$$

wobei $K(t; T)$ ein zeitabhängiger Rückführkoeffizient ist. Offenbar handelt es sich also um einen zeitvarianten P-Regler, der im Fall $T \to \infty$ sogar zeitinvariant wird (vgl. auch (10.42))

$$u_R(t) = -x_R(t) . \tag{10.44}$$

Abbildung 10.7b verdeutlicht die Realisierung des optimalen Regelgesetzes, während Abb. 10.9 den Verlauf des Rückführkoeffizienten abbildet. Die Tatsache, dass der Rückführkoeffizient für $t = T$ unendlich wächst, ist aus praktischer Sicht unbefriedi- gend, kann aber durch geeignete Maßnahmen vermieden werden, s. Kap. 12.

Das optimale Regelgesetz ließe sich für dieses Beispiel auch durch Anwendung der Formel (10.32) ableiten. Hierzu müsste man in der Problemformulierung die allgemei- ne Anfangsbedingung $x(t_0) = x_0$ berücksichtigen, wodurch sich anstelle von (10.41)

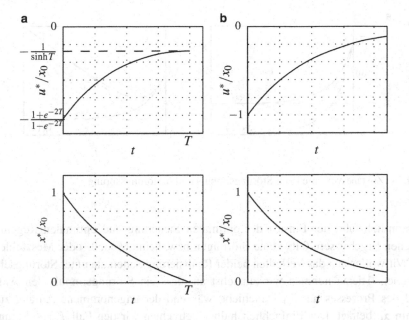

Abb. 10.8 Lösungstrajektorien für **a** T endlich und **b** $T \to \infty$

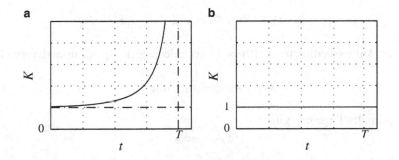

Abb. 10.9 Verlauf des Rückführkoeffizienten für **a** endliches T und **b** $T \to \infty$

folgende allgemeine Lösung analytisch ergeben würde

$$u^* = -\frac{x_0 \cosh(T - t)}{\sinh(T - t_0)} \qquad t_0 \le t \le T \, . \tag{10.45}$$

Mit (10.32) ergibt sich dann hieraus tatsächlich das optimale Regelgesetz

$$R^*(x(t), t) = -\coth(T - t)x(t) \, , \tag{10.46}$$

das mit (10.43) übereinstimmt.

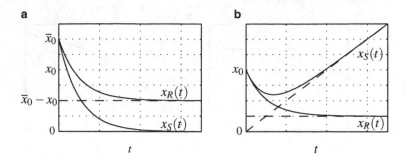

Abb. 10.10 Zustandsverläufe bei **a** Störungsimpuls und **b** Störungssprung

Bekanntlich führt der Einsatz der optimalen Steuerung und optimalen Regelung zu identischen Ergebnissen, falls keine Störungen bzw. keine Modell- oder Messfehler auftreten. Wir wollen nun das Verhalten beider Realisierungsschemata unter Störungseinfluss untersuchen. Hierzu nehmen wir zunächst an, dass ein Störungsimpuls den Anfangszustand des Prozesses auf $\overline{x}_0$ verschiebt, während der angenommene Anfangszustand weiterhin x_0 beträgt. Der Einfachheit halber betrachten wir den Fall $T \to \infty$ und bekommen den Steuerungsverlauf

$$u_S(t) = -x_0 e^{-t} \implies \dot{x}_S = -x_0 e^{-t}$$

und mit der Anfangsbedingung $x_S(0) = \overline{x}_0$ auch den zugehörigen Zustandsverlauf

$$x_S(t) = \overline{x}_0 - x_0 + x_0 e^{-t} \; . \tag{10.47}$$

Bei der optimalen Regelung gilt

$$\dot{x}_R = -x_R$$

und mit der Anfangsbedingung $x_R(0) = \overline{x}_0$ erhalten wir den Zustandsverlauf

$$x_R(t) = \overline{x}_0 e^{-t} \; . \tag{10.48}$$

Abbildung 10.10a zeigt beide Zustandsverläufe und verdeutlicht, dass die optimale Steuerung durch die Wirkung der Störung das Ziel verfehlt, während die optimale Regelung trotz der Störungseinwirkung unempfindlich bleibt.

Als nächstes untersuchen wir die Auswirkung eines Störungssprungs, der die Prozessdifferentialgleichung (10.33) wie folgt verändert

$$\dot{x} = u + 1 \tag{10.49}$$

ohne dass diese Veränderung der Optimierungsproblemstellung bekannt wäre. Setzt man nun die optimale Steuertrajektorie $u_S(t)$ auf das gestörte System ein, so erhält man folgenden Zustandsverlauf

$$\dot{x}_S = -x_0 e^{-t} + 1 \implies x_S(t) = x_0 e^{-t} + t \,, \tag{10.50}$$

während der Einsatz der optimalen Regelung zu folgenden Ergebnissen führt

$$\dot{x}_R = -x_R + 1 \implies x_R(t) = 1 + (x_0 - 1)e^{-t} \,. \tag{10.51}$$

Abbildung 10.10b zeigt, dass zwar die optimale Regelung zu einer bleibenden Regelabweichung führt, die optimale Steuerung aber mit wachsender Zeit vom Ziel wegführt. Wie die bleibende Regelabweichung bei Sprungstörungen ausgeglichen werden könnte, wird in Abschn. 12.9 diskutiert. □

Beispiel 10.2 Als weiteres Demonstrationsbeispiel wollen wir die Steuerung eines Systems betrachten, das durch folgende Differentialgleichungen beschrieben wird

$$\dot{x}_1 = x_2 \tag{10.52}$$

$$\dot{x}_2 = u \,. \tag{10.53}$$

Als physikalischen Hintergrund kann man sich hierbei ein vereinfachtes Fahrzeugmodell mit Position x_1, Geschwindigkeit x_2 und Beschleunigungskraft u vorstellen. Die Steuerungsaufgabe besteht darin, bei gegebenem Anfangszustand $\mathbf{x}_0 = [\ 0 \quad 0\ ]^T$ das Fahrzeug innerhalb einer vorgegebener Zeitspanne T in den Endzustand $\mathbf{x}_e = [\ x_e \quad 0\ ]^T$ zu bringen und die hierzu erforderliche Stellenergie, ausgedrückt durch

$$J = \frac{1}{2} \int_0^T u^2 dt \tag{10.54}$$

zu minimieren.

Zur Ableitung der notwendigen Optimalitätsbedingungen stellen wir zunächst die Hamilton-Funktion auf

$$H = \frac{1}{2}u^2 + \lambda_1 x_2 + \lambda_2 u \,. \tag{10.55}$$

Die notwendigen Bedingungen ergeben nun

$$\dot{x}_1 = H_{\lambda_1} = x_2 \tag{10.56}$$

$$\dot{x}_2 = H_{\lambda_2} = u \tag{10.57}$$

$$\dot{\lambda}_1 = -H_{x_1} = 0 \tag{10.58}$$

$$\dot{\lambda}_2 = -H_{x_2} = -\lambda_1 \tag{10.59}$$

$$H_u = u + \lambda_2 = 0 \,. \tag{10.60}$$

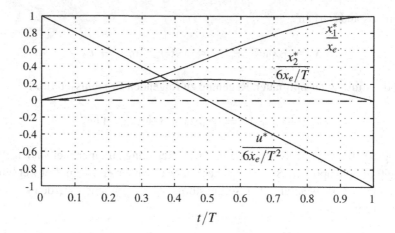

Abb. 10.11 Optimale Zustands- und Steuertrajektorien für Beispiel 10.2

Setzt man die Lösung von (10.58), $\lambda_1(t) = c_1$, in (10.59) ein, so erhält man $\lambda_2(t) = -c_1 t - c_2$ und durch weiteres Einsetzen in (10.60) schließlich auch

$$u(t) = c_1 t + c_2\,,$$

wobei c_1, c_2 Integrationskonstanten darstellen. Unter Berücksichtigung dieser optimalen Steuertrajektorie ergeben die Zustandsgleichungen (10.56), (10.57)

$$x_1(t) = \frac{1}{6}c_1 t^3 + \frac{1}{2}c_2 t^2 + c_3 t + c_4$$

$$x_2(t) = \frac{1}{2}c_1 t^2 + c_2 t + c_3$$

mit den Integrationskonstanten c_3, c_4.

Mit den gegebenen Randbedingungen für die Zustandsvariablen ist es möglich, die Konstanten wie folgt zu bestimmen

$$c_1 = -\frac{12 x_e}{T^3}, \quad c_2 = \frac{6 x_e}{T^2}, \quad c_3 = c_4 = 0\,.$$

Daraus resultieren die optimalen Zustands- und Steuertrajektorien

$$u^*(t) = 6\frac{x_e}{T^2}\Big(1 - 2\frac{t}{T}\Big) \tag{10.61}$$

$$x_1^*(t) = x_e \frac{t^2}{T^2}\Big(3 - 2\frac{t}{T}\Big) \tag{10.62}$$

$$x_2^*(t) = 6\frac{x_e t}{T^2}\Big(1 - \frac{t}{T}\Big)\,, \tag{10.63}$$

die in Abb. 10.11 grafisch dargestellt werden. Die energieminimale Fahrzeugsteuerung im Sinne der vorliegenden Problemstellung besteht also aus einer zeitlinearen Steuertrajektorie, die das Fahrzeug in die erwünschte Endposition $[\,x_e\ 0\,]$ fährt.   □

10.5 Weitere Nebenbedingungen

Die bisher behandelte Aufgabenstellung kann bezüglich der zu berücksichtigenden Nebenbedingungen erweitert werden.

10.5.1 Integrationsnebenbedingungen

Bei einigen Anwendungsfällen ist es notwendig, Gleichungsnebenbedingungen folgender Form in die Problemstellung aufzunehmen

$$\int_0^{t_e} G(\mathbf{x}(t), \mathbf{u}(t), t)\, dt = C \,, \tag{10.64}$$

wobei $G \in C^2$ und C eine gegebene Konstante ist. Diese Nebenbedingung tritt beispielsweise auf, wenn die optimale Bahn einer Rakete von der Erde zum Mars berechnet und hierbei eine beschränkte Treibstoffmenge C berücksichtigt werden soll; die Funktion G beschreibt in diesem Fall den momentanen Treibstoffverbrauch als Funktion des Systemzustandes $\mathbf{x}$ und der Steuergrößen $\mathbf{u}$.

Dieser Fall kann in einfacher Weise auf die bisher behandelte Problemform zurückgeführt werden. Hierzu wird eine zusätzliche Zustandsvariable eingeführt, die durch die Zustandsgleichung

$$\dot{x}_{n+1} = G(\mathbf{x}, \mathbf{u}, t) \tag{10.65}$$

und durch die gegebenen Randbedingungen

$$x_{n+1}(0) = 0, \; x_{n+1}(t_e) = C \tag{10.66}$$

definiert ist. Offenbar wird bei Berücksichtigung der Nebenbedingungen (10.65), (10.66) die Integralgleichung (10.64) erfüllt.

Beispiel 10.3 Die unter Beispiel 1.2 formulierte Problemstellung kann mittels der Ergebnisse dieses Kapitels behandelt werden, wenn man x anstelle von t als die unabhängige Variable betrachtet, wodurch die Randpunkte $x_0 = -a$ und $x_e = a$ entstehen. Die Nebenbedingung (1.6) kann durch

$$l' = \frac{1}{\cos \alpha} \tag{10.67}$$

mit den gegebenen Randbedingungen

$$l(-a) = 0, \; l(a) = L \tag{10.68}$$

ausgedrückt werden, wobei der Strich die Ableitung nach x kennzeichnet. Wir bekommen somit formal ein Problem der optimalen Steuerung mit Zustandsgrößen y, l die mittels der Zustandsgleichungen (1.7), (10.67) und der gegebenen Randbedingungen (1.5) und (10.68) beschrieben werden, während der Steigungswinkel α formal die Rolle der Steuergröße übernimmt. Das zu maximierende Gütefunktional ist mit (1.4) gegeben.

Die Hamilton-Funktion der Problemstellung lautet

$$H = y + \frac{\lambda_1}{\cos\alpha} + \frac{\lambda_2}{\tan\alpha} ,$$

und die notwendigen Bedingungen (10.15) ergeben

$$\lambda_1' = -H_l = 0 \implies \lambda_1 = c_1 \tag{10.69}$$

$$\lambda_2' = -H_y = -1 \implies \lambda_2 = -x + c_2 , \tag{10.70}$$

wobei c_1, c_2 Integrationskonstanten sind. Die Koppelbedingung (10.16) ergibt

$$H_\alpha = \frac{\lambda_2}{\cos^2\alpha} + \frac{\lambda_1 \tan\alpha}{\cos\alpha} = 0$$

$$\implies \sin\alpha = -\frac{\lambda_2}{\lambda_1} = \frac{x - c_2}{c_1} , \tag{10.71}$$

so dass sich die Zustandsgleichung (10.67) wie folgt ausdrücken lässt

$$l' = \frac{1}{\cos\alpha} = \frac{1}{\sqrt{1 - \sin^2\alpha}} = \frac{1}{\sqrt{1 - \frac{(x-c_2)^2}{c_1^2}}} . \tag{10.72}$$

Durch Integration von (10.72) erhält man somit die Lösungstrajektorie

$$l(x) = c_1 \arcsin\frac{x - c_2}{c_1} + c_3 . \tag{10.73}$$

Eine ähnliche Vorgehensweise ergibt aus der Zustandsgleichung (1.7) die Lösungstrajektorie

$$y(x) = -c_1 \sqrt{1 - \frac{(x - c_2)^2}{c_1^2}} + c_4 . \tag{10.74}$$

Durch Einsetzen der vier gegebenen Randbedingungen (1.5) und (10.68) in (10.72) und (10.74) lassen sich nun die vier Integrationskonstanten c_1, c_2, c_3, c_4 wie folgt bestimmen

$$c_2 = 0, \ c_4 = c_1 \sqrt{1 - \left(\frac{a}{c_1}\right)^2}, \ c_3 = c_1 \arcsin\frac{a}{c_1} .$$

Die Konstante c_1 ergibt sich als die negative Lösung folgender transzendenter Gleichung

$$\sin\frac{L}{2c_1} = \frac{a}{c_1} .$$

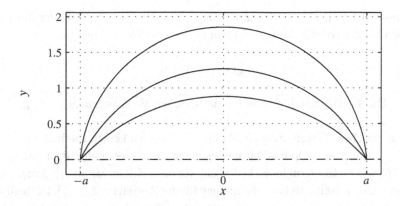

Abb. 10.12 Optimale Seilform zur Flächenmaximierung

Mit obigen Werten der Integrationskonstanten lässt sich aber (10.73) wie folgt umschreiben

$$x^2 + (y - c_4)^2 = c_1^2 ,$$

und diese Gleichung offenbart, dass die gesuchte Lösungstrajektorie den Bogen eines Kreises mit Mittelpunkt $(0, c_4)$ und Radius $|c_1|$ ausmacht. Hierbei beschränkt sich obiger Lösungsweg auf den Fall $L < \pi a$, da sonst $y(x)$ zweideutig wird, s. Übung 10.2. Abbildung 10.12 zeigt einige optimale Seilformen für entsprechende Seillängen L. Dass es sich hierbei um ein Maximum handelt erhärtet außer des geometrischen Kontextes auch die Erfüllung der Legendreschen Bedingung (10.21)

$$H_{\alpha\alpha} = \frac{2\lambda_2 \sin \alpha + \lambda_1 + \lambda_1 \sin^2 \alpha}{\cos^3 \alpha} = \frac{-c_1^2}{\sqrt{c_1^2 - x^2}} \le 0 \quad \forall x \in [-a, a] .$$

Die behandelte Problemstellung gehört zur größeren Familie der sogenannten *isoperimetrischen Probleme* [5], bei denen geometrische Formen maximaler bzw. minimaler Fläche (oder maximalen Volumens) bei konstantem Perimeter (oder konstanter Oberfläche) gesucht werden. □

10.5.2 Gleichungsnebenbedingungen an internen Randpunkten

Ähnlich wie in Abschn. 9.1.3 wollen wir in diesem Abschnitt den Fall von *Gleichungsnebenbedingungen oder Gütefunktionstermen an internen Punkten* berücksichtigen. Wir werden also annehmen, dass die Minimierung nunmehr dem allgemeineren Gütefunktional

$$\tilde{J}(\mathbf{x}(t), \mathbf{u}(t), t_e, t_1) = J(\mathbf{x}(t), \mathbf{u}(t), t_e) + \tilde{\vartheta}(\mathbf{x}(t_1), t_1) \tag{10.75}$$

statt J aus (10.3) gilt, wobei der *interne Zeitpunkt* $t_1, 0 < t_1 < t_e$, fest oder frei sein darf. Zusätzlich können wir die Berücksichtigung *interner GNB* der Form

$$\tilde{\mathbf{g}}(\mathbf{x}(t_1), t_1) = \mathbf{0} \tag{10.76}$$

zulassen. Die Funktionen $\tilde{\mathbf{g}}$, $\tilde{\vartheta}$ erfüllen die gleichen Voraussetzungen wie $\mathbf{g}$, ϑ in Abschn. 10.1.

Die beschriebene Erweiterung der Problemstellung hat keinen Einfluss auf die in Abschn. 10.1 angegebenen Optimalitätsbedingungen. Nun wirken aber $\tilde{\vartheta}$ in (10.75) bzw. $\tilde{\mathbf{g}}$ aus (10.76) wie Endzeitterm bzw. -bedingung für das Zeitintervall $[0, t_1]$; ferner wirken $\tilde{\vartheta}$ bzw. $\tilde{\mathbf{g}}$ wie Anfangszeitterm bzw. -bedingung für das Zeitintervall $[t_1, t_e]$. Deshalb müssen Transversalitätsbedingungen nunmehr zusätzlich für Variationen $\delta\mathbf{x}_1 = \delta\mathbf{x}(t_1)$ und δt_1 berücksichtigt werden. Bezeichnet man mit t_1^- die Zeit kurz vor t_1 und mit t_1^+ die Zeit kurz nach t_1, so lassen sich ähnlich wie in den Abschn. 9.1.2, 9.1.3 folgende Transversalitätsbedingungen für die Variationen $\delta\mathbf{x}_1$ und δt_1 ableiten

$$\left(\nabla_{\mathbf{x}(t_1)} \tilde{\vartheta} + \tilde{\mathbf{g}}_{\mathbf{x}(t_1)}^T \tilde{\boldsymbol{\nu}} - \boldsymbol{\lambda}(t_1^-) + \boldsymbol{\lambda}(t_1^+) \right)^T \delta\mathbf{x}_1 = 0 \tag{10.77}$$

$$\left(H(\mathbf{x}(t_1^-), \mathbf{u}(t_1^-), \boldsymbol{\lambda}(t_1^-), t_1^-) - H(\mathbf{x}(t_1^+), \mathbf{u}(t_1^+), \boldsymbol{\lambda}(t_1^+), t_1^+) + \tilde{\vartheta}_{t_1} + \tilde{\mathbf{g}}_{t_1}^T \tilde{\boldsymbol{\nu}} \right) \delta t_1 = 0 . \tag{10.78}$$

Mit den Optimalitätsbedingungen von Abschn. 10.1 sind aber die Verläufe von $\boldsymbol{\lambda}(t)$ und $H(t)$ bereits festgelegt. Die zusätzlichen Bedingungen (10.77), (10.78) sind daher nur erfüllbar, wenn $\boldsymbol{\lambda}(t)$ und $H(t)$ an der Stelle t_1 unstetig sein dürfen, d. h.

$$\boldsymbol{\lambda}(t_1^-) = \boldsymbol{\lambda}(t_1^+) + \nabla_{\mathbf{x}(t_1)} \tilde{\vartheta} + \tilde{\mathbf{g}}_{\mathbf{x}(t_1)}^T \tilde{\boldsymbol{\nu}} \tag{10.79}$$

$$H(t_1^-) = H(t_1^+) - \tilde{\vartheta}_{t_1} - \tilde{\mathbf{g}}_{t_1}^T \tilde{\boldsymbol{\nu}} . \tag{10.80}$$

Zusammenfassend erhalten wir also für den in diesem Abschnitt betrachteten Fall zusätzlich zu den Bedingungen von Abschn. 10.1 die Optimalitätsbedingungen (10.76), (10.79), (10.80) mit der Auflage, dass $\boldsymbol{\lambda}(t)$ und $H(t)$ an der Stelle t_1 eine Unstetigkeit aufweisen können. Diese zusätzlichen $\tilde{l} + n + 1$ Bedingungen ermöglichen die Berechnung der zusätzlichen Problemgrößen $\tilde{\boldsymbol{\nu}}, t_1$ sowie die Festlegung der Unstetigkeit von $\boldsymbol{\lambda}(t)$ an der Stelle t_1, die zur Lösung des nunmehr vorliegenden *Drei-Punkt-Randwert-Problems* benötigt wird. Es sei angemerkt, dass die Zustandsvariablen $\mathbf{x}(t)$ trotz obiger Veränderung stetig bleiben, wohingegen $\mathbf{u}(t)$ und $\dot{\mathbf{x}}(t)$ an der Stelle t_1 unstetig[3] sein können.

Die Erweiterung obiger Vorgehensweise auf mehrere interne Punkte bereitet keine zusätzlichen Schwierigkeiten und wird in Abschn. 10.6 gezeigt.

---

[3] Die Unstetigkeit von $\mathbf{u}(t)$ und $\dot{\mathbf{x}}(t)$ kann allerdings auch ohne interne GNB auftreten, s. Übung 10.7.

Beispiel 10.4 Wir betrachten das Beispiel von Abschn. 10.4 für $T \to \infty$, d. h. wir minimieren das Funktional

$$J = \frac{1}{2} \int_0^\infty x(t)^2 + u(t)^2 dt \tag{10.81}$$

unter Berücksichtigung von $\dot{x} = u$ mit den Randbedingungen $x(0) = x_0 > 0$, $x(\infty) = 0$. Nun verlangen wir aber zusätzlich, dass $x(t_1) = x_1$, $x_1 > 0$ fest, gelten soll, wobei t_1 ein freier interner Punkt ist, $0 < t_1 < \infty$. Diese zusätzliche, interne GNB verlangt, dass die $x(t)$-Trajektorie irgendwann im Intervall $(0, \infty)$ den gegebenen Wert x_1 annimmt.

Da alle im Abschn. 10.4 betrachteten Optimalitätsbedingungen unverändert gelten, erhalten wir auch hier die Differentialgleichung (10.39), die uns zu dem Ansatz $x(t) = Ae^t + Be^{-t}$ führt. Nunmehr tritt aber gemäß (10.79) eine Unstetigkeitsstelle für $\lambda(t)$ an der Stelle t_1 auf. Mit $\tilde{g}(x(t_1), t_1) = x(t_1) - x_1$ erhalten wir aus (10.79)

$$\lambda(t_1^-) = \lambda(t_1^+) + \tilde{\nu} \,. \tag{10.82}$$

Da $\lambda(t)$ unstetig ist, muss $u(t)$ gemäß (10.38) an der Stelle t_1 auch unstetig sein, weshalb $x(t)$ an der gleichen Stelle eine Ecke aufweisen wird. Unter diesen Bedingungen müssen wir also bei obigem Ansatz für $x(t)$ zwei Sätze von Parametern suchen, nämlich A_1, B_1 für das Zeitintervall $[0, t_1]$ und A_2, B_2 für das Zeitintervall $[t_1, \infty]$. Aus $x(0) = x_0$ und $x(t_1) = x_1$ erhalten wir zunächst

$$A_1 + B_1 = x_0 \tag{10.83}$$

$$A_1 e^{t_1} + B_1 e^{-t_1} = x_1 \,. \tag{10.84}$$

Aus $x(\infty) = 0$ folgt ferner $A_2 = 0$ und wegen der Stetigkeit von $x(t)$ erhalten wir auch

$$B_2 e^{-t_1} = x_1 \,. \tag{10.85}$$

Zur Bestimmung der freien internen Zeit t_1 nutzen wir die Bedingung (10.80), die nach Einsetzen von (10.35) und (10.38) folgende Beziehung liefert

$$u(t_1^-)^2 = u(t_1^+)^2 \,. \tag{10.86}$$

Eine kurze Überlegung zeigt, dass obige Bedingung zu $u(t_1^-) = u(t_1^+)$ führen muss, sofern $x_1 < x_0$ gilt, wodurch die Lösung aus Abschn. 10.4 unverändert übernommen werden kann. Gilt hingegen $x_1 > x_0$, so muss an der Stelle t_1 eine Unstetigkeitsstelle für $u(t)$ vorliegen, so dass

$$u(t_1^-) = -u(t_1^+) \tag{10.87}$$

aus (10.86) resultiert, woraus sich mit (10.33) wiederum

$$A_1 e^{t_1} - B_1 e^{-t_1} = B_2 e^{-t_1} \tag{10.88}$$

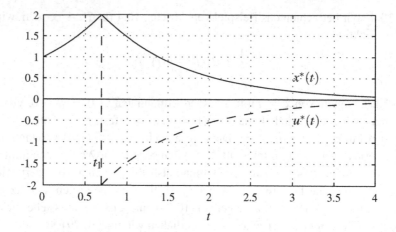

Abb. 10.13 Optimale Verläufe bei interner GNB

ergibt. Das Gleichungssystem (10.83)–(10.85), (10.88) hat die Lösung $A_1 = x_0$, $B_1 = 0$, $B_2 = x_1^2/x_0$, $t_1 = \ln(x_1/x_0)$, wodurch sich folgende optimale Lösungstrajektorien angeben lassen

$$x(t) = \begin{cases} x_0 e^t \\ x_1 e^{-(t-t_1)} \end{cases} \qquad u(t) = \begin{cases} x_0 e^t & 0 \le t \le t_1 \\ -x_1 e^{-(t-t_1)} & t \ge t_1 \,. \end{cases}$$

Abbildung 10.13 zeigt diese Verläufe für $x_0 = 1$, $x_1 = 2$. Der zugehörige Wert des Lagrange-Multiplikators berechnet sich mit (10.38), (10.82) zu

$$\tilde{\nu} = u(t_1^+) - u(t_1^-) = -2x_1 \,. \qquad \qquad \square$$

10.5.3 Diskontinuierliche Zustandsgleichungen

In diesem Abschnitt wollen wir dynamische Systeme mit *diskontinuierlichen Zustandsgleichungen* (z. B. Starten bzw. Landen eines Flugzeuges), betrachten, die sich mittels folgender Gleichungen anstelle von (10.1) beschreiben lassen

$$\dot{\mathbf{x}}(t) = \begin{cases} \mathbf{f}_1(\mathbf{x}(t), \mathbf{u}(t), t) & \text{falls} \quad \tilde{\mathbf{g}}(\mathbf{x}(t), t) \le \mathbf{0} \\ \mathbf{f}_2(\mathbf{x}(t), \mathbf{u}(t), t) & \text{falls} \quad \tilde{\mathbf{g}}(\mathbf{x}(t), t) > \mathbf{0} \,. \end{cases} \tag{10.89}$$

Hierbei spielt die Bedingung $\tilde{\mathbf{g}}(\mathbf{x}(t_1), t_1) = \mathbf{0}$ offenbar die Rolle einer internen GNB, wie sie in Abschn. 10.5.2 berücksichtigt wurde. Somit müssen also auch in diesem Fall die Bedingungen (10.76), (10.79), (10.80) erfüllt sein; zusätzlich muss aber nun darauf geachtet werden, dass in allen notwendigen Bedingungen, je nach Vorzeichen der Funktion $\tilde{\mathbf{g}}$,

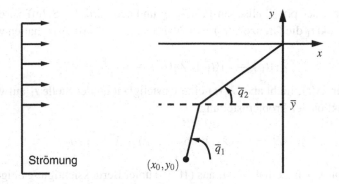

Abb. 10.14 Schiffsteuerung bei diskontinuierlicher Strömung

die zugehörige Zustandsgleichung gemäß (10.89) eingesetzt wird. So wird beispielsweise (10.80) in dem hiesigen Kontext wie folgt umgeformt

$$H_1(t_1^-) = H_2(t_1^+) - \tilde{\mathbf{g}}_{t_1}^T \tilde{\boldsymbol{\nu}} \, , \tag{10.90}$$

wobei $H_i = \phi + \boldsymbol{\lambda}^T \mathbf{f}_i$, $i = 1, 2$, definiert wird.

Beispiel 10.5 (vgl. auch Übung 10.10) Die Bewegungsgleichungen, die zur Steuerung eines Schiffes zugrundegelegt werden, lauten

$$\dot{x} = V \cos \vartheta + u \tag{10.91}$$

$$\dot{y} = V \sin \vartheta \, . \tag{10.92}$$

Hierbei sind x, y die Ortskoordinaten, V die konstante Vorwärtsgeschwindigkeit des Schiffes, ϑ die steuerbare Fahrtrichtung und u eine bekannte, ortsabhängige Strömungsgeschwindigkeit (vgl. Abb. 10.14)

$$u = \begin{cases} U & \text{für} \quad y > \overline{y} \\ 0 & \text{für} \quad y \leq \overline{y} \, . \end{cases} \tag{10.93}$$

Das Schiff soll mittels $\vartheta(t)$ so gesteuert werden, dass, von einem gegebenen Anfangszustand (x_0, y_0) ausgehend, der Koordinatenursprung in minimaler Zeit erreicht wird, d. h. so dass

$$J = \int_0^{t_e} 1 \, dt = t_e$$

minimiert wird.

In Anbetracht der physikalischen Problemgrundlage wird das Schiff zu einem unbekannten Zeitpunkt t_1 die Grenze $y(t_1) = \overline{y}$ überqueren. Aus (10.79) erhalten wir dann mit $\tilde{g} = y(t_1) - \overline{y}$

$$\lambda_1(t_1^-) = \lambda_1(t_1^+), \ \lambda_2(t_1^-) = \lambda_2(t_1^+) + \tilde{\nu} \,,$$

d. h., dass zwar $\lambda_2(t)$, nicht aber $\lambda_1(t)$ eine Unstetigkeit an der Stelle t_1 aufweist. Da die Hamilton-Funktion der Problemstellung

$$H = 1 + \lambda_1(V \cos \vartheta + u) + \lambda_2 V \sin \vartheta$$

unabhängig von x, y ist, erhalten wir aus (10.15) unter Berücksichtigung obiger Unstetigkeit

$$\lambda_1(t) = c_1, \ \lambda_2(t) = \begin{cases} c_2 & \text{für} \ \ t \le t_1 \\ c_2 + \tilde{\nu} & \text{für} \ \ t > t_1 \,, \end{cases}$$

wobei c_1, c_2 Integrationskonstanten sind. Aus (10.16) erhalten wir ferner

$$\tan \vartheta = \frac{\lambda_2}{\lambda_1} \iff \vartheta(t) = \begin{cases} \overline{\vartheta}_1 & \text{für} \ \ t \le t_1 \\ \overline{\vartheta}_2 & \text{für} \ \ t > t_1 \,, \end{cases}$$

wobei

$$\overline{\vartheta}_1 = \arctan \frac{c_2}{c_1}, \quad \overline{\vartheta}_2 = \arctan \frac{c_2 + \tilde{\nu}}{c_1} \,, \tag{10.94}$$

d. h., dass die optimale Steuerung $\vartheta(t)$ stückweise konstant ist, vgl. Abb. 10.14. Aus (10.90) und aus der Transversalitätsbedingung (10.18) erhalten wir ferner folgende zwei Beziehungen

$$1 + c_1 V \cos \overline{\vartheta}_1 + c_2 V \sin \overline{\vartheta}_1 = 1 + c_1(V \cos \overline{\vartheta}_2 + U) + (c_2 + \tilde{\nu}) V \sin \overline{\vartheta}_2 = 0 \,. \tag{10.95}$$

Schließlich führt die Erfüllung der Randbedingungen für x, y sowie deren Kontinuität an der Stelle t_1 zu folgenden Beziehungen

$$x(t_1) = x_0 + V t_1 \cos \overline{\vartheta}_1 = (V \cos \overline{\vartheta}_2 + U)(t - t_e) \tag{10.96}$$

$$y(t_1) = y_0 + V t_1 \sin \overline{\vartheta}_1 = V(t - t_e) \sin \overline{\vartheta}_2 = \overline{y} \,. \tag{10.97}$$

Mit (10.94)–(10.97) haben wir somit ein algebraisches Gleichungssystem 7. Ordnung, dessen Lösung die Werte der Konstanten $c_1, c_2, \overline{\vartheta}_1, \overline{\vartheta}_2, \tilde{\nu}, t_1, t_e$ und somit die Problemlösung liefert. $\qquad\qquad\qquad\qquad\qquad\qquad\qquad\qquad\qquad\qquad\qquad\qquad\qquad\qquad$ □

Für darüberhinausgehende Erweiterungen der Problemstellung sei auf [2] verwiesen. Die für praktische Anwendungen besonders wichtige Erweiterung der Problemstellung der optimalen Steuerung zur Berücksichtigung von Ungleichungsnebenbedingungen wird in Kap. 11 eingeführt. Ebenda (Abschn. 11.3.1) werden auch weitergehende GNB betrachtet.

10.6 Hybride dynamische Systeme

In den beiden vorangegangenen Abschn. 10.5.2 und 10.5.3 wurden Optimalitätsbedingungen für GNB an internen Randpunkten sowie für diskontinuierliche Zustandsgleichungen angegeben. Das macht es uns einfach, die Optimalitätsbedingungen auf eine Klasse *hybrider optimaler Steuerungsprobleme* zu erweitern. Hybride optimale Steuerungsprobleme berücksichtigen an Stelle der kontinuierlichen Systemdynamik ein hybrides dynamisches System, mit dem im Allgemeinen eine enge Verkopplung zwischen kontinuierlicher und diskreter Dynamik modelliert werden kann. Mögliche Anwendungen sind Kontaktprobleme in der Robotik, bei denen die Kontaktkräfte aufzeigen, wann sich ein Kontakt löst, was zu neuen dynamischen Eigenschaften führt [6]. Auch Fertigungsprobleme, bei denen die Dynamik eine Verkopplung aus diskreten Entscheidungen (Ventil auf/zu, Werkstück im Greifer ja/nein) und kontinuierlichen Vorgängen (Transport, Manipulation, etc.) ist, müssen oft hybrid modelliert werden [7]. Eine Übersicht zu hybriden Systemklassen und Anwendungen ist z. B. in [8–10] gegeben.

Zur Modellierung werden die bereits betrachteten GNB an internen Randpunkten im Kontext hybrider Systeme als Schaltflächen gesehen. Schneidet der Zustand eine Schaltfläche, so ist das Umschalten auf eine neue kontinuierliche Dynamik erlaubt. Zusätzlich wird, je nach betrachteter hybrider Systemklasse, gleichzeitig eine Diskontinuität im Zustandsvektor erlaubt. Alternativ zum beschriebenen autonomen Schalten kann auch gesteuertes Schalten zwischen kontinuierlichen Dynamiken erlaubt werden. Diskontinuierliche Zustände und gesteuertes Schalten werden im Folgenden nicht betrachtet, die entsprechenden Optimalitätsbedingungen können in [11, 12] nachgelesen werden. Die Kostenfunktion des betrachteten hybriden Optimalsteuerungsproblems berücksichtigt wie bisher einen kontinuierlichen Anteil, aber zusätzlich auch Kosten, die durch das Schalten entstehen.

Eine vollständige Lösung des hybriden Optimalsteuerungsproblems verlangt einerseits die Bestimmung der Zustands- und Steuertrajektorien; zusätzlich sind aber auch die optimale Abfolge der kontinuierlichen Dynamiken, die wir im Weiteren als diskrete Zustände bezeichnen, sowie die Zeitpunkte des Schaltens unbekannt. Bei der Lösungsfindung kann man zunächst Optimalitätsbedingungen für eine vorgegebene Abfolge diskreter Zustände angeben, wodurch die numerische Bestimmung einer Lösung mit den Methoden aus Kap. 15 ermöglicht wird [13, 14]. Die Bestimmung der optimalen Abfolge diskreter Zustände unter Berücksichtigung der Auswirkungen auf das kontinuierliche Problem verlangt aber im Allgemeinen die Kombination mit Lösungsmethoden für kombinatorische Probleme, wie sie in Abschn. 8.2 besprochen wurden [15]. Im ungünstigsten Fall müssen alle möglichen diskreten Sequenzen ausprobiert und die resultierenden Kostenwerte verglichen werden. In vielen aktuellen Arbeiten wird untersucht, wie der rechnerische Aufwand reduziert werden kann [14, 16]. Die nachfolgenden Optimalitätsbedingungen gehen von einer bekannten Sequenz der diskreten Zustände aus.

Abb. 10.15 Hybrides System mit $N = 4$

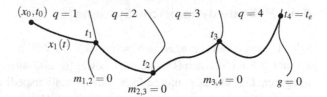

Es wird nun die formale Beschreibung einer Klasse hybrider Optimalsteuerungsprobleme angegeben, für die mit den bisher bereitgestellten Werkzeugen die Optimalitätsbedingungen angegeben werden können. Zuerst wird eine Menge Q diskreter Zustände

$$Q = \{1, 2, 3, \ldots, N\} \subset \mathbb{N}$$

definiert. Jedem dieser diskreten Zustände ist eine kontinuierliche Dynamik, die durch

$$\dot{\mathbf{x}} = \mathbf{f}_q(\mathbf{x}, \mathbf{u}, t), \ q \in Q$$

beschrieben wird, zugeordnet, so dass es bis zu N verschiedene dynamische Systeme geben kann, zwischen welchen geschaltet wird. Dabei sind $\mathbf{u} \in \mathbb{R}^m$ der Steuereingang und $\mathbf{x} \in \mathbb{R}^n$ der Zustand der dynamischen Systeme. Schalten tritt auf, wenn der Zustand $\mathbf{x}$ auf eine Schaltfläche, die durch

$$m_{i,j}(\mathbf{x}, t) = 0$$

beschrieben wird, trifft; dann wird vom diskreten Zustand $i \in Q$ in den diskreten Zustand $j \in Q$ gewechselt und eine neue Systemdynamik wird gültig. In Abb. 10.15 ist eine Zustandstrajektorie eines hybriden Systems für $N = 4$ dargestellt. Für eine formale Beschreibung der betrachteten Systemklasse, s. [12].

Lösungstrajektorien des hybriden dynamischen Systems ordnen der vorgegebenen diskreten Sequenz, die o. B. d. A. als $q = (1, 2, 3, \ldots, N)$ notiert wird, eine Sequenz von Schaltzeiten $\tau = (t_0, t_1, \ldots, t_N = t_e)$, eine Folge von Zustandstrajektorien $\mathbf{x}(t) = (\mathbf{x}_1(t), \mathbf{x}_2(t), \ldots, \mathbf{x}_N(t))$ und eine Folge von Steuerungen $\mathbf{u}(t) = (\mathbf{u}_1(t), \mathbf{u}_2(t), \ldots, \mathbf{u}_N(t))$ zu, so dass die Differentialgleichungen $\dot{\mathbf{x}}_j = \mathbf{f}_j(\mathbf{x}_j, \mathbf{x}_j)$ für alle Intervalle $[t_{j-1}, t_j]$, $j = 1, \ldots N$, erfüllt sind. Zudem müssen die Schaltgleichungen $m_{j,j+1}(\mathbf{x}_j(t_j)) = 0$ für $j = 1, \ldots, N - 1$ erfüllt sein, s. Abb. 10.15.

Die zu minimierende Kostenfunktion für diese Klasse von Optimalsteuerungsproblemen lautet

$$J = \vartheta(\mathbf{x}(t_e), t_e) + \sum_{j=1}^{N-1} c_j(\mathbf{x}_j, t_j) + \int_0^{t_e} \phi(\mathbf{x}, \mathbf{u}, t)\, dt \ .$$

Dabei ist $\vartheta(\mathbf{x}(t_e), t_e)$ ein Kostenterm für den Endzustand, $c_j(\mathbf{x}_j, t_j)$ sind Schaltkosten und $\phi(\mathbf{x}, \mathbf{u}, t)$ sind die laufenden Kosten. Der gegebene Anfangswert ist $\mathbf{x}(0) = \mathbf{x}_0$, die Endbedingung ist $\mathbf{g}(\mathbf{x}(t_e), t_e) = \mathbf{0}$, die Endzeit t_e ist fest oder frei, und die optimale diskrete Sequenz $q^* = (1, 2, 3, \ldots, N)$ sei bekannt.

Die notwendigen Bedingungen sind eine Verallgemeinerung der in den Abschn. 10.5.2 und 10.5.3 angegebenen notwendigen Bedingungen (10.76), (10.79) und (10.80) bzw. (10.90), zusätzlich zu den bereits in Abschn. 10.1 gegebenen Bedingungen. Sie folgen unmittelbar aus den genannten Bedingungen, wenn die Funktion $\tilde{\theta}$ aus (10.75) mit den Funktionen c_j und die Funktion $\tilde{g}$ aus (10.76) mit den Funktionen $m_{j,j+1}$ identifiziert werden. Für die stückweise stetige Hamiltonfunktion gilt $H_j = \phi + \boldsymbol{\lambda}^T \mathbf{f}_j, \; j = 1, \dots, N$.

Es existieren Multiplikatoren $\boldsymbol{\nu} \in \mathbb{R}^l$, π_j, $j = 1, \dots, N - 1$, und Zeitfunktionen $\boldsymbol{\lambda}(t) \in \mathbb{R}^n$ für $t \in [0, t_e]$, so dass folgende Bedingungen erfüllt sind:

$$\dot{\mathbf{x}}_j = \nabla_{\boldsymbol{\lambda}} H_j = \mathbf{f}_j, \quad j = 1, \dots, N \tag{10.98}$$

$$\dot{\boldsymbol{\lambda}} = -\nabla_{\mathbf{x}} H_j, \quad j = 1, \dots, N \tag{10.99}$$

$$\mathbf{0} = \nabla_{\mathbf{u}} H_j, \quad j = 1, \dots, N \tag{10.100}$$

$$\left(\nabla_{\mathbf{x}(t_e)} \vartheta(t_e) + \mathbf{g}_{\mathbf{x}(t_e)}(t_e)^T - \boldsymbol{\lambda}(t_e) \right)^T \delta \mathbf{x}_e = 0 \tag{10.101}$$

$$\left(H_N(\mathbf{x}(t_e), \mathbf{u}(t_e), \boldsymbol{\lambda}(t_e), t_e) + \vartheta_{t_e} + \mathbf{g}_{t_e}^T \boldsymbol{\nu} \right) \delta t_e = 0 \tag{10.102}$$

$$\boldsymbol{\lambda}(t_j^+) = \boldsymbol{\lambda}(t_j^-) - \nabla_{\mathbf{x}_j} c_j(t_j) - \nabla_{\mathbf{x}_j} m_{j,j+1}(t_j)\pi_j, \quad j = 1, \dots, N-1 \tag{10.103}$$

$$H_{j+1}(t_j^+) = H_j(t_j^-) + \frac{\partial}{\partial t_j} c(t_j) + \frac{\partial}{\partial t_j} m_{j,j+1}(t_j)\pi_j, \quad j = 1, \dots, N-1 \tag{10.104}$$

$$\mathbf{x}(0) = \mathbf{x}_0 \tag{10.105}$$

$$m_{j,j+1}(\mathbf{x}(t_j^-)) = 0, \quad j = 1, \dots, N-1 \tag{10.106}$$

$$\mathbf{g}(\mathbf{x}(t_e), t_e) = \mathbf{0} . \tag{10.107}$$

Für $N = 1$ reduzieren sich die Gleichungen (10.98) bis (10.107) auf die in Abschn. 10.1 eingeführten notwendigen Bedingungen für kontinuierliche Optimalsteuerungsprobleme. Für $N = 2$ und $\mathbf{f}_1 = \mathbf{f}_2$ folgen die Bedingungen aus Abschn. 10.5.2. Für $N = 2$ und $\mathbf{f}_1 \neq \mathbf{f}_2$ folgen die Bedingungen aus Abschn. 10.5.3.

Natürlich lassen sich die notwendigen Bedingungen erweitern, so dass auch GNB und UNB berücksichtigt werden können, man spricht dann vom *hybriden Minimumprinzip*, s. Kap. 11 und [12].

10.7 Übungsaufgaben

10.1 Das Problem der Brachystochrone (Beispiel 9.9) kann auch auf andere Weise formuliert werden. Durch Integration der Nebenbedingung (9.67) erhält man zunächst $v = \sqrt{v_0^2 + 2gy}$. Mit ϑ, dem Abfallwinkel der Brachystochrone, lassen sich die zwei Komponenten der Geschwindigkeit v wie folgt ausdrücken

$$\dot{x} = \sqrt{v_0^2 + 2gy} \cos \vartheta; \; \dot{y} = \sqrt{v_0^2 + 2gy} \sin \vartheta .$$

Dies sind die zwei Zustandsgleichungen des Problems, während ϑ als Steuergröße interpretiert werden kann. Das zu minimierende Gütefunktional lautet

$$J = t_e = \int_0^{t_e} 1 \, dt \, ,$$

wobei t_e natürlich frei ist. Die gegebenen Randbedingungen lauten $x(0) = y(0) = 0$ und $x(t_e) = x_e$, $y(t_e) = y_e$. Zeigen Sie, dass die Lösung dieses Problems $\dot{\vartheta}^*(t) = \text{const.}$ ergibt, und dass die optimale Trajektorie auf der (x, y)-Ebene ein Zykloid (s. Beispiel 9.9) beschreibt. Zeigen Sie ferner, dass sich die Nebenbedingungen der Problemstellung der Brachystochrone auch wie folgt formulieren lassen

$$\begin{aligned}
\dot{x} &= v \cos \vartheta, & x(0) &= 0, & x(t_e) &= x_e \\
\dot{y} &= v \sin \vartheta, & y(0) &= 0, & y(t_e) &= y_e \\
\dot{v} &= g \sin \vartheta, & v(0) &= v_0, & v(t_e) &\text{ frei .}
\end{aligned}$$

10.2 Die Problemlösung in Beispiel 10.2 gilt nur für Seillängen $L \leq \pi a$, da sonst $y(x)$ zweideutig wäre und das Gütefunktional (1.4) seine Bedeutung verlieren würde. Um zeigen zu können, dass auch für $L \geq \pi a$ die optimale Seilform einem Kreisbogen entspricht, beachte man, dass die optimale Seilform $y(x)$ bezüglich der y-Achse symmetrisch sein muss (warum?). Aufgrund dieser Symmetrie lässt sich die Problemstellung ausschließlich im 4. Quadranten der (x, y)-Ebene lösen, wobei nunmehr y statt x die unabhängige Variable sein soll. Bestimmen Sie die optimale Seilform auch für $L \geq \pi a$ durch die Lösung folgenden Problems:

$$\text{Maximiere} \quad J = \int_0^{x_e} x(y) dy, \quad y_e \text{ frei}$$

$$\text{u. B. v.} \quad \frac{dx}{dy} = \cot \alpha$$

$$\frac{dl}{dy} = \frac{1}{\sin \alpha}$$

$$x(0) = -a, \quad x(y_e) = 0$$

$$l(0) = 0, \quad l(y_e) = \frac{L}{2} \, .$$

10.3 Für das dynamische System $\dot{x} = -x + u$ mit der Anfangsbedingung $x(0) = x_0$ wird eine Steuertrajektorie gesucht, die das Gütefunktional

$$J = \frac{1}{2} \int_0^{t_e} \alpha + x(t)^2 + u(t)^2 dt$$

bei freier Endzeit t_e minimiert.

10.4 Bestimmen Sie ein optimales Regelgesetz für das dynamische System $\dot{x} = u$ zur Minimierung des Gütefunktionals

$$J = \frac{1}{2} \int_0^2 u(t)^2 + (x(t) - 1 + e^{-t})^2 dt \ .$$

10.5 Bestimmen Sie für das dynamische System

$$\dot{x}_1 = x_2$$
$$\dot{x}_2 = -x_1 + (1 - x_1^2)x_2 + u$$

mit festen Anfangs- und Endpunkten $\mathbf{x}_0$, $\mathbf{x}_e$ die optimale Steuertrajektorie zur Minimierung des Gütefunktionals

$$J = \frac{1}{2} \int_0^1 2x_1^2 + x_2^2 + u^2 dt \ .$$

10.6 Das dynamische System der Übung 10.5 soll vom Anfangspunkt $\mathbf{x}_0 = [0\ 0]^T$ in die Endebene

$$15x_1(t_e) + 20x_2(t_e) + 12t_e = 60$$

überführt werden; hierbei soll der Steueraufwand

$$J = \frac{1}{2} \int_0^{t_e} u(t)^2 dt$$

minimiert werden. Stellen Sie die notwendigen Optimalitätsbedingungen auf, und bestimmen Sie die optimale Steuertrajektorie.

10.7 Für das dynamische System $\dot{x} = u$ mit festen Randwerten $x(0) = x_0$, $x(t_e) = x_e$ soll die optimale Steuertrajektorie bestimmt werden zur Minimierung des Gütefunktionals

$$J = \int_0^{t_e} (u(t) - a(t))^2 + u(t)^4 dt, \quad t_e \text{ fest},$$

wobei $a(t)$ eine bekannte Zeitfunktion ist. Stellen Sie die notwendigen Optimalitätsbedingungen auf. Zeigen Sie, dass je nach Verlauf von $a(t)$ eine schaltende (stückweise stetige) optimale Steuertrajektorie resultieren kann.

10.8 Gegeben ist folgender dynamischer Prozess 3. Ordnung einschließlich der Randbedingungen

$$
\begin{aligned}
\dot{x}_1 &= x_2 \quad x_1(0) = 0 = x_1(1) \\
\dot{x}_2 &= x_3 \quad x_2(0) = 1 = -x_2(1) \\
\dot{x}_3 &= u \quad x_3(0) = 2 = x_3(1) \, .
\end{aligned}
$$

Gesucht wird eine optimale Steuertrajektorie $u^*(t)$, $0 \le t \le 1$, die folgendes Gütefunktional minimiert

$$
J = \frac{1}{2} \int\limits_0^1 u(t)^2 dt \, .
$$

Berechnen und zeichnen Sie die optimalen Verläufe $u^*(t)$, $\mathbf{x}^*(t)$.

10.9 Gegeben sei das vereinfachte Fahrzeugmodell

$$
\begin{aligned}
\dot{x} &= v \\
\dot{v} &= u
\end{aligned}
$$

mit Position x, Geschwindigkeit v und einstellbarer Beschleunigung u. Die Minimierung des Aufwandes führt zu folgendem Gütefunktional

$$
J = \frac{1}{2} \int\limits_0^{t_e} u(t)^2 dt, \quad t_e \text{ fest} \, .
$$

Das Fahrzeug soll vom gegebenen Anfangszustand $\mathbf{x}(0) = \mathbf{x}_0$ in den Ursprung $\mathbf{x}(t_e) = \mathbf{0}$ gefahren werden.

(a) Bestimmen Sie die optimale Steuertrajektorie $u(t)$ zur Lösung obiger Aufgabe.
(b) Nun sei zusätzlich gefordert, dass an einem gegebenen internen Punkt $t_1, 0 < t_1 < t_e$, $\mathbf{x}(t_1) = \mathbf{x}_1$ gelten soll, wobei $\mathbf{x}_1$ gegeben ist. Bestimmen Sie die optimale Steuertrajektorie für diese modifizierte Problemstellung.

10.10 Ein Schiff soll durch eine Gegend starker ortsabhängiger Strömungen fahren. Die Bewegungsgleichungen des Schiffes lauten

$$
\dot{x} = V \cos \vartheta + u(x, y), \quad \dot{y} = V \sin \vartheta + v(x, y) \, .
$$

Hierbei sind x, y die Ortskoordinaten, V die konstante Vorwärtsgeschwindigkeit des Schiffes, ϑ die steuerbare Fahrtrichtung und u, v die bekannten, ortsabhängigen Strömungsgeschwindigkeiten. Das Schiff soll mittels $\vartheta(t)$ so gesteuert werden, dass, von einem gegebenen Anfangszustand (x_0, y_0) ausgehend, der Koordinatenursprung in minimaler Zeit erreicht wird.

(a) Formulieren Sie das optimale Steuerungsproblem.

(b) Stellen Sie die notwendigen Optimalitätsbedingungen auf.

(c) Zeigen Sie, dass, wenn u, v ortsunabhängige Konstanten sind, die optimale Steuerung aus einer konstanten Fahrtrichtung $\vartheta(t) = $ const. besteht.

10.11 Bestimmen Sie für das dynamische System

$$\dot{x} = u$$

mit den gegebenen Randbedingungen $x(0) = 0$, $x(1) = 0$ die optimale Steuer- und Zustandstrajektorien zur Minimierung des Funktionals

$$J = \frac{1}{2}\int_0^1 u^2 - x^2 - 2xt \; dt \; .$$

10.12 Bestimmen Sie für das dynamische System

$$\dot{x} = u, \quad x(0) = 1$$

die optimalen Steuer- und Zustandstrajektorien zur Minimierung des Funktionals

$$J = \frac{1}{2}Sx(t_e)^2 + \frac{1}{2}\int_0^{t_e} u(t)^2 dt, \quad S \geq 0, t_e \text{ fest.}$$

10.13 Bestimmen Sie für das dynamische System

$$\dot{x} = u, \quad x(0) = 1$$

die optimalen Steuer- und Zustandstrajektorien sowie die optimale Endzeit zur Minimierung des Funktionals

$$J = x(t_e)^2 + \frac{1}{2}t_e^2 + \frac{1}{2}\int_0^{t_e} u(t)^2 dt, \quad t_e \text{ frei.}$$

10.14 Das dynamische Verhalten eines Gleichstromservomotors mit Stromregelung wird durch die normierte Momentengleichung

$$i = m_{\text{Last}} + \frac{d\omega}{dt}$$

beschrieben. Dabei ist i die normierte Stromstärke, ω die normierte Winkelgeschwindigkeit und m_{Last} das normierte Lastmoment. Der Drehwinkel α des Servomotors soll in einem Positionierungsvorgang von der Anfangsposition $\alpha(0) = \alpha_0 = 0, \omega_0 = 0$ in die Endposition $\alpha(t_e) = \alpha_e, \omega(t_e) = 0$ in der Zeit $t_e = 2$ überführt werden. Das Lastmoment besteht aus einem konstanten Hubmoment und aus einem drehzahlabhängigen Reibungsmoment

$$m_{\text{Last}} = 4 + \frac{1}{2}\omega .$$

Der Positionierungsvorgang soll energieoptimal erfolgen, d. h. dass das Quadrat der Stromstärke über die Dauer der Positionierung minimiert werden soll.

(a) Stellen Sie die Zustandsgleichungen auf, die das dynamische Verhalten des Servomotors beschreiben. Formulieren Sie das Optimierungsproblem.
(b) Stellen Sie die notwendigen Bedingungen zur Lösung des Problems auf.
(c) Ermitteln Sie die Lösung des in (b) formulierten Zwei-Punkt-Randwert-Problems für $\alpha_e = \pi$. Geben Sie den zeitlichen Verlauf des Winkels, der Drehzahl und der Stromstärke an.

10.15 Leiten Sie notwendige Optimalitätsbedingungen für die Problemstellung mit teilweise freiem Anfangszustand, $x_i(t_a)$ frei für manche i, und/oder freiem Anfangszeitpunkt t_a ab. (Hinweis: Nutzen Sie die Transversalitätsbedingungen (9.25), (9.26) für den Anfangszustand und den Anfangszeitpunkt.)

10.16 Lösen Sie die Problemstellung der Übung 10.13 für das System

$$\dot{x} = x + u$$

mit $x(0) = x_0$, $x(t_e) = x_e$, t_e fest.

10.17 Das System

$$\dot{x} = -2x - 3u$$

soll von dem Anfangszustand $x(0) = x_0$ in fester Zeit $T = 1$ in den freien Endzustand $x(T) = x_e$ überführt werden, so dass das Gütefunktional

$$J = \frac{1}{2}x_e^2 + \int\limits_0^T u^3 dt$$

minimiert wird.

(a) Geben Sie alle notwendigen Bedingungen (mit den zugehörigen Randwerten) für die optimale Lösung an.
(b) Bestimmen Sie den optimalen Verlauf der Steuergröße $u^*(t)$ in Abhängigkeit von der Zeit t und dem (noch unbekannten) optimalen Endzustand x_e^*.
(c) Geben Sie den optimalen Verlauf des Systemzustandes $x^*(t)$ in Abhängigkeit von t, x_e^* und dem Anfangszustand x_0 an.

(d) Bestimmen Sie nun aus der optimalen Zustandstrajektorie $x^*(t)$ den optimalen End-zustand mittels der Beziehung $x_e^* = x^*(T)$ für einen Steuervorgang mit dem Anfangs-zustand $x_0 = e^2$.

(e) Geben Sie (für den Fall $x_0 = e^2$) den Verlauf der optimalen Zustands- und Steuergrö-ßen $x^*(t)$, $u^*(t)$ in Abhängigkeit von der Zeit t an.

10.18 Der lineare dynamische Prozess

$$\dot{x}_1 = x_2$$
$$\dot{x}_2 = u$$

soll vom Anfangszustand $\mathbf{x}(0) = \mathbf{0}$ so in den Endzustand $\mathbf{x}(T) = [0.5\ 1]^T$ überführt werden, dass das Gütefunktional

$$J = \frac{1}{2} \int_0^T 1 + u^2 dt$$

bei freier Endzeit T minimiert wird.

(a) Interpretieren Sie das Gütefunktional.

(b) Stellen Sie alle notwendigen Optimalitätsbedingungen der Problemstellung auf.

(c) Bestimmen Sie die optimale Endzeit T^* sowie die optimalen Trajektorien $u^*(t)$, $x^*(t)$, $0 \leq t \leq T^*$. (Hinweis: Begründen Sie warum $H(t = 0) = 0$ gelten muss, und nutzen Sie diese Beziehung zur Lösungsermittlung.)

10.19 Für den linearen dynamischen Prozess

$$\dot{x} = ax + bu$$

soll ein optimales Regelgesetz abgeleitet werden, das das Gütefunktional

$$J = \frac{1}{2} \int_0^\infty r x^4 + u^2 dt, \quad r > 0$$

minimiert. Verifizieren Sie das Ergebnis anhand der Übung 14.7.

Literatur

1. Geering H (2007) Optimal control with engineering applications. Springer, Berlin, Heidelberg

2. Bryson Jr A, Ho Y (1969) Applied optimal control. Ginn, Waltham, Massachusetts

3. Puta H (1983) Entwurf optimaler Steuerungen für Totzeitsysteme. messen steuern regeln 26:380–386

4. Föllinger O (1985) Optimierung dynamischer Systeme. R. Oldenbourg Verlag, München

5. Bliss G (1930) The problem of Lagrange in the calculus of variations. Am J Math 52:673–744

6. Sobotka M (2007) Hybrid dynamical system methods for legged robot locomotion with variable ground contact. PhD thesis, Technische Universität München

7. Pepyne D, Cassandras C (2000) Optimal control of hybrid systems in manufacturing. P IEEE 88:1108–1123

8. Buss M, Glocker M, Hardt M, von Stryk O, Bulirsch R, Schmidt G (2002) Nonlinear hybrid dynamical systems: Modeling, optimal control, and applications. In: Engell S, Frehse G, Schnieder E (Hrsg.) Modeling, Analysis and Design of Hybrid Systems. Lecture Notes in Control and Information Sciences (LNCIS), Springer, Berlin, Heidelberg, S 311–335

9. Heemels W, Schutter BD, Bemporad A (2001) Equivalence of hybrid dynamical models. Automatica 37:1085–1091

10. van der Schaft A, Schumacher H (2000) An introduction to hybrid dynamical systems. Springer, London

11. Passenberg B, Leibold M, Stursberg O, Buss M (2011) The minimum principle for time-varying hybrid systems with state switching and jumps. In: IEEE Decis Contr P and European Control Conference (ECC)

12. Shaikh M, Caines P (2009) On the hybrid optimal control problem: Theory and algorithms. IEEE T Automat Contr 52:1587–1603, 2007. Corrigendum: 54:1440

13. Passenberg B, Caines P, Sobotka M, Stursberg O, Buss M (2010) The minimum principle for hybrid systems with partitioned state space and unspecified discrete state sequence. In: IEEE Decis Contr P

14. Passenberg B, Sobotka M, Stursberg O, Buss M, Caines P (2010) An algorithm for discrete state sequence and trajectory optimization for hybrid systems with partitioned state space. In: IEEE Decis Contr P

15. Stursberg O (2004) A graph search algorithm for optimal control of hybrid systems. In: IEEE Decis Contr P, vol 2, S 1412–1417

16. Mehta T, Egerstedt M (2006) An optimal control approach to mode generation in hybrid systems. Nonlinear Anal-Theor 65:963–983

Minimum-Prinzip

11

In diesem Kapitel wird die Problemstellung der optimalen Steuerung dynamischer Systeme von Kap. 10 um die Berücksichtigung von *Ungleichungsnebenbedingungen* erweitert, die für praktische Anwendungen äußerst wichtig sind. Außerdem werden in Abschn. 11.3.1 Erweiterungen der Problemstellung der optimalen Steuerung durch die Berücksichtigung weiterer Arten von GNB vorgenommen.

Die in diesem Kapitel betrachtete Problemstellung der optimalen Steuerung dynamischer Systeme beinhaltet zunächst alle Elemente der Problemstellung von Kap. 10. Es handelte sich dort um die Minimierung des Gütefunktionals (10.3)

$$J(\mathbf{x}(t), \mathbf{u}(t), t_e) = \vartheta(\mathbf{x}(t_e), t_e) + \int_0^{t_e} \phi(\mathbf{x}(t), \mathbf{u}(t), t) \, dt , \qquad (11.1)$$

wobei die Endzeit t_e frei oder fest sein darf, unter Berücksichtigung der Prozessnebenbedingungen

$$\dot{\mathbf{x}}(t) = \mathbf{f}(\mathbf{x}(t), \mathbf{u}(t), t), \quad \mathbf{x}(0) = \mathbf{x}_0 \qquad (11.2)$$

und der Endbedingung

$$\mathbf{g}(\mathbf{x}(t_e), t_e) = \mathbf{0} . \qquad (11.3)$$

In diesem Kapitel wollen wir nun zusätzlich zu obigen GNB auch UNB der Form

$$\mathbf{h}(\mathbf{x}(t), \mathbf{u}(t), t) \leq \mathbf{0} \quad \forall t \in [0, t_e] \qquad (11.4)$$

berücksichtigen, wobei $\mathbf{h} \in C^2$ und $\mathbf{h} \in \mathbb{R}^q$ vorausgesetzt wird. Bei praktischen Anwendungen sind die Eingangsvariablen $\mathbf{u}(t)$ üblicherweise wegen vielfältiger technischer oder physikalischer Restriktionen beschränkt, weshalb die Nebenbedingung (11.4) die

M. Papageorgiou, M. Leibold, M. Buss, *Optimierung*, DOI 10.1007/978-3-662-46936-1_11

Anwendungsbreite der Verfahren der optimalen Steuerung entscheidend erweitert. Die Steuergrößen sind also nach (11.4) aus $\mathbf{u}(t) \in \mathcal{U}(\mathbf{x}, t)$ zu wählen, wobei die Menge

$$\mathcal{U}(\mathbf{x}, t) = \{\mathbf{u}(t) \mid \mathbf{h}(\mathbf{x}(t), \mathbf{u}(t), t) \leq \mathbf{0}\} \tag{11.5}$$

als *zulässiger Steuerbereich* bezeichnet wird. Für die UNB (11.4) werden im Moment folgende Voraussetzungen getroffen:

(i) Die Anzahl q^a der gleichzeitig *aktiven UNB* darf zu keinem Zeitpunkt $t \in [0, t_e]$ höher sein als die Anzahl m der Steuervariablen.
(ii) Die Jacobi-Matrix $\mathbf{h}_{\mathbf{u}}^a$ der gleichzeitig aktiven UNB hat vollen Rang für alle $t \in [0, t_e]$.

Beispiel 11.1 Beispiele von zulässigen Bereichen, die in der Form (11.5) dargestellt werden können und obige Voraussetzungen erfüllen, sind

$$u_1(t)^2 + u_2(t)^2 \leq r^2, \quad r \in \mathbb{R} \tag{11.6}$$

$$\mathbf{u}_{\min} \leq \mathbf{u}(t) \leq \mathbf{u}_{\max}; \quad \mathbf{u}_{\min} \leq \mathbf{u}_{\max}; \quad \mathbf{u}_{\min}, \mathbf{u}_{\max} \in \mathbb{R}^m \tag{11.7}$$

$$\mathbf{u}_{\min}(\mathbf{x}(t), t) \leq \mathbf{u}(t) \leq \mathbf{u}_{\max}(\mathbf{x}(t), t) \tag{11.8}$$

$$|\mathbf{u}(t)| \leq \bar{\mathbf{u}}, \quad \bar{\mathbf{u}} \in \mathbb{R}^m . \tag{11.9}$$

$\square$

11.1 Notwendige Bedingungen für ein lokales Minimum

Zur Ableitung[1] der notwendigen Optimalitätsbedingungen wollen wir zunächst die UNB (11.4) durch Einführung von *Schlupffunktionen* $\mathbf{z}(t)$ gemäß Abschn. 9.4.2 in GNB transformieren. Auf diese Weise erhält man für jede Komponente von (11.4) folgende GNB

$$h_i(\mathbf{x}(t), \mathbf{u}(t), t) + \dot{z}_i(t)^2 = 0, \quad i = 1, \dots, q . \tag{11.10}$$

Die Funktion Φ aus (9.56) (vgl. auch (10.6)) lautet dann für den hier vorliegenden Fall

$$\begin{aligned}
\Phi(\mathbf{x}(t), \dot{\mathbf{x}}(t), \mathbf{u}(t), \boldsymbol{\lambda}(t), \boldsymbol{\mu}(t), \dot{\mathbf{z}}(t), t) &= \phi(\mathbf{x}(t), \mathbf{u}(t), t) \\
&+ \boldsymbol{\lambda}(t)^T (\mathbf{f}(\mathbf{x}(t), \mathbf{u}(t), t) - \dot{\mathbf{x}}(t)) + \boldsymbol{\mu}(t)^T (\mathbf{h}(\mathbf{x}(t), \mathbf{u}(t), t) + \dot{\mathbf{z}}(t)^2) ,
\end{aligned} \tag{11.11}$$

wobei neben den Kozuständen $\boldsymbol{\lambda}(t)$ zusätzliche Multiplikatorfunktionen $\boldsymbol{\mu}(t)$ zur Berücksichtigung von (11.10) eingeführt wurden. Ferner wird in (11.11) $\dot{\mathbf{z}}^2 = [\dot{z}_1^2 \ \dots \ \dot{z}_q^2]^T$ vereinbart. Die Funktion Θ der Endzeitterme ist auch hier identisch mit (9.28) bzw. (9.55)

$$\Theta(\mathbf{x}(t_e), t_e, \boldsymbol{\nu}) = \vartheta(\mathbf{x}(t_e), t_e) + \boldsymbol{\nu}^T \mathbf{g}(\mathbf{x}(t_e), t_e) . \tag{11.12}$$

---

[1] Die Fundamente der optimalen Steuerung einschließlich des Minimum-Prinzips folgen aus dem wichtigen Werk von *C. Carathéodory*, das ein Jahrzehnt früher entwickelt wurde, s. [1].

Wir setzen nun wie in Abschn. 10.1 $\mathbf{u}(t) = \dot{\boldsymbol{\xi}}(t)$ und starten mit der Ableitung der bekannten notwendigen Bedingungen für die vorliegende Problemstellung [2], wobei wir der einfacheren Darstellung halber auf Argumente und Sternindex verzichten.

Aus der Euler-Lagrangeschen Bedingung (9.58), getrennt nach $\mathbf{x}$, $\boldsymbol{\xi}$ und $\mathbf{z}$ dargestellt, erhalten wir folgende Beziehungen

$$\nabla_{\mathbf{x}}\Phi - \frac{d}{dt}\nabla_{\dot{\mathbf{x}}}\Phi = \mathbf{0} = \nabla_{\mathbf{x}}\phi + \mathbf{f_x}^T\lambda + \mathbf{h_x}^T\mu + \dot{\lambda} \tag{11.13}$$

$$\nabla_{\boldsymbol{\xi}}\Phi - \frac{d}{dt}\nabla_{\dot{\boldsymbol{\xi}}}\Phi = \mathbf{0} \iff \nabla_{\dot{\boldsymbol{\xi}}}\Phi = \text{const.} \tag{11.14}$$

$$\nabla_{\mathbf{z}}\Phi - \frac{d}{dt}\nabla_{\dot{\mathbf{z}}}\Phi = \mathbf{0} \iff \nabla_{\dot{\mathbf{z}}}\Phi = \text{const.} \tag{11.15}$$

Aus der Transversalitätsbedingung (9.57) folgen wie in Abschn. 10.1 unverändert die Bedingungen (10.9) und (10.10), nunmehr aber auch zusätzlich

$$\nabla_{\mathbf{z}}\Theta(t_e) + \nabla_{\dot{\mathbf{z}}}\Phi|_{t_e} = \mathbf{0} \iff \nabla_{\dot{\mathbf{z}}}\Phi|_{t_e} = \mathbf{0}. \tag{11.16}$$

Wie in Abschn. 10.1 folgt aus (11.14)–(11.16) und (10.10) für $t \in [0, t_e]$

$$\nabla_{\dot{\boldsymbol{\xi}}}\Phi = \mathbf{0} = \nabla_{\dot{\boldsymbol{\xi}}}\phi + \mathbf{f}_{\dot{\boldsymbol{\xi}}}^T\lambda + \mathbf{h}_{\dot{\boldsymbol{\xi}}}^T\mu \tag{11.17}$$

$$\nabla_{\dot{\mathbf{z}}}\Phi = \mathbf{0} \iff \mu_i \dot{z}_i = 0, \quad i = 1, \ldots, q. \tag{11.18}$$

Aus (11.18) und (11.10) folgt aber dann

$$\mu_i h_i = 0, \quad i = 1, \ldots, q. \tag{11.19}$$

Schließlich ergibt die Transversalitätsbedingung (9.58) für die Endzeit t_e wie in Abschn. 10.1 unverändert die Bedingung (10.12). Zusammenfassend haben wir soweit unter Nutzung der Euler-Lagrangeschen Bedingung und der Transversalitätsbedingungen für die vorliegende Problemstellung die Optimalitätsbedingungen (11.13), (11.17), (11.19), (10.9), (10.12) abgeleitet.

Als nächstes wollen wir unter Nutzung der Legendreschen Bedingung (9.64) zeigen, dass

$$\mu(t) \geq \mathbf{0} \quad \forall t \in [0, t_e] \tag{11.20}$$

gelten muss. Hierzu beachte man zunächst, dass $\nabla_{\dot{\mathbf{x}}\dot{\mathbf{x}}}^2\Phi = \mathbf{0}$ und $\nabla_{\dot{\mathbf{z}}\dot{\mathbf{z}}}^2\Phi = \mathbf{diag}(2\mu_i)$ Konsequenzen der Φ-Definition (11.11) sind. Die Legendresche Bedingung verlangt hiermit, dass die Ungleichung

$$\delta\dot{\boldsymbol{\xi}}^T\nabla_{\dot{\boldsymbol{\xi}}\dot{\boldsymbol{\xi}}}^2\Phi\delta\dot{\boldsymbol{\xi}} + 2\sum_{i=1}^{q}\mu_i\delta\dot{z}_i^2 \geq 0 \tag{11.21}$$

erfüllt ist für alle $[\delta\dot{\mathbf{x}}^T \; \delta\dot{\boldsymbol{\xi}}^T \; \delta\dot{\mathbf{z}}^T] \neq \mathbf{0}^T$, die folgende, aus (9.65) ableitbare Restriktionen erfüllen

$$\mathbf{f}_{\dot{\boldsymbol{\xi}}}\delta\dot{\boldsymbol{\xi}} - \delta\dot{\mathbf{x}} = \mathbf{0} \tag{11.22}$$

$$h_{i_{\dot{\boldsymbol{\xi}}}}^T\delta\dot{\boldsymbol{\xi}} + 2\dot{z}_i\delta\dot{z}_i = 0, \quad i = 1, \ldots, q. \tag{11.23}$$

Die Ableitung von (11.20) aus (11.21)–(11.23) unter Nutzung von (11.18), (11.19) erfolgt genau wie in Abschn. 5.2.1 (vgl. (5.77)–(5.79)), s. auch Übung 11.1.

Ferner lässt sich auf der Grundlage der Legendreschen Bedingung und der Voraussetzung (ii) nachweisen [2], dass folgende notwendige Bedingung 2. Ordnung erfüllt sein muss

$$\nabla^2_{\mathbf{uu}} \Phi \geq \mathbf{0} \tag{11.24}$$

unter der Restriktion

$$Y = \{\delta\mathbf{u} \mid \mathbf{h}^a_{\mathbf{u}} \delta\mathbf{u} = \mathbf{0}\}, \tag{11.25}$$

wobei $\mathbf{h}^a$ der Vektor der aktiven UNB ist.

Als nächstes liefert die Auswertung der Weierstraß-Bedingung (9.63) bei der vorliegenden Problemstellung (ohne Sternindex)

$$\Phi(\mathbf{x}, \dot{\mathbf{X}}, \dot{\Xi}, \lambda, \mu, \dot{\mathbf{Z}}, t) - \Phi(\mathbf{x}, \dot{\mathbf{x}}, \dot{\xi}, \lambda, \mu, \dot{\mathbf{z}}, t)$$
$$- (\dot{\mathbf{X}} - \dot{\mathbf{x}})^T \nabla_{\dot{\mathbf{x}}} \Phi - (\dot{\Xi} - \dot{\xi})^T \nabla_{\dot{\xi}} \Phi - (\dot{\mathbf{Z}} - \dot{\mathbf{z}})^T \nabla_{\dot{\mathbf{z}}} \Phi \geq 0 \quad \forall t \in [0, t_e], \tag{11.26}$$

wobei $\dot{\mathbf{X}}(t)$, $\dot{\Xi}(t)$, $\dot{\mathbf{Z}}(t)$ beliebige stückweise C^1-Funktionen sind mit der Einschränkung, dass $[\mathbf{x}(t), \dot{\mathbf{X}}, \dot{\Xi}(t), \dot{\mathbf{Z}}(t)]$ die Nebenbedingungen (11.2) und (11.10) erfüllen. Unter Nutzung von (11.11) und (11.17)–(11.19) und nach der Rücktransformation $\mathbf{u} = \dot{\xi}$ resultiert aus (11.26)

$$\phi(\mathbf{x}, \mathbf{u}, t) + \lambda^T \mathbf{f}(\mathbf{x}, \mathbf{u}, t) \leq \phi(\mathbf{x}, \mathbf{U}, t) + \lambda^T \mathbf{f}(\mathbf{x}, \mathbf{U}, t) \quad \forall t \in [0, t_e], \tag{11.27}$$

wobei $\mathbf{U}(t)$ eine beliebige Funktion ist, mit der Einschränkung, dass $[\mathbf{x}(t), \mathbf{U}(t), \dot{\mathbf{z}}(t)]$ die Nebenbedingung (11.10) erfüllen, d. h., dass (11.27) für alle $\mathbf{U}(t) \in \mathcal{U}(\mathbf{x}, t)$ gelten muss. Die Nebenbedingung (11.2) braucht in diesem Zusammenhang nicht mehr als Einschränkung betrachtet zu werden, da $\dot{\mathbf{X}}$ in (11.27) nicht mehr enthalten ist.

Schließlich verlangen die Weierstraß-Erdmann-Bedingungen bei der hiesigen Problemstellung genau wie in Abschn. 10.1 mittels (10.22) und (10.23) die Stetigkeit der Funktionen λ und H ausnahmslos über das Optimierungsintervall $[0, t_e]$.

Zusammenfassend haben wir also für die vorliegende Problemstellung folgende notwendige Optimalitätsbedingungen abgeleitet: (10.9), (10.12), (11.13), (11.17), (11.19), (11.20), (11.24), (11.27). Diese Bedingungen werden zusammen mit den Nebenbedingungen $\mathbf{x}(0) = \mathbf{x}_0$ und (11.3) nachfolgend in leicht modifizierter Form angegeben.

Um die notwendigen Optimalitätsbedingungen zu formulieren, halten wir an der Definition (10.13) der *Hamilton-Funktion* fest,

$$H(\mathbf{x}, \mathbf{u}, \lambda, t) = \phi(\mathbf{x}, \mathbf{u}, t) + \lambda(t)^T \mathbf{f}(\mathbf{x}, \mathbf{u}, t), \tag{11.28}$$

definieren aber ferner eine *erweiterte Hamilton-Funktion* $\tilde{H}(t)$, die die UNB einschließt

$$\tilde{H}(\mathbf{x}, \mathbf{u}, \lambda, \mu, t) = \phi(\mathbf{x}, \mathbf{u}, t) + \lambda(t)^T \mathbf{f}(\mathbf{x}, \mathbf{u}, t) + \mu(t)^T \mathbf{h}(\mathbf{x}, \mathbf{u}, t), \tag{11.29}$$

wobei $\mu(t) \in \mathbb{R}^q$ zusätzliche Multiplikatorfunktionen sind.

Die *notwendigen Optimalitätsbedingungen für die optimale Steuerung dynamischer Systeme unter UNB*[2], die auch als *Minimum-Prinzip* von *Pontryagin* bekannt sind, lauten nun wie folgt (Argumente und Sternindex werden weggelassen):

Es existieren Multiplikatoren $\boldsymbol{v} \in \mathbb{R}^l$, Zeitfunktionen $\boldsymbol{\lambda}(t) \in \mathbb{R}^n$, stetig für alle $t \in [0, t_e]$, und Zeitfunktionen $\boldsymbol{\mu}(t) \in \mathbb{R}^q$, stetig bis auf mögliche Eckstellen von $\mathbf{x}(t)$, so dass folgende Bedingungen für alle $t \in [0, t_e]$ erfüllt sind:

$$\dot{\mathbf{x}} = \nabla_{\boldsymbol{\lambda}} \tilde{H} = \mathbf{f} \tag{11.30}$$

$$\dot{\boldsymbol{\lambda}} = -\nabla_{\mathbf{x}} \tilde{H} = -\nabla_{\mathbf{x}} \phi - \mathbf{f}_{\mathbf{x}}^T \boldsymbol{\lambda} - \mathbf{h}_{\mathbf{x}}^T \boldsymbol{\mu} \tag{11.31}$$

$$\mu_i h_i = 0, \quad i = 1, \ldots, q \tag{11.32}$$

$$\boldsymbol{\mu} \geq \mathbf{0} \tag{11.33}$$

$$\nabla_{\mathbf{u}} \tilde{H} = \nabla_{\mathbf{u}} \phi + \mathbf{f}_{\mathbf{u}}^T \boldsymbol{\lambda} + \mathbf{h}_{\mathbf{u}}^T \boldsymbol{\mu} = \mathbf{0} . \tag{11.34}$$

Weiterhin muss für alle $t \in [0, t_e]$ die Bedingung

$$\nabla_{\mathbf{uu}}^2 \tilde{H} \geq 0 \tag{11.35}$$

unter der Restriktion

$$Y = \{ \delta \mathbf{u} \mid \mathbf{h}_{\mathbf{u}}^a \delta \mathbf{u} = \mathbf{0} \} \tag{11.36}$$

erfüllt sein, wobei $\mathbf{h}^a$ der Vektor der aktiven UNB ist. Ferner muss für alle $t \in [0, t_e]$

$$H(\mathbf{x}, \boldsymbol{\lambda}, \mathbf{u}, t) = \min_{\mathbf{U} \in \mathcal{U}(\mathbf{x}, t)} H(\mathbf{x}, \boldsymbol{\lambda}, \mathbf{U}, t) \tag{11.37}$$

erfüllt sein. Schließlich müssen die Transversalitätsbedingungen, die mit (10.17), (10.18) aus Abschn. 10.1 identisch sind,

$$\left(\nabla_{\mathbf{x}(t_e)} \vartheta + \mathbf{g}_{\mathbf{x}(t_e)}^T \boldsymbol{v} - \boldsymbol{\lambda}(t_e) \right)^T \delta \mathbf{x}_e = 0 \tag{11.38}$$

$$\left(H(\mathbf{x}(t_e), \mathbf{u}(t_e), \boldsymbol{\lambda}(t_e), t_e) + \vartheta_{t_e} + \mathbf{g}_{t_e}^T \boldsymbol{v} \right) \delta t_e = 0 \tag{11.39}$$

und die gegebenen Randbedingungen

$$\mathbf{x}(0) = \mathbf{x}_0 \tag{11.40}$$

$$\mathbf{g}(\mathbf{x}(t_e), t_e) = \mathbf{0} \tag{11.41}$$

erfüllt sein.

Zum besseren Verständnis dieser wichtigen notwendigen Optimalitätsbedingungen sei nun folgendes festgehalten:

- Bedingungen (11.30), (11.31) sind die aus Abschn. 10.1 bekannten, nunmehr mittels geeigneter Terme erweiterten *kanonischen Differentialgleichungen.*

---

[2] Normalität des Optimierungsproblems wird vorausgesetzt, s. auch Fußnote in Abschn. 9.4.1.

• Die Bedingungen (11.32)–(11.36) sind in der stärkeren *globalen Minimierungsbedingung* (11.37) enthalten. Diese Minimierungsbedingung verlangt, dass die Hamilton-Funktion für gegebene (optimale) Werte von $\mathbf{x}(t), \boldsymbol{\lambda}(t)$ an der optimalen Steuergröße $\mathbf{u}(t)$ zu jedem Zeitpunkt $t \in [0, t_e]$ ein *globales* Minimum bezüglich aller zulässigen Steuergrößen $\mathbf{U} \in \mathcal{U}(\mathbf{x}, t)$ aufweist. Somit darf (11.37) als eine statische Optimierungsaufgabe *für jeden Zeitpunkt* $t \in [0, t_e]$ aufgefasst werden, wofür (11.32)–(11.36) mit $\mathbf{h} \leq \mathbf{0}$ gemäß Abschn. 5.2.1 die notwendigen Optimalitätsbedingungen 1. und 2. Ordnung abgeben. Die Multiplikatoren $\boldsymbol{\mu}$ übernehmen hierbei die Rolle der *Kuhn-Tucker-Multiplikatoren* von Kap. 5.2.

• Die Lösung $\mathbf{u}(t)$ der Minimierungsaufgabe (11.37) ist eine Funktion der in (11.37) enthaltenen optimalen Trajektorien $\mathbf{x}(t), \boldsymbol{\lambda}(t)$. Sie kann somit aus (11.37) (bzw. aus (11.32)–(11.36) und $\mathbf{h} \leq \mathbf{0}$) zusammen mit dem zugehörigen Multiplikator $\boldsymbol{\mu}(t)$ ermittelt und in die kanonischen Differentialgleichungen eingesetzt werden. Die Minimierungsbedingung (11.37) (bzw. die Bedingungen (11.32)–(11.36) mit $\mathbf{h} \leq \mathbf{0}$) übernehmen somit die Rolle der *Koppelgleichung* aus Abschn. 10.1. Sind keine UNB gegenwärtig, so reduzieren sich diese Bedingungen offenbar auf die entsprechenden Bedingungen von Abschn. 10.1.

• Die *Transversalitätsbedingungen* (11.38), (11.39) und die gegebenen Randbedingungen (11.40), (11.41) beinhalten wie in Abschn. 10.1 insgesamt $2n + l + 1$ Beziehungen. Gemeinsam mit den kanonischen Differentialgleichungen und den Koppelbeziehungen entsteht somit auch hier ein *Zwei-Punkt-Randwert-Problem*, das $2n$ Randbedingungen für seine Lösung erfordert. Die restlichen $l + 1$ Randbedingungen werden zur Bestimmung der Multiplikatoren $\boldsymbol{\nu}$ und der Endzeit t_e benötigt. Die Handhabung der Randbedingungen erfolgt unverändert nach den Erläuterungen von Abschn. 10.2.

• Die Lösung des ZPRWP kann bei relativ einfachen Problemstellungen analytisch erfolgen. Komplexere Aufgaben hingegen erfordern den Einsatz numerischer Algorithmen, die in Kap. 15 präsentiert werden.

• Wenn die UNB (11.4) unabhängig von $\mathbf{x}$ ist, gilt $\nabla_{\mathbf{x}} \tilde{H} = \nabla_{\mathbf{x}} H$, d. h. die Multiplikatoren $\boldsymbol{\mu}$ sind nicht mehr in den kanonischen Differentialgleichungen enthalten, wodurch sich die Auswertung der notwendigen Bedingungen erheblich vereinfachen kann. Dieser Spezialfall machte die erste, im Jahr 1956 von *L.S. Pontryagin* und Mitarbeitern veröffentlichte Version des Minimum-Prinzips aus [3].

• Falls die UNB die Form (11.8) aufweisen, kann aus (11.32)–(11.34) gefolgert werden (s. Übung 11.2), dass

$$\frac{\partial H}{\partial u_i} \begin{cases} < 0 & \text{wenn} \quad u_i = u_{i,\max}(\mathbf{x}, t) \\ = 0 & \text{wenn} \quad u_{i,\min}(\mathbf{x}, t) \leq u_i \leq u_{i,\max}(\mathbf{x}, t) \\ > 0 & \text{wenn} \quad u_i = u_{i,\min}(\mathbf{x}, t) \end{cases} \qquad (11.42)$$

gelten muss. Diese Beziehung darf dann (11.34) ersetzen, um gegebenenfalls eine leichtere Lösungsfindung zu ermöglichen.

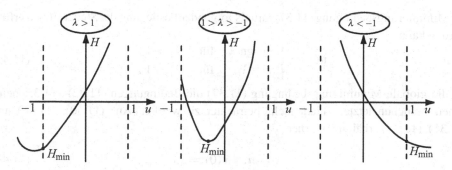

Abb. 11.1 Fallunterscheidung bei der Minimierung der Hamilton-Funktion

- Die in Abschn. 10.3 enthaltenen Ausführungen über die optimale Steuerung und optimale Regelung behalten auch für die hier besprochene Problemstellung ihre grundsätzliche Bedeutung, wie wir auch in späteren Kapiteln sehen werden.
- Die in Abschn. 10.5 eingeführten Erweiterungen der Problemstellung der optimalen Steuerung lassen sich problemlos auch auf die hier betrachtete Problemstellung übertragen. Weitere Erweiterungen werden in Abschn. 11.3 angebracht.

Beispiel 11.2 Wir betrachten das aus Abschn. 10.4 bekannte Problem der Minimierung von

$$J = \frac{1}{2} \int_0^\infty x^2 + u^2 \, dt \qquad (11.43)$$

unter Berücksichtigung von

$$\dot{x} = u, \ x(0) = x_0 \qquad (11.44)$$

nunmehr mit der zusätzlichen Auflage, dass

$$|u(t)| \leq 1 \quad \forall t \geq 0 \qquad (11.45)$$

gelten soll.

Gilt $|x_0| \leq 1$, so wird die UNB (11.45) durch die in Abschn. 10.4 ermittelte optimale Lösung nicht verletzt. Eine Veränderung ist somit erst für $|x_0| \geq 1$ zu erwarten und wir nehmen der Einfachheit halber $x_0 > 1$ an.

Die Hamilton-Funktion (11.28) dieser Problemstellung lautet

$$H = \frac{1}{2}(x^2 + u^2) + \lambda u \, .$$

Diese Hamilton-Funktion muss nun für gegebene Werte von x, λ bezüglich aller zulässigen $u \in \mathcal{U} = \{u \mid |u| \leq 1\}$ minimiert werden, um die Minimierungsbedingung (11.37) zu erfüllen. Abbildung 11.1 zeigt die drei, von dem λ-Wert abhängigen, möglichen Konfigurationen des H-Verlaufes (vgl. auch (11.42)). Aus dieser Abbildung wird deutlich, dass die Minimierungsbedingung (11.37) mittels folgender Festlegung der Steuergrößen erfüllt werden kann

$$u(t) = \begin{cases} -\text{sign } \lambda & \text{für} \quad |\lambda| > 1 \\ -\lambda & \text{für} \quad |\lambda| \le 1 \, . \end{cases} \tag{11.46}$$

Da die globale Minimierungsbedingung (11.37) die Bedingungen (11.32)–(11.35) beinhaltet, brauchen letztere nicht mehr betrachtet zu werden. Aus (11.30), (11.40) und (11.31), (11.38) erhält man ferner

$$\dot{x} \stackrel{.}{=} u, \quad x(0) = x_0 \tag{11.47}$$

$$\dot{\lambda} = -x, \quad \lambda(\infty) = 0 \, . \tag{11.48}$$

Da $x(t)$ für genügend hohes t beliebig nahe an Null kommen muss (sonst hätte J^* einen unendlichen Wert), gehen wir davon aus, dass ab einem unbekannten Zeitpunkt t_s die Zustandsgröße $x(t) \le 1$ erfüllen wird. Ab diesem Zeitpunkt behält aber dann die Lösung von Abschn. 10.4 ihre Gültigkeit und die UNB (11.45) bleibt inaktiv. Wir erhalten also für $t \ge t_s$ aus (11.46)–(11.48)

$$\dot{x} = -\lambda \implies \ddot{x} = -\dot{\lambda} \implies \ddot{x} - x = 0 \implies x(t) = c_1 e^{-t} + c_2 e^{t} \, .$$

Aus der Randbedingung $\dot{x}(\infty) = -\lambda(\infty) = 0$ folgt zunächst $c_2 = 0$. Mit $x(t_s) = 1$ erhalten wir ferner $c_1 = e^{t_s}$, so dass also

$$x(t) = \lambda(t) = -u(t) = e^{-(t-t_s)}, \quad t \ge t_s \tag{11.49}$$

gelten muss. Für $t \le t_s$ vermuten wir angesichts von (11.46), dass $u(t) = -1$ gelten muss und erhalten mit (11.47), (11.48)

$$\dot{x} = -1 \implies x = -t + c_3 \implies \lambda = \frac{1}{2}t^2 - c_3 t + c_4 \, .$$

Mit $x(0) = x_0$ erhalten wir zunächst $c_3 = x_0$. Da $x(t)$ und $\lambda(t)$ an der Stelle t_s stetig sein müssen, erhalten wir mit (11.49) aber auch

$$x(t_s) = -t_s + x_0 = 1 \implies t_s = x_0 - 1$$

$$\lambda(t_s) = \frac{1}{2}t_s^2 - x_0 t_s + c_4 = 1 \implies c_4 = \frac{1}{2}(1 + x_0^2) \, .$$

Die gesuchte optimale Lösung lautet somit

$$x^*(t) = \begin{cases} -t + x_0 \\ e^{-(t-t_s)} \, , \end{cases} \quad u^*(t) = \begin{cases} -1 & \text{für} \quad t \le x_0 - 1 \\ -e^{-(t-t_s)} & \text{für} \quad t > x_0 - 1 \end{cases}$$

$$\lambda^*(t) = \begin{cases} \frac{1}{2}t^2 - x_0 t + \frac{1}{2}(1 + x_0^2) & \text{für} \quad t \le x_0 - 1 \\ e^{-(t-t_s)} & \text{für} \quad t > x_0 - 1 \, , \end{cases}$$

und sie erfüllt tatsächlich die notwendigen Bedingungen (11.46)–(11.48). Als optimales Regelgesetz gilt (nun verallgemeinert für beliebige Anfangswerte x_0)

$$u(t) = \begin{cases} -\text{sign } x(t) & \text{für} \quad |x(t)| \geq 1 \\ -x(t) & \text{für} \quad |x(t)| < 1 \,. \end{cases}$$

$\square$

Beispiel 11.3 Wir betrachten nochmals das aus Abschn. 10.4 bekannte Problem der Minimierung von (11.43) unter Berücksichtigung von (11.44), nunmehr aber mit der Auflage, dass die zustandsabhängige UNB

$$|x(t)\,u(t)| \leq 1 \quad \forall t \geq 0 \tag{11.50}$$

gelten muss. Da die unbeschränkte Problemstellung das optimale Regelgesetz

$$u(t) = -x(t) \tag{11.51}$$

lieferte, vermuten wir als optimales Regelgesetz der hier vorliegenden, beschränkten Problemstellung

$$u(t) = \begin{cases} -\dfrac{1}{x(t)} & \text{für} \quad |x(t)| \geq 1 \\ -x(t) & \text{für} \quad |x(t)| \leq 1 \,. \end{cases} \tag{11.52}$$

Abbildung 11.2 zeigt, dass das vermutete optimale Regelgesetz tatsächlich naheliegend erscheint. Zur Überprüfung der Optimalität von (11.52) wollen wir nun untersuchen, ob sich damit alle notwendigen Bedingungen erfüllen lassen. Hierzu nehmen wir der Einfachheit halber an, dass $x_0 > 1$ sei, und erhalten folgenden Steuergrößenverlauf

$$u(t) = \begin{cases} -\dfrac{1}{x(t)} & 0 \leq t \leq t_s \\ -x(t) & t \geq t_s \,, \end{cases} \tag{11.53}$$

wobei t_s eine unbekannte Umschaltzeit ist. Mit (11.53) erhalten wir für $0 \leq t \leq t_s$ aus (11.44)

$$\dot{x} = -\frac{1}{x}, \quad x(0) = x_0$$

mit der Lösung

$$x(t) = \sqrt{x_0^2 - 2t} \,. \tag{11.54}$$

Da unserer Vermutung nach $x(t_s) = 1$ gelten muss, bekommen wir aus obiger Lösung

$$t_s = \frac{1}{2}\left(x_0^2 - 1\right) \,. \tag{11.55}$$

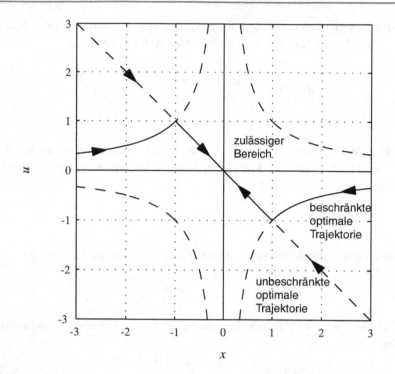

Abb. 11.2 Optimale Trajektorien für Beispiel 11.3

Für $t \geq t_s$ entsteht mit (11.53) aus (11.44)

$$\dot{x} = -x, \; x(t_s) = 1$$

mit der Lösung

$$x(t) = e^{-(t-t_s)} \,. \tag{11.56}$$

Zusammenfassend erfüllen also die Trajektorien

$$x^*(t) = \begin{cases} \sqrt{x_0^2 - 2t} \\ e^{-(t-t_s)}, \end{cases} \quad u^*(t) = \begin{cases} \dfrac{-1}{\sqrt{x_0^2 - 2t}} & 0 \leq t \leq t_s \\ -e^{-(t-t_s)} & t \geq t_s \end{cases} \tag{11.57}$$

mit t_s aus (11.55) zunächst die notwendigen Bedingungen (11.30), (11.40).
  Nun bilden wir die erweiterte Hamilton-Funktion (11.29)

$$\tilde{H} = \frac{1}{2}\left(x^2 + u^2\right) + \lambda u + \mu \left(-\frac{1}{x} - u\right) \tag{11.58}$$

und erhalten aus (11.34)

$$\tilde{H}_u = u + \lambda - \mu = 0 \Longrightarrow \mu = u + \lambda \,. \tag{11.59}$$

Mit $\tilde{H}_{uu} = 1 > 0$ liefert diese Bedingung tatsächlich ein globales Minimum der (konvexen) Hamilton-Funktion nach (11.37). Aus (11.31) resultiert ferner

$$\dot{\lambda} = -\tilde{H}_x = -x - \frac{\mu}{x^2} \, . \tag{11.60}$$

Für $0 \leq t \leq t_s$ ist die UNB aktiv und wir erhalten aus (11.53), (11.54), (11.59), (11.60)

$$\dot{\lambda} = -\sigma + \frac{1}{\sigma^3} - \frac{\lambda}{\sigma^2} = a(t) + b(t)\lambda \, , \tag{11.61}$$

wobei die Abkürzung $\sigma = \sqrt{x_0^2 - 2t}$ verwendet wurde. Mittels der Transitionsmatrix (vgl. Beispiel 19.1) erhalten wir die Lösung von (11.61)

$$\lambda(t) = \sigma \left(\frac{\lambda_0}{x_0} - t - \frac{1}{2x_0^2} \right) + \frac{1}{2\sigma} \tag{11.62}$$

mit unbekanntem Anfangswert λ_0.

Für $t \geq t_s$ ist die UNB nicht aktiv, folglich setzen wir $\mu = 0$ und erhalten aus (11.56), (11.60)

$$\dot{\lambda}(t) = -e^{-(t-t_s)} \, .$$

Mit der aus (11.38) ableitbaren Randbedingung $\lambda(\infty) = 0$ berechnet sich die Lösung dieser Differentialgleichung wie folgt

$$\lambda(t) = e^{-(t-t_s)} \, . \tag{11.63}$$

Wegen der Stetigkeit von $\lambda(t)$ müssen nun (11.62) und (11.63) für $t = t_s$ den gleichen Wert haben, woraus sich

$$\lambda_0 = \frac{1 + x_0^4}{2x_0}$$

berechnet. Der Kozustandsverlauf lautet also

$$\lambda^*(t) = \begin{cases} \frac{1}{2} \left((x_0^2 - 2t)^{\frac{3}{2}} + (x_0 - 2t)^{-\frac{1}{2}} \right) & 0 \leq t \leq t_s \\ e^{-(t-t_s)} & t \geq t_s \end{cases}$$

und führt mit (11.57) und (11.59) zu

$$\mu^*(t) = \begin{cases} \frac{1}{2} \left((x_0^2 - 2t)^{\frac{3}{2}} - (x_0 - 2t)^{-\frac{1}{2}} \right) & 0 \leq t \leq t_s \\ 0 & t \geq t_s \, . \end{cases}$$

Der sich für $t \in [0, t_s]$ ergebende Wert von $\mu(t)$ ist stets positiv, so dass (11.33) erfüllt ist. Somit haben wir also alle relevanten notwendigen Bedingungen erfüllen können, wodurch unsere Vermutung der Optimalität des Regelgesetzes (11.52) entschieden erhärtet ist.

Abbildung 11.3 visualisiert die Verläufe einiger Problemtrajektorien für den hier betrachteten beschränkten Fall sowie für den unbeschränkten Fall von Abschn. 10.4. Der minimale Wert des unbeschränkten Problems lautet nach (12.31), (12.32)

$$J_u^* = \frac{1}{2}x_0^2 \, .$$

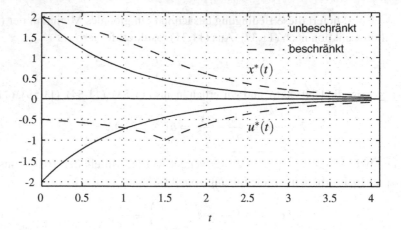

Abb. 11.3 Optimale Trajektorien für Beispiel 11.3

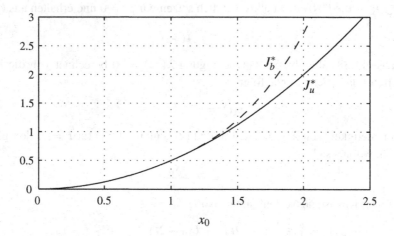

Abb. 11.4 Verlauf von J_u^*, J_b^*

Für den beschränkten Fall gilt für $x_0 > 1$

$$J_b^* = \frac{1}{2} \int_0^\infty x^*(t)^2 + u^*(t)^2 dt$$

$$= \frac{1}{2} \int_0^{t_s} x_0^2 - 2t + \frac{1}{x_0^2 - 2t} \, dt + \frac{1}{2} x(t_s)^2 = \frac{1}{8}(3 + x_0^4 + 4 \ln x_0) \, .$$

Die Verläufe von J_u^*, J_b^* als Funktionen von x_0 sind in Abb. 11.4 gegeben.   □

11.2 Bedingungen an die Hamilton-Funktion

Wir wollen nun auf der Grundlage der notwendigen Optimalitätsbedingungen des letzten Abschnittes für gegebene Spezialfälle einige Bedingungen für die Hamilton-Funktion ableiten, die gegebenenfalls bei der analytischen Problemlösung nützlich sein können. Zuerst haben wir bereits für den allgemeinen Fall als Konsequenz der Weierstraß-Erdmann-Bedingungen im letzten Abschnitt festgestellt, dass der zeitliche Verlauf der Hamilton-Funktion H^* entlang der optimalen Trajektorien $\mathbf{x}^*(t)$, $\mathbf{u}^*(t)$ stetig sein muss. Nun können wir auch folgende Aussage treffen:

Wenn die Funktionen ϑ aus (11.1) und $\mathbf{g}$ aus (11.3) unabhängig von der Endzeit t_e sind, und wenn darüber hinaus t_e frei ist, dann gilt für die optimale Lösung wegen (11.39)

$$H(\mathbf{x}, \mathbf{u}, \boldsymbol{\lambda}, t)\big|_{t=t_e} = 0 . \tag{11.64}$$

Eine weitere Eigenschaft der Hamilton-Funktion lässt sich wie folgt festhalten:

Wenn die Funktionen ϕ aus (11.1), $\mathbf{f}$ aus (11.2) und $\mathbf{h}$ aus (11.4) nicht explizit zeitabhängig sind, dann gilt für die optimale Lösung

$$H(\mathbf{x}, \mathbf{u}, \boldsymbol{\lambda}) = \text{const.} \quad \forall t \in [0, t_e] . \tag{11.65}$$

Zum Beweis obiger Aussage beachte man zunächst, dass für $\tilde{H}$ aus (11.29) folgendes gilt

$$\frac{d\tilde{H}}{dt} = \nabla_{\mathbf{x}} \tilde{H}^T \dot{\mathbf{x}} + \nabla_{\boldsymbol{\lambda}} \tilde{H}^T \dot{\boldsymbol{\lambda}} + \tilde{H}_t + \nabla_{\mathbf{u}} \tilde{H}^T \dot{\mathbf{u}} + \nabla_{\mu} \tilde{H}^T \dot{\mu} . \tag{11.66}$$

Wegen der Voraussetzungen der zu beweisenden Aussage ist aber $\tilde{H}_t = 0$. Ferner gilt für die optimale Lösung wegen der Optimalitätsbedingungen von Abschn. 11.1 auch $\nabla_{\mathbf{x}} \tilde{H} = -\dot{\boldsymbol{\lambda}}$, $\nabla_{\boldsymbol{\lambda}} \tilde{H} = \dot{\mathbf{x}}$, $\nabla_{\mathbf{u}} \tilde{H} = \mathbf{0}$, $\nabla_{\mu} \tilde{H} = \mathbf{h}$, $\mathbf{h}^T \dot{\mu} = 0$, so dass wir aus (11.66) schließlich

$$\frac{d\tilde{H}}{dt} = \frac{dH}{dt} = 0$$

erhalten. Da aber H stetig sein muss, resultiert aus dieser Beziehung unmittelbar die obige Aussage.

Kombiniert man die Voraussetzungen der obigen zwei Aussagen, so erhält man eine dritte:

Wenn die Funktionen ϑ, $\mathbf{g}$ unabhängig von t_e und die Funktionen ϕ, $\mathbf{f}$, $\mathbf{h}$ unabhängig von t sind, und wenn darüber hinaus t_e frei ist, dann gilt für die optimale Lösung

$$H(\mathbf{x}, \mathbf{u}, \boldsymbol{\lambda}) = 0 \quad \forall t \in [0, t_e] . \tag{11.67}$$

Die drei Aussagen dieses Abschnittes behalten offenbar ihre Gültigkeit auch in Abwesenheit von UNB, d. h. für die in Kap. 10 behandelte Problemstellung.

11.3   Weitere Nebenbedingungen

Wir werden in diesem Abschnitt einige Erweiterungen der allgemeinen Problemstellung berücksichtigen, die bei spezifischen praktischen Anwendungen von Bedeutung sein können.

11.3.1   Gleichungsnebenbedingungen

Neben den Zustandsdifferentialgleichungen (11.2) ist es bei Problemen der optimalen Steuerung auch möglich, *Gleichungsnebenbedingungen* folgender Form zu berücksichtigen

$$\mathbf{G}(\mathbf{x}(t), \mathbf{u}(t), t) = \mathbf{0} \quad \forall t \in [0, t_e] , \tag{11.68}$$

wobei $\mathbf{G} \in C^2$ und $\mathbf{G} \in \mathbb{R}^p$ gilt. Freilich muss $p \leq m$ gelten, da sonst (11.68) bezüglich $\mathbf{u}(t)$ überbestimmt wäre. Ferner werden wir vorerst voraussetzen, dass die Jacobi-Matrix $\mathbf{G}_u$ regulär sei.

Die Behandlung dieser erweiterten Problemstellung unter Nutzung der Ergebnisse von Kap. 9 bereitet keine besonderen Schwierigkeiten (s. Übung 11.13). Die erweiterte Hamilton-Funktion (11.29) lautet nunmehr

$$\tilde{H} = \phi + \boldsymbol{\lambda}^T \mathbf{f} + \boldsymbol{\mu}^T \mathbf{h} + \boldsymbol{\Lambda}^T \mathbf{G} , \tag{11.69}$$

wobei $\boldsymbol{\Lambda}(t) \in \mathbb{R}^p$ zusätzliche Lagrange-Multiplikatorfunktionen darstellen. Ferner wird der zulässige Steuerbereich (11.5) durch die Aufnahme von (11.68) weiter eingeengt

$$\mathcal{U}(\mathbf{x}, t) = \{\mathbf{u} \mid \mathbf{h}(\mathbf{x}, \mathbf{u}, t) \leq \mathbf{0}; \mathbf{G}(\mathbf{x}, \mathbf{u}, t) = \mathbf{0}\} . \tag{11.70}$$

Während die notwendigen Bedingungen (11.30), (11.32), (11.33), (11.38)–(11.41) von der eingeführten Erweiterung unberührt bleiben, treten in (11.31), (11.34)–(11.37) durch die neuen Definitionen für $\tilde{H}$ und $\mathcal{U}(\mathbf{x}, t)$ entsprechende Veränderungen auf. So muss die globale Minimierung (11.37) der Hamilton-Funktion nunmehr für $\mathbf{u} \in \mathcal{U}$ aus (11.70) durchgeführt werden. Ferner entstehen aus (11.31), (11.34), (11.36) folgende modifizierte Bedingungen

$$\dot{\boldsymbol{\lambda}} = -\nabla_{\mathbf{x}}\tilde{H} = -\nabla_{\mathbf{x}}\phi - \mathbf{f}_{\mathbf{x}}^T \boldsymbol{\lambda} - \mathbf{h}_{\mathbf{x}}^T \boldsymbol{\mu} - \mathbf{G}_{\mathbf{x}}^T \boldsymbol{\Lambda} \tag{11.71}$$

$$\nabla_{\mathbf{u}}\tilde{H} = \nabla_{\mathbf{u}}\phi + \mathbf{f}_{\mathbf{u}}^T \boldsymbol{\lambda} + \mathbf{h}_{\mathbf{u}}^T \boldsymbol{\mu} + \mathbf{G}_{\mathbf{u}}^T \boldsymbol{\Lambda} \tag{11.72}$$

$$Y = \{\delta\mathbf{u} \mid \mathbf{h}_{\mathbf{u}}^a \delta\mathbf{u} = \mathbf{0}; \mathbf{G}_{\mathbf{u}}\delta\mathbf{u} = \mathbf{0}\} . \tag{11.73}$$

Schließlich muss (11.68) zusätzlich in den Satz der notwendigen Bedingungen aufgenommen werden, da mit den Multiplikatoren $\boldsymbol{\Lambda}(t)$ auch die Anzahl der Unbekannten entsprechend erhöht wurde.

Eine besonders interessante Variante der eben betrachteten Erweiterung entsteht, wenn manche Steuergrößen $u_i(t)$ nur bzw. auch *diskrete Werte* annehmen dürfen, z. B.

$$u_i(t) \in \mathcal{U}_i = \{\overline{u}_{i,1}, \overline{u}_{i,2}, \ldots, \overline{u}_{i,p}\}. \tag{11.74}$$

Dieser Fall kann durch folgende einzuhaltende GNB ausgedrückt werden

$$(u_i - \overline{u}_{i,1})(u_i - \overline{u}_{i,2}) \cdots (u_i - \overline{u}_{i,p}) = 0 \tag{11.75}$$

und stellt also einen Spezialfall von (11.68) dar. Diese Betrachtung führt uns zu der Feststellung, dass das Minimum-Prinzip auch bei teilweise oder ausschließlich diskretem zulässigem Steuerbereich anwendbar bleibt.

Beispiel 11.4 Bei dem Prozess

$$\dot{x} = u, \quad x(0) = x_0 > 0 \tag{11.76}$$

darf die Steuergröße u nur folgende diskrete Werte annehmen

$$u \in \mathcal{U} = \{-1, 0, 1\}. \tag{11.77}$$

Gesucht wird die optimale Steuertrajektorie zur Minimierung des Gütefunktionals

$$J = \frac{1}{2} \int_0^T x^2 + u^2 dt, \quad T \text{ fest}. \tag{11.78}$$

Die Hamilton-Funktion lautet $H = 0.5(x^2 + u^2) + \lambda u$. Aus (11.30), (11.40) ergibt sich (11.76) und aus (11.71) und (11.38) für freies $x(T)$ ergibt sich

$$\dot{\lambda} = -x, \quad \lambda(T) = 0. \tag{11.79}$$

Die Minimierungsbedingung (11.37) liefert unter Berücksichtigung des zulässigen Bereiches (11.77)

$$u(t) = \begin{cases} -1 & \text{wenn } \lambda > 0.5 \\ 0 & \text{wenn } |\lambda| \leq 0.5 \\ 1 & \text{wenn } \lambda < -0.5. \end{cases} \tag{11.80}$$

In Anbetracht der Endbedingung $\lambda(T) = 0$ nehmen wir nun an, dass ab einem unbekanntem Zeitpunkt t_s der Verlauf des Kozustandes $|\lambda(t)| \leq 0.5$ erfüllt wird. Da $x_0 > 0$ angenommen wurde, führt uns diese Überlegung zu folgender Vermutung für die optimale Steuertrajektorie

$$u^*(t) = \begin{cases} -1 & 0 \leq t < t_s \\ 0 & t_s \leq t \leq T, \end{cases} \tag{11.81}$$

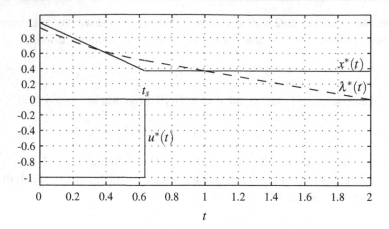

Abb. 11.5 Optimale Trajektorien für Beispiel 11.4

die nun mittels der Optimalitätsbedingungen verifiziert werden soll. Die Annahme (11.81) führt mittels (11.76) und (11.79) zu

$$x^*(t) = \begin{cases} -t + x_0 \\ x_0 - t_s, \end{cases} \quad \text{und} \quad \lambda^*(t) = \begin{cases} 0.5t^2 - x_0 t + c_1 & 0 \le t < t_s \\ (x_0 - t_s)(T - t) & t_s \le t \le T, \end{cases} \quad (11.82)$$

wobei c_1 eine unbekannte Integrationskonstante ist. Da $\lambda(t)$ an der Stelle t_s stetig sein muss, erhalten wir aus (11.82)

$$\frac{1}{2}t_s^2 - x_0 t_s + c_1 = (x_0 - t_s)(T - t_s). \quad (11.83)$$

Ferner soll gemäß unserer Vermutung $\lambda^*(t_s) = 0.5$ gelten, d. h.

$$(x_0 - t_s)(T - t_s) = \frac{1}{2}. \quad (11.84)$$

Aus (11.83), (11.84) lassen sich die zwei Unbekannten c_1, t_s so ableiten, dass alle relevanten notwendigen Bedingungen erfüllt sind und somit die Annahme (11.81) verifiziert ist. Insbesondere erhält man die Umschaltzeit (s. auch Übung 3.9)

$$t_s = \frac{1}{2}\left(T + x_0 \pm \sqrt{(T - x_0)^2 + 2}\right),$$

wobei die Vorzeichenwahl je nach den Werten von x_0, T richtig getroffen werden muss (Merke: Wenn keine Umschaltung stattfinden soll, so wäre dies durch $t_s < 0$ bzw. $t_s > T$ in obiger Gleichung signalisiert.). Abbildung 11.5 zeigt die optimalen Trajektorien, wenn $x_0 = 1$, $T = 2$.   □

Liegen GNB folgender Form

$$\mathbf{G}(\mathbf{x}(t), t) = \mathbf{0} \quad \forall t \in [0, t_e] \tag{11.85}$$

vor, so ist offenbar $\mathbf{G_u}$ singulär, weshalb die bisher in diesem Abschnitt erläuterte Vorgehensweise nicht angewandt werden kann und eine gesonderte Betrachtung erforderlich wird. Der einfacheren Darstellung halber beschränken wir uns auf eine skalare GNB $G(\mathbf{x}(t), t) = 0$, wobei die Erweiterung auf mehrere GNB keine Schwierigkeiten bereitet. Da die GNB für alle $t \in [0, t_e]$ gelten soll, muss auch gelten

$$\frac{dG}{dt} = G_t + \nabla_{\mathbf{x}} G^T \dot{\mathbf{x}} = G_t + \nabla_{\mathbf{x}} G^T \mathbf{f} = 0 \quad \forall t \in [0, t_e]. \tag{11.86}$$

Nun mag (11.86) explizit Steuergrößen enthalten oder nicht. Wenn ersterer Fall vorliegt, dann darf wohl (11.86) als GNB im Sinne von (11.68) betrachtet werden. Zusätzlich muss man aber dann die ursprüngliche GNB als Endbedingung berücksichtigen, d. h.

$$G(\mathbf{x}(t_e), t_e) = 0. \tag{11.87}$$

Das Problem ist somit auf Bekanntes zurückführbar.

Tritt hingegen in (11.86) keine Steuergröße explizit auf, dann wird man ein weiteres Mal nach der Zeit differenzieren und $\dot{\mathbf{x}} = \mathbf{f}(\mathbf{x}, \mathbf{u}, t)$ einsetzen müssen. Diese Prozedur muss soweit fortgesetzt werden, bis, bei der j-ten Differentiation, eine Steuergröße explizit auftaucht. Dann spricht man von einer *GNB j-ter Ordnung* und man erhält die Beziehung

$$\frac{d^j G}{dt^j} = G^{(j)}(\mathbf{x}, u, t) = 0 \quad \forall t \in [0, t_e], \tag{11.88}$$

die also als GNB im Sinne von (11.68) behandelt werden kann. Zusätzlich müssen aber auch hier folgende Endbedingungen in die Problemstellung aufgenommen werden

$$G(\mathbf{x}(t_e), t_e) = 0, \ G^{(1)}(\mathbf{x}(t_e), t_e) = 0, \dots, G^{(j-1)}(\mathbf{x}(t_e), t_e) = 0. \tag{11.89}$$

11.3.2 Ungleichungsnebenbedingungen der Zustandsgrößen

Wir wollen in diesem Abschnitt reine *Zustandsgrößen-UNB* der Form

$$h(\mathbf{x}(t), t) \leq 0 \quad \forall t \in [0, t_e] \tag{11.90}$$

berücksichtigen. Diese UNB erfüllt nicht die Voraussetzung (ii), weshalb es sich also tatsächlich um eine Erweiterung der bisher betrachteten Problemstellung handelt. Der einfacheren Darstellung halber werden wir eine skalare UNB (11.90) berücksichtigen, da die Erweiterung auf mehrere UNB keine zusätzlichen Schwierigkeiten bereitet.

Ist (11.90) über ein Zeitintervall $[t_1, t_2] \subset [0, t_e]$ aktiv, so gilt $h(\mathbf{x}(t), t) = 0$, $t \in [t_1, t_2]$. Wie bereits im letzten Abschn. 11.3.1 wird nun die Funktion h nach der Zeit so oft differenziert, bis mindestens eine Steuergröße explizit auftaucht. Wenn dies bei der j-ten Ableitung $h^{(j)}(\mathbf{x}, \mathbf{u}, t)$ der Fall ist, dann sprechen wir von einer *UNB j-ter Ordnung*. (In diesem Sinne sind die UNB (11.4) 0-ter Ordnung.) Offenbar muss $h^{(j)}(\mathbf{x}, \mathbf{u}, t) = 0$, $\forall t \in [t_1, t_2]$, gelten, so dass also $h^{(j)}$ eine ähnliche Rolle wie die GNB (11.68) spielt, sofern die UNB (11.90) aktiv ist. Die erweiterte Hamilton-Funktion lautet (der einfacheren Darstellung halber nehmen wir an, dass keine weiteren UNB vorliegen)

$$\tilde{H} = \phi + \boldsymbol{\lambda}^T \mathbf{f} + \mu h^{(j)}\,, \tag{11.91}$$

wobei bei aktiver UNB $h^{(j)} = 0$ und bei inaktiver UNB $\mu = 0$ gelten muss. Darüber hinaus kann nachgewiesen werden [4], dass

$$(-1)^k \mu^{(k)}(t) \geq 0;\ \ k = 0, 1, \ldots, j;\ \ t \in [t_1, t_2] \tag{11.92}$$

ebenso notwendige Bedingungen darstellen, wobei die Notation $\mu^{(k)} = d^k \mu / dt^k$ vereinbart wird. Die Handhabung von $\tilde{H}$ aus (11.91) entspricht der Vorgehensweise von Abschn. 11.3.1. Es sollte aber nochmals betont werden, dass bei der Minimierungsbedingung (11.37) die Restriktion $h^{(j)} = 0$ nur dann berücksichtigt werden soll, wenn die UNB (11.90) aktiv ist [5].

Wie in Abschn. 11.3.1 muss nun zusätzlich gefordert werden, dass für irgendein $t \in [t_1, t_2]$, so z. B. (ohne Einschränkung der Allgemeinheit) für t_1, Folgendes gelten muss

$$h(\mathbf{x}(t_1), t_1) = 0,\ h^{(1)}(\mathbf{x}(t_1), t_1) = 0, \ldots, h^{(j-1)}(\mathbf{x}(t_1), t_1) = 0\,. \tag{11.93}$$

Gleichungen (11.93) stellen aber interne GNB dar, wie sie in Abschn. 10.5.2 berücksichtigt wurden. Demnach sind an der Stelle t_1 Unstetigkeiten für $\boldsymbol{\lambda}(t)$ und $H(t)$ zu erwarten, die sich durch Anwendung von (10.79), (10.80) bei dem hier vorliegenden Sachverhalt wie folgt angeben lassen

$$\boldsymbol{\lambda}(t_1^-) = \boldsymbol{\lambda}(t_1^+) + \eta_1 h_{\mathbf{x}(t_1)} + \eta_2 h_{\mathbf{x}(t_1)}^{(1)} + \cdots + \eta_j h_{\mathbf{x}(t_1)}^{(j-1)} \tag{11.94}$$

$$H(t_1^-) = H(t_1^+) - \eta_1 h_{t_1} - \eta_2 h_{t_1}^{(1)} - \cdots - \eta_j h_{t_1}^{(j-1)}\,, \tag{11.95}$$

wobei $\eta_1, \ldots, \eta_j$ Lagrange-Multiplikatoren sind. Es kann nachgewiesen werden [4, 5], dass folgendes gelten muss

$$\eta_k \geq 0,\ \ k = 1, 2, \ldots, j\,. \tag{11.96}$$

Alternative notwendige Bedingungen für Probleme mit Zustands-UNB werden in [6] angegeben, s. auch [4].

Beispiel 11.5 Das System $\dot{x} = u$, $x(0) = 1$ soll im Sinne des Gütefunktionals

$$J = \frac{1}{2} \int\limits_0^\infty x^2 + u^2 dt$$

unter Berücksichtigung der Zustands-UNB

$$h(x(t), t) = 0.6 - 0.2t - x(t) \leq 0 \tag{11.97}$$

optimal gesteuert werden. Mit

$$\frac{dh(x(t), t)}{dt} = -0.2 - \dot{x} = -0.2 - u \tag{11.98}$$

handelt es sich bei (11.97) um eine UNB 1. Ordnung. Gemäß (11.91) bilden wir die erweiterte Hamilton-Funktion

$$\tilde{H} = \frac{1}{2}(x^2 + u^2) + \lambda u - \mu(0.2 + u). \tag{11.99}$$

In Kenntnis der Lösung des unbeschränkten Problems (Abschn. 10.4) und in Anbetracht der UNB (11.97) (Abb. 11.6) vermuten wir, dass die UNB für ein internes Zeitintervall $[t_1, t_2] \subset [0, \infty]$ aktiv sein wird, wobei t_1, t_2 unbekannt sind. Verfolgen wir diese Vermutung, so gilt $\mu(t) = 0$ für $t \in [0, t_1] \cup [t_2, \infty]$ und wir erhalten mit (11.99) folgende notwendige Bedingungen

$$\dot{x} = \tilde{H}_\lambda = u, \quad \dot{\lambda} = -\tilde{H}_x = -x, \quad \tilde{H}_u = 0 \Longrightarrow u = -\lambda,$$

die uns wie in Abschn. 10.4 zu folgender Lösung führen

$$x(t) = A_i e^t + B_i e^{-t}, \quad \lambda(t) = -A_i e^t + B_i e^{-t}, \quad u(t) = A_i e^t - B_i e^{-t},$$

wobei die Konstanten A_1, B_1 für $t \in [0, t_1]$ und A_2, B_2 für $t \in [t_2, \infty]$ gelten sollen. Mit der Transversalitätsbedingung $\lambda(\infty) = 0$ bekommen wir $A_2 = 0$ und mit der Anfangsbedingung $x(0) = 1$ auch

$$A_1 + B_1 = 1. \tag{11.100}$$

Für den Zeitraum $t \in [t_1, t_2]$ gilt zunächst nach (11.98)

$$\dot{h} = h^{(1)} = -0.2 - u = 0 \Longrightarrow u(t) = -0.2.$$

Nutzen wir ferner $\dot{x} = u$ und (11.93), so erhalten wir

$$x(t) = -0.2t + 0.6, \quad t \in [t_1, t_2].$$

Mit $\dot{\lambda} = -\tilde{H}_x = -x$ ergibt sich ferner

$$\lambda(t) = 0.1t^2 - 0.6t + c, \quad t \in [t_1, t_2],$$

wobei c eine unbekannte Integrationskonstante ist. Die Unstetigkeiten von $\lambda(t)$ und $H(t)$ an der Stelle t_1 liefern mit (11.94), (11.95)

$$\lambda(t_1^-) = \lambda(t_1^+) - \eta_1, \quad H(t_1^-) = H(t_1^+) + 0.2\eta_1$$

und nach Einsetzen der beteiligten Variablen

$$-A_1 e^{t_1} + B_1 e^{-t_1} = 0.1t_1^2 - 0.6t_1 + c - \eta_1 \tag{11.101}$$

$$2A_1 B_1 = 0.2 - 0.2c + 0.2\eta_1. \tag{11.102}$$

Ferner liefert die Stetigkeit der Funktionen $x(t)$ an den Stellen t_1, t_2 und $\lambda(t)$ an der Stelle t_2 folgende drei Beziehungen

$$A_1 e^{t_1} + B_1 e^{-t_1} = -0.2t_1 + 0.6 \tag{11.103}$$

$$B_2 e^{-t_2} = -0.2t_2 + 0.6 \tag{11.104}$$

$$B_2 e^{-t_2} = 0.1t_2^2 - 0.6t_2 + c. \tag{11.105}$$

Aus der Optimalitätsbedingung $\tilde{H}_u = 0$ erhalten wir schließlich $\mu(t) = u(t) + \lambda(t)$ für $t \in [t_1, t_2]$. Wegen (11.92) findet die Abkoppelung der Lösungstrajektorie $x(t)$ von der UNB dann statt, wenn $\mu = 0$ wird, d. h. wenn

$$\mu(t_2) = u(t_2) + \lambda(t_2) = -0.2 + 0.1t_2^2 - 0.6t_2 + c = 0. \tag{11.106}$$

Gleichungen (11.100)–(11.106) bilden ein Gleichungssystem für 7 Unbekannte A_1, $B_1, B_2, t_1, t_2, c, \eta_1$ mit der Lösung

$$A_1 = 0.02, \ B_1 = 0.98, \ B_2 = 0.2e^2, \ t_1 = 1.28, \ t_2 = 2, \ c = 1, \ \eta_1 = 0.195.$$

Da mit dieser Lösung $\eta_1 > 0$ und $\mu(t) \geq 0$, $\dot{\mu}(t) \leq 0$, $t \in [t_1, t_2]$, in Übereinstimmung mit (11.96) und (11.92) erfüllt sind, ist keine Optimalitätsbedingung verletzt. Zusammenfassend lautet also die Lösung (Abb. 11.6)

$$x^*(t) = \begin{cases} 0.98e^{-t} + 0.02e^t \\ -0.2t + 0.6 \\ 0.2e^{-(t-2)} \end{cases}, \quad \lambda^*(t) = \begin{cases} 0.98e^{-t} - 0.02e^t \\ 0.1t^2 - 0.6t + 1 \\ 0.2e^{-(t-2)} \end{cases},$$

$$u^*(t) = \begin{cases} -0.98e^{-t} + 0.02e^t & 0 \leq t < 1.28 \\ -0.2 & 1.28 \leq t \leq 2 \\ -0.2e^{-(t-2)} & 2 < t < \infty \end{cases}.$$

$\square$

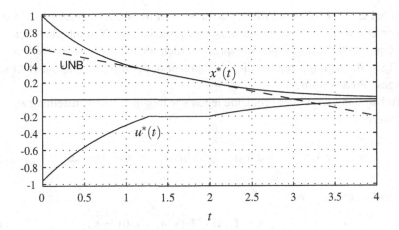

Abb. 11.6 Optimale Trajektorien für Beispiel 11.5

11.4 Singuläre optimale Steuerung

Aus den bisherigen Ausführungen in diesem Kapitel wird ersichtlich, dass die Minimierungsbedingung (11.37) eine zentrale Rolle bei der Auswertung der notwendigen Optimalitätsbedingungen spielt. Nun kann aber bei manchen Problemen der Fall auftreten, dass die zu minimierende Hamilton-Funktion H über ein Zeitintervall $[t_1, t_2] \subset [0, t_e]$, $t_1 \neq t_2$, entlang der optimalen Lösungstrajektorien unabhängig von einer Steuergröße u_i ist. In solchen Situationen ist zwar keine notwendige Bedingung verletzt, doch die Lösungsbestimmung erschwert sich, da eine wesentliche notwendige Bedingung ausfällt. Man spricht dann von *singulären Lösungsanteilen* und von *singulären Problemen*, die eine gesonderte Behandlung erfordern. Gemäß einer allgemeineren Definition kann man von singulären Anteilen sprechen, wenn $\nabla_{\mathbf{uu}}^2 H^*$ singulär ist [7, 8].

Probleme, bei denen die Hamilton-Funktion linear bezüglich $\mathbf{u}$ ist, scheinen den Löwenanteil der singulären Problemstellungen auszumachen. In solchen Fällen sind die Funktionen ϕ und $\mathbf{f}$ gemäß (11.28) linear bezüglich $\mathbf{u}$, so dass H folgende allgemeine Form aufweist

$$H(\mathbf{x}, \mathbf{u}, \boldsymbol{\lambda}, t) = H_1(\mathbf{x}, \boldsymbol{\lambda}, t) + \mathbf{H}_2(\mathbf{x}, \boldsymbol{\lambda}, t)^T \mathbf{u}\,, \tag{11.107}$$

wobei H_1 und $\mathbf{H}_2$ unabhängig von $\mathbf{u}$ sind. Tritt nun entlang einer optimalen Trajektorie für eine Komponente i von $\mathbf{H}_2$

$$H_{2_i}(\mathbf{x}^*, \boldsymbol{\lambda}^*, t) = 0 \quad \forall t \in [t_1, t_2], t_1 \neq t_2 \tag{11.108}$$

auf, so wird H unabhängig von der entsprechenden Steuerkomponente u_i, wodurch zwar keine notwendige Bedingung verletzt, wohl aber die Lösungsfindung des entsprechenden singulären Lösungsanteils erschwert wird.

Da es bei einer gegebenen Problemstellung nicht im Voraus bekannt ist, ob singuläre Lösungsanteile auftreten oder nicht, muss grundsätzlich die Vereinbarkeit von (11.108) mit den Optimalitätsbedingungen überprüft werden. Führt (11.108) zur Verletzung einer notwendigen Bedingung, so kann die Möglichkeit des Auftretens singulärer Lösungsanteile ausgeschlossen werden.

Zur Behandlung singulärer Probleme legen wir folgende Problemstellung zugrunde: Minimiere

$$J = \vartheta(\mathbf{x}(t_e), t_e) + \int_0^{t_e} \phi_1(\mathbf{x}) + \phi_2(\mathbf{x})u \, dt, \quad t_e \text{ frei oder fest} \tag{11.109}$$

unter Berücksichtigung von

$$\dot{\mathbf{x}} = \mathbf{f}_1(\mathbf{x}) + \mathbf{f}_2(\mathbf{x})u, \quad \mathbf{x}(0) = \mathbf{x}_0 \tag{11.110}$$

$$\mathbf{h}(u) \le \mathbf{0} \tag{11.111}$$

$$\mathbf{g}(\mathbf{x}(t_e), t_e) = \mathbf{0}. \tag{11.112}$$

Diese Problemstellung beinhaltet eine *skalare* Steuergröße u, die Verallgemeinerung der nachfolgenden Ausführungen auf den Fall eines Steuergrößen*vektors* bereitet aber keine zusätzlichen Schwierigkeiten. Mit der Hamilton-Funktion $H = \phi_1 + \boldsymbol{\lambda}^T \mathbf{f}_1 + (\phi_2 + \boldsymbol{\lambda}^T \mathbf{f}_2)u$ hat obige Problemstellung einen singulären Lösungsanteil für $t \in [t_1, t_2]$, $t_1 \neq t_2$, wenn

$$H_2(\mathbf{x}, \boldsymbol{\lambda}) = \phi_2 + \boldsymbol{\lambda}^T \mathbf{f}_2 = 0 \quad \forall t \in [t_1, t_2]. \tag{11.113}$$

Da in diesem Fall die Minimierungsbedingung (11.37) nicht auswertbar ist, wollen wir (11.113) nutzen, um die zugehörige Steuertrajektorie zu berechnen. Wegen (11.113) gilt $\dot{H}_2 = 0$, $t \in [t_1, t_2]$, so dass folgende Beziehung abgeleitet werden kann

$$\dot{H}_2 = \nabla_{\mathbf{x}}\phi_2^T \dot{\mathbf{x}} + \dot{\boldsymbol{\lambda}}^T \mathbf{f}_2 + \boldsymbol{\lambda}^T \mathbf{f}_{2,\mathbf{x}} \dot{\mathbf{x}} = 0 \quad \forall t \in [t_1, t_2].$$

Nach Einsetzen von $\dot{\mathbf{x}}$ und $\dot{\boldsymbol{\lambda}}$ aus den entsprechenden notwendigen Bedingungen erhält man aus obiger Beziehung

$$\Phi(\mathbf{x}) + \boldsymbol{\lambda}^T \mathbf{F}(\mathbf{x}) = 0 \quad \forall t \in [t_1, t_2] \tag{11.114}$$

mit den Abkürzungen

$$\Phi(\mathbf{x}) = \nabla_{\mathbf{x}}\phi_2^T \mathbf{f}_1 - \nabla_{\mathbf{x}}\phi_1^T \mathbf{f}_2, \quad \mathbf{F}(\mathbf{x}) = \mathbf{f}_{2,\mathbf{x}}\mathbf{f}_1 - \mathbf{f}_{1,\mathbf{x}}\mathbf{f}_2.$$

Die Gleichungen (11.113), (11.114) definieren im $2n$-dimensionalen $(\mathbf{x}, \boldsymbol{\lambda})$-Vektorraum eine Hyperfläche der Dimension $2n - 2$, worin singuläre Lösungsanteile auftreten dürfen. Ist die Endzeit t_e frei und ϑ unabhängig von t_e, so kommt gemäß (11.67) eine dritte Beziehung hinzu

$$H = H_1 = \phi_1 + \boldsymbol{\lambda}^T \mathbf{f}_1 = 0 \quad \forall t \in [t_1, t_2], \tag{11.115}$$

und die Dimension der Hyperfläche singulärer Lösungsanteile reduziert sich auf $2n - 3$.

Zur Erzeugung einer Bedingung, die uns die Berechnung der singulären Steuertrajektorie ermöglichen könnte, berechnen wir nun die zweite Ableitung $\ddot{H}_2$, die wegen (11.113) ebenso identisch verschwinden muss. Wir erhalten somit

$$\ddot{H}_2 = \tilde{\Phi}(\mathbf{x}) + \boldsymbol{\lambda}^T \tilde{\mathbf{F}}(\mathbf{x}) + u\Psi(\mathbf{x}, \boldsymbol{\lambda}) = 0 \quad \forall t \in [t_1, t_2] \tag{11.116}$$

mit den Abkürzungen

$$\tilde{\Phi}(\mathbf{x}) = \nabla_{\mathbf{x}} \Phi^T \mathbf{f}_1 - \nabla_{\mathbf{x}} \phi_1^T \mathbf{F}, \; \tilde{\mathbf{F}}(\mathbf{x}) = \mathbf{F}_{\mathbf{x}} \mathbf{f}_1 - \mathbf{f}_{1,\mathbf{x}} \mathbf{F}$$

$$\Psi(\mathbf{x}, \boldsymbol{\lambda}) = \nabla_{\mathbf{x}} \Phi^T \mathbf{f}_2 - \nabla_{\mathbf{x}} \phi_2^T \mathbf{F} + \boldsymbol{\lambda}^T (\mathbf{F}_{\mathbf{x}} \mathbf{f}_2 - \mathbf{f}_{2,\mathbf{x}} \mathbf{F}) \, .$$

Wenn $\Psi \neq 0$, lässt sich die singuläre Steuerung aus (11.116) sofort angeben

$$u = -\frac{\tilde{\Phi}(\mathbf{x}) + \boldsymbol{\lambda}^T \tilde{\mathbf{F}}(\mathbf{x})}{\Psi(\mathbf{x}, \boldsymbol{\lambda})} \quad \forall t \in [t_1, t_2] \, . \tag{11.117}$$

Gilt $\Psi = 0$, so muss H_2 weiter differenziert werden, bis die Steuergröße in der entsprechenden Beziehung explizit auftaucht.

Für die Handhabung nichtlinearer Problemstellungen mit singulären Lösungsanteilen sowie für eine Übersicht der Problematik der singulären optimalen Steuerung sei auf [8] verwiesen. Notwendige Bedingungen für die Grenzpunkte zwischen singulären und regulären Lösungsanteilen werden in [7] gegeben.

Beispiel 11.6 Wir betrachten die Minimierung des Gütefunktionals

$$J = \frac{1}{2} \int_0^{t_e} x_1^2 + x_2^2 dt, \quad t_e \text{ frei}$$

unter Berücksichtigung der Prozessnebenbedingungen

$$\dot{x}_1 = x_2, \quad \dot{x}_2 = u \, ,$$

der Steuergrößenrestriktion $|u| \leq 1$ und der Randbedingungen

$$\mathbf{x}(0) = \mathbf{x}_0, \quad \mathbf{x}(t_e) = \mathbf{0} \, .$$

Mit der Hamilton-Funktion $H = 0.5(x_1^2 + x_2^2) + \lambda_1 x_2 + \lambda_2 u$ erhalten wir zunächst folgende notwendige Bedingungen für $\boldsymbol{\lambda}$

$$\dot{\lambda}_1 = -\tilde{H}_{x_1} = -x_1, \quad \dot{\lambda}_2 = -\tilde{H}_{x_2} = -x_2 - \lambda_1 \, . \tag{11.118}$$

Ferner liefert die Minimierungsbedingung (11.37)

$$u = -\operatorname{sign} \lambda_2 \, , \tag{11.119}$$

sofern $\lambda_2(t)$ über kein Zeitintervall identisch verschwindet. Ist letzteres für $t \in [t_1, t_2] \subset [0, t_e], t_1 \neq t_2$, der Fall, so gilt (11.113), d. h.

$$\lambda_2(t) = 0 \quad \forall t \in [t_1, t_2] . \tag{11.120}$$

Dann gilt aber auch $\dot{\lambda}_2(t) = 0, t \in [t_1, t_2]$, woraus sich mit (11.118) folgende Beziehung ableitet, die (11.114) entspricht

$$\dot{\lambda}_2 = -x_2 - \lambda_1 = 0 \Longrightarrow x_2 = -\lambda_1 \quad \forall t \in [t_1, t_2] . \tag{11.121}$$

Da t_e frei ist und kein ϑ vorhanden ist, gilt ferner (11.115), d. h.

$$H = \frac{1}{2}(x_1^2 + x_2^2) + \lambda_1 x_2 + \lambda_2 u = 0 \quad \forall t \in [t_1, t_2] . \tag{11.122}$$

Durch Kombination der drei Beziehungen (11.120)–(11.122) erhalten wir schließlich

$$x_1^2 - x_2^2 = 0 = (x_1 - x_2)(x_1 + x_2) \quad \forall t \in [t_1, t_2] . \tag{11.123}$$

Der Fall $x_1 = x_2$ kommt für eine optimale Lösung nicht in Frage, da er die Prozessgrößen weg vom Ursprung führt. Somit dürfen singuläre Lösungsanteile nur auf der Gerade $x_1 + x_2 = 0$ auftreten, die tatsächlich die Dimension $2n - 3 = 1$ aufweist.

Bilden wir nun die zweite Ableitung $\ddot{\lambda}_2 = 0$, so erhalten wir wie in (11.116)

$$\ddot{\lambda}_2 = -\dot{x}_2 - \dot{\lambda}_1 = -u + x_1 = 0 \Longrightarrow u = x_1 \quad \forall t \in [t_1, t_2] . \tag{11.124}$$

Da aber $|u| \leq 1$ gelten muss, dürfen singuläre Lösungsanteile nur im Bereich $|x_1| \leq 1$ auftreten. Somit darf die optimale Trajektorie nur aus Lösungsanteilen bestehen, die entweder (11.119) oder (11.124) erfüllen. In der Tat lässt sich für die hier vorliegende Aufgabenstellung folgendes optimales Regelgesetz angeben

$$u(t) = \begin{cases} x_1 & \text{wenn } x_1 = -x_2 \text{ und } |x_1| \leq 1 \\ -\text{sign}(x_1 + s(x_2)) & \text{sonst} \end{cases} \tag{11.125}$$

mit der Abkürzung

$$s(x_2) = \begin{cases} S(x_2)\,\text{sign}(x_2) & \text{wenn} \quad |x_2| > 1 \\ x_2 & \text{wenn} \quad |x_2| < 1 . \end{cases}$$

Leider lässt sich aber die Funktion $S(x_2)$ nicht in geschlossener Form angeben, sondern muss in tabellarischer Form berechnet werden, s. [9] für Einzelheiten. Für eine suboptimale Lösung kann $S(x_2) = 0.5(1 + x_2^2)$ angesetzt werden. Der Vollständigkeit halber sei noch gesagt, dass im Fall $x_1 + S(x_2) = 0$ in (11.125) die optimale Steuergröße $u = -1$ beträgt, falls $x_2 > 1$ gilt, und $u = 1$, falls $x_2 < -1$.

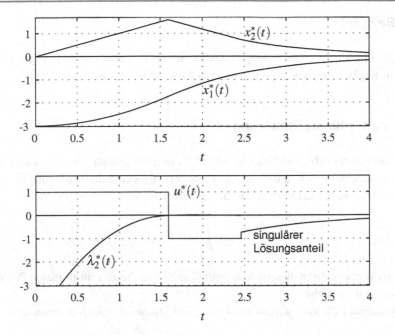

Abb. 11.7 Optimale Verläufe für Beispiel 11.6

Zieht man als Beispiel für diese Problemstellung den Anfangspunkt $\mathbf{x}_0 = [\ -3 \quad 0\ ]^T$ heran, so lauten die optimalen Lösungstrajektorien (s. Übung 11.5)

$$x_1^*(t) = \begin{cases} \frac{1}{2}t^2 - 3 \\ -\frac{1}{2}t^2 + c_1 t + c_2 \\ -c_5 e^{-(t-t_{s_2})} \end{cases} \qquad x_2^*(t) = \begin{cases} t & 0 \le t \le t_{s_1} \\ -t + c_1 & t_{s_1} \le t \le t_{s_2} \\ c_5 e^{-(t-t_{s_2})} & t_{s_2} \le t \end{cases}$$

$$u^*(t) = \begin{cases} 1 & 0 \le t \le t_{s_1} \\ -1 & t_{s_1} \le t \le t_{s_2} \\ -c_5 e^{-(t-t_{s_2})} & t_{s_2} \le t \end{cases}$$

$$\lambda_1^*(t) = \begin{cases} -\frac{t^3}{6} + 3t + c_6 & 0 \le t \le t_{s_1} \\ \frac{t^3}{6} - \frac{c_1}{2}t^2 - c_2 t + c_3 & t_{s_1} \le t \le t_{s_2} \\ -c_5 e^{-(t-t_{s_2})} & t_{s_2} \le t \end{cases}$$

$$\lambda_2^*(t) = \begin{cases} \frac{t^4}{24} - 2t^2 - c_6 t + c_7 & 0 \le t \le t_{s_1} \\ -\frac{t^4}{24} + \frac{c_1}{6}t^3 + \frac{1+c_2}{2}t^2 - (c_1 + c_3)t + c_4 & t_{s_1} \le t \le t_{s_2} \\ 0 & t_{s_2} \le t \end{cases},$$

mit den Parameterwerten $c_1 = 3.185624$, $c_2 = -5.53705$, $c_3 = -7.189453$, $c_4 = -2.5$, $c_5 = 0.727788$, $c_6 = -5.842438$, $c_7 = -4.5$ und den Umschaltzeiten $t_{s_1} = 1.592812$, $t_{s_2} = 2.457836$. Offenbar tritt in der Schlussphase $t \ge t_{s_2}$ obiger Lösungstrajektorien ein singulärer Lösungsanteil auf. Abbildung 11.7 visualisiert die Verläufe der Lösungstrajektorien. $\qquad\Box$

11.5   Beispiele

Unter den unzählbaren Anwendungen des Minimum-Prinzips von Pontryagin wollen wir in diesem Kapitel einige wenige prominente Anwendungsklassen vorstellen.

11.5.1   Zeitoptimale Steuerung

Bei *zeitoptimalen* Problemstellungen geht es darum, ein dynamisches System von einem Anfangszustand $\mathbf{x}(0) = \mathbf{x}_0$ ausgehend so zu steuern, dass eine Endbedingung in *minimaler Zeit* t_e^* erreicht wird. Hierzu wird das Gütefunktional

$$J = \int\limits_0^{t_e} 1 \, dt = t_e \tag{11.126}$$

minimiert. Wir werden in diesem Abschnitt eine Klasse dieser zeitoptimalen Problemstellungen näher untersuchen.

Wir betrachten die zeitoptimale Steuerung eines linearen, zeitinvarianten, dynamischen Systems

$$\dot{\mathbf{x}} = \mathbf{A}\mathbf{x} + \mathbf{B}\mathbf{u}, \quad \mathbf{A} \in \mathbb{R}^{n \times n}, \mathbf{B} \in \mathbb{R}^{n \times m}, \tag{11.127}$$

so dass der Systemzustand vom Anfangswert $\mathbf{x}(0) = \mathbf{x}_0$ in den Endzustand $\mathbf{x}(t_e) = \mathbf{0}$ überführt wird. Die Steuergrößen $\mathbf{u}$ unterliegen folgenden Beschränkungen

$$\mathbf{u}_{\min} \leq \mathbf{u}(t) \leq \mathbf{u}_{\max}. \tag{11.128}$$

Zur Berechnung der optimalen Steuertrajektorien bilden wir als Erstes die Hamilton-Funktion

$$H = 1 + \boldsymbol{\lambda}^T(\mathbf{A}\mathbf{x} + \mathbf{B}\mathbf{u}). \tag{11.129}$$

Durch Anwendung der Optimalitätsbedingung (11.31) erhalten wir

$$\dot{\boldsymbol{\lambda}} = -\mathbf{A}^T\boldsymbol{\lambda} \implies \boldsymbol{\lambda}(t) = e^{-\mathbf{A}^T t}\boldsymbol{\lambda}(0), \tag{11.130}$$

wobei der Anfangswert $\boldsymbol{\lambda}(0)$ vorerst unbekannt ist.

Die Minimierungsbedingung (11.37) liefert

$$u_i(t) = \begin{cases} u_{\min,i} & \text{wenn} \quad \mathbf{b}_i^T\boldsymbol{\lambda} > 0 \\ u_{\max,i} & \text{wenn} \quad \mathbf{b}_i^T\boldsymbol{\lambda} < 0, \end{cases} \tag{11.131}$$

wobei $\mathbf{b}_i$, $i = 1, \ldots, m$, die Spaltenvektoren der Eingangsmatrix $\mathbf{B}$ darstellen. Der singuläre Fall könnte auftreten, sofern für irgendein i

$$\mathbf{b}_i^T\boldsymbol{\lambda} = 0 \quad \forall t \in [t_1, t_2], t_1 \neq t_2 \tag{11.132}$$

gelten würde. Nun können wir aber in diesem Zusammenhang folgenden Satz beweisen:

Wenn das Matrizenpaar [**A**, **B**] steuerbar ist, dann kann bei obiger zeitoptimaler Problemstellung kein singulärer Lösungsanteil auftreten.

Zum Beweis dieses Satzes kombiniert man zunächst (11.130) mit (11.132) und erhält für $t \in [t_1, t_2]$ folgende Bedingung für das Auftreten singulärer Lösungsanteile

$$\boldsymbol{\lambda}(0)^T e^{-\mathbf{A}t} \mathbf{b}_i = 0 \,. \tag{11.133}$$

Dann müssen aber auch alle Ableitungen nach t von (11.133) für $t \in [t_1, t_2]$ identisch verschwinden, d. h.

$$\boldsymbol{\lambda}(0)^T e^{-\mathbf{A}t} \mathbf{A}^k \mathbf{b}_i = 0, \quad k = 1, \ldots, n-1 \,. \tag{11.134}$$

Fasst man (11.133), (11.134) zusammen, so erhält man

$$\boldsymbol{\lambda}(0)^T e^{-\mathbf{A}t} [\mathbf{b}_i \ \mathbf{A}\mathbf{b}_i \cdots \mathbf{A}^{n-1}\mathbf{b}_i] = \mathbf{0} \,. \tag{11.135}$$

Die Steuerbarkeitsvoraussetzung des Satzes ist aber gleichbedeutend mit der Regularität der Matrix $[\mathbf{b}_i \ \mathbf{A}\mathbf{b}_i \cdots \mathbf{A}^{n-1}\mathbf{b}_i]$ (s. Abschn. 19.2.1.2), weshalb aus (11.135) $\boldsymbol{\lambda}(0) = \mathbf{0}$ resultieren muss. Setzt man diesen Wert in (11.129) ein, so bekommt man $H(t = 0) = 1$, was in Widerspruch zu der Optimalitätsbedingung (11.67) steht. Folglich kann kein singulärer Lösungsanteil auftreten und der Satz ist bewiesen.

Wir können anhand von (11.131) festhalten, dass die zeitoptimale Steuerung steuerbarer linearer Systeme eine *schaltende* ist, die also ausschließlich Randwerte des mit (11.128) definierten zulässigen Bereiches annimmt (*bang-bang Steuerung*).

Zur Berechnung der optimalen Steuertrajektorie richten wir nun unser Augenmerk auf die Zustandsgleichung (11.127), deren Lösung nach Abschn. 19.2 folgendermaßen lautet

$$\mathbf{x}(t) = e^{\mathbf{A}t}\mathbf{x}_0 + \int_0^t e^{\mathbf{A}(t-\tau)} \mathbf{B}\mathbf{u}(\tau) \, d\tau \,. \tag{11.136}$$

Schreibt man diese Gleichung für $\mathbf{x}(t_e) = \mathbf{0}$ und setzt man darin $\mathbf{u}(t)$ aus (11.131) und $\boldsymbol{\lambda}(t)$ aus (11.130) ein, so erhält man nach kurzer Zwischenrechnung

$$\mathbf{x}_0 + \int_0^{t_e} e^{-\mathbf{A}\tau} \mathbf{B}\bar{\mathbf{u}}(\boldsymbol{\lambda}(0), \tau) \, d\tau = \mathbf{0} \tag{11.137}$$

mit der Abkürzung

$$\bar{u}_i(\boldsymbol{\lambda}(0), \tau) = \begin{cases} u_{\min,i} & \text{wenn} \quad \boldsymbol{\lambda}(0)^T e^{-\mathbf{A}\tau} \mathbf{b}_i > 0 \\ u_{\max,i} & \text{wenn} \quad \boldsymbol{\lambda}(0)^T e^{-\mathbf{A}\tau} \mathbf{b}_i < 0 \,. \end{cases}$$

Gleichung (11.137) ist ein n-dimensionales Gleichungssystem für $n + 1$ Unbekannte t_e, $\boldsymbol{\lambda}(0)$. Eine weitere Beziehung können wir aber aus (11.67) gewinnen

$$H(0) = 1 + \boldsymbol{\lambda}(0)^T (\mathbf{A}\mathbf{x}_0 + \mathbf{B}\bar{\mathbf{u}}(\boldsymbol{\lambda}(0), 0)) = 0 \,, \tag{11.138}$$

wodurch genügend Information zur Berechnung der Unbekannten vorhanden ist. Freilich
ist die analytische Auswertung dieses nichtlinearen Gleichungssystems nur bei einfacheren Problemstellungen denkbar, sonst müssen numerische Verfahren eingesetzt werden [10–12].

Wir wollen nun eine Methode vorstellen, die auf relativ einfachem Wege die Lösung
einer Klasse von zeitoptimalen Problemstellungen zulässt. Es handelt sich um folgenden
Satz von Feldbaum, der noch vor dem Minimum-Prinzip veröffentlicht wurde, und den
wir hier ohne Beweis anführen:

Ist das System (11.127) steuerbar und hat die Systemmatrix **A** ausschließlich nichtpositive reelle Eigenwerte, so weist jede Komponente des zeitoptimalen Steuervektors $\mathbf{u}(t)$ höchstens $n - 1$ Umschaltungen auf.

Die Bedeutung dieses Satzes zur Berechnung der optimalen Steuertrajektorie verdeutlichen folgende Überlegungen, die der einfacheren Darstellung halber von einer skalaren
Steuergröße $u(t)$ und einer symmetrischen Beschränkung (11.128) mit $-u_{\min} = u_{\max} = 1$
ausgehen. Sind die Voraussetzungen des Satzes erfüllt, so weiß man, dass die optimale
Steuertrajektorie höchstens $n - 1$ Schaltzeitpunkte $0 < t_1 < t_2 \ldots < t_{n-1} < t_e$ aufweist. Gemeinsam mit t_e hat man also n Unbekannte, deren Bestimmung die zeitoptimale
Steuertrajektorie bis auf das Vorzeichen bestimmt; denn auch bei Kenntnis der Schaltzeitpunkte weiß man nicht, ob im ersten Zeitintervall $0 \le t < t_1$ die Steuerung $u(t) = 1$ oder
$u(t) = -1$ betragen soll. Diese Vorzeichenwahl kann aber meistens aufgrund von physikalischen Überlegungen je nach vorliegendem Anfangszustand $\mathbf{x}_0$ getroffen werden. Liegt
somit $u(0)$ einmal fest, so kann bei Kenntnis der Schaltzeitpunkte der Rest der Trajektorie
problemlos berechnet werden. Wie sollen aber die Schaltzeitpunkte festgelegt werden?
Hierzu machen wir von der Systemlösung (11.136) und von der Endbedingung $\mathbf{x}(t_e) = \mathbf{0}$
Gebrauch und erhalten

$$\mathbf{x}(t_e) = \mathbf{0} = e^{\mathbf{A}t_e}\mathbf{x}_0 + \int_0^{t_e} e^{\mathbf{A}(t_e-\tau)}\mathbf{b}u(\tau)\,d\tau$$

$$= e^{\mathbf{A}t_e}\mathbf{x}_0 + \int_0^{t_1} e^{\mathbf{A}(t_e-\tau)}\mathbf{b}u(0)\,d\tau + \int_{t_1}^{t_2} e^{\mathbf{A}(t_e-\tau)}\mathbf{b}(-1)u(0)\,d\tau$$

$$+ \cdots + \int_{t_{n-1}}^{t_e} e^{\mathbf{A}(t_e-\tau)}\mathbf{b}(-1)^{n-1}u(0)\,d\tau\,. \tag{11.139}$$

Diese Gleichung ist ein Gleichungssystem n-ter Ordnung zur Berechnung der n unbekannten Schaltzeiten. Das Gleichungssystem ist zwar nichtlinear, beinhaltet aber keine
schaltenden Nichtlinearitäten wie (11.137), weshalb es leichter lösbar erscheint. Treten
bei einer gegebenen Aufgabenstellung weniger als $n - 1$ Umschaltungen auf, so ist bei
der Lösung von (11.139) zu erwarten, dass sich für entsprechend viele Umschaltungszeit-
punkte $t_i = t_j$ bzw. $t_i < 0$ ergibt.

Wir wollen nun zwei Beispiele zeitoptimaler Problemstellungen betrachten, bei denen sich, bedingt durch die niedrigen Problemdimensionen, *zeitoptimale Regelgesetze* ableiten lassen.

Beispiel 11.7 Als Erstes betrachten wir die *zeitoptimale Steuerung/Regelung eines doppelintegrierenden Systems*

$$\dot{x}_1 = x_2, \quad \dot{x}_2 = u \tag{11.140}$$

das, wie in früheren Kapiteln, als vereinfachtes Fahrzeugmodell mit Position x_1, Geschwindigkeit x_2 und steuerbarer Beschleunigung u aufgefasst werden kann. Die Steuergröße unterliegt der Beschränkung

$$|u(t)| \leq M , \tag{11.141}$$

und die Problemstellung besteht darin, den Prozesszustand von $\mathbf{x}(0) = \mathbf{x}_0$ nach $\mathbf{x}(t_e) = \mathbf{0}$ unter Berücksichtigung von (11.140), (11.141) zeitoptimal zu überführen.

Mit der Hamilton-Funktion

$$H = 1 + \lambda_1 x_2 + \lambda_2 u \tag{11.142}$$

erhalten wir die notwendigen Bedingungen

$$\dot{\lambda}_1 = -\tilde{H}_{x_1} = -H_{x_1} = 0 \Longrightarrow \lambda_1(t) = c_1 \tag{11.143}$$

$$\dot{\lambda}_2 = -\tilde{H}_{x_2} = -H_{x_2} = -\lambda_1 \Longrightarrow \lambda_2(t) = -c_1 t + c_2 , \tag{11.144}$$

wobei c_1, c_2 unbekannte Integrationskonstanten sind. Die Minimierungsbedingung (11.37) liefert

$$u(t) = -M \operatorname{sign} \lambda_2(t) , \tag{11.145}$$

wobei der singuläre Fall gemäß Abschn. 11.5.1 ausgeschlossen werden kann. Die optimale Steuerung ist also eine schaltende (bang-bang) und in Anbetracht des Verlaufs von $\lambda_2(t)$ aus (11.144) kann es höchstens eine Umschaltung geben, was im Übrigen auch aus dem Satz von Feldbaum (Abschn. 11.5.1) resultiert. Die in Frage kommenden *Schaltsequenzen* lauten also $\{+M, -M\}$, $\{-M, +M\}$, $\{+M\}$, $\{-M\}$, doch die Umschaltzeit, sofern eine existiert, ist vorerst unbekannt.

Um weiterzukommen, wollen wir nun die bisherigen Ergebnisse in der (x_1, x_2)-Ebene veranschaulichen (Abb. 11.8).

Da der Wert der Steuergröße entweder $+M$ oder $-M$ beträgt, wird man sich prinzipiell nur auf parabelförmigen Trajektorien bewegen, und zwar in der in Abb. 11.8 angedeuteten Richtung, wie man sich durch Integration von (11.140) vergewissern kann. Die entste-

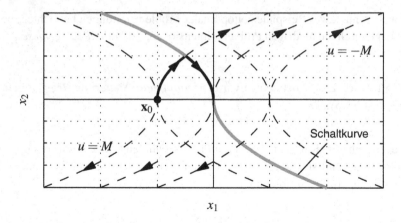

x_1

Abb. 11.8 Betrachtung in der (x_1, x_2)-Ebene für doppelintegrierendes System

henden Scharen von Trajektorien sind durch folgende Gleichungen mit variierendem c charakterisiert

$$u = M : x_1 = \frac{x_2^2}{2M} + c$$

$$u = -M : x_1 = -\frac{x_2^2}{2M} + c \,.$$

Für einen gegebenen Anfangspunkt $\mathbf{x}_0$ ist die zugehörige Trajektorie durch $c = x_{1_0} - 0.5 x_{2_0}^2 / M$ für $u = M$ bzw. durch $c = x_{1_0} + 0.5 x_{2_0}^2 / M$ für $u = -M$ definiert.

Das Ziel $\mathbf{x}(t_e) = \mathbf{0}$ muss also entlang einer dieser Trajektorien erreicht werden. Hierbei gibt es aber nur zwei Möglichkeiten, nämlich entlang der zwei in Abb. 11.8 grau gezeichneten Halbparabeln, die deswegen als *Nulltrajektorien* bezeichnet werden. Nehmen wir nun an, dass wir den auf der negativen x_1-Achse gekennzeichneten Anfangspunkt $\mathbf{x}_0$ zeitoptimal in den Ursprung überführen wollen. In Anbetracht der in Frage kommenden Schaltsequenzen bleibt uns keine andere Wahl als die in Abb. 11.8 durchgezogen gezeichnete optimale Trajektorie. Wenden wir diese Argumentation auf weitere beliebige Anfangspunkte in der (x_1, x_2)-Ebene an, so gelangen wir schnell zu folgenden Erkenntnissen:

- Die beiden Nulltrajektorien bilden eine *Schaltkurve*, worauf also die Steuergröße u von $+M$ auf $-M$ bzw. von $-M$ auf $+M$ umschalten soll. Diese Schaltkurve S ist folgendermaßen charakterisiert

$$S = \left\{ \mathbf{x} \,\middle|\, x_1 = -\frac{x_2 |x_2|}{2M} \right\} \,.$$

- Bei Anfangspunkten, die *außerhalb* der Schaltkurve liegen, braucht man genau eine Umschaltung (auf der Schaltkurve), nach der der Ursprung entlang der entsprechenden Nulltrajektorie angesteuert werden kann.

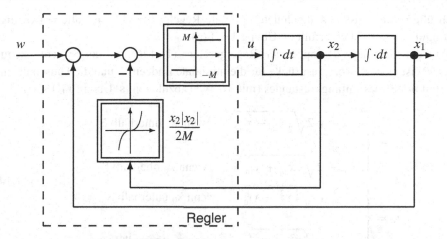

Abb. 11.9 Zeitoptimaler nichtlinearer Regler mit Zustandsrückführung für das doppelintegrierende System

- Bei Anfangspunkten, die *auf* der Schaltkurve liegen, braucht man keine Umschaltung, sondern man fährt entlang der entsprechenden Nulltrajektorie direkt in den Ursprung.

Diese Erkenntnisse führen uns aber direkt zu folgendem optimalem Regelgesetz, das unabhängig vom Anfangszustand ist

$$u(t) = -M \operatorname{sign}\left(x_1 + \frac{x_2|x_2|}{2M}\right) \,. \tag{11.146}$$

Dieses Regelgesetz besagt, dass man oberhalb der Schaltkurve mit $u = -M$, unterhalb der Schaltkurve mit $u = +M$ und auf der Schaltkurve mit $u = -M$ (obere Nulltrajektorie) bzw. $u = +M$ (untere Nulltrajektorie) fahren muss[3]. Dieses Verhalten erscheint in Anbetracht der geforderten Zeitoptimalität plausibel. Betrachtet man beispielsweise den Anfangspunkt $\mathbf{x}_0$ auf Abb. 11.8, so müsste ein Fahrzeug tatsächlich maximal beschleunigt ($u = M$) werden, und zwar bis zur Mitte der zurückzulegenden Strecke, und anschließend maximal abgebremst ($u = -M$) werden, wenn es zeitoptimal zum Ursprung gefahren werden soll.

Abbildung 11.9 zeigt ein Signalflussbild des geregelten Systems. Der eingeführte Sollwert w für die Zustandsvariable x_1 tritt auf, wenn für den Endpunkt $\mathbf{x}(t_e) = [w\ 0]^T$ statt $\mathbf{x}(t_e) = \mathbf{0}$ berücksichtigt wird (s. Übung 11.18(c)). Offenbar handelt es sich um einen nichtlinearen Regler mit Zustandsrückführung, dessen Realisierung und on-line Auswertung einen geringen Aufwand erfordert.

Möchte man sich vergewissern, dass sich bei den Betrachtungen in der (x_1, x_2)-Ebene kein Trugschluss eingeschlichen hat (was schnell passieren kann), so muss man freilich

---

[3] Korrekterweise muss der Wert von $\operatorname{sign} 0$ in (11.146) entsprechend definiert werden.

noch überprüfen, dass das abgeleitete optimale Regelgesetz (11.146) alle notwendigen Bedingungen tatsächlich erfüllt (s. Übung 11.18(a)).

Auf der Grundlage des optimalen Regelgesetzes (11.146) und der Systemgleichung (11.140) ist es unschwer, Ausdrücke für die minimale Endzeit t_e^* und die Umschaltzeit t_s als Funktionen des Anfangszustandes (mit $M = 1$) abzuleiten (s. Übung 11.18(a))

$$t_e^* = \begin{cases} -x_{2_0} + 2\sqrt{\frac{1}{2}x_{2_0}^2 - x_{1_0}} & \text{wenn } \mathbf{x}_0 \text{ unterhalb S} \\[2em] x_{2_0} + 2\sqrt{\frac{1}{2}x_{2_0}^2 + x_{1_0}} & \text{wenn } \mathbf{x}_0 \text{ oberhalb S} \end{cases}$$

$$t_s = \begin{cases} -x_{2_0} + \sqrt{\frac{1}{2}x_{2_0}^2 - x_{1_0}} & \text{wenn } \mathbf{x}_0 \text{ unterhalb S} \\[2em] x_{2_0} + \sqrt{\frac{1}{2}x_{2_0}^2 + x_{1_0}} & \text{wenn } \mathbf{x}_0 \text{ oberhalb S .} \end{cases} \tag{11.147}$$

Stellt man nun die naheliegende Frage nach dem geometrischen Ort der Anfangspunkte, die sich in *gleicher* minimaler Endzeit in den Ursprung überführen lassen, so bekommt man (für $M = 1$) aus (11.147) folgende Bestimmungsgleichungen der sogenannten *Isochronen*[4] (s. Übung 11.18(b))

$$x_{1_0} = \begin{cases} \frac{1}{2}x_{2_0}^2 - \frac{1}{4}(t_e^* + x_{2_0})^2 & \text{wenn } \mathbf{x}_0 \text{ unterhalb S} \\[2em] -\frac{1}{2}x_{2_0}^2 + \frac{1}{4}(t_e^* - x_{2_0})^2 & \text{wenn } \mathbf{x}_0 \text{ oberhalb S .} \end{cases} \tag{11.148}$$

Einige Isochronen sind in Abb. 11.10 abgebildet.   □

Beispiel 11.8 Als zweites Beispiel wollen wir die *zeitoptimale Steuerung/Regelung eines linearen Oszillators* (z. B. eines Pendels oder einer Satellitenlagedynamik) betrachten, der durch folgende Differentialgleichungen beschrieben wird

$$\dot{x}_1 = x_2, \quad \dot{x}_2 = -x_1 + u . \tag{11.149}$$

Die Steuergröße unterliegt auch hier der Beschränkung

$$|u(t)| \le 1 , \tag{11.150}$$

und die Problemstellung besteht darin, den Prozesszustand von $\mathbf{x}(0) = \mathbf{x}_0$ nach $\mathbf{x}(t_e) = \mathbf{0}$ unter Berücksichtigung von (11.149), (11.150) zeitoptimal zu überführen.

Mit der Hamilton-Funktion

$$H = 1 + \lambda_1 x_2 + \lambda_2(-x_1 + u) \tag{11.151}$$

---

[4] *Chronos* ist auf griechisch die Zeit, *isos* bedeutet gleich.

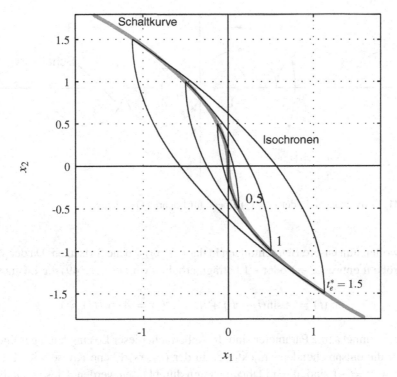

Abb. 11.10 Isochronen bei zeitoptimaler Regelung eines doppelintegrierenden Systems

erhalten wir die notwendigen Bedingungen

$$\dot{\lambda}_1 = -\tilde{H}_{x_1} = -H_{x_1} = \lambda_2 \tag{11.152}$$

$$\dot{\lambda}_2 = -\tilde{H}_{x_2} = -H_{x_2} = -\lambda_1 \,. \tag{11.153}$$

Aus (11.152), (11.153) erhalten wir $\ddot{\lambda}_2 + \lambda_2 = 0$ mit der Lösung

$$\lambda_2(t) = A \sin(t + \phi) \,, \tag{11.154}$$

wobei A, ϕ unbekannte Parameter sind. Die Minimierungsbedingung (11.37) liefert

$$u(t) = -\text{sign}\,\lambda_2(t) \,, \tag{11.155}$$

wobei der singuläre Fall gemäß Abschn. 11.5.1 ausgeschlossen werden kann. Die optimale Steuerung ist also auch hier eine schaltende (bang-bang), aber in Anbetracht des Verlaufs von $\lambda_2(t)$ aus (11.154) kann es hier viele Umschaltungen geben. In der Tat ist der Satz von Feldbaum auf das System (11.149) nicht anwendbar, da dessen Systemmatrix **A** zwei imaginäre Eigenwerte aufweist.

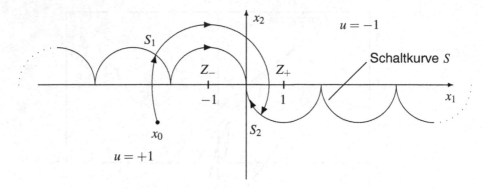

Abb. 11.11 Betrachtungen in der (x_1, x_2)-Ebene für linearen Oszillator

Wir wollen nun unsere Betrachtungen in der (x_1, x_2)-Ebene fortsetzen. Da der Wert der Steuergröße u entweder $+1$ oder -1 beträgt, erhalten wir aus (11.149) die Lösung

$$x_1(t) = A \sin(t + \psi) + u, \quad x_2(t) = A \cos(t + \psi) \tag{11.156}$$

wobei A, ψ unbekannte Parameter sind. In Anbetracht dieser Lösung kann gefolgert werden, dass die entsprechenden Trajektorien in der (x_1, x_2)-Ebene Kreise mit Mittelpunkt $u = 1$ bzw. $u = -1$ sind, die im Uhrzeigersinn durchlaufen werden. Diese kreisförmigen Trajektorienscharen sind durch folgende Gleichungen mit variierendem c^2 charakterisiert

$$u = 1: (x_1 - 1)^2 + x_2^2 = c^2$$
$$u = -1: (x_1 + 1)^2 + x_2^2 = c^2 .$$

Für einen gegebenen Anfangspunkt $\mathbf{x}_0$ ist die zugehörige Trajektorie durch $c^2 = (x_{1_0} - 1)^2 + x_{2_0}$ für $u = 1$ bzw. durch $c^2 = (x_{1_0} + 1)^2 + x_{2_0}^2$ für $u = -1$ definiert.

Das Ziel $\mathbf{x}(t_e) = \mathbf{0}$ muss also entlang einer dieser kreisförmigen Trajektorien erreicht werden. Hierbei gibt es aber nur zwei Möglichkeiten, nämlich entlang der beiden Halbkreise (s. Abb. 11.11)

$$(x_1 - 1)^2 + x_2^2 = 1, x_2 < 0$$
$$(x_1 + 1)^2 + x_2^2 = 1, x_2 > 0 .$$

Warum *Halb*kreise? Würde man länger als eine halbe Periode auf einer Trajektorie bleiben, so würde man (11.155) verletzen, da ja $\lambda_2(t)$ in Anbetracht von (11.154) spätestens nach halber Periode sein Vorzeichen wechselt. Auf obigen Halbkreisen findet also gegebenenfalls die letzte Umschaltung statt, bevor man zum Ursprung gelangen kann. Wo findet dann gegebenenfalls die vorletzte Umschaltung statt? In Anbetracht von (11.154), (11.155) muss diese genau eine halbe Periode früher stattfinden. Führen wir aber jeden

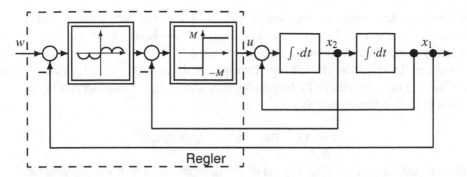

Abb. 11.12 Zeitoptimaler nichtlinearer Regler mit Zustandsrückführung für den linearen Oszillator

Punkt des Halbkreises mit Mittelpunkt $+1$ (bzw. -1) um einen Halbkreis mit Mittelpunkt -1 (bzw. $+1$) rückwärts, um die jeweils vorletzte Umschaltung zu bestimmen, so bekommen wir zwei benachbarte Halbkreise (Abb. 11.11); und wenn wir diese Überlegung rückwärts fortsetzen, so bekommen wir beliebig viele Halbkreise, die also alle gemeinsam die Schaltkurve dieser Problemstellung bilden: oberhalb der Schaltkurve soll $u = -1$ und unterhalb derselben $u = +1$ eingestellt werden. Abbildung 11.11 zeigt die entstehende Schaltkurve sowie eine optimale Trajektorie.

Die Ermittlung der Schaltkurve führt uns auch hier zu einem zeitoptimalen Regelgesetz, dessen Signalflussplan in Abb. 11.12 für den allgemeineren Fall eines Endzieles $\mathbf{x}(t_e) = [\ w\quad 0\ ]^T$ abgebildet ist. $\qquad\square$

11.5.2 Verbrauchsoptimale Steuerung

Bei *verbrauchsoptimalen* Problemstellungen geht es darum, ein dynamisches System von einem Anfangszustand $\mathbf{x}(0) = \mathbf{x}_0$ ausgehend so zu steuern, dass eine Endbedingung $\mathbf{g}(\mathbf{x}(t_e), t_e) = \mathbf{0}$ mit minimalem Verbrauch erreicht wird. Üblicherweise wird hierbei die Minimierung folgenden Gütefunktionals betrachtet

$$ J = \int_0^{t_e} \sum_{i=1}^{m} r_i |u_i(t)|\, dt, \quad r_i \geq 0\,, \tag{11.157} $$

wobei r_i Gewichtungsfaktoren sind.

Wäre nun t_e frei, so wäre die optimale Lösung trivialerweise durch $\mathbf{u}^*(t) = \mathbf{0}, t_e^* \to \infty$ gegeben. Für eine sinnvolle Problemformulierung muss also t_e vorgegeben sein. Alternativ darf t_e zwar frei sein, das zu minimierende Gütefunktional lautet aber

$$ J = \int_0^{t_e} \sigma + \sum_{i=1}^{m} r_i |u_i(t)|\, dt, \quad \sigma > 0\,, \tag{11.158} $$

wodurch eine kombiniert *zeit-/verbrauchsoptimale Problemstellung* entsteht. Mittels des positiven Gewichtungsfaktors σ kann in diesem Fall ein Kompromiss zwischen kurzer Endzeit und niedrigem Verbrauch eingestellt werden.

Wird in (11.157) bzw. (11.158) der Term $|u_i(t)|$ durch $u_i(t)^2$ ersetzt, so entsteht die Familie der *energieoptimalen* Problemstellungen, s. Beispiel 10.2 und Übung 11.28.

Das lineare, zeitinvariante System

$$\dot{\mathbf{x}} = \mathbf{A}\mathbf{x} + \mathbf{B}\mathbf{u}, \quad \mathbf{A} \in \mathbb{R}^{n \times n}, \mathbf{B} \in \mathbb{R}^{n \times m} \qquad (11.159)$$

soll vom Anfangszustand $\mathbf{x}(0) = \mathbf{x}_0$ in den Endzustand $\mathbf{x}(t_e) = \mathbf{0}$ verbrauchsoptimal im Sinne von (11.157) überführt werden. Der einfacheren Darstellung halber wählen wir hierbei alle Gewichtungsfaktoren $r_i = 1, i = 1, \ldots, m$. Für die Steuergrößen $\mathbf{u}(t)$ bestehen hierbei die Beschränkungen

$$\mathbf{u}_{\min} \leq \mathbf{u}(t) \leq \mathbf{u}_{\max} . \qquad (11.160)$$

Mit der Hamilton-Funktion

$$H = \sum_{i=1}^{m} |u_i| + \boldsymbol{\lambda}^T (\mathbf{A}\mathbf{x} + \mathbf{B}\mathbf{u}) \qquad (11.161)$$

ergeben sich aus (11.31) die Optimalitätsbedingungen

$$\dot{\boldsymbol{\lambda}} = -\mathbf{A}^T \boldsymbol{\lambda} \Longrightarrow \boldsymbol{\lambda}(t) = e^{-\mathbf{A}^T t} \boldsymbol{\lambda}(0) , \qquad (11.162)$$

wobei der Anfangswert $\boldsymbol{\lambda}(0)$ unbekannt ist.

Die Minimierungsbedingung (11.37) liefert

$$u_i(t) = \begin{cases} u_{\max,i} & \text{wenn} \quad \mathbf{b}_i^T \boldsymbol{\lambda} < -1 \\ 0 & \text{wenn} \quad |\mathbf{b}_i^T \boldsymbol{\lambda}| < \\ u_{\min,i} & \text{wenn} \quad \mathbf{b}_i^T \boldsymbol{\lambda} > 1 , \end{cases} \qquad (11.163)$$

wobei $\mathbf{b}_i, i = 1, \ldots, m$, die Spaltenvektoren von $\mathbf{B}$ sind. Der singuläre Fall könnte auftreten, sofern für irgendein i

$$|\mathbf{b}_i^T \boldsymbol{\lambda}| = 1 \quad \forall t \in [t_1, t_2], \ t_1 \neq t_2 \qquad (11.164)$$

gelten würde. Nun können wir aber in diesem Zusammenhang folgenden Satz beweisen:

Wenn das Matrizenpaar $[\mathbf{A}, \mathbf{B}]$ steuerbar und die Matrix $\mathbf{A}$ regulär ist, dann kann bei der verbrauchsoptimalen Problemstellung kein singulärer Lösungsanteil auftreten.

Zum Beweis dieses Satzes kombiniert man zunächst (11.162) mit (11.164) und erhält wie in Abschn. 11.5.1 folgende Bedingung für das Auftreten singulärer Lösungsanteile

$$|\boldsymbol{\lambda}(0)^T e^{-\mathbf{A}t} \mathbf{b}_i| = 1 \quad t \in [t_1, t_2] . \qquad (11.165)$$

Dann müssen aber alle Ableitungen nach t von (11.165) für $t \in [t_1, t_2]$ identisch verschwinden, d. h.

$$\boldsymbol{\lambda}(0)^T e^{-\mathbf{A}t} \mathbf{A}^k \mathbf{b}_i = 0, \quad k = 1, \ldots, n \tag{11.166}$$

oder

$$\boldsymbol{\lambda}(0)^T e^{-\mathbf{A}t} \mathbf{A}[\mathbf{b}_i \ \mathbf{A}\mathbf{b}_i \cdots \mathbf{A}^{n-1}\mathbf{b}_i] = \mathbf{0}. \tag{11.167}$$

Gemäß den Voraussetzungen des Satzes sind aber beide Matrizen $\mathbf{A}$ und $[\mathbf{b}_i \ \mathbf{A}\mathbf{b}_i \ldots \mathbf{A}^{n-1}\mathbf{b}_i]$ regulär, weshalb aus (11.167) $\boldsymbol{\lambda}(0) = \mathbf{0}$ resultiert. Dies steht aber in Widerspruch zu der Singularitätsbedingung (11.165), wodurch der Satz bewiesen ist.

Sind die Voraussetzungen des Satzes erfüllt, so können wir anhand von (11.163) festhalten, dass die verbrauchsoptimale Steuerung komponentenweise nur drei Werte, nämlich $u_{\max,i}$, $u_{\min,i}$ und 0, annimmt. Durch eine ähnliche Vorgehensweise wie in Abschn. 11.5.1 können wir dann folgendes Gleichungssystem zur Bestimmung der Unbekannten $\boldsymbol{\lambda}(0)$ aufstellen.

$$\mathbf{x}_0 + \int_0^{t_e} e^{-\mathbf{A}\tau} \mathbf{B}\overline{\mathbf{u}}(\boldsymbol{\lambda}(0), \tau)\, d\tau = \mathbf{0} \tag{11.168}$$

mit der Abkürzung

$$\overline{u}_i = \begin{cases} u_{\max,i} & \text{wenn} \quad \boldsymbol{\lambda}(0)^T e^{-\mathbf{A}\tau}\mathbf{b}_i < -1 \\ 0 & \text{wenn} \quad |\boldsymbol{\lambda}(0)^T e^{-\mathbf{A}\tau}\mathbf{b}_i| < 1 \\ u_{\min,i} & \text{wenn} \quad \boldsymbol{\lambda}(0)^T e^{-\mathbf{A}\tau}\mathbf{b}_i > 1. \end{cases}$$

Freilich ist die analytische Auswertung dieses nichtlinearen Gleichungssystems nur bei einfachen Problemstellungen möglich.

Beispiel 11.9 Wir betrachten das doppelintegrierende System

$$\dot{x}_1 = x_2, \quad \dot{x}_2 = u, \tag{11.169}$$

das den Steuergrößenbeschränkungen $|u(t)| \leq 1$ unterliegt. Das System soll von $\mathbf{x}(0) = \mathbf{x}_0$ nach $\mathbf{x}(t_e) = \mathbf{0}$ zeit-/verbrauchsoptimal im Sinne der Minimierung von

$$J = \int_0^{t_e} \sigma + |u(t)|\, dt, \quad t_e \text{ frei}, \ \sigma > 0 \tag{11.170}$$

überführt werden. Mit der Hamilton-Funktion

$$H = \sigma + |u| + \lambda_1 x_2 + \lambda_2 u \tag{11.171}$$

bekommen wir aus (11.31)

$$\dot{\lambda}_1 = 0 \implies \lambda_1(t) = c_1 \tag{11.172}$$

$$\dot{\lambda}_2 = -\lambda_1 \implies \lambda_2(t) = -c_1 t + c_2 \tag{11.173}$$

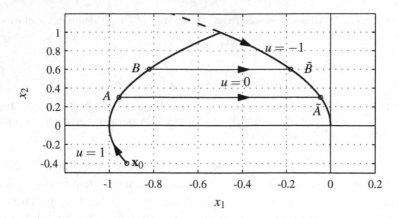

Abb. 11.13 Betrachtungen in der (x_1, x_2)-Ebene

mit den unbekannten Integrationskonstanten c_1, c_2. Ferner liefert die Minimierungsbedingung (11.37)

$$u(t) = \begin{cases} 1 & \text{wenn} \quad \lambda_2 < -1 \\ 0 & \text{wenn} \quad |\lambda_2| < 1 \\ -1 & \text{wenn} \quad \lambda_2 > 1 \,. \end{cases} \qquad (11.174)$$

Für den singulären Fall müsste $\lambda_2(t) = 1$ bzw. $\lambda_2(t) = -1$, $\forall t \in [t_1, t_2]$, $t_1 \neq t_2$, gelten. In diesen Fällen würde zwar die Minimierungsbedingung $u(t) < 0$ bzw. $u(t) > 0$, $\forall t \in [t_1, t_2]$, fordern, der genaue Wert der Steuergröße wäre aber daraus nicht ermittelbar. Dann müsste aber in Anbetracht von (11.172), (11.173) auch $\lambda_1(t) = c_1 = 0$, $\forall t \in [t_1, t_2]$, gelten. Insgesamt würde sich also in (11.171) $H(t) = \sigma > 0$ ergeben, was der Optimalitätsbedingung (11.67) widerspricht. Folglich kann die optimale Lösung keine singulären Anteile beinhalten.

Wegen des geradenförmigen Verlaufs (11.173) von $\lambda_2(t)$ sind in Anbetracht von (11.174) höchstens zwei Umschaltungen von $u(t)$ möglich und zwar gemäß einer der nachfolgenden Schaltsequenzen:

$$\{0\}, \ \{+1\}, \ \{-1\}, \ \{0, +1\}, \ \{0, -1\}, \ \{+1, 0\}, \ \{-1, 0\}, \ \{+1, 0, -1\}, \ \{-1, 0, +1\} \,.$$

Zur weiteren Aussortierung dieser Alternativen beachten wir, dass es unmöglich ist, entlang einer sich aus $u = 0$ ergebenden Trajektorie das Ziel $\mathbf{x}(t_e) = \mathbf{0}$ zu erreichen. (Wie sehen die Trajektorien in der (x_1, x_2)-Ebene für $u = 0$ aus?) Somit verbleiben bei Ausschluss der mit 0 endenden Sequenzen nur noch sechs mögliche Schaltsequenzen für die optimale Steuerung.

Wir wollen nun unsere Betrachtungen in der (x_1, x_2)-Ebene fortsetzen. Für den in Abb. 11.13 gezeigten Anfangspunkt $\mathbf{x}_0$ kommt offenbar nur die Sequenz $\{+1, 0, -1\}$ in Frage.

Ist der Zeitpunkt t_1 der ersten Umschaltung bekannt (z. B. bei A), so lässt sich der Zeitpunkt t_2 der zweiten Umschaltung (bei A') eindeutig bestimmen. Wo (bei A oder B oder ... ?) sollte aber die erste Umschaltung stattfinden? Zur Beantwortung dieser Frage wollen wir die Trajektorien für die einzelnen Steuerungsphasen betrachten. Es gilt

$$x_1(t) = -\frac{1}{2}x_2(t)^2 \quad t \in [t_2, t_e]$$

und somit

$$x_1(t_2) = -\frac{1}{2}x_2(t_2)^2 \,. \tag{11.175}$$

Ferner gilt für die mittlere Phase (mit $u = 0$)

$$x_1(t_2) = x_1(t_1) + x_2(t_1)(t_2 - t_1) \,. \tag{11.176}$$

Aus (11.173), (11.174) ergibt sich

$$\lambda_2(t_1) = -c_1 t_1 + c_2 = -1 \tag{11.177}$$
$$\lambda_2(t_2) = -c_1 t_2 + c_2 = 1 \,. \tag{11.178}$$

Schließlich gilt wegen (11.67)

$$H(t_1) = \sigma + c_1 x_2(t_1) = 0, \quad H(t_2) = \sigma + c_1 x_2(t_2) = 0 \,, \tag{11.179}$$

so dass offenbar $x_2(t_1) = x_2(t_2)$ und $c_1 = -\sigma/x_2(t_1)$ gelten müssen. Für c_1 resultiert aber aus (11.177), (11.178) auch $c_1 = -2/(t_2 - t_1)$, so dass

$$t_2 - t_1 = \frac{2x_2(t_1)}{\sigma}$$

gelten muss. Setzen wir diese Beziehung in (11.176) und (11.175) ein, so erhalten wir schließlich

$$x_1(t_1) = -\frac{\sigma + 4}{2\sigma}x_2(t_1)^2, \quad x_2(t_1) > 0 \,, \tag{11.180}$$

was also die Formel der Schaltkurve für eine Umschaltung 1/0 darstellt. Die zweite Umschaltung 0/1 findet auf der aus Beispiel 11.7 bekannten Nulltrajektorie statt. Auf ähnliche Weise kann nun auch die Schaltkurve für $-1/0$ wie folgt berechnet werden

$$x_1(t_1') = \frac{\sigma + 4}{2\sigma}x_2(t_1')^2, \quad x_2(t_1') < 0 \,. \tag{11.181}$$

Abbildung 11.14 zeigt für den Fall $\sigma = 1$ beide Schaltkurven der Problemstellung sowie einige optimale Trajektorien. Für $\sigma \to \infty$ fallen beide Schaltkurven zusammen und wir erhalten die aus Beispiel 11.7 bekannte zeitoptimale Schaltkurve. Offenbar entspricht die abgeleitete Lösung einem optimalen Regelgesetz, das von dem gewählten Gewichtungsfaktor σ abhängt (s. Übung 11.24). $\qquad\square$

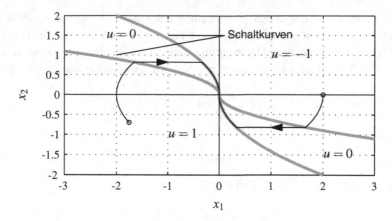

Abb. 11.14 Schaltkurven und optimale Trajektorien für zeit-/verbrauchsoptimale Regelung eines doppelintegrierenden Systems

11.5.3 Periodische optimale Steuerung

Wir betrachten einen zeitinvarianten, dynamischen Prozess, der über längere Zeit optimal gesteuert werden soll. Hierzu legen wir folgende Optimierungsproblemstellung zugrunde:
Minimiere

$$J = \int\limits_0^{t_e} \phi(\mathbf{x}, \mathbf{u})\, dt$$

unter Berücksichtigung von

$$\dot{\mathbf{x}} = \mathbf{f}(\mathbf{x}, \mathbf{u}), \ \mathbf{x}(0) = \mathbf{x}_0, \ \mathbf{x}(t_e) = \mathbf{x}_e, \ \mathbf{u} \in \mathcal{U}\,.$$

Es wird angenommen, dass die feste Endzeit t_e sehr lang sei, verglichen mit den Zeitkonstanten der Systemdynamik. Als Beispiel sei die verbrauchsoptimale Festlegung der Flughöhe eines Flugzeugs erwähnt, das zwischen zwei vorgegebenen Punkten fliegen soll. Bei solchen Problemstellungen kann die Optimierung der *Anfahr-* und *Abfahrvorgänge*, z. B. die Abflug- und Anflugphase der Flugzeugbahn, von der Optimierung des langandauernden Arbeitsbetriebes zwischendurch, z. B. der Reiseflughöhe, im Sinne einer vereinfachten Lösungsfindung abgekoppelt werden. Zur Ermittlung eines *stationären optimalen* Arbeitsbetriebs kann dann folgende zugehörige statische Optimierungsaufgabe zugrunde gelegt werden:
Minimiere

$$\overline{J} = \phi(\overline{\mathbf{x}}, \overline{\mathbf{u}})$$

unter Berücksichtigung von

$$\mathbf{0} = \mathbf{f}(\overline{\mathbf{x}}, \overline{\mathbf{u}}), \ \overline{\mathbf{u}} \in \mathcal{U}\,.$$

Warum müsste aber der optimale Arbeitsbetrieb ein stationärer sein? Eine allgemeinere Annahme, die den stationären optimalen Betrieb als Spezialfall beinhaltet, wäre, einen

Abb. 11.15 Optimaler stationärer und optimaler periodischer Arbeitsbetrieb

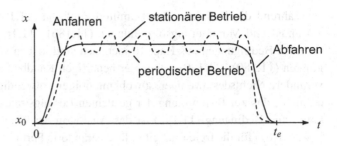

periodischen optimalen Arbeitsbetrieb vorauszusetzen (Abb. 11.15), d. h. folgende dynamische Problemstellung zu betrachten:
Minimiere

$$J = \frac{1}{\tau} \int_0^{\tau} \phi(\mathbf{x}, \mathbf{u})\, dt, \quad \tau \text{ frei} \tag{11.182}$$

unter Berücksichtigung von

$$\dot{\mathbf{x}} = \mathbf{f}(\mathbf{x}, \mathbf{u}), \ \mathbf{x}(0) \text{ frei}, \ \mathbf{x}(\tau) = \mathbf{x}(0) \tag{11.183}$$

$$\mathbf{u} \in \mathcal{U}. \tag{11.184}$$

Hierbei sind die Periodendauer τ, der Anfangswert $\mathbf{x}(0)$, der Endwert $\mathbf{x}(\tau)$ und die Trajektorien $\mathbf{x}(t), \mathbf{u}(t), 0 \le t \le \tau$, die zu ermittelnden unbekannten Größen.

Die formulierte Aufgabenstellung weicht wegen der Art der Randbedingungen und wegen des Faktors $1/\tau$ im Gütefunktional von der Problemstellung in Kap. 10 ab. Es ist aber möglich, auf der Grundlage der Ergebnisse von Kap. 9 notwendige Optimalitätsbedingungen für diese Art der Problemstellung abzuleiten [13]. Zur Darstellung der Optimalitätsbedingungen definiert man zunächst die Hamilton-Funktion

$$H(\mathbf{x}, \mathbf{u}, \boldsymbol{\lambda}) = \phi(\mathbf{x}, \mathbf{u}) + \boldsymbol{\lambda}^T \mathbf{f}(\mathbf{x}, \mathbf{u}). \tag{11.185}$$

Die notwendigen Bedingungen für ein lokales Minimum der Problemstellung der periodischen optimalen Steuerung lauten dann:
Es existiert eine stetige Vektorfunktion $\boldsymbol{\lambda}(t) \in \mathbb{R}^n, 0 \le t \le \tau$, so dass folgende Bedingungen erfüllt sind

$$\dot{\mathbf{x}} = \nabla_{\boldsymbol{\lambda}} H = \mathbf{f} \tag{11.186}$$

$$\dot{\boldsymbol{\lambda}} = -\nabla_{\mathbf{x}} H = -\nabla_{\mathbf{x}} \phi - \mathbf{f}_{\mathbf{x}}^T \boldsymbol{\lambda} \tag{11.187}$$

$$H(\mathbf{x}, \mathbf{u}, \boldsymbol{\lambda}) = \min_{\mathbf{U} \in \mathcal{U}} H(\mathbf{x}, \mathbf{U}, \boldsymbol{\lambda}) \tag{11.188}$$

$$\boldsymbol{\lambda}(0) = \boldsymbol{\lambda}(\tau) \tag{11.189}$$

$$\mathbf{x}(0) = \mathbf{x}(\tau) \tag{11.190}$$

$$H(\mathbf{x}, \mathbf{u}, \boldsymbol{\lambda}) = \frac{1}{\tau} \int_0^{\tau} \phi(\mathbf{x}, \mathbf{u})\, dt = \text{const.} \tag{11.191}$$

Während die Definition der Hamilton-Funktion (11.185) sowie die Zustands-, Kozustands- und Minimierungsbeziehungen (11.186), (11.187), (11.188) mit den entsprechenden Bedingungen aus Kap. 10 identisch sind, haben sich die Transversalitätsbedingungen (11.189), (11.190) wegen der neuartigen Randbedingungen der Problemstellung verändert. Nichtsdestoweniger ist wohl mit obigen notwendigen Bedingungen ein ZPRWP definiert, das zur Bestimmung der gesuchten Lösungstrajektorien herangezogen werden kann. Die Bedingung (11.191) ist das Analogon der Transversalitätsbedingung (11.39) bzw. (11.67) für die freie Endzeit τ. Ihre veränderte Form ist auf den Faktor $1/\tau$ im Gütefunktional (11.182) zurückzuführen.

Ob und gegebenenfalls um wie viel sich die Lösungsgüte durch Berücksichtigung der periodischen optimalen Steuerung gegenüber der stationären optimalen Steuerung verbessern lässt, kann nur anhand konkreter Problemstellungen entschieden werden. Methoden zur Beantwortung dieser Frage vorab werden in [14] angegeben. Anwendungen der periodischen optimalen Steuerung reichen von der Steuerung verfahrenstechnischer Anlagen [15] bis hin zur optimalen Flugbahnberechnung [16].

11.6 Übungsaufgaben

11.1 Nutzen Sie die Legendreschen Bedingungen (9.64), (9.65) sowie die Gleichungen (11.18), (11.19), um die Nichtnegativität der Multiplikatoren $\mu(t) \geq 0$ zu beweisen. (Hinweis: Gehen Sie zum Beweis so vor, wie in Abschn. 5.2.1, (5.77)–(5.79).)

11.2 Zeigen Sie, dass die UNB (11.8) unter Nutzung der Bedingungen (11.32)–(11.34) zu (11.42) führt.

11.3 Berechnen Sie die optimale Steuertrajektorie zur Minimierung des Gütefunktionals

$$J = \frac{1}{2}\int_0^T x^2 + u^2 dt, \quad T \text{ fest}$$

unter Berücksichtigung der Prozessnebenbedingung $\dot{x} = u$ mit den festen Randbedingungen $x(0) = x_0$ und $x(T) = 0$. Der zulässige Steuerbereich lautet $\mathcal{U} = \{-1, 0, 1\}$.

11.4 Ein Fahrzeug, beschrieben durch das vereinfachte Modell

$$\dot{x} = v, \quad \dot{v} = u$$

mit Position x, Geschwindigkeit v und gesteuerter Beschleunigung u, soll vom Anfangspunkt $x(0) = 0, v(0) = 1$ ausgehend, den Endpunkt $x(1) = 0, v(1) = -1$ erreichen.

Bestimmen Sie die optimalen Steuer- und Zustandstrajektorien, die unter Berücksichtigung der UNB $x(t) \leq X$ durch Minimierung des Gütefunktionals

$$J = \frac{1}{2} \int_0^1 u^2 dt$$

einen energieoptimalen Transport darstellen. Diskutieren Sie die Ergebnisse für verschiedene Werte $X > 0$.

11.5 Zeigen Sie, dass die im Beispiel 11.6 angegebenen Lösungstrajektorien für die dortige Aufgabenstellung mit $\mathbf{x}_0 = [\ -3 \quad 0\ ]^T$ alle notwendigen Bedingungen erfüllen.

11.6 Für das Prozessmodell $\dot{x}_1 = x_2, \dot{x}_2 = -x_2 + u$ mit der Anfangsbedingung $\mathbf{x}(0) = \mathbf{x}_0$ soll das Gütefunktional

$$J = \frac{1}{2} \int_0^{t_e} x_1^2 + u^2 dt, \quad t_e \text{ fest}$$

unter Berücksichtigung der UNB $|u(t)| \leq 1$ minimiert werden. Bestimmen Sie das optimale Regelgesetz sowie die zeitlichen Lösungsverläufe der beteiligten Variablen. (Hinweis: Betrachten Sie zunächst die unbeschränkte Problemstellung und stellen Sie dann ein zu verifizierendes Regelgesetz auf.)

11.7 Lösen Sie die Problemstellung der Übung 10.5 nunmehr unter Berücksichtigung der UNB $|u(t)| \leq 1$.

11.8 Lösen Sie die Problemstellung der Übung 10.6 nunmehr unter Berücksichtigung der UNB

$$-1 \leq u(t) \leq 2.$$

11.9 Der Wasserstand x eines offenen Rückhaltebeckens lässt sich mittels folgender Differentialgleichung, die Verdampfungs- und sonstige Verluste berücksichtigt, beschreiben

$$\dot{x} = -0.1x + u,$$

wobei u den gesteuerten Zufluss darstellt, der durch $0 \leq u(t) \leq M$ beschränkt ist.

(a) Bestimmen Sie das optimale Regelgesetz zur Minimierung von

$$J = - \int_0^{100} x\, dt.$$

(b) Bestimmen Sie das optimale Regelgesetz zur Minimierung des gleichen Gütefunktionals, wenn die zur Verfügung stehende Zuflussmenge beschränkt ist, d. h.

$$\int_{0}^{100} u\,dt = K\,.$$

(c) Lösen Sie das Problem unter (b) nunmehr aber zur Minimierung des Gütefunktionals

$$J = -x(100)\,.$$

11.10 Bestimmen Sie für das dynamische System (vgl. Übung 10.11)

$$\dot{x} = u$$

mit den gegebenen Randbedingungen $x(0) = x(1) = 0$ die optimale Steuer- und Zustandstrajektorien zur Minimierung des Funktionals

$$J = \frac{1}{2}\int_{0}^{1} u^2 - x^2 - 2xt\,dt$$

unter Berücksichtigung der UNB

$$u(t) \le 0.08\,.$$

11.11 Lösen Sie die Problemstellung von Übung 11.10 ohne Beschränkung der Steuergröße, jedoch unter Beachtung der Zustands-UNB

$$x(t) \le 0.05\,.$$

11.12 Lösen Sie die Problemstellung der Übung 10.12 unter der zusätzlichen Auflage, dass

$$|u(t)| \le 1, \quad 0 \le t \le t_e$$

gelten soll. Diskutieren Sie den Einfluss des Gewichtungsfaktors $S \ge 0$ auf das Ergebnis.

11.13 Führen Sie die Beweisschritte des Abschn. 11.1 für die mittels (11.68) erweiterte Problemstellung durch. Zeigen Sie, dass diese Erweiterung zu den in Abschn. 11.3.1 erwähnten Modifikationen der notwendigen Optimalitätsbedingungen führt.

11.14 Die Warteschlangenentwicklung an einer Straßenkreuzung mit Ampelsteuerung (siehe Abb. 11.16) und zwei eintreffenden Verkehrsströmen $q_1(t)$ und $q_2(t)$ kann bei kontinuierlicher Betrachtung wie folgt beschrieben werden

$$\dot{x}_1 = q_1(t) - u$$
$$\dot{x}_2 = q_2(t) - s_2 + \frac{s_2}{s_1}u\,.$$

Abb. 11.16 Abbildung zu
Aufgabe 11.14

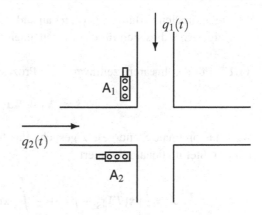

Dabei bedeuten:

x_i: Staulänge vor der Ampel A_i

s_i: maximaler Abfluss über die Kreuzung bei voller Freigabe des Verkehrsstromes
in Richtung i

$u = \frac{s_1 t_{1g}}{t_z}$: Steuergröße; t_{1g}: Dauer der Grünphase für Richtung 1, t_z: Dauer des Schaltzyklus der Ampeln.

Die Grünphasendauer darf aus einem vorgegebenen Bereich gewählt werden: $0 < u_{\min} \leq u \leq u_{\max}$. Die Ampelanlage soll so gesteuert werden, dass das Gütefunktional

$$ J = \int\limits_0^{t_e} x_1(t) + x_2(t)\, dt, \quad t_e \text{ frei} $$

minimiert wird. Als Randbedingungen gelten

$$ \mathbf{x}_0 = \mathbf{0}; \; \mathbf{x}(t_e) = \mathbf{0}. $$

(a) Was bedeutet das Gütefunktional anschaulich?
(b) Geben Sie Bedingungen an, unter denen sich die Verkehrsströme vor der Ampel aufstauen.
(c) Ermitteln Sie das optimale Steuergesetz mit Hilfe des Minimum-Prinzips von Pontryagin.
(d) Diskutieren Sie den Verlauf der Steuergröße in Abhängigkeit von den maximalen Abflüssen s_1 und s_2 (singuläre Steuerung möglich? Schaltsequenzen).
(e) Geben Sie für

$$ u_{\min} = 1; \quad s_1 = 3; \quad q_1(t) = 4\sigma(t) - 4\sigma(t-1) $$
$$ u_{\max} = 2; \quad s_2 = 6; \quad q_2(t) = 10\sigma(t) - 10\sigma(t-1), $$

wobei

$$ \sigma(\tau) = \begin{cases} 0 & \tau < 0 \\ 1 & \tau \geq 0 \end{cases} $$

die optimalen Verläufe x_1^*, x_2^*, u^* an und ermitteln Sie die Vorgangsdauer t_e. (Hinweis: Zeigen Sie, dass sich für die Umschaltzeit $t_s = 2$ ergibt.)

11.15 Für den linearen, zeitinvarianten Prozess

$$\dot{\mathbf{x}} = \mathbf{A}\mathbf{x} + \mathbf{B}\mathbf{u}, \ \mathbf{x}(0) = \mathbf{x}_0$$

wird das optimale Steuergesetz gesucht, das folgendes kombiniert quadratisch/zeitminimales Gütefunktional minimiert

$$J = \frac{1}{2}\|\mathbf{x}(T)\|_{\mathbf{S}}^2 + \rho T + \frac{1}{2}\int\limits_0^T \|\mathbf{x}(t)\|_{\mathbf{Q}}^2 + \|\mathbf{u}(t)\|_{\mathbf{R}}^2 \, dt, \quad T \text{ frei}$$

mit den Gewichtungsmatrizen $\mathbf{S} \geq \mathbf{0}$, $\mathbf{Q} \geq \mathbf{0}$, $\mathbf{R} > \mathbf{0}$ und dem Gewichtungsfaktor $\rho \geq 0$.

(a) Zeigen Sie, dass das optimale Steuergesetz in folgender Form angegeben werden kann

$$\mathbf{u}(t) = -\mathbf{R}\mathbf{B}^T\mathbf{P}(t)\mathbf{x}(t) \, ,$$

wobei die Riccati-Matrix $\mathbf{P}(t)$ die bekannte Riccati-Differentialgleichung (12.12) mit Endbedingung (12.13) erfüllt.

(b) Zeigen Sie unter Nutzung der Beziehung (11.65), dass die optimale Endzeit T^* dergestalt sein muss, dass die Beziehung

$$\frac{1}{2}\mathbf{x}_0^T\dot{\mathbf{P}}(0)\mathbf{x}_0 = \rho$$

erfüllt ist.

(c) Geben Sie unter Nutzung der Ergebnisse von (a) und (b) eine Vorgehensweise an, die zur Bestimmung der optimalen Endzeit T^* und folglich der optimalen Steuerung führt.

11.16 Der lineare dynamische Prozess

$$\dot{x}_1 = x_2, \quad \dot{x}_2 = u$$

soll vom Anfangszustand $\mathbf{x}(0) = \mathbf{0}$ so in den Endzustand $\mathbf{x}(T) = [x_{1e} \ x_{2e}]^T$ überführt werden, dass das Gütefunktional

$$J = \frac{1}{2}\int\limits_0^T 1 + ru^2 dt, \ r > 0$$

bei freier Endzeit T minimiert wird.

(a) Stellen Sie alle notwendigen Optimalitätsbedingungen der Problemstellung auf.

(b) Bestimmen Sie die optimale Endzeit T^*, sowie die optimalen Trajektorien $u^*(t)$, $\mathbf{x}^*(t)$, $0 \leq t \leq T^*$. (Hinweis: Beachten Sie, dass wegen (11.67) $H(t = 0) = 0$ gelten muss.)

(c) Nun sei $x_{1e} = 0.5$, $x_{2e} = 1$, $r = 1$. Geben Sie den optimalen Wert der Endzeit T^*, sowie die optimalen Verläufe $x_1^*(t)$, $x_2^*(t)$, $u^*(t)$ an.

11.17 Der skalare dynamische Prozess $\dot{x} = u$ soll von einem Anfangszustand $x(0) = x_0$ in den Endzustand $x(T) = 0$ überführt werden. Dabei darf die Steuergröße nur folgende *diskrete* Werte annehmen

$$u \in \mathcal{U} = \{u_1, u_2, u_3\}, \quad u_1 < u_2 < 0 < u_3 \, .$$

Gesucht wird eine Steuerstrategie, die das Gütefunktional

$$J = \frac{1}{2} \int\limits_0^T u^2 dt$$

minimiert. Die Überführungszeit ist nicht fest vorgeschrieben, soll aber endlich sein.

(a) Geben Sie die notwendigen Optimalitätsbedingungen für die gesuchte optimale Steuerung $u^*(t)$, $0 \leq t \leq T$ an.

(b) Führen Sie die Minimierung der Hamilton-Funktion bezüglich der Steuergröße durch, und berücksichtigen Sie dabei den zulässigen Steuerbereich. Geben Sie das daraus resultierende Steuergesetz an.

(c) Zeigen Sie, dass bei einem Anfangszustand $x_0 > 0$ die Steuerung $u^*(t) = u_2$, $t \in [0, T]$, die Optimalitätsbedingungen erfüllt. Geben Sie ferner den entsprechenden Verlauf der Zustands- und Kozustandsgröße, sowie die zur Überführung notwendige Zeit an.

Nun sei $u_1 = -5$, $u_2 = 0$, $u_3 = 6$, $x_0 = 5$.

(d) Ermitteln Sie die optimale Steuerung und stellen Sie die optimalen Trajektorien der Steuer-, Zustands- und Kozustandsgröße grafisch dar.

11.18 Betrachtet wird ein elektrisch angetriebener Aufzug beschrieben durch

$$\dot{x}_1 = x_2, \quad \dot{x}_2 = u \, .$$

Gesucht wird ein optimales Regelgesetz zur zeitoptimalen Überführung des Systemzustandes in den Endzustand $\mathbf{x}(t_e) = \mathbf{0}$ unter Berücksichtigung der UNB $|u(t)| \leq 1$.

(a) Zeigen Sie, dass das Regelgesetz (11.146) alle relevanten Optimalitätsbedingungen erfüllt. Leiten Sie die Formeln (11.147) zur Bestimmung der minimalen Endzeit t_e^* und der Umschaltzeit t_s in Abhängigkeit von $\mathbf{x}_0$ ab.

(b) Leiten Sie die Gleichungen (11.148) der Isochronen ab. Können sich die Isochronen überschneiden?

(c) Nun sei $\mathbf{x}(t_e) = [\ w\quad 0\ ]^T$. Zeigen Sie, dass das in Abb. 11.9 abgebildete Regelgesetz optimal ist.

(d) Nun sei der Anfangspunkt $\mathbf{x}_0 = [\ x_{1_0}\quad 0\ ]^T$ betrachtet. Ermitteln Sie $t_e^*(x_{1_0})$ und $t_s(x_{1_0})$. Bestimmen Sie den Energieaufwand

$$ E = \int\limits_0^{t_e^*} u^*(t)^2 dt\,, $$

der bei der zeitoptimalen Lösung entsteht. Vergleichen Sie mit dem Energieaufwand der energieoptimalen Problemstellung aus Beispiel 10.2 für die gleiche Endzeit. Vergleichen und interpretieren Sie die optimalen Verläufe für $u(t)$, $\mathbf{x}(t)$ der zwei Problemstellungen.

11.19 Betrachtet wird der gleiche elektrisch angetriebene Aufzug von Übung 11.18. Nun ist aber zusätzlich zu den dortigen Angaben und zusätzlich zur UNB $|u(t)| \leq 1$ auch folgende Zustands-UNB zu berücksichtigen

$$ |x_2(t)| \leq 1 $$

(beschränkte Geschwindigkeit des Aufzugs).

(a) Leiten Sie ein zeitoptimales Regelgesetz für diese erweiterte Aufgabenstellung ab. (Hinweis: Stellen Sie anhand der Ergebnisse von Übung 11.18 eine plausible Vermutung auf, und verifizieren Sie diese anhand der Optimalitätsbedingungen von Abschn. 11.3.2.)

(b) Diskutieren Sie das Ergebnis für verschiedene Anfangswerte x_0. Leiten Sie Bestimmungsgleichungen für die Isochronen ab. Um wie viel verzögert sich die Endzeit im Vergleich zu den Ergebnissen von Übung 11.18?

11.20 Der lineare Oszillator

$$ \dot{x}_1 = x_2 $$
$$ \dot{x}_2 = -x_1 + u $$

mit $|u(t)| \leq 2$ soll mit einer zeitoptimalen Regelung von dem Anfangspunkt $\mathbf{x}(0) = \mathbf{x}_0$ in den Endzustand $\mathbf{x}(t_e) = \mathbf{0}$ überführt werden (s. Beispiel 11.7).

(a) Zeitoptimale Trajektorien: Zeichnen Sie in der Phasenebene die zeitoptimalen Trajektorien für

(i) $\mathbf{x}_0 = [\; 0 \quad 2\;]^T$

(ii) $\mathbf{x}_0 = [\; -2 \quad 6\;]^T$

(iii) $\mathbf{x}_0 = [\; 0 \quad 8\;]^T$.

Wie groß ist jeweils t_e^*? Wie groß ist der Einzugsbereich, von dem aus man mit maximal zwei Umschaltungen zum Endpunkt gelangen kann?

(b) Zeichnen Sie in der Phasenebene die Trajektorien für dieselben Anfangspunkte $\mathbf{x}_0$, jedoch für folgende suboptimale Schaltkurve $\tilde{S}$

$$\tilde{S} = \{\mathbf{x} \mid (x_1 - 2\,\mathrm{sign}\,x_1)^2 + x_2^2 = 4 \text{ für } |x_1| \le 2; x_2 = -2\,\mathrm{sign}\,x_1 \text{ für } |x_1| \ge 2,\}$$

und vergleichen Sie diese sowie das jeweilige t_e mit den Ergebnissen von (a).

11.21 Bestimmen Sie das zeitoptimale Regelgesetz zur Überführung des Systems

$$\dot{x}_1 = x_2$$
$$\dot{x}_2 = -a x_2 + u, \quad a > 0$$

von einem beliebigen Anfangszustand $\mathbf{x}(0) = \mathbf{x}_0$ in den Ursprung. Die Steuergröße u unterliegt der Beschränkung $|u(t)| \le 1$.

11.22 Das instabile System

$$\dot{x}_1 = x_2, \; x_1(0) = x_{1_0}$$
$$\dot{x}_2 = -x_1 + 2 x_2 + u, \; x_2(0) = x_{2_0}$$

soll zeitoptimal in den Ursprung überführt werden. Bestimmen Sie ein zeitoptimales Regelgesetz, wenn die Steuergröße durch $|u(t)| \le 1$ beschränkt ist.

11.23 Bestimmen Sie die Schaltfläche zur zeitoptimalen Regelung des Systems

$$\dot{x}_1 = x_2, \; \dot{x}_2 = x_3, \; \dot{x}_3 = u, \; \mathbf{x}(0) = \mathbf{x}_0, \; \mathbf{x}(t_e) = \mathbf{0}, \; |u(t)| \le 1\,.$$

11.24 Bei der Problemstellung von Beispiel 11.9 sei $\mathbf{x}_0 = [\; -1 \quad 0\;]^T$. Bestimmen Sie die optimale Endzeit t_e und den optimalen Verbrauch

$$\int_0^{t_e} |u(t)|\, dt$$

als Funktionen des Gewichtungsfaktors σ. Skizzieren und diskutieren Sie das Ergebnis.

11.25 Für das doppelintegrierende System

$$\dot{x}_1 = x_2, \ \dot{x}_2 = u, \ |u(t)| \leq 1$$

wird eine verbrauchsoptimale Regelung gesucht, die den Systemzustand von $\mathbf{x}_0 = [\ x_{1_0} \ \ 0 \ ]^T$ nach $\mathbf{x}(t_e) = \mathbf{0}$ überführt. Das zugehörige, zu minimierende Funktional lautet

$$J = \int\limits_0^{t_e} |u(t)| \, dt, \quad t_e \ \text{fest}.$$

Für welche Endzeiten t_e hat diese Problemstellung eine Lösung?

11.26 Das System $\dot{x} = -ax + u, a > 0$ soll von einem beliebigen Anfangszustand $\mathbf{x}(0) = \mathbf{x}_0$ in den Ursprung überführt werden. Hierbei soll unter Berücksichtigung der UNB $|u(t)| \leq 1$ folgendes Funktional minimiert werden

$$J = \int\limits_0^{t_e} |u(t)| \, dt, \quad t_e \ \text{fest}.$$

Leiten Sie ein optimales, zeitvariantes Regelgesetz ab. Diskutieren Sie die Abhängigkeit des optimalen Verbrauchs J^* von der festgelegten Endzeit t_e.

11.27 Lösen Sie die Aufgabenstellung der Übung 11.26 nunmehr bei freier Endzeit t_e, so dass das Gütefunktional

$$J = \int\limits_0^{t_e} \sigma + |u(t)| \, dt, \quad \sigma > 0$$

minimiert wird. Ist das optimale Regelgesetz zeitvariant? Diskutieren Sie die Abhängigkeit des resultierenden Verbrauchs

$$\int\limits_0^{t_e} |u(t)| \, dt$$

und der Endzeit t_e von dem Gewichtungsfaktor σ. Vergleichen Sie mit den Ergebnissen der Übung 11.26.

11.28 Lösen Sie die Aufgabenstellung der Übung 11.26 zur Minimierung von

(a) $J = \int\limits_0^{t_e} u(t)^2 dt, \quad t_e \ \text{fest}$

(b) $J = \int\limits_0^{t_e} \sigma + u(t)^2 dt, \quad t_e \ \text{frei}, \ \sigma > 0.$

Diskutieren Sie die Ergebnisse für variierende Endzeiten t_e (Fall (a)) bzw. Gewichtungsfaktoren σ (Fall (b)). Vergleichen Sie mit den Ergebnissen aus Übungen 11.26, 11.27.

11.29 Für die Regelstrecke

$$\dot{x}_1 = x_2 + u$$
$$\dot{x}_2 = u$$

soll der Anfangszustand $\mathbf{x}(0) = [-1\,0]^T$ zeitoptimal in den Ursprung überführt werden. Die Stellgröße ist durch $|u| \leq 1$ beschränkt.

(a) Stellen Sie alle notwendigen Bedingungen für eine optimale Lösung auf. Ermitteln Sie das optimale Steuergesetz $u^*(\lambda)$.
(b) Ermitteln Sie die möglichen Schaltsequenzen. Ist eine singuläre Steuerung möglich?
(c) Bestimmen Sie die Systemtrajektorien in der Phasenebene für die auftretenden Steuerungen u, und zeichnen Sie die optimale Trajektorie.
(d) Bestimmen Sie für das optimale Regelgesetz die Schaltkurve in der Phasenebene. Wie viel Zeit benötigt der optimale Steuervorgang?

11.30 Die Regelstrecke

$$\dot{x} = -x + u$$

soll vom Anfangszustand $x(0) = x_0$ in den Endzustand $x(t_e) = 0$ unter Minimierung des kombiniert zeit-/verbrauchsoptimalen Gütefunktionals

$$J = \int\limits_0^{t_e} k + |u(t)|\, dt\,, \quad k > 0,\ t_e \text{ frei}$$

überführt werden. Die Steuergröße $u(t)$ ist hierbei beschränkt durch $|u(t)| \leq 1$.

(a) Ermitteln Sie das optimale Steuergesetz $u^*(\lambda)$. Ist eine singuläre Steuerung möglich? Welche möglichen Steuersequenzen leiten Sie aus dem optimalen Steuergesetz ab?
(b) Zeigen Sie unter Verwendung der Beziehung $H^* = 0$, dass sich das optimale Steuergesetz in das optimale Regelgesetz

$$u^*(x) = \begin{cases} -\operatorname{sign} x & \text{für} \quad |x| < k \\ 0 & \text{für} \quad |x| > k \end{cases}$$

umformen lässt. Machen Sie für das optimale Regelgesetz einen Realisierungsvorschlag in Form eines Signalflussbildes.
(c) Nun sei $x(0) = 2,\ k = 1$. Berechnen Sie die optimale Zustandstrajektorie sowie den Umschaltzeitpunkt t_s und den Endzeitpunkt t_e. Skizzieren Sie den Verlauf von $x^*(t), u^*(t), 0 \leq t \leq t_e$.
(d) Für welchen Wert von k liefert die Lösung des obigen Problems eine zeitoptimale Regelung? Geben Sie das zeitoptimale Regelgesetz an. Berechnen Sie die zeitoptimale Zustandstrajektorie und den minimalen Endzeitpunkt t_e^* für $x(0) = 2$. Skizzieren Sie den entsprechenden Verlauf von $x^*(t), u^*(t), 0 \leq t \leq t_e^*$.

(e) Nun sei $k > 0$ beliebig. Für welchen Bereich der Anfangswerte x_0 ist die zeitoptimale Regelung mit dem unter (b) angegebenen Regelgesetz identisch?

11.31 Die Regelstrecke

$$\dot{x} = u - u^2 \quad |u| \leq 1$$

soll in minimaler Zeit t_e vom Anfangszustand $x(0) = x_0$ in den Endzustand $x(t_e) = x_e$ überführt werden.

(a) Ist bei dieser Strecke der Satz von Feldbaum anwendbar?
(b) Schreiben Sie alle notwendigen Bedingungen auf, und geben Sie das optimale Steuergesetz an. Wie viele Umschaltungen sind während eines Steuervorgangs möglich?
(c) Welcher Zusammenhang besteht zwischen dem adjungierten Zustand λ und dem vorgegebenen Anfangs- und Endzustand der Strecke?
(d) Geben Sie die minimale Zeitdauer als Funktion des Anfangs- und Endzustandes an.
(e) Formulieren Sie das optimale Regelgesetz, und skizzieren Sie den zugehörigen Signalflussplan der Regelung.
(f) Ist beim Erreichen des Endzustandes x_e ein Abschalten der Regelung notwendig?

11.32 Die zeitliche Änderung des Fischbestandes $x(t)$ in einem großen See mit einem zum Bestand proportionalen Fischfang lässt sich vereinfacht durch folgende Differentialgleichung beschreiben

$$\dot{x} = \underbrace{(b - dx)x}_{\text{Zuwachsrate}} - \underbrace{(ux)}_{\text{Fangrate}}$$

mit $0 \leq u \leq b, x(0) = x_0$. Im Folgenden soll zunächst der ökologisch optimale Fischbestand $\overline{x}$ ermittelt werden, der langfristig den maximalen Ertrag sichert, also das Gütefunktional

$$J = \int_0^{t_e} ux \, dt, \quad t_e \text{ fest oder offen}$$

maximiert. Aus dem Ergebnis ist dann eine optimale Fangstrategie $u^*(t)$ abzuleiten, die den Anfangsfischbestand $x(0) = x_0$ in den optimalen Zustand $x(t_e) = \overline{x}$ überführt.

(a) Formulieren Sie die Optimierungsaufgabe als Minimierungsproblem, und geben Sie die extremalen Steuergrößen $u^*(\lambda)$ an.
(b) Für welchen konstanten Wert $\lambda = \lambda_S$ ergibt sich ein singulärer Fall? Ermitteln Sie aus den kanonischen Differentialgleichungen die zugehörige singuläre Steuerung u_S und den sich ergebenden Fischbestand x_S.
(c) Interpretieren Sie die im Punkt (b) gefundene Lösung, und vergleichen Sie diese mit den stationären Fischbeständen $x(t \to \infty)$, die sich für
   (i) $u(t) = 0$
   (ii) $u(t) = b$
   jeweils ergeben. Wie lautet also $\overline{x}$?

(d) Ermitteln Sie durch Überlegung die optimale Steuersequenz $\{u^*\}$, die den Fischbe-
stand vom Anfangswert $x(0) = x_0 = b/d$ in den Endzustand $x(t_e = 2) = x_e = b/(2d)$ überführt. (Hinweis: In der Steuersequenz können Werte $u = 0$, $u = b$, $u = u_S$ auftreten.) Berechnen und skizzieren Sie $u^*(t)$, $x^*(t)$ für $b = 2$ und $d = 1$.

Literatur

1. Carathéodory C (1955) Gesammelte Mathematische Schriften. C.H. Beck'sche Verlagsbuch-
handlung, München

2. Berkovitz L (1961) Variational methods in problems of control and programming. J Math Anal
Appl 3:145–169

3. Pontryagin L, Boltyanskii V, Gramkrelidze R, Mischenko E (1962) The Mathematical Theory
of Optimal Processes. Interscience Publishers, New York

4. Kreindler E (1982) Additional necessary conditions for optimal control with state-variable inequality constraints. J Optimiz Theory App 38:241–250

5. Berkovitz L (1962) On control problems with bounded state variables. J of Mathematical Analysis and Applications 5:488–498

6. Jacobson D, Lele M (1971) New necessary conditions of optimality for control problems with
state-variable inequality constraints. J of Mathematical Analysis and Applications 35:255–284

7. Bryson Jr A, Ho Y (1969) Applied optimal control. Ginn, Waltham, Massachusetts

8. Fraser-Andrews G (1989) Finding candidate singular optimal controls: a state of the art survey.
J Optimiz Theory App 60:173–190

9. Kirk D (1970) Optimal control theory. Prentice-Hall, Englewood Cliffs, New Jersey

10. Chung TS, Wu CJ (1992) A computationally efficient numerical algorithm for the minimum-
time control problem of continuous systems. Automatica 28:841–847

11. Hofer E, Lunderstädt R (1975) Numerische Methoden der Optimierung. R. Oldenbourg Verlag,
München

12. Li SY (1992) A hardware implementable two-level parallel computing algorithm for general
minimum-time control. IEEE T Automat Contr 37:589–603

13. Bailey J (1972) Necessary conditions for optimality in a general class of non-linear mixed boundary value control problems. Int J Control 16:311–320

14. Bittanti S, Fronza G, Guardabassi G (1973) Periodic control: a frequency domain approach.
IEEE T Automat Contr 18:33–38

15. Noldus E (1977) Periodic optimization of a chemical reactor system using perturbation methods.
J Eng Math 11:49–66

16. Sachs G, Christodoulou T (1986) Endurance increase by cyclic control. J Guid Control Dynam
9:58–63

Lineare-Quadratische (LQ-)Optimierung dynamischer Systeme

12

Dieses Kapitel behandelt einen wichtigen Spezialfall der optimalen Steuerung dynamischer Systeme. Es handelt sich um Probleme mit *linearen* Zustandsgleichungen und *quadratischen* Gütefunktionalen, die selbst bei hochdimensionalen Systemen die Ableitung optimaler Regelgesetze zulassen. Die Bedeutung der *Linearen-Quadratischen (LQ-)Optimierung* für die Regelungstechnik ist daher besonders hervorzuheben, bietet sie doch die Möglichkeit des einheitlichen, geschlossenen und transparenten Entwurfs von *Mehrgrößenreglern* für lineare dynamische Systeme. Zwar sind die meisten praktisch interessierenden Systeme nichtlinear. In der Regelungstechnik ist es aber üblich, eine Linearisierung um einen stationären Arbeitspunkt oder um eine Solltrajektorie vorzunehmen, wodurch lineare Zustandsgleichungen entstehen (s. Abschn. 12.10). Die Fundamente dieses wichtigen Kapitels der Optimierungs- und Regelungstheorie gehen auf die bedeutungsvollen Arbeiten von *R.E. Kalman* zurück [1]. Ausführliche Darlegungen des Gegenstandes dieses Kapitels können in [2–5] gefunden werden.

Die linearen Prozessnebenbedingungen der Problemstellung lauten (vgl. auch Abschn. 19.2.1.1)

$$\dot{\mathbf{x}} = \mathbf{A}(t)\mathbf{x} + \mathbf{B}(t)\mathbf{u}; \quad \mathbf{x}(0) = \mathbf{x}_0 \,, \tag{12.1}$$

wobei $\mathbf{x} \in \mathbb{R}^n$ der Zustandsvektor, $\mathbf{u} \in \mathbb{R}^m$ der Steuervektor, $\mathbf{A} \in \mathbb{R}^{n \times n}$ und $\mathbf{B} \in \mathbb{R}^{n \times m}$ die gegebenenfalls zeitvarianten System- und Steuermatrizen sind. Das zu minimierende Gütefunktional ist quadratisch

$$J = \frac{1}{2}\|\mathbf{x}(T)\|_{\mathbf{S}}^2 + \frac{1}{2}\int_0^T \|\mathbf{x}(t)\|_{\mathbf{Q}(t)}^2 + \|\mathbf{u}(t)\|_{\mathbf{R}(t)}^2 \, dt, \quad T \text{ fest} \,, \tag{12.2}$$

wobei $\mathbf{S} \geq \mathbf{0}$, $\mathbf{Q}(t) \geq \mathbf{0}$, $\mathbf{R}(t) > \mathbf{0}$ gegebenenfalls zeitvariante symmetrische Gewichtungsmatrizen sind (s. Übungen 12.6, 12.7 für Verallgemeinerungen dieser Problemstellung). Der kürzeren Darstellung halber wird das Zeitargument t in den folgenden Ausführungen dieses Kapitels teilweise weggelassen.

© Springer-Verlag Berlin Heidelberg 2015
M. Papageorgiou, M. Leibold, M. Buss, *Optimierung*, DOI 10.1007/978-3-662-46936-1_12

Das quadratische Gütefunktional (12.2) macht deutlich, dass die optimale Steuerung eine Solltrajektorie $\mathbf{x}_{soll}(t) = \mathbf{0}$, $\mathbf{u}_{soll}(t) = \mathbf{0}$ anstrebt. Diese Einschränkung trifft bei vielen praktischen Anwendungen zu, bei denen in der Tat eine Systemkorrektur um eine Ruhelage oder um eine Systemtrajektorie angestrebt wird, mit dem Ziel, Störungswirkungen auszugleichen bzw. eine Anfangsabweichung $\mathbf{x}_0 \neq \mathbf{0}$ abzubauen. Dass hier die Nulltrajektorie als Solltrajektorie betrachtet wird, ist keine Einschränkung der Allgemeinheit, da die Problemstellung angesichts der Linearität der Prozessgleichungen in jede andere Ruhelage bzw. Systemtrajektorie transformierbar ist, s. Abschn. 12.8.

Die Berücksichtigung quadratischer Terme der Steuergrößen im Gütefunktional hat den Sinn, den notwendigen Steueraufwand bei der Systemkorrektur mitzuberücksichtigen. Darüber hinaus können aber über diese quadratischen Terme indirekt auch Steuerbeschränkungen berücksichtigt werden, da die Größe der Gewichtungselemente von $\mathbf{R}$ den Umfang der entsprechenden Steuermaßnahmen direkt beeinflusst.

Während die Endzeit T in (12.2) als fest angenommen wird, ist der Endzustand $\mathbf{x}(T)$ frei. Durch den im Gütefunktional enthaltenen Endzeitterm ist es aber möglich, den Endzustand bzw. einzelne Komponenten desselben mittels entsprechend hoher Gewichtungselemente von $\mathbf{S}$ beliebig nahe an Null zu bringen. Gilt beispielsweise $\mathbf{S} = \mathbf{diag}(s_{ii})$ und wird ein bestimmtes Matrixelement $s_{jj} \to \infty$ gewählt, so ist $x_j(T) \to 0$ zu erwarten, sofern die entsprechende Zustandsvariable x_j steuerbar ist. Aus praktischer Sicht bedeutet dieser Fall also eine Fixierung von $x_j(T) = 0$, auch wenn $x_j(T)$ formal nach wie vor frei bleibt.

12.1 Zeitvarianter Fall

Zur Lösung der formulierten Problemstellung stellen wir zunächst die Hamilton-Funktion auf

$$H = \frac{1}{2} \|\mathbf{x}\|_{\mathbf{Q}}^2 + \frac{1}{2} \|\mathbf{u}\|_{\mathbf{R}}^2 + \boldsymbol{\lambda}^T (\mathbf{A}\mathbf{x} + \mathbf{B}\mathbf{u}) \, . \tag{12.3}$$

Mit (12.3) lassen sich die notwendigen Optimalitätsbedingungen wie folgt ableiten

$$\nabla_{\mathbf{u}} H = \mathbf{R}\mathbf{u} + \mathbf{B}^T \boldsymbol{\lambda} = \mathbf{0} \tag{12.4}$$

$$\dot{\mathbf{x}} = \nabla_{\boldsymbol{\lambda}} H = \mathbf{A}\mathbf{x} + \mathbf{B}\mathbf{u} \tag{12.5}$$

$$\dot{\boldsymbol{\lambda}} = -\nabla_{\mathbf{x}} H = -\mathbf{Q}\mathbf{x} - \mathbf{A}^T \boldsymbol{\lambda} \, . \tag{12.6}$$

Die zugehörigen Randbedingungen lauten

$$\mathbf{x}(0) = \mathbf{x}_0 \tag{12.7}$$

$$\boldsymbol{\lambda}(T) = \mathbf{S}\mathbf{x}(T) \, . \tag{12.8}$$

Die Koppelgleichung (12.4) kann nach $\mathbf{u}$ aufgelöst werden

$$\mathbf{u} = -\mathbf{R}^{-1}\mathbf{B}^T \boldsymbol{\lambda} \, . \tag{12.9}$$

Durch Einsetzen von (12.9) in (12.5) erhält man ferner

$$\dot{\mathbf{x}} = \mathbf{A}\mathbf{x} - \mathbf{B}\mathbf{R}^{-1}\mathbf{B}^T\boldsymbol{\lambda} \ . \tag{12.10}$$

Gleichungen (12.10) und (12.6) konstituieren ein ZPRWP mit den Randbedingungen (12.7), (12.8), dessen Lösung zu den gesuchten optimalen Trajektorien führt. Dass diese Lösung einem Minimum entspricht, erhärtet die Auswertung der notwendigen Bedingung 2. Ordnung, die $\nabla_{\mathbf{uu}}^2 H = \mathbf{R} > \mathbf{0}$ liefert. In Anbetracht der Konvexität der Problemstellung handelt es sich hierbei in der Tat um ein eindeutiges globales Minimum [2, 5].

Wir sind bestrebt, für die formulierte Problemstellung ein optimales Regelgesetz im Sinne von Abschn. 10.3 zu erhalten. In Anbetracht von (12.9) würde man ein Regelgesetz erhalten, wenn man bei der Lösung des ZPRWP den Kozustand $\boldsymbol{\lambda}$ als Funktion des Zustandes $\mathbf{x}$ ausdrücken könnte. Aus diesem Grund machen wir den linearen Ansatz

$$\boldsymbol{\lambda}(t) = \mathbf{P}(t)\mathbf{x}(t) \qquad \mathbf{P} \in \mathbb{R}^{n\times n} \tag{12.11}$$

und wollen nun überprüfen, ob die Lösung des ZPRWP diesem Ansatz entsprechen kann. Durch Einsetzen von (12.11) und (12.10) in (12.6) erhalten wir

$$\left(\dot{\mathbf{P}} + \mathbf{P}\mathbf{A} + \mathbf{A}^T\mathbf{P} - \mathbf{P}\mathbf{B}\mathbf{R}^{-1}\mathbf{B}^T\mathbf{P} + \mathbf{Q} \right) \mathbf{x}(t) = \mathbf{0} \ .$$

Damit diese Beziehung für alle t erfüllt ist, muss der Term in den Klammern verschwinden. Mit anderen Worten, die eingeführte Matrix $\mathbf{P}$ muss folgende Gleichung erfüllen

$$\dot{\mathbf{P}} = -\mathbf{P}\mathbf{A} - \mathbf{A}^T\mathbf{P} + \mathbf{P}\mathbf{B}\mathbf{R}^{-1}\mathbf{B}^T\mathbf{P} - \mathbf{Q} \ , \tag{12.12}$$

um zu einer Lösung des ZPRWP zu führen. Gleichung (12.12) ist eine nichtlineare Matrix-Differentialgleichung, die den Namen *Riccati-Differentialgleichung* trägt. Ein Vergleich des Ansatzes (12.11) mit (12.8) liefert uns sofort auch eine Randbedingung für (12.12)

$$\mathbf{P}(T) = \mathbf{S} \ . \tag{12.13}$$

Zur Berechnung der *Riccati-Matrix* $\mathbf{P}(t)$ muss also die Riccati-Differentialgleichung (12.12), von der Endbedingung (12.13) ausgehend, rückwärts integriert werden. Zur Durchführung einer Rückwärtsintegration ist es erforderlich, die Substitution $\tau = T - t$ vorzunehmen. Mit $d\tau = -dt$ erhält man dann aus (12.12), (12.13) folgendes Anfangswertproblem

$$\frac{d\mathbf{P}}{d\tau} = \mathbf{P}\mathbf{A} + \mathbf{A}^T\mathbf{P} - \mathbf{P}\mathbf{B}\mathbf{R}^{-1}\mathbf{B}^T\mathbf{P} + \mathbf{Q}; \quad \mathbf{P}(\tau = 0) = \mathbf{S} \ ,$$

das durch numerische Vorwärtsintegration (vgl. Abschn. 15.2) die gesuchte Matrixtrajektorie liefert. Auf diese Weise wurde nun das ZPRWP auf ein einfach zu lösendes

Ein-Punkt-Randwert-Problem höherer Ordnung zurückgeführt. Da gezeigt werden kann, dass die Riccati-Matrix $\mathbf{P}(t)$ symmetrisch ist, erfordert die Lösung der Riccati-Differentialgleichung nicht die Auswertung von n^2, sondern lediglich von $n(n + 1)/2$ skalaren, verkoppelten Differentialgleichungen.

Um die Symmetrieeigenschaft der Riccati-Matrix zu beweisen, beachte man, dass durch Transponieren der Riccati-Gleichung (12.12) und ihrer Randbedingung (12.13) folgende Gleichungen resultieren

$$\dot{\mathbf{P}}^T = -\mathbf{A}^T\mathbf{P}^T - \mathbf{P}^T\mathbf{A} + \mathbf{P}^T\mathbf{B}\mathbf{R}^{-1}\mathbf{B}^T\mathbf{P}^T - \mathbf{Q}; \quad \mathbf{P}^T(T) = \mathbf{S}. \tag{12.14}$$

Ein direkter Vergleich von (12.12), (12.13) einerseits mit (12.14) andererseits zeigt, dass $\mathbf{P}$ einerseits und $\mathbf{P}^T$ andererseits aus der Auswertung der gleichen Gleichung mit der gleichen Randbedingung entstehen, weshalb beide identisch sein müssen.

Durch Einsetzen von (12.11) in (12.9) erhalten wir schließlich das gesuchte optimale Regelgesetz

$$\mathbf{u}(t) = -\mathbf{R}(t)^{-1}\mathbf{B}(t)^T\mathbf{P}(t)\mathbf{x}(t) = -\mathbf{K}(t)\mathbf{x}(t). \tag{12.15}$$

Offensichtlich handelt es sich hierbei um eine lineare vollständige *Zustandsrückführung (LQ-Regler)* mit einer zeitvarianten *Rückführmatrix*

$$\mathbf{K}(t) = \mathbf{R}(t)^{-1}\mathbf{B}(t)^T\mathbf{P}(t). \tag{12.16}$$

Dieses Regelgesetz ist also unabhängig von dem Anfangszustand $\mathbf{x}_0$ und hängt ausschließlich von den Prozessmatrizen $\mathbf{A}$, $\mathbf{B}$, von den Gewichtungsmatrizen $\mathbf{Q}$, $\mathbf{R}$, $\mathbf{S}$ und von der Endzeit T ab. Die Zustandsgleichung des optimal geregelten Prozesses lautet somit

$$\dot{\mathbf{x}} = \left(\mathbf{A} - \mathbf{B}\mathbf{R}^{-1}\mathbf{B}^T\mathbf{P}\right)\mathbf{x} = \mathbf{A}_{RK}\mathbf{x}, \tag{12.17}$$

wobei $\mathbf{A}_{RK} = \mathbf{A} - \mathbf{B}\mathbf{R}^{-1}\mathbf{B}^T\mathbf{P}$ die Systemmatrix des geregelten Systems ist. Der mittels des optimalen Regelgesetzes (12.15) resultierende minimale Wert des Gütefunktionals (12.2) beträgt

$$J^* = \frac{1}{2}\mathbf{x}_0^T\mathbf{P}(0)\mathbf{x}_0. \tag{12.18}$$

Zur Ableitung von (12.18) beachte man zunächst folgende Gleichung

$$\frac{d}{dt}(\mathbf{x}^T\mathbf{P}\mathbf{x}) = \dot{\mathbf{x}}^T\mathbf{P}\mathbf{x} + \mathbf{x}^T\dot{\mathbf{P}}\mathbf{x} + \mathbf{x}^T\mathbf{P}\dot{\mathbf{x}}$$

und setze dann $\dot{\mathbf{x}}$ aus (12.17) und $\dot{\mathbf{P}}$ aus (12.12) ein

$$\frac{d}{dt}(\mathbf{x}^T\mathbf{P}\mathbf{x}) = -(\mathbf{x}^T\mathbf{Q}\mathbf{x} + \mathbf{x}^T\mathbf{P}\mathbf{B}\mathbf{R}^{-1}\mathbf{B}^T\mathbf{P}\mathbf{x}) = -\mathbf{x}^T\mathbf{Q}\mathbf{x} - \mathbf{u}^T\mathbf{R}\mathbf{u}. \tag{12.19}$$

Durch Integration von (12.19) erhält man

$$\int_0^T \mathbf{x}^T\mathbf{Q}\mathbf{x} + \mathbf{u}^T\mathbf{R}\mathbf{u}\, dt = -\mathbf{x}(T)^T\mathbf{P}(T)\mathbf{x}(T) + \mathbf{x}(0)^T\mathbf{P}(0)\mathbf{x}(0),$$

woraus mit (12.13) und (12.2) die Beziehung (12.18) unmittelbar resultiert.

Abb. 12.1 LQ-Regelung eines
linearen Prozesses

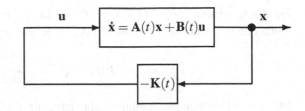

Führt man die Integration von (12.19) mit den Integralgrenzen (t, T) durch, so erhält man

$$\mathbf{x}(t)^T \mathbf{P}(t)\mathbf{x}(t) = \mathbf{x}(T)^T \mathbf{S}\mathbf{x}(T) + \int_t^T \mathbf{x}^T \mathbf{Q}\mathbf{x} + \mathbf{u}^T \mathbf{R}\mathbf{u}\, dt \ .$$

Aus der positiven Semidefinitheit der rechten Seite obiger Gleichung lässt sich folgern, dass $\mathbf{P}(t) \geq \mathbf{0}$ gelten muss.

Die Riccati-Matrix $\mathbf{P}(t)$ ist positiv semidefinit

$$\mathbf{P}(t) \geq \mathbf{0}, \quad t \in [0, T]\ . \tag{12.20}$$

Fassen wir nun die Vorgehensweise der Entwicklung und des Einsatzes eines optimalen Regelgesetzes bei einer gegebenen Anwendung zusammen, so müssen zunächst durch Rückwärtsintegration der Riccati-Gleichung (12.12) mit Endbedingung (12.13) die Riccati-Matrix $\mathbf{P}(t)$ und mittels (12.16) auch die Rückführmatrix $\mathbf{K}(t)$ bei gegebenen Prozess- und Gewichtungsmatrizen sowie gegebener Endzeit T off-line berechnet und abgespeichert werden. In wenigen einfachen Anwendungsfällen mag auch eine analytische Lösung der Riccati-Gleichung möglich sein (s. Beispiel 12.1 sowie einige Übungsaufgaben). Die on-line Berechnungen beschränken sich dann lediglich auf die Auswertung des optimalen Regelgesetzes (12.15) anhand vorliegender Messungen $\mathbf{x}(t)$ aus dem Prozessgeschehen. Abbildung 12.1 zeigt das Schema des optimal geregelten Prozesses.

Beispiel 12.1 Das im Abschn. 10.4 behandelte Beispiel erfüllt alle Voraussetzungen der LQ-Optimierung und kann also mit dem in diesem Kapitel vorgestellten Verfahren gelöst werden. Zusätzlich zu Abschn. 10.4 wollen wir hier eine Verallgemeinerung des Gütefunktionals (10.34) einführen, indem wir den Steueraufwand mit $r > 0$ gewichten

$$J = \frac{1}{2} \int_0^T x^2 + ru^2 dt\ . \tag{12.21}$$

Offensichtlich würde die Einführung eines Gewichtungsfaktors $q \geq 0$ im ersten Term des obigen Integranden zu keiner weiteren Verallgemeinerung der Problemstellung führen.

Zur Anwendung des LQ-Formalismus für dieses Problem beachten wir, dass $A = 0$, $B = 1$, $S = \infty$, $Q = 1$, $R = r$ gelten, so dass wir gemäß (12.12) folgende Riccati-Gleichung erhalten

$$\dot{P} = \frac{P^2}{r} - 1 \tag{12.22}$$

mit der Randbedingung $P(T) = \infty$. Durch Integration von (12.22) lässt sich bei diesem einfachen Problem eine analytische Lösung der Riccati-Gleichung ableiten

$$P(t) = \sqrt{r}\,\frac{1 + e^{\frac{2(t+c)}{\sqrt{r}}}}{1 - e^{\frac{2(t+c)}{\sqrt{r}}}} \; .$$

Mit der obigen Randbedingung ergibt sich dann die Integrationskonstante $c = -T$, so dass wir schließlich folgende Lösung der Riccati-Gleichung bekommen

$$P(t) = \sqrt{r}\,\coth\frac{T-t}{\sqrt{r}} \; . \tag{12.23}$$

Die optimale Rückführung berechnet sich mittels (12.16) wie folgt

$$K(t) = \frac{\coth\frac{T-t}{\sqrt{r}}}{\sqrt{r}} \; . \tag{12.24}$$

Das optimale Regelgesetz lautet somit

$$u(t) = -\frac{\coth\frac{T-t}{\sqrt{r}}}{\sqrt{r}}\,x(t) \; , \tag{12.25}$$

was für $r = 1$ der Lösung (10.43) von Abschn. 10.4 entspricht.   □

Beispiel 12.2 Wir betrachten das doppelintegrierende System

$$\dot{x}_1 = x_2$$
$$\dot{x}_2 = u \; ,$$

das ähnlich wie in Beispiel 10.2 als vereinfachtes Fahrzeugmodell verstanden werden kann. Zur Überführung des Systemzustandes in endlicher Endzeit T vom Anfangszustand $\mathbf{x}_0 = [\ 0 \quad 0\ ]^T$ in die Nähe der Endlage $[\ x_e \quad 0\ ]^T$ berücksichtige man die Minimierung des quadratischen Gütefunktionals

$$J = \frac{1}{2}s_1(x_1(T) - x_e)^2 + \frac{1}{2}s_2 x_2(T)^2 + \frac{1}{2}\int_0^T q^2(x_1(t) - x_e)^2 + u^2\,dt \tag{12.26}$$

mit den Gewichtungsfaktoren $s_1 \geq 0$, $s_2 \geq 0$, $q \geq 0$. Dieses Gütefunktional bestraft neben den Abweichungen der Zustandsgrößen von ihren erwünschten Endwerten auch den Steueraufwand der Überführung.

Um die vorliegende Problemstellung in die Standardform der LQ-Problemstellung zu bringen, kann man für die erste Zustandsvariable die Transformation $\tilde{x}_1 = x_1 - x_e$ einführen. Die resultierenden System- und Gewichtungsmatrizen der Problemstellung lauten

$$\mathbf{A} = \begin{bmatrix} 0 & 1 \\ 0 & 0 \end{bmatrix}, \; \mathbf{B} = \begin{bmatrix} 0 \\ 1 \end{bmatrix}, \; \mathbf{S} = \begin{bmatrix} s_1 & 0 \\ 0 & s_2 \end{bmatrix}, \; \mathbf{Q} = \begin{bmatrix} q^2 & 0 \\ 0 & 0 \end{bmatrix}, \; R = 1 \; . \tag{12.27}$$

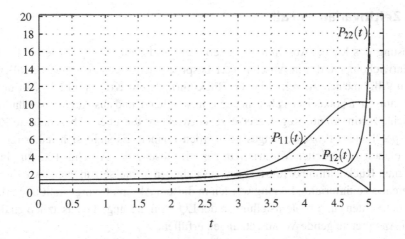

Abb. 12.2 Verlauf der Riccati-Elemente für Beispiel 12.2

Die Riccati-Gleichung (12.12) liefert mit diesen Werten folgenden Satz von drei verkoppelten Differentialgleichungen für die Elemente der symmetrischen Riccati-Matrix

$$\dot{P}_{11} = P_{12}^2 - q^2;\ P_{11}(T) = s_1$$
$$\dot{P}_{12} = -P_{11} + P_{12}P_{22};\ P_{12}(T) = 0$$
$$\dot{P}_{22} = -2P_{12} + P_{22}^2;\ P_{22}(T) = s_2.$$

Zur Durchführung einer Rückwärtsintegration erhält man aus obigen Gleichungen mit $\tau = T - t$ und $d\tau = -dt$ folgendes Anfangswertproblem

$$\frac{dP_{11}}{d\tau} = -P_{12}^2 + q^2;\ P_{11}(0) = s_1$$

$$\frac{dP_{12}}{d\tau} = P_{11} - P_{12}P_{22};\ P_{12}(0) = 0$$

$$\frac{dP_{22}}{d\tau} = 2P_{12} - P_{22}^2;\ P_{22}(0) = s_2.$$

Abbildung 12.2 zeigt die Verläufe der Elemente der Riccati-Matrix für $T = 5$, $q = 1$, $s_1 = 10$, $s_2 = 20$, wie sie aus der numerischen Integration obigen Anfangswertproblems entstehen. Der zugehörige zeitvariante optimale Regler lautet mit (12.15)

$$u(t) = -P_{12}(t)\tilde{x}_1(t) - P_{22}(t)x_2(t) = -P_{12}(t)(x_1(t) - x_e) - P_{22}(t)x_2(t).\qquad \square$$

12.2   Zeitinvarianter Fall

Die Lösung des letzten Abschnittes versetzt uns in die Lage, Regelgesetze für Prozesse zu entwickeln, die die in Abschn. 12.1 besprochenen Voraussetzungen erfüllen. Dies führt im Allgemeinen zu zeitvarianten Rückführmatrizen $\mathbf{K}(t)$, s. (12.16). In der regelungstechnischen Praxis ist es aber meistens ausreichend, und aus Aufwandsgründen auch erwünscht, zeitinvariante Regelgesetze zu entwickeln, die über unbeschränkte Zeit auf die entsprechenden Prozesse eingesetzt werden können. Es stellt sich daher die Frage, unter welchen zusätzlichen Voraussetzungen die Lösung des Abschn. 12.2 zu einer zeitinvarianten Rückführmatrix führt. Diese zusätzlichen Voraussetzungen, sowie die daraus resultierende zeitinvariante Lösung werden in diesem Abschnitt vorgestellt und erläutert.

Wir betrachten nun Problemstellungen der LQ-Optimierung, die zusätzlich zu den bisherigen Angaben folgende Voraussetzungen erfüllen:

(i)   Die Problemmatrizen $\mathbf{A}, \mathbf{B}, \mathbf{Q}, \mathbf{R}$ sind zeitinvariant.

(ii) Die Endzeit ist unendlich: $T \to \infty$.

(iii) Das System $[\mathbf{A}, \mathbf{B}]$ ist vollständig steuerbar. Diese Voraussetzung wird eingeführt, um zu garantieren, dass das Gütefunktional trotz unendlicher Endzeit endlich groß bleibt. Wäre nämlich ein Zustand x_i, der im Gütefunktional enthalten ist, nicht steuerbar, so könnte ungeachtet der Steuertrajektorie $x_i(t \gg 0) = \overline{x}_i(t) \neq 0$ auftreten. Dies würde aber angesichts der unendlichen Endzeit bedeuten, dass der Wert des Gütefunktionals für alle möglichen Steuertrajektorien unendlich wäre, weshalb eine Optimierungsaufgabe keinen Sinn machen würde (s. auch Beispiel 12.6).

(iv) Das System $[\mathbf{A}, \mathbf{C}]$ ist vollständig beobachtbar, wobei die Matrix $\mathbf{C}$ eine beliebige Matrix ist, die die Beziehung $\mathbf{C}^T \mathbf{C} = \mathbf{Q}$ erfüllt. Diese Voraussetzung wird eingeführt, wenn asymptotische Stabilität für *alle* Zustandsvariablen des optimal geregelten Systems gesichert sein soll. Zum Verständnis dieser Anforderung denke man sich einen fiktiven Prozessausgang $\mathbf{y} = \mathbf{Cx}$, wodurch sich mit obiger Annahme $\mathbf{x}^T \mathbf{Qx} = \mathbf{y}^T \mathbf{y}$ im Gütefunktional ergibt. Nun garantiert die Beobachtbarkeitsannahme, dass alle Zustandsvariablen im Ausgangsvektor $\mathbf{y}$ und somit im Gütefunktional sichtbar bleiben. Als Konsequenz müssen also alle Zustandsvariablen zu Null geführt werden, wenn das Gütefunktional trotz unendlicher Endzeit endlich sein soll, woraus die asymptotische Stabilität resultiert, s. [6].

Beispiel 12.3 Die optimale Steuerung des Systems

$$\dot{x} = x + u; \quad x(0) = x_0$$

im Sinne der Minimierung von

$$J = \int\limits_0^\infty u(t)^2 dt$$

lautet $u^*(t) = 0$, weil dadurch der minimale Wert des Gütefunktionals $J^* = 0$ erreicht wird. Das resultierende optimal gesteuerte System

$$\dot{x} = x$$

ist offenbar instabil. Der Grund dieser Instabilität ist, dass die obige Voraussetzung (iv) verletzt wurde, da der Zustand x nicht im Gütefunktional enthalten ist.   □

Unter den getroffenen Voraussetzungen kann gezeigt werden [2, 5, 6], dass die Rückwärtsintegration der Riccati-Differentialgleichung (12.12) gegen einen stationären Wert $\overline{\mathbf{P}} \geq \mathbf{0}$ konvergiert, sofern für die Randbedingung (12.13) $\mathbf{P}(T) \geq \mathbf{0}$ erfüllt ist. Der stationäre Wert $\overline{\mathbf{P}}$ ist aber unabhängig von dem verwendeten Randwert $\mathbf{P}(T)$ und somit unabhängig von der Gewichtungsmatrix $\mathbf{S}$, was in Anbetracht der unendlichen Endzeit T nicht verblüffend erscheint.

Obige Eigenschaft verschafft uns eine Möglichkeit zur Berechnung der stationären Riccati-Matrix $\overline{\mathbf{P}}$, und zwar durch die Rückwärtsintegration der Riccati-Differentialgleichung (12.12) von einem beliebigen Randwert $\mathbf{P}(T) \geq \mathbf{0}$, z. B. $\mathbf{P}(T) = \mathbf{0}$, ausgehend, bis die Veränderungen der Matrixelemente P_{ij} eine vorbestimmte Toleranzgrenze unterschreiten. Alternativ kann aber $\overline{\mathbf{P}}$ auch durch Lösung der *stationären Riccati-Gleichung* gewonnen werden. Letztere erhält man aus $\dot{\mathbf{P}} = \mathbf{0}$ in (12.12), wodurch die Matrixgleichung

$$\overline{\mathbf{P}}\mathbf{A} + \mathbf{A}^T\overline{\mathbf{P}} - \overline{\mathbf{P}}\mathbf{B}\mathbf{R}^{-1}\mathbf{B}^T\overline{\mathbf{P}} + \mathbf{Q} = \mathbf{0} \qquad (12.28)$$

entsteht. Da das Gleichungssystem (12.28) nichtlinear ist, kann es eine mehrdeutige Lösung besitzen; es kann aber gezeigt werden, dass es *genau eine* positiv semidefinite Lösung $\overline{\mathbf{P}} \geq \mathbf{0}$ aufweist, die somit der gesuchten stationären Riccati-Matrix entspricht. Weitere, teilweise komplexere, dafür aber rechentechnisch effektivere Verfahren zur Berechnung der stationären Riccati-Matrix $\overline{\mathbf{P}}$ sind aus der Literatur bekannt [7, 8].

Das mit $\overline{\mathbf{P}}$ entstehende optimale Regelgesetz der hier betrachteten Problemstellung ergibt sich aus (12.15) zu

$$\mathbf{u}(t) = -\mathbf{R}^{-1}\mathbf{B}^T\overline{\mathbf{P}}\mathbf{x}(t) = -\mathbf{K}\mathbf{x}(t)\,, \qquad (12.29)$$

wobei

$$\mathbf{K} = \mathbf{R}^{-1}\mathbf{B}^T\overline{\mathbf{P}} \qquad (12.30)$$

nunmehr eine *zeitinvariante Rückführmatrix* darstellt. Die gemäß (12.17) resultierende Systemmatrix $\mathbf{A}_{RK} = \mathbf{A} - \mathbf{B}\mathbf{R}^{-1}\mathbf{B}^T\overline{\mathbf{P}}$ des optimal geregelten Prozesses hat bei Erfüllung der Voraussetzungen (i)–(iv) dieses Abschnittes alle ihre Eigenwerte in der linken komplexen Halbebene und führt somit zu einem asymptotisch stabilen geregelten System. Der mittels des optimalen Regelgesetzes (12.29) resultierende minimale Wert des Gütefunktionals (12.2) beträgt gemäß (12.18)

$$\overline{J}^* = \frac{1}{2}\mathbf{x}_0^T\overline{\mathbf{P}}\mathbf{x}_0\,. \qquad (12.31)$$

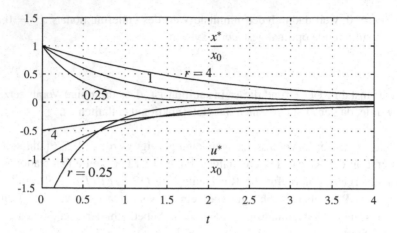

Abb. 12.3 Optimale Trajektorie für Beispiel 12.4

Beispiel 12.4 Wir wollen nun die Problemstellung des Beispiels 12.1 für unendliche End-zeit $T \to \infty$ behandeln. Da alle Voraussetzungen dieses Abschnittes erfüllt sind, kann der stationäre Wert des Riccati-Koeffizienten aus (12.23) bestimmt werden

$$\overline{P} = \lim_{T \to \infty} P(t) = \sqrt{r} . \tag{12.32}$$

Alternativ liefert die Lösung der stationären Riccati-Gleichung (12.28)

$$\frac{\overline{P}^2}{r} - 1 = 0$$

die nichtnegative Lösung $\overline{P} = \sqrt{r}$. Das zeitinvariante optimale Regelgesetz (12.29) lautet somit $u = -x/\sqrt{r}$ und es führt zu folgender Systemgle0ichung (12.17) des geregelten Systems

$$\dot{x} = -\frac{x}{\sqrt{r}}$$

mit dem Eigenwert $\Lambda = -1/\sqrt{r} < 0$. Die resultierenden optimalen Trajektorien lauten also

$$x^*(t) = x_0 e^{-\frac{t}{\sqrt{r}}} ; \quad u^*(t) = -\frac{x_0}{\sqrt{r}} e^{-\frac{t}{\sqrt{r}}} .$$

Abbildung 12.3 zeigt den Verlauf der optimalen Trajektorien für verschiedene Werte des Gewichtungsfaktors r. Es wird ersichtlich, dass die Wahl des Gewichtungsfaktors einen entscheidenden Einfluss auf die dynamischen Eigenschaften des geregelten Systems aus-übt. Jede Erhöhung von r führt in der Tat zu einem geringeren und gleichmäßigeren Steu-eraufwand, begleitet von einer langsamer abklingenden Zustandsvariable $x(t)$. Die Ex-tremfälle $r \to 0$ bzw. $r \to \infty$ führen erwartungsgemäß zu einer (technisch nicht realisier-baren) impulsartigen Steuerung bzw. zu einer (technisch irrelevanten) Nullsteuerung. □

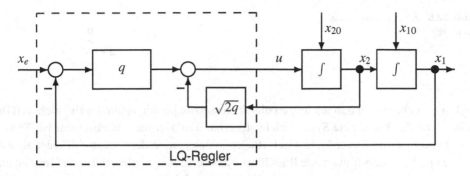

Abb. 12.4 Zustandsregler für Beispiel 12.5

Beispiel 12.5 Das doppelintegrierende System von Beispiel 12.2 wird unter dem gleichen Gütefunktional (12.26), nunmehr aber für unendlichen Zeithorizont $T \to \infty$ betrachtet. Steuer- und Beobachtbarkeitseigenschaften sind für dieses Beispiel gegeben, wie man sich leicht vergewissern kann. Mit den Matrizenwerten (12.27) ergibt die stationäre Riccati-Gleichung (12.28) das algebraische Gleichungssystem

$$-\overline{P}_{12}^2 + q^2 = 0, \quad \overline{P}_{11} - \overline{P}_{12}\overline{P}_{22} = 0, \quad 2\overline{P}_{12} - \overline{P}_{22}^2 = 0 \,.$$

Die einzige Lösung dieses Gleichungssystems, die zu einer positiv semidefiniten Riccati-Matrix $\overline{\mathbf{P}} \geq \mathbf{0}$ führt, lautet

$$\overline{P}_{11} = q\sqrt{2q}, \quad \overline{P}_{12} = q, \quad \overline{P}_{22} = \sqrt{2q} \,.$$

Es ist interessant festzustellen, dass diese Werte erwartungsgemäß für $q = 1$ den stationären Werten ($t = 0$) der Zeitverläufe von Abb. 12.2 entsprechen. Mit diesen Werten berechnet sich das optimale Regelgesetz (12.29) wie folgt

$$u = q(x_e - x_1) - \sqrt{2q}\, x_2 \,.$$

Abbildung 12.4 visualisiert den resultierenden Regelkreis. Die Untersuchung des Übertragungsverhaltens des Regelkreises zeigt, dass es sich um ein dynamisches System 2. Ordnung (PT$_2$-System) handelt

$$\frac{x_1(p)}{x_e(p)} = \frac{q}{p^2 + \sqrt{2q}\,p + q}$$

mit Eigenwerten $\Lambda_{1,2} = \sqrt{q/2}(-1 \pm j)$. Diese Werte verdeutlichen, dass ungeachtet des q-Wertes der Regelkreis ein konstantes Dämpfungsverhalten aufweist (s. auch Übung 12.1). Der Wert des Gewichtungsfaktors q beeinflusst lediglich die Schnelligkeit des resultierenden Regelkreises. □

Abb. 12.5 Zwei punktförmige
Objekte

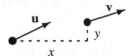

Für manche Anwendungen mögen die Voraussetzungen (iii) und/oder (iv) nicht erfüllt sein, wenn das betrachtete System nicht steuerbar und/oder nicht beobachtbar ist. Trotzdem kann in vielen dieser Fälle durch Rückwärtsintegration der Riccati-Differentialgleichung (12.12) eine zeitinvariante Rückführmatrix berechnet werden, die unter Umständen eine sinnvolle Regelung bewirkt, wie folgendes Beispiel demonstriert.

Beispiel 12.6 Ein punktförmiges Objekt bewegt sich im zweidimensionalen Raum mit konstanter Geschwindigkeit $\mathbf{v} = [\begin{array}{cc} v_x & v_y \end{array}]^T$. Ein zweites punktförmiges Objekt mit gesteuerter Geschwindigkeit $\mathbf{u} = [\begin{array}{cc} u_x & u_y \end{array}]^T$ soll das erste Objekt auffangen. Gesucht wird ein Regelgesetz $\mathbf{u} = R(\mathbf{v}, x, y)$, das unter Nutzung aktueller Messwerte $\mathbf{v}$, x, y obiges Ziel anstrebt, wobei x bzw. y den horizontalen bzw. vertikalen Abstand der zwei Objekte bezeichnen (Abb. 12.5).

Zur Entwicklung des Regelgesetzes formulieren wir folgendes LQ-Problem:
Minimiere

$$J = \frac{1}{2} \int_0^\infty x(t)^2 + y(t)^2 + u_x(t)^2 + u_y(t)^2 dt \tag{12.33}$$

unter Berücksichtigung von

$$\dot{v}_x = 0 \tag{12.34}$$

$$\dot{v}_y = 0 \tag{12.35}$$

$$\dot{x} = v_x - u_x \tag{12.36}$$

$$\dot{y} = v_y - u_y . \tag{12.37}$$

Dieses Problem lässt sich offenbar in zwei gleiche, unabhängige LQ-Probleme, jeweils für die x- und y-Richtung, aufspalten. Das Problem der x-Richtung lautet:
Minimiere

$$J = \frac{1}{2} \int_0^\infty x(t)^2 + u_x(t)^2 dt$$

unter Berücksichtigung von (12.34), (12.36).

Offenbar sind die Zustandsvariablen v_x, v_y nicht steuerbar und die Voraussetzung (iii) somit nicht erfüllt. Trotzdem stellen wir mit den Problemmatrizen

$$\mathbf{A} = \begin{bmatrix} 0 & 0 \\ 1 & 0 \end{bmatrix}, \ \mathbf{B} = \begin{bmatrix} 0 \\ -1 \end{bmatrix}, \ R = 1, \ \mathbf{Q} = \begin{bmatrix} 0 & 0 \\ 0 & 1 \end{bmatrix}$$

die Riccati-Gleichungen auf

$$\dot{P}_{11} = -2P_{12} + P_{12}^2 \tag{12.38}$$

$$\dot{P}_{12} = -P_{22} + P_{22}P_{12} \tag{12.39}$$

$$\dot{P}_{22} = P_{22}^2 - 1 \tag{12.40}$$

mit der Randbedingung $\mathbf{P}(\infty) = \mathbf{0}$. Die Rückwärtsintegration von (12.39), (12.40) führt zu den stationären Werten $\overline{P}_{12} = 1$, $\overline{P}_{22} = 1$, während sich aus (12.38) kein endlicher stationärer Wert für P_{11} ergibt. In der Tat liefert die stationäre Version der Riccati-Gleichung (12.38)–(12.40) keine Lösung für $\overline{\mathbf{P}}$. Trotzdem wollen wir mittels (12.29) formal das Regelgesetz berechnen und erhalten

$$u_x(t) = \overline{P}_{12}v_x(t) + \overline{P}_{22}x(t) = v_x(t) + x(t). \tag{12.41}$$

Für das Regelgesetz der y-Richtung erhalten wir entsprechend

$$u_y(t) = v_y(t) + y(t). \tag{12.42}$$

Fassen wir nun die Erkenntnisse aus diesem Beispiel zusammen:

(a) Der zu regelnde Prozess ist bezüglich der Zustandsgrößen v_x, v_y nicht steuerbar.
(b) Die stationäre Riccati-Gleichung (12.28) hat zwar keine Lösung, aber die Rückwärtsintegration der Riccati-Gleichung liefert stationäre Werte für $\overline{P}_{12}$, $\overline{P}_{22}$, die ausreichend sind, um ein zeitinvariantes Regelgesetz (12.41) bzw. (12.42) zu erhalten.
(c) Das Regelgesetz (12.41), (12.42) garantiert die asymptotische Stabilität der steuerbaren Zustandsvariablen x und y und erfüllt somit das gestellte Regelungsziel. $\qquad\square$

12.3 Rechnergestützter Entwurf

Während in den 50er Jahren die theoretischen Verfahren zum Entwurf *einschleifiger* Regelkreise im Frequenzbereich mit Erfolg eingesetzt wurden, war das Entwurfsproblem *mehrschleifiger* Regelkreise offen. Eine erste Schule von Wissenschaftlern und Ingenieuren konzentrierte ihre Anstrengungen auf die geeignete Erweiterung bekannter Verfahren des Frequenzbereichs auf den mehrdimensionalen Fall und entwickelte Methoden, die um den Preis eines unter Umständen beträchtlichen Entwurfsaufwandes erfolgreich angewandt werden konnten. Eine zweite Schule zog es vor, auf den Zeitbereich und auf die Optimierung zu setzen, wodurch der in diesem Kapitel vorgestellte LQ-Regler für mehrdimensionale Systeme entstand. Die beiden Schulen lieferten sich zeitweise in Kongressen und Publikationen Wortgefechte, die letztlich nützliche Entwicklungen in beiden Richtungen gefördert haben [9, 10].

Im Zusammenhang mit der LQ-Optimierung wurde die ursprüngliche Euphorie über die vermeintliche „Automatisierung des Reglerentwurfs" gedämpft, als realisiert wurde, dass ein mehrschleifiger Regelkreis erst dann als Lösung einer Optimierungsaufgabe automatisch resultiert, wenn die Gewichtungsmatrizen $\mathbf{Q}, \mathbf{R}, \mathbf{S}$ festgelegt wurden. Wie aber sollten diese Matrizen gewählt werden? Regelungstechnische Anforderungen betreffen üblicherweise Schnelligkeit, Überschwingverhalten, Robustheit und ähnliche Eigenschaften, die sich großteils nicht direkt auf entsprechende Werte der Gewichtungsmatrizen beziehen lassen. Die Festlegung der Gewichtungsmatrizen erfordert also meistens eine indirekte, rechnergestützte „trial-and-error"-Prozedur, die im Folgenden in groben Zügen skizziert werden soll. Aber auch andere systematischere Verfahren wurden in einer Vielzahl von Arbeiten entwickelt, s. [11] für eine Übersicht, s. auch [12] für einen Zusammenhang zwischen Gewichtungsmatrizen und Robustheit des resultierenden Regelkreises.

Wir richten unser Augenmerk auf LQ-Problemstellungen mit unendlicher Endzeit, die durch zeitvariante Zustandsrückführung gelöst werden können. Obwohl diese Problemstellung formal als Optimierungsaufgabe eingeführt wurden, macht obige Diskussion klar, dass die dynamische Optimierung in diesem Zusammenhang keine Minimierung einer physikalisch bedeutungsvollen Größe anstrebt. Das quadratische Gütefunktional der LQ-Optimierung ist tatsächlich ein Vehikel zur Ableitung sinnvoller zeitvarianter Zustandsrückführungen. Mangels direkter Entwurfsverfahren müssen also die Gewichtungsmatrizen $\mathbf{Q}, \mathbf{R}$ interaktiv so festgelegt werden, dass die angestrebten regelungstechnischen Anforderungen Berücksichtigung finden. Eine mögliche Vorgehensweise für diese Festlegung ist durch folgende Schritte überschlägig dargelegt [13]:

(i)   Die Systemmatrizen $\mathbf{A}$ und $\mathbf{B}$ und die Problemspezifikationen bezüglich Einschwingzeiten, Überschwinger, Stell- und Zustandsgrößenbeschränkungen u. ä. werden festgehalten.

(ii) Eine anfängliche Wahl der Gewichtungsmatrizen wird wie folgt getroffen

$$\mathbf{Q} = \mathbf{diag}\left(\frac{1}{\hat{x}_i^2}\right), \ \mathbf{R} = \mathbf{diag}\left(\frac{1}{\hat{u}_i^2}\right),$$

wobei $\hat{x}_i, \hat{u}_i$ geeignet normierte (z. B. maximal zulässige) Werte sind.

(iii) Die zugehörigen Werte der Riccati-Matrix $\overline{\mathbf{P}}$ und der Rückführmatrix $\mathbf{K}$ werden gegebenenfalls durch Rechnereinsatz berechnet. Sodann wird das Regelkreisverhalten mittels Simulation anhand der grafischen Verläufe der Steuervariablen $\mathbf{u}(t)$ und der Zustandsvariablen $\mathbf{x}(t)$ visualisiert.

(iv) Gegebenenfalls wird unbefriedigendem Verhalten bestimmter Systemvariablen durch gezielte Veränderung der entsprechenden Gewichtungsfaktoren und erneute Durchführung von (iii) entgegengewirkt.

(v)   Die Schritte (iii) und (iv) werden so oft durchlaufen, bis befriedigendes Verhalten im Sinne der Spezifikationen von (i) erzielt wird.

Regelungstechnische Entwurfsumgebungen zur effizienten Durchführung obiger Schritte sind heute verfügbar. Die Qualität des Entwurfsergebnisses hängt allerdings nicht zuletzt von Geschick, Erfahrung und theoretischen Kenntnissen des Anwenders ab, so dass von einer Automatisierung des Reglerentwurfs nicht die Rede sein kann.

12.4 Robustheit zeitinvarianter LQ-Regler

Die Diskussion des letzten Abschnittes legt die Frage nahe, ob tatsächlich alle nur denkbaren (also auch technisch unsinnigen) Zustandsregler als optimale LQ-Regler im Sinne einer entsprechenden Festlegung der Gewichtungsmatrizen ableitbar sind. Anders ausgedrückt stellt sich die Frage, ob ungeachtet der verwendeten Gewichtungsmatrizen Zustandsregler, die mittels einer LQ-Optimierungsprozedur ermittelt wurden, ein gewisses Qualitätssiegel tragen, das sie von anderen Zustandsreglern unterscheidet. Eine positive Antwort auf diese Frage hat R.E. Kalman [9] zunächst für skalare Regler im Zusammenhang mit der Robustheitseigenschaft geben können.

Mit welchem Verfahren auch immer, der Entwurf eines Reglers setzt das Vorhandensein eines mathematischen Prozessmodells voraus. Da mathematische Prozessmodelle nie exakt sein können, stellt sich dann aber die Frage, ob ein theoretisch entwickelter Regler, der für das Nominalmodell zufriedenstellendes Verhalten aufweist, auch in einer praktischen Umgebung, bei möglichen Variationen des Prozessverhaltens, Stabilität und Güte des Regelkreises garantieren kann. Dies ist die Frage nach der *Robustheit* eines Reglers.

Eine ausführliche Behandlung der Robustheitseigenschaften von LQ-Reglern, die sinnvollerweise im Frequenzbereich erfolgen müsste, würde uns zu weit vom Hauptgegenstand dieses Buches wegführen. Wir wollen uns daher darauf beschränken, ohne Beweis festzuhalten, dass zeitinvariante LQ-Regelkreise mit *einer* (skalaren) Steuergröße u ungeachtet der Werte der Gewichtungsmatrizen folgende *Kalman-Ungleichung* erfüllen

$$|1 - F_0(j\omega)| \geq 1 \,. \tag{12.43}$$

Hierbei ist $F_0(j\omega) = -\mathbf{k}^T (j\omega\mathbf{I} - \mathbf{A})^{-1}\mathbf{b}$ die Frequenzgangsfunktion des am u-Signal aufgeschnittenen (offenen) Regelkreises. Ungleichung (12.43) macht deutlich (s. Abb. 12.6), dass der Frequenzgang $-F_0(j\omega)$ außerhalb eines Einheitskreises um den kritischen Punkt $(-1, 0)$ verläuft und somit eine Phasenreserve von mindestens $60°$ und eine unendliche Amplitudenreserve aufweist. Analoge Eigenschaften können auch für den mehrdimensionalen Fall nachgewiesen werden [2, 5].

Beispiel 12.7 Für das doppelintegrierende dynamische System von Beispiel 12.5 wurde mittels der LQ-Prozedur ein zeitinvarianter Zustandsregler entworfen. Die Übertragungsfunktion des am Signal u aufgeschnittenen Regelkreises beträgt

$$F_0(j\omega) = -\frac{q + j\omega\sqrt{2q}}{(j\omega)^2} \,.$$

Auf der Grundlage dieser Übertragungsfunktion lässt sich die Gültigkeit der Ungleichung (12.43) leicht nachweisen

$$|1 - F_0(j\omega)| = \sqrt{1 + \left(\frac{q}{\omega^2}\right)^2} \geq 1 \,.$$

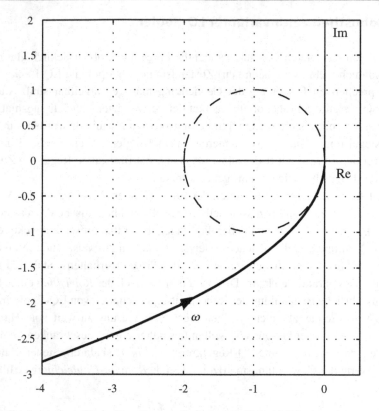

Abb. 12.6 Ortskurve des offenen Regelkreises für Beispiele 12.5, 12.7 für $q = 1$

Obige Ungleichung gilt offenbar für alle $q \geq 0$ und stellt somit eine strukturelle Eigenschaft des LQ-Reglers dar, s. auch Abb. 12.6.   □

12.5 LQ-Regler mit vorgeschriebener minimaler Stabilitätsreserve

Beispiele 12.4, 12.5 verdeutlichen, dass die aus dem Einsatz zeitinvarianter LQ-Regler resultierenden Regelkreise ihre Eigenwerte bei entsprechender Wahl der Gewichtungsmatrizen beliebig nahe an der imaginären Achse haben können. Wenn man es wünscht, so besteht aber auch die Möglichkeit, mittels der LQ-Prozedur Regelkreise zu entwerfen, die ungeachtet der verwendeten Gewichtungsmatrizen eine vorgeschriebene absolute *Stabilitätsreserve* nicht unterschreiten, d. h. dass für alle Eigenwerte Λ_i des Regelkreises die Ungleichung

$$\operatorname{Re}\{\Lambda_i\} < -\alpha \tag{12.44}$$

erfüllt ist, wobei $\alpha > 0$ die erwünschte minimale Stabilitätsreserve bezeichnet.

Obige Eigenschaft kann erreicht werden, wenn bei Berücksichtigung des linearen zeitinvarianten Prozessmodells

$$\dot{\mathbf{x}}(t) = \mathbf{A}\mathbf{x}(t) + \mathbf{B}\mathbf{u}(t) \tag{12.45}$$

folgendes modifizierte Gütefunktional anstelle von (12.2) zur Minimierung herangezogen wird

$$J_\alpha = \frac{1}{2} \int_0^\infty e^{2\alpha t} \|\mathbf{x}(t)\|_{\mathbf{Q}}^2 + \|\mathbf{u}(t)\|_{\mathbf{R}}^2 \, dt \, . \tag{12.46}$$

Für $\alpha > 0$ hat dieses Gütefunktional offenbar die Eigenschaft, spätere Abweichungen von der Nulllage stärker zu bestrafen. Für die Matrizenpaare $[\mathbf{A}, \mathbf{B}]$ bzw. $[\mathbf{A}, \mathbf{C}]$, mit $\mathbf{C}^T\mathbf{C} = \mathbf{Q}$, wird gemäß den Voraussetzungen von Abschn. 12.2 vollständige Steuer- bzw. Beobachtbarkeit vorausgesetzt.

Es kann nun gezeigt werden, dass die modifizierte Problemstellung der Minimierung von (12.46) unter Berücksichtigung von (12.45) und unter den Voraussetzungen von Abschn. 12.2 (zeitinvarianter Entwurf) auf die stationäre Standard-LQ-Problemstellung zurückgeführt werden kann. Um dies zu erreichen, führen wir folgende Substitutionsvariablen ein

$$\mathbf{u}_\alpha(t) = \mathbf{u}(t)e^{\alpha t}, \ \mathbf{x}_\alpha(t) = \mathbf{x}(t)e^{\alpha t} \, , \tag{12.47}$$

wodurch das Gütefunktional J_α aus (12.45) folgende quadratische Standardform erhält

$$J_\alpha = \frac{1}{2} \int_0^\infty \|\mathbf{x}_\alpha(t)\|_{\mathbf{Q}}^2 + \|\mathbf{u}_\alpha(t)\|_{\mathbf{R}}^2 \, dt \, . \tag{12.48}$$

Ferner gilt wegen (12.47) $\dot{\mathbf{x}}_\alpha = \dot{\mathbf{x}}e^{\alpha t} + \alpha\mathbf{x}e^{\alpha t}$ und durch Einsetzen in die linearen Prozessnebenbedingungen (12.45) erhält man das modifizierte Modell

$$\dot{\mathbf{x}}_\alpha = (\mathbf{A} + \alpha\mathbf{I})\mathbf{x}_\alpha + \mathbf{B}\mathbf{u}_\alpha \, . \tag{12.49}$$

Aus der Definition (12.47) der Substitutionsvariablen ist es ersichtlich, dass die vollständige Steuerbarkeit und Beobachtbarkeit des ursprünglichen Problems auf die Matrizenpaare $[\mathbf{A} + \alpha\mathbf{I}, \mathbf{B}]$ und $[\mathbf{A} + \alpha\mathbf{I}, \mathbf{C}]$ des modifizierten Problems übertragbar ist. Folglich stellt die Minimierung von (12.48) unter Berücksichtigung von (12.49) ein zeitinvariantes LQ-Problem dar, dessen Lösung folgendes optimales Regelgesetz ergibt

$$\mathbf{u}_\alpha(t) = -\mathbf{R}^{-1}\mathbf{B}^T\overline{\mathbf{P}}_\alpha\mathbf{x}_\alpha(t) \, . \tag{12.50}$$

Hierbei ist $\overline{\mathbf{P}}_\alpha$ die Lösung der stationären Riccati-Gleichung des modifizierten Problems

$$\overline{\mathbf{P}}_\alpha\mathbf{A}_\alpha + \mathbf{A}_\alpha^T\overline{\mathbf{P}}_\alpha - \overline{\mathbf{P}}_\alpha\mathbf{B}\mathbf{R}^{-1}\mathbf{B}^T\overline{\mathbf{P}}_\alpha + \mathbf{Q} = 0 \tag{12.51}$$

mit der Systemmatrix $\mathbf{A}_\alpha = \mathbf{A} + \alpha\mathbf{I}$ des modifizierten Prozessmodells (12.49). Durch Rücktransformation von (12.50) erhält man schließlich das gesuchte Regelgesetz in den ursprünglichen Variablen

$$\mathbf{u}(t) = -\mathbf{R}^{-1}\mathbf{B}^T\overline{\mathbf{P}}_\alpha\mathbf{x}(t) \,. \tag{12.52}$$

Dieses Regelgesetz garantiert, dass die Ungleichung (12.44) für alle Pole des geregelten Originalsystems (12.45) erfüllt ist. Um dies zu sehen, beachte man zunächst, dass das Regelgesetz (12.50) gemäß Abschn. 6.2 für das modifizierte System (12.49) einen asymptotisch stabilen Regelkreis liefert, d. h. $\mathrm{Re}\{\Lambda_{\alpha,i}\} < 0$. In Anbetracht der Beziehung $\mathbf{x}(t) = \mathbf{x}_\alpha(t)e^{-\alpha t}$ ist es dann aber klar, dass (12.44) für den Regelkreis des Originalsystems erfüllt sein muss.

Fassen wir nun die Schritte zusammen, die zum Entwurf eines zeitinvarianten LQ-Reglers mit minimaler Stabilitätsreserve führen:

- Festlegung der Problemmatrizen $\mathbf{A}$, $\mathbf{B}$, $\mathbf{Q}$, $\mathbf{R}$ und der erwünschten Stabilitätsreserve α.
- Lösung der modifizierten stationären Riccati-Gleichung (12.51).
- Berechnung des LQ-Reglers nach (12.52).

Beispiel 12.8 Man betrachte das dynamische System 1. Ordnung $\dot{x} = 2x + u$ und die Gewichtungsfaktoren $R = 1$ und $Q = q > 0$. Offenbar sind Steuer- und Beobachtbarkeit dieses Systems gewährleistet. Für eine minimale Stabilitätsreserve $\alpha > 0$ lautet die Systemmatrix der modifizierten Problemstellung $A_\alpha = 2 + \alpha$, so dass die modifizierte stationäre Riccati-Gleichung (12.51) folgende Beziehung liefert

$$\overline{P}_\alpha^2 - 2(2 + \alpha)\overline{P}_\alpha - q = 0 \,.$$

Mit der nichtnegativen Wurzel obiger Gleichung

$$\overline{P}_\alpha = 2 + \alpha + \sqrt{(2 + \alpha)^2 + q}$$

ergibt sich gemäß (12.52) das Regelgesetz

$$u(t) = -\overline{P}_\alpha x(t) \,.$$

Das geregelte System ist dann beschrieben durch

$$\dot{x}(t) = -\left(\alpha + \sqrt{(2 + \alpha)^2 + q}\right) x(t) \,,$$

und für seinen reellen Eigenwert $\Lambda = -\alpha - \sqrt{(2 + \alpha)^2 + q}$ gilt offenbar $\Lambda < -\alpha$, ungeachtet der Werte von $\alpha > 0$ und $q > 0$. $\qquad\square$

12.6 Regelung der Ausgangsgrößen

Bei vielen praktischen Anwendungen ist man nicht an der Regelung *aller* Zustandsgrößen $\mathbf{x}(t)$, sondern nur an der Regelung bestimmter *Ausgangsgrößen* $\mathbf{y}(t)$ des betrachteten Systems interessiert. Dies kann durch folgendes Gütefunktional zum Ausdruck gebracht werden

$$J = \frac{1}{2} \|\mathbf{y}(T)\|_{\tilde{\mathbf{S}}}^2 + \frac{1}{2} \int_0^T \|\mathbf{y}(t)\|_{\tilde{\mathbf{Q}}(t)}^2 + \|\mathbf{u}(t)\|_{\mathbf{R}(t)}^2 \, dt \qquad (12.53)$$

mit T fest, $\tilde{\mathbf{S}} \geq \mathbf{0}$, $\tilde{\mathbf{Q}} \geq \mathbf{0}$, $\mathbf{R} > \mathbf{0}$. Verglichen mit (12.2) wurden in diesem Gütefunktional die Zustandsgrößen $\mathbf{x}$ durch die hier interessierenden Ausgangsgrößen $\mathbf{y}$ ersetzt. Das dynamische Prozessmodell weist nach wie vor die lineare Form (12.1) auf, während die Ausgangsgrößen mittels folgender linearer Beziehung bestimmt werden

$$\mathbf{y} = \mathbf{C}(t)\mathbf{x} \,, \qquad (12.54)$$

wobei $\mathbf{C}$ die *Ausgangsmatrix* ist. Sinnvollerweise nehmen wir an, dass $q = \dim(\mathbf{y}) \leq \dim(\mathbf{x}) = n$ erfüllt sei.

Die in diesem Abschnitt betrachtete Problemstellung besteht also in der Minimierung von (12.53) unter Berücksichtigung von (12.1) und (12.54). Zur Lösung dieser Problemstellung setzen wir (12.54) in das Gütefunktional (12.53) wie folgt ein

$$\|\mathbf{y}(t)\|_{\tilde{\mathbf{Q}}}^2 = \mathbf{y}(t)^T \tilde{\mathbf{Q}} \mathbf{y}(t) = \mathbf{x}(t)^T \mathbf{C}^T \tilde{\mathbf{Q}} \mathbf{C} \mathbf{x}(t) = \mathbf{x}(t)^T \mathbf{Q} \mathbf{x}(t)$$

$$\|\mathbf{y}(T)\|_{\tilde{\mathbf{S}}}^2 = \mathbf{y}(T)^T \tilde{\mathbf{S}} \mathbf{y}(T) = \mathbf{x}(T)^T \mathbf{C}^T \tilde{\mathbf{S}} \mathbf{C} \mathbf{x}(T) = \mathbf{x}(T)^T \mathbf{S} \mathbf{x}(T) \,,$$

wobei die neuen Gewichtungsmatrizen $\mathbf{Q} = \mathbf{C}^T \tilde{\mathbf{Q}} \mathbf{C}$ und $\mathbf{S} = \mathbf{C}^T \tilde{\mathbf{S}} \mathbf{C}$ offenbar positiv semidefinit sind, wenn $\tilde{\mathbf{Q}} \geq \mathbf{0}$, $\tilde{\mathbf{S}} \geq \mathbf{0}$. Nach dieser Elimination des Ausgangsgrößenvektors $\mathbf{y}$ erhalten wir aber die Standard-LQ-Problemstellung mit der Lösung von Abschn. 12.1. Tatsächlich darf die Standard-Problemstellung als Spezialfall (für $\mathbf{C} = \mathbf{I}$) der Problemstellung dieses Abschnittes betrachtet werden.

Abbildung 12.7a zeigt den Signalflussplan des mittels vollständiger Zustandsrückführung geregelten Systems. Es mag als enttäuschend erscheinen, dass zwar nur die Ausgangsgrößen interessieren, trotzdem aber nach wie vor *alle* Zustandsvariablen zurückgeführt werden müssen. Wie sollte man aber bei praktischen Anwendungen vorgehen, wenn nur die Ausgangsgrößen $\mathbf{y}$ messbar sind?

Zwei Lösungswege sind hier denkbar. Der erste sieht eine Einrichtung vor, die anhand der Messwerte $\mathbf{u}$ und $\mathbf{y}$ im on-line Betrieb Schätzwerte für die Zustandsvariablen liefert, die zur vollständigen Zustandsrückführung herangezogen werden können. Diese Möglichkeit wird in Kap. 17 ausführlich erörtert. Der zweite Lösungsweg besteht darin, auf die

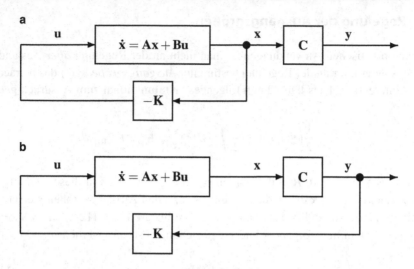

Abb. 12.7 **a** Zustandsrückführung und **b** Ausgangsrückführung

nicht messbaren Zustandsvariablen ganz zu verzichten, d. h. von der bisher beschriebenen LQ-Prozedur beim Reglerentwurf abzusehen. Diese zweite Möglichkeit (*Ausgangsrück-führung*) wird nach Beispiel 12.9 vorgestellt.

Beispiel 12.9 Die Problemstellung des Beispiels 12.2 (für $s_2 = 0$) entspricht mit $y = x_1$ der in diesem Abschnitt betrachteten Problemstellung, da das Gütefunktional zwar x_1, nicht aber x_2 beinhaltet.   □

Ziel ist es, für den Fall messbarer Ausgangsgrößen eine zeitinvariante *Ausgangsrück-führung*, d. h. einen Mehrgrößenregler wie in Abb. 12.7b gezeigt, für lineare zeitinvariante Systeme zu entwerfen. Diese Problemstellung wurde zuerst in [14, 15] berücksichtigt, s. auch [16] für eine gelungene Übersicht. Gegenstand der Untersuchungen bildet das lineare zeitinvariante Standardmodell

$$\dot{\mathbf{x}} = \mathbf{A}\mathbf{x} + \mathbf{B}\mathbf{u}, \quad \mathbf{x}(0) = \mathbf{x}_0 \tag{12.55}$$

$$\mathbf{y} = \mathbf{C}\mathbf{x}, \tag{12.56}$$

das als vollständig steuer- und beobachtbar vorausgesetzt wird. Das zu minimierende quadratische Gütefunktional mit unendlicher Endzeit und zeitinvarianten Gewichtungs-matrizen weist die übliche Form auf

$$J = \frac{1}{2} \int_0^\infty \|\mathbf{x}(t)\|_{\mathbf{Q}}^2 + \|\mathbf{u}(t)\|_{\mathbf{R}}^2 \, dt, \quad \mathbf{Q} > 0, \mathbf{R} > 0. \tag{12.57}$$

Nun beschränken wir die Problemlösung auf zeitinvariante Ausgangsrückführungen

$$\mathbf{u}(t) = -\mathbf{K}\mathbf{y}(t), \tag{12.58}$$

d. h. wir suchen die *Rückführmatrix* **K** *der Ausgangsgrößen*, so dass (12.57) unter Berücksichtigung von (12.55), (12.56), (12.58) minimiert wird.

Aus (12.55), (12.56), (12.58) erhalten wir die Gleichung des geregelten Systems

$$\dot{\mathbf{x}} = \mathbf{A}_{RK}\mathbf{x} \tag{12.59}$$

mit der Systemmatrix

$$\mathbf{A}_{RK} = \mathbf{A} - \mathbf{BKC} \tag{12.60}$$

und der Lösung

$$\mathbf{x}(t) = e^{\mathbf{A}_{RK}t}\mathbf{x}_0 . \tag{12.61}$$

Wegen (12.56), (12.58) gilt $\mathbf{u} = -\mathbf{KCx}$ und durch Einsetzen in (12.57) erhält man

$$J = \frac{1}{2}\int\limits_0^\infty \|\mathbf{x}(t)\|_{\mathbf{Q}_{RK}}^2\, dt \tag{12.62}$$

mit

$$\mathbf{Q}_{RK} = \mathbf{Q} + \mathbf{C}^T\mathbf{K}^T\mathbf{RKC} . \tag{12.63}$$

Durch Einsetzen der Lösung (12.61) in (12.62) erhalten wir ferner

$$J = \frac{1}{2}\mathbf{x}_0^T\mathbf{P}\mathbf{x}_0 \tag{12.64}$$

mit der symmetrischen $n \times n$-Matrix

$$\mathbf{P} = \int\limits_0^\infty \|e^{\mathbf{A}_{RK}t}\|_{\mathbf{Q}_{RK}}^2\, dt . \tag{12.65}$$

Die Berechnung dieses Integrals mittels partieller Integration und unter Nutzung von (19.52) führt zu

$$\mathbf{A}_{RK}^T\mathbf{P} + \mathbf{P}\mathbf{A}_{RK} = -\mathbf{Q}_{RK} . \tag{12.66}$$

Die Problemstellung besteht mit diesen Berechnungen also darin, **K** so zu bestimmen, dass J aus (12.64) unter Berücksichtigung von (12.66) minimiert wird. Dies stellt offenbar ein Problem der statischen Optimierung unter GNB dar, dessen notwendige Bedingungen nach einiger Rechnung neben (12.66) folgende Gleichungen liefern

$$(\mathbf{B}^T\mathbf{P} - \mathbf{RKC})\boldsymbol{\Sigma}\mathbf{C}^T = \mathbf{0} \tag{12.67}$$

$$\mathbf{A}_{RK}\boldsymbol{\Sigma} + \boldsymbol{\Sigma}\mathbf{A}_{RK}^T = -\mathbf{x}_0\mathbf{x}_0^T , \tag{12.68}$$

wobei die symmetrische $n \times n$-Matrix $\boldsymbol{\Sigma}$ neben **P** eine weitere Hilfsgröße darstellt. Die Lösung des verkoppelten Gleichungssystems (12.66)–(12.68) mit $\mathbf{A}_{RK}$ und $\mathbf{Q}_{RK}$ eingesetzt aus (12.60) und (12.63) liefert neben **P** und $\boldsymbol{\Sigma}$ den interessierenden Wert der Rückführmatrix **K**.

Nun weist aber (12.68) darauf hin, dass die Lösung vom jeweiligen Anfangszustand $\mathbf{x}_0$ abhängig ist, und folglich kein Regelgesetz im Sinne von Abschn. 10.3 darstellt. Um sich des Einflusses von $\mathbf{x}_0$ zu entledigen, kann man $\mathbf{x}_0$ als gaußverteilte Zufallsvariable mit Mittelwert $E\{\mathbf{x}_0\} = \mathbf{0}$ und Kovarianzmatrix $E\{\mathbf{x}_0\mathbf{x}_0^T\} = \boldsymbol{\Pi}_0$ voraussetzen. Durch diese Festlegung wird aber das Gütefunktional J

ebenso eine Zufallsvariable, deren Erwartungswert minimiert werden soll. Es kann nun gezeigt werden, dass durch diese Vorgehensweise schließlich der Term $\mathbf{x}_0\mathbf{x}_0^T$ in (12.68) durch $\mathbf{\Pi}_0$ ersetzt wird. Mit dieser Modifikation und durch Einsetzen von (12.60) und (12.63) in (12.66)–(12.68) erhält man schließlich die nachfolgend angegebenen Beziehungen.

Den optimalen Wert der Rückführmatrix $\mathbf{K}$ erhält man neben den symmetrischen Hilfsmatrizen $\mathbf{P}$, $\mathbf{\Sigma}$ aus der Lösung des folgenden verkoppelten Gleichungssystems

$$(\mathbf{A} - \mathbf{BKC})^T\mathbf{P} + \mathbf{P}(\mathbf{A} - \mathbf{BKC}) + \mathbf{Q} + \mathbf{C}^T\mathbf{K}^T\mathbf{RKC} = \mathbf{0} \tag{12.69}$$

$$(\mathbf{A} - \mathbf{BKC})\mathbf{\Sigma} + \mathbf{\Sigma}(\mathbf{A} - \mathbf{BKC})^T + \mathbf{\Pi}_0 = \mathbf{0} \tag{12.70}$$

$$(\mathbf{B}^T\mathbf{P} - \mathbf{RKC})\mathbf{\Sigma}\mathbf{C}^T = \mathbf{0}, \tag{12.71}$$

wobei für viele Anwendungen die Festlegung $\mathbf{\Pi}_0 = \mathbf{I}$ zu sinnvollen Ergebnissen führt.

Die Beziehungen (12.69)–(12.71) beinhalten als Spezialfall die stationäre Riccati-Gleichung. Um dies zu sehen, setzt man $\mathbf{C} = \mathbf{I}$, wodurch aus (12.58) eine vollständige Zustandsrückführung entsteht. In diesem Fall liefert (12.71) $\mathbf{K} = \mathbf{R}^{-1}\mathbf{B}^T\mathbf{P}$, vgl. (12.30), und durch Einsetzen in (12.69) erhält man die stationäre Riccati-Gleichung (12.28). Die Hilfsmatrix $\mathbf{\Sigma}$ und (12.70) werden also bei der Bestimmung von $\mathbf{K}$ nicht mehr benötigt, wodurch auch der Einfluss der Anfangswerte mittels $\mathbf{\Pi}_0$ strukturbedingt entfällt.

Die Lösung des Gleichungssystems (12.69)–(12.71) ist erheblich komplizierter als die Lösung der Riccati-Gleichung. Die Existenz der Lösung ist gesichert, sofern das betrachtete dynamische System mittels der festgelegten Reglerstruktur stabilisierbar ist. Eine analytische Lösung ist aber selbst bei einfachen Problemstellungen problematisch. Deshalb strebt man in der Regel eine numerische Minimierung durch Einsatz geeigneter numerischer Verfahren aus Kap. 4 an [17–19]. Weitere Verfahren zur Bestimmung von Ausgangsrückführungen werden in [16] diskutiert. Für ein Rechnerpaket zur numerischen Berechnung optimaler Ausgangsrückführungen s. [20].

Beispiel 12.10 Für das dynamische System

$$\dot{x}_1 = x_2$$

$$\dot{x}_2 = -\frac{1}{2}x_2 + u$$

$$y = x_1$$

wird ein P-Regler gesucht

$$u = -Ky,$$

der zur Minimierung des quadratischen Gütefunktionals

$$J = \frac{1}{2}\int_0^\infty q_1 x_1^2 + q_2 x_2^2 + u^2 dt$$

führt. Alle Voraussetzungen dieses Abschnittes sind erfüllt, und die Problemmatrizen lauten

$$\mathbf{A} = \begin{bmatrix} 0 & 1 \\ 0 & -\frac{1}{2} \end{bmatrix}, \ \mathbf{B} = \begin{bmatrix} 0 \\ 1 \end{bmatrix}, \ \mathbf{C} = [\ 1 \quad 0 \ ], \ R = 1, \ \mathbf{Q} = \begin{bmatrix} q_1 & 0 \\ 0 & q_2 \end{bmatrix},$$

während $\mathbf{\Pi}_0 = \mathbf{I}$ angenommen werden kann. Mit diesen Werten erhält man aus (12.69)–(12.71) das Gleichungssystem

$$P_{11} - \frac{1}{2}P_{12} - KP_{22} = 0$$

$$2P_{12} - P_{22} + q_2 = 0$$

$$-2KP_{12} + q_1 + K^2 = 0$$

$$\Sigma_{22} - K\Sigma_{11} - \frac{1}{2}\Sigma_{12} = 0$$

$$-2K\Sigma_{12} - \Sigma_{22} + 1 = 0$$

$$2\Sigma_{12} + 1 = 0$$

$$\Sigma_{11}(P_{12} - K) + \Sigma_{12}P_2 = 0 \ .$$

In Anbetracht der Symmetrie der Matrizen $\mathbf{\Sigma}$, $\mathbf{P}$ reichen diese Gleichungen zur Berechnung von $\mathbf{\Sigma}$, $\mathbf{P}$, K aus. Durch sukzessives Einsetzen erhält man nach einiger Rechnung folgende Bestimmungsgleichung für K

$$2K^3 + (1.25 + q_2)K^2 - 1.25q_1 = 0 \ .$$

Die Wurzeln dieser Gleichung 3. Grades sind Kandidaten für die optimale Auslegung des gesuchten P-Reglers. □

12.7   LQ-Regelung mit Störgrößenreduktion

Bei den bisherigen Betrachtungen dieses Kapitels wurde die Einwirkung von *Störgrößen* auf das Systemverhalten außer Acht gelassen. Störgrößen repräsentieren entweder Eingangsgrößen des Systems, die nicht beeinflussbar sind, oder aber Modell- bzw. Messungenauigkeiten. Dieser Abschnitt befasst sich mit unterschiedlichen Aspekten der Reduktion des Einflusses von Störgrößen auf das Regelkreisverhalten.

12.7.1   Bekannte Störgrößen

Wir betrachten das um die Wirkung zeitveränderlicher *Störgrößen* $\mathbf{z}(t)$ erweiterte lineare Prozessmodell

$$\dot{\mathbf{x}}(t) = \mathbf{A}(t)\mathbf{x}(t) + \mathbf{B}(t)\mathbf{u}(t) + \mathbf{z}(t), \quad \mathbf{x}(0) = \mathbf{x}_0 \ . \tag{12.72}$$

Hierbei setzen wir voraus, dass der zeitliche Verlauf $\mathbf{z}(t)$ über die Dauer des Optimierungshorizontes $t \in [0, T]$ bekannt sei. Dieser prognostizierte Verlauf kann tatsächlich bei vielen praktischen Anwendungen aus historischen Werten oder sonstiger Störgrößeninformation ermittelt werden. Die hier behandelte Problemstellung hat aber auch in anderem Zusammenhang eine Bedeutung, wie wir in Abschn. 12.8 sehen werden.

Gesucht wird also in diesem Abschnitt die optimale Regelung im Sinne der Minimierung des quadratischen Gütefunktionals (12.2) unter Berücksichtigung von (12.72). Die Lösung der formulierten Problemstellung erfolgt mittels folgenden zeitvarianten Regelgesetzes

$$\mathbf{u}(t) = -\mathbf{R}^{-1}\mathbf{B}^T\mathbf{P}\mathbf{x}(t) - \mathbf{R}^{-1}\mathbf{B}^T\mathbf{p}(t), \quad t \in [0, T] \,, \tag{12.73}$$

wobei $\mathbf{P}(t)$ die bekannte, als Lösung der Riccati-Gleichung (12.12) resultierende Riccati-Matrix darstellt. Der Vektor $\mathbf{p}(t), t \in [0, T]$, ist durch Rückwärtsintegration des folgenden vektoriellen Ein-Punkt-Randwertproblems erhältlich

$$\dot{\mathbf{p}} + (\mathbf{A} - \mathbf{B}\mathbf{R}^{-1}\mathbf{B}^T\mathbf{P})^T\mathbf{p} + \mathbf{P}\mathbf{z} = \mathbf{0} \tag{12.74}$$

mit der Endbedingung

$$\mathbf{p}(T) = \mathbf{0} \,. \tag{12.75}$$

Zur Ableitung von (12.73)–(12.75) bildet man zunächst die Hamilton-Funktion der Problemstellung

$$H = \frac{1}{2}\|\mathbf{x}\|_{\mathbf{Q}}^2 + \frac{1}{2}\|\mathbf{u}\|_{\mathbf{R}}^2 + \boldsymbol{\lambda}^T(\mathbf{A}\mathbf{x} + \mathbf{B}\mathbf{u} + \mathbf{z}) \,.$$

Die notwendigen Bedingungen ergeben

$$\dot{\mathbf{x}} = \nabla_\lambda H = \mathbf{A}\mathbf{x} + \mathbf{B}\mathbf{u} + \mathbf{z} \tag{12.76}$$

$$\dot{\boldsymbol{\lambda}} = -\nabla_\mathbf{x} H = -\mathbf{Q}\mathbf{x} - \mathbf{A}^T\boldsymbol{\lambda} \tag{12.77}$$

$$\nabla_\mathbf{u} H = \mathbf{R}\mathbf{u} + \mathbf{B}^T\boldsymbol{\lambda} = \mathbf{0} \iff \mathbf{u} = -\mathbf{R}^{-1}\mathbf{B}^T\boldsymbol{\lambda} \,. \tag{12.78}$$

Durch Einsetzen von (12.78) und (12.76) in (12.77) und unter Nutzung des Lösungsansatzes

$$\boldsymbol{\lambda} = \mathbf{P}\mathbf{x} + \mathbf{p} \tag{12.79}$$

erhält man nach einiger Rechnung die Gleichung

$$(\dot{\mathbf{P}} + \mathbf{P}\mathbf{A} + \mathbf{A}^T\mathbf{P} - \mathbf{P}\mathbf{B}\mathbf{R}^{-1}\mathbf{B}^T\mathbf{P} + \mathbf{Q})\mathbf{x} + \dot{\mathbf{p}} + (\mathbf{A} - \mathbf{B}\mathbf{R}^{-1}\mathbf{B}^T\mathbf{P})^T\mathbf{p} + \mathbf{P}\mathbf{z} = \mathbf{0} \,. \tag{12.80}$$

Diese Beziehung, die von $\mathbf{P}(t)$ und $\mathbf{p}(t)$ erfüllt sein muss, führt direkt zu den Differentialgleichungen (12.12) und (12.74). Ferner erhält man mittels der Transversalitätsbedingung aus dem Lösungsansatz (12.79)

$$\boldsymbol{\lambda}(T) = \mathbf{S}\mathbf{x}(T) = \mathbf{P}(T)\mathbf{x}(T) + \mathbf{p}(T) \,, \tag{12.81}$$

woraus die zugehörigen Endbedingungen (12.13) und (12.75) resultieren.

Die Gleichung (12.73) stellt ein Regelgesetz dar, da beide Terme ihrer rechten Seite unabhängig vom Anfangszustand sind. Wie (12.74) verdeutlicht, hängt aber $\mathbf{p}(t)$ nicht vom Zustand $\mathbf{x}(t)$ sondern ausschließlich vom bekannten Verlauf $\mathbf{z}(t)$ ab, so dass der zweite Term von (12.73) eine Art off-line berechnete *Störgrößenaufschaltung* ist. Somit

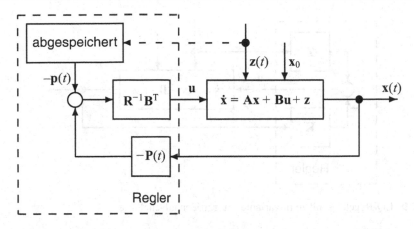

Abb. 12.8 LQ-Regelung mit off-line berechneter Störgrößenaufschaltung

können beide zur Lösung erforderlichen Verläufe $\mathbf{P}(t), \mathbf{p}(t)$ off-line berechnet werden. Abbildung 12.8 zeigt den Signalflussplan des resultierenden Regelkreises. Die Standard-LQ-Problemstellung von Abschn. 6.1 ist im obigen Ergebnis als Spezialfall enthalten. Setzt man nämlich $\mathbf{z}(t) = \mathbf{0}$, so liefern (12.74), (12.75) die Lösung $\mathbf{p}(t) = \mathbf{0}$, $\forall t \in [0, T]$, und (12.73) nimmt dann die Form (12.15) des bekannten LQ-Reglers an.

12.7.2 Messbare Störgrößen

Wir betrachten nun den zeitinvarianten Fall von Abschn. 12.7.1. Dies bedeutet, dass wir alle Voraussetzungen von Abschn. 12.2 als gegeben betrachten und darüber hinaus annehmen, dass die einwirkenden Störungen $\mathbf{z}(t) = \bar{\mathbf{z}}$ konstant sind.

In diesem Fall lautet die stationäre Lösung von (12.74)

$$\bar{\mathbf{p}} = -(\mathbf{A} - \mathbf{B}\mathbf{R}^{-1}\mathbf{B}^T\bar{\mathbf{P}})^{-T}\bar{\mathbf{P}}\bar{\mathbf{z}}, \qquad (12.82)$$

wobei $\bar{\mathbf{P}}$ die bekannte stationäre Lösung der Riccati-Gleichung (12.28) darstellt. Man beachte, dass die in (12.74) und (12.82) auftretende Matrix

$$\mathbf{A}_{RK} = \mathbf{A} - \mathbf{B}\mathbf{R}^{-1}\mathbf{B}^T\bar{\mathbf{P}} \qquad (12.83)$$

der Systemmatrix des geregelten Systems entspricht. Da letzteres unter den Voraussetzungen von Abschn. 12.2 bekanntlich asymptotisch stabil ist, darf die in (12.82) geforderte Invertierbarkeit von $\mathbf{A}_{RK}$ als gesichert betrachtet werden.

Mit (12.73) und (12.82) erhalten wir das zeitinvariante Regelgesetz für die hier betrachtete Problemstellung

$$\mathbf{u}(t) = -\mathbf{K}\mathbf{x}(t) - \mathbf{Z}\bar{\mathbf{z}}, \qquad (12.84)$$

wobei $\mathbf{K}$ die bekannte zeitinvariante Rückführmatrix (12.30) ist, und

$$\mathbf{Z} = -\mathbf{R}^{-1}\mathbf{B}^T(\mathbf{A} - \mathbf{B}\mathbf{R}^{-1}\mathbf{B}^T\bar{\mathbf{P}})^{-T}\bar{\mathbf{P}} \qquad (12.85)$$

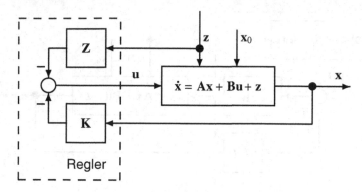

Abb. 12.9 LQ-Regelung mit zeitinvarianter Störgrößenaufschaltung

eine zeitinvariante Matrix zur Störgrößenaufschaltung ist, die, wie die Rückführmatrix $\mathbf{K}$, vorab (off-line) berechnet werden kann. Abbildung 12.9 zeigt den Signalflussplan des resultierenden Regelungssystems. Im Gegensatz zum zeitvarianten Fall von Abb. 12.8 ist nunmehr die Störgrößenaufschaltung in Echtzeit aus gegebenenfalls verfügbaren *Messungen der Störgrößen* berechenbar. Dieses Schema kann somit auch bei leicht veränderlichen messbaren Störgrößen als zeitinvariante *Störgrößenaufschaltung* zur Verbesserung der Regelungsqualität eingesetzt werden.

Es soll nicht der Anschein erweckt werden, dass die besprochene Störgrößenaufschaltung zu einer vollständigen Störgrößenkompensation, d. h. zu einem verschwindenden stationären Zustandswert $\bar{\mathbf{x}}$, führen würde. Eine derartige Kompensation würde nämlich voraussetzen, dass der stationäre Wert der Eingangsgrößen $\bar{\mathbf{u}}$ entsprechend von der gewünschten Nulllage abweichen müsste. Tatsächlich ist die optimale Regelung einschließlich der Störgrößenaufschaltung bestrebt, den bleibenden Einfluss der Störgrößen optimal (im Sinne des Gütefunktionals) auf die Eingangs- und Zustandsgrößen zu verteilen. Dies aber führt zu einer aus regelungstechnischer Sicht meist unerwünschten stationären Regeldifferenz $\bar{\mathbf{x}} \neq \mathbf{0}$. Um diese Gedankengänge präzise vorzuführen, betrachten wir die Differentialgleichung des in Abb. 12.9 abgebildeten geregelten Systems

$$\dot{\mathbf{x}} = \mathbf{A}_{RK}\mathbf{x} + (\mathbf{I} + \mathbf{B}\mathbf{R}^{-1}\mathbf{B}^T\mathbf{A}_{RK}^{-T}\overline{\mathbf{P}})\bar{\mathbf{z}}\,, \tag{12.86}$$

wobei die Systemmatrix $\mathbf{A}_{RK}$ in (12.83) definiert wurde. Die stationäre Lösung von (12.86) liefert die stationäre Regeldifferenz

$$\bar{\mathbf{x}} = -\mathbf{A}_{RK}^{-1}(\mathbf{I} + \mathbf{B}\mathbf{R}^{-1}\mathbf{B}^T\mathbf{A}_{RK}^{-T}\overline{\mathbf{P}})\bar{\mathbf{z}}\,, \tag{12.87}$$

die im Allgemeinen verschieden von Null ist. Demzufolge wächst der entsprechende Wert des Gütefunktionals für $T \to \infty$ über alle Grenzen. Dieser Fall ist also als formelmäßiger Grenzfall der Lösung von Abschn. 12.7.1 zu betrachten, der zu regelungstechnisch sinnvollen Ergebnissen führt, obwohl in der korrespondierenden Optimierungsaufgabe ungeachtet der eingesetzten Steuerung $J \to \infty$ gilt.

Beispiel 12.11 Wir betrachten die Problemstellung von Beispiel 12.4 nunmehr unter Einwirkung einer konstanten Störgröße $\overline{z}$. Das dynamische System ist beschrieben durch $\dot{x} = u + \overline{z}$, und das zu minimierende Gütefunktional lautet

$$J = \frac{1}{2} \int_0^\infty x^2 + ru^2 \, dt, \quad r > 0 .$$

Die für Beispiel 12.4 berechneten Riccati- und Rückführkoeffizienten $\overline{P} = \sqrt{r}$ und $K = 1/\sqrt{r}$ behalten ihre Gültigkeit und aus (12.82) erhalten wir $\overline{p} = r\overline{z}$. Folglich lautet das Regelgesetz nach (12.84), (12.85)

$$u(t) = -\frac{1}{\sqrt{r}} x(t) - \overline{z} .$$

Mit der resultierenden Differentialgleichung des geregelten Systems

$$\dot{x}(t) = -\frac{1}{\sqrt{r}} x(t)$$

bekommen wir bei diesem Beispiel ausnahmsweise eine verschwindende bleibende Regelabweichung $\overline{x} = 0$, während der stationäre Wert der Eingangsgröße $\overline{u} = -\overline{z}$ die Lasten des Störgrößeneinflusses vollständig übernimmt. $\quad\square$

Beispiel 12.12 Wir betrachten nun das zeitinvariante dynamische System

$$\dot{x} = -x + u + \overline{z}$$

und das Gütefunktional

$$J = \frac{1}{2} \int_0^\infty x^2 + u^2 \, dt .$$

Die resultierende stationäre Riccati-Gleichung

$$\overline{P}^2 + 2\overline{P} - 1 = 0$$

liefert die positive Lösung $\overline{P} = -1 + \sqrt{2}$, während sich aus (12.82)

$$\overline{p} = \left(-\frac{\sqrt{2}}{2} + 1 \right) \overline{z}$$

ergibt. Mit diesen Werten führt das zeitinvariante Regelgesetz (12.84)

$$u(t) = \left(1 - \sqrt{2} \right) x(t) + \left(\frac{\sqrt{2}}{2} - 1 \right) \overline{z}$$

zum geregelten System

$$\dot{x} = -\sqrt{2} x(t) + \frac{\sqrt{2}}{2} \overline{z}$$

mit den stationären Abweichungen $\overline{x} = -\overline{u} = 0.5\overline{z}$. $\quad\square$

12.7.3 Bekanntes Störgrößenmodell

Wir betrachten erneut die Problemstellung von Abschn. 12.7.1 mit dem gestörten linearen zeitvarianten Prozessmodell (12.72) und dem Gütefunktional (12.2). Bei manchen Anwendungen liegt zwar kein prognostizierter Störgrößenverlauf vor, dafür aber Störgrößenmessungen und darüber hinaus ein *Störgrößenmodell*

$$\dot{\mathbf{z}}(t) = \mathbf{F}(t)\mathbf{z}(t) \tag{12.88}$$

des Prozesses, der die Störgröße $\mathbf{z}(t)$ erzeugt. Unter diesen Bedingungen darf $\mathbf{z}$ als zusätzliche Zustandsvariable aufgefasst werden, wodurch folgendes erweiterte Systemmodell entsteht

$$\begin{bmatrix} \dot{\mathbf{x}} \\ \dot{\mathbf{z}} \end{bmatrix} = \begin{bmatrix} \mathbf{A} & \mathbf{I} \\ \mathbf{0} & \mathbf{F} \end{bmatrix} \begin{bmatrix} \mathbf{x} \\ \mathbf{z} \end{bmatrix} + \begin{bmatrix} \mathbf{B} \\ \mathbf{0} \end{bmatrix} \mathbf{u} . \tag{12.89}$$

Die entsprechenden erweiterten Problemmatrizen lauten

$$\tilde{\mathbf{A}} = \begin{bmatrix} \mathbf{A} & \mathbf{I} \\ \mathbf{0} & \mathbf{F} \end{bmatrix}, \ \tilde{\mathbf{B}} = \begin{bmatrix} \mathbf{B} \\ \mathbf{0} \end{bmatrix}, \ \tilde{\mathbf{S}} = \begin{bmatrix} \mathbf{S} & \mathbf{0} \\ \mathbf{0} & \mathbf{0} \end{bmatrix}, \ \tilde{\mathbf{Q}} = \begin{bmatrix} \mathbf{Q} & \mathbf{0} \\ \mathbf{0} & \mathbf{0} \end{bmatrix}, \ \tilde{\mathbf{R}} = \mathbf{R} .$$

Das LQ-Regelgesetz nach Abschn. 12.1 liefert dann für die erweiterte Problemstellung

$$\mathbf{u}(t) = -\tilde{\mathbf{K}}(t)\tilde{\mathbf{x}}(t) = -\mathbf{K}^{\mathbf{x}}(t)\mathbf{x}(t) - \mathbf{K}^{\mathbf{z}}(t)\mathbf{z}(t) . \tag{12.90}$$

Dieses Regelgesetz besteht somit aus einem Zustandsrückführungs- und einem zeitvarianten Störgrößenaufschaltungsterm. Abbildung 12.10 visualisiert das Schema des geregelten Systems mit zeitvarianter Störgrößenaufschaltung.

Einige weitere Möglichkeiten zur Reduktion unbekannter und nicht messbarer Störgrößen werden im Abschn. 12.9 vorgestellt.

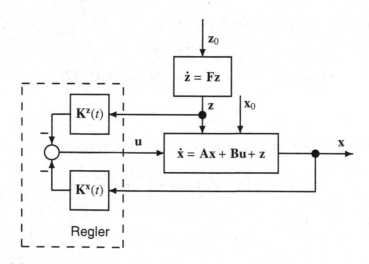

Abb. 12.10 LQ-Regelung mit zeitvarianter Störgrößenaufschaltung

12.8 Optimale Folgeregelung

Bei den bisherigen Betrachtungen sind wir von der Annahme ausgegangen, dass die erwünschten Solltrajektorien für die Zustands- und Eingangsvariablen die Nulltrajektorien sind. Dementsprechend haben wir im quadratischen Gütefunktional Abweichungen von der Nulllage bestraft. In diesem Abschnitt werden wir feststellen, dass die Behandlung allgemeiner Sollwerte keine wesentlichen Schwierigkeiten bereitet, denn sie kann auf früher behandelte Problemstellungen zurückgeführt werden.

12.8.1 Zeitvarianter Fall

Wir betrachten das lineare zeitvariante Prozessmodell (12.1), nehmen aber nunmehr an, dass die erwünschten *Sollverläufe* $\mathbf{x}_S(t)$ und $\mathbf{u}_S(t)$ der Zustands- und Eingangsgrößen verschieden von Null sind. Dementsprechend wird anstelle von (12.2) folgendes quadratisches Gütefunktional minimiert, das die Abweichungen von den Sollverläufen bestraft

$$J = \frac{1}{2}\|\mathbf{x}(T) - \mathbf{x}_S(T)\|_{\mathbf{S}}^2 + \frac{1}{2}\int_0^T \|\mathbf{x}(t) - \mathbf{x}_S(t)\|_{\mathbf{Q}(t)}^2 + \|\mathbf{u}(t) - \mathbf{u}_S(t)\|_{\mathbf{R}(t)}^2 \, dt \quad (12.91)$$

mit den üblichen Gewichtungsmatrizen $\mathbf{S} \geq 0$, $\mathbf{Q}(t) \geq 0$, $\mathbf{R}(t) > 0$ und T fest. Die Sollverläufe $\mathbf{u}_S(t), \mathbf{x}_S(t)$ können beispielsweise aus einer übergeordneten Steuerungsschicht resultieren.

Sollten bei einer konkreten Anwendung Ausgangsgrößen $\mathbf{y}(t)$ im Sinne von (12.54) vorliegen, die bestimmten Sollverläufen $\mathbf{y}_S(t)$ folgen sollen, so lautet das Gütefunktional

$$J = \frac{1}{2}\|\mathbf{y}(T) - \mathbf{y}_S(T)\|_{\tilde{\mathbf{S}}}^2 + \frac{1}{2}\int_0^T \|\mathbf{y}(t) - \mathbf{y}_S(t)\|_{\tilde{\mathbf{Q}}(t)}^2 + \|\mathbf{u}(t) - \mathbf{u}_S(t)\|_{\mathbf{R}(t)}^2 \, dt \,, \quad (12.92)$$

wobei T fest ist. In diesem Fall kann aus (12.54) durch Einsatz der rechten Pseudoinversen (6.10) der zugehörige Zustandssollverlauf ermittelt werden

$$\mathbf{x}_S(t) = \mathbf{C}^T(\mathbf{C}\mathbf{C}^T)^{-1}\mathbf{y}_S(t) \,. \quad (12.93)$$

Selbstverständlich muss zur Bildung der Pseudoinversen vorausgesetzt werden, dass $\text{Rang}(\mathbf{C}) = \dim(\mathbf{y}) = q$ gilt; diese Annahme ist aber bei allen technisch sinnvollen Anwendungen erfüllt, die keine redundanten Messungen beinhalten. Setzt man ferner wie in Abschn. 12.6 $\mathbf{Q} = \mathbf{C}^T\tilde{\mathbf{Q}}\mathbf{C}$ und $\mathbf{S} = \mathbf{C}^T\tilde{\mathbf{S}}\mathbf{C}$, so lässt sich sofort zeigen, dass

$$\|\mathbf{y}(T) - \mathbf{y}_S(T)\|_{\tilde{\mathbf{S}}}^2 = \|\mathbf{x}(T) - \mathbf{x}_S(T)\|_{\mathbf{S}}^2$$

$$\|\mathbf{y}(t) - \mathbf{y}_S(t)\|_{\tilde{\mathbf{Q}}}^2 = \|\mathbf{x}(t) - \mathbf{x}_S(t)\|_{\mathbf{Q}}^2 \,,$$

wodurch die eingangs definierte Problemstellung entsteht.

Zur Minimierung von (12.91) unter Berücksichtigung von (12.2) führen wir nun folgende Transformation durch

$$\triangle \mathbf{x}(t) = \mathbf{x}(t) - \mathbf{x}_S(t) \quad \triangle \mathbf{u}(t) = \mathbf{u}(t) - \mathbf{u}_S(t) \,, \tag{12.94}$$

wodurch das Gütefunktional (12.91) die Standardform annimmt

$$J = \frac{1}{2} \| \triangle \mathbf{x}(T) \|_{\mathbf{S}}^2 + \frac{1}{2} \int_0^T \| \triangle \mathbf{x}(t) \|_{\mathbf{Q}(t)}^2 + \| \triangle \mathbf{u}(t) \|_{\mathbf{R}(t)}^2 dt \,. \tag{12.95}$$

Werden die Hilfsvariablen aus (12.94) in die Systemgleichung (12.2) eingesetzt, so erhält man ferner

$$\triangle \dot{\mathbf{x}} = \mathbf{A}(t) \triangle \mathbf{x} + \mathbf{B}(t) \triangle \mathbf{u} + \mathbf{z}(t) \tag{12.96}$$

mit

$$\mathbf{z}(t) = -\dot{\mathbf{x}}_S + \mathbf{A}(t) \mathbf{x}_S + \mathbf{B}(t) \mathbf{u}_S \,. \tag{12.97}$$

Nun wollen wir zwei Fälle unterscheiden:

(a) Die vorgeschriebenen Sollverläufe $\mathbf{x}_S(t)$, $\mathbf{u}_S(t)$ bilden eine *Systemtrajektorie* (vgl. Abschn. 19.2). In diesem meist zutreffenden Fall ergibt (12.97) $\mathbf{z}(t) = \mathbf{0}$ und wir erhalten mit (12.95), (12.96) die Standard-LQ-Problemstellung bezüglich der neuen Problemvariablen $\triangle \mathbf{x}$, $\triangle \mathbf{u}$.

(b) Die vorgeschriebenen Sollverläufe $\mathbf{x}_S(t)$, $\mathbf{u}_S(t)$ bilden keine Systemtrajektorie, weshalb $\mathbf{z}(t) \neq \mathbf{0}$. In diesem Fall lässt sich aber $\mathbf{z}(t)$ aus den bekannten Sollverläufen mittels (12.97) berechnen, so dass wir die in Abschn. 12.7.1 behandelte Problemstellung vorliegen haben.

Wir erhalten also als Lösung der hier betrachteten Problemstellung das Regelgesetz (12.73)

$$\triangle \mathbf{u}(t) = -\mathbf{K}(t) \triangle \mathbf{x}(t) + \mathbf{k}(t) \,, \tag{12.98}$$

und durch Rücktransformation in die ursprünglichen Variablen entstehen die nachfolgend angeführten Formeln.

Die Minimierung des Gütefunktionals (12.91) unter Berücksichtigung von (12.2) erfolgt durch folgendes Regelgesetz

$$\mathbf{u}(t) = \mathbf{u}_S(t) - \mathbf{K}(t)(\mathbf{x}(t) - \mathbf{x}_S(t)) + \mathbf{k}(t) \,. \tag{12.99}$$

Hierbei ist $\mathbf{K}(t)$ die übliche Rückführmatrix (12.16) der LQ-Problemstellung. Der Vektor $\mathbf{k}(t)$ verschwindet, wenn $\mathbf{x}_S(t), \mathbf{u}_S(t)$ Systemtrajektorien sind; sonst berechnet sich dieser Vektor gemäß (12.73) aus

$$\mathbf{k}(t) = -\mathbf{R}^{-1} \mathbf{B}^T \mathbf{p}(t) \,, \tag{12.100}$$

wobei $\mathbf{p}(t)$ als Lösung von (12.74) mit Randbedingung (12.75) und mit $\mathbf{z}(t)$ aus (12.97) ermittelt wird. Die Berechnung von $\mathbf{k}(t)$ kann off-line erfolgen. Abbildung 12.11 veranschaulicht die resultierende on-line einzusetzende Regelungsstruktur. In manchen Anwendungsfällen mag nur $\mathbf{x}_S(t)$ oder Teile dieses Vektors vorab vorliegen. In solchen

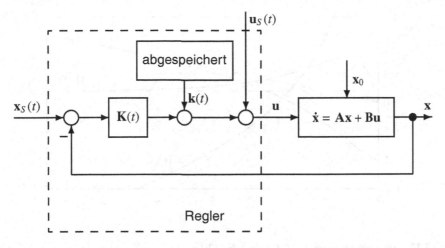

Abb. 12.11 Optimale Folgeregelung

Fällen erscheint es sinnvoll, $\mathbf{u}_S(t)$ so festzulegen, dass insgesamt $[\mathbf{x}_S(t), \mathbf{u}_S(t)]$ eine Systemtrajektorie wird. Durch diese Maßnahme wird dann eine Kopplung zwischen $\mathbf{x}_S(t)$ und $\mathbf{u}_S(t)$ geschaffen, die als *Vorwärtssteuerung* (feedforward) interpretiert werden kann, wenn Abb. 12.11 durch einen entsprechenden Block ergänzt wird.

Beispiel 12.13 Wir betrachten das dynamische System

$$\dot{x}_1 = x_2$$
$$\dot{x}_2 = 2x_1 - x_2 + u$$

Zur Ausregelung einer Führungsrampe $x_{S1}(t) = 0.2t$ legen wir die Solltrajektorien $x_{S2}(t) = 0.2$ und $u_S(t) = 0.2 - 0.4t$ fest, um insgesamt bei $\mathbf{x}_S(t), u_S(t)$ eine Systemtrajektorie zu bekommen. Das zu minimierende Gütefunktional wird dementsprechend wie folgt ausgelegt

$$J = \frac{1}{2}\int\limits_{0}^{\infty} (x_1(t) - 0.2t)^2 + (x_2(t) - 0.2)^2 + 0.2(u(t) - 0.2 + 0.4t)^2 dt .$$

Aus (12.97) resultiert wie erwartet $\mathbf{z}(t) = \mathbf{0}$, folglich gilt in (12.99) auch $k(t) = 0$. Das optimale Regelgesetz lautet also gemäß (12.99)

$$u(t) = 0.2 - 0.4t - K_1(x_1(t) - 0.2t) - K_2(x_2(t) - 0.2) ,$$

wobei K_1, K_2 die üblichen Rückführkoeffizienten der LQ-Problemstellung sind. Da die transformierte Problemstellung (12.95), (12.96) für den vorliegenden Fall alle Voraus-

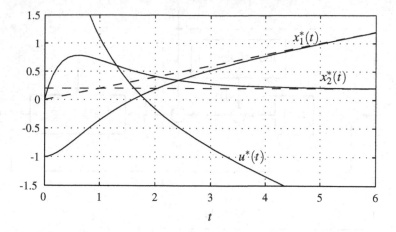

Abb. 12.12 Optimale Systemantwort für Beispiel 12.13

setzungen von Abschn. 12.2 erfüllt, lassen sich K_1, K_2 mittels der stationären Riccati-Gleichung (12.28) mit

$$\mathbf{A} = \begin{bmatrix} 0 & 1 \\ 2 & -1 \end{bmatrix}, \ \mathbf{B} = \begin{bmatrix} 0 \\ 1 \end{bmatrix}, \ \mathbf{Q} = \begin{bmatrix} 1 & 0 \\ 0 & 1 \end{bmatrix}, \ R = 0.2$$

berechnen. Man erhält somit das Gleichungssystem

$$4\overline{P}_{12} - 5\overline{P}_{12}^2 + 1 = 0$$

$$2\overline{P}_{12} - 2\overline{P}_{22} - 5\overline{P}_{22}^2 + 1 = 0$$

$$\overline{P}_{11} + 2\overline{P}_{22} - \overline{P}_{12} - 5\overline{P}_{22}\overline{P}_{12} = 0$$

mit der positiv definiten Lösung $\overline{P}_{11} = 2.8$, $\overline{P}_{12} = 1$, $\overline{P}_{22} = 0.6$. Mit (12.30) resultieren daraus die optimalen Rückführkoeffizienten $K_1 = 5$ und $K_2 = 3$. Das optimale Regelgesetz lautet also

$$u(t) = 0.8 + 0.6t - 5x_1(t) - 3x_2(t) \,.$$

Abbildung 12.12 zeigt die Systemantwort auf die Führungsrampe $x_{S1}(t) = 0.2t, t \geq 0$, für einen Anfangswert $\mathbf{x}_0 = [\ -1 \quad 0\ ]^T$. Da das transformierte Problem (12.96) asymptotisch stabil gestaltet wurde, führt obige zeitvariante Folgeregelung zur vollständigen Ausregelung des rampenförmigen Führungssignals.   □

12.8.2   Zeitinvarianter Fall

Wir betrachten nun den zeitinvarianten Fall von Abschn. 12.8.1. Dies bedeutet, dass wir alle Voraussetzungen von Abschn. 12.2 als gegeben betrachten und darüber hinaus anneh-

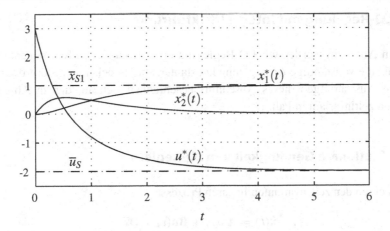

Abb. 12.13 Optimale Systemantwort für Beispiel 12.14

men, dass die Sollverläufe $\mathbf{x}_S(t) = \overline{\mathbf{x}}_S$, $\mathbf{u}_S(t) = \overline{\mathbf{u}}_S$ konstant sind. In diesem Fall ist es nicht schwer zu folgern, dass aus (12.99) ein zeitinvariantes Regelgesetz resultiert

$$\mathbf{u}(t) = \overline{\mathbf{u}}_S - \mathbf{K}(\mathbf{x}(t) - \overline{\mathbf{x}}_S) + \overline{\mathbf{k}}, \qquad (12.101)$$

wobei $\mathbf{K}$ die übliche zeitinvariante Rückführmatrix (12.30) darstellt, und $\overline{\mathbf{k}}$ sich in Anbetracht von (12.84), (12.85) und (12.97) wie folgt berechnet

$$\overline{\mathbf{k}} = \mathbf{R}^{-1}\mathbf{B}^T(\mathbf{A} - \mathbf{B}\mathbf{R}^{-1}\mathbf{B}^T\overline{\mathbf{P}})^{-T}\overline{\mathbf{P}}(\mathbf{A}\overline{\mathbf{x}}_S + \mathbf{B}\overline{\mathbf{u}}_S). \qquad (12.102)$$

Falls $(\overline{\mathbf{x}}_S, \overline{\mathbf{u}}_S)$ eine *Ruhelage* des Systems bildet, so gilt $\mathbf{A}\overline{\mathbf{x}}_S + \mathbf{B}\overline{\mathbf{u}}_S = \mathbf{0}$ und somit auch $\overline{\mathbf{k}} = \mathbf{0}$.

Beispiel 12.14 Wir betrachten das dynamische System von Beispiel 12.13, nunmehr aber für eine Soll-Ruhelage $\overline{\mathbf{x}}_S = [\ a\ \ 0\ ]^T$, $\overline{u}_S = -2a$. Das zu minimierende Gütefunktional lautet

$$J = \frac{1}{2}\int_0^\infty (x_1(t) - a)^2 + x_2(t)^2 + 0.2(u(t) + 2a)^2 dt.$$

Das optimale Regelgesetz führt mit $\overline{\mathbf{k}} = \mathbf{0}$ in (12.101) zu

$$u(t) = -2a - K_1(x_1(t) - a) - K_2 x_2(t),$$

wobei die optimalen Rückführkoeffizienten die gleichen Werte $K_1 = 5$, $K_2 = 3$ wie bei Beispiel 12.13 aufweisen. Das Regelgesetz wird somit

$$u(t) = 3a - 5x_1(t) - 3x_2(t).$$

Abbildung 12.13 zeigt die Systemantwort auf einen Führungssprung $\overline{x}_{S1} = a = 1, t > 0$, bei einem Anfangszustand $\mathbf{x}_0 = [\ 0\ \ 0\ ]^T$. $\qquad\square$

12.9   LQ-Regelung mit Integralrückführung

In diesem Abschnitt werden wir LQ-Regler mit einer zusätzlichen Komponente kennen-
lernen, die die vollständige Ausregelung konstanter, aber unbekannter Störgrößen ermöglicht. Die Ausführungen dieses Abschnitts beschränken sich auf den in Abschn. 12.2
definierten zeitinvarianten Fall.

12.9.1   Stationäre Genauigkeit von LQ-Reglern

Wir betrachten den zeitinvarianten linearen Prozess

$$\dot{\mathbf{x}}(t) = \mathbf{A}\mathbf{x}(t) + \mathbf{B}\mathbf{u}(t) + \mathbf{D}\bar{\mathbf{z}}\,, \tag{12.103}$$

wobei $\bar{\mathbf{z}} \in \mathbb{R}^p$ konstante, aber unbekannte Störgrößen und $\mathbf{D} \in \mathbb{R}^{n \times p}$ die *Störgrößenmatrix* sind. Wir nehmen an, dass ein stationärer LQ-Regler (12.29) für diesen Prozess ohne
Berücksichtigung der unbekannten Störgrößen entwickelt wurde und stellen die Frage
nach der stationären Genauigkeit des geregelten Systems bei Einwirkung des Störgrößen-
terms $\mathbf{D}\bar{\mathbf{z}}$. Um diese Frage zu beantworten, setzen wir (12.29) in (12.103) ein, und erhalten
für $\dot{\mathbf{x}} = \mathbf{0}$

$$\mathbf{0} = (\mathbf{A} - \mathbf{B}\mathbf{R}^{-1}\mathbf{B}^T\overline{\mathbf{P}})\bar{\mathbf{x}} + \mathbf{D}\bar{\mathbf{z}}\,.$$

Die Systemmatrix des geregelten Systems $\mathbf{A}_{RK} = \mathbf{A} - \mathbf{B}\mathbf{R}^{-1}\mathbf{B}^T\overline{\mathbf{P}}$ ist wegen der asymptotischen Stabilität invertierbar, so dass wir aus obiger Gleichung die *stationäre Regel-
abweichung* des LQ-Reglers gewinnen können

$$\bar{\mathbf{x}} = -\mathbf{A}_{RK}^{-1}\mathbf{D}\bar{\mathbf{z}}\,. \tag{12.104}$$

Offenbar verschwindet $\bar{\mathbf{x}}$ nur, wenn keine Störungen auf das System einwirken, was bei
praktischen Anwendungen selten ist. Der zugehörige stationäre Wert der Eingangsgrößen
berechnet sich wie folgt

$$\bar{\mathbf{u}} = -\mathbf{K}\bar{\mathbf{x}} = \mathbf{R}^{-1}\mathbf{B}^T\overline{\mathbf{P}}\mathbf{A}_{RK}^{-1}\mathbf{D}\bar{\mathbf{z}}\,. \tag{12.105}$$

Dieses aus regelungstechnischer Sicht unbefriedigende stationäre Verhalten des LQ-
Reglers lässt sich durch geeignete Maßnahmen verbessern, die im nächsten Abschnitt
beschrieben werden.

12.9.2   LQI-Regler

Die Ausregelung konstanter und unbekannter Störgrößen kann durch die Erweiterung des
statischen LQ-Zustandsreglers durch Integralanteile ermöglicht werden. Wir starten mit
dem zeitinvarianten linearen Prozess

$$\dot{\mathbf{x}}(t) = \mathbf{A}\mathbf{x}(t) + \mathbf{B}\mathbf{u}(t), \quad \mathbf{x}(0) = \mathbf{x}_0\,, \tag{12.106}$$

der alle Voraussetzungen von Abschn. 12.2 erfüllt, und führen folgende Integratoren mittels der künstlichen Zustandsvariablen $\chi \in \mathbb{R}^q$ ein

$$\dot{\chi}(t) = \mathbf{H}\mathbf{x}(t), \quad \chi(0) = \chi_0 , \tag{12.107}$$

wobei die $q \times n$-dimensionale Matrix $\mathbf{H}$ und der Anfangszustand χ_0 später geeignet festgelegt werden sollen.

Ferner betrachten wir folgendes zu minimierende Gütefunktional, wobei nunmehr auch die künstlichen Zustandsvariablen χ berücksichtigt werden

$$J = \frac{1}{2} \int\limits_0^\infty \|\mathbf{x}(t)\|_\mathbf{Q}^2 + \|\chi(t)\|_\mathbf{W}^2 + \|\mathbf{u}(t)\|_\mathbf{R}^2 dt \tag{12.108}$$

mit den Gewichtungsmatrizen $\mathbf{Q} \geq 0$, $\mathbf{W} \geq 0$, $\mathbf{R} > 0$. Mit (12.106)–(12.108) erhalten wir eine zeitinvariante Standard-LQ-Problemstellung mit den Problemmatrizen

$$\tilde{\mathbf{A}} = \begin{bmatrix} \mathbf{A} & \mathbf{0} \\ \mathbf{H} & \mathbf{0} \end{bmatrix}, \tilde{\mathbf{B}} = \begin{bmatrix} \mathbf{B} \\ \mathbf{0} \end{bmatrix}, \tilde{\mathbf{Q}} = \begin{bmatrix} \mathbf{Q} & \mathbf{0} \\ \mathbf{0} & \mathbf{W} \end{bmatrix}, \tilde{\mathbf{R}} = \mathbf{R} . \tag{12.109}$$

Um die stationäre Riccati-Gleichung aufzustellen, wollen wir uns nun vergewissern, dass das mittels der Integratoren (12.107) erweiterte System vollständig steuerbar und beobachtbar ist. Letztere Eigenschaft ist sicher erfüllt, wenn das Prozessmodell (12.106) beobachtbar ist und die Gewichtungsmatrix $\mathbf{W}$ vollen Rang hat. Bezüglich der Steuerbarkeit kann nachgewiesen werden [21], dass folgender Satz gilt:

$$[\tilde{\mathbf{A}}, \tilde{\mathbf{B}}] \text{ steuerbar} \iff [\mathbf{A}, \mathbf{B}] \text{ steuerbar } und \text{ Rang } \mathbf{G} = n + q ,$$

wobei

$$\mathbf{G} = \begin{bmatrix} \mathbf{A} & \mathbf{B} \\ \mathbf{H} & \mathbf{0} \end{bmatrix} . \tag{12.110}$$

Es ist aber offensichtlich, dass folgende Aussage gilt

$$\text{Rang } \mathbf{G} = n + q \implies q \leq m \text{ und Rang } \mathbf{H} = q . \tag{12.111}$$

Aus dieser Aussage resultieren Einschränkungen bei der Wahl von $\mathbf{H}$, die später ausführlicher kommentiert werden.

Die Lösung des erweiterten Problems liefert nun das zeitinvariante Regelgesetz

$$\mathbf{u}(t) = -\tilde{\mathbf{K}}\tilde{\mathbf{x}}(t) = -\mathbf{K}_P\mathbf{x}(t) - \mathbf{K}_I\chi(t) \tag{12.112}$$

und mit (12.107)

$$\mathbf{u}(t) = -\mathbf{K}_P\mathbf{x}(t) - \mathbf{K}_I \left(\int\limits_0^t \mathbf{H}\mathbf{x}(\tau)d\tau + \chi_0 \right) . \tag{12.113}$$

Diese Gleichung beschreibt einen *LQI-Regler*, d. h. einen LQ-Regler, der um *Integralanteile* erweitert wurde. Hierbei gilt

$$\mathbf{K}_P = \mathbf{R}^{-1}\mathbf{B}^T\tilde{\mathbf{P}}_{11} \tag{12.114}$$

$$\mathbf{K}_I = \mathbf{R}^{-1}\mathbf{B}^T\tilde{\mathbf{P}}_{12}\,, \tag{12.115}$$

wobei

$$\tilde{\mathbf{P}} = \begin{bmatrix} \tilde{\mathbf{P}}_{11} & \tilde{\mathbf{P}}_{12} \\ \tilde{\mathbf{P}}_{12}^T & \tilde{\mathbf{P}}_{22} \end{bmatrix} \tag{12.116}$$

die stationäre Riccati-Matrix der erweiterten Problemstellung darstellt.

Für das mittels (12.112) geregelte erweiterte System erhalten wir

$$\dot{\mathbf{x}} = (\mathbf{A} - \mathbf{B}\mathbf{R}^{-1}\mathbf{B}^T\tilde{\mathbf{P}}_{11})\mathbf{x} - \mathbf{B}\mathbf{R}^{-1}\mathbf{B}^T\tilde{\mathbf{P}}_{12}\chi \tag{12.117}$$

$$\dot{\chi} = \mathbf{H}\mathbf{x}\,. \tag{12.118}$$

Das geregelte System weist also mit $\tilde{\mathbf{x}}^T = [\mathbf{x}^T \ \chi^T]$ folgende Systemmatrix auf

$$\tilde{\mathbf{A}}_{RK} = \begin{bmatrix} \mathbf{A} - \mathbf{B}\mathbf{R}^{-1}\mathbf{B}^T\tilde{\mathbf{P}}_{11} & -\mathbf{B}\mathbf{R}^{-1}\mathbf{B}^T\tilde{\mathbf{P}}_{12} \\ \mathbf{H} & \mathbf{0} \end{bmatrix}\,. \tag{12.119}$$

Wir wollen nun die stationäre Genauigkeit des LQI-Reglers bei dem gemäß (12.103) gestörten System untersuchen. Hierzu betrachten wir die stationäre Version der Gleichungen (12.103), (12.107), (12.112) und erhalten folgendes Gleichungssystem zur Bestimmung von $\bar{\mathbf{x}}, \bar{\chi}, \bar{\mathbf{u}}$

$$\mathbf{A}\bar{\mathbf{x}} + \mathbf{B}\bar{\mathbf{u}} + \mathbf{D}\bar{\mathbf{z}} = \mathbf{0} \tag{12.120}$$

$$\mathbf{H}\bar{\mathbf{x}} = \mathbf{0} \tag{12.121}$$

$$\mathbf{K}_P\bar{\mathbf{x}} + \mathbf{K}_I\bar{\chi} + \bar{\mathbf{u}} = \mathbf{0}\,. \tag{12.122}$$

Wir werden zwei Fälle unterscheiden:

(a) Der von $\mathbf{D}$ aufgespannte Unterraum ist eine Untermenge des von $\mathbf{B}$ aufgespannten Unterraums; als unmittelbare Konsequenz existiert eine Matrix $\mathbf{M}$, so dass $\mathbf{D} = \mathbf{B}\mathbf{M}$. In diesem Fall lautet die Lösung obigen Gleichungssystems

$$\bar{\mathbf{x}} = \mathbf{0}, \quad \bar{\mathbf{u}} = -\mathbf{M}\bar{\mathbf{z}}\,. \tag{12.123}$$

Um dies zu sehen, beachte man, dass wegen der asymptotischen Stabilität des erweiterten Systems das obige Gleichungssystem eine eindeutige Lösung haben muss; durch Einsetzen von (12.123) und von

$$\bar{\chi} = \mathbf{K}_I^{\square}\mathbf{M}\bar{\mathbf{z}}$$

kann man sich vergewissern, dass dies tatsächlich die Lösung ist. Hierbei ist $\mathbf{K}_I^{\square}$ die rechte Pseudoinverse von $\mathbf{K}_I$, vgl. (6.10), (6.11). Die Existenz der Pseudoinversen ist gesichert, da Rang $\mathbf{K}_I = q$ gelten muss. Wäre nämlich Letzteres nicht der Fall, so wäre die Matrix

$$
\begin{bmatrix}
\mathbf{A} & \mathbf{B} & \mathbf{0} \\
\mathbf{H} & \mathbf{0} & \mathbf{0} \\
\mathbf{K}_P & \mathbf{I} & \mathbf{K}_I
\end{bmatrix}
$$

des obigen Gleichungssystems (12.120)–(12.122) nicht eindeutig invertierbar.

(b) Der von $\mathbf{D}$ aufgespannte Unterraum ist keine Untermenge des von $\mathbf{B}$ aufgespannten Unterraums. In diesem Fall gilt zwar im Allgemeinen $\bar{\mathbf{u}} \neq \mathbf{0}$, $\bar{\mathbf{x}} \neq \mathbf{0}$, aber es gilt auch $\mathbf{H}\bar{\mathbf{x}} = \mathbf{0}$, wie (12.121) postuliert.

Zusammenfassend stellen wir also fest, dass bei Einwirkung des LQI-Reglers auf das gestörte System mindestens $\mathbf{H}\bar{\mathbf{x}} = \mathbf{0}$ erzielbar ist. Da die Matrix $\mathbf{H}$ frei gewählt werden kann, besteht also die Möglichkeit, die stationären Werte von q Zustandsgrößen bzw. Linearkombinationen von Zustandsgrößen verschwinden zu lassen. Da aber gemäß (12.111) $q \leq m$ gelten muss, bedeutet dies, dass bis zu m Zustandsgrößen des gestörten Systems stationär zu Null geführt werden können. Hierbei muss allerdings dafür Sorge getragen werden, dass Rang $\mathbf{H} = q$ gilt, damit die Steuerbarkeit des erweiterten Systems nicht gefährdet ist.

Bevor wir die Bedeutung obiger Ergebnisse für die Regelung von Mehrgrößensystemen im nächsten Abschnitt diskutieren, wollen wir einen Punkt klären, der von untergeordneter praktischer Bedeutung ist. Es handelt sich um die Wahl des Anfangswertes χ_0 bei der Festlegung des LQI-Reglers (12.113). Nach (12.31) gilt für den optimalen Wert des Gütefunktionals des erweiterten Problems

$$
J^* = \frac{1}{2}\tilde{\mathbf{x}}_0^T \tilde{\mathbf{P}}\tilde{\mathbf{x}}_0 = \frac{1}{2}\mathbf{x}_0^T \tilde{\mathbf{P}}_{11}\mathbf{x}_0 + \mathbf{x}_0^T \tilde{\mathbf{P}}_{12}\chi_0 + \frac{1}{2}\chi_0^T \tilde{\mathbf{P}}_{22}\chi_0 \, . \tag{12.124}
$$

Da $\mathbf{x}_0$ fest vorliegt, kann man nun χ_0 so wählen, dass J^* ein Minimum bezüglich χ_0 annimmt. Nach Auswertung der notwendigen Bedingung (4.6) erhalten wir

$$
\chi_0^* = -\tilde{\mathbf{P}}_{22}^{-1}\tilde{\mathbf{P}}_{12}^T \mathbf{x}_0
$$

mit dem zugehörigen Wert

$$
J^*(\chi_0^*) = \mathbf{x}_0^T \left(\tilde{\mathbf{P}}_{11} - \tilde{\mathbf{P}}_{12}^T \tilde{\mathbf{P}}_{22}^{-1} \tilde{\mathbf{P}}_{12} \right) \mathbf{x}_0 \, .
$$

Für den praktischen Einsatz kann aber ohne wesentliche Einbußen einfach $\chi_0 = \mathbf{0}$ gewählt werden, woraus

$$
J^*(\mathbf{0}) = \mathbf{x}_0^T \tilde{\mathbf{P}}_{11}\mathbf{x}_0
$$

resultiert.

12.9.3 LQI-Regelung von Mehrgrößensystemen

Wir betrachten nun folgendes zeitinvariantes, lineares Mehrgrößensystem

$$
\dot{\mathbf{x}}(t) = \mathbf{A}\mathbf{x}(t) + \mathbf{B}\mathbf{u}(t) \tag{12.125}
$$

$$
\mathbf{y}(t) = \mathbf{C}\mathbf{x}(t) \, . \tag{12.126}
$$

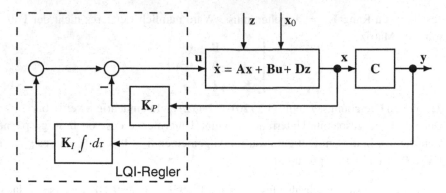

Abb. 12.14 LQI-Regelung eines Mehrgrößensystems

Um stationäre Genauigkeit für die Ausgangsgrößen $\mathbf{y} \in \mathbb{R}^q$ in Gegenwart von konstanten und unbekannten Systemstörungen zu erzielen, wollen wir einen LQI-Regler einsetzen. Hierbei setzen wir voraus, dass $[\mathbf{A}, \mathbf{B}]$ steuerbar ist und dass Rang $\mathbf{G} = n + q$, wobei (vgl. (12.111))

$$\mathbf{G} = \begin{bmatrix} \mathbf{A} & \mathbf{B} \\ \mathbf{C} & \mathbf{0} \end{bmatrix}.$$

Notwendige Bedingungen für die Erfüllung letzterer Voraussetzung sind bekanntlich (vgl. (12.111)):

- $q \leq m$, d. h. die Anzahl der Ausgangsgrößen ist nicht höher als die Anzahl der Eingangsgrößen.
- Rang $\mathbf{C} = q$.

Mit diesen Annahmen führen wir nun die künstlichen Integratoren ein

$$\dot{\boldsymbol{\chi}}(t) = \mathbf{C}\mathbf{x}(t) = \mathbf{y}(t), \tag{12.127}$$

d. h. wir nutzen $\mathbf{C}$ in der Rolle der Matrix $\mathbf{H}$ der letzten zwei Abschnitte. Mit dem Gütefunktional (12.108) und $\boldsymbol{\chi}_0 = \mathbf{0}$ erhalten wir dann gemäß (12.113) den LQI-Regler

$$\mathbf{u}(t) = -\mathbf{K}_P\mathbf{x}(t) - \mathbf{K}_I \int\limits_0^t \mathbf{y}(\tau)\,d\tau. \tag{12.128}$$

Abbildung 12.14 zeigt das Schema der resultierenden Regelungsstruktur, die bei $\mathbf{z} = \bar{\mathbf{z}}$ zu $\bar{\mathbf{y}} = \mathbf{0}$ führt.

Obwohl wir bisher vordergründig das stationäre Systemverhalten besprochen haben, ist das dynamische Verhalten des Regelkreises von mindestens gleichrangiger Bedeutung. Bei der Festlegung dieses dynamischen Verhaltens ist nun neben den Gewichtungsmatrizen $\mathbf{Q}$, $\mathbf{R}$ auch die zusätzliche Gewichtungsmatrix $\mathbf{W}$ nach der Vorgehensweise von Abschn. 12.3 geeignet zu wählen.

Der wesentliche strukturelle Unterschied des LQI-Reglers vom LQ-Regler besteht darin, dass der erstere dynamische Anteile (Integratoren) beinhaltet, während der letztere rein statisch ist. Weitergehende Betrachtungen zum Entwurf allgemeiner dynamischer Mehrgrößenregler, die sich zur Kompensation zeitvarianter Störgrößen eignen, findet man in [21, 22].

Beispiel 12.15 Wir betrachten den gestörten dynamischen Prozess

$$\dot{x}_1 = x_1 + x_2 + \overline{z}_1$$
$$\dot{x}_2 = u + \overline{z}_2 \,,$$

wobei $\overline{z}_1, \overline{z}_2$ konstante und unbekannte Störgrößen sind. Eine zeitinvariante LQ-Regelung dieses Prozesses nach Abschn. 12.2 würde folgenden Regler liefern

$$u(t) = -K_1 x_1(t) - K_2 x_2(t) \,.$$

Nun nehmen wir an, dass die Ausgangsgröße dieses Prozesses durch

$$y^{(a)} = x_1$$

bzw.

$$y^{(b)} = x_2$$

definiert ist. In beiden Fällen gilt mit $\mathbf{C}^{(a)} = [\ 1 \quad 0\ ]$ bzw. $\mathbf{C}^{(b)} = [\ 0 \quad 1\ ]$

$$\text{Rang} \begin{bmatrix} \mathbf{A} & \mathbf{B} \\ \mathbf{C} & \mathbf{0} \end{bmatrix} = 3 = n + q \,,$$

so dass die Voraussetzungen für den Einsatz von LQI-Reglern erfüllt sind. Die für diese zwei Fälle entstehenden zeitinvarianten LQI-Regler lauten nach (12.128)

$$u(t) = -K_{P1}^{(a)} x_1(t) - K_{P2}^{(a)} x_2(t) - K_I^{(a)} \int_0^t x_1(\tau)\, d\tau$$

bzw.

$$u(t) = -K_{P1}^{(b)} x_1(t) - K_{P2}^{(b)} x_2(t) - K_I^{(b)} \int_0^t x_2(\tau)\, d\tau \,.$$

Tabelle 12.1 beinhaltet die stationären Ergebnisse der drei Regler für verschiedene Störgrößenkombinationen. Es ist ersichtlich, dass die LQI-Regler auf alle Fälle die stationäre Genauigkeit der jeweiligen Ausgangsgröße $y^{(a)}$ bzw. $y^{(b)}$ garantieren, teilweise sogar zur stationären Genauigkeit beider Zustandsvariablen führen (wann tritt letzteres auf?). Der LQ-Regler hingegen führt unter allen Umständen zu einer bleibenden Regelabweichung für beide Zustandsvariablen. Es ist ferner bemerkenswert, dass die LQI-Regler in diesem Beispiel für ihre überlegenen stationären Ergebnisse niemals eine höhere stationäre Stellenergie als der LQ-Regler benötigen. $\square$

Tab. 12.1 Stationäre Ergebnisse zu Beispiel 12.15

	LQ			LQI (a)			LQI (b)		
	$\overline{x}_1$	$\overline{x}_2$	$\overline{u}$	$\overline{x}_1$	$\overline{x}_2$	$\overline{u}$	$\overline{x}_1$	$\overline{x}_2$	$\overline{u}$
$\overline{z}_1 \neq 0$ $\overline{z}_2 \neq 0$	$\dfrac{\overline{z}_1 K_2 + \overline{z}_2}{K_1 - K_2}$	$-\dfrac{\overline{z}_1 K_1 + \overline{z}_2}{K_1 - K_2}$	$-\overline{z}_2$	0	$-\overline{z}_1$	$-\overline{z}_2$	$-\overline{z}_1$	0	$-\overline{z}_2$
$\overline{z}_1 = 0$ $\overline{z}_2 \neq 0$	$\dfrac{\overline{z}_2}{K_1 - K_2}$	$-\dfrac{\overline{z}_2}{K_1 - K_2}$	$-\overline{z}_2$	0	0	$-\overline{z}_2$	0	0	$-\overline{z}_2$
$\overline{z}_1 \neq 0$ $\overline{z}_2 = 0$	$\dfrac{\overline{z}_1 K_2}{K_1 - K_2}$	$-\dfrac{\overline{z}_1 K_1}{K_1 - K_2}$	0	0	$-\overline{z}_1$	0	$-\overline{z}_1$	0	0

Beispiel 12.16 Für den dynamischen Prozess

$$\dot{x} = u$$

der Beispiele 12.1 und 12.4 soll ein LQI-Regler entwickelt werden. Hierzu wird die Problemstellung durch

$$\dot{\chi} = x$$

erweitert und das quadratische Gütefunktional

$$J = \frac{1}{2} \int_0^\infty x^2 + w\chi^2 + ru^2 dt, \quad w > 0, r > 0$$

zur Minimierung berücksichtigt. Mit

$$\text{Rang} \begin{bmatrix} A & B \\ H & 0 \end{bmatrix} = \text{Rang} \begin{bmatrix} 0 & 1 \\ 1 & 0 \end{bmatrix} = 2$$

sind die Voraussetzungen für den Einsatz eines LQI-Reglers erfüllt.

Als stationäre Riccati-Gleichung des erweiterten Systems erhalten wir mit

$$\tilde{\mathbf{A}} = \begin{bmatrix} 0 & 0 \\ 1 & 0 \end{bmatrix}, \tilde{\mathbf{B}} = \begin{bmatrix} 1 \\ 0 \end{bmatrix}, \tilde{\mathbf{Q}} = \begin{bmatrix} 1 & 0 \\ 0 & w \end{bmatrix}, \tilde{\mathbf{R}} = r$$

das Gleichungssystem

$$2\tilde{P}_{12} + 1 - \frac{\tilde{P}_{11}^2}{r} = 0$$

$$\tilde{P}_{22} - \frac{\tilde{P}_{11}\tilde{P}_{12}}{r} = 0$$

$$w - \frac{\tilde{P}_{12}^2}{r} = 0$$

mit der positiv definiten Lösung

$$\tilde{P}_{11} = \sqrt{(2\sqrt{wr} + 1)r}, \ \tilde{P}_{12} = \sqrt{wr}, \ \tilde{P}_{22} = \sqrt{(2\sqrt{wr} + 1)w} \, .$$

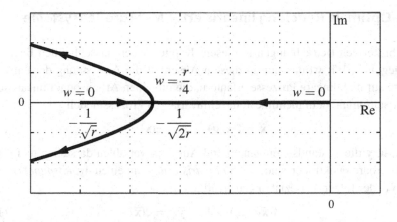

Abb. 12.15 Lage der Eigenwerte für Beispiel 12.16

Der gesuchte LQI-Regler lautet somit

$$u(t) = -K_P\, x(t) - K_I \int\limits_0^t x(\tau)\,d\tau$$

mit $K_P = \tilde{P}_{11}/r$ und $K_I = \tilde{P}_{12}/r$. Die Systemmatrix des resultierenden geregelten Systems wird

$$\tilde{\mathbf{A}}_{RK} = \begin{bmatrix} -\sqrt{2\beta + \tfrac{1}{r}} & -\beta \\ 1 & 0 \end{bmatrix}, \quad \beta = \sqrt{\frac{w}{r}}$$

mit den Eigenwerten

$$\Lambda_{1,2} = \frac{1}{2}\left(-\sqrt{2\beta + \frac{1}{r}} \pm \sqrt{\frac{1}{r} - 2\beta} \right),$$

die ein asymptotisch stabiles Verhalten garantieren. Abbildung 12.15 zeigt die Lage der Eigenwerte in Abhängigkeit von dem Gewichtungsfaktor w.

Nun laute durch die Einwirkung einer Störung $\bar{z}$ die dynamische Prozessgleichung wie folgt

$$\dot{x} = u + \bar{z}.$$

Der in Beispiel 12.4 abgeleitete zeitinvariante LQ-Regler

$$u(t) = -\frac{1}{\sqrt{r}}x(t)$$

führt zu den stationären Abweichungen $\bar{x} = \sqrt{r}\bar{z}$, $\bar{u} = -\bar{z}$, während der oben abgeleitete LQI-Regler mit $\bar{x} = 0$, $\bar{u} = -\bar{z}$ die Zustandsvariable stationär genau regelt.   □

12.10   Optimale Regelung linearisierter Mehrgrößensysteme

Unsere bisherigen Betrachtungen in diesem Kapitel haben ausschließlich linearen Systemen gegolten. Wir wollen nun in diesem Abschnitt die Anwendung der entwickelten Konzepte auf nichtlineare Prozesse erläutern, die um einen Arbeitspunkt linearisiert werden. Wir starten mit dem nichtlinearen, zeitinvarianten Prozessmodell

$$\dot{\mathbf{x}} = \mathbf{f}(\mathbf{x}, \mathbf{u}), \quad \mathbf{y} = \mathbf{c}(\mathbf{x}), \tag{12.129}$$

wobei $\mathbf{x}$, $\mathbf{u}$, $\mathbf{y}$ die Zustands-, Eingangs- und Ausgangsvariablen darstellen und $\mathbf{f}$, $\mathbf{c}$ stetig differenzierbare Funktionen sind. Nach *Linearisierung* um einen *Arbeitspunkt (Ruhelage)* $\bar{\mathbf{x}}_S, \bar{\mathbf{u}}_S, \bar{\mathbf{y}}_S$, der folgende Beziehungen erfüllt

$$\mathbf{f}(\bar{\mathbf{x}}_S, \bar{\mathbf{u}}_S) = \mathbf{0}, \quad \bar{\mathbf{y}}_S = \mathbf{c}(\bar{\mathbf{x}}_S) \tag{12.130}$$

erhält man die *linearisierte Systembeschreibung*

$$\triangle\dot{\mathbf{x}} = \mathbf{A}\triangle\mathbf{x} + \mathbf{B}\triangle\mathbf{u}, \quad \triangle\mathbf{y} = \mathbf{C}\triangle\mathbf{x} \tag{12.131}$$

mit

$$\triangle\mathbf{x} = \mathbf{x} - \bar{\mathbf{x}}_S, \quad \triangle\mathbf{u} = \mathbf{u} - \bar{\mathbf{u}}_S, \quad \triangle\mathbf{y} = \mathbf{y} - \bar{\mathbf{y}}_S \tag{12.132}$$

$$\mathbf{A} = \left.\frac{\partial\mathbf{f}}{\partial\mathbf{x}}\right|_S, \quad \mathbf{B} = \left.\frac{\partial\mathbf{f}}{\partial\mathbf{u}}\right|_S, \quad \mathbf{C} = \left.\frac{\partial\mathbf{c}}{\partial\mathbf{y}}\right|_S. \tag{12.133}$$

Die Aufgabenstellung der Regelung besteht üblicherweise darin, durch geeignete Steuereingriffe $\mathbf{u}$, den Prozess in der Nähe des Arbeitspunktes zu halten, wodurch im Wesentlichen die in Abschn. 12.8 besprochene Problemstellung entsteht. Bei Einsatz des LQ-Reglers auf das linearisierte System (12.131) bekommt man

$$\triangle\mathbf{u}(t) = -\mathbf{K}\triangle\mathbf{x}(t)$$

und mit (12.132) das auch in (12.101) und Abb. 12.11 enthaltene Regelgesetz

$$\mathbf{u}(t) = \bar{\mathbf{u}}_S - \mathbf{K}(\mathbf{x}(t) - \bar{\mathbf{x}}_S). \tag{12.134}$$

Bei Einsatz des LQI-Reglers auf das linearisierte System (12.131) erhält man

$$\triangle\mathbf{u}(t) = -\mathbf{K}_P\triangle\mathbf{x}(t) - \mathbf{K}_I \int_0^t \triangle\mathbf{y}(\tau)d\tau$$

und unter Berücksichtigung von (12.132) schließlich

$$\mathbf{u}(t) = -\mathbf{K}_P\mathbf{x}(t) - \mathbf{K}_I \int_0^t \mathbf{y}(\tau) - \bar{\mathbf{y}}_S d\tau, \tag{12.135}$$

wobei die Festlegung $\boldsymbol{\chi}_0 = -\bar{\mathbf{u}}_S - \mathbf{K}_P\bar{\mathbf{x}}_S$ getroffen wurde. Bezeichnenderweise hängt der LQ-Regler von $\bar{\mathbf{u}}_S$ und $\bar{\mathbf{x}}_S$ ab, während der LQI-Regler *nur* den Sollwert der Ausgangsgröße $\bar{\mathbf{y}}_S$ im Integralanteil berücksichtigt. Abbildung 12.16 visualisiert die resultierende LQI-Regelungsstruktur, die ohne Vorwärtsterme $\bar{\mathbf{u}}_S$ auskommt.

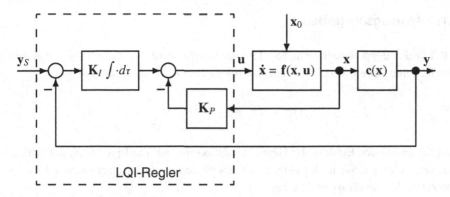

Abb. 12.16 LQI-Regelung linearisierter Mehrgrößensysteme

Beispiel 12.17 Für das instabile nichtlineare dynamische System

$$\dot{x} = x^3 + u, \quad x(0) = x_0$$

wird ein Regelgesetz gesucht, das zur Stabilisierung des Arbeitspunktes $\overline{x}_S = 0, \overline{u}_S = 0$ führt. Die Linearisierung der Strecke um den Ursprung liefert

$$\dot{x} = u .$$

Zum Entwurf eines LQ-Reglers berücksichtigen wir die Minimierung des quadratischen Gütefunktionals

$$J = \frac{1}{2} \int\limits_0^{\infty} x^2 + ru^2 dt, \quad r > 0 ,$$

wodurch die Problemstellung von Beispiel 12.4 entsteht. Für diese Problemstellung gilt $\triangle x = x, \triangle u = u$. Das zugehörige LQ-Regelgesetz lautet bekanntlich

$$u = -\frac{1}{\sqrt{r}} x ,$$

und nach Einsetzen in das nichtlineare System erhalten wir

$$\dot{x} = x^3 - \frac{1}{\sqrt{r}} x, \quad x(0) = x_0 .$$

Der Stabilitätsbereich dieses nichtlinearen geregelten Systems ist durch folgende Beziehung definiert

$$\dot{x}(0)\text{sign}\, x_0 < 0 \iff \left(x_0^3 - \frac{x_0}{\sqrt{r}} \right) \text{sign}\, x_0 < 0 \iff x_0^2 < \frac{1}{\sqrt{r}} \iff |x_0| < \frac{1}{\sqrt[4]{r}} .$$

$$(12.136)$$

Die Weite des Einzugsbereichs um den Ursprung ist somit umgekehrt proportional zum Gewichtungsfaktor r in der vierten Wurzel. $\square$

12.11 Übungsaufgaben

12.1 Für das doppelintegrierende System der Beispiele 12.2 bzw. 12.5 soll ein zeitinvariantes Regelgesetz entworfen werden, das folgendes Gütefunktional minimiert

$$J = \frac{1}{2} \int_0^\infty q_1(x_e - x_1)^2 + q_2 x_2^2 + u^2 dt, \quad q_1, q_2 \geq 0.$$

Diskutieren Sie den Einfluss der Gewichtungsfaktoren auf die Eigenwerte des geregelten Systems. Zeichnen Sie in der komplexen Ebene den geometrischen Ort der Eigenwerte (Wurzelortskurve) für $q_2 = 1$ und $q_1 \geq 0$.

12.2 Für das dynamische System

$$\dot{x}(t) = ax(t) + u(t)$$

soll das optimale Regelgesetz bestimmt werden, das zur Minimierung folgenden Gütefunktionals führt

$$J = \frac{1}{2} S \mathbf{x}(T)^2 + \int_0^T \frac{1}{4} u(t)^2 dt, \quad S \geq 0.$$

12.3 Für das dynamische System 2. Ordnung (vgl. Beispiel 12.13)

$$\dot{x}_1 = x_2$$
$$\dot{x}_2 = 2x_1 - x_2 + u$$

sollen optimale Regelgesetze zur Minimierung folgender Gütefunktionale entwickelt werden

(a) $J = \int_0^T x_1(t)^2 + \frac{1}{2}x_2(t)^2 + \frac{1}{4}u(t)^2 dt$

(b) $J = (x_1(T) - 1)^2 + \int_0^T (x_1(t) - 1)^2 + 0.0025 u(t)^2 dt$

(c) $J = \int_0^T (x_1(t) - 0.2t)^2 + 0.025 u(t)^2 dt.$

Skizzieren Sie die jeweiligen Verläufe der Eingangs- und Zustandsvariablen des geregelten Systems.

12.4 Für das lineare dynamische System

$$\dot{x}_1 = x_2$$
$$\dot{x}_2 = ku, \quad k > 0$$

wird ein optimales Regelgesetz gesucht, das das Gütefunktional

$$J = \frac{1}{2} \int_0^\infty x_1^2 + ru^2 dt, \quad r > 0$$

minimiert.

(a) Bestimmen Sie das optimale Regelgesetz.
(b) Bestimmen Sie die Pole des geschlossenen Regelkreises. Für welche Werte von k weist das geregelte System periodisches Verhalten auf?
(c) Skizzieren Sie die Wurzelortskurve des geregelten Systems in Abhängigkeit von r für $k = 1$.

12.5 Gegeben ist das lineare System

$$\dot{\mathbf{x}} = \begin{bmatrix} -1 & -a \\ 1 & 0 \end{bmatrix} \mathbf{x} + \begin{bmatrix} 1 \\ 0 \end{bmatrix} u \, .$$

(a) Bestimmen Sie die zu dem Optimierungsproblem

$$J = \frac{1}{2} \int_0^\infty x_1^2 + u^2 dt \rightarrow \min$$

gehörende Lösung $\overline{P}(a)$ der Riccatigleichung für alle $a \neq 0$. Geben Sie das optimale Regelgesetz an.
(b) Skizzieren Sie $J^*(a)$ für den Anfangswert

$$\mathbf{x}_0 = \begin{bmatrix} 1 \\ 0 \end{bmatrix}$$

im Bereich $-2 \leq a \leq 2$.

12.6 Für das zeitvariante dynamische System

$$\dot{\mathbf{x}} = \mathbf{A}(t)\mathbf{x} + \mathbf{B}(t)\mathbf{u}, \quad \mathbf{x}(0) = \mathbf{x}_0$$

wird ein optimales Regelgesetz gesucht, das folgendes Gütefunktional minimiert

$$J = \frac{1}{2} \int_0^T \|\mathbf{x}(t)\|_{\mathbf{Q}(t)}^2 + \|\mathbf{u}(t)\|_{\mathbf{R}(t)}^2 + 2\mathbf{x}(t)^T \mathbf{V}(t)\mathbf{u}(t) \, dt \, ,$$

wobei $\mathbf{R} > 0, \mathbf{Q} - \mathbf{V}\mathbf{R}^{-1}\mathbf{V} \geq 0$ gelten. Leiten Sie die Bestimmungsgleichungen für das optimale Regelgesetz ab. (Hinweis: Führen Sie die Transformation $\tilde{\mathbf{u}} = \mathbf{u} + \mathbf{R}(t)^{-1}\mathbf{V}(t)^T \mathbf{x}$ durch, und lösen Sie das resultierende ordinäre LQ-Problem.)

12.7 Man betrachte das Problem der Minimierung eines quadratischen Gütefunktionals mit internen Straftermen

$$J = \frac{1}{2}\|\mathbf{x}(T)\|_{\mathbf{S}}^2 + \frac{1}{2}\sum_{i=1}^{N}\|\mathbf{x}(t_i)\|_{\mathbf{F}_i}^2 + \frac{1}{2}\int_0^T \|\mathbf{x}(t)\|_{\mathbf{Q}(t)}^2 + \|\mathbf{u}(t)\|_{\mathbf{R}(t)}^2 \, dt$$

mit T fest, Gewichtungsmatrizen $\mathbf{S} \geq 0$, $\mathbf{Q}(t) \geq 0$, $\mathbf{R}(t) > 0$, $\mathbf{F}_i \geq 0$, $i = 1, \ldots, N$, und bekannten internen Zeitpunkten $0 \leq t_i \leq T$, $i = 1, \ldots, N$. Zeigen Sie, dass die Minimierung dieses Gütefunktionals unter Berücksichtigung von (12.1) durch das optimale Regelgesetz (12.15) gegeben ist, und zwar mit einer Riccati-Matrix $\mathbf{P}(t)$, die (12.12), (12.13) und zusätzlich

$$\mathbf{P}(t_i^-) = \mathbf{P}(t_i^+) + \mathbf{F}_i, \quad i = 1, \ldots, N$$

erfüllt. Schlagen Sie eine Vorgehensweise zur Berechnung der Riccati-Matrix unter den neuen Gegebenheiten vor. (Hinweis: Nutzen Sie die Ergebnisse des Abschn. 10.5.2)

12.8 Für das dynamische System $\dot{x} = u$ wird das optimale Regelgesetz gesucht, das zur Minimierung des Gütefunktionals

$$J = \frac{1}{2}\sum_{i=1}^{\infty} x^2(10i) + \frac{1}{2}\int_0^{\infty} u(t)^2 dt$$

führt [23]. Zeigen Sie, dass das gesuchte optimale Regelgesetz durch

$$u(t) = -P(t)x(t)$$

gegeben ist. Hierbei ist der Riccati-Koeffizient

$$P(t) = \frac{1}{5 + \sqrt{35} - (t - 10i)} \quad 0 \leq 10i \leq t < 10(i+1), \quad i = 0, 1, 2, \ldots$$

die analytisch ermittelbare, periodische Lösung der Riccati-Differentialgleichung

$$\dot{P}(t) = P(t)^2$$

mit der periodisch einsetzenden internen Bedingung

$$P(10i^-) = P(10i^+) + 1 \, .$$

Skizzieren Sie den Verlauf des Riccati-Koeffizienten. (Hinweis: Nutzen Sie die Ergebnisse der Übung 12.7.)

12.9 Für das lineare dynamische System

$$\dot{\mathbf{x}} = \begin{bmatrix} 0 & -1 \\ 1 & 0 \end{bmatrix} \mathbf{x} + \begin{bmatrix} 1 \\ 0 \end{bmatrix} u$$

ist ein LQ-Regler in der Art zu entwerfen, dass das Gütefunktional

$$J = \frac{1}{2} \int\limits_0^\infty x_1^2 + u^2 dt$$

minimiert wird.

(a) Überprüfen Sie, ob alle Voraussetzungen für den Entwurf eines zeitinvarianten LQ-Reglers erfüllt sind.
(b) Bestimmen Sie das optimale Regelgesetz durch Lösung der zugehörigen stationären Riccati-Matrixgleichung.
(c) Geben Sie die Matrix des geschlossenen Regelkreises $\mathbf{A}_{RK}$ an.

Nun wirken auf das System zwei zeitinvariante Störgrößen z_1, z_2. Die Zustandsdifferentialgleichung des Systems lautet in diesem Fall

$$\dot{\mathbf{x}} = \begin{bmatrix} 0 & -1 \\ 1 & 0 \end{bmatrix} \mathbf{x} + \begin{bmatrix} 1 \\ 0 \end{bmatrix} u + \begin{bmatrix} 1 & 1 \\ 0 & 1 \end{bmatrix} \mathbf{z}.$$

(d) Geben Sie die stationäre Regelabweichung bei Anwendung des in (b) entworfenen LQ-Reglers an.

12.10 Für das lineare gestörte dynamische System

$$\dot{x} = ax + bu + z, \quad x(0) = x_0$$

soll ein zeitinvarianter LQI-Regler entworfen werden.

(a) Führen Sie die Problemstellung auf ein LQ-Reglerentwurfsproblem zurück. Geben Sie die Zustandsgleichung der erweiterten LQ-Problemstellung an.
(b) Ermitteln Sie die Rückführkoeffizienten des erweiterten LQ-Reglers durch Auswertung der entsprechenden Riccati-Gleichung in Abhängigkeit von a, b. Setzen Sie hierbei alle im Gütefunktional der erweiterten Problemstellung vorkommenden Gewichtungsfaktoren zu 1.
(c) Geben Sie die Steuergröße als Funktion der Zustandsgröße x und der Parameter a, b (Regelgesetz), sowie die Zustandsgleichung des geschlossenen Regelkreises an.
(d) Berechnen Sie den zeitlichen Verlauf der Zustandsgröße des geregelten Systems als Funktion des Anfangszustandes x_0 und des Anfangswertes des Integriergliedes χ_0 für den Fall, dass die Störung konstant ist ($z = \bar{z}$) und $a = b = 1$. Wie viel beträgt die stationäre Regelabweichung?

Literatur

1. Kalman R (1960) Contributions to the theory of optimal control. Boletin de la Sociedad Matematica Mexicana 5:102–119

2. Anderson B, Moore J (1971) Linear optimal control. Prencice-Hall, Englewood Cliffs, New Jersey

3. Grimble M, Johnson M (1988) Optimal Control and Stochastic Estimation, Volume One. J. Wiley & Sons, Chichester

4. Jacobson D, Martin D, Pachter M, Geveci T (1980) Extensions of linear-quadratic control theory. Springer, Berlin

5. Kwakernaak H, Sivan R (1972) Linear Optimal Control Systems. Wiley-Interscience, New York

6. Poubelle MA, Petersen I, Gevers M, Bitmead R (1986) A miscellany of results on an equation of Count J.F. Riccati. IEEE T Automat Contr 31:651–654

7. Bittanti S, Laub A, Willems J (Hrsg.) (1991) The Riccati equation. Springer, Berlin

8. Chui C, Chen G (1989) Linear systems and optimal control. Springer, Berlin

9. Kalman R (1964) When is a linear control system optimal? J Basic Eng 86:51–60

10. Rosenbrock H, Mc Morran P (1971) Good, bad or optimal? IEEE T Automat Contr 16:552–553

11. Johnson M, Grimble M (1987) Recent trends in linear optimal quadratic multivariable control system design. EE Proc D 134:53–71

12. Trofino Neto A, Dion J, Dugard L (1992) Robustness bounds for LQ regulators. IEEE T Automat Contr 37:1373–1377

13. Bryson Jr A, Ho Y (1969) Applied optimal control. Ginn, Waltham, Massachusetts

14. Kosut R (1970) Suboptimal control of linear time invariant systems subject to control structure constraints. IEEE T Automat Contr 15:557–563

15. Levine W, Athans M (1970) On the determination of the optimal constant output feedback gains for linear multivariable systems. IEEE T Automat Contr 15:44–48

16. Föllinger O (1986) Entwurf konstanter Ausgangsrückführungen im Zustandsraum. Automatisierungstechnik 34:5–15

17. Choi S, Sirisena H (1974) Computation of optimal output feedback gains for linear multivariable systems. IEEE T Automat Contr 19:257–258

18. Horisberger H, Belanger P (1974) Solution of the optimal constant output feedback by conjugate gradients. IEEE T Automat Contr 19:434–435

19. Kuhn U, Schmidt G (1987) Fresh look into the design and computation of optimal output feedback controls for linear multivariable systems. Int J Control 46:75–95

20. Schmidt G, Rückhardt CF (1991) OPTARF-programm zur Berechnung optimaler Ausgangsrückführungen im Zustandsraum. Automatisierungstechnik 39:296–297

21. Davison E, Smith H (1971) Pole assigment in linear time-invariant multivariable systems with constant disturbances. Automatica 7:489–498

22. Weihrich G (1977) Mehrgrößen–Zustandsregelung unter Einwirkung von Stör- und Führungssignalen. Regelungstechnik 25:166–172

23. Geering H (1976) Continuous-time optimal control theory for cost functionals including discrete state penalty terms. IEEE T Automat Contr 21:866–869

Optimale Steuerung zeitdiskreter dynamischer Systeme

13

Wir haben uns bis jetzt in den Kap. 10 und 11 mit der optimalen Steuerung zeitkontinuierlicher dynamischer Systeme befasst. Die numerische Auswertung dieser Problemstellungen sowie die praktische Implementierung der resultierenden optimalen Steuertrajektorien bzw. Regelgesetze erfordern aber in der Regel den Einsatz elektronischer Rechner, die – bedingt durch entsprechende technologische Entwicklungen – fast ausschließlich digitaler Natur sind. Bei unseren Betrachtungen in diesem Kapitel werden wir von einer zeitdiskreten Problemformulierung ausgehen, die entweder aus der zeitlichen Diskretisierung einer ursprünglich zeitkontinuierlichen Problemstellung oder aber direkt aus einer zeitdiskreten Problemumgebung hervorgegangen sein mag.

Wir betrachten einen zeitdiskreten dynamischen Prozess, der durch folgende *Zustandsdifferenzengleichung* beschrieben wird (vgl. Abschn. 19.2.1.2)

$$\mathbf{x}(k+1) = \mathbf{f}(\mathbf{x}(k), \mathbf{u}(k), k), \quad k = 0, \dots, K-1, \tag{13.1}$$

wobei mit $\cdot(k)$ der Wert der jeweiligen Variable zum Zeitpunkt $t = kT$ bezeichnet wird. Hierbei sind T das Abtastintervall und K bzw. KT der zeitliche Problemhorizont. Das System hat den bekannten Anfangszustand

$$\mathbf{x}(0) = \mathbf{x}_0, \tag{13.2}$$

und die Problemstellung besteht darin, das zeitdiskrete Gütefunktional

$$J = \vartheta(\mathbf{x}(K)) + \sum_{k=0}^{K-1} \phi(\mathbf{x}(k), \mathbf{u}(k), k), \quad K \text{ fest} \tag{13.3}$$

unter Berücksichtigung von (13.1), (13.2) sowie von

$$\mathbf{h}(\mathbf{x}(k), \mathbf{u}(k), k) \leq \mathbf{0}, \quad k = 0, \dots, K-1 \tag{13.4}$$

zu minimieren. Der Endzustand darf hierbei entweder frei sein, oder er muss folgende Endbedingung erfüllen

$$\mathbf{g}(\mathbf{x}(K)) = \mathbf{0}. \tag{13.5}$$

© Springer-Verlag Berlin Heidelberg 2015
M. Papageorgiou, M. Leibold, M. Buss, *Optimierung*, DOI 10.1007/978-3-662-46936-1_13

Für die Problemvariablen und -funktionen gilt wie bei den zeitkontinuierlichen Problemstellungen $\mathbf{x}(k) \in \mathbb{R}^n$, $\mathbf{u}(k) \in \mathbb{R}^m$, $\mathbf{f} \in \mathbb{R}^n$, $\mathbf{h} \in \mathbb{R}^q$, $\mathbf{g} \in \mathbb{R}^l$, $l \leq n$. Ferner werden die Funktionen $\mathbf{f}$, $\mathbf{h}$, $\mathbf{g}$, ϑ, ϕ zweifach stetig differenzierbar vorausgesetzt.

Die eben formulierte Aufgabenstellung weist eine offensichtliche Analogie zu der zeitkontinuierlichen Problemstellung früherer Kapitel auf, was in Anbetracht des gemeinsamen Problemhintergrunds (optimale Steuerung eines dynamischen Systems) nicht weiter verblüffend ist. Mathematisch gesehen handelt es sich aber hier um eine Problemstellung der nichtlinearen Programmierung, wie wir sie in Teil I des Buches kennengelernt haben, da keine Zeitfunktionen $\mathbf{x}(t)$, $\mathbf{u}(t)$, sondern einzelne Werte $\mathbf{x}(k)$, $\mathbf{u}(k)$ gesucht werden. Zur Verdeutlichung dieser Feststellung seien folgende Vektoren definiert

$$\mathbf{X} = [\mathbf{x}(1)^T \ \mathbf{x}(2)^T \ldots \mathbf{x}(K)^T]^T, \quad \mathbf{U} = [\mathbf{u}(0)^T \ \mathbf{u}(1)^T \ldots \mathbf{u}(K-1)^T]^T .$$

Die zeitdiskrete Optimierungsaufgabe lässt sich dann wie folgt ausdrücken.

Minimiere $\Phi(\mathbf{X}, \mathbf{U})$ unter Berücksichtigung von

$$\mathbf{F}(\mathbf{X}, \mathbf{U}) = \mathbf{0}, \quad \mathbf{H}(\mathbf{X}, \mathbf{U}) \leq \mathbf{0} .$$

Hierbei werden in Φ das zeitdiskrete Gütefunktional (13.3), in $\mathbf{H}$ die UNB (13.4) für alle $k \in [0, K-1]$ und in $\mathbf{F}$ die Prozessnebenbedingungen (13.1) für alle $k \in [0, K-1]$ sowie die Randbedingungen (13.5) zusammengefasst. Für die weiteren Betrachtungen werden wir stets voraussetzen, dass die Funktionen $\mathbf{F}$ und $\mathbf{H}$ die aus Abschn. 5.2 bekannte Qualifikationsbedingung erfüllen.

13.1 Notwendige Bedingungen für ein lokales Minimum

Zur Ableitung notwendiger Optimalitätsbedingungen kann die aus Kap. 5 bekannte Vorgehensweise angewandt werden. Hierzu bilden wir zunächst die Lagrange-Funktion (5.66) der vorliegenden Problemstellung

$$
\begin{aligned}
L(\mathbf{x}(k), \mathbf{u}(k), \boldsymbol{\lambda}(k), \boldsymbol{\mu}(k), \boldsymbol{\nu}, k) &= \vartheta(\mathbf{x}(K)) + \sum_{k=0}^{K-1} \phi(\mathbf{x}(k), \mathbf{u}(k), k) \\
&+ \sum_{k=0}^{K-1} \boldsymbol{\lambda}(k+1)^T (\mathbf{f}(\mathbf{x}(k), \mathbf{u}(k), k) - \mathbf{x}(k+1)) + \boldsymbol{\mu}(k)^T \mathbf{h}(\mathbf{x}(k), \mathbf{u}(k), k) \\
&+ \boldsymbol{\nu}^T \mathbf{g}(\mathbf{x}(K)) ,
\end{aligned}
\tag{13.6}
$$

wobei $\boldsymbol{\lambda}(k+1)$ bzw. $\boldsymbol{\mu}(k)$, $k = 0, \ldots, K-1$, Lagrange- bzw. Kuhn-Tucker-Multiplikatoren für die entsprechenden GNB bzw. UNB sind. Die Multiplikatoren $\boldsymbol{\nu}$ werden der Randbedingung (13.5) zugewiesen. Aus den notwendigen Bedingungen (5.67)–(5.71) lassen sich dann direkt die nachfolgenden Optimalitätsbedingungen ableiten [1] (s. auch Übung 13.1).

Zur Formulierung der notwendigen Optimalitätsbedingungen der Problemstellung definieren wir zunächst in Analogie zu (11.28) und (11.29) die *zeitdiskrete Hamilton-Funktion*

$$H(\mathbf{x}(k), \mathbf{u}(k), \boldsymbol{\lambda}(k+1), k) = \phi(\mathbf{x}(k), \mathbf{u}(k), k) + \boldsymbol{\lambda}(k+1)^T \mathbf{f}(\mathbf{x}(k), \mathbf{u}(k), k) \quad (13.7)$$

bzw. die *erweiterte zeitdiskrete Hamilton-Funktion*

$$\tilde{H}(\mathbf{x}(k), \mathbf{u}(k), \boldsymbol{\lambda}(k+1), \boldsymbol{\mu}(k), k) = \phi(\mathbf{x}(k), \mathbf{u}(k), k)$$
$$+ \boldsymbol{\lambda}(k+1)^T \mathbf{f}(\mathbf{x}(k), \mathbf{u}(k), k) + \boldsymbol{\mu}(k)^T \mathbf{h}(\mathbf{x}(k), \mathbf{u}(k), k) . \quad (13.8)$$

Hierbei werden $\boldsymbol{\lambda}(k+1) \in \mathbb{R}^n$ in Analogie zum zeitkontinuierlichen Fall als *zeitdiskrete Kozustandsvariablen* bezeichnet, während $\boldsymbol{\mu}(k) \in \mathbb{R}^q$ Kuhn-Tucker-Multiplikatoren sind.

Die notwendigen Optimalitätsbedingungen für die optimale Steuerung zeitdiskreter dynamischer Systeme lauten nun wie folgt (ohne Sternindex):

Es existieren Multiplikatoren $\boldsymbol{\nu}$ und $\boldsymbol{\lambda}(k+1)$, $\boldsymbol{\mu}(k)$, $k = 0, \ldots, K-1$, so dass folgende Beziehungen für $k = 0, \ldots, K-1$ erfüllt sind

$$\mathbf{x}(k+1) = \nabla_{\boldsymbol{\lambda}(k+1)} \tilde{H} = \mathbf{f}(\mathbf{x}(k), \mathbf{u}(k), k) \quad (13.9)$$

$$\boldsymbol{\lambda}(k) = \nabla_{\mathbf{x}(k)} \tilde{H} = \nabla_{\mathbf{x}(k)} \phi + \mathbf{f}_{\mathbf{x}(k)}^T \boldsymbol{\lambda}(k+1) + \mathbf{h}_{\mathbf{x}(k)}^T \boldsymbol{\mu}(k) \quad (13.10)$$

$$\nabla_{\mathbf{u}(k)} \tilde{H} = \nabla_{\mathbf{u}(k)} \phi + \mathbf{f}_{\mathbf{u}(k)}^T \boldsymbol{\lambda}(k+1) + \mathbf{h}_{\mathbf{u}(k)}^T \boldsymbol{\mu}(k) = \mathbf{0} \quad (13.11)$$

$$\boldsymbol{\mu}(k)^T \mathbf{h}(\mathbf{x}(k), \mathbf{u}(k), k) = 0 \quad (13.12)$$

$$\boldsymbol{\mu}(k) \geq \mathbf{0} \quad (13.13)$$

$$\mathbf{h}(\mathbf{x}(k), \mathbf{u}(k), k) \leq \mathbf{0} \quad (13.14)$$

Ferner müssen folgende *Rand-* und *Transversalitätsbedingungen* erfüllt sein

$$\mathbf{x}(0) = \mathbf{x}_0 \quad (13.15)$$

$$\mathbf{g}(\mathbf{x}(K)) = \mathbf{0} \quad (13.16)$$

$$\boldsymbol{\lambda}(K) = \nabla_{\mathbf{x}(K)} \vartheta + \mathbf{g}_{\mathbf{x}(K)}^T \boldsymbol{\nu} . \quad (13.17)$$

Zum besseren Verständnis dieser Bedingungen sind nun einige Anmerkungen erforderlich:

- Die Bedingungen (13.9) bzw. (13.10) sind die *Zustands-* bzw. *Kozustandsdifferenzengleichungen*, die gemeinsam das *kanonische Differenzengleichungssystem* bilden.
- Die Bedingungen (13.11)–(13.14) sind ausreichend, um $\mathbf{u}(k), \boldsymbol{\mu}(k)$ als Funktionen von $\mathbf{x}(k)$ und $\boldsymbol{\lambda}(k)$ auszudrücken, und spielen somit die Rolle von *Koppelbeziehungen*. Diese Koppelbeziehungen verlangen, dass die erweiterte Hamilton-Funktion $\tilde{H}$ zu jedem Zeitpunkt k einen stationären Punkt bezüglich der Steuergröße $\mathbf{u}(k)$ darstellt.

- Die Rand- und Transversalitätsbedingungen (13.15)–(13.17) beinhalten insgesamt $2n + l$ Beziehungen. Gemeinsam mit den kanonischen Differenzengleichungen und den Koppelbeziehungen entsteht somit ein *zeitdiskretes Zwei-Punkt-Randwert-Problem (ZPRWP)*, das $2n$ Randbedingungen für seine Lösung erfordert. Die restlichen l Randbedingungen werden zur Bestimmung der Multiplikatoren v benötigt. Die Handhabung der Randbedingungen erfolgt in Analogie zu den Ausführungen von Abschn. 10.2.

- Die Lösung des ZPRWP kann bei relativ einfachen Problemstellungen analytisch erfolgen. Komplexere Aufgabenstellungen hingegen erfordern den Einsatz numerischer Algorithmen, die in Kap. 15 präsentiert werden.

- Die in Abschn. 10.3 enthaltenen Ausführungen über optimale Steuerung und optimale Regelung behalten auch für die zeitdiskrete Problemstellung ihre grundsätzliche Bedeutung.

- Erweiterungen der Problemstellung der optimalen Steuerung, wie sie in den Abschn. 10.5 und 11.3 berücksichtigt wurden, können auch beim zeitdiskreten Fall eingeführt werden.

- In dem Satz der oben angeführten Optimalitätsbedingungen ist kein zeitdiskretes Analogon der globalen Minimierungsbedingung (11.37) des zeitkontinuierlichen Falls enthalten. In der Tat ist die globale Minimierungsbedingung nur dann eine notwendige Optimalitätsbedingung der zeitdiskreten Problemstellung, wenn zusätzliche Voraussetzungen getroffen werden, von deren ausführlichen Darlegung hier abgesehen wird, s. [2, 3]. Es kann aber angemerkt werden, dass diese zusätzlichen Voraussetzungen oft erfüllt sind, wenn die betrachtete Problemstellung als zeitdiskrete Annäherung einer zeitkontinuierlichen Problemstellung hervorgegangen ist.

- Sollten in den Problemfunktionen $\mathbf{f}$, ϕ, $\mathbf{h}$ auch konstante Steuergrößen oder sonstige Entscheidungsvariablen $\mathbf{p}$ enthalten sein, so lassen sich mittels der erweiterten Definition

$$\mathbf{U} = [\mathbf{p}^T \, \mathbf{u}(0)^T \, \mathbf{u}(1)^T \ldots \mathbf{u}(K-1)^T]^T$$

in ähnlicher Weise wie in diesem Abschnitt geschehen, entsprechend erweiterte notwendige Optimalitätsbedingungen ableiten, die auch die Bestimmung des optimalen $\mathbf{p}^*$ erlauben, s. Übung 13.12. Eine analoge Modifikation ist auch möglich, wenn das Abtastintervall T_i einzelner (oder aller) Steuergrößen u_i ein Vielfaches des Zeitintervalls T der Systemgleichungen beträgt, d. h. wenn einzelne (oder alle) Steuergrößen u_i ihren Wert weniger oft als zu jedem Abtastintervall T ändern dürfen, s. Übung 13.13.

- Zur Berücksichtigung freier Zeithorizonte K müsste die Ableitung der notwendigen Bedingungen nicht über die Ergebnisse von Abschn. 5.2 sondern mittels der Variationsrechnung erfolgen, s. [4]. Alternativ, wenn die Zeitschrittweite T explizit in der Zustandsgleichung enthalten ist (so z. B. wenn die zeitdiskrete Problemstellung aus der Diskretisierung einer ursprünglich zeitkontinuierlichen Problemstellung entstanden ist), lässt sich folgende Vorgehensweise anwenden. Man fixiert die Anzahl K der Zeitschritte auf einen Wert (z. B. $K = 100$), der ausreichende Lösungsgenauigkeit garantiert, und betrachtet T als freien Entscheidungsparameter der Problemstellung, der optimiert werden soll. Liefert dann die Lösung des Problems den optimalen Wert T^*, so beträgt der optimale Zeithorizont KT^*.

• Wenn die Prozessgleichung (13.1) *totzeitverzögerte Variablen* beinhaltet

$$\mathbf{x}(k+1) = \mathbf{f}(\mathbf{x}(k), \mathbf{x}(k-1), \dots, \mathbf{x}(k-\kappa), \mathbf{u}(k), \mathbf{u}(k-1), \mathbf{u}(k-\kappa), k), \quad (13.18)$$

so ist es unschwer, auf der Grundlage der notwendigen Bedingungen des entsprechenden statischen Optimierungsproblems, in ähnlicher Weise wie in diesem Abschnitt geschehen, entsprechend erweiterte Optimalitätsbedingungen der zeitdiskreten Problemstellung abzuleiten (s. Übung 13.10). Das Gleiche gilt für die Fälle totzeitverzögerter Variablen im Gütefunktional oder in den UNB der zeitdiskreten Problemstellung [5, 6].

Beispiel 13.1 Wir betrachten die optimale Steuerung eines zeitdiskreten integrierenden Systems beschrieben durch

$$x(k+1) = x(k) + u(k); \quad x(0) = x_0. \quad (13.19)$$

Das System soll so gesteuert werden, dass

$$J = \frac{1}{2}Sx(K)^2 + \frac{1}{2}\sum_{k=0}^{K-1} u(k)^2, \quad S > 0, \quad K \text{ fest}$$

minimiert wird.

Die zugehörigen Hamilton-Funktionen lauten nach (13.7), (13.8)

$$\tilde{H} = H = \frac{1}{2}u(k)^2 + \lambda(k+1)(x(k) + u(k)),$$

so dass wir aus (13.11) folgende Beziehung erhalten

$$\tilde{H}_{u(k)} = 0 = u(k) + \lambda(k+1) \Longrightarrow u(k) = -\lambda(k+1). \quad (13.20)$$

Ferner liefert (13.17) $\lambda(K) = Sx(K)$ und aus (13.10) resultiert dann

$$\lambda(k) = \tilde{H}_{x(k)} = \lambda(k+1) \Longrightarrow \lambda(k) = \text{const.} = \lambda(K) = Sx(K). \quad (13.21)$$

Aus (13.20), (13.21) resultiert auch $u(k) = -Sx(K) = \text{const.}$, so dass die Integration von (13.19) zu folgender Beziehung führt

$$x(K) = x_0 - KSx(K) \Longrightarrow x(K) = \frac{x_0}{1+KS}.$$

Somit lauten die optimalen Trajektorien

$$u(k) = -\frac{x_0 S}{1 + KS}, \quad x(k+1) = x_0 - (k+1)\frac{x_0 S}{1 + KS}, \quad k = 0, \ldots, K-1.$$

Wird der Gewichtungsfaktor $S \to \infty$ festgelegt, so erhält man

$$u(k) = -\frac{x_0}{K}, \quad x(k+1) = x_0 - (k+1)\frac{x_0}{K}, \quad k = 0, \ldots, K-1,$$

woraus sich erwartungsgemäß $x(K) = 0$ berechnen lässt. $\square$

13.2   Zeitdiskrete LQ-Optimierung

Wie bereits aus Kap. 12 bekannt, bietet die Optimierungstheorie geeignete Hilfsmittel zum systematischen Entwurf von Mehrgrößenreglern für lineare dynamische Systeme. Während im Kap. 12 der zeitkontinuierliche Fall betrachtet wurde, wollen wir in diesem Abschnitt die Entwicklung *zeitdiskreter Mehrgrößenregler* mittels der *zeitdiskreten LQ-Optimierung* behandeln.

13.2.1   Zeitvarianter Fall

Wir betrachten folgenden Spezialfall der vorgestellten Standard-Problemstellung:
   Minimiere

$$J = \frac{1}{2}\|\mathbf{x}(K)\|_{\mathbf{S}}^2 + \frac{1}{2}\sum_{k=0}^{K-1} \|\mathbf{x}(k)\|_{\mathbf{Q}(k)}^2 + \|\mathbf{u}(k)\|_{\mathbf{R}(k)}^2 \tag{13.22}$$

unter Berücksichtigung von

$$\mathbf{x}(k+1) = \mathbf{A}(k)\mathbf{x}(k) + \mathbf{B}(k)\mathbf{u}(k), \quad \mathbf{x}(0) = \mathbf{x}_0, \tag{13.23}$$

wobei die Gewichtungsmatrizen $\mathbf{S}$, $\mathbf{Q}(k)$, $\mathbf{R}(k)$ positiv semidefinit vorausgesetzt werden. Zusätzlich wird vorausgesetzt, dass die Matrizen

$$\mathbf{B}(K-1)^T \mathbf{S} \mathbf{B}(K-1) + \mathbf{R}(K-1) \quad \text{und} \quad \mathbf{B}(k)^T \mathbf{Q}(k+1)\mathbf{B}(k) + \mathbf{R}(k)$$

für $k = 0, \ldots, K-2$ vollen Rang haben (sonst ist die Lösung nicht eindeutig). Diese Voraussetzung ist automatisch erfüllt, wenn $\mathbf{R}(k) > \mathbf{0}$ statt $\mathbf{R}(k) \geq \mathbf{0}$ gefordert wird.
   Offenbar handelt es sich bei der eben formulierten Problemstellung um die zeitdiskrete Version der in Kap. 12 betrachteten zeitkontinuierlichen Problemstellung, so dass alle dort enthaltenen Anmerkungen im Zusammenhang mit Motivation, Hintergrund und Anwendungen der entsprechenden Verfahren nicht wiederholt werden müssen.

Zur Lösungsermittlung definieren wir zunächst die Hamilton-Funktion

$$\tilde{H} = H = \frac{1}{2}\|\mathbf{x}(k)\|^2_{\mathbf{Q}(k)} + \frac{1}{2}\|\mathbf{u}(k)\|^2_{\mathbf{R}(k)} + \lambda(k+1)^T(\mathbf{A}(k)\mathbf{x}(k) + \mathbf{B}(k)\mathbf{u}(k))$$

und erhalten aus (13.11)

$$\nabla_{\mathbf{u}(k)}\tilde{H} = \mathbf{R}(k)\mathbf{u}(k) + \mathbf{B}(k)^T\lambda(k+1) = \mathbf{0}. \tag{13.24}$$

Um ein optimales Regelgesetz zu erhalten, machen wir den Ansatz

$$\lambda(k) = \mathbf{P}(k)\mathbf{x}(k) \tag{13.25}$$

und erhalten durch Einsetzen von (13.25), (13.23) in (13.24) das Regelgesetz (13.27) mit der Rückführmatrix (13.28). Zur Ermittlung der Riccati-Matrix $\mathbf{P}(k)$ nutzen wir nun (13.10), (13.17) und erhalten

$$\lambda(k) = \nabla_{\mathbf{x}(k)}\tilde{H} = \mathbf{Q}(k)\mathbf{x}(k) + \mathbf{A}(k)^T\lambda(k+1); \quad \lambda(K) = \mathbf{S}\mathbf{x}(K). \tag{13.26}$$

Durch Einsetzen von (13.25) und (13.23) in diese Gleichung erhalten wir die Bestimmungsgleichung (13.29) für $\mathbf{P}(k)$.

Das optimale Regelgesetz zur Lösung der in diesem Abschnitt formulierten Problemstellung lautet

$$\mathbf{u}(k) = -\mathbf{L}(k)\mathbf{x}(k), \tag{13.27}$$

wobei $\mathbf{L}(k)$ eine zeitvariante *Rückführmatrix* darstellt, die aus folgender Gleichung bestimmt werden kann

$$\mathbf{L}(k) = (\mathbf{B}(k)^T\mathbf{P}(k+1)\mathbf{B}(k) + \mathbf{R}(k))^{-1}\mathbf{B}(k)^T\mathbf{P}(k+1)\mathbf{A}(k). \tag{13.28}$$

Die Invertierbarkeit der Matrix $\mathbf{B}(k)^T\mathbf{P}(k+1)\mathbf{B}(k) + \mathbf{R}(k)$ folgt aus den getroffenen Voraussetzungen über die Gewichtungsmatrizen. Die *zeitdiskrete Riccati-Matrix* $\mathbf{P}(k)$ kann durch Rückwärtsintegration folgender Matrix-Differenzengleichung berechnet werden

$$\mathbf{P}(k) = \mathbf{A}(k)^T\mathbf{P}(k+1)\mathbf{A}(k) + \mathbf{Q}(k) - \mathbf{L}(k)^T\mathbf{B}(k)^T\mathbf{P}(k+1)\mathbf{A}(k)$$
$$\mathbf{P}(K) = \mathbf{S}. \tag{13.29}$$

Dank ihrer zeitdiskreten Form lässt sich diese Gleichung in einem Digitalrechner direkt (ohne simulationstechnische Integrationsverfahren) programmieren. Die Matrizen $\mathbf{L}(k)$, $\mathbf{P}(k+1), k = 0,\dots,K-1$, sind unabhängig von Anfangszustand $\mathbf{x}_0$, weshalb sie mittels (13.28), (13.29) off-line berechnet werden können. On-line muss dann nur noch (13.27) mit abgespeicherter Rückführmatrix $\mathbf{L}(k)$ ausgewertet werden.

Auf ähnliche Weise wie im Kap. 12 können folgende Aussagen bewiesen werden (s. Übung 13.2):

- Die Riccati-Matrix $\mathbf{P}(k)$ ist symmetrisch.
- Die Riccati-Matrix $\mathbf{P}(k)$ ist positiv semidefinit.
- Der minimale Wert des Gütefunktionals (13.22) ist gegeben durch

$$J^* = \frac{1}{2}\mathbf{x}_0^T\mathbf{P}(0)\mathbf{x}_0. \tag{13.30}$$

Tab. 13.1 Optimale Verläufe
für Beispiel 13.2

k	4	3	2	1	0
$P(k)$	S	$\frac{1+2S}{1+S}$	$\frac{3+5S}{2+3S}$	$\frac{8+13S}{5+8S}$	$\frac{21+34S}{13+21S}$
$L(k)$		$\frac{S}{1+S}$	$\frac{1+2S}{2+3S}$	$\frac{3+5S}{5+8S}$	$\frac{8+13S}{13+21S}$

Unter Nutzung der Symmetrie von $\mathbf{P}(k)$ lässt sich der rechentechnische Aufwand zur Auswertung der Matrix-Gleichung (13.29) entsprechend reduzieren.

Beispiel 13.2 Für den linearen, zeitdiskreten Prozess

$$x(k+1) = x(k) + u(k); \quad x(0) = x_0$$

wird ein optimaler Regler gesucht, der das Gütefunktional

$$J = \frac{1}{2}Sx(K)^2 + \frac{1}{2}\sum_{k=0}^{K-1} x(k)^2 + ru(k)^2; \quad S \geq 0, \ r \geq 0$$

minimiert.

Zur Lösung der zeitdiskreten LQ-Optimierungsaufgabe erhalten wir aus (13.28) und (13.29) mit $A = 1$, $B = 1$, $Q = 1$, $R = r$

$$L(k) = \frac{P(k+1)}{r + P(k+1)}, \quad P(k) = \frac{r + (r+1)P(k+1)}{r + P(k+1)}, \quad P(K) = S .$$

Das optimale zeitvariante Regelgesetz lautet nach (13.27)

$$u(k) = -L(k)x(k) .$$

Tabelle 13.1 gibt die sich aus der Auswertung (Rückwärtsintegration) obiger Formeln ergebenden Werte für $P(k)$ und $L(k)$, wenn $K = 4$, $r = 1$ angenommen werden. Abbildung 13.1 zeigt die optimalen Verläufe $x(k)$, $u(k)$ für $S \to \infty$, $x_0 = 2$. Der zugehörige minimale Wert des Gütefunktionals ergibt sich mit (13.30) zu

$$J^* = \frac{1}{2}x_0^2 P(0) = 3.238 .\qquad\qquad\square$$

13.2.2 Zeitinvarianter Fall

Wie bereits beim zeitkontiniuierlichen Fall ausführlich erörtert, ist es bei den meisten praktischen Anwendungsfällen erwünscht, ein *zeitinvariantes Regelgesetz* abzuleiten. Der systematische Entwurf eines zeitinvarianten Regelgesetzes ist auch im zeitdiskreten Fall möglich, wenn, analog zu Abschn. 12.2, folgende Voraussetzungen getroffen werden:

(i) Die Problemmatrizen $\mathbf{A}$, $\mathbf{B}$, $\mathbf{Q}$, $\mathbf{R}$ sind zeitinvariant.
(ii) Die Endzeit ist unendlich: $K \to \infty$.

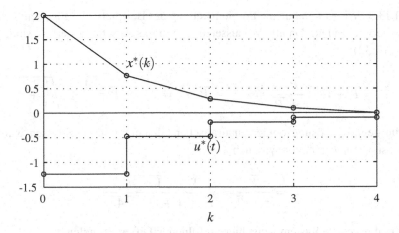

Abb. 13.1 Optimale Verläufe für Beispiel 13.2

(iii) Das System $[\mathbf{A}, \mathbf{B}]$ ist vollständig steuerbar; diese Voraussetzung garantiert, dass das Gütefunktional trotz unendlicher Endzeit beschränkt ist (s. auch Abschn. 12.2 und Beispiel 12.6).

(iv) Das System $[\mathbf{A}, \mathbf{C}]$ ist vollständig beobachtbar, wobei die Matrix $\mathbf{C}$ eine beliebige Matrix ist, die die Beziehung $\mathbf{C}^T \mathbf{C} = \mathbf{Q}$ erfüllt; diese Voraussetzung garantiert asymptotische Stabilität aller Zustandsvariablen des optimal geregelten Systems (s. auch Abschn. 12.2 und Beispiel 12.3).

Auch im zeitdiskreten Fall ist es unter obigen Voraussetzungen möglich zu zeigen [7], dass die Rückwärtsintegration der Matrix-Differenzengleichung (13.29), von $\mathbf{P}(K) \geq \mathbf{0}$ ausgehend, gegen einen stationären Wert $\overline{\mathbf{P}} \geq \mathbf{0}$ konvergiert. Dieser Wert kann also durch Integration von (13.29) oder aber als positiv semidefinite Lösung der stationären Version von (13.29) berechnet werden

$$\overline{\mathbf{P}} = \mathbf{A}^T \overline{\mathbf{P}} \mathbf{A} + \mathbf{Q} - \mathbf{L}^T \mathbf{B}^T \overline{\mathbf{P}} \mathbf{A}, \tag{13.31}$$

wobei sich die zeitinvariante Rückführmatrix aus (13.28) angeben lässt

$$\mathbf{L} = (\mathbf{B}^T \overline{\mathbf{P}} \mathbf{B} + \mathbf{R})^{-1} \mathbf{B}^T \overline{\mathbf{P}} \mathbf{A}. \tag{13.32}$$

Mit dem *zeitinvarianten optimalen Regelgesetz*

$$\mathbf{u}(k) = -\mathbf{L}\mathbf{x}(k) \tag{13.33}$$

hat die Systemmatrix $\mathbf{A} - \mathbf{BL}$ des geregelten Systems alle ihre Eigenwerte im Einheitskreis. Der mittels des optimalen Regelgesetzes (13.33) resultierende minimale Wert des Gütefunktionals beträgt

$$\overline{J}^* = \frac{1}{2} \mathbf{x}_0^T \overline{\mathbf{P}} \mathbf{x}_0. \tag{13.34}$$

Beispiel 13.3 Wir wollen nun die Problemstellung des Beispiels 13.2 für unendliche End-zeit $K \to \infty$ behandeln. Da alle Voraussetzungen dieses Abschnittes erfüllt sind, gilt mit (13.31), (13.32)

$$\overline{P} = \overline{P} + 1 - \frac{\overline{P}^2}{r + \overline{P}} \implies \overline{P}^2 - \overline{P} - r = 0 \implies \overline{P} = \frac{1}{2} + \sqrt{\frac{1}{4} + r} \,,$$

wobei die negative Lösung obiger quadratischer Gleichung ausgeschlossen wurde. Mit obiger Lösung für $\overline{P}$ erhalten wir auch

$$L = \frac{\overline{P}}{r + \overline{P}} = \frac{1 + \sqrt{1 + 4r}}{2r + 1 + \sqrt{1 + 4r}} \,.$$

Das optimal geregelte System weist hiermit folgende Differenzengleichung auf

$$x(k + 1) = (1 - L)x(k) = \frac{2r}{2r + 1 + \sqrt{1 + 4r}} x(k) \,.$$

Für die Lage der Systempole gilt offenbar $0 \leq \Lambda(r) < 1, \forall r \geq 0$, wodurch ein stabiles System gewährleistet ist. Insbesondere liefert der Fall $r = 0$ mit $\Lambda = 0$ ein sogenanntes „dead-beat"-Verhalten, bei dem $x(k)$ den Ursprung in genau einem Zeitschritt erreicht. Der zugehörige Wert von $u(0)$ bleibt hierbei endlich: $u(0) = -x_0$. Für den Grenzfall $r \to \infty$ erhalten wir $L \to 0$ und folglich ein ungeregeltes grenzstabiles System.   □

Im Rahmen der Analogie der zeitdiskreten mit der zeitkontinuierlichen Version der LQ-Optimierung ist es möglich, eine Reihe von Erweiterungen vorzunehmen, die im Kap. 12 ausführlich besprochen wurden. Im Einzelnen können wir folgendes festhalten:

- Die im Abschn. 12.3 angeführten Anmerkungen zum systematischen, *rechnergestützten Entwurf von LQ-Reglern* ist in ähnlicher Weise auf zeitdiskrete Problemstellungen anwendbar.
- Die im Abschn. 12.6 angeführten Überlegungen zur *Regelung der Ausgangsgrößen* sind auf den zeitdiskreten Fall übertragbar [8].
- Das Problem der optimalen *Aufschaltung bekannter, zeitvarianter Störgrößen* (Abschn. 12.7.1) lässt sich in analoger Weise für den zeitdiskreten Fall lösen (s. Übung 13.3). Ähnliches gilt für die Fälle messbarer zeitinvarianter Störgrößen (Abschn. 12.7.2) und bekannten Störgrößenmodells (Abschn. 12.7.3), s. Übungen 13.4, 13.5.
- Das Problem der *optimalen Folgeregelung* (Abschn. 12.8) lässt sich in seinen zeitvarianten und zeitinvarianten Versionen für den zeitdiskreten Fall formulieren und lösen (s. Übung 13.6).
- Die Entwicklung von *Mehrgrößenreglern mit Integralrückführung*, die bei Einwirkung konstanter Störgrößen zu verschwindenden stationären Regelabweichungen führen, ist analog zu Abschn. 12.9 auch bei dem zeitdiskreten Fall durchführbar (s. Übung 13.7).

13.3 Übungsaufgaben

13.1 Nutzen Sie die notwendigen Optimalitätsbedingungen (5.67)–(5.71) zur Ableitung der notwendigen Bedingungen für die zeitdiskrete Problemstellung (Hinweis: Nutzen Sie die Lagrange-Funktion (13.6)).

13.2 Im Zusammenhang mit der Problemstellung des Abschn. 13.2.1 sollen für die Riccati-Matrix $\mathbf{P}(k)$ folgende Aussagen bewiesen werden:

(a) Die Riccati-Matrix $\mathbf{P}(k)$ ist symmetrisch.
(b) Die Riccati-Matrix $\mathbf{P}(k)$ ist positiv semidefinit.
(c) Der minimale Wert des Gütefunktionals (13.22) lautet

$$J^* = \frac{1}{2}\mathbf{x}_0^T \mathbf{P}(0)\mathbf{x}_0 \,.$$

(Hinweis: Die Beweise lassen sich in ähnlicher Weise wie im Abschn. 12.1 vornehmen.)

13.3 Wir betrachten den gestörten dynamischen Prozess

$$\mathbf{x}(k+1) = \mathbf{A}(k)\mathbf{x}(k) + \mathbf{B}(k)\mathbf{u}(k) + \mathbf{z}(k), \ \mathbf{x}(0) = \mathbf{x}_0 \,,$$

wobei $\mathbf{z}(k), k = 0, \ldots, K-1$, eine bekannte Störgröße ist. Leiten Sie das optimale Regelgesetz mit Störgrößenaufschaltung zur Minimierung des quadratischen Gütefunktionals (13.22) ab. (Hinweis: Beachten Sie die Vorgehensweise von Abschn. 12.7.1.)

13.4 Bei der Problemstellung der Übung 13.3 seien alle Voraussetzungen von Abschn. 13.2.2 erfüllt und darüber hinaus sei die Störgröße $z(k) = \bar{z}$ konstant. Leiten Sie das optimale Regelgesetz mit Störgrößenaufschaltung zur Minimierung des Gütefunktionals (13.22) ab. (Hinweis: Verfolgen Sie die Schritte von Abschn. 12.7.2.)

13.5 Bei der Problemstellung der Übung 13.3 sei die Störgröße $\mathbf{z}(k)$ unbekannt aber messbar. Darüber hinaus sei ein Störgrößenmodell verfügbar

$$\mathbf{z}(k+1) = \mathbf{F}(k)\mathbf{z}(k) \,.$$

Leiten Sie das optimale Regelgesetz mit Störgrößenaufschaltung zur Minimierung des Gütefunktionals (13.22) ab. (Hinweis: Verfolgen Sie die Schritte von Abschn. 12.7.3.)

13.6 Wir betrachten das lineare, zeitvariante Prozessmodell (13.23). Gesucht wird ein optimales Regelgesetz zur Minimierung des Gütefunktionals

$$J = \frac{1}{2}\|\mathbf{x}(K) - \mathbf{x}_S(K)\|_{\mathbf{S}}^2 + \frac{1}{2}\sum_{k=0}^{K-1}\|\mathbf{x}(k) - \mathbf{x}_S(k)\|_{\mathbf{Q}(k)}^2 + \|\mathbf{u}(k) - \mathbf{u}_S(k)\|_{\mathbf{R}(k)}^2$$

$$\mathbf{Q}(k), \ \mathbf{R}(k), \ \mathbf{S} \geq \mathbf{0} \,,$$

wobei $\mathbf{x}_S(k+1), \mathbf{u}_S(k), k = 0, \ldots, K-1$, bekannte Sollverläufe sind. Wie verändert sich die Lösung, wenn alle Voraussetzungen von Abschn. 13.2.2 erfüllt sind und ferner $\mathbf{x}_S, \mathbf{u}_S$ konstante Werte aufweisen? (Hinweis: Verfolgen Sie die Schritte von Abschn. 12.8.)

13.7 Übertragen Sie alle Ausführungen des Abschn. 12.9 im Zusammenhang mit der Entwicklung von LQI-Reglern sinngemäß auf den zeitdiskreten Fall.

13.8 Bestimmen Sie optimale Regelgesetze für das System

$$x(k+1) = x(k) + u(k) \qquad x(0) = x_0$$

im Sinne der Minimierung folgender Gütefunktionale

(a) $J = \sum_{k=0}^{2} 2x(k)^2 + u(k)^2$

(b) $J = \sum_{k=0}^{\infty} 2x(k)^2 + u(k)^2$.

Berechnen Sie die minimalen Werte der Gütefunktionale.

13.9 Bestimmen Sie die optimale Steuertrajektorie zur Überführung des Systems

$$x_1(k+1) = x_1(k) + \frac{1}{10}x_2(k)$$

$$x_2(k+1) = x_2(k) + \frac{1}{10}u(k)$$

vom Anfangszustand $x_1(0) = 1$, $x_2(0) = 0$ in den Endzustand $\mathbf{x}(10) = \mathbf{0}$. Das zu minimierende Gütefunktional lautet

$$J = \frac{1}{2}\sum_{k=0}^{9} u(k)^2 .$$

Kann das Problem auch mittels des LQ-Formalismus gelöst werden?

13.10 Leiten Sie notwendige Optimalitätsbedingungen für folgende zeitdiskrete Problemstellung mit totzeitbehafteten Prozessgleichungen ab:

Minimiere J aus (13.3) unter Berücksichtigung von (13.18), (13.4) für bekannte Werte von $\mathbf{x}(k+1), \mathbf{u}(k), k < 0$.

(Hinweis: Verfolgen Sie die Ableitungsschritte von Abschn. 13.1.)

13.11 Für den zeitdiskreten dynamischen Prozess

$$x(k+1) = x(k)^2 + u(k); \quad x(0) = 1$$

soll die Steuergrößenfolge bestimmt werden, die den Prozesszustand in zwei Schritten in den Endzustand $x(2) = 0$ überführt und hierbei das Gütefunktional

$$J = \frac{1}{2}\sum_{k=0}^{1} u(k)^2$$

minimiert.

(a) Stellen Sie die notwendigen Bedingungen zur Lösung der Optimierungsaufgabe auf.

(b) Lösen Sie das resultierende Zwei-Punkt-Randwert-Problem ($\hat{=}$ algebraisches Gleichungssystem). (Hinweis: Die Gleichung $2\lambda_1^3 - 6\lambda_1^2 + 7\lambda_1 - 2 = 0$ hat eine reelle Lösung $\lambda_1 = 0.41$.)

(c) Wie lautet die optimale Steuerfolge? Berechnen Sie den minimalen Wert des Gütefunktionals.

13.12 In der Problemstellung dieses Kapitels sei in den Problemfunktionen nunmehr auch ein konstanter Entscheidungsvektor $\mathbf{p}$ enthalten, d. h. wir haben in (13.1), (13.3), (13.4) entsprechend $\mathbf{f}(\mathbf{x}(k), \mathbf{u}(k), \mathbf{p}, k)$, $\phi(\mathbf{x}(k), \mathbf{u}(k), \mathbf{p}, k)$, $\mathbf{h}(\mathbf{x}(k), \mathbf{u}(k), \mathbf{p}, k)$. Leiten Sie mit Hilfe der erweiterten Definition

$$\mathbf{U} = [\mathbf{p}^T \, \mathbf{u}(0)^T \, \mathbf{u}(1)^T \dots \mathbf{u}(K-1)^T]^T$$

entsprechend erweiterte Optimalitätsbedingungen ab, die auch die Bestimmung des optimalen $\mathbf{p}^*$ erlauben.

13.13 In der Problemstellung dieses Kapitels sei das Abtastintervall der Steuergrößen $T_i = \gamma_i T$, γ_i ganzzahlig und positiv, d. h. die einzelnen Steuergrößen u_i dürfen nur alle T_i Zeiteinheiten ihren Wert ändern. Leiten Sie verallgemeinerte Optimalitätsbedingungen für diesen Fall ab.

Literatur

1. Pearson J, Sridhar R (1966) A discrete optimal control problem. IEEE T Automat Contr 11:171–174

2. Halkin H, Jordan B, Polak E, Rosen J (1966) Theory of optimum discrete time systems. In: 3rd IFAC World Congress, S 28B.1–7

3. Nahorski Z, Ravn H, Vidal R (1984) The discrete-time maximum principle: a survey and some new results. Int J Control 40:533–554

4. Sage A, White C (1977) Optimum systems control. Prentice-Hall, Englewood Cliffs, New Jersey

5. Chyung D (1968) Discrete optimal systems with time delay. IEEE T Automat Contr 13:117

6. Papageorgiou M (1985) Optimal multireservoir network control by the discrete maximum principle. Water Resour Res 21:1824–1830

7. de Souza C, Gevers M, Goodwin G (1986) Riccati equations in optimal filtering of nonstabilizable systems having singular state transition matrices. IEEE T Automat Contr 31:831–838

8. Große N (1990) Optimale Ausgangsrückführung für zeitdiskrete Mehrgrößensysteme. Automatisierungstechnik 38:314–317

Dynamische Programmierung 14

Die bisherige Behandlung dynamischer Optimierungsaufgaben basierte in erster Linie auf der klassischen Variationsrechnung und den bahnbrechenden Arbeiten von *L.S. Pontryagin* und seinen Mitarbeitern. Parallel dazu entwickelte aber *R.E. Bellman* eine alternative Vorgehensweise, die sich auf dem von ihm im Jahr 1952 formulierten *Optimalitätsprinzip* stützte und zu interessanten Erkenntnissen und Lösungsverfahren geführt hat. Obwohl die Bellmansche Behandlung zumindest zeitkontinuierlicher Aufgabenstellungen einen geringeren Allgemeinheitsgrad als das Minimum-Prinzip vorweist, ist ihre Bedeutung sowohl im Sinne einer theoretischen Ergänzung *als auch* für spezifische praktische Anwendungen besonders hervorzuheben.

14.1 Bellmansches Optimalitätsprinzip

Wir betrachten das dynamische Optimierungsproblem der optimalen Überführung eines Systemzustandes $\mathbf{x}(0) = \mathbf{x}_0$ in eine Endbedingung $\mathbf{g}(\mathbf{x}(t_e), t_e) = \mathbf{0}$ unter Berücksichtigung von Restriktionen. Dieses Problem wurde in Kap. 11 für den zeitkontinuierlichen und in Kap. 13 für den zeitdiskreten Fall formuliert. Seien $\mathbf{u}^*(t)$ und $\mathbf{x}^*(t)$, $t \in [0, t_e]$, die optimalen Steuer- und Zustandstrajektorien. *R.E. Bellman* formulierte in diesem Zusammenhang im Jahr 1952 [1, 2] folgendes *Optimalitätsprinzip*:

Jede *Rest*trajektorie $\mathbf{u}^*(t)$, $t \in [t_1, t_e]$, $0 \leq t_1 \leq t_e$, der optimalen Trajektorie $\mathbf{u}^*(t)$, $t \in [0, t_e]$, ist optimal im Sinne der Überführung des Zwischenzustandes $\mathbf{x}^*(t_1)$ in die Endbedingung $\mathbf{g}(\mathbf{x}(t_e), t_e) = \mathbf{0}$.

Zur Verdeutlichung des Optimalitätsprinzips betrachte man Abb. 14.1. Dort wird die optimale Zustandstrajektorie $\mathbf{x}^*(t)$ in zwei Teile, Teil 1, für $t \in [0, t_1]$, und Teil 2, für $t \in [t_1, t_e]$, zerlegt. Das Optimalitätsprinzip besagt, dass Teil 2 die optimale Trajektorie einer neuen Problemstellung verkörpert, die die optimale Überführung des Zustandes $\mathbf{x}^*(t_1)$ in die Endbedingung $\mathbf{g}(\mathbf{x}(t_e), t_e) = \mathbf{0}$ zum Inhalt hat. Wäre diese Aussage des Op-

Abb. 14.1 Zur Verdeutlichung
des Optimalitätsprinzips

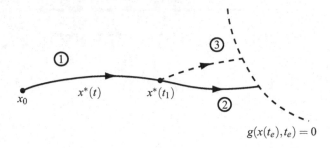

$$g(x(t_e), t_e) = 0$$

timalitätsprinzips nicht wahr, so müsste es in der Tat eine andere Trajektorie 3 geben, die von $x^*(t_1)$ ausgehend mit geringeren Kosten als die Trajektorie 2 das Steuerungsziel $\mathbf{g}(\mathbf{x}(t_e), t_e) = \mathbf{0}$ erreicht. Dies wäre aber ein Widerspruch zur Optimalität der aus Teil 1 und Teil 2 bestehenden Trajektorie, da die aus Teil 1 und Teil 3 bestehende Trajektorie weniger Kosten verursachen müsste.

Die im Optimalitätsprinzip ausgedrückte plausible Eigenschaft optimaler Steuertrajektorien hat eine Reihe von Konsequenzen, die zu interessanten Erkenntnissen und neuen Optimierungsverfahren führen. Insbesondere sind die Lösungsverfahren von Optimierungsaufgaben, die mit dem Optimalitätsprinzip zusammenhängen, unter dem Namen *Dynamische Programmierung* bekannt. Die Entstehungsgeschichte dieser heute missverständlichen Bezeichnung (sie erinnert an Rechnerprogrammierung) erzählt Bellman in einem Artikel [3], der erst nach seinem plötzlichen Tod erscheinen konnte:

"An interesting question is, 'Where did the name *dynamic programming* come from?' The technique really is for solving multistage stochastic decision processes[1]. The word *stochastic* is not used lightly. DP was developed for stochastic processes. It was realized fairly late that DP can also be used to solve deterministic problems.

The 1950s were not good years for mathematical research. We had a very interesting gentleman in Washington as the Secretary of Defense, and he actually had a pathological fear and hatred of the word *research*. His face would suffuse, he would turn red, and he would get violent if people used the term *research* in his presence. One can imagine how he felt, then, about the term *mathematical*. The RAND Corporation[2] was employed by the Air Force, and the Air Force had the Secretary of Defense as its boss, essentially. Hence, Dr. Bellman felt that he had to do something to shield the Air Force from the fact that he was really doing mathematics inside the RAND Corporation. What title, what name, could one choose? In the first place, one was interested in planning, in decision making, in thinking. But *planning* is not a good word for various reasons. He decided, therefore, to use the word *programming*. He wanted to get across the idea that this was dynamic, this was multistage, this was time-varying; let's kill two birds with one stone. Let's take a word that has an absolutely precise meaning, namely *dynamic*, in the classical, physical sense. It also has a very interesting property as an adjective, that is, it's impossible to use the word *dynamic* in the pejorative sense. Try thinking of some combination that will possibly give it a pejorative meaning. It's impossible. Thus, *dynamic programming* was a good name."

---

[1] s. Kap. 16 dieses Buches.
[2] Bellman war während jener Zeit bei diesem Unternehmen beschäftigt.

14.2   Kombinatorische Probleme

Ein direktes Anwendungsgebiet des Optimalitätsprinzips bzw. der dynamischen Programmierung bildet eine Klasse von *kombinatorischen Problemen*, die bereits in Abschn. 8.2 angesprochen wurden. Es handelt sich um *mehrstufige Entscheidungsprobleme*, bei denen der Übergang von jedem Zustand einer Stufe zur nächsthöheren Stufe mittels einer beschränkten Anzahl von alternativen Entscheidungen erfolgt. Jede Entscheidung (und somit der entsprechende Übergang zur nächsten Stufe) ist mit bestimmten Kosten verbunden. Die Aufgabenstellung besteht darin, von einer Anfangsstufe 0 ausgehend, eine Endstufe K mit minimalen Gesamtkosten zu erreichen. Die Aufgabenstellung und die Problemlösung mittels der dynamischen Programmierung können am besten anhand eines Beispiels erläutert werden.

Beispiel 14.1 Im Straßennetz von Abb. 14.2 soll ein Fahrzeug von Knoten A nach Knoten E fahren. Die an den Kanten angebrachten Zahlen spiegeln die entsprechenden Fahrzeiten wider; die Fahrtrichtung in allen Kanten verläuft ausschließlich von links nach rechts. Jeder Netzknoten kann einer entsprechenden Stufe zugeordnet werden und an jedem Knoten bestehen maximal zwei alternative Entscheidungsmöglichkeiten zur Fortbewegung in die nächste Stufe. Welche Route sollte das Fahrzeug fahren, um von Stufe 0 (Punkt A) *zeitoptimal* nach Stufe 4 (Punkt E) zu gelangen?

Ein erster Lösungsweg dieser Problemstellung besteht darin, *alle* möglichen Routen durchzumustern, um die zeitoptimale auszuwählen. Bei dem Netz von Abb. 14.2 wären es genau 6 mögliche Routen, bei größeren Netzen wäre aber der rechentechnische Aufwand zur Bestimmung und Auswertung *aller* Routen überwältigend.

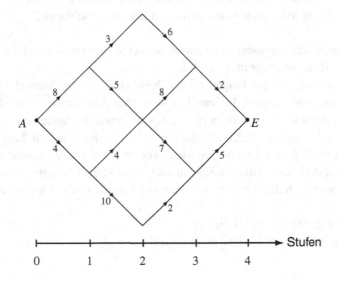

Abb. 14.2 Straßennetz und Fahrzeiten für Beispiel 14.1

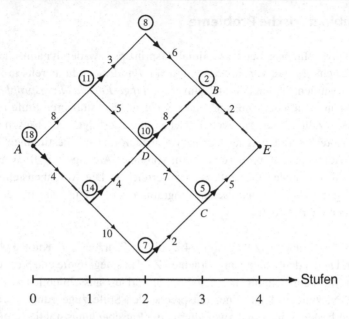

Abb. 14.3 Anwendung des Optimalitätsprinzips

Ein zweiter Lösungsweg besteht darin, das Optimalitätsprinzip systematisch einzu-setzen. Hierzu fängt man am Zielknoten E an und beantwortet, stufenweise rückwärts fortschreitend, für jeden Netzknoten folgende Fragen:

- Was ist die minimale Zeitdauer der Fahrt von diesem Knoten nach E?
- Welche Richtung muss man hierzu an diesem Knoten einschlagen?

Um die Vorgehensweise genauer zu erläutern, betrachten wir nocheinmal das Strassennetz der Problemstellung nunmehr in Abb. 14.3.

Die Beantwortung obiger Fragen für die Knoten B, C der Stufe 3 bereitet keine Schwierigkeiten. Wir notieren die jeweilige minimale Zeitdauer ② und ⑤ über die zwei Knoten und wir kennzeichnen die einzuschlagende Richtung durch einen fetten Pfeil. Nachdem wir somit alle Knoten der Stufe 3 abgearbeitet haben, bewegen wir uns rückwärts, zur Stufe 2, fort. Hier wollen wir beispielhaft Knoten D betrachten. Mit Blick-richtung nach E darf man an diesem Knoten nach links oder nach rechts fahren. Fährt man nach links, so setzt sich die Fahrzeit nach E aus der Summe zweier Fahrzeiten zusammen:

- erstens der Fahrzeit der Kante DB, also 8
- zweitens der minimalen Fahrzeit ab B nach E, also ②.

Tab. 14.1 Lösungsaufwand für quadratische Netze

Anzahl Kanten auf Quadratseite	n	2	3	5	10
Anzahl Wege	$\frac{(2n)!}{(n!)^2}$	6	20	252	$1.85 \cdot 10^5$
Anzahl Entscheidungsknoten	$(n+1)^2-1$	8	15	35	120

Insgesamt beträgt also die Fahrzeit von D nach E bei Linksfahrt $8 + \textcircled{2} = 10$. Bei Rechtsfahrt erhalten wir entsprechend $7 + \textcircled{5} = 12$. Somit ist also die zeitkürzere Strecke am Knoten D durch Linksfahrt zu erreichen, folglich zeichnen wir am Knoten D einen fetten Pfeil nach links und setzen die minimale Zeitdauer $\textcircled{10}$ über den Knoten.

In der gleichen Weise können wir Pfeile und minimale Zeitdauer für alle Knoten der Stufe 2 und anschließend auch der Stufen 1 und 0 setzen, wodurch die Aufgabe gelöst ist. Die zeitoptimale Route kann festgelegt werden, wenn man bei A anfängt und, den Pfeilen folgend, E erreicht. Zur Lösung dieses Problems wurden dann insgesamt 8 Entscheidungsknoten abgearbeitet. Tabelle 14.1 zeigt, wie sich der Lösungsaufwand bei den zwei beschriebenen Lösungswegen mit der Anzahl der Kanten auf einer Quadratseite des quadratischen Netzes zusammenhängt. Offenbar führt die Nutzung des Optimalitätsprinzips bei großen Netzen zu einer erheblichen Aufwandsreduktion verglichen mit der Durchmusterung aller möglichen Wege. □

Das behandelte Problem gehört der Klasse der Probleme der *kürzesten Bahn* an (s. Abschn. 8.2). Zwar war das betrachtete Beispielnetz in Stufen geordnet, das Optimalitätsprinzip ist aber auch auf manche nicht gestufte Kürzeste-Bahn-Probleme anwendbar (z. B. bei azyklischen Graphen). Hierzu muss man

- entweder fiktive Zwischenknoten und -kanten mit verschwindenden Kosten versehen, um ein stufengeordnetes Netz herzustellen
- oder auf ein stufengebundenes Vorgehen verzichten (s. Übung 14.1).

Die Lösung, die durch die im Beispiel 14.1 angewandte mehrstufige Prozedur bestimmt wurde, repräsentiert ein *globales Minimum* der Problemstellung, da auf indirekte Weise *alle* möglichen Routen berücksichtigt wurden und die kürzeste unter ihnen ausgewählt wurde.

Es ist wichtig, anzumerken, dass die Lösung von Beispiel 14.1 nicht nur die kürzeste Route von A nach E, sondern auch die optimale Richtungswahl (Entscheidung) an *jedem Knoten* des Netzes geliefert hat. Somit ist dieses Ergebnis als *optimales Regelgesetz* im Sinne von Abschn. 10.3 zu werten. In der Tat führt die Anwendung des Optimalitätsprinzips auch bei anderen Problemstellungen regelmäßig zu einem optimalen Regelgesetz, wie wir in den nachfolgenden Abschnitten feststellen werden.

14.3   Zeitdiskrete Probleme

Wir wollen in diesem Abschnitt die Anwendung des Optimalitätsprinzips auf die zeitdiskrete Problemstellung der optimalen Steuerung von Kap. 13 betrachten. Es handelt sich um die Minimierung des zeitdiskreten Gütefunktionals

$$J = \vartheta(\mathbf{x}(K)) + \sum_{k=0}^{K-1} \phi(\mathbf{x}(k), \mathbf{u}(k), k), \quad K \text{ fest} \tag{14.1}$$

unter Berücksichtigung der Prozessnebenbedingungen

$$\mathbf{x}(k+1) = \mathbf{f}(\mathbf{x}(k), \quad \mathbf{u}(k), k) \tag{14.2}$$

mit der Anfangsbedingung $\mathbf{x}(0) = \mathbf{x}_0$ und der Endbedingung

$$\mathbf{g}(\mathbf{x}(K)) = \mathbf{0}. \tag{14.3}$$

Alle Ausführungen dieses Abschnittes behalten freilich auch in Abwesenheit einer Endbedingung (14.3) ihre Gültigkeit. Wir beschränken uns hier auf den Fall fester Endzeit K. Die Verallgemeinerung der Ergebnisse zur Berücksichtigung freier Endzeiten K erfordert entsprechende Modifikationen der in den nächsten Abschnitten beschriebenen Vorgehensweise für festes K, s. auch Abschn. 13.1.

Der zulässige Steuerbereich ist durch

$$\mathbf{u}(k) \in \mathcal{U}(\mathbf{x}(k), k) = \{\mathbf{u}(k) \mid \mathbf{h}(\mathbf{x}(k), \mathbf{u}(k), k) \leq \mathbf{0}\} \tag{14.4}$$

definiert, wobei für die Jacobi-Matrix $\mathbf{h}_u$ voller Rang vorausgesetzt wird. Sind auch Zustands-UNB in der Problemstellung gegenwärtig, so können sie folgende allgemeine Form annehmen

$$\mathbf{x}(k) \in \mathcal{X}(k) = \{\mathbf{x}(k) \mid \mathbf{h}^{\mathbf{x}}(\mathbf{x}(k), k) \leq \mathbf{0}\}, \tag{14.5}$$

wobei $\mathcal{X}(k)$ der *zulässige Zustandsbereich* ist.

Für $k = 0, 1, \ldots, K-1$ kann diese Problemstellung als mehrstufiger Entscheidungsprozess betrachtet werden, der in ähnlicher Weise wie Beispiel 14.1 behandelt werden kann. Es werden zunächst die Konsequenzen der Aussagen des Optimalitätsprinzips für diese Problemstellung formal dargelegt. Die aus dieser Betrachtung resultierenden Ergebnisse werden dann für die Entwicklung eines numerischen Lösungsalgorithmus genutzt. Für die weiteren Ausführungen werden wir die Existenz eines globalen Minimums der Problemstellung voraussetzen.

Um die Anwendung des Optimalitätsprinzips zu ermöglichen, definieren wir die *verbleibenden Kosten* oder *Überführungskosten* (*cost-to-go*) J_k zur Überführung eines Zustandes $\mathbf{x}(k)$ ins Endziel (14.3) wie folgt

$$J_k = \vartheta(\mathbf{x}(K)) + \sum_{\kappa=k}^{K-1} \phi(\mathbf{x}(\kappa), \mathbf{u}(\kappa), \kappa). \tag{14.6}$$

Für eine gegebene Problemstellung hängen die minimalen Überführungskosten $J_k^* = \min J_k$ (unter Beachtung aller Nebenbedingungen) ausschließlich von dem zu überführenden Zustand $\mathbf{x}(k)$ und von dem Zeitpunkt k ab. Wir bezeichnen diese minimalen Kosten durch die V-Funktion $V(\mathbf{x}(k), k)$ und erhalten

$$V(\mathbf{x}(k), k) = \min J_k = \min\{\phi(\mathbf{x}(k), \mathbf{u}(k), k) + J_{k+1}\}, \qquad (14.7)$$

wobei das Minimum über alle Trajektorien $\mathbf{u}(\kappa)$, $\kappa = k, \ldots, K - 1$, genommen wird, die (14.2)–(14.5) erfüllen. Durch Anwendung des Optimalitätsprinzips erhalten wir

$$V(\mathbf{x}(k), k) = \min\{\phi(\mathbf{x}(k), \mathbf{u}(k), k) + V(\mathbf{x}(k + 1), k + 1)\}. \qquad (14.8)$$

Da $\mathbf{x}(k + 1)$ aus (14.2) entsteht, ergibt sich aus (14.8)

$$V(\mathbf{x}(k), k) = \min\{\phi(\mathbf{x}(k), \mathbf{u}(k), k) + V(\mathbf{f}(\mathbf{x}(k), \mathbf{u}(k), k), k + 1)). \qquad (14.9)$$

Die rechte Seite dieser Gleichung, die als die *Bellmansche Rekursionsformel* bezeichnet wird, ist nur von $\mathbf{u}(k)$, nicht aber von $\mathbf{u}(\kappa)$, $\kappa = k + 1, \ldots, K - 1$, abhängig. Folglich wird die Minimierung in der Bellmanschen Rekursionsformel nur über die Steuergrößen des Zeitpunktes k, $\mathbf{u}(k)$, durchgeführt, die die Nebenbedingungen (14.4), (14.5) erfüllen. Wird diese einstufige Minimierung, vom Endzeitpunkt anfangend, für $k = K - 1, K - 2, \ldots, 0$ nacheinander durchgeführt, so kann der ursprüngliche mehrstufige Entscheidungsprozess in K einstufige Entscheidungsprobleme zerlegt werden. Diese stufengebundene Vorgehensweise (*dynamische Programmierung*) sei nun ausführlich erläutert:

Stufe $K - 1$: Für alle $\mathbf{x}(K - 1) \in X(K - 1)$ sollen die zugehörigen $\mathbf{u}(K - 1)$ bestimmt werden, die

$$J_{K-1} = \vartheta(\mathbf{x}(K)) + \phi(\mathbf{x}(K - 1), \mathbf{u}(K - 1), K - 1)$$

unter Berücksichtigung von

$$\mathbf{x}(K) = \mathbf{f}(\mathbf{x}(K - 1), \mathbf{u}(K - 1), K - 1)$$
$$\mathbf{g}(\mathbf{x}(K)) = \mathbf{0}$$
$$\mathbf{u}(K - 1) \in \mathcal{U}(\mathbf{x}(K - 1), K - 1)$$
$$\mathbf{x}(K) \in X(K)$$

minimieren. Das Ergebnis dieser einstufigen Minimierung für alle $\mathbf{x}(K - 1) \in X(K - 1)$ sei mit $\mathbf{u}(K - 1) = \mathbf{R}(\mathbf{x}(K - 1), K - 1)$ bezeichnet. Die zugehörigen minimalen Werte von J_{K-1} seien definitionsgemäß mit $V(\mathbf{x}(K - 1), K - 1)$ bezeichnet.

Stufe $K - 2$: Für alle $\mathbf{x}(K - 2) \in X(K - 2)$ sollen die zugehörigen $\mathbf{u}(K - 2)$ bestimmt werden, die

$$\tilde{J}_{K-2} = V(\mathbf{x}(K - 1), K - 1) + \phi(\mathbf{x}(K - 2), \mathbf{u}(K - 2), K - 2)$$

unter Berücksichtigung von

$$\mathbf{x}(K - 1) = \mathbf{f}(\mathbf{x}(K - 2), \mathbf{u}(K - 2), K - 2)$$
$$\mathbf{u}(K - 2) \in \mathcal{U}(\mathbf{x}(K - 2), K - 2)$$
$$\mathbf{x}(K - 1) \in X(K - 1)$$

minimieren (die Endbedingung (14.3) braucht nicht mehr betrachtet zu werden). Das Ergebnis dieser einstufigen Optimierung sei mittels $\mathbf{u}(K-2) = \mathbf{R}(\mathbf{x}(K-2), K-2)$ und $V(\mathbf{x}(K-2), K-2)$ ausgedrückt.

$$\vdots$$

Stufe 0: Für $\mathbf{x}(0) = \mathbf{x}_0$ (oder, alternativ, für alle $\mathbf{x}(0) \in \mathcal{X}(0)$) soll das zugehörige $\mathbf{u}(0)$ bestimmt werden, das

$$\tilde{J}_0 = V(\mathbf{x}(1), 1) + \phi(\mathbf{x}(0), \mathbf{u}(0), 0)$$

unter Berücksichtigung von

$$\mathbf{x}(1) = \mathbf{f}(\mathbf{x}(0), \mathbf{u}(0), 0)$$

$$\mathbf{u}(0) \in \mathcal{U}(\mathbf{x}(0), 0)$$

$$\mathbf{x}(1) \in \mathcal{X}(1)$$

minimiert. Das Ergebnis dieser letzten einstufigen Minimierung sei in $\mathbf{u}(0) = \mathbf{R}(\mathbf{x}(0), 0)$ und $V(\mathbf{x}(0), 0)$ enthalten.

Bei den einzelnen Stufen k mag es Werte $\mathbf{x}(k) \in \mathcal{X}(k)$ geben, für die das entsprechende einstufige Minimierungsproblem keine Lösung hat, weil der aus den Nebenbedingungen resultierende zulässige Bereich leer ist. Solche Punkte $\mathbf{x}(k)$ können offenbar bei Beachtung aller Nebenbedingungen nicht ins Ziel überführt werden (s. Übung 14.2(b)).

Am Ende der beschriebenen K-stufigen Prozedur der dynamischen Programmierung erhält man, ähnlich wie bei Beispiel 14.1, nicht nur die optimalen Trajektorien der Überführung des Anfangszustandes $\mathbf{x}(0) = \mathbf{x}_0$ in die Endbedingung (14.3), sondern ein *optimales Regelgesetz*, das durch die einstufigen Minimierungsergebnisse

$$\mathbf{u}(k) = \mathbf{R}(\mathbf{x}(k), k), \quad k = 0, 1, \ldots, K-1 \tag{14.10}$$

ausgedrückt wird. Gleichung (14.10) enthält somit ausreichende Information, um nicht nur $\mathbf{x}_0$ sondern jeden Punkt $\mathbf{x}(k) \in \mathcal{X}(k)$, $k = 0, \ldots, K-1$, optimal ins Ziel (14.3) überführen zu können (sofern er überführbar ist).

Die einstufige Minimierung in den einzelnen Stufen kann analytisch oder numerisch vorgenommen werden. Eine analytische Lösung wird allerdings nur bei relativ einfachen Aufgabenstellungen möglich sein, so z. B. bei der Ableitung der Gleichungen des zeitdiskreten LQ-Reglers (s. Übung 14.3) oder bei der Problemstellung des folgenden Beispiels 14.2. Eine numerische Behandlung der einstufigen Minimierung wird im nächsten Abschn. 14.4 vorgestellt. Es sollte schließlich betont werden, dass die dynamische Programmierung ein *globales Minimum* der zeitdiskreten Problemstellung liefert, sofern die jeweiligen einstufigen Minima global sind.

Beispiel 14.2 Man betrachte das zeitdiskrete Steuerungsproblem der Minimierung von

$$J = \frac{1}{2} \sum_{k=0}^{3} (x(k)^2 + u(k)^2) \tag{14.11}$$

unter Berücksichtigung der Prozessnebenbedingungen

$$x(k+1) = x(k) + u(k), \quad x(0) = 1, \quad x(4) = 0 \tag{14.12}$$

und der UNB

$$0.6 - 0.2k \leq x(k) \leq 1. \tag{14.13}$$

Der zulässige Zustandsbereich (14.13) dieses Steuerungsproblems ist in Abb. 14.4 ersichtlich. Zur Lösung der Problemstellung wollen wir die dynamische Programmierung einsetzen:

Stufe 3: Für alle $x(3)$, $0 \leq x(3) \leq 1$, sollen die zugehörigen $u(3)$ bestimmt werden, die

$$J_3 = \frac{1}{2}(x(3)^2 + u(3)^2)$$

unter Berücksichtigung von $x(4) = x(3) + u(3)$, $x(4) = 0$ und $-0.2 \leq x(4) \leq 1$ minimieren. Wir stellen sofort fest, dass es nur eine Möglichkeit gibt, die Endbedingung zu erfüllen, nämlich durch

$$u(3) = -x(3), \quad 0 \leq x(3) \leq 1. \tag{14.14}$$

Da mit dieser Lösung die UNB für $x(4)$ offenbar nicht verletzt wird, ist die Minimierung der Stufe 3 vollständig und wir erhalten mit (14.14)

$$V(x(3), 3) = \min J_3 = x(3)^2, \quad 0 \leq x(3) \leq 1.$$

Stufe 2: Für alle $x(2)$, $0.2 \leq x(2) \leq 1$, sollen die zugehörigen $u(2)$ bestimmt werden, die

$$\tilde{J}_2 = x(3)^2 + \frac{1}{2}(x(2)^2 + u(2)^2)$$

unter Berücksichtigung von $x(3) = x(2) + u(2)$ und $0 \leq x(3) \leq 1$ minimieren. Setzt man die Prozessnebenbedingung in $\tilde{J}_2$ ein, so erhält man

$$\tilde{J}_2 = (x(2) + u(2))^2 + \frac{1}{2}(x(2)^2 + u(2)^2) = \frac{3}{2}(x(2)^2 + u(2)^2) + 2x(2)u(2).$$

Das unbeschränkte Minimum von $\tilde{J}_2$ ist nach kurzer Rechnung bei

$$u(2) = -\frac{2}{3}x(2), \quad 0.2 \leq x(2) \leq 1 \tag{14.15}$$

auszumachen. Es ist nicht schwer festzustellen, dass durch (14.15) die UNB für $x(3)$ unverletzt bleibt. Die sich mit (14.15) ergebenden minimalen Überführungskosten lauten

$$V(x(2), 2) = \min J_2 = \frac{5}{6}x(2)^2, \quad 0.2 \leq x(2) \leq 1.$$

Stufe 1: Für alle $x(1)$, $0.4 \leq x(1) \leq 1$, sollen die zugehörigen $u(1)$ bestimmt werden, die

$$\tilde{J}_1 = \frac{5}{6}x(2)^2 + \frac{1}{2}(x(1)^2 + u(1)^2)$$

unter Berücksichtigung von $x(2) = x(1) + u(1)$ und $0.2 \leq x(2) \leq 1$ minimieren. Nach Einsetzen der GNB in $\tilde{J}_1$ und in die UNB erhält man folgendes Optimierungsproblem

$$\min_{u(1)} \frac{4}{3}(x(1)^2 + u(1)^2) + \frac{5}{3}x(1)u(1)$$

u. B. v. $0.2 - x(1) \leq u(1) \leq 1 - x(1)$.

Es ist nicht schwer, die Lösung dieses beschränkten Problems mit den Methoden von Abschn. 5.2 wie folgt abzuleiten

$$u(1) = \begin{cases} -\frac{5}{8}x(1) & \text{für} \quad \frac{8}{15} \leq x(1) \leq 1 \\ \frac{1}{5} - x(1) & \text{für} \quad \frac{2}{5} \leq x(1) \leq \frac{8}{15} \, . \end{cases} \tag{14.16}$$

Daraus ergeben sich die minimalen Überführungskosten

$$V(x(1), 1) = \begin{cases} \frac{13}{16}x(1)^2 & \text{für} \quad \frac{8}{15} \leq x(1) \leq 1 \\ x(1)^2 - \frac{1}{5}x(1) + \frac{4}{75} & \text{für} \quad \frac{2}{5} \leq x(1) \leq \frac{8}{15} \, . \end{cases}$$

Stufe 0: Für alle $x(0)$, $0.6 \leq x(0) \leq 1$, sollen die zugehörigen $u(0)$ bestimmt werden, die

$$\tilde{J}_0 = V(x(1), 1) + \frac{1}{2}(x(0)^2 + u(0)^2)$$

unter Berücksichtigung von $x(1) = x(0) + u(0)$ und $0.4 \leq x(1) \leq 1$ minimieren. Die Lösung dieses Minimierungsproblems ergibt

$$u(0) = 0.4 - x(0) \tag{14.17}$$

$$V(x(0), 0) = x(0)^2 - 0.4x(0) + \frac{16}{75} \, .$$

Die gesuchten optimalen Trajektorien zur Überführung von $x(0) = 1$ nach $x(4) = 0$ unter Berücksichtigung aller Nebenbedingungen lauten somit (s. auch Abb. 14.4)

$$u^*(0) = -\frac{3}{5}, \quad u^*(1) = -\frac{1}{5}, \quad u^*(2) = -\frac{2}{15}, \quad u^*(3) = -\frac{1}{15}$$

$$x^*(1) = \frac{2}{5}, \quad x^*(2) = \frac{1}{5}, \quad x^*(3) = \frac{1}{15}, \quad x^*(4) = 0 \, .$$

Abb. 14.4 Zulässiger Zustandsbereich für Beispiel 14.2

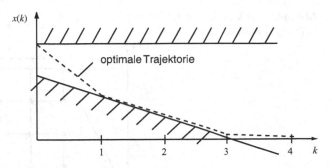

Darüber hinaus hat man mit (14.14)–(14.17) ein optimales Regelgesetz abgeleitet, das
jeden zulässigen Zustand

$$x(k) \in X(k) = \{x(k) \mid 0.6 - k \le x(k) \le 1\}, \quad k = 0, 1, 2, 3$$

optimal nach $x(4) = 0$ überführt. Es ist unschwer nachzuweisen, dass die abgeleiteten optimalen Trajektorien alle notwendigen Bedingungen von Abschn. 13.1 erfüllen
(s. Übung 14.2(a)).   □

14.4 Diskrete dynamische Programmierung

Um eine numerische Auswertung der mehrstufigen Prozedur der dynamischen Programmierung zu ermöglichen, werden der zulässige Zustandsbereich $X(k)$ und der
zulässige Steuerbereich $U(\mathbf{x}(k), k)$ im Sinne entsprechender *Punktegitter* diskretisiert
(vgl. Abb. 14.5).

Die Diskretisierungsintervalle $\triangle\mathbf{x}(k)$ und $\triangle\mathbf{u}(k)$ sollten je nach Problemstellung und
erwünschter Lösungsgenauigkeit geeignet gewählt werden. Sind der zulässige Zustands-
oder Steuerbereich unbeschränkt, so müssen beide je nach Anwendung in sinnvoller Weise
begrenzt werden, um eine endliche Anzahl von Gitterpunkten zu bekommen.

Wendet man nun auf einen diskreten Zustand $\mathbf{x}^i(k)$ alle diskreten Steuergrößen
$\mathbf{u}^j(k) \in U(\mathbf{x}^i(k), k)$ an, so schafft man endlich viele Übergänge zur nächsten Stufe
$k + 1$ mit Übergangskosten, die jeweils $\phi(\mathbf{x}^i(k), \mathbf{u}^j(k), k)$ betragen. Wird diese Vorgehensweise für alle diskreten Zustandspunkte aller Zeitschritte wiederholt, so entsteht
insgesamt ein diskreter mehrstufiger Entscheidungsprozess im Sinne von Abschn. 14.2.

Die Anwendung eines diskreten Steuerwertes $\mathbf{u}^j(k)$ auf einen diskreten Zustand $\mathbf{x}^i(k)$
führt zu einem Zustand

$$\mathbf{x}(k + 1) = \mathbf{f}(\mathbf{x}^i(k), \ \mathbf{u}^j(k), k) \tag{14.18}$$

der Stufe $k + 1$. Nun können aber folgende Fälle auftreten:

Abb. 14.5 Diskretisierung des zulässigen Zustandsbereiches

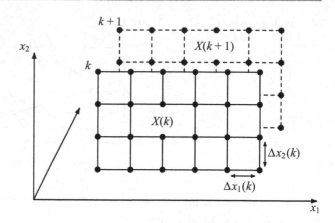

- Der Zustand $\mathbf{x}(k + 1)$ liegt außerhalb des für $k + 1$ zulässigen Zustandsbereiches $X(k + 1)$; in diesem Fall braucht dieser Übergang nicht weiter berücksichtigt zu werden.

- Der Zustand $\mathbf{x}(k + 1)$ fällt nicht mit einem Rasterpunkt der Stufe $k + 1$ zusammen; in diesem Fall kann näherungsweise angenommen werden, dass $\mathbf{x}(k + 1)$ mit dem nächstliegenden Rasterpunkt zusammenfällt; falls aber genauere Ergebnisse erwünscht sind, muss eine lineare Interpolation vorgenommen werden, wie wir später beschreiben werden.

Die Endbedingung $\mathbf{g}(\mathbf{x}(K)) = \mathbf{0}$ muss wegen der diskreten Problemumgebung erweitert werden. Wir konstruieren ein Toleranzband $\pm\delta$ um diese Endbedingung durch Definition folgender Menge

$$G = \{\mathbf{x}(K) \mid \exists \boldsymbol{\beta} : |\mathbf{x}(K) - \boldsymbol{\beta}| \leq \delta, \, \mathbf{g}(\boldsymbol{\beta}) = \mathbf{0}\}. \tag{14.19}$$

Wir werden hiermit annehmen, dass das Steuerungsziel im Sinne des diskretisierten Problems erreicht wird, wenn $\mathbf{x}(K) \in G$.

Wir erhalten somit insgesamt eine diskrete Umgebung zur Durchführung der mehrstufigen Prozedur der dynamischen Programmierung, weshalb dieses Lösungsverfahren als *diskrete dynamische Programmierung* bezeichnet wird. Als Konsequenz der Diskretisierung gibt es für jeden Punkt $\mathbf{x}^i(k)$ endlich viele Übergänge $\mathbf{u}^j(k)$, die zur nächsten Stufe $k+1$ führen. Die einstufige Optimierung kann somit durch direkten Vergleich dieser Übergänge (wie in Abschn. 14.2) erfolgen. Die mehrstufige Optimierungsprozedur nimmt also unter den neuen Gegebenheiten folgende Form an, die leicht in ein allgemein anwendbares Rechnerprogramm umgesetzt werden kann:

Stufe $K - 1$: Für alle Gitterpunkte $\mathbf{x}^i(K - 1) \in X(K - 1)$ sollen die zugehörigen diskreten Steuerwerte $\mathbf{u}^j(K - 1) \in \mathcal{U}(\mathbf{x}^i(K - 1), K - 1)$ bestimmt werden, die

$$J_{K-1} = \vartheta(\mathbf{x}(K)) + \phi(\mathbf{x}^i(K - 1), \mathbf{u}^j(K - 1), K - 1)$$

minimieren. Hierbei gilt

$$\mathbf{x}(K) = \mathbf{f}(\mathbf{x}^i(K - 1), \mathbf{u}^j(K - 1), K - 1).$$

und die einstufige Minimierung wird nur über solche Übergänge durchgeführt, für die $\mathbf{x}(K) \in \mathcal{G}$, vgl. (14.19), und $\mathbf{x}(K) \in \mathcal{X}(K)$ gilt. Der diskrete Steuerwert, der diese einstufige Minimierungsaufgabe für ein gegebenes $\mathbf{x}^i(K-1)$ löst, sei mit $\mathbf{u}^{l(i)}(K-1)$ und der zugehörige minimale Wert von J_{K-1} mit $V(\mathbf{x}^i(K-1), K-1)$ bezeichnet.

Stufe $K-2$: Für alle Gitterpunkte $\mathbf{x}^i(K-2) \in \mathcal{X}(K-2)$ sollen die zugehörigen diskreten Steuerwerte $\mathbf{u}^j(K-2) \in \mathcal{U}(\mathbf{x}^i(K-2), K-2)$ bestimmt werden, die

$$\tilde{J}_{K-2} = V(\mathbf{x}(K-1), K-1) + \phi(\mathbf{x}^i(K-2), \mathbf{u}^j(K-2), K-2)$$

minimieren. Hierbei gilt

$$\mathbf{x}(K-1) = \mathbf{f}(\mathbf{x}^i(K-2), \mathbf{u}^j(K-2), K-2) \,.$$

Wenn aber der aus obiger Gleichung resultierende Wert $\mathbf{x}(K-1)$ keinem Gitterpunkt entspricht, liegt $V(\mathbf{x}(K-1), K-1)$ nicht vor. In diesem Fall muss $V(\mathbf{x}(K-1), K-1)$ durch lineare Interpolation aus den entsprechenden V-Werten benachbarter Gitterpunkte gewonnen werden, s. weiter unten. Die Minimierung wird nur über solche Übergänge durchgeführt, für die $\mathbf{x}(K-1) \in \mathcal{X}(K-1)$ gilt. Das Ergebnis dieser einstufigen Optimierung sei durch $\mathbf{u}^{l(i)}(K-2)$ und $V(\mathbf{x}^i(K-2), K-2)$ ausgedrückt.

$$\vdots$$

Stufe 0: Für $\mathbf{x}^i(0) = \mathbf{x}_0$ soll der zugehörige diskrete Steuerwert $\mathbf{u}^j(0) \in \mathcal{U}(\mathbf{x}^i(0), 0)$ bestimmt werden, der

$$\tilde{J}_0 = V(\mathbf{x}(1), 1) + \phi(\mathbf{x}^i(0), \mathbf{u}^j(0), 0)$$

minimiert. Hierbei gilt

$$\mathbf{x}(1) = \mathbf{f}(\mathbf{x}^i(0), \mathbf{u}^j(0), 0) \,.$$

Wenn $\mathbf{x}(1)$ kein Gitterpunkt ist, muss $V(\mathbf{x}(1), 1)$ durch lineare Interpolation gewonnen werden. Die Minimierung wird nur über solche Übergänge durchgeführt, für die $\mathbf{x}(1) \in \mathcal{X}(1)$ gilt. Das Ergebnis dieser letzten einstufigen Optimierung sei durch $\mathbf{u}^{l(i)}(0)$ und $V(\mathbf{x}^i(0), 0)$ ausgedrückt.

Wir kommen nun auf den Fall zurück, wo innerhalb des Algorithmus der diskreten dynamischen Programmierung ein Wert $V(\mathbf{x}(k), k)$ für einen Punkt $\mathbf{x}(k)$ benötigt wird, der kein Gitterpunkt ist. Zur Berechnung des Funktionswertes $V(\mathbf{x}(k), k)$ kann *lineare Interpolation* angewandt werden. Hierzu betrachte man den Gitterpunkt $\mathbf{x}^G$ (Zeitargumente werden für diese Betrachtung der Einfachheit halber weggelassen) mit Komponenten (s. Abb. 14.6) $x_j^G = \ell_j \triangle x_j$, ℓ_j ganzzahlig, $j = 1, \ldots, n$, wobei $x_j = \ell_j \triangle x_j + \varepsilon_j$, $0 < \varepsilon_j < \triangle x_j$. Wir betrachten auch die anderen dem Punkt $\mathbf{x}$ benachbarten Gitterpunkte $\mathbf{x}^{G,j}$, $j = 1, \ldots, n$, mit Komponenten $x_i^{G,j} = x_i^G \; \forall i \neq j$ und $x_j^{G,j} = x_j^G + \triangle x_j$. Auf der Grundlage dieser Definitionen lautet die Formel der linearen Interpolation

$$V(\mathbf{x}(k), k) = V(\mathbf{x}^G(k), k) + \sum_{j=1}^{n} \left(V(\mathbf{x}^{G,j}(k), k) - V(\mathbf{x}^G(k), k) \right) \varepsilon_j / \triangle x_j \,. \quad (14.20)$$

Abb. 14.6 Definition der Gitterpunkte $\mathbf{x}^G$, $\mathbf{x}^{G,j}$ im zweidimensionalen Fall.

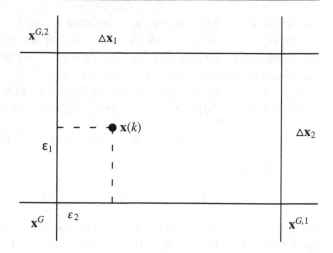

Da die einstufige Minimierung im obigen Algorithmus der diskreten dynamischen Programmierung jeweils durch direkten Vergleich endlich vieler Übergänge erfolgt, kann die Bestimmung eines einstufigen globalen Minimums gewährleistet werden. Dann führt aber auch die mehrstufige Prozedur zu einem *globalen Minimum* der gesamten Problemstellung, da die dynamische Programmierung indirekt *alle* möglichen Kombinationen von Übergängen untersucht. Dieses globale Minimum bezieht sich freilich auf die diskretisierte Problemstellung und wird somit eine Approximation der Lösung der ursprünglichen zeitdiskreten (aber wertkontinuierlichen) Steuerungsaufgabe darstellen. Für genügend kurze Diskretisierungsintervalle $\triangle\mathbf{x}(k)$, $\triangle\mathbf{u}(k)$ kann aber diese Approximation beliebig genau gestaltet werden.

Das Ergebnis der diskreten dynamischen Programmierung ist ein optimales Regelgesetz, das in tabellarischer Form vorliegt: für jeden Gitterpunkt $\mathbf{x}^i(k)$ ist der zugehörige diskrete Steuerwert $\mathbf{u}^{l(i)}(k)$ bekannt, der optimal in den nächsten Zeitpunkt $k+1$ führt. Möchte man aus diesem Regelgesetz eine optimale Steuertrajektorie ableiten, so kann wieder der Fall auftreten, dass der Zustand $\mathbf{x}(k+1) = f(\mathbf{x}^i(k), \mathbf{u}^{l(i)}(k), k)$ keinen Gitterpunkt darstellt; dann ist aber kein ihm zugehöriger Steuerwert in der Lösung enthalten. Auch in diesem Fall muss der zugehörige optimale Steuerwert aus linearer Interpolation der optimalen Steuerwerte benachbarter Gitterpunkte bestimmt werden, s. [4–6] für Einzelheiten.

Seien $\alpha_i(k)$, $i = 1, \ldots, n$, die Anzahl der Gitterpunkte für die einzelnen Komponenten des Zustandsvektors $\mathbf{x}(k)$ und $\beta_j(k)$, $j = 1, \ldots, m$, die Anzahl der diskreten Steuerwerte für die einzelnen Komponenten des Steuervektors $\mathbf{u}(k)$. Dann beinhaltet das Zustandsgitter insgesamt

$$\sum_{k=0}^{K} \prod_{i=1}^{n} \alpha_i(k)$$

Punkte und die Anzahl der Übergänge für jeden dieser Punkte beträgt

$$\prod_{j=1}^{m} \beta_j(k) \, .$$

Nehmen wir vereinfachend $\alpha_i(k) = \alpha$ und $\beta_j(k) = \beta$ für alle i, alle j, und alle k an, so ist die erforderliche Rechenzeit τ zur Auswertung der mehrstufigen Prozedur der diskreten dynamischen Programmierung proportional zu

$$\tau \sim K\alpha^n \beta^m \, . \tag{14.21}$$

Der erforderliche Speicheraufwand für die Abspeicherung des tabellarischen Regelgesetzes beträgt für jeden Gitterpunkt $\mathbf{x}^i(k)$ m Werte (für die m Komponenten des Steuervektors $\mathbf{u}^{l(i)}(k)$). Dies ergibt insgesamt

$$m \sum_{k=0}^{K} \prod_{i=1}^{n} \alpha_i(k) \tag{14.22}$$

abzuspeichernde Werte. Gleichungen (14.21), (14.22) belegen, dass der bei Einsatz der diskreten dynamischen Programmierung erforderliche Rechenaufwand *exponentiell* mit den Problemdimensionen n, m wächst.

Beispiel 14.3 Ein Beispiel, das eine anschauliche Vorstellung der Wachstumsrate des rechentechnischen Aufwandes vermittelt, ist in [7] gegeben. Sei $K = 10$ der zeitliche Horizont einer Problemstellung mit einer skalaren Steuergröße ($m = 1$). Seien ferner $\alpha = \beta = 100$ die Anzahl der Gitterpunkte und $\tau_s = 100\,\mu\text{s}$ die erforderliche Rechenzeit, um die mit einem Übergang verbundenen Kosten zu berechnen. Dann beträgt die gemäß (14.21) erforderliche Gesamtrechenzeit bei Einsatz der diskreten dynamischen Programmierung

$$\text{bei} \quad n = 1: \ \tau = 10\,\text{s}$$

$$\text{bei} \quad n = 2: \ \tau = 17\,\text{min}$$

$$\text{bei} \quad n = 3: \ \tau = 28\,\text{h}$$

$$\text{bei} \quad n = 4: \ \tau = 3.9\,\text{Monate} \, . \qquad\qquad \square$$

Wegen dieses exponentiell wachsenden Rechenaufwandes, auch als *„Fluch der Dimensionalität"* (*„curse of dimensionality"*) bezeichnet, sind den Problemstellungen, die sich durch die diskrete dynamische Programmierung behandeln lassen, sehr enge Dimensionsgrenzen gelegt. Ein relatives Aufweichen dieser Grenzen ist durch folgende Maßnahmen möglich:

• Für eine gegebene Problemstellung sollte untersucht werden, ob die zulässigen Zustands- bzw. Steuerbereiche aus anwendungsbezogenen Erwägungen eingeengt werden können, um die Anzahl der Gitterpunkte bzw. der Übergänge zu reduzieren.

Hierbei sollten aber keinesfalls mögliche optimale Lösungen ausgeschaltet werden, was bei vielen Anwendungen *vor* der Problemlösung schwer zu beurteilen ist.

- Die Diskretisierungsintervalle $\triangle\mathbf{x}(k)$, $\triangle\mathbf{u}(k)$ sollten so lang wie möglich bzw. so kurz wie nötig festgelegt werden. Bekanntlich führen längere Intervalle tendenziell zu ungenaueren Lösungen (s. aber Übung 14.5). Auch hier ist aber eine zuverlässige Abschätzung der Lösungsgenauigkeit *vor* der Problemlösung für viele Anwendungen problematisch.

- Mehrere Verfahren wurden in der Literatur vorgeschlagen [8, 9], um durch algorithmische Modifikationen eine erhebliche Aufwandsreduzierung zu erreichen. Beispielsweise kann eine iterative Vorgehensweise eingesetzt werden, bei der das Problem zunächst mit langen Diskretisierungsintervallen und weiten zulässigen Bereichen gelöst wird. Bei jeder Iteration wird dann der zulässige Bereich in der Umgebung der Lösungstrajektorien der letzten Iteration graduell eingeengt und das Problem mit kürzeren Intervallen erneut gelöst. Die Iterationen brechen ab, wenn ausreichend kurze Intervalle erreicht werden. Diese iterative Vorgehensweise, die unter dem Namen *differentielle diskrete dynamische Programmierung* bekannt ist [10], kann aber zu einem lokalen Minimum der Problemstellung führen.

- Jüngste Entwicklungen der Rechentechnik werden gezielt zur Erweiterung der Dimensionsgrenzen bei der Anwendung der diskreten dynamischen Programmierung genutzt [11, 12]. In der Tat bietet sich die einfache Struktur der mehrstufigen Prozedur der dynamischen Programmierung für eine Parallelisierung der entsprechenden Berechnungen an.

Beispiel 14.4 Wir betrachten folgendes Problem, das bereits in Beispiel 13.2 behandelt wurde:

$$\text{Minimiere} \quad J = \frac{1}{2}\sum_{k=0}^{3} x(k)^2 + u(k)^2$$

$$\text{u. B. v.} \quad x(k+1) = x(k) + u(k), \ x(0) = 2, \ x(4) = 0.$$

Aus physikalischen Erwägungen führen wir folgende zulässige Zustands- und Steuerbereiche ein

$$\mathcal{X}(k) = \{x(k)|\ 0 \le x(k) \le 2\}, \mathcal{U}(k) = \{u(k)|-2 \le u(k) \le 0\}.$$

Die entstehenden Punktegitter und Übergänge zeigen Abb. 14.7a für $\triangle x = \triangle u = 1$ und Abb. 14.7b für $\triangle x = \triangle u = 0.5$. Die Problemlösung erfolgt jeweils in gleicher Weise wie in Abschn. 14.2. In den zwei Diagrammen sind die gesuchten optimalen Zustandstrajektorien gestrichelt gekennzeichnet. Im Fall der Abb. 14.7(b) sind zwei gleichwertige Lösungen vorhanden. Die zugehörigen optimalen Steuertrajektorien lauten:

$$\text{für Abb. 14.7a:} \quad u^*(0) = u^*(1) = -1, \ u^*(2) = u^*(3) = 0$$

$$\text{für Abb. 14.7b:} \quad u^*(0) = -1.5, \ u^*(1) = -0.5, \ u^*(2) = u^*(3) = 0$$

$$\text{bzw.:} \quad u^*(0) = -1, \ u^*(1) = u^*(2) = -0.5, \ u^*(3) = 0.$$

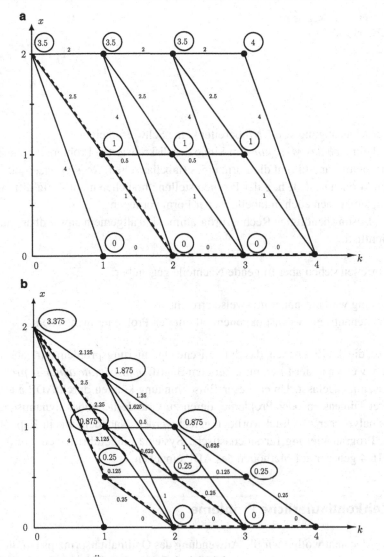

Abb. 14.7 Punktegitter und Übergänge zu Beispiel 14.4

Die minimalen Werte des Gütefunktionals J betragen 3.5 für Abb. 14.7a und 3.375 für Abb. 14.7b. Dies bedeutet eine Verschlechterung von 8.1 % bzw. 4.2 % gegenüber der exakten Lösung von Beispiel 13.2, die auf die Diskretisierung zurückzuführen ist. Das dem Fall der Abb. 14.7a entsprechende optimale Regelgesetz kann in tabellarischer Form angegeben werden, s. Tab. 14.2. □

Die gewichtigen Vorteile der diskreten dynamischen Programmierung bei der Lösung zeitdiskreter Steuerungsaufgaben lassen sich wie folgt zusammenfassen:

Tab. 14.2 Optimales Regelgesetz zu Beispiel 14.3

		k			
		0	1	2	3
x	2	−1	−1	−1	−2
	1		−1	−1	−1
	0		0	0	0

- Die Berücksichtigung von *UNB* bereitet keine Schwierigkeiten.
- Es wird ein *globales Minimum* (im Sinne des diskretisierten Problems) geliefert.
- Die Problemlösung nimmt die Form eines (tabellarischen) *Regelgesetzes* an.
- Die Funktionen ϑ, ϕ, **f**, **h**, **g** der Problemstellung brauchen nicht stetig differenzierbar zu sein; sie können auch in tabellarischer Form vorliegen.
- Die zur Lösung benötigten Rechnerprogramme sind allgemein anwendbar, einfach und übersichtlich.

Diesen Vorteilen stehen aber folgende Nachteile gegenüber:

- Die Lösung wird nur näherungsweise erreicht.
- Der Rechenaufwand wächst exponentiell mit den Problemdimensionen.

Ansätze, die das Ziel haben, das dynamische Optimierungsproblem nur näherungswei- se zu lösen, werden in der Literatur unter dem Begriff *approximate dynamic programming (ADP)* zusammengefasst. Unter dieser Einschränkung können durch ADP auch Proble- me höherer Dimension oder Probleme, deren zu Grunde liegendes dynamische Modell nicht als analytischer Ausdruck vorliegt, gelöst werden. Nachdem wir in Kap. 16 die dy- namische Programmierung für stochastische Systeme eingeführt haben, werden wir in Abschn. 16.4 genauer auf Methoden des ADP eingehen.

14.5 Zeitkontinuierliche Probleme

In diesem Abschnitt wollen wir die Anwendung des Optimalitätsprinzips auf die zeitkon- tinuierliche Problemstellung der optimalen Steuerung von Kap. 11 betrachten. Es handelt sich um die Minimierung des Gütefunktionals

$$J = \vartheta(\mathbf{x}(t_e), t_e) + \int_0^{t_e} \phi(\mathbf{x}, \mathbf{u}, t)\, dt, \quad t_e \text{ frei oder fest} \tag{14.23}$$

unter Berücksichtigung der Prozessnebenbedingungen

$$\dot{\mathbf{x}} = \mathbf{f}(\mathbf{x}, \mathbf{u}, t) \tag{14.24}$$

mit der Anfangsbedingung $\mathbf{x}(0) = \mathbf{x}_0$ und der Endbedingung

$$\mathbf{g}(\mathbf{x}(t_e), t_e) = \mathbf{0}\,. \tag{14.25}$$

Alle Ausführungen dieses Abschnittes behalten freilich auch in Abwesenheit einer Endbedingung (14.25) ihre Gültigkeit. Der zulässige Steuerbereich ist durch

$$\mathbf{u}(t) \in \mathcal{U}(\mathbf{x}(t), t) = \{\mathbf{u}(t)| \mathbf{h}(\mathbf{x}, \mathbf{u}, t) \leq \mathbf{0}\} \tag{14.26}$$

definiert, wobei für die Matrix $\mathbf{h}_u$ voller Rang vorausgesetzt wird. Reine Zustands-UNB
können indirekt, nach den Verfahren von Abschn. 11.3.2, berücksichtigt werden. Die Existenz eines globalen Minimums der formulierten Optimierungsaufgabe wird vorausgesetzt.

Wie eben definieren wir nun die *verbleibenden Kosten* oder *Überführungskosten* $J^{(t)}$
zur Überführung eines Zustandes $\mathbf{x}(t)$ ins Endziel (14.25) wie folgt (man beachte die
untere Integrationsgrenze)

$$J^{(t)} = \vartheta(\mathbf{x}(t_e), t_e) + \int_t^{t_e} \phi(\mathbf{x}, \mathbf{u}, \tau)\, d\tau\,. \tag{14.27}$$

Wie für die zeitdiskrete Problemstellung hängen auch hier die minimalen Überführungskosten $J^{(t)*} = \min J^{(t)}$ für ein gegebenes Problem unter Beachtung aller Nebenbedingungen ausschließlich von dem zu überführenden Zustand $\mathbf{x}(t)$ und dem Zeitpunkt t ab.
Wir bezeichnen diese minimalen Kosten mit $V(\mathbf{x}, t)$ und erhalten für $t < t' < t_e$

$$V(\mathbf{x}, t) = \min J^{(t)} = \min \int_t^{t'} \phi(\mathbf{x}, \mathbf{u}, \tau)\, d\tau + J^{(t')}\,, \tag{14.28}$$

wobei das Minimum über alle Trajektorien $\mathbf{u}(\tau)$, $\tau \in [t, t_e]$, genommen wird, die (14.24)–
(14.26) erfüllen. Durch Anwendung des Optimalitätsprinzips auf (14.28) erhalten wir

$$V(\mathbf{x}, t) = \min \left(\int_t^{t'} \phi(\mathbf{x}, \mathbf{u}, \tau)\, d\tau + V(\mathbf{x}', t') \right)\,, \tag{14.29}$$

wobei $\mathbf{x}' = \mathbf{x}(t')$ vereinbart wird.

Um die Behandlung der Problemstellung weiterführen zu können, müssen wir nun
voraussetzen, dass die Funktion $V(\mathbf{x}, t)$ stetig differenzierbar sei. Diese Voraussetzung
ist bei vielen Problemstellungen nicht gegeben, wodurch der Anwendungsbereich der
nachfolgenden Ausführungen entsprechend eingeschränkt wird. Es besteht allerdings die
Möglichkeit, diesen Anwendungsbereich durch die Unterteilung des $(\mathbf{x}, t)$-Raumes in
Teilbereiche, innerhalb deren $V(\mathbf{x}, t)$ stetig differenzierbar ist, zu erweitern [13, 14].

Beispiel 14.5 Bei der zeitoptimalen Steuerung eines doppelintegrierenden Systems in
Abschn. 11.5.1 ergibt sich die minimale Kostenfunktion aus (11.147) wie folgt

$$V(\mathbf{x}) = t_e^* = \begin{cases} -x_2 + 2\sqrt{\frac{1}{2}x_2^2 - x_1}, & \text{wenn } \mathbf{x} \text{ unterhalb S} \\ \\ x_2 + 2\sqrt{\frac{1}{2}x_2^2 + x_1}, & \text{wenn } \mathbf{x} \text{ oberhalb S.} \end{cases}$$

Aus der grafischen Darstellung von $V(\mathbf{x})$ in Abb. 11.10 wird aber ersichtlich, dass $V(\mathbf{x})$ Knickstellen aufweist und somit nicht stetig differenzierbar ist. $\square$

Wenn $V(\mathbf{x}, t)$ stetig differenzierbar ist, können wir mit $\Delta t = t' - t$ folgende Taylor-Entwicklung vornehmen

$$V(\mathbf{x}', t') = V(\mathbf{x}, t) + \nabla_{\mathbf{x}} V(\mathbf{x}, t)^T \dot{\mathbf{x}}(t) \Delta t + V_t(\mathbf{x}, t) \Delta t + R(\Delta t^2) \,. \tag{14.30}$$

Ferner gilt in erster Näherung

$$\int\limits_t^{t'} \phi(\mathbf{x}, \mathbf{u}, \tau) d\tau = \phi(\mathbf{x}, \mathbf{u}, t) \Delta t \,. \tag{14.31}$$

Durch Einsetzen von (14.24), (14.30), (14.31) in (14.29) erhalten wir nach Vernachlässigung der Terme höherer Ordnung $R(\Delta t^2)$

$$V(\mathbf{x}, t) = \min \phi(\mathbf{x}, \mathbf{u}, t) \Delta t + V(\mathbf{x}, t) + \nabla_{\mathbf{x}} V(\mathbf{x}, t)^T \mathbf{f}(\mathbf{x}, \mathbf{u}, t) \Delta t + V_t(\mathbf{x}, t) \Delta t \,. \tag{14.32}$$

Nun beachten wir zunächst, dass $V(\mathbf{x}, t)$ unabhängig von $\mathbf{u}(\tau)$, $\tau \in [t, t_e]$, ist und somit aus dem Minimierungsterm herausgenommen und gegen die linke Seite von (14.32) gekürzt werden kann. Ebenso kann $V_t(\mathbf{x}, t) \Delta t$ aus dem Minimierungsterm herausgenommen werden. Sodann kann Δt aus der entstehenden reduzierten Gleichung gekürzt werden. Schließlich beachten wir, dass der Minimierungsterm nur noch von der Steuergröße $\mathbf{u}(t)$ zum Zeitpunkt t abhängt, so dass die Minimierung nunmehr über alle $\mathbf{u}(t) \in \mathcal{U}(\mathbf{x}, t)$ vorgenommen wird. Wir erhalten somit aus (14.32)

$$0 = V_t(\mathbf{x}, t) + \min_{\mathbf{u} \in \mathcal{U}(\mathbf{x}, t)} \phi(\mathbf{x}, \mathbf{u}, t) + \nabla_{\mathbf{x}} V(\mathbf{x}, t)^T \mathbf{f}(\mathbf{x}, \mathbf{u}, t) \,. \tag{14.33}$$

Diese nichtlineare partielle Differentialgleichung 1. Ordnung ist eine Verallgemeinerung der aus der Physik bekannten Hamilton-Jacobi-Gleichung und trägt in unserem Zusammenhang den Namen *Hamilton-Jacobi-Bellman-Gleichung*[3]. Um sie nach $V(\mathbf{x}, t)$ lösen zu können, brauchen wir einen Randwert, der offenbar durch

$$V(\mathbf{x}(t_e), t_e) = \vartheta(\mathbf{x}(t_e), t_e) \tag{14.34}$$

für alle $\mathbf{x}(t_e), t_e$, die (14.25) erfüllen, gegeben ist.

Wenn wir den Minimierungsterm von (14.33) mit der Hamilton-Funktion (11.28) vergleichen, so stellen wir fest, dass

$$\min_{\mathbf{u} \in \mathcal{U}(\mathbf{x}, t)} (\phi + \nabla_{\mathbf{x}} V^T \mathbf{f}) = \min_{\mathbf{u} \in \mathcal{U}(\mathbf{x}, t)} H(\mathbf{x}, \mathbf{u}, \nabla_{\mathbf{x}} V, t) \,. \tag{14.35}$$

---

[3] Eigentlich zuerst von *C. Carathéodory* im Jahr 1935 veröffentlicht.

Wenn wir nun obigen minimalen Wert mit $H^*(\mathbf{x}, \nabla_{\mathbf{x}} V, t)$ bezeichnen, dann erhalten wir aus (14.33) folgende modifizierte Form der Hamilton-Jacobi-Bellman-Gleichung

$$V_t = -H^*(\mathbf{x}, \nabla_{\mathbf{x}} V, t) \,. \tag{14.36}$$

Die Beziehung (14.35) lässt vermuten, dass ein Zusammenhang zwischen den Kozustandsgrößen $\boldsymbol{\lambda}(t)$ von Abschn. 11.1 und $\nabla_{\mathbf{x}} V(\mathbf{x}, t)$ bestehen könnte. In der Tat lässt sich nachweisen, dass $\boldsymbol{\lambda}(t) = \nabla_{\mathbf{x}} V(\mathbf{x}, t)$ gilt, wenn die Funktion $V(\mathbf{x}, t)$ zweifach stetig differenzierbar ist und wenn sie die Hamilton-Jacobi-Bellman-Gleichung erfüllt [13, 15], s. hierzu auch [16].

Wenn die Endzeit t_e der Problemstellung frei und die Problemfunktionen ϕ, ϑ, $\mathbf{f}$, $\mathbf{h}$, $\mathbf{g}$ zeitinvariant sind, dann sind die minimalen Überführungskosten $V(\mathbf{x}, t)$ unabhängig vom Zeitpunkt t. Folglich gilt $V_t = 0$ und (14.36) liefert das uns bereits aus (11.67) bekannte Ergebnis

$$H^*(\mathbf{x}, \nabla_{\mathbf{x}} V, t) = 0 \quad \forall t \in [0, t_e] \,. \tag{14.37}$$

Die Hamilton-Jacobi-Bellman-Gleichung ist zunächst eine *notwendige Optimalitätsbedingung für ein globales Minimum* von Problemstellungen mit stetig differenzierbarer Kostenfunktion $V(\mathbf{x}, t)$. Darüber hinaus kann aber gezeigt werden [13], dass sie auch eine *hinreichende Optimalitätsbedingung für ein globales Minimum* ist, wenn die Minimierung der Hamilton-Funktion in (14.35) für alle $t \in [0, t_e]$ ein eindeutiges globales Minimum ergibt.

Die Bedeutung der Hamilton-Jacobi-Bellman-Gleichung für die regelungstechnische Praxis ist deswegen beschränkt, weil eine analytische Lösung dieser nichtlinearen partiellen Differentialgleichung nur bei einfachen Problemstellungen möglich ist. Gelingt aber eine analytische Lösung, so erhält man unmittelbar ein *optimales Regelgesetz*. Um dies zu sehen, beachte man, dass die analytische Minimierung der Hamilton-Funktion in (14.35) zu einer Beziehung $\mathbf{u}^*(t) = \tilde{\mathbf{R}}(\mathbf{x}, \nabla_{\mathbf{x}} V, t)$ führt. Wird nun $V(\mathbf{x}, t)$ aus (14.33) bzw. (14.36) analytisch ermittelt und in obige Beziehung eingebracht, so erhält man schließlich $\mathbf{u}^*(t) = \mathbf{R}(\mathbf{x}, t)$, was in der Tat ein optimales Regelgesetz ist.

Beispiel 14.6 Wir betrachten folgendes Problem der optimalen Steuerung

$$\text{Minimiere} \quad J = \frac{1}{2} \int_0^\infty x^2 + u^2 dt$$

$$\text{u. B. v.} \quad \dot{x} = x^3 + u, x(0) = x_0 \,.$$

Für dieses Problem wurde bereits in Beispiel 12.17 nach Linearisierung der Zustandsgleichung ein suboptimales lineares Regelgesetz abgeleitet. Nun wollen wir die Hamilton-Jacobi-Bellman-Gleichung nutzen, um das nichtlineare optimale Regelgesetz des Problems abzuleiten. Die Hamilton-Funktion

$$H(x, u, V_x) = \frac{1}{2}(x^2 + u^2) + V_x(x^3 + u)$$

ist strikt konvex bezüglich u. Ihr Minimum im Sinne von (14.35) tritt auf bei

$$u^* = -V_x \,. \tag{14.38}$$

Daraus resultiert

$$H^*(x, V_x) = -\frac{1}{2}V_x^2 + V_x x^3 + \frac{1}{2}x^2 \,. \tag{14.39}$$

Da die Problemstellung zeitinvariant und die Endzeit unendlich sind, sind die minimalen Überführungskosten $V(\mathbf{x}, t)$ unabhängig von t, so dass $V_t = 0$ gilt. Aus (14.36), (14.39) erhalten wir somit

$$V_x^2 - 2x^3 V_x - x^2 = 0 \,.$$

Die positive Lösung dieser Gleichung 2. Ordnung lautet

$$V_x = x^3 + x\sqrt{x^4 + 1} \,.$$

Wird diese Gleichung in (14.38) eingesetzt, so erhalten wir das nichtlineare optimale Regelgesetz

$$u^*(t) = -x^3 - x\sqrt{x^4 + 1} \,.$$

Die Zustandsgleichung des optimal geregelten Systems lautet hiermit

$$\dot{x} = -x\sqrt{x^4 + 1} \,.$$

Diese Gleichung charakterisiert ein stabiles System für alle Anfangswerte $x_0 \in \mathbb{R}$, wohingegen das linear geregelte System in Beispiel 12.17 einen eingeschränkten Stabilitätsbereich aufwies. Eine Verallgemeinerung der Problemstellung dieses Beispiels findet man in Übung 14.7.   □

Wenn die analytische Auswertung der Hamilton-Jacobi-Bellman-Gleichung schwierig erscheint, kann eine angenäherte Lösung angestrebt werden, die zu einem suboptimalen Regelgesetz führt, s. Beispiel 14.7, s. auch [17]. Ferner kann die Hamilton-Jacobi-Bellman-Gleichung auch als Verifizierungsmittel für vermutete optimale Regelgesetze eingesetzt werden. Schließlich kann eine numerische Auswertung der Gleichung zu einem tabellarischen Regelgesetz führen.

Beispiel 14.7 Um eine angenäherte Lösung der Problemstellung von Beispiel 14.6 zu erreichen, nehmen wir an, dass $V(x)$ unbekannt sei und führen folgenden Näherungsansatz ein

$$V(x) = p_0 + p_1 x + \frac{1}{2!}p_2 x^2 + \frac{1}{3!}p_3 x^3 + \frac{1}{4!}p_4 x^4 \,,$$

wobei $p_0, \ldots, p_4$ unbekannte Parameter sind. Daraus berechnet sich

$$V_x = p_1 + p_2 x + \frac{1}{2!}p_3 x^2 + \frac{1}{3!}p_4 x^3 \,.$$

Werden diese Gleichung sowie (14.39) und $V_t = 0$ in (14.36) eingesetzt und werden Potenzen fünfter und höherer Ordnung von x vernachlässigt, so erhalten wir

$$p_1^2 + 2p_1 p_2 x + (p_2^2 + p_1 p_3 - 1)x^2$$
$$+ \left(\frac{1}{3}p_1 p_4 + p_2 p_3 - 2p_1\right)x^3 + \left(\frac{1}{4}p_3^2 + \frac{1}{3}p_2 p_4 - 2p_2\right)x^4 = 0 \,.$$

Da diese Gleichung für alle x erfüllt sein muss, müssen alle fünf Terme verschwinden. Daraus ergeben sich die Werte

$$p_1 = 0, \; p_2 = 1, \; p_3 = 0, \; p_4 = 6,$$

die zu $V_x = x + x^3$ führen. Mit (14.38) erhält man dann das nichtlineare suboptimale Regelgesetz

$$u(t) = -x - x^3.$$

Das suboptimal geregelte Regelgesetz weist dann die Zustandsgleichung

$$\dot{x} = -x$$

auf und ist somit für alle Anfangswerte $x_0 \in \mathbb{R}$ stabil. $\qquad \square$

Durch Anwendung der Hamilton-Jacobi-Bellman-Gleichung ist es möglich, die Lösung der LQ-Problemstellung von Kap. 12 abzuleiten. Man erhält mit (12.1), (12.2), (14.33)

$$V_t + \min_{\mathbf{u} \in \mathbb{R}^m} \frac{1}{2} \|\mathbf{x}\|_{\mathbf{Q}}^2 + \frac{1}{2} \|\mathbf{u}\|_{\mathbf{R}}^2 + \nabla_{\mathbf{x}} V^T (\mathbf{Ax} + \mathbf{Bu}) = 0. \tag{14.40}$$

Die Minimierung des obigen strikt konvexen Termes ergibt

$$\mathbf{u}^* = -\mathbf{R}^{-1} \mathbf{B}^T \nabla_{\mathbf{x}} V. \tag{14.41}$$

Ein Regelgesetz ist aus (14.41) direkt angebbar, wenn es gelingt, einen analytischen Ausdruck für $V(\mathbf{x}, t)$ abzuleiten. Mit dem Ansatz

$$V(\mathbf{x}, t) = \frac{1}{2} \|\mathbf{x}\|_{\mathbf{P}(t)}^2, \quad \mathbf{P}(t) \text{ symmetrisch} \tag{14.42}$$

erhalten wir

$$V_t(\mathbf{x}, t) = \frac{1}{2} \|\mathbf{x}\|_{\dot{\mathbf{P}}(t)}^2 \tag{14.43}$$

$$\nabla_{\mathbf{x}} V(\mathbf{x}, t) = \mathbf{P}(t) \mathbf{x}. \tag{14.44}$$

Durch Einsetzen von (14.41), (14.43), (14.44) in (14.40) erhalten wir

$$\frac{1}{2} \|\mathbf{x}\|_{\dot{\mathbf{P}}}^2 + \frac{1}{2} \|\mathbf{x}\|_{\mathbf{Q}}^2 + \frac{1}{2} \|\mathbf{R}^{-1} \mathbf{B}^T \mathbf{Px}\|_{\mathbf{R}}^2 + \mathbf{x}^T \mathbf{P}^T \mathbf{Ax} - \mathbf{x}^T \mathbf{P}^T \mathbf{BR}^{-1} \mathbf{B}^T \mathbf{Px} = 0. \tag{14.45}$$

Da der Term $\mathbf{x}^T \mathbf{P}^T \mathbf{Ax}$ skalar ist, ergibt sich mit der Symmetrie von $\mathbf{P}$

$$\mathbf{x}^T \mathbf{P}^T \mathbf{Ax} = \frac{1}{2} \mathbf{x}^T \mathbf{PAx} + \frac{1}{2} \mathbf{x}^T \mathbf{A}^T \mathbf{Px}.$$

Gleichung (14.45) besteht ausschließlich aus quadratischen Termen bezüglich $\mathbf{x}$. Da diese Gleichung für alle $\mathbf{x} \in \mathbb{R}^n$ gelten muss, muss die Summe der entsprechenden Matrizen verschwinden, wodurch sich unmittelbar die Matrix-Riccati-Differentialgleichung (12.12) ergibt. Als Randbedingung resultiert aus (12.2), (14.34) und (14.42) tatsächlich (12.13). Schließlich ist das sich durch Einsetzen von (14.44) in (14.41) ergebende optimale Regelgesetz mit dem aus (12.15) bekannten Regelgesetz identisch.

14.6 Übungsaufgaben

14.1 Für das in Abb. 14.8 gezeichnete Netz soll der kürzeste Weg von Knoten 12 zu Knoten 1 bestimmt werden.

(a) Ordnen Sie die Netzknoten so, dass ein mehrstufiger Entscheidungsprozess entsteht; fügen Sie hierzu, soweit erforderlich, fiktive Knoten und Kanten ein. Lösen Sie das Problem unter Anwendung der Vorgehensweise von Beispiel 14.1.
(b) Bestimmen Sie den kürzesten Weg durch Anwendung des Optimalitätsprinzips auf das abgebildete Netz unter Verzicht auf ein stufengebundenes Vorgehen.

14.2 Wir betrachten die Problemstellung des Beispiels 14.2.

(a) Zeigen Sie, dass die dort abgeleiteten Trajektorien alle Optimalitätsbedingungen von Abschn. 13.1 erfüllen.
(b) Nun sei zusätzlich zu den Zustands-UNB (14.13) auch $u(k) \geq -0.4$ gefordert. Führen Sie die Schritte von Beispiel 14.2 unter Berücksichtigung der neuen UNB durch. Bestimmen Sie die Punkte des zulässigen Zustandsbereichs, die bei Berücksichtigung der neuen UNB nicht ins Ziel überführt werden können.

14.3 Leiten Sie das optimale Regelgesetz (13.27)–(13.29) der zeitdiskreten LQ-Problemstellung von Abschn. 13.2.1 durch Anwendung der mehrstufigen Vorgehensweise der dynamischen Programmierung ab.

14.4 Ein Bus mit variabler Fahrtroute soll in dem in Abb. 14.9 skizzierten Straßennetz von A nach $B = \{B_1, B_2\}$ fahren, wobei die Bewegung stets von links nach rechts erfolgt. Die Fahrzeiten t_i für die Teilstrecken sowie die Zahl P_j der an den Stationen (Kreise)

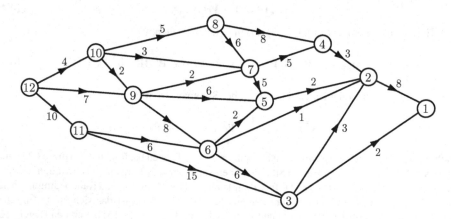

Abb. 14.8 Abbildung zu Aufgabe 14.1

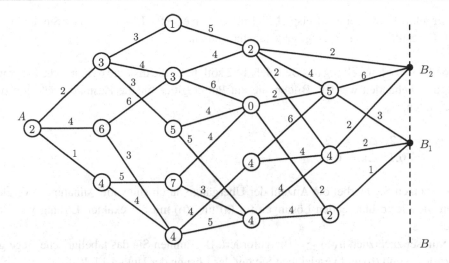

Abb. 14.9 Abbildung zu Aufgabe 14.4

wartenden Personen sind im Diagramm angegeben. Alle Personen wollen nach B. Die Aufenthaltszeiten an den Stationen sind vernachlässigbar kurz.

(a) Ermitteln Sie den zeitlich kürzesten Weg für die Route
   (a1) von A nach B_1,
   (a2) von A nach B (Ziel entweder B_1 oder B_2).
(b) Ermitteln Sie den Weg, auf dem die Zahl der insgesamt nach B beförderten Personen maximal wird.
(c) Vergleichen Sie für die Fälle (a) und (b) jeweils die Zahl der transportierten Personen und die Fahrzeiten.

14.5 Gegeben ist folgende Problemstellung (vgl. Beispiel 13.1)

$$\text{Minimiere} \quad J = \frac{1}{2} \sum_{k=0}^{2} u(k)^2$$

$$\text{u. B. v.} \quad x(k+1) = x(k) + u(k), \; x(0) = 3, \; x(3) = 0 \,.$$

Bilden Sie ein Punktegitter für die Zustandsgröße mit den Intervallen

(a) $\triangle x = 1$, $\triangle u = 1$
(b) $\triangle x = \frac{2}{3}$, $\triangle u = \frac{2}{3}$.

Beschränken Sie hierbei den zu untersuchenden Zustandsbereich und die Anzahl der Übergänge durch sinnvolle Annahmen. Bestimmen Sie für (a) und (b) die Problemlösungen durch Einsatz der diskreten dynamischen Programmierung und vergleichen Sie die Ergebnisse mit der aus Beispiel 13.1 bekannten exakten Lösung. Geben Sie die für (a) und (b) resultierenden Regelgesetze tabellarisch an.

14.6 Die Problemstellung des Beispiels 14.2 soll durch die diskrete dynamische Programmierung behandelt werden. Bilden Sie ein Punktegitter für die Zustandsgröße mit den Intervallen

(a) $\triangle x = 0.2, \ \triangle u = 0.2$
(b) $\triangle x = 0.1, \ \triangle u = 0.1$.

Beschränken Sie hierbei die Anzahl der Übergänge durch sinnvolle Annahmen. Vergleichen Sie die resultierenden Lösungen für (a) und (b) mit der exakten Lösung von Beispiel 14.2.

Nun sei zusätzlich $u(k) \geq -0.4$ gefordert. Bestimmen Sie das tabellarische Regelgesetz für (a) und (b) und vergleichen Sie mit der Lösung der Übung 14.2(b).

14.7 Leiten Sie durch Auswertung der Hamilton-Jacobi-Bellman-Gleichung das optimale Regelgesetz zur Minimierung des Gütefunktionals

$$J = \frac{1}{2} \int\limits_0^\infty \phi(x) + u^2 \, dt, \quad \phi(x) \text{ positiv definit}$$

unter Berücksichtigung der bilinearen Zustandsgleichung

$$\dot{x} = f_1(x) + f_2(x)u$$

ab. (Hinweis: Gehen Sie wie bei Beispiel 14.6 vor. Das optimale Regelgesetz lautet

$$u^*(t) = -\frac{f_1(x)}{f_2(x)} - \text{sign}\,(x) \sqrt{\frac{f_1(x)^2}{f_2(x)^2} + \phi(x)} \, . \ )$$

14.8 Ein Prozess sei durch die nichtlineare Differentialgleichung

$$\dot{x} = ax + e^{-x}u$$

beschrieben. Der Prozess ist von einem gegebenen Anfangspunkt x_0 aus so zu steuern, dass das quadratische Gütefunktional

$$J = \frac{1}{2} \int\limits_0^\infty x^2 e^{2x} + u^2 \, dt$$

minimiert wird.

(a) Stellen Sie die Hamilton-Jacobi-Bellman-Differentialgleichung der Optimierungsaufgabe auf.

(b) Ermitteln Sie das optimale Regelgesetz $u^*(t) = R(x(t), a)$ durch Auswertung der Gleichung aus (a).

(c) Bestimmen Sie den optimalen Verlauf des Zustandes $x^*(t)$ und der Steuerung $u^*(t)$ in Abhängigkeit von a und x_0.

(d) Zeichnen Sie den Verlauf der Zustandsgröße für $a = \sqrt{3}$ und $x_0 = 4$.

14.9 Die nichtlineare instabile Strecke

$$x(k + 1) = x(k)^2 + u(k)$$

soll vom Anfangszustand $x(0) = 3$ in den Endzustand $x(K) = 0$, $K = 4$, so überführt werden, dass das Gütefunktional

$$J = \sum_{k=0}^{K-1} u(k)^2$$

minimiert wird und die Nebenbedingungen

$$u(k) \in U \quad U = \{-10, -9, -8, \dots, 0\}$$
$$x(k) \in X \quad X = \{x(k) \mid x(k) + k \leq 5\}, \quad k = 1, \dots, K$$

eingehalten werden. Die optimale Steuerfolge $u(k)$, $k = 0, \dots, K - 1$, soll mit Hilfe der dynamischen Programmierung ermittelt werden.

(a) Skizzieren Sie den zulässigen Bereich der Zustandsgröße.

(b) Ermitteln Sie alle möglichen Zustandsübergänge unter Beachtung der Zustands- und Steuergrößenbeschränkungen und der Randbedingungen.

(c) Ermitteln Sie das im Sinne des Gütefunktionals optimale Regelgesetz (durch Richtungspfeile an den Knoten $(k, x(k))$ kennzeichnen). Geben Sie die optimale Steuerfolge $u^*(k)$, $k = 0, \dots, K - 1$, zur Überführung der Strecke von dem gegebenen Anfangszustand in den gewünschten Endzustand, sowie den sich daraus ergebenden Zustandsverlauf und den optimalen Wert des Gütefunktionals an.

Auf die Strecke wirke nun die Störung

$$z(k) = \begin{cases} 1 & 0 \leq k \leq 1 \\ 0 & k > 1 \end{cases}.$$

Die Zustandsdifferenzengleichung der gestörten Strecke lautet

$$x(k + 1) = x(k)^2 + u(k) + z(k).$$

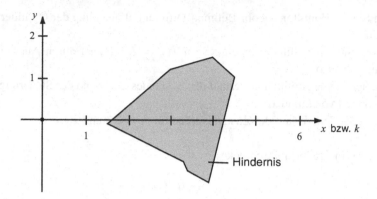

Abb. 14.10 Abbildung zu Aufgabe 14.10

(d) Ermitteln Sie die nach dem in (c) berechneten Regelgesetz sich einstellende Steuerfolge, sowie den zugehörigen Zustandsverlauf und den resultierenden Wert des Gütefunktionals.

14.10 Ein autonomer mobiler Roboter (repräsentiert durch einen dimensionslosen Punkt)
bewegt sich in x-Richtung (s. Abb. 14.10) mit der konstanten normierten Geschwindigkeit $v_x = 1$. Zu den diskreten Zeitpunkten $k \Delta t, k = 0, \ldots, 6$, mit $\Delta t = 1$, kann der
Roboter durch Auslenkungen $u(k) \in \{+1, 0, -1\}$ Hindernissen ausweichen. Für seine
Gesamtauslenkung gilt somit

$$y(k + 1) = y(k) + u(k) \, .$$

Bei der Bahnplanung des Roboters gilt es, folgendes Gütekriterium zu minimieren

$$J = \sum_{k=1}^{6} y(k)^2$$

und dabei dem in der Skizze gezeichneten Hindernis auszuweichen. Der Bereich der zulässigen Gesamtauslenkung beträgt $-2 \le y(k) \le +2$.

(a) Zeichnen Sie alle zulässigen Übergänge zur Verbindung der Anfangsposition des Roboters $y(0) = 0$ mit seiner Endposition $y(6) \in \{2, 1, 0, -1, -2\}$.
(b) Bewerten Sie die einzelnen Übergänge von k nach $k + 1, k = 0, \ldots, 5$, gemäß der
oben angegebenen Gütefunktion.
(c) Bestimmen Sie die optimale Bahn des Roboters von $y(0) = 0$ nach $y(6) \in \{2, 1, 0, -1, -2\}$.
(d) Nun sei die Anfangsposition des Roboters $y(0) = 2$. Bestimmen Sie seine optimale
Bahn nach $y(6) \in \{2, 1, 0, -1, -2\}$.

14.11 Für das zeitdiskrete System

$$x(k+1) = x(k)^2 + x(k) - u(k)$$

wird die Steuerfolge $u(k)$, $k = 0, 1, 2$, gesucht, die den Zustand $x(0) = 2$ nach $x(3) = 0$ überführt und dabei

$$J = \sum_{k=0}^{2} u(k)$$

maximiert. Als Steuergröße sind nur ganzzahlige Werte von u aus den diskreten Wertemengen

$$u(0) \in U_0 = \{\, 6,\, 5,\, 4,\, 3,\, 2,\, 1,\, 0 \,\}$$
$$u(1) \in U_1 = \{\, 5,\, 4,\, 3,\, 2,\, 1,\, 0 \,\}$$
$$u(2) \in U_2 = \{\, 4,\, 3,\, 2,\, 1,\, 0 \,\}$$

zugelassen. Die Zustandsgröße x genüge der Beschränkung $|x(k)| \leq 2$.

(a) Ermitteln Sie das vollständige Wegenetz, das sich unter Berücksichtigung
   – der Beschränkungen von Zustands- und Steuergröße
   – der Erreichbarkeit des Endzustandes $x(3)$
   ergibt. Tragen Sie die Kosten der einzelnen Wegabschnitte im Wegenetz ein.
(b) Bestimmen Sie die Wertefolge(n) der Zustandsgröße x für maximalen Wert von J. Geben Sie die dazugehörigen optimalen Steuerwerte $u^*(k)$ an.

14.12 Nachstehende Tabelle zeigt für eine Fahrtrichtung die Fahrzeiten eines Flurförderfahrzeuges zwischen den einzelnen Anlaufstationen in einer großen Montagehalle. Die angegebenen Fahrzeiten berücksichtigen sowohl die Entfernungen als auch die durchschnittlich auftretenden Verzögerungen durch Behinderungen. Ermitteln Sie unter Verwendung des Optimalitätsprinzips die Verbindung mit minimaler Fahrzeit zwischen den Stationen A und E.

nach / von	A	B	C	D	E	F	G	H	I	J	K
A	–	2	–	–	–	–	–	6	7	4	–
B	–	–	6	–	–	–	–	–	5	3	–
C	–	–	–	8	–	–	–	–	–	–	3
D	–	–	–	–	5	–	–	–	–	–	–
E	–	–	–	–	–	–	–	–	–	–	–
F	–	–	–	–	6	–	–	–	–	–	–
G	–	–	–	–	4	–	–	–	–	–	2
H	–	–	–	–	–	5	–	2	–	–	5
I	–	–	–	–	–	–	3	–	–	1	5
J	–	–	2	10	–	–	–	–	–	–	6
K	–	–	–	4	10	7	–	–	–	–	–

(a) Entwickeln Sie aus der Tabelle den zugehörigen Wegegraphen.

(b) Geben Sie die minimale Fahrzeit an.

(c) Welche optimale Fahrtroute ergibt sich?

Literatur

1. Bellman R (1952) On the theory of dynamic programming. Proc Nat Acad Sci 38:716–719

2. Bellman R (1957) Dynamic programming. Princeton University Press, Princeton

3. Bellman R, Lee E (1984) History and development of dynamic programming. IEEE Contr Syst Mag 4:24–28

4. Kirk D (1970) Optimal control theory. Prentice-Hall, Englewood Cliffs, New Jersey

5. Larson R, Casti J (1978) Principles of dynamic programming – part I: basic analytic and computational methods. Dekker, New York

6. Larson R, Casti J (1982) Principles of dynamic programming – part II: advanced theory and applications. Dekker, New York

7. Föllinger O (1985) Optimierung dynamischer Systeme. R. Oldenbourg Verlag, München

8. Jacobson D, Mayne D (1970) Differential dynamic programming. Academic Press, New York

9. Larson R (1968) State increment dynamic programming. Elsevier, New York

10. Heidari M, Chow V, Kokotovic P, Meredith D (1971) Discrete differential dynamic programming approach to water resources systems optimization. Water Resour Res 7:273–282

11. Chung S, Hanson F (1990) Optimization techniques for stochastic dynamic programming. In: IEEE Decis Contr P, S 2450–2455

12. Jalali A, Ferguson M (1992) On distributed dynamic programming. IEEE T Automat Contr 37:685–689

13. Athans M, Falb P (1966) Optimal control. McGraw Hill, New York

14. Berkovitz L (1961) Variational methods in problems of control and programming. J Math Anal Appl 3:145–169

15. Vinter R (1986) Is the costate variable the state derivation of the value function? In: IEEE Decis Contr P, Athens, Greece, S 1988–1989

16. Zhou X (1990) Maximum principle, dynamic programming, and their connection in deterministic control. J Optimiz Theory App 65:363–373

17. Lu P (1991) Optimal feedback control laws using nonlinear programming. J Optimiz Theory App 71:599–611

Numerische Verfahren für dynamische Optimierungsprobleme

Die in den Kap. 10, 11 und 13 abgeleiteten notwendigen Optimalitätsbedingungen erlauben die analytische Lösung bestimmter Klassen von dynamischen Optimierungsproblemen. So hat man beispielsweise in Kap. 12 für Probleme mit LQ-Struktur und beliebigen Dimensionen optimale Steuer- und Regelgesetze ableiten können. Ebenso ist uns in Kap. 11 sowie bei einer Reihe von Beispielen und Übungen eine analytische Lösung kleindimensionaler Probleme gelungen. Außer der analytischen Behandlung dynamischer Optimierungsprobleme wurde in Kap. 14 aus dem Optimalitätsprinzip das *numerische* Verfahren der diskreten dynamischen Programmierung entwickelt. Wie wir gesehen haben, eignet sich dieses Verfahren zwar prinzipiell zur numerischen Lösung dynamischer Problemstellungen unter vielfältigen Nebenbedingungen, durch den exponentiell wachsenden rechentechnischen Aufwand wird aber sein praktischer Einsatzbereich bei wachsenden Problemdimensionen stark eingeschränkt. Es ist das Ziel dieses Kapitels, weitere *numerische Verfahren für dynamische Optimierungsprobleme* vorzustellen, die uns erlauben, die Optimierungstheorie bei einer Reihe von praktisch bedeutungsvollen Aufgabenstellungen (auch höherer Dimensionen) erfolgreich einzusetzen.

Im Allgemeinen wird zwischen *indirekten* (Abschn. 15.3) und *direkten Verfahren* (Abschn. 15.4) unterschieden, wobei es auch Verfahren gibt, die sich nicht eindeutig einer Klasse zuordnen lassen [1]. Indirekte Verfahren finden Lösungen der notwendigen Bedingung 1. Ordnung, lösen also ein Randwertproblem. Direkte Verfahren berücksichtigen die notwendigen Bedingungen dagegen nicht; es wird das dynamische Minimierungsproblem diskretisiert und das entstehende statische Ersatzproblem gelöst. Man spricht daher bei indirekten Verfahren von einer *„first optimize, then discretize"*-Strategie, bei direkten Verfahren dagegen von einer *„first discretize, then optimize"*-Strategie. Indirekte Verfahren können Lösungen mit hoher Genauigkeit berechnen, allerdings ist die Initialisierung schwierig, der Einzugsbereich der Lösungen klein und die Berücksichtigung von Nebenbedingungen konzeptionell umständlich. Zudem kann es sehr aufwendig sein, die notwendigen Bedingungen überhaupt aufzustellen. Dagegen scheiterten direkte Verfahren lange Zeit daran, dass die statischen Ersatzprobleme, die der numerischen Lösung dienen,

© Springer-Verlag Berlin Heidelberg 2015

M. Papageorgiou, M. Leibold, M. Buss, *Optimierung*, DOI 10.1007/978-3-662-46936-1_15

für die zur Verfügung stehenden Rechensysteme zu groß wachsen. Der Fortschritt bei Speicherkapazität und Prozessorleistung machten direkte Verfahren in den letzten Jahren populär, so dass sie heute weiter verbreitet sind als indirekte Verfahren. Allerdings können direkte Verfahren manchmal nicht die gewünschte Lösungsgenauigkeit erreichen, weshalb oft ein zweistufiger Ansatz gewählt wird. Im ersten Schritt wird eine Lösung mit einem direkten Verfahren berechnet. Diese Lösung dient als Startlösung für ein indirektes Verfahren, das die Genauigkeit der Lösung verbessert [2].

Weiterführende Literatur über Verfahren zur numerischen optimalen Steuerung ist durch [1, 3–6] gegeben, wobei [1] und [5] einen Überblick und Vergleich der Verfahren liefern.

15.1 Zeitdiskrete Probleme

Bevor wir später Verfahren untersuchen, die das kontinuierliche dynamische Minimierungsproblem in ein zeitdiskretes Ersatzproblem umwandeln, werden wir vorerst Probleme betrachten, die bereits in zeitdiskreter Form vorliegen. Hier können wir bereits zwischen *simultanen* und *sequentiellen* Ansätzen unterscheiden. Diese Klassifizierung ist später auch bei den indirekten und direkten Ansätzen für zeitkontinuierliche Probleme möglich.

Man betrachte zunächst folgende zeitdiskrete Problemstellung:
Minimiere

$$J = \vartheta(\mathbf{x}(K)) + \sum_{k=0}^{K-1} \phi(\mathbf{x}(k), \mathbf{u}(k), k), \quad K \text{ fest} \tag{15.1}$$

unter Berücksichtigung von

$$\mathbf{x}(k+1) = \mathbf{f}(\mathbf{x}(k), \mathbf{u}(k), k), \quad \mathbf{x}(0) = \mathbf{x}_0. \tag{15.2}$$

Mit der Definition des Vektors der Unbekannten

$$\mathbf{c} = [\mathbf{u}(0)^T \dots \mathbf{u}(K-1)^T \, \mathbf{x}(1)^T \dots \mathbf{x}(K)^T]^T$$

kann eine direkte Umschreibung der zeitdiskreten dynamischen Problemstellung in Form einer statischen Optimierungsaufgabe vorgenommen werden, die mit den Methoden aus Abschn. 5.4 gelöst werden kann. Die Berücksichtigung von zusätzlichen GNB und UNB bereitet keine Schwierigkeiten. Es ist allerdings zu beachten, dass das statische Problem eine besondere Struktur hat, es ist *dünnbesetzt (sparse)*, daher müssen zweckmäßigerweise Löser eingesetzt werden, die diese Struktur berücksichtigen, s. Abschn. 4.2.4.2 und 15.4.3. Da die Zustandstrajektorie und die Steuerungstrajektorie gleichzeitig bestimmt werden, spricht man von einem *simultanen Ansatz*.

Beispiel 15.1 Wir betrachten die Problemstellung der Minimierung des zeitdiskreten Gütefunktionals

$$J = \frac{1}{2} \sum_{k=0}^{K-1} 200 x_1(k)^2 + 200 x_2(k)^2 + u(k)^2 \tag{15.3}$$

unter Berücksichtigung des folgenden zeitlich diskretisierten Prozessmodells

$$x_1(k+1) = x_1(k) + (1 - e^{-T}) x_2(k) + (e^{-T} + T - 1) u(k), \quad x_1(0) = 0$$
$$x_2(k+1) = e^{-T} x_2(k) + (1 - e^{-T}) u(k), \quad x_2(0) = -1$$

und der Zustands-UNB

$$x_2(k) \le 8 \left(kT - \frac{1}{2} \right)^2 - \frac{1}{2}. \tag{15.4}$$

Die Abtastzeit beträgt hierbei $T = 0.01$.

Mit der Definition eines Vektors $\mathbf{c} \in \mathbb{R}^{3K}$

$$\mathbf{c} = [u(0) \dots u(K-1) \; x_1(1) \dots x_1(K) \; x_2(1) \dots x_2(K)]^T$$

lässt sich diese Problemstellung in eine statische Optimierungsaufgabe mit $3K$ Variablen, $2K$ GNB und K UNB transformieren, die mit den numerischen Verfahren von Kap. 5 gelöst werden kann. □

Dagegen spricht man von einem *sequentiellen Ansatz*, wenn in einem ersten Schritt die Zustandstrajektorie aus einer gegebenen Steuertrajektorie durch Iteration der Differenzengleichung (15.2) bestimmt wird. Für eine gegebene Steuertrajektorie $\mathbf{u}(k)$, $k = 0, \dots, K-1$, erhält man somit die entsprechende Zustandstrajektorie $\mathbf{x}(k)$, $k = 1, \dots, K$. Setzt man dann die Steuertrajektorie $\mathbf{u}(k)$ und den zugehörigen Verlauf von $\mathbf{x}(k)$ in das Kostenfunktional (15.1) ein, so erhält man den zugehörigen Wert des Gütefunktionals, das also nur von der Steuertrajektorie abhängig ist. Folglich sind die Zustandsvariablen $\mathbf{x}(k)$ im Sinne von Abschn. 5.1.2 die abhängigen Variablen und die Steuergrößen $\mathbf{u}(k)$ die unabhängigen Variablen der Problemstellung. Mit $J(\mathbf{x}(\mathbf{u}(k), k), \mathbf{u}(k), k) = \overline{J}(\mathbf{u}(k))$ wollen wir uns nun der Berechnung des reduzierten Gradienten $\nabla_{\mathbf{u}(k)} \overline{J}$ zuwenden.

Die Lagrange-Funktion obiger Problemstellung lautet (vgl. auch (13.6))

$$L = \vartheta(\mathbf{x}(K)) + \sum_{k=0}^{K-1} \phi(\mathbf{x}(k), \mathbf{u}(k), k) + \lambda(k+1)^T (\mathbf{f}(\mathbf{x}(k), \mathbf{u}(k), k) - \mathbf{x}(k+1)) . \tag{15.5}$$

Aus $\nabla_{\mathbf{x}(k)} L = \mathbf{0}$ erhalten wir (vgl. (13.10), (13.17))

$$\lambda(k) = \nabla_{\mathbf{x}(k)} \phi + \mathbf{f}_{\mathbf{x}(k)}^T \lambda(k+1), \quad \lambda(K) = \vartheta_{\mathbf{x}(K)} . \tag{15.6}$$

Nun wissen wir aus Abschn. 5.1.2 (vgl. (5.42)–(5.45)), dass für den reduzierten Gradienten $\nabla_{\mathbf{u}(k)}\overline{J} = \nabla_{\mathbf{u}(k)}L$ gilt, wenn die in $\nabla_{\mathbf{u}(k)}L$ enthaltenen Variablen $\mathbf{x}(k)$, $\lambda(k)$ aus (15.2), (15.6) berechnet wurden. Mit der Hamilton-Funktion H aus (13.7)

$$H(\mathbf{x}(k), \mathbf{u}(k),\ \lambda(k+1), k) = \phi(\mathbf{x}(k),\ \mathbf{u}(k), k) + \lambda(k+1)^{T}\mathbf{f}(\mathbf{x}(k),\ \mathbf{u}(k), k)$$

gilt aber auch $\nabla_{\mathbf{u}(k)}L = \nabla_{\mathbf{u}(k)}H$, woraus schließlich die folgende Berechnungsweise resultiert.

Der reduzierte Gradient $\nabla_{\mathbf{u}(k)}\overline{J}$ des Gütefunktionals (15.1) unter der GNB (15.2) berechnet sich bei vorliegender Steuertrajektorie nach folgender Vorschrift:

- Berechnung von $\mathbf{x}(k)$, $k = 1, \ldots, K$, durch Vorwärtsintegration von (15.2).
- Berechnung von $\lambda(k)$, $k = 1, \ldots, K$, durch Rückwärtsintegration von (15.6).
- Berechnung des reduzierten Gradienten aus

$$\nabla_{\mathbf{u}(k)}\overline{J} = \nabla_{\mathbf{u}(k)}H = \nabla_{\mathbf{u}(k)}\phi + \mathbf{f}_{\mathbf{u}(k)}^{T}\lambda(k+1)\,. \tag{15.7}$$

Wird eine Steuertrajektorie $\mathbf{u}(k)$ um $\delta\mathbf{u}(k)$ verändert, so berechnet sich folglich die entsprechende Variation des Gütefunktionals in erster Näherung aus

$$\delta J = \delta\overline{J} = \sum_{k=0}^{K-1} \nabla_{\mathbf{u}(k)}H^{T}\delta\mathbf{u}(k)\,. \tag{15.8}$$

Gilt für den reduzierten Gradienten $\nabla_{\mathbf{u}(k)}\overline{J} = \mathbf{0}$ für alle $k \in [0, K-1]$, so sind offenbar alle aus Abschn. 13.1 bekannten notwendigen Optimalitätsbedingungen 1. Ordnung für die hier betrachtete Problemstellung erfüllt.

Da die Zustandsdifferenzengleichung (15.2) in Vorwärtsrichtung ausgewertet wird, und die Kozustandsdifferenzengleichung (15.6) in Rückwärtsrichtung ausgewertet wird, spricht man von einem *forward-backward-sweep*-Verfahren. Die Berücksichtigung von zusätzlichen GNB, UNB oder Randbedingungen erfordert eine Adaption der Gradientenberechnung, da nun nicht mehr nur eine Abstiegsrichtung bestimmt werden muss, die die Kostenfunktion verkleinert, sondern auch gleichzeitig die Erfüllung von GNB, UNB und Randbedingungen verbessert.

Beim beschriebenen sequentiellen Ansatz, können ebenfalls Methoden aus Abschn. 5.4, nunmehr aber zur Lösung des reduzierten Problems, eingesetzt werden. Im Vergleich zum simultanen Ansatz ist das Problem hier niedrigerer Dimension und nicht dünnbesetzt. Abschn. 15.3.2 liefert weitere algorithmische Einzelheiten zu diesem sequentiellen Ansatz.

Beispiel 15.2 Ein nichtlinearer dynamischer Prozess wird durch folgendes zeitdiskretes Modell beschrieben

$$x_1(k+1) = 0.936x_1(k) + 0.001x_2(k) + 0.01u(k)x_1(k)$$
$$x_2(k+1) = 0.064x_1(k) + 0.999x_2(k)\,.$$

Beim Anfahren des Prozesses muss der Zustand x_1 von seinem Anfangswert $x_1(0) = 0.5$ in 100 Zeitschritten auf $x_1(100) = 5$ gebracht werden. Für den zweiten Zustand gilt hierbei $x_2(0) = 32$, $x_2(100)$ frei. Um die Anfahrkosten zu minimieren, wird folgendes Gütefunktional zugrunde gelegt

$$J = \frac{1}{2} S (x_1(100) - 5)^2 + \frac{1}{2} \sum_{k=0}^{99} u(k)^2, \quad S \geq 0.$$

Hierbei bestraft der Endzeitterm Abweichungen vom erwünschten Endzustand.

Um den sequentiellen Algorithmus einzusetzen (s. auch Abschn. 15.3.2), sind einige theoretische Vorberechnungen erforderlich. Mit der Hamilton-Funktion

$$H = \frac{1}{2} u(k)^2 + \lambda_1(k+1)(0.936 x_1(k) + 0.001 x_2(k) + 0.01 u(k) x_1(k))$$
$$+ \lambda_2(k+1)(0.064 x_1(k) + 0.999 x_2(k))$$

erhält man für (15.6)

$$\lambda_1(k) = H_{x_1(k)} = \lambda_1(k+1)(0.936 + 0.01 u(k)) + 0.064 \lambda_2(k+1)$$
$$\lambda_2(k) = H_{x_2(k)} = 0.001 \lambda_1(k+1) + 0.999 \lambda_2(k+1)$$
$$\lambda_1(100) = S(x_1(100) - 5), \quad \lambda_2(100) = 0$$

und für den Gradienten (15.7)

$$H_{u(k)} = u(k) + 0.01 \lambda_1(k+1) x_1(k). \qquad \square$$

15.2 Anfangswertprobleme

In einigen der nachfolgenden Verfahren zur numerischen Lösung von Problemen der optimalen Steuerung (und auch bereits bei der Berechnung der Riccati-Matrix bei den LQ-Verfahren, s. Kap. 12) ist es notwendig ein *Anfangswertproblem* der Form

$$\dot{\mathbf{x}} = \mathbf{f}(\mathbf{x}) \tag{15.9}$$

mit Anfangswert $\mathbf{x}(t_0) = \mathbf{x}_0$ numerisch zu lösen (integrieren). Hier gilt $\mathbf{x}, \mathbf{f} \in \mathbb{R}^n$. Zur Vereinfachung wird die Differentialgleichung zeitinvariant angenommen, s. z. B. [7] für die allgemeine zeitvariante Form.

Statt (15.9) wird folgendes diskretisierte Ersatzproblem für $k = 0, 1, 2, \ldots$ gelöst

$$\mathbf{x}_{k+1} = \mathbf{F}(h_k, \mathbf{x}_{k+1}, \mathbf{x}_k, \mathbf{x}_{k-1}, \ldots, \mathbf{f}(\mathbf{x}_{k+1}), \mathbf{f}(\mathbf{x}_k), \mathbf{f}(\mathbf{x}_{k-1}), \ldots). \tag{15.10}$$

Es bezeichnet $\mathbf{x}_{k+1}$ eine Approximation an $\mathbf{x}(t_{k+1})$ mit $t_{k+1} = t_k + h_k$, $k = 0, 1, 2, \ldots$, und h_k wird als Schrittweite bezeichnet. Man unterscheidet *explizite* und *implizite Verfahren*. Bei expliziten Verfahren hängt die Funktion $\mathbf{F}$ nicht von Werten zum Zeitpunkt $k + 1$ ab und (15.10) kann direkt gelöst werden. Bei impliziten Verfahren dagegen beinhaltet $\mathbf{F}$ Werte zur Zeit $k + 1$, daher muss eine iterative Prozedur zur Lösung von (15.10) nach $\mathbf{x}_{k+1}$ angewendet werden. Weiterhin unterscheidet man *Einschritt-* und *Mehrschrittverfahren*, wobei bei Einschrittverfahren nur Werte zur vorangegangenen Zeit k zur Berechnung von $\mathbf{x}_{k+1}$ verwendet werden.

Das einfachste (Einschritt-)Verfahren ist das *explizite Euler-Verfahren*, bei dem (15.10) folgende Form annimmt

$$\mathbf{x}_{k+1} = \mathbf{x}_k + h_k \mathbf{f}(\mathbf{x}_k) \, .$$

Das Verfahren kann mit ausreichend kleinen konstanten Schrittweiten $h_k = h$ verwendet werden. Eine verbesserte Genauigkeit erhält man mit einer *Schrittweitensteuerung* zur Anpassung der Schrittweite h_k.

Motiviert wird das Verfahren durch das Umschreiben von (15.9) in

$$\mathbf{x}_{k+1} = \mathbf{x}_k + \int_{t_k}^{t_{k+1}} \mathbf{f}(\mathbf{x}) \, dt \, . \tag{15.11}$$

Approximiert man das Integral in (15.11) durch $h_k \mathbf{f}(\mathbf{x}_k)$, erhält man das explizite Euler-Verfahren.

Das explizite Euler-Verfahren hat die Ordnung 1, d. h. der *lokale Diskretisierungsfehler*, der als Differenz zwischen exaktem relativen Zuwachs und approximiertem relativen Zuwachs definiert ist, ist in der Größenordnung h^1.

Einschrittverfahren höherer Ordnung sind die Runge-Kutta-Verfahren, z. B. das klassische *Runge-Kutta-Verfahren* mit Konvergenzordnung 4

$$\mathbf{x}_{k+1} = \mathbf{x}_k + \frac{h_k}{6}(\mathbf{K}_1 + 2\mathbf{K}_2 + 2\mathbf{K}_3 + \mathbf{K}_4) \tag{15.12}$$

mit

$$\mathbf{K}_1 = \mathbf{f}(\mathbf{x}_k)$$

$$\mathbf{K}_2 = \mathbf{f}\left(\mathbf{x}_k + \frac{h_k}{2}\mathbf{K}_1\right)$$

$$\mathbf{K}_3 = \mathbf{f}\left(\mathbf{x}_k + \frac{h_k}{2}\mathbf{K}_2\right)$$

$$\mathbf{K}_4 = \mathbf{f}\left(\mathbf{x}_k + h_k\mathbf{K}_3\right) \, .$$

Auch die Runge-Kutta-Verfahren werden im Allgemeinen mit einer Schrittweitensteuerung kombiniert.

Führt die Schrittweitensteuerung trotz hoher Ordnung zu sehr kleinen Schrittweiten, dann kann es daran liegen, dass das Anfangswertproblem *steif* ist. Anschaulich gesehen, gibt es bei steifen Problemen langsame und schnelle Dynamikanteile zur gleichen Zeit. Oft kann in solchen Fällen ein implizites Verfahren die Konvergenzgeschwindigkeit verbessern.

Zahlreiche Lehrbücher behandeln die numerische Lösung gewöhnlicher Differentialgleichungen und seien an dieser Stelle für weitere Studien empfohlen [7–10].

15.3 Indirekte Verfahren

Mittels *indirekter Verfahren* wird das Randwertproblem, das durch die notwendigen Bedingungen 1. Ordnung gegeben ist, auf numerische Weise gelöst. Obwohl mittlerweile direkte Verfahren aufgrund gestiegener Rechnerleistung populärer sind, haben auch indirekte Verfahren noch ihren festen Platz in der numerischen Optimalsteuerung. Indirekte Verfahren erlauben es nämlich, Lösungen mit großer Genauigkeit zu bestimmen. Da allerdings oft die Initialisierung schwierig und der Konvergenzbereich eher klein ist, bietet es sich an, eine erste Lösung mit einem direkten Verfahren zu berechnen, die dann mit einem der indirekten Verfahren verfeinert wird. Zudem ist die Berücksichtigung von Nebenbedingungen, wie Gleichungsnebenbedingungen oder Ungleichungsnebenbedingungen, bei direkten Verfahren erheblich einfacher. Um indirekte Verfahren zu initialisieren, muss bereits bekannt sein, in welcher Reihenfolge welche der Ungleichungsnebenbedingungen aktiv werden. Ist das nicht der Fall, kann eine Startlösung durch ein direktes Verfahren bestimmt werden. Alternativ können *Homotopie-Verfahren*, die iterativ die Zeitintervalle von aktiven Ungleichungsnebenbedingungen bestimmen, verwendet werden.

Wegen dieser Schwierigkeit wird für die indirekten Verfahren dieses Abschnitts zunächst ein Optimalsteuerungsproblem ohne UNB wie folgt betrachtet:

Minimiere

$$J = \vartheta(\mathbf{x}(t_e)) + \int\limits_0^{t_e} \phi(\mathbf{x}, \mathbf{u}, t)\, dt, \quad t_e \text{ fest} \tag{15.13}$$

unter Berücksichtigung von

$$\dot{\mathbf{x}} = \mathbf{f}(\mathbf{x}, \mathbf{u}, t), \quad \mathbf{x}(0) = \mathbf{x}_0, \quad \mathbf{x}(t_e) \text{ frei}. \tag{15.14}$$

Es gelten die notwendigen Bedingungen (10.14)–(10.20) aus Kap. 10, die sich mit $H = \phi + \boldsymbol{\lambda}^T \mathbf{f}$ für die vorliegende Problemstellung wie folgt vereinfachen:

$$\dot{\mathbf{x}} = \nabla_\lambda H = \mathbf{f} \tag{15.15}$$

$$\dot{\boldsymbol{\lambda}} = -\nabla_\mathbf{x} H = -\nabla_\mathbf{x}\phi - \mathbf{f}_\mathbf{x}^T \boldsymbol{\lambda} \tag{15.16}$$

$$\mathbf{0} = \nabla_\mathbf{u} H = \nabla_\mathbf{u}\phi + \mathbf{f}_\mathbf{u}^T \boldsymbol{\lambda}. \tag{15.17}$$

mit den Randbedingungen

$$\lambda(t_e) = \nabla_x \vartheta(\mathbf{x}(t_e)) \tag{15.18}$$

$$\mathbf{x}(0) = \mathbf{x}_0. \tag{15.19}$$

Diese notwendigen Bedingungen 1. Ordnung bestehen bekanntlich aus Differentialgleichungen für Zustand und Kozustand (15.15), (15.16), einer algebraischen Koppelgleichung (15.17), einer Randbedingung (15.18) für den Kozustand, und einer Anfangsbedingung für den Zustand (15.19).

Ist die Koppelgleichung (15.17) nach der Steuerung $\mathbf{u}$ explizit auflösbar, dann erhält man durch Einsetzen von $\mathbf{u}$ in die Differentialgleichungen (15.15), (15.16) ein klassisches Randwertproblem für den Zustand $\mathbf{x}$ und den Kozustand λ, das im Folgenden durch

$$\dot{\mathbf{z}} = \zeta(\mathbf{z}, t) \tag{15.20}$$

mit $\mathbf{z} = [\mathbf{x}^T \, \lambda^T]^T$ notiert wird. Die Berücksichtigung von UNB, die nur von der Steuerung abhängen, d. h. $\mathbf{h}(\mathbf{u}) \leq \mathbf{0}$, als Spezialfall von (11.4), erfordert das Ersetzen von (15.17) durch das Minimumprinzip

$$\mathbf{u} = \underset{\mathbf{h}(\mathbf{u}) \leq \mathbf{0}}{\arg\min} \, H(\mathbf{x}, \lambda, \mathbf{u}, t).$$

Ist dieses beschränkte statische Optimierungsproblem punktweise für $\mathbf{u}$ lösbar, so resultiert ebenfalls ein Randwertproblem der Form (15.20).

Dieses Randwertproblem kann durch das *indirekte Schießverfahren* (s. Abschn. 15.3.1) gelöst werden, indem die unbekannten Anfangsbedingungen $\lambda(0)$ geraten werden, die Differentialgleichung anschließend numerisch vorwärts integriert wird (vgl. Abschn. 15.2) und dann mit Hilfe des Fehlers in der Randbedingung für $\lambda(t_e)$ eine Verbesserung für den geratenen Wert $\lambda(0)$ bestimmt wird. Dadurch erfüllen alle Iterationen die Koppelgleichung (15.17) und die Differentialgleichungen (15.15) und (15.16), lediglich die Erfüllung der Randbedingungen (15.18) wird sukzessive im Laufe des Iterationsprozesses verbessert.

Dagegen werden bei den *Gradienten-Verfahren* (s. Abschn. 15.3.2) die Trajektorien der Steuerung $\mathbf{u}$ durch eine anfängliche Schätzung festgelegt. Eine Approximation von Zustand $\mathbf{x}$ und Kozustand λ erhält man durch Integration der Differentialgleichungen (15.15) und (15.16), vergleichbar mit dem sequentiellen Ansatz für zeitdiskrete Probleme aus Abschn. 15.1. Im Laufe des Iterationsprozesses wird die Steuertrajektorie so verbessert, dass auch die Koppelgleichung (15.17) erfüllt wird.

Beim Verfahren der *Quasilinearisierung* (s. Abschn. 15.3.3) schließlich werden die Trajektorien für den Zustand $\mathbf{x}$ und den Kozustand λ festgelegt. Diese erfüllen natürlich die Differentialgleichungen (15.20) nicht. Im Iterationsprozess werden aber die anfänglichen Schätzungen für $\mathbf{x}$ und λ durch Linearisierung der Differentialgleichungen (15.20) und wiederholter Minimumsuche für das linearisierte System verbessert. Dabei werden die Koppelgleichung (15.17) und auch die Randbedingungen in jedem Iterationsschritt erfüllt.

Ähnlich wie bei den direkten Verfahren, die ein dynamisches, kontinuierliches Minimierungsproblem durch Diskretisierung lösen, kann natürlich auch das Randwertproblem der notwendigen Bedingungen durch Diskretisierung gelöst werden. Das Vorgehen ist dabei analog zur Darstellung in den Abschn. 15.4.3 und 15.4.4 der direkten Verfahren. Für eine allgemeine Übersicht über indirekte Verfahren zur Lösung von zeitkontinuierlichen Optimalsteuerungsproblemen, s. [1, 5, 11, 12].

15.3.1 Indirekte Schießverfahren

Das *indirekte Schießverfahren* ist wohl das intuitivste der indirekten Verfahren [13]. Betrachtet wird zunächst das zeitkontinuierliche, dynamische Optimierungsproblem (15.13) und (15.14). Erweiterungen dieser Problemstellung werden später betrachtet.

Es sei hier vorausgesetzt, dass die Koppelgleichung $\nabla_{\mathbf{u}} H = \mathbf{0}$ aus (15.17) nach $\mathbf{u}$ explizit auflösbar ist, so dass die Lösungen des Randwertproblems aus (15.20)

$$\dot{\mathbf{z}} = \boldsymbol{\zeta}(\mathbf{z}, t) \tag{15.21}$$

mit $\mathbf{z} = [\mathbf{x}^T \, \boldsymbol{\lambda}^T]^T$ und den beiden Randbedingungen

$$\boldsymbol{\lambda}(t_e) = \nabla_{\mathbf{x}} \vartheta(\mathbf{x}(t_e)) \tag{15.22}$$

$$\mathbf{x}(0) = \mathbf{x}_0 \tag{15.23}$$

Kandidaten für Minima sind.

Würden die Randbedingungen (15.22) und (15.23) ausschließlich am Anfang für $t = 0$ bzw. am Ende für $t = t_e$ vorliegen, könnte das Differentialgleichungssystem durch einfache Vorwärts- bzw. Rückwärtsintegration gelöst werden. Da bei Problemen der optimalen Steuerung in der Regel gemischte Randbedingungen vorliegen, kann das Problem nur iterativ gelöst werden. Dazu wird z. B. $\boldsymbol{\lambda}(0) = \boldsymbol{\lambda}_0^{(0)}$ durch eine Schätzung initialisiert. Die Differentialgleichung (15.21) kann dann mit dem Anfangswert $\mathbf{z}(0) = [\mathbf{x}_0^T \, (\boldsymbol{\lambda}_0^{(0)})^T]^T$ numerisch vorwärts integriert werden, s. Abschn. 15.2. Abschließend wird der Fehler in der Randbedingung für $\boldsymbol{\lambda}(t_e)$ aus der Differenz des numerisch erhaltenen Ergebnisses und des aus der notwendigen Bedingung (15.22) vorgegeben Wertes gebildet. Somit erhält man in der l-ten Iteration einen n-dimensionalen Fehlervektor $\mathbf{e}^{(l)}$

$$\mathbf{e}^{(l)} = \boldsymbol{\lambda}(t_e) - \boldsymbol{\lambda}^{(l)}(t_e) \, . \tag{15.24}$$

Ziel ist es nun, diesen Fehler $\mathbf{e}^{(l)}$ durch eine Verbesserung der Anfangsbedingung für $\boldsymbol{\lambda}(t)$ möglichst zu verkleinern, so z. B. durch

$$\boldsymbol{\lambda}_0^{(l+1)} = \boldsymbol{\lambda}_0^{(l)} + \alpha^{(l)} \delta \boldsymbol{\lambda}_0^{(l)} \, . \tag{15.25}$$

Hierbei definieren $\delta\lambda_0^{(l)}$ eine Suchrichtung und $\alpha^{(l)}$ eine passende Schrittweite. Um das Newton-Verfahren zur Nullstellensuche des obigen Fehlers einsetzen zu können (vgl. Abschn. 4.2.4), wird die 1. Ableitung des Fehlers nach dem Anfangswert

$$\mathbf{e}_{\lambda_0} = \frac{d\mathbf{e}}{d\lambda_0} \tag{15.26}$$

benötigt. Diese Ableitung zeigt an, wie der Fehler $\mathbf{e}$ auf kleine Änderungen im Anfangswert λ_0 reagiert. Die entstehende Jacobi-Matrix wird *Transitionsmatrix* genannt und berechnet die *Empfindlichkeit (Sensitivität)* der Lösung der Differentialgleichung auf ihre Anfangswerte. Mit dem Newton-Verfahren wählt man

$$\delta\lambda_0^{(l)} = -(\mathbf{e}_{\lambda_0}(\lambda_0^{(l)}))^{-1}\mathbf{e}^{(l)} \ . \tag{15.27}$$

Zur Bestimmung der Transitionsmatrix werden im Folgenden zwei Möglichkeiten beschrieben. Die erste Möglichkeit ist die Bildung des Differenzenquotienten

$$\frac{\lambda(t_e)^h - \lambda(t_e)}{h} \ , \tag{15.28}$$

wobei $\lambda(t_e)^h$ den Wert von $\lambda(t_e)$ bei Integration mit dem Startwert $\lambda_0 + h\mathbf{e}_i$ bezeichnet, $\mathbf{e}_i$ ist der Einheitsvektor und h eine kleine Konstante. Dieser Differenzenquotient muss für die Bildung eine Transitionsmatrix demnach n mal berechnet werden. Die Berechnung der Transitionsmatrix ist zwar konzeptionell einfach, führt aber nicht unbedingt zu guten Ergebnissen. Eine passende Wahl von h ist für die Aussagekraft der Transitionsmatrix unabdingbar, denn die Integration über lange Zeitintervalle $0 < t < t_e$ in instabiler Richtung der Kozustandsdifferentialgleichung kann dazu führen, dass die erhaltenen Ableitungswerte keine sinnvolle Aussage mehr beinhalten.

Eine zweite Möglichkeit ist die Berechnung der Transitionsmatrix durch *Einheitslösungen (unit solutions)*, wie auch in Abschn. 15.3.3 vorgestellt. Simultan mit der numerischen Lösung der Differentialgleichung (15.21) wird auch die numerische Lösung der linearen *Perturbationsgleichung* oder *Differentialgleichung der 1. Variation* bestimmt. Dies ist eine Matrix-Differentialgleichung für die Empfindlichkeitsmatrix $\mathbf{S}$ der Form

$$\dot{\mathbf{S}}(t) = \frac{\partial\boldsymbol{\zeta}}{\partial\mathbf{z}}\mathbf{S}(t) \ . \tag{15.29}$$

Wird die Differentialgleichung mit dem Anfangswert $\mathbf{S}(0) = \mathbf{I}$ für $[0, t_e]$ integriert, erhält man aus $\mathbf{S}(t_e)$ die gesuchte Transitionsmatrix. Auch wenn dabei das Problem der geeigneten Wahl der Konstante h wegfällt, können auch hier schlecht konditionierte Transitionsmatrizen entstehen, weil ein verkoppeltes System für Zustand $\mathbf{x}$ und Kozustand λ gelöst werden muss. Der Zustand wird oft für große Zeiten kleiner, während der Kozustand, der ja als Lagrange-Multiplikator bekannterweise eine Empfindlichkeit angibt, wächst. Diese Unterschiedlichkeit von Zustand und Kozustand führt zu schlechter Kondition der Transitionsmatrix.

Zusammenfassend kann der folgende Algorithmus angegeben werden.

(a) Setze $l = 0$ und initialisiere $\boldsymbol{\lambda}_0^{(0)}$.

(b) Integriere die Differentialgleichung (15.20) mit $\mathbf{z}^{(l)}(0) = (\mathbf{x}_0^T, (\boldsymbol{\lambda}_0^{(l)})^T)^T$ für $[0, t_e]$.

(c) Bilde den Fehler $\mathbf{e}^{(l)}$ durch (15.24); berechne die Transitionsmatrix $\mathbf{e}_{\boldsymbol{\lambda}_0}(\boldsymbol{\lambda}_0^{(l)})$.

(d) Aktualisiere den Startwert für $\boldsymbol{\lambda}$ durch $\boldsymbol{\lambda}_0^{(l+1)} = \boldsymbol{\lambda}_0^{(l)} + \alpha^{(l)} \delta \boldsymbol{\lambda}_0^{(l)}$ mit

$$\delta \boldsymbol{\lambda}_0^{(l)} = (\mathbf{e}_{\lambda_0})^{-1}(\boldsymbol{\lambda}_0^{(l)}) \mathbf{e}^{(l)} .$$

(e) Wiederhole von (b) mit $l := l + 1$ bis $\|\mathbf{e}^{(l)}\| < \epsilon$.

In [11] wird das Schießverfahren als Verfahren der *neighboring extremals* mit einigen möglichen Erweiterungen beschrieben, die seine Anwendung auch auf eine allgemeinere Klasse von Optimalsteuerungsproblemen ermöglichen. Intuitiv ist die Erweiterung auf allgemeinere Randbedingungen, die sich in der Bildung des Fehlervektors $\mathbf{e}$ zeigen. Auch eine freie Endzeit t_e lässt sich einfach berücksichtigen; die Endzeit muss dann in der Anfangsphase des Algorithmus ebenfalls initialisiert werden und wird im Laufe der Iterationen verbessert. Die Fehlerfunktion wird um die Transversalitätsbedingung für die Endzeit ergänzt, vgl. Beispiel 15.3.

Allerdings ist das Schießverfahren in der angegebenen Form nur für sehr kleine Probleme oder zur Verbesserung bereits existierender Lösungen zu verwenden. Eines der praktischen Probleme ist die große Empfindlichkeit der Differentialgleichung des Randwertproblems von den Anfangswerten, so dass es sich in manchen Fällen als unmöglich erweist, die Integration im Intervall $[0, t_e]$ bis zur rechten Intervallgrenze auszuführen. Als Abhilfe kann der vorgestellte Algorithmus des (Einfach-)Schießens zu einem Mehrfachschießen-Algorithmus erweitert werden, s. auch Abschn. 15.4.4. Es bleibt allerdings das Problem bestehen, dass der Kozustand $\boldsymbol{\lambda}$ initialisiert werden muss. Mangels einer physikalisch-technischen Interpretation für $\boldsymbol{\lambda}$ ist aber das Bestimmen von passenden Schätzwerten schwierig. Zudem ist der Einzugsbereich üblicherweise nur sehr klein.

Beispiel 15.3 Wir betrachten erneut Beispiel 11.7. Für ein Fahrzeug, das durch ein einfaches doppelintegrierendes System modelliert wird

$$\dot{x}_1 = x_2, \quad \dot{x}_2 = u \tag{15.30}$$

soll die Zeit minimiert werden, die das Fahrzeug braucht, um von $\mathbf{x}(0)$ in den Nullpunkt $\mathbf{x}(t_e) = \mathbf{0}$ zu gelangen. Das Kostenfunktional lautet dementsprechend

$$J = \int_0^{t_e} 1 \, dt = t_e . \tag{15.31}$$

Die Endzeit t_e ist dabei frei und für die zulässige Steuerung gelte $|u(t)| \leq 1$.

Aus Beispiel 11.7 ist die Steuerung $u(t)$ in Abhängigkeit von $\lambda(t)$ als Resultat des Minimumprinzips bekannt

$$u(t) = -\text{sign}\,\lambda_2(t)\,,\tag{15.32}$$

so dass ein Randwertproblem (15.20) wie folgt resultiert

$$\dot{x}_1 = x_2 \tag{15.33}$$

$$\dot{x}_2 = -\text{sign}\,\lambda_2(t) \tag{15.34}$$

$$\dot{\lambda}_1 = 0 \tag{15.35}$$

$$\dot{\lambda}_2 = -\lambda_1\,,\tag{15.36}$$

wobei die Kozustandsdifferentialgleichungen aus (11.143) und (11.144) übernommen wurden. Die Randbedingungen lauten hier $\mathbf{x}(0) = \mathbf{x}_0$ und $\mathbf{x}(t_e) = \mathbf{0}$.

Um das Minimierungsproblem numerisch durch das Schießverfahren zu lösen, wird eine Initialisierung des unbekannten Anfangswertes $\lambda(0) = \lambda_0^{(0)}$ und der unbekannten Endzeit $t_e = t_e^{(0)}$ vorgenommen. Die verkoppelte Differentialgleichung kann dann vorwärts für $0 < t < t_e^{(0)}$ integriert werden. Der Fehlervektor $\mathbf{e}$ ist $(n+1)$-dimensional und lautet

$$\mathbf{e}^{(0)} = \begin{bmatrix} \mathbf{x}(t_e) - \mathbf{x}^{(0)}(t_e) \\ H(\mathbf{x}^{(0)}(t_e),\ \lambda^{(0)}(t_e),\ -\text{sign}\,\lambda_2^{(0)}(t_e)) \end{bmatrix}$$

mit H aus (11.142). Die Bedingung für H folgt aus der Transversalitätsbedingung für die freie Endzeit, vgl. (11.39).   □

15.3.2   Indirekte Gradienten-Verfahren

Das in diesem Abschnitt betrachtete Verfahren ist ein gradienten-basiertes Verfahren für zeitkontinuierliche oder zeitdiskrete dynamische Optimierungsprobleme. Wir werden zunächst wieder das relativ einfache Problem (15.13), (15.14) bzw. (15.1), (15.2) betrachten und später die Berücksichtigung einiger Erweiterungen diskutieren.

Bei der betrachteten Problemstellung kann auch bei zeitkontinuierlichen Problemen bei einer vorliegenden Steuertrajektorie $\mathbf{u}(t)$, $0 \le t \le t_e$, die zugehörige Zustandstrajektorie $\mathbf{x}(t)$ durch Integration der Zustandsdifferentialgleichung (15.15) gewonnen und in das Kostenfunktional (15.13) eingesetzt werden. Man spricht daher, wie bei den Verfahren für zeitdiskrete Optimierungsprobleme in Abschn. 15.4.1, von einem *sequentiellen Verfahren*. Der Wert des Gütefunktionals hängt somit ausschließlich von der Steuertrajektorie ab, d. h. $J(\mathbf{x}(\mathbf{u}(t),t),\mathbf{u}(t),t) = \overline{J}(\mathbf{u}(t))$. Nun kann gezeigt werden [14], dass dieser *reduzierte Gradient* $\nabla_{\mathbf{u}(t)}\overline{J}$ des Gütefunktionals (15.62) unter der GNB (15.15) bei vorliegender Steuertrajektorie auch im zeitkontinuierlichen Fall durch folgenden *forward-backward-sweep*-Ansatz berechnet werden kann:

- Berechnung von $\mathbf{x}(t)$, $t \in [0, t_e]$, durch Vorwärtsintegration von (15.15).
- Berechnung von $\boldsymbol{\lambda}(t)$, $t \in [0, t_e]$, durch Rückwärtsintegration von (15.16) mit Randbedingung (15.18).
- Berechnung des reduzierten Gradienten aus

$$\nabla_{\mathbf{u}}\overline{J}(t) = \int\limits_0^{t_e} \nabla_{\mathbf{u}(t)} H \, dt = \int\limits_0^{t_e} \nabla_{\mathbf{u}(t)}\phi + \mathbf{f}_{\mathbf{u}(t)}^T \boldsymbol{\lambda} \, dt. \qquad (15.37)$$

Wird eine Steuertrajektorie $\mathbf{u}(t)$ um $\delta\mathbf{u}(t)$ verändert, so berechnet sich folglich die entsprechende Variation des Gütefunktionals in erster Näherung zu

$$\delta J = \delta \overline{J} = \int\limits_0^{t_e} \nabla_{\mathbf{u}} H(t)^T \delta\mathbf{u}(t) \, dt \, . \qquad (15.38)$$

Gilt für den reduzierten Gradienten $\nabla_{\mathbf{u}(t)}\overline{J} = \int \nabla_{\mathbf{u}(t)} H \, dt = \mathbf{0}$ für alle $t \in [0, t_e]$, so sind offenbar alle notwendigen Optimalitätsbedingungen 1. Ordnung für die hier betrachtete Problemstellung erfüllt.

In Anlehnung an den Algorithmus von Abschn. 4.2 sind für die Problemstellung (15.13), (15.14) folgende Schritte durchzuführen:

(a) Wähle eine *Starttrajektorie* $\mathbf{u}^{(0)}(t)$, $0 \le t \le t_e$; berechne aus (15.15) $\mathbf{x}^{(0)}(t)$ und aus (15.16) $\boldsymbol{\lambda}^{(0)}(t)$; berechne aus (15.37) den Gradienten $\int \nabla_{\mathbf{u}(t)} H^{(0)} \, dt$; setze den Iterationsindex $l = 0$.

(b) Bestimme eine *Suchrichtung* $\mathbf{s}^{(l)}(t)$ *(Abstiegsrichtung)*, $t \in [0, t_e]$.

(c) Bestimme eine skalare Schrittweite $\alpha^{(l)} > 0$ mit

$$\overline{J}(\mathbf{u}^{(l)}(t) + \alpha^{(l)}\mathbf{s}^{(l)}(t)) < \overline{J}(\mathbf{u}^{(l)}(t)) \, ; \qquad (15.39)$$

setze anschließend

$$\mathbf{u}^{(l+1)}(t) = \mathbf{u}^{(l)}(t) + \alpha^{(l)}\mathbf{s}^{(l)}(t), \; t \in [0, t_e] \qquad (15.40)$$

und berechne hiermit $\mathbf{x}^{(l+1)}(t)$ aus (15.15), $\boldsymbol{\lambda}^{(l+1)}(t)$ aus (15.16) und $\int \nabla_{\mathbf{u}(t)} H^{(l+1)} \, dt$ aus (15.37).

(d) Wenn Abbruchkriterium $\| \int \nabla_{\mathbf{u}(t)} H^{(l+1)} \, dt \| < \varepsilon$ erfüllt, *stop*.

(e) Starte neue Iteration $l := l + 1$; gehe nach (b).

Die gleichen Schritte sind sinngemäß auch auf die zeitdiskrete Problemstellung (15.1), (15.2) anwendbar.

Obige Algorithmusstruktur bewirkt eine Verkleinerung des Gütefunktionals zu jeder Iteration unter Beachtung der Prozessnebenbedingungen. Um diese Verkleinerung zu garantieren, muss aber die in Schritt (b) bestimmte Suchrichtung $\mathbf{s}^{(l)}(t)$ eine Abstiegsrichtung sein, entlang der das Gütefunktional in erster Näherung wertemäßig abnimmt. In

Anbetracht von (15.38) bedeutet dies, dass

$$\delta J^{(l)} = \int\limits_0^{t_e} (\nabla_{\mathbf{u}(t)} H^{(l)})^T \delta \mathbf{u}^{(l)}(t)\, dt < 0 \tag{15.41}$$

gelten muss. Nun wollen wir im Rahmen dieses Abschnittes in Analogie zu Abschn. 4.2 folgende Bezeichnung des Gradienten vereinbaren (vgl. (15.37))

$$\mathbf{g}^{(l)}(t) = \mathbf{g}(\mathbf{u}^{(l)}(t)) = \nabla_{\mathbf{u}(t)} \overline{J}(\mathbf{u}^{(l)}) . \tag{15.42}$$

Ferner gilt nach Schritt (c) des Algorithmus $\delta \mathbf{u}^{(l)}(t) = \alpha \mathbf{s}^{(l)}(t), \alpha > 0$. Schließlich wollen wir folgende Definition eines *Skalarproduktes im Hilbertraum* für zwei Zeitfunktionen $\chi(t), \boldsymbol{\psi}(t)$ einführen

$$(\boldsymbol{\chi}, \boldsymbol{\psi}) = \int\limits_0^{t_e} \chi(t)^T \boldsymbol{\psi}(t)\, dt . \tag{15.43}$$

Mit diesen Feststellungen und Vereinbarungen gelangen wir aus (15.41) zu folgender Bedingung für eine Abstiegsrichtung $\mathbf{s}^{(l)}(t)$

$$(\mathbf{s}^{(l)}, \mathbf{g}^{(l)}) < 0 , \tag{15.44}$$

deren Analogie zu (4.11) offenbar ist. Für zeitdiskrete Probleme gelangen wir mit (15.8) und mit der Definition

$$(\boldsymbol{\chi}, \boldsymbol{\psi}) = \sum_{k=0}^{K-1} \chi(k)^T \boldsymbol{\psi}(k) \tag{15.45}$$

eines Skalarprodukts zu der gleichen Bedingung (15.44) für eine Abstiegsrichtung. Somit brauchen wir in den nachfolgenden Ausführungen dieses Abschn. 15.3.2 kaum mehr zwischen zeitdiskreter und zeitkontinuierlicher Problemstellung zu unterscheiden. Ferner ist die Analogie zum statischen Fall von Abschn. 4.2 so direkt, dass wir viele der dortigen Aussagen (z. B. Nachweis der Abstiegsrichtung sowie Effektivität der verschiedenen Suchrichtungsverfahren) nicht mehr wiederholen werden.

Wir wollen uns jetzt den Suchrichtungsverfahren zuwenden, die eine Abstiegsrichtung produzieren. Bei dem Verfahren des *steilsten Abstiegs* wird nach (4.22)

$$\mathbf{s}^{(l)}(t) = -\mathbf{g}^{(l)}(t), \quad t \in [0, t_e] \tag{15.46}$$

gewählt.

Um das Analogon des *Newton-Verfahrens* (Abschn. 4.2.4) bei der hiesigen Problemstellung einzusetzen, benötigen wir eine Berechnungsvorschrift für die Hessesche Matrix im Hilbertraum, die aus der zweiten Variation des Gütefunktionals entlang der Prozessnebenbedingungen gewonnen werden kann. In Anbetracht des damit verbundenen beträchtlichen rechentechnischen Aufwandes wollen wir aber hier von der Beschreibung des entsprechenden Suchrichtungsverfahrens absehen, s. [11, 14–16].

Der Einsatz des *Quasi-Newton-Verfahrens* auf die hiesige Problemstellung ist wohl mit vertretbarem Aufwand möglich, setzt aber voraus, dass die aus Abschn. 4.2.4.2 bekannten DFP und BFGS Formeln durch andere äquivalente Formeln ersetzt werden, die mit Skalarprodukten auskommen und somit die hohe Dimensionalität der Hesseschen Matrix umgehen, s. [17–19] für Einzelheiten.

Die Formeln (4.43)–(4.46) zur Bestimmung einer Suchrichtung $s^{(l)}$ nach dem Verfahren der *konjugierten Gradienten* (Abschn. 4.2.5) beinhalten nur Skalarprodukte. Ihre Übertragung auf dynamische Optimierungsprobleme kann somit unter Nutzung von (15.43) bzw. (15.45) unmittelbar erfolgen [20]. Bezüglich der theoretischen und praktischen Eigenschaften der vorgestellten Verfahren zur Bestimmung einer Suchrichtung sowie im Hinblick auf deren Vergleich sei auf Abschn. 4.2.1.1 verwiesen, s. auch [15, 17, 21].

Wie in Abschn. 4.2.2 besteht die Aufgabe der *Liniensuche* darin, bei jeder Iteration eine Lösung von (15.39) zu finden, die hinreichenden Abstieg entlang der festgelegten Suchrichtung garantiert. Für die exakte Liniensuche, vgl. Abschn. 4.2.2.1, entspricht dies der Lösung eines eindimensionalen statischen Optimierungsproblems, wie es in Kap. 3 behandelt wurde. Alternativ kann das Armijo-Verfahren, vgl. Abschn. 4.2.2.2, verwendet werden.

Wir verwenden (vgl. (4.13))

$$F(\alpha) = \overline{J}(\mathbf{u}^{(l)}(t) + \alpha \mathbf{s}^{(l)}(t)) \qquad (15.47)$$

und führen die Abkürzung $\mathbf{U}(t;\alpha) = \mathbf{u}^{(l)}(t) + \alpha \mathbf{s}^{(l)}(t)$ ein. Die Ableitung von $F(\alpha)$ liefert mit (15.38)

$$F'(\alpha) = \int\limits_0^{t_e} \nabla_{\mathbf{u}} H(\mathbf{U}(t;\alpha))^T \mathbf{s}^{(l)}(t)\, dt = (\mathbf{g}(\mathbf{U}(t;\alpha)), \mathbf{s}^{(l)})\,. \qquad (15.48)$$

Die Liniensuche erfolgt üblicherweise numerisch. Hierzu ist es bekanntlich erforderlich, für diverse α-Werte den Funktionswert $F(\alpha)$ und den Ableitungswert $F'(\alpha)$ angeben zu können. Beides ist durch (15.47), (15.48) gewährleistet. Es sollte aber daran erinnert werden, dass gemäß Abschn. 15.1 für gegebenen Verlauf $\mathbf{U}(t;\alpha)$ der Steuergrößen jeder Funktionsberechnung $\overline{J}(\mathbf{u})$ aus (15.37) die Berechnung des zugehörigen Zustandsverlaufs $\mathbf{X}(t;\alpha)$ aus (15.15) und jeder Gradientenberechnung $\nabla_{\mathbf{u}(t)}\overline{J}$ aus (15.37) zusätzlich die Berechnung des zugehörigen Kozustandsverlaufs $\boldsymbol{\Lambda}(t;\alpha)$ aus (15.16) vorangehen muss.

Mit diesen Festlegungen sind alle weiteren Aussagen von Abschn. 4.2.2 zur Linien-suche, sowie sonstige Algorithmuseigenschaften (Abbruchkriterien, Skalierung, Restart), auch für dynamische Problemstellungen zutreffend, s. auch [15].

Beispiel 15.4 Wir betrachten das Problem der Minimierung des Gütefunktionals (s. Übung 10.12)

$$J = \frac{1}{2}Sx(t_e)^2 + \frac{1}{2}\int_0^{t_e} u(t)^2 dt, \quad S \geq 0,\, t_e \text{ fest} \tag{15.49}$$

unter Berücksichtigung der Prozessgleichungen

$$\dot{x} = u,\; x(0) = 1. \tag{15.50}$$

Mit der Hamilton-Funktion

$$H = \frac{1}{2}u^2 + \lambda u \tag{15.51}$$

erhält man aus (15.16)

$$\dot{\lambda}(t) = 0,\; \lambda(t_e) = Sx(t_e) \tag{15.52}$$

und aus (15.37)

$$\overline{J}_{u(t)} = H_{u(t)} = g(t) = u(t) + \lambda(t). \tag{15.53}$$

Die aus Übung 10.12 bekannte optimale Lösung dieses Problems lautet

$$u^*(t) = -\frac{S}{1 + St_e},\; x^*(t) = 1 - \frac{S}{1 + St_e}t. \tag{15.54}$$

Nun wollen wir aber die bereits eingeführte algorithmische Struktur zur Lösung des Problems einsetzen:

(a) Als Starttrajektorie wählen wir einen beliebigen konstanten Wert $u^{(0)}(t) = c$, $0 \leq t \leq t_e$. Durch Vorwärtsintegration von (15.50) erhalten wir hiermit $x^{(0)}(t) = ct + 1$ und durch Rückwärtsintegration von (15.52) auch $\lambda^{(0)}(t) = S(ct_e + 1)$. Für den zugehörigen Gradienten ergibt sich aus (15.53)

$$g^{(0)}(t) = H_{u(t)}^{(0)} = S(ct_e + 1) + c.$$

(b) Als Suchrichtung wählen wir den steilsten Abstieg $s^{(0)}(t) = -S(ct_e + 1) - c$.
(c) Für exakte Liniensuche muss gelten

$$\min_{\alpha > 0} F(\alpha) = \min_{\alpha > 0} \overline{J}(c - \alpha(S(ct_e + 1) + c)).$$

Für dieses einfache Problem kann die Liniensuche analytisch erfolgen. Mit $U(t; \alpha) = c - \alpha(S(ct_e + 1) + c) = c'$ erhalten wir zunächst aus (15.50) $X(t; \alpha) = c't + 1$.

Aus (15.52) erhalten wir ferner $\Lambda(t;\alpha) = S(c't_e + 1)$ und aus (15.53) schließlich $g(U(t;\alpha)) = c' + S(c't_e + 1)$. Gleichung (15.48) ergibt dann

$$F'(\alpha) = -\int_0^{t_e} (c' + S(c't_e + 1))(S(ct_e + 1) + c)\,dt$$

$$= -(c' + S(c't_e + 1))(S(ct_e + 1) + c)t_e .$$

Mit $F'(\alpha) = 0$ erhalten wir hieraus im Sinne des Linienminimums

$$c' = -\frac{S}{1 + St_e} \implies \alpha^{(0)} = \frac{1}{1 + St_e} .$$

Mit diesem Wert liefert (15.40)

$$u^{(1)}(t) = c - \frac{1}{1 + St_e}(S(ct_e + 1) + c) = -\frac{S}{1 + St_e} .$$

Damit resultieren aus (15.50), (15.52), (15.53)

$$x^{(1)}(t) = 1 - \frac{S}{1 + St_e}t, \quad \lambda^{(1)}(t) = \frac{S}{1 + St_e}, \quad g^{(1)}(t) = 0, \ t \in [0, t_e] .$$

(d) Da $g^{(1)}(t) = 0$ für alle $t \in [0, t_e]$ gilt, ist das Abbruchkriterium erfüllt.

Die Lösung wurde also bei diesem einfachen Beispiel in genau einer Iteration bestimmt, wie ein Vergleich von $u^{(1)}(t)$ mit $u^*(t)$ in (15.54) bestätigt. $\square$

Die in diesem Abschnitt bisher betrachtete Problemstellung der optimalen Steuerung war durch eine Reihe von Voraussetzungen eingeschränkt. Es wurden eine feste Endzeit und freie Endzustände vorausgesetzt, weiterhin wurden bisher keine zusätzlichen GNB und UNB betrachtet. In der Tat liegt die Stärke des Verfahrens, das auch als *Verfahren der zulässigen Richtung* bekannt ist, darin, dass die Zustandsgleichungen durch den reduzierten Gradienten äußerst effizient behandelt werden können. Seine Schwäche liegt aber darin, dass die Berücksichtigung zusätzlicher Restriktionen oft konzeptuelle Schwierigkeiten bereitet. Im Folgenden werden wir einige Erweiterungen der Grundproblemstellung und deren Behandlung mittels des Verfahrens der zulässigen Richtung besprechen.

Beschränkungen der Steuergrößen des Typs

$$\mathbf{u}_{\min}(t) \le \mathbf{u}(t) \le \mathbf{u}_{\max}(t), \quad 0 \le t \le t_e \tag{15.55}$$

können ohne besondere Schwierigkeiten in den Algorithmus der zulässigen Richtung integriert werden. Hierzu sei der reduzierte Gradient bezüglich der Prozessgleichungen

(15.37) *und* der aktiven UNB (15.55) wie folgt definiert

$$\gamma_i(t) = \begin{cases} 0 & \text{wenn} \quad u_i(t) = u_{i,\min}(t) \quad \text{und} \quad g_i(t) > 0 \\ 0 & \text{wenn} \quad u_i(t) = u_{i,\max}(t) \quad \text{und} \quad g_i(t) < 0 \\ g_i(t) & \quad\quad\quad\quad \text{sonst.} \end{cases} \tag{15.56}$$

Diese Definition weist auf die Tatsache hin, dass die Aktivierung einer UNB aus (15.55) die entsprechende Steuergröße $u_i(t)$ wertemäßig festlegt, weshalb diese als abhängige Variable zu betrachten ist, sofern der entsprechende Gradient $g_i(t)$ nicht ins Äußere des zulässigen Steuerbereiches zeigt. Letzteres wäre nämlich ein Hinweis dafür, dass diese Grenze bei der Linienminimierung verlassen wird. Mit (15.56) findet also eine Projektion des Gradienten $\mathbf{g}(t)$ auf die aktiven UNB statt, weshalb $\boldsymbol{\gamma}(t)$ oft auch als *projizierter Gradient* bezeichnet wird [22].

Durch geeignete Modifikationen im Algorithmus der zulässigen Richtung muss nun dafür Sorge getragen werden, dass UNB (15.55) während der Iterationen stets erfüllt ist; ebenso muss bei der Minimumsuche nur mit den unabhängigen Steuervariablen, für die also (15.55) nicht aktiv ist, operiert werden. Auch wenn die Erläuterung obiger Modifikationen zur Berücksichtigung der UNB (15.55) teilweise umständlich erscheinen mag, wird der Algorithmus der zulässigen Richtung durch diese Modifikationen bezüglich seines Umfangs und seiner Effizienz kaum beeinträchtigt, s. [15] für Einzelheiten. Ähnliche Erweiterungen sind auch für den allgemeineren Fall von linearen UNB der Art $\mathbf{A}(t)\mathbf{u}(t) + \mathbf{a}(t) \leq \mathbf{0}$ sowie von linearen GNB der Art $\mathbf{B}(t)\mathbf{u}(t) + \mathbf{b}(t) = \mathbf{0}$, $t \in [0, t_e]$ durch verallgemeinerte Projektionsoperationen möglich [23, 24].

Die Erweiterung des Verfahrens der zulässigen Richtung im Sinne der Berücksichtigung allgemeiner UNB und GNB der Art

$$\mathbf{h}(\mathbf{x}, \mathbf{u}, t) \leq \mathbf{0}, \quad 0 \leq t \leq t_e \tag{15.57}$$

$$\mathbf{G}(\mathbf{x}, \mathbf{u}, t) = \mathbf{0}, \quad 0 \leq t \leq t_e \tag{15.58}$$

ist zwar prinzipiell möglich, die entsprechenden Algorithmen müssen allerdings eine Reihe von heuristischen Hilfsmaßnahmen enthalten und werden für den allgemeinen Gebrauch schnell unübersichtlich [25–27]. Alternativ können GNB und UNB durch Strafterme berücksichtigt werden [28], vgl. Abschn. 5.4.1. Endbedingungen der Form

$$\mathbf{g}(\mathbf{x}(t_e)) = \mathbf{0} \tag{15.59}$$

bei weiterhin fester Endzeit t_e können ebenso durch geeignete Modifikationen des Algorithmus berücksichtigt werden, s. [11, 14, 16, 29].

Bei den bisherigen Betrachtungen in diesem Abschnitt wurde die Endzeit t_e als fest betrachtet. Mehrere Möglichkeiten zur Erweiterung des Algorithmus der zulässigen Richtung wurden in der Literatur vorgeschlagen, um auch freie Endzeiten berücksichtigen zu können [11, 14, 16]. Eine dieser Möglichkeiten besteht darin, die freie Endzeit t_e bei jeder Iteration neu zu bestimmen. Hierzu bildet man zunächst den Gradienten

$$\frac{dJ}{dt_e} = \vartheta_{t_e} + (\nabla_{\mathbf{x}(t_e)}\vartheta)^T \dot{\mathbf{x}}(t_e) + \phi\big|_{t_e} = \vartheta_{t_e} + (\nabla_{\mathbf{x}(t_e)}\vartheta)^T \mathbf{f}\big|_{t_e} + \phi\big|_{t_e} . \tag{15.60}$$

Für die optimale Endzeit t_e^* muss obiger Ausdruck verschwinden, vgl. auch die Transversalitätsbedingungen (11.38), (11.39) in Abwesenheit der Endbedingung (11.3). Nun kann der Algorithmus der zulässigen Richtung mit einem Startwert $t_e^{(0)}$ gestartet werden. Dann muss im Anschluss an Punkt (c) folgende Bestimmungsgleichung für $t_e^{(l+1)}$ eingefügt werden

$$\begin{aligned}
t_e^{(l+1)} &= t_e^{(l)} - \beta \frac{dJ^{(l+1)}}{dt_e^{(l)}} \\
&= t_e^{(l)} - \beta \left(\vartheta_{t_e^{(l)}}^{(l+1)} + (\nabla_{\mathbf{x}^{(l+1)}}\vartheta^{(l+1)}(t_e^{(l)}))^T \mathbf{f}^{(l+1)}\big|_{t_e^{(l)}} + \phi^{(l+1)}\big|_{t_e^{(l)}} \right) ,
\end{aligned} \tag{15.61}$$

wobei β eine zu wählende Schrittweite ist. Freilich muss die Abbruchbedingung dahingehend erweitert werden, dass auch

$$\left| \frac{dJ^{(l+1)}}{dt_e^{(l)}} \right| < \varepsilon' \tag{15.62}$$

erfüllt ist, bevor der Algorithmus abgebrochen werden darf. Nun stellt sich aber auch die Frage, wie die Trajektorien $\mathbf{u}^{(l+1)}(t)$, $\mathbf{x}^{(l+1)}(t)$, $0 \le t \le t_e^{(l)}$ verändert werden sollen, wenn sich $t_e^{(l+1)} \ne t_e^{(l)}$ aus (15.61) berechnet. Hierbei gibt es zwei Möglichkeiten:

- Die Trajektorien werden abgeschnitten, falls $t_e^{(l+1)} < t_e^{(l)}$, oder durch Extrapolation verlängert, falls $t_e^{(l+1)} > t_e^{(l)}$.
- Die Trajektorienform wird beibehalten, aber die Zeitskalierung wird entsprechend den Werten von $t_e^{(l)}$ und $t_e^{(l+1)}$ modifiziert. Wenn also $t_e^{(l+1)} = \alpha t_e^{(l)}$ berechnet wurde, dann gilt auch $\mathbf{u}^{(l+1)}(t) = \mathbf{u}^{(l)}(\frac{t}{\alpha})$ und $\mathbf{x}^{(l+1)}(t) = \mathbf{x}^{(l)}(\frac{t}{\alpha})$.

Beispiel 15.5 Wir betrachten die Problemstellung der Minimierung von

$$J = x(t_e)^2 + \frac{1}{2}t_e^2 + \frac{1}{2}\int_0^{t_e} u(t)^2 dt, \quad t_e \text{ frei}$$

unter Berücksichtigung der Prozessgleichung

$$\dot{x} = u, \; x(0) = 1.$$

Die aus Übung 10.13 bekannte optimale Lösung dieses Problems lautet

$$u^*(t) = -1, \ x^*(t) = 1 - t, \ t_e^* = \frac{1}{2}\,.$$

Gleichung (15.60) ergibt für dieses Problem

$$\frac{dJ}{dt_e} = t_e + 2x(t_e)u(t_e) + \frac{1}{2}u(t_e)^2\,.$$

Nun wollen wir das Gradienten-Verfahren zur Lösung dieses Problems einsetzen. Wir wählen die Startwerte $t_e^{(0)} = 1, u^{(0)}(t) = c, 0 \le t \le t_e^{(0)}$. Dann liefern uns aber die algorithmischen Schritte (b), (c) genau wie im Beispiel 15.4 (für $S = 2$)

$$u^{(1)}(t) = -\frac{2}{1 + 2t_e^{(0)}}, \quad x^{(1)}(t) = 1 - \frac{2}{1 + 2t_e^{(0)}}t\,.$$

Somit erhalten wir aus (15.61)

$$t_e^{(1)} = t_e^{(0)} - \beta\left(t_e^{(0)} + 2\left(1 - \frac{2t_e^{(0)}}{1 + 2t_e^{(0)}}\right)\left(\frac{-2}{1 + 2t_e^{(0)}}\right) + \frac{2}{(1 + 2t_e^{(0)})^2}\right).$$

Es ist unschwer zu sehen, dass diese Prozedur in den weiteren Iterationen in gleicher Weise fortgesetzt wird, so dass sich die Endzeit von Iteration zu Iteration wie folgt bestimmt

$$t_e^{(l+1)} = t_e^{(l)} - \beta\left(t_e^{(l)} + 2\left(1 - \frac{2t_e^{(l)}}{1 + 2t_e^{(l)}}\right)\left(\frac{-2}{1 + 2t_e^{(l)}}\right) + \frac{2}{(1 + 2t_e^{(l)})^2}\right).$$

Für eine geeignete Wahl der konstanten Schrittweite β führt diese nichtlineare Gleichung zur Konvergenz $t_e^{(l)} \to t_e^* = 0.5$. $\qquad\qquad\qquad\qquad\qquad\qquad\qquad\square$

Auch im zeitdiskreten Fall kann man durch geeignete Extrapolation oder Abschneiden der Trajektorien bei jeder Iteration prüfen, ob durch Verlängern oder Verkürzen der Trajektorien ein kleineres Gütefunktional erzielbar wäre, um den zeitlichen Horizont K gegebenenfalls entsprechend zu verlängern oder zu verkürzen. Alternativ lässt sich in vielen Fällen der in Abschn. 13.1 erläuterte Trick anwenden, wobei K zwar fixiert, die Zeitschrittweite T aber als zu optimierende Entscheidungsgröße betrachtet wird.

Beispiel 15.6 Wir betrachten nun folgende zeitdiskrete Version der Problemstellung von Beispiel 15.5.

$$\text{Minimiere} \quad J = x(KT)^2 + \frac{1}{2}K^2T^2 + \frac{1}{2}\sum_{k=0}^{K-1} Tu(kT)^2, \quad KT \text{ frei}$$

$$\text{u. B. v.} \quad x((k+1)T) = x(kT) + Tu(kT), \quad x(0) = 1\,.$$

Die Lösung dieses zeitdiskreten Problems kann durch folgendes Problem approximiert werden, wobei $K = 100$ fixiert wurde

$$\text{Minimiere} \quad J = x(100)^2 + 500T^2 + \frac{1}{2}\sum_{k=0}^{99} Tu(k)^2$$

$$\text{u. B. v.} \quad x(k+1) = x(k) + Tu(k), \quad x(0) = 1,$$

wobei T eine zu optimierende Entscheidungsgröße ist. $\qquad\square$

15.3.3 Quasilinearisierung

Die *Quasilinearisierung* ist ein numerisches Verfahren zur Lösung nichtlinearer Zwei-Punkt-Randwert-Probleme (ZPRWP), das von Bellman und Kalaba [30] entwickelt wurde, s. auch [31] für eine ausgezeichnete Übersicht. Zur Anwendung des Verfahrens in unserem Optimierungskontext betrachten wir das bereits bekannte zeitkontinuierliche dynamische Optimierungsproblem (15.13)–(15.14), das wir später erweitern.

Wir wollen nun wieder voraussetzen, dass die aus Kap. 10 bekannte notwendige Optimalitätsbedingung $\nabla_{\mathbf{u}}H = \mathbf{0}$ nach $\mathbf{u}$ explizit auflösbar sei. Setzt man dann den entsprechenden Ausdruck für $\mathbf{u}$ in die kanonischen Differentialgleichungen ein, so erhält man bekanntlich ein nichtlineares ZPRWP folgender Art

$$\dot{\mathbf{z}} = \boldsymbol{\zeta}(\mathbf{z}, t), \tag{15.63}$$

wobei für $\mathbf{z} = [\mathbf{x}^T \ \boldsymbol{\lambda}^T]^T$ $2n$ Randbedingungen, $\mathbf{x}(0) = \mathbf{x}_0$ und $\boldsymbol{\lambda}(t_e) = \boldsymbol{\lambda}_e$, vorliegen. Wird die Vektorfunktion $\boldsymbol{\zeta}$ als stetig differenzierbar vorausgesetzt, so darf folgende Taylor-Entwicklung von (15.20) um eine geschätzte Lösungstrajektorie $\mathbf{z}^{(0)}(t)$ vorgenommen werden

$$\begin{aligned}\dot{\mathbf{z}}(t) &= \boldsymbol{\zeta}(\mathbf{z}^{(0)}(t), t) + \boldsymbol{\zeta}_{\mathbf{z}}(\mathbf{z}^{(0)}(t), t)(\mathbf{z}(t) - \mathbf{z}^{(0)}(t)) + \mathbf{R}((\mathbf{z}(t) - \mathbf{z}^{(0)}(t))^2) \\ &= \mathbf{A}^{(0)}(t)\mathbf{z}(t) + \mathbf{b}^{(0)}(t) + \mathbf{R}((\mathbf{z}(t) - \mathbf{z}^{(0)}(t))^2),\end{aligned} \tag{15.64}$$

wobei von den Abkürzungen

$$\mathbf{A}^{(0)}(t) = \boldsymbol{\zeta}_{\mathbf{z}}(\mathbf{z}^{(0)}(t), t) \tag{15.65}$$

$$\mathbf{b}^{(0)}(t) = \boldsymbol{\zeta}(\mathbf{z}^{(0)}(t), t) - \boldsymbol{\zeta}_{\mathbf{z}}(\mathbf{z}^{(0)}(t), t)\mathbf{z}^{(0)}(t) \tag{15.66}$$

Gebrauch gemacht wurde. Wenn die Terme quadratischer und höherer Ordnung in (15.64) vernachlässigt werden, so bekommt man ein lineares ZPRWP, das relativ einfach gelöst werden kann. Die Lösung $\mathbf{z}^{(1)}(t)$ des linearen ZPRWP wird im Allgemeinen (15.20) nicht erfüllen. Wenn wir aber das lineare ZPRWP nunmehr auf der Grundlage von $\mathbf{z}^{(1)}(t)$ erneut formulieren und lösen und diese Prozedur iterativ fortsetzen, so besteht eine Chance, schließlich gegen die Lösung des nichtlinearen ZPRWP (15.20) zu konvergieren. Tatsächlich kann die Quasilinearisierung als eine Verallgemeinerung des Newton-Verfahrens zur Lösung von algebraischen Gleichungssystemen auf den dynamischen Fall der Lösung von Differentialgleichungssystemen interpretiert werden.

Wir richten nun unser Augenmerk auf die l-te Iteration, bei der es sich darum handelt, $\mathbf{z}^{(l+1)}$ durch die Lösung des folgenden linearen ZPRWP zu bestimmen (vgl. (15.64))

$$\dot{\mathbf{z}}^{(l+1)} = \mathbf{A}^{(l)}(t)\mathbf{z}^{(l+1)} + \mathbf{b}^{(l)}(t) \tag{15.67}$$

mit den Randbedingungen

$$\mathbf{x}^{(l+1)}(0) = \mathbf{x}_0, \quad \boldsymbol{\lambda}^{(l+1)}(t_e) = \boldsymbol{\lambda}_e \tag{15.68}$$

und den Abkürzungen (vgl. (15.65), (15.66))

$$\mathbf{A}^{(l)}(t) = \boldsymbol{\zeta}_{\mathbf{z}}(\mathbf{z}^{(l)}(t), t), \quad \mathbf{b}^{(l)}(t) = \boldsymbol{\zeta}(\mathbf{z}^{(l)}(t), t) - \boldsymbol{\zeta}_{\mathbf{z}}(\mathbf{z}^{(l)}(t), t)\mathbf{z}^{(l)}(t) . \tag{15.69}$$

Zur Lösung von (15.67), (15.68) sind folgende drei Schritte erforderlich:

Als *Erstes* werden durch numerische Integration n Lösungen $\mathbf{z}_{H_i}^{(l+1)}, i = 1, \ldots, n$, folgender *homogener* linearer Vektordifferentialgleichung bestimmt

$$\dot{\mathbf{z}}_H^{(l+1)} = \mathbf{A}^{(0)}(t)\mathbf{z}_H^{(l+1)} . \tag{15.70}$$

Hierbei soll jede Lösung mit je einer aus den folgenden n Anfangsbedingungen berechnet werden:

$$\mathbf{x}_{H_1}^{(l+1)}(0) = \mathbf{0}; \quad \boldsymbol{\lambda}_{H_1}^{(l+1)}(0) = [\ 1 \quad 0 \quad \cdots \quad 0\ ]^T$$

$$\mathbf{x}_{H_2}^{(l+1)}(0) = \mathbf{0}; \quad \boldsymbol{\lambda}_{H_2}^{(l+1)}(0) = [\ 0 \quad 1 \quad \cdots \quad 0\ ]^T$$

$$\vdots$$

$$\mathbf{x}_{H_n}^{(l+1)}(0) = \mathbf{0}; \quad \boldsymbol{\lambda}_{H_n}^{(l+1)}(0) = [\ 0 \quad 0 \quad \cdots \quad 1\ ]^T .$$

Zweitens wird durch numerische Integration der *inhomogenen* Vektordifferentialgleichung (15.67) mit der Anfangsbedingung

$$\mathbf{x}_P^{(l+1)}(0) = \mathbf{x}_0; \quad \boldsymbol{\lambda}_P^{(l+1)}(0) = \mathbf{0} \tag{15.71}$$

eine *partikuläre Lösung* $\mathbf{z}_P^{(l+1)}(t)$ bestimmt.

Die Lösung von (15.67), (15.68) lautet mit obigen Berechnungen

$$\mathbf{z}^{(l+1)}(t) = \sum_{i=1}^{n} c_i \mathbf{z}_{H_i}^{(l+1)}(t) + \mathbf{z}_P^{(l+1)}(t) , \tag{15.72}$$

wobei c_i, $i = 1, \dots, n$, noch unbekannte Parameter sind, die so bestimmt werden müssen, dass die Randbedingungen (15.68) erfüllt sind. Nun ist aber $\mathbf{x}(0) = \mathbf{x}_0$ ungeachtet des $\mathbf{c}$-Wertes durch die Wahl der Anfangsbedingungen in den ersten zwei Schritten bereits gewährleistet. Wir brauchen also lediglich $\boldsymbol{\lambda}(t_e) = \boldsymbol{\lambda}_e$ zu garantieren, d. h. mit (15.72)

$$\boldsymbol{\lambda}^{(l+1)}(t_e) = \boldsymbol{\lambda}_e = [\boldsymbol{\lambda}_{H_1}^{(l+1)}(t_e) \dots \boldsymbol{\lambda}_{H_n}^{(l+1)}(t_e)]\mathbf{c} + \boldsymbol{\lambda}_P^{(l+1)}(t_e) \,.$$

Daraus folgt aber sofort die Bestimmungsgleichung für $\mathbf{c}$,

$$\mathbf{c} = [\boldsymbol{\lambda}_{H_1}^{(l+1)}(t_e) \dots \boldsymbol{\lambda}_{H_n}^{(l+1)}(t_e)]^{-1}[\boldsymbol{\lambda}_e - \boldsymbol{\lambda}_P^{(l+1)}(t_e)] \,, \tag{15.73}$$

die den *dritten* und letzten Schritt zur Lösung von (15.67), (15.68) darstellt.

Der Algorithmus der Quasilinearisierung besteht zusammenfassend aus folgenden Schritten:

(a) Bestimme eine Starttrajektorie $\mathbf{z}^{(0)}(t)$, $0 \le t \le t_e$; setze den Iterationsindex $l = 0$.
(b) Berechne $\mathbf{A}^{(l)}(t)$, $\mathbf{b}^{(l)}(t)$ aus (15.69).
(c) Bestimme n Lösungen der homogenen Differentialgleichung (15.70) mit den angegebenen Anfangswerten; bestimme eine partikuläre Lösung der inhomogenen Differentialgleichung (15.67) mit Anfangsbedingung (15.71); berechne $\mathbf{c}$ aus (15.73); berechne $\mathbf{z}^{(l+1)}(t)$, $0 \le t \le t_e$, aus (15.72).
(d) Wenn $|\mathbf{z}^{(l+1)}(t) - \mathbf{z}^{(l)}(t)| < \varepsilon$ für alle $t \in [0, t_e]$, *stop*.
(e) Setze $l := l + 1$; gehe nach (b).

Der Algorithmus der Quasilinearisierung weist alle typischen Merkmale des Newton-Verfahrens zur numerischen Lösung von Gleichungssystemen auf. Als Erstes ist nämlich ein beträchtlicher rechentechnischer Aufwand pro Iteration erforderlich. Ferner ist die Wahl der Starttrajektorie $\mathbf{z}^{(0)}(t)$ kritisch, d. h., dass Divergenz von der Lösung auftreten kann, wenn $\mathbf{z}^{(0)}(t)$ weit von der gesuchten Lösungstrajektorie entfernt ist. Wenn aber Konvergenz auftritt, dann ist diese wie bei dem Newton-Verfahren sehr schnell (quadratisch) [32].

Beispiel 15.7 Wir betrachten das dynamische Optimierungsproblem der Minimierung von

$$J = \frac{1}{2} \int_0^1 x^2 + u^2 \, dt$$

unter Berücksichtigung der nichtlinearen Prozessgleichung

$$\dot{x} = -x^2 + u, \ x(0) = 10 \,.$$

Das aus der Anwendung der notwendigen Bedingungen von Abschn. 10.1 resultierende kanonische Differentialgleichungssystem lautet

$$\dot{x} = -x^2 - \lambda, \quad x(0) = 10$$
$$\dot{\lambda} = -x + 2\lambda x, \quad \lambda(1) = 0 \,.$$

Gleichungen (15.67), (15.69) ergeben für dieses System mit $\mathbf{z} = [x \; \lambda]^T$

$$\dot{\mathbf{z}}^{(l+1)} = \mathbf{A}^{(l)}(t)\mathbf{z}^{(l+1)} + \mathbf{b}^{(l)}(t)$$

$$\mathbf{A}^{(l)}(t) = \begin{bmatrix} -2x^{(l)}(t) & -1 \\ -1 + 2\lambda^{(l)}(t) & 2x^{(l)}(t) \end{bmatrix}, \quad \mathbf{b}^{(l)}(t) = \begin{bmatrix} [x^{(l)}(t)]^2 \\ -2\lambda^{(l)}(t)x^{(l)}(t) \end{bmatrix} \,.$$

Mit diesen Gleichungen kann der Algorithmus der Quasilinearisierung zur Lösungsbestimmung eingesetzt werden. □

Wir wollen nun einige Erweiterungen des dynamischen Optimierungsproblems einführen. Als Erstes macht es keine Schwierigkeiten, die Endwerte $\mathbf{x}(t_e)$ einiger oder aller Zustandsvariablen als fest zu betrachten. In diesem Fall muss die Berechnungsweise des Parametervektors $\mathbf{c}$ in (15.73) entsprechend modifiziert werden, d. h. $\mathbf{c}$ berechnet sich aus denjenigen n Gleichungen von (15.72), für die Endwerte vorliegen. Ebenso ist die Lösung von Aufgabenstellungen mit *freien Anfangszuständen* möglich, wenn man entsprechende Modifikationen bei der Lösung des linearen ZPRWP vornimmt. Freilich muss in diesem Fall das zu lösende ZPRWP die entsprechenden Transversalitätsbedingungen des Anfangszustandes beinhalten (s. Übung 10.15).

Freie Endzeiten t_e können dadurch berücksichtigt werden, dass man das Zeitargument t in der Optimierungsproblemstellung durch das neue Argument $\tau = \alpha t$ ersetzt, wobei α ein unbekannter Parameter ist. Nun setzt man einen festen Zeithorizont $0 \leq \tau \leq 1$ fest, so dass also $t_e = 1/\alpha$ gilt. Für den unbekannten aber konstanten Wert α nehmen wir formal folgende Zustandsgleichung

$$\frac{d\alpha}{d\tau} = 0, \quad \alpha(0) \text{ frei}, \quad \alpha(1) \text{ frei} \tag{15.74}$$

in die Problemstellung auf. Die Lösung des Optimierungsproblems wird dann den optimalen Wert α^* und somit auch $t_e^* = 1/\alpha^*$ liefern.

Die Erweiterung des Verfahrens für den Fall, dass die Koppelbeziehung $\nabla_{\mathbf{u}} H = \mathbf{0}$ nicht explizit nach $\mathbf{u}(t)$ auflösbar ist, kann wie folgt bewerkstelligt werden. Wir definieren die Koppelvariablen $\mathbf{y}(t) = \mathbf{u}(t)$ und erhalten folgende Form eines nichtlinearen *ZPRWP mit Koppelgleichungen*

$$\dot{\mathbf{z}} = \boldsymbol{\zeta}(\mathbf{z}, \mathbf{y}, t) \tag{15.75}$$

$$\boldsymbol{\eta}(\mathbf{z}, \mathbf{y}, t) = \mathbf{0}, \quad 0 \leq t \leq t_e \,. \tag{15.76}$$

Die iterativen Gleichungen der Quasilinearisierung lauten hiermit

$$\dot{\mathbf{z}}^{(l+1)} = \boldsymbol{\zeta}(\mathbf{z}^{(l)}, \mathbf{y}^{(l)}, t) + \boldsymbol{\zeta}_{\mathbf{z}}(\mathbf{z}^{(l)}, \mathbf{y}^{(l)}, t)(\mathbf{z}^{(l+1)} - \mathbf{z}^{(l)})$$

$$+ \boldsymbol{\zeta}_{\mathbf{y}}(\mathbf{z}^{(l)}, \mathbf{y}^{(l)}, t)(\mathbf{y}^{(l+1)} - \mathbf{y}^{(l)}) \tag{15.77}$$

$$\mathbf{y}^{(l+1)} = \boldsymbol{\eta}(\mathbf{z}^{(l)}, \mathbf{y}^{(l)}, t) + \boldsymbol{\eta}_{\mathbf{z}}(\mathbf{z}^{(l)}, \mathbf{y}^{(l)}, t)(\mathbf{z}^{(l+1)} - \mathbf{z}^{(l)})$$

$$+ \boldsymbol{\eta}_{\mathbf{y}}(\mathbf{z}^{(l)}, \mathbf{y}^{(l)}, t)(\mathbf{y}^{(l+1)} - \mathbf{y}^{(l)}) , \tag{15.78}$$

wobei (15.77) analog zu (15.64) und (15.78) aus einer konventionellen Newton-Iteration für das algebraische Gleichungssystem (15.76) gewonnen wurde. Die weitere Behandlung erfolgt ähnlich wie beim bereits angegebenen Algorithmus.

Falls die Optimierungsproblemstellung GNB (11.68) bzw. (11.85) beinhaltet, so führen die notwendigen Optimalitätsbedingungen bekanntlich (Abschn. 11.3.1) auch zu einem ZPRWP mit Koppelgleichungen, das also wie oben beschrieben behandelt werden kann. Schließlich lassen sich UNB ähnlich behandeln, nachdem sie durch Einführung von Schlupfvariablen (vgl. (11.10)) zu GNB umgeformt wurden.

Die beschriebene Vorgehensweise lässt sich sinngemäß auch auf zeitdiskrete Probleme übertragen, s. [15].

15.4 Direkte Verfahren

Bei der Verfahrensklasse dieses Abschnittes wird das ursprüngliche dynamische Optimierungsproblem in unterschiedlicher Weise in ein statisches Optimierungsproblem umgewandelt, das mittels der numerischen Verfahren von Abschn. 5.4 gelöst werden kann.

Als Problemklasse für die Verfahren in diesem Abschnitt ist das folgende zeitkontinuierliche, relativ allgemeine dynamische Optimierungsproblem gegeben:

Minimiere

$$J = \vartheta(\mathbf{x}(t_e), t_e) + \int_0^{t_e} \phi(\mathbf{x}, \mathbf{u}, t)\, dt, \quad t_e \text{ frei oder fest} \tag{15.79}$$

unter Berücksichtigung von

$$\dot{\mathbf{x}} = \mathbf{f}(\mathbf{x}, \mathbf{u}, t), \quad 0 \le t \le t_e \tag{15.80}$$

$$\mathbf{h}(\mathbf{x}, \mathbf{u}, t) \le \mathbf{0}, \quad 0 \le t \le t_e \tag{15.81}$$

$$\mathbf{G}(\mathbf{x}, \mathbf{u}, t) = \mathbf{0}, \quad 0 \le t \le t_e \tag{15.82}$$

$$\mathbf{x}(0) = \mathbf{x}_0 \tag{15.83}$$

$$\mathbf{g}(\mathbf{x}(t_e), t_e) = \mathbf{0}, \tag{15.84}$$

wobei (15.81) bzw. (15.82) auch reine Zustands-UNB bzw. -GNB beinhalten dürfen.

Wir werden hier zunächst das Verfahren der Parameteroptimierung in Abschn. 15.4.1 vorstellen. Die Zustands- und Steuerungstrajektorien werden dabei durch eine relativ kleine Anzahl an Parametern parametrisiert und das Problem wird dadurch in ein niedrigdimensionales statisches Optimierungsproblem umgewandelt. Allerdings decken die parametrisierten Trajektorien oft nicht den gesamten Lösungsraum ab, so dass nur Näherungen der gesuchten Lösungen bestimmt werden können. Das Verfahren ist z. B. dann effizient, wenn eine Parametrisierung direkt aus der Problemstellung hervorgeht, wie zum Beispiel ein bekanntes Regelgesetz mit wenigen unbekannten Freiheitsgraden. Eng verwandt ist das direkte Einfachschießverfahren in Abschn. 15.4.2.

Wesentlich größere Genauigkeit lässt sich durch Kollokationsverfahren (Abschn. 15.4.3) erreichen. Es wird eine zeitliche Diskretisierung des Problems vorgenommen, und für jedes Zeitintervall wird ein polynomialer Ansatz für Steuerung und Zustand vorgenommen. Die Unbekannten des Problems sind dann Zustands- und Steuerungswerte an den Stützstellen. Bei feiner Diskretisierung und hoher Problemdimension entstehen dadurch große statische Optimierungsprobleme. Gelöst werden diese Probleme durch Verfahren aus Abschn. 5.4, allerdings unter spezieller Berücksichtigung der entstehenden dünnbesetzten Struktur der Nebenbedingungen. Es kann hier gezeigt werden, dass die Lösung des diskreten Ersatzproblems für feiner werdende Diskretisierung gegen die exakte Lösung des Optimierungsproblems konvergiert.

Während bei den Kollokationsverfahren keine Integration der Differentialgleichungen durchgeführt wird, da die Erfüllung der Differentialgleichung nur an diskreten Stützpunkten überprüft wird, wird bei den Mehrfachschießverfahren (Abschn. 15.4.4) auf den einzelnen Teilstücken der Diskretisierung integriert und so eine bessere Genauigkeit bei der Erfüllung der Differentialgleichung erreicht. Diskretisiert wird also nur die Trajektorie der Steuerung, die Trajektorie der Zustandsvariablen wird durch Integration erhalten.

15.4.1 Parameteroptimierung

Der Grundgedanke der *Parameteroptimierung* besteht darin, die gesuchten Lösungstrajektorien $\mathbf{u}^*(t)$, $\mathbf{x}^*(t)$, $0 \leq t \leq t_e$, durch analytische Funktionen $\tilde{\mathbf{u}}(t)$, $\tilde{\mathbf{x}}(t)$, $0 \leq t \leq t_e$, zu approximieren, die folgendermaßen definiert sind

$$\tilde{\mathbf{u}}(t) = \sum_{i=1}^{N} c_i \, \boldsymbol{\gamma}_i(t), \quad \tilde{\mathbf{x}}(t) = \sum_{i=1}^{N} c_{N+i} \, \boldsymbol{\gamma}_i(t) . \tag{15.85}$$

Hierbei sind $\boldsymbol{\gamma}_i(t)$, $i = 1, \ldots, N$, wählbare *Koordinatenfunktionen* und $\mathbf{c} \in \mathbb{R}^{2N}$ ist ein unbekannter Parametervektor. Die approximierten Lösungstrajektorien $\tilde{\mathbf{u}}(t)$, $\tilde{\mathbf{x}}(t)$ werden somit in dem durch die Koordinatenfunktionen aufgespannten Funktionenraum gesucht. Als Koordinatenfunktionen können beispielsweise Potenzreihen, Fourierreihen oder Tschebyschev-Polynome herangezogen werden. Bei gegebener Problemstellung wird die Genauigkeit der Lösung von Art und Anzahl N der Koordinatenfunktionen abhängen. Es ist aber schwierig, vorab zu entscheiden, welche bzw. wie viele Koordinatenfunktionen im Sinne einer erwünschten Lösungsgenauigkeit erforderlich sind.

Wird (15.85) in das Gütefunktional (15.79) eingesetzt, so erhält man bei bekannten Koordinatenfunktionen

$$\tilde{J}(\mathbf{c}, t_e) = \tilde{\vartheta}(\mathbf{c}, t_e) + \int_0^{t_e} \tilde{\phi}(\mathbf{c}, t)\, dt \; . \tag{15.86}$$

Durch Einsetzen von (15.85) in (15.80)–(15.82) erhält man ferner

$$\dot{\tilde{\mathbf{x}}} = \sum_{i=1}^{N} c_{N+i}\, \dot{\boldsymbol{\gamma}}_i = \tilde{\mathbf{f}}(\mathbf{c}, t) \tag{15.87}$$

$$\tilde{\mathbf{h}}(\mathbf{c}, t) \leq \mathbf{0} \tag{15.88}$$

$$\tilde{\mathbf{G}}(\mathbf{c}, t) = \mathbf{0} \tag{15.89}$$

für $t \in [0, t_e]$. Nun kann man die Erfüllung von (15.87)–(15.89) zu diskreten Zeitpunkten t_j, $j = 1, \ldots, M$, $t_j \in [0, t_e]$, fordern, wodurch entsprechend viele GNB und UNB für $\mathbf{c}$ und t_e resultieren. Die Randbedingungen (15.83), (15.84) können durch Einsetzen von (15.85) ebenso in entsprechende GNB für $\mathbf{c}$ und t_e umgeformt werden. Die Anzahl M der diskreten Zeitpunkte hat natürlich einen direkten Einfluss auf die Genauigkeit des Einhaltens der Nebenbedingungen, aber auch auf den Aufwand bei der Lösung der transformierten Problemstellung. Hierbei ist es nützlich festzuhalten, dass in Anbetracht von (15.89) $2N > M \dim(\tilde{\mathbf{G}})$ gelten muss, damit das statische Optimierungsproblem eine Lösung hat.

Insgesamt entsteht ein statisches Optimierungsproblem der Minimierung von (15.86) nach $\mathbf{c}$, t_e unter Berücksichtigung einer Reihe von GNB und UNB. Setzt man die Lösung $\mathbf{c}^*$, t_e^* dieses Problems in (15.85) ein, so erhält man die approximierten Lösungstrajektorien des ursprünglichen dynamischen Problems.

Dieses Verfahren wurde häufig zur numerischen Lösung von dynamischen Problemstellungen mit relativ niedrigen Dimensionen aber mit komplexen Nebenbedingungen (z. B. bei Flugsteuerungsaufgaben) eingesetzt [33–35]. Ein wesentlicher Vorteil des Verfahrens besteht darin, dass weitreichende Problemrestriktionen (auch GNB an internen Punkten) berücksichtigt werden können, ohne dass die Kozustandsvariablen und die notwendigen Optimalitätsbedingungen des dynamischen Problems beachtet werden müssten. Nachteile entstehen aus der begrenzten und vorab unbekannten Lösungsgenauigkeit, sowie aus der Tatsache, dass die Dimension und die Anzahl der Nebenbedingungen des transformierten statischen Optimierungsproblems vor allem bei hohen Genauigkeitsanforderungen jeweils ein Vielfaches der Dimension und der Anzahl der Nebenbedingungen des ursprünglichen dynamischen Problems erreichen. Ein weiterer Nachteil liegt schließlich darin, dass bei der transformierten Problemstellung lokale Minima entstehen können, die keinem lokalen Minimum der ursprünglichen dynamischen Problemstellung entsprechen, s. [36] für einen interessanten Verfahrensvergleich, s. auch [37] für den Einsatz eines globalen Optimierungsverfahrens, um irrelevante lokale Minima zu umgehen.

Beispiel 15.8 Wir betrachten das Problem (s. Übung 10.11) der Minimierung des Funktionals

$$J = \frac{1}{2} \int_0^1 u^2 - x^2 - 2xt \, dt \tag{15.90}$$

unter Berücksichtigung der Prozessnebenbedingung

$$\dot{x} = u$$

und der Randbedingungen

$$x(0) = 0, \quad x(1) = 0.$$

Bei diesem einfachen Beispiel kann die Prozessgleichung $u = \dot{x}$ direkt in (15.90) eingesetzt werden, so dass also

$$J = \frac{1}{2} \int_0^1 \dot{x}^2 - x^2 - 2xt \, dt \tag{15.91}$$

unter Berücksichtigung von $x(0) = 0$ und $x(1) = 0$ minimiert werden muss. Im Sinne von (15.85) führen wir nun folgende Approximation ein

$$\tilde{x}(t) = \sum_{i=1}^2 c_i t^i (1-t) = c_1 t(1-t) + c_2 t^2 (1-t). \tag{15.92}$$

Dieser Ansatz wurde so gewählt, dass die Randbedingungen $\tilde{x}(0) = 0$, $\tilde{x}(1) = 0$ unabhängig von der Wahl der Parameter c_i immer erfüllt sind. Ein alternativer Ansatz wird in Übung 15.1 betrachtet. Aus (15.92) erhalten wir zunächst

$$\dot{\tilde{x}}(t) = c_1(1 - 2t) + c_2 t(2 - 3t)$$

und durch Einsetzen in (15.91) nach einiger Rechnung schließlich auch

$$\tilde{J}(c_1, c_2) = \frac{3}{10} c_1^2 + \frac{3}{10} c_1 c_2 + \frac{13}{105} c_2^2 - \frac{1}{6} c_1 - \frac{1}{10} c_2. \tag{15.93}$$

Die transformierte statische Problemstellung besteht also darin, (15.93) ohne Nebenbedingungen zu minimieren. Durch Auswertung der notwendigen Bedingungen (4.6) zur Minimierung von $\tilde{J}(\mathbf{c})$ erhalten wir

$$c_1^* = \frac{71}{369}, \quad c_2^* = \frac{7}{41}. \tag{15.94}$$

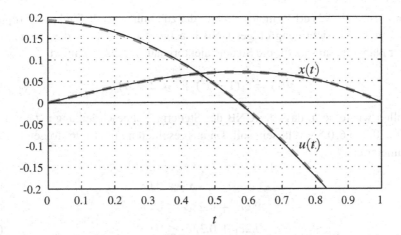

Abb. 15.1 Genaue (—) und approximierte (- - -) Lösungstrajektorien zu Beispiel 15.8

Der entsprechende Wert der Hesseschen Matrix ist positiv definit

$$\nabla^2_{cc}(\mathbf{c}^*) = \begin{bmatrix} \frac{3}{5} & \frac{3}{10} \\ \frac{3}{10} & \frac{26}{105} \end{bmatrix} > \mathbf{0} \,,$$

so dass es sich bei (15.94) tatsächlich um ein Minimum handelt.

Die approximierte Lösung des dynamischen Problems lautet also mit (15.92), (15.94)

$$\tilde{x}(t) = \frac{71}{369}t - \frac{8}{369}t^2 - \frac{7}{41}t^3$$

und mit $\tilde{u} = \dot{\tilde{x}}$ auch

$$\tilde{u}(t) = \frac{71}{369} - \frac{16}{369}t - \frac{21}{41}t^2 \,.$$

Die aus Übung 10.11 ermittelbare exakte Lösung lautet

$$x^*(t) = \frac{\sin t}{\sin 1} - t, \quad u^*(t) = \frac{\cos t}{\sin 1} - 1 \,.$$

Abbildung 15.1 zeigt, dass die approximierten Lösungstrajektorien tatsächlich in Strichstärkennähe der genauen Lösungstrajektorien verlaufen. □

Beispiel 15.9 Wir betrachten die dynamische Problemstellung von Beispiel 15.8 nunmehr aber mit der zusätzlichen Forderung, folgende Steuergrößenbeschränkung zu beachten (s. Übung 11.10)

$$u(t) \leq 0.08 \,. \tag{15.95}$$

Mit dem Ansatz (15.92) erhält man auch hier die zu minimierende Funktion $\tilde{J}(c_1, c_2)$ aus (15.93). Zur Berücksichtigung obiger UNB beachte man zunächst, dass wegen $u = \dot{x}$ folgender Näherungsansatz für die Steuertrajektorie aus (15.92) resultiert

$$\tilde{u}(t) = c_1(1 - 2t) + c_2 t(2 - 3t) \,. \tag{15.96}$$

Nun wollen wir fordern, dass die UNB der Steuergrößenbeschränkung $\tilde{u}(t) \leq 0.08$ für $t = 0, 0.2, 0.4, 0.6, 0.8$ erfüllt sein soll. Daraus resultieren mit (15.96) folgende UNB für die Parameter **c**:

$$c_1 \leq 0.08 \tag{15.97}$$
$$0.6c_1 + 0.28c_2 \leq 0.08 \tag{15.98}$$
$$0.2c_1 + 0.32c_2 \leq 0.08 \tag{15.99}$$
$$-0.2c_1 + 0.12c_2 \leq 0.08 \tag{15.100}$$
$$-0.6c_1 - 0.32c_2 \leq 0.08 \,. \tag{15.101}$$

Die transformierte statische Problemstellung soll somit $\tilde{J}(c_1, c_2)$ aus (15.93) unter Berücksichtigung obiger UNB minimieren. Die Lösung (vgl. Übung 5.18) dieses beschränkten statischen Optimierungsproblems lautet

$$c_1^* = 0.08, \quad c_2^* = 0.11429 \,.$$

Diese Parameterwerte aktivieren die ersten beiden UNB (15.97), (15.98), so dass $\tilde{u}(0) = \tilde{u}(0.2) = 0.08$ zu erwarten ist. Tatsächlich erhält man mit diesen Parameterwerten aus (15.92), (15.96) folgende approximierte Lösung des dynamischen Problems

$$\tilde{x}(t) = 0.08t + 0.03429t^2 - 0.11429t^3$$
$$\tilde{u}(t) = 0.08 + 0.06858t - 0.34287t^2 \,.$$

Die aus Übung 11.10 ermittelbare exakte optimale Lösung lautet

$$x^*(t) = \begin{cases} 0.08t \\ A\sin t + B\cos t - t \end{cases} \quad u^*(t) = \begin{cases} 0.08 & 0 \leq t \leq t_1 \\ A\cos t - B\sin t - 1 & t_1 \leq t \leq 1 \end{cases}$$

mit $A = 1.2222$, $B = -0.0527$, $t_1 = 0.5321$. Abbildung 15.2 zeigt die Verläufe der exakten und der approximierten Lösungstrajektorien. Wir stellen Folgendes fest:

• Wie erwartet, aktiviert die approximierte Steuertrajektorie $\tilde{u}(t)$ die UNB (15.95) an den Stellen $t = 0$ und $t = 0.2$. Für $0 < t < 0.2$ wird die UNB allerdings leicht verletzt. Eine genauere Einhaltung der UNB kann durch eine größere Anzahl von Stützpunkten erreicht werden, wodurch sich allerdings die Anzahl der UNB im transformierten statischen Optimierungsproblem entsprechend erhöhen würde.

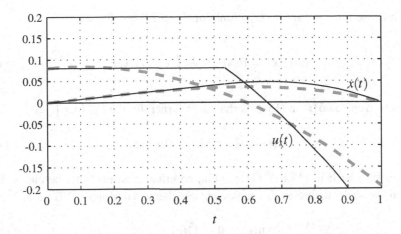

Abb. 15.2 Genaue (—) und approximierte (- - -) Lösungstrajektorien zu Beispiel 15.9

- Die Approximation ist in diesem beschränkten Fall weit ungenauer als bei Beispiel 15.8. Eine Verbesserung der Lösungsgenauigkeit kann durch Vermehrung der Reihenglieder in (15.92) erreicht werden, wodurch sich allerdings die Dimension des transformierten statischen Optimierungsproblems entsprechend erhöhen würde. □

15.4.2 Direkte Einfachschießverfahren

Eine Vorgehensweise, die in der Literatur auch als *direktes Einfachschießen* bekannt ist, kann insbesondere dann eingesetzt werden (s. [38, 39]), wenn für die dynamischen Problemstellung (15.79)–(15.84) der Endzustand $\mathbf{x}(t_e)$ frei ist, die Endzeit t_e fest ist und die UNB (15.81) und die GNB (15.82) unabhängig vom Zustand $\mathbf{x}$ sind.

Wie beim sequentiellen Vorgehen für zeitdiskrete Probleme aus Abschn. 15.1 oder beim direkten Gradienten-Verfahren aus Abschn. 15.3.2 wird aus der Steuertrajektorie $\mathbf{u}(t)$ durch Integration die Zustandstrajektorie $\mathbf{x}(t)$ berechnet. Die Steuertrajektorie kann hierbei gemäß (15.85) approximiert werden. Als alternativer Ansatz für die Steuerung kann hier auch ein bekanntes, parameter-abhängiges Regelgesetz

$$\tilde{\mathbf{u}} = \mathbf{R}(\mathbf{x}, \mathbf{c}) \tag{15.102}$$

oder ein stückweise konstanter Ansatz auf dem Gitter $0 = t_0 < t_1 < \ldots < t_{K-1} < t_K = t_e$

$$\tilde{\mathbf{u}} = \mathbf{c}_j, \; t_j < t < t_{j+1}, \quad j = 0, \ldots, K-1 \tag{15.103}$$

zu Grunde gelegt werden.

Durch Einsetzen von $\tilde{\mathbf{u}}(t)$ ins Gütefunktional (15.79) erhält man dann

$$\tilde{J}(\mathbf{x}(t), \mathbf{c}) = \vartheta(\mathbf{x}(t_e)) + \int_0^{t_e} \tilde{\phi}(\mathbf{x}(t), \mathbf{c}, t)\, dt \,. \tag{15.104}$$

Durch Einsetzen von $\tilde{\mathbf{u}}(t)$ in (15.80) erhält man ferner für alle $t \in [0, t_e]$

$$\dot{\mathbf{x}}(t) = \tilde{\mathbf{f}}(\mathbf{x}, \mathbf{c}, t), \quad \mathbf{x}(0) = \mathbf{x}_0 \,. \tag{15.105}$$

Setzt man $\tilde{\mathbf{u}}(t)$ auch in (15.81), (15.82) ein, so erhält man nach der bereits erläuterten Vorgehensweise der diskreten Zeitpunkte entsprechende GNB und UNB für $\mathbf{c}$:

$$\tilde{\mathbf{h}}(\mathbf{c}) \leq \mathbf{0}, \quad \tilde{\mathbf{G}}(\mathbf{c}) = \mathbf{0} \,. \tag{15.106}$$

Für einen gegebenen Wert der Parameter $\mathbf{c}$ lässt sich (15.105) numerisch integrieren und in (15.104) einsetzen. Der Wert des Gütefunktionals (15.104) hängt also nur von $\mathbf{c}$ ab, d. h. $\tilde{J}(\mathbf{x}(t), \mathbf{c}) = \overline{J}(\mathbf{c})$. Die transformierte Problemstellung besteht demnach darin, $\overline{J}(\mathbf{c})$ unter Berücksichtigung von (15.106) zu minimieren.

Um die numerischen Verfahren der statischen Optimierung (Abschn. 5.4) zur Lösung der transformierten Problemstellung einsetzen zu können, sind wir nun an einer Berechnungsmöglichkeit für den reduzierten Gradienten $\nabla_\mathbf{c} \overline{J}$ interessiert. Einerseits kann der Gradient numerisch durch zentrale Differenzen bestimmt werden. Es kann in ähnlicher Weise wie in (15.37), (15.38) aber auch folgende Beziehung abgeleitet werden

$$\nabla_\mathbf{c} \overline{J} = \int_0^{t_e} \nabla_\mathbf{c} \tilde{H} \, dt = \int_0^{t_e} \nabla_\mathbf{c} \tilde{\phi} + \tilde{\mathbf{f}}_\mathbf{c}^T \boldsymbol{\lambda} \, dt \tag{15.107}$$

mit $\tilde{\phi}$ aus (15.104), $\tilde{\mathbf{f}}$ aus (15.105) und mit der Hamilton-Funktion

$$\tilde{H}(\mathbf{x}, \mathbf{c}, \boldsymbol{\lambda}, t) = \tilde{\phi}(\mathbf{x}, \mathbf{c}, t) + \boldsymbol{\lambda}^T \tilde{\mathbf{f}}(\mathbf{x}, \mathbf{c}, t) \,. \tag{15.108}$$

Die in (15.107) enthaltenen Funktionen $\mathbf{x}(t)$ bzw. $\boldsymbol{\lambda}(t)$ müssen für gegebene Parameter $\mathbf{c}$ aus der Integration von (15.105) bzw. von

$$\dot{\boldsymbol{\lambda}} = -\nabla_\mathbf{x} \tilde{H} = -\nabla_\mathbf{x} \tilde{\phi} - \tilde{\mathbf{f}}_\mathbf{x}^T \boldsymbol{\lambda}, \quad \boldsymbol{\lambda}(t_e) = \vartheta_{\mathbf{x}(t_e)} \tag{15.109}$$

berechnet werden.

Zusammenfassend besteht also für gegebene Parameterwerte $\mathbf{c}$ nach Berechnung von $\mathbf{x}(t)$ aus (15.105) und von $\boldsymbol{\lambda}(t)$ aus (15.109) die Möglichkeit, den Funktionswert $\overline{J}(\mathbf{c})$ aus (15.104) und den Gradienten $\nabla_\mathbf{c} \overline{J}(\mathbf{c})$ aus (15.107) zu berechnen. Für die Lösung des entsprechenden statischen Optimierungsproblems können somit die numerischen Verfahren von Abschn. 5.4 eingesetzt werden. Das Verfahren ist allerdings in der Praxis oft nicht erfolgreich. Ist die Differentialgleichung (15.105) instabil oder schlecht konditioniert, so führt die Integration über das relativ lange Intervall $[0, t_e]$ zu einem ungenauen Ergebnis für $t = t_e$ oder sogar zu unbeschränkten Lösungen, für die die Endzeit t_e nicht erreicht werden kann. Abhilfe schafft das Mehrfachschießverfahren, s. Abschn. 15.4.4, bei dem die Integration nur auf Teilintervallen von $[0, t_e]$ vorgenommen wird. Da beim Mehrfachschießen auch die Zustandstrajektorie initialisiert und iteriert wird, spricht man dann wieder von einem simultanen Verfahren.

15.4.3 Direkte Kollokationsverfahren

Die *direkten Kollokationsverfahren* sind auch unter dem Namen *direkte Transkriptionsverfahren* bekannt, und deren Entwicklung startete in den 1970er Jahren [40, 41]. Der rasante Fortschritt bei Prozessorleistung und Speicher verfügbarer Rechner trug dazu bei, dass Kollokationsverfahren intensiv weiterentwickelt wurden und heutzutage viele Anwendungen finden [3, 4, 42–44]. Die Lösungstrajektorien für Zustände und Steuerungen werden hier auf einem zeitlichen Gitter so diskretisiert, dass bei zunehmender Verfeinerung des Gitters Konvergenz der approximierten Hilfslösungen gegen die optimalen Lösungen möglich ist, s. [44] für einen Konvergenzbeweis. Die approximierenden Lösungen werden dabei als Lösung eines statischen Ersatzproblems erhalten, das aus der Diskretisierung von Zuständen, Steuerung, Kostenfunktional und Nebenbedingungen erhalten wird. Man spricht hier wieder von einem *simultanen Ansatz*.

Wir betrachten nach wie vor die dynamische Optimierungsaufgabe (15.79)–(15.84); zur Vereinfachung sei vorerst die Endzeit t_e fest gewählt. Die Kostenfunktion liege ohne Beschränkung der Allgemeinheit in Mayer-Form (10.4) vor, das heißt

$$J = \vartheta(\mathbf{x}(t_e), t_e) .$$

Zuerst wird eine Diskretisierung der Zeitachse vorgenommen

$$0 = t_0 < t_1 < t_2 < \cdots < t_K = t_e . \tag{15.110}$$

Wir bezeichnen dabei die Schrittweite mit $h_j = t_{j+1} - t_j$.

Bei der Festlegung eines polynomialen Näherungsansatzes für die Steuer- und Zustandsvariablen auf den Teilintervallen $0 = t_0 < t_1 < \cdots < t_K$ gibt es zahlreiche Möglichkeiten [4]. Hier stellen wir einen Ansatz vor, bei dem die Steuervariablen linear interpoliert werden und die Zustandsvariablen durch kubische Polynome approximiert werden [43]. Im Extremfall kann ein sehr hochdimensionales Polynom verwendet werden und die Diskretisierung degeneriert auf ein einziges Intervall. Diese Methoden sind als *pseudospectral optimal control* bekannt [45].

Die hier vorgestellte lineare Interpolation für die Steuervariablen $\tilde{\mathbf{u}}(t)$ zwischen den diskreten Werten $\mathbf{u}(t_j)$ und $\mathbf{u}(t_{j+1})$ wird notiert als

$$\tilde{\mathbf{u}}(t) = \mathbf{u}_j + \frac{t - t_j}{t_{j+1} - t_j}(\mathbf{u}_{j+1} - \mathbf{u}_j), \quad t_j \leq t \leq t_{j+1}, \quad j = 0, \dots, K - 1. \quad (15.111)$$

Der Näherungsansatz für die Zustandsvariablen $\tilde{\mathbf{x}}(t)$ wird so gewählt, dass zwischen den diskreten Werten $\mathbf{x}(t_j)$ und $\mathbf{x}(t_{j+1})$ eine kubische Interpolation (vgl. Abschn. 3.2.2) vorgenommen wird

$$\tilde{\mathbf{x}}(t) = \sum_{k=0}^{3} \mathbf{a}_k^j \left(\frac{t - t_j}{t_{j+1} - t_j} \right)^k, \quad t_j \leq t \leq t_{j+1}, \quad j = 0, \dots, K - 1. \quad (15.112)$$

Die freien Parameter der statischen Optimierungsaufgabe seien nun als die Werte der Steuer- und Zustandsvariablen zu den diskreten Zeitpunkten t_j definiert, d. h.

$$\mathbf{c} = [\mathbf{u}_0^T \ \mathbf{u}_1^T \dots \mathbf{u}_K^T \ \mathbf{x}_0^T \dots \mathbf{x}_K^T]^T,$$

wobei die Abkürzungen $\mathbf{u}_j = \mathbf{u}(t_j)$ und $\mathbf{x}_j = \mathbf{x}(t_j)$ für $0 \leq j \leq K$ verwendet wurden. Zusätzlich sind die jeweils vier Koeffizienten der kubischen Interpolationen noch unbekannt. Die Bestimmung dieser Parameter $\mathbf{c}$ und der Koeffizienten $\mathbf{a}_k^j$, $k = 0, 1, 2, 3$ erfolgt so, dass die Differentialgleichung (15.80) an festgelegten *Kollokationspunkten* erfüllt wird, die Trajektorie des Zustands stetig ist und die Rand- bzw. Nebenbedingungen erfüllt sind.

Hier werden als Kollokationspunkte, entsprechend der *Lobatto-Kollokation*, für jedes Teilintervall der Intervallanfang t_j, die Intervallmitte $t_{j+\frac{1}{2}} = \frac{1}{2}(t_{j+1} + t_j)$ und das Intervallende t_{j+1} als Kollokationspunkte gewählt, s. Abb. 15.3:

$$\mathbf{f}(\tilde{\mathbf{x}}, \tilde{\mathbf{u}}, t) - \dot{\tilde{\mathbf{x}}} = \mathbf{0}, \quad \text{für} \quad t = t_j, t_{j+\frac{1}{2}}, t_{j+1}, \quad j = 0, \dots K - 1. \quad (15.113)$$

Alternativen dazu sind die *Legendre-Kollokation* oder die *Radau-Kollokation*. Die Herleitung dieser Menge von Kollokationspunkten, die einen minimalen Abstand zwischen kontinuierlicher Lösung der Differentialgleichung und polynomialer Approximation realisiert, erfolgt über *orthogonale Polynome* [4].

Bei der hier eingeführten Wahl von polynomialer Approximation und Kollokationspunkten kann die Dimension des resultierenden statischen Ersatzproblems des Optimalsteuerungsproblems durch vorherige Elimination der Polynomkoeffizienten $\mathbf{a}_k^j$, $k = 0, 1, 2, 3$ reduziert werden. Dazu werden diese so festgelegt, dass die Kollokationsgleichung (15.113) für $t = t_j$, und $t = t_{j+1}$ erfüllt wird. Weiterhin wird die Stetigkeit der Approximationen gefordert, also $\tilde{\mathbf{x}}(t_j) = \mathbf{x}_j$ und $\tilde{\mathbf{x}}(t_{j+1}) = \mathbf{x}_{j+1}$. Die Koeffizienten ergeben sich folglich als Lösung eines linearen Gleichungssystems mit $\mathbf{f}_j = \mathbf{f}(\mathbf{x}_j, \mathbf{u}_j, t_j)$

Abb. 15.3 Kollokationsverfahren

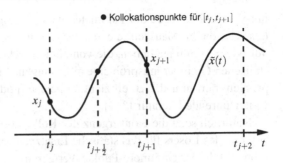

und $\mathbf{f}_{j+1} = \mathbf{f}(\mathbf{x}_{j+1}, \mathbf{u}_{j+1}, t_{j+1})$ zu

$$\mathbf{a}_0^j = \mathbf{x}_j$$
$$\mathbf{a}_1^j = h_j \mathbf{f}_j$$
$$\mathbf{a}_2^j = -3\mathbf{x}_j - 2h_j \mathbf{f}_j + 3\mathbf{x}_{j+1} - h_j \mathbf{f}_{j+1}$$
$$\mathbf{a}_3^j = 2\mathbf{x}_j + h_j \mathbf{f}_j - 2\mathbf{x}_{j+1} + h_j \mathbf{f}_{j+1}.$$

Der verbleibende Vektor **c** der Unbekannten des statischen Ersatzproblems soll nun so bestimmt werden, dass das Kostenfunktional J unter folgenden Nebenbedingungen minimiert wird:

- Erfüllung der Kollokationsgleichung (15.113) auch für $t_{j+\frac{1}{2}}$.
- Erfüllung der UNB und GNB (15.81) und (15.82) an allen Stützstellen
- Erfüllung der Randbedingungen (15.84).

Das statische Ersatzproblem lautet also zusammengefasst:

$$\min_{\mathbf{c}} \; \vartheta(\mathbf{x}_K, t_K) \tag{15.114}$$

unter Berücksichtigung von

$$\mathbf{f}(\tilde{\mathbf{x}}, \tilde{\mathbf{u}}, t) - \dot{\tilde{\mathbf{x}}} = \mathbf{0}, \quad \text{für} \quad t = t_{j+\frac{1}{2}}, \quad j = 0, \ldots, K-1 \tag{15.115}$$

$$\mathbf{h}(\mathbf{x}_j, \mathbf{u}_j) \le \mathbf{0}, \quad j = 0, \ldots, K \tag{15.116}$$

$$\mathbf{G}(\mathbf{x}_j, \mathbf{u}_j) = \mathbf{0}, \quad j = 0, \ldots, K \tag{15.117}$$

$$\mathbf{x}(0) = \mathbf{x}_0 \tag{15.118}$$

$$\mathbf{g}(\mathbf{x}_K) = \mathbf{0}. \tag{15.119}$$

Dieses statische Ersatzproblem hat für $\dim(\mathbf{x}) = n$, $\dim(\mathbf{u}) = m$ $(K+1)(m+n)$ Optimierungsvariablen im Vektor **c**. Weiterhin gibt es $n(K+1) + \dim(\mathbf{g}) + (K+1)\dim(\mathbf{G}) + n$ Gleichungsnebenbedingungen und $\dim(\mathbf{h})(K+1)$ Ungleichungsnebenbedingungen. Allerdings sieht man leicht, dass jede der Gleichungs- oder Ungleichungsnebenbedingungen nur von sehr wenigen der Parameter aus **c** abhängt. Man nennt das Problem *dünnbesetzt* (*sparse*), da die Matrizen, die aus der Linearisierung der Nebenbedingungen resultieren, nur wenige Einträge haben, die von Null verschieden sind. Für diese Problemklasse der statischen Optimierungsprobleme gibt es eigens Löser, die die Struktur des Optimierungsproblem nutzen und z. B. effizient abspeichern oder faktorisieren, s. Abschn. 4.2.4.2 und weiterführende Literatur [3, 4].

Natürlich setzt die Konvergenz des Kollokationsverfahren bei festem Gitter die Konvergenz des Lösers für das statische Ersatzproblem, z. B. ein SQP-Verfahren wie in Abschn. 5.4.4 oder ein Innere-Punkte-Verfahren wie in Abschn. 5.4.5, voraus. Um eine Lösung des dynamischen Optimierungsproblems mit gewünschter Genauigkeit zu erhalten, muss das Gitter fein genug gewählt werden. Im Allgemeinen löst man das statische Ersatzproblem zuerst auf einem sehr groben Gitter, bis Konvergenz erreicht wurde. Im Anschluss nimmt man eine oder mehrere Verfeinerungen des Gitters vor und löst jeweils nochmals das statische Ersatzproblem. Die Berechnung der Lage von neuen Stützpunkten des Gitters stützt sich unter anderem auf den lokalen Approximationsfehler, den Kollokationsfehler an weiteren, bisher noch nicht betrachteten Kollokationspunkten oder auf den Fehler in der Einhaltung der Nebenbedingungen in den Diskretisierungsintervallen [44].

Alternativ können zur Verbesserung der Approximationsgenauigkeit auch bewegliche Gitterpunkte erlaubt werden, das heißt, die Lagen der Gitterpunkte sind zusätzliche Optimierungsvariablen des statischen Optimierungsproblems (15.114)–(15.119). Im einfachsten Fall muss dabei mit $\gamma \in [0, 0.5]$, dass $\sum_{j=1}^{K} h_j = t_e$ und $h_j \in [(1 - \gamma)\overline{h}_j, (1 + \gamma)\overline{h}_j]$, s. [4]. Es gibt aber auch viel ausgefeiltere Ideen zur Verschiebung der Gitterpunkte. Ein Vorteil von beweglichen Gitterpunkten ist, dass die Gitterpunkte im Laufe der Konvergenz gegen Zeitpunkte konvergieren können, an denen eine Unstetigkeit vorliegt, z. B. durch das Aktivwerden einer Ungleichungsnebenbedingung. Gerade die Möglichkeit, die Zeiten des Aktiv- und Inaktivwerdens von Ungleichungsnebenbedingungen ohne explizite Vorgabe einer Reihenfolge zu bestimmen, ist eine der Stärken der Kollokationsverfahren. Ein Nachteil beweglicher Gitterpunkte ist die höhere Komplexität des statischen Ersatzproblems durch die neuen, stark nichtlinearen Nebenbedingungen [4, 46].

Für den Fall, dass durch das Kollokationsverfahren nicht die gewünschte Genauigkeit des Minimums erreicht wird, kann die Lösung des Kollokationsverfahrens als Startlösung für ein indirektes Verfahren (s. Abschn. 15.3) verwendet werden. Dafür sind im Allgemeinen nicht nur Startlösungen für die Zustände $\mathbf{x}(t)$ und Steuerungen $\mathbf{u}(t)$ nötig, sondern auch eine Startlösung für den Kozustand $\boldsymbol{\lambda}(t)$. Approximationen für den Kozustand können aus den Lagrange-Multiplikatoren des statischen Ersatzproblems erhalten werden. Es gilt

$$\boldsymbol{\lambda}(t_{j+\frac{1}{2}}) = \boldsymbol{\mu}_j \,,$$

wobei $\boldsymbol{\mu}_j$ der Multiplikator der GNB des statischen Optimierungsproblems ist, s. [44] für einen Beweis. Ähnliche Beziehungen können für Multiplikatoren von GNB und UNB gefunden werden.

Die Erweiterung auf freie Endzeit stellt methodisch keine größeren Schwierigkeiten dar. Im Allgemeinen wird dafür das Optimierungsproblem, das auf dem Intervall $[0, t_e]$

definiert ist, auf das Intervall [0, 1] skaliert, s. auch (15.74). Die freie Endzeit t_e ist dann ein Parameter des Optimierungsproblems und Teil der Optimierungsvariable **c** des statischen Ersatzproblems. Auch die Berücksichtigung weiterer zu optimierender Parameter ist möglich. Zudem wurde die Erweiterung der Kollokationsverfahren für hybride Systeme, wie sie in Abschn. 10.6 eingeführt wurden, gezeigt [47]. Grundsätzlich ist sogar die Bestimmung singulärer Lösungsabschnitte durch direkte Kollokationsverfahren möglich, s. Abschn. 11.4, allerdings resultiert gerade für feine Diskretisierungen oft ein schlecht konditioniertes statisches Ersatzproblem. Details und mögliche Abhilfe können in [4] nachgelesen werden. Ebendort wird auch diskutiert, wie GNB oder UNB höherer Ordnung, s. Abschn. 11.3.2, berücksichtigt werden können.

Das direkte Kollokationsverfahren kann als Parameterverfahren gesehen werden, wobei die eingeführten Parameter die Interpolationspolynome parametrisieren. Wie die Parameterverfahren auch, finden Kollokationsverfahren unter Umständen künstliche lokale Minima, die nur durch die Diskretisierung entstanden sind und die weit vom gesuchten Minimum des dynamischen Optimierungsproblems entfernt liegen können.

15.4.4 Direkte Mehrfachschießverfahren

Während beim Kollokationsverfahren der Zustand und die Steuerung durch Näherungsansätze approximiert werden, wird beim *direkten Mehrfachschießverfahren* nur die Steuerung approximiert, die Zustandstrajektorien werden durch Integration der Systemdynamik erhalten. Im Unterschied zum sequentiellen Vorgehen beim direkten Einfachschießverfahren (s. Abschn. 15.4.1) wird dabei die Zeitachse diskretisiert und die Integration wird nur auf Teilstücken der Zeitachse durchgeführt. Die dafür nötigen Anfangswerte werden als zusätzliche Unbekannte des statischen Ersatzproblems betrachtet, wodurch eine simultane Lösung nach Zuständen und Steuerung notwendig wird. Mehrfachschießverfahren wurden in den 1980er Jahren eingeführt [48] und seither kontinuierlich weiterentwickelt [49]. Besonders effiziente Implementierungen erlauben sogar den Echtzeiteinsatz in der modellprädiktiven Regelung [50].

Wieder wird die dynamische Optimierungsaufgabe (15.79)–(15.84) mit der Einschränkung, dass die Endzeit t_e fest ist, betrachtet. Weiterhin werden die GNB (15.82) vorerst nicht betrachtet. Ohne Beschränkung der Allgemeinheit kann die Kostenfunktion erneut in Mayer-Form (10.4) angenommen werden.

Es wird eine Diskretisierung der Zeitachse vorgenommen

$$0 = t_0 < t_1 < t_2 < \ldots < t_K = t_e \,. \tag{15.120}$$

Auf Basis der zeitlichen Diskretisierung wird die Steuerung z. B. durch eine stückweise konstante (im Allgemeinen polynomiale) Funktion, vgl. (15.103), approximiert

$$\tilde{\mathbf{u}} = \mathbf{u}_j, \ t_j < t < t_{j+1}, \quad j = 0, \ldots, K - 1 \,. \tag{15.121}$$

Abb. 15.4 Mehrfachschießverfahren

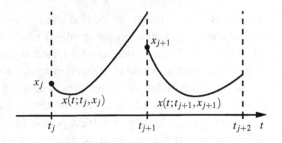

Beim direkten Einfachschießen aus Abschn. 15.4.2 wird die Differentialgleichung mit dem gegebenen Startwert $\mathbf{x}(0) = \mathbf{x}_0$ direkt integriert. Bei dieser direkten Integration treten allerdings Probleme durch instabile oder schlecht konditionierte Dynamiken auf, vor allem wenn das Integrationsintervall $[0, t_e]$ sehr lang ist. Beim Mehrfachschießen dagegen, wird der Integrationsbereich zur Verbesserung der Robustheit der Integrationen unterteilt und die Integration wird jeweils nur für ein Teilintervall $t_j < t < t_{j+1}$ der Diskretisierung durchgeführt. Die Startwerte für die Integrationen auf den Teilintervallen sind zunächst unbekannt und werden mit $\mathbf{x}(t_j) = \mathbf{x}_j$, $j = 1, \ldots, K - 1$, initialisiert. Somit sind die freien Parameter $\mathbf{c}$ der Optimierungsaufgabe

$$\mathbf{c} = [\mathbf{u}_0^T \, \mathbf{u}_1^T \ldots \mathbf{u}_{K-1}^T \, \mathbf{x}_1^T \ldots \mathbf{x}_{K-1}^T]^T \, , \tag{15.122}$$

wobei wieder die Abkürzungen $\mathbf{u}_j = \mathbf{u}(t_j)$ und $\mathbf{x}_j = \mathbf{x}(t_j)$ für $0 \leq j \leq K - 1$ verwendet wurden.

Aus der Integration auf einem Teilintervall $t_j < t < t_{j+1}$ erhält man mit der Anfangsbedingung $\mathbf{x}(t_j) = \mathbf{x}_j$ die Teillösung $\mathbf{x}(t; t_j, \mathbf{x}_j)$. Um eine stetige Lösung für den Zustand zu erhalten, muss die Bedingung $\mathbf{x}(t_{j+1}; t_j, \mathbf{x}_j) = \mathbf{x}_{j+1}$ im statischen Ersatzproblem, neben den diskretisierten UNB (15.82) und Randbedingungen (15.84), als Nebenbedingung berücksichtigt werden, s. Abb. 15.4.

Es resultiert das statische Ersatzproblem

$$\min_{\mathbf{c}} \; \vartheta(\mathbf{x}_K, t_K) \tag{15.123}$$

unter Berücksichtigung von

$$\mathbf{x}(t_{j+1}; t_j, \mathbf{x}_j) = \mathbf{x}_{j+1}, \quad j = 1, \ldots, K \tag{15.124}$$

$$\mathbf{h}(\mathbf{x}_j, \mathbf{u}_j) \leq \mathbf{0}, \quad j = 0, \ldots, K \tag{15.125}$$

$$\mathbf{x}(0) = \mathbf{x}_0 \tag{15.126}$$

$$\mathbf{g}(\mathbf{x}_K) = \mathbf{0} \, . \tag{15.127}$$

Wie bei den Kollokationsverfahren aus Abschn. 15.4.3 ist das statische Ersatzproblem hochdimensional aber dünnbesetzt und erfordert daher Löser, die die spezielle Struktur des Problems nutzen. Die Berechnung der Gradienten für das statische Ersatzproblem erfordert die Auswertung der Empfindlichkeiten der numerischen Integrationen. Wie bereits bei den indirekten Einfachschießverfahren (Abschn. 15.3.1) ausgeführt, ist auch hier die Gradientenberechnung durch Approximation des Differenzenquotienten im Allgemeinen zu ungenau und bessere Ergebnisse können z. B. durch simultane Integration der Differentialgleichung der Empfindlichkeiten erzielt werden, s. ebenfalls Abschn. 15.3.1. Für weitere Hinweise und Alternativen, s. [51].

Im Vergleich zu den Kollokationsverfahren ist die Genauigkeit der Approximation auch schon bei einem groben Gitter relativ gut und es bedarf oft keiner Gitterverfeinerung. Der Grund dafür ist, dass beim Mehrfachschießen die Differentialgleichung für alle $t \in [0, t_e]$ erfüllt ist, während die Differentialgleichungen beim Kollokationsverfahren nur an den Kollokationspunkten erfüllt sind. Allerdings hängt der Erfolg des direkten Mehrfachschießens unmittelbar von der Wahl eines guten numerischen Integrationsverfahrens für gewöhnliche Differentialgleichungen ab, vgl. Abschn. 15.2. Trotzdem können natürlich, zur Verbesserung der Genauigkeit, bewegliche Gitterpunkte zugelassen werden, insbesondere dann, wenn es zahlreiche UNB gibt, die wechselnd aktiv und inaktiv werden. Für große Probleme kann das Verfahren auch parallelisiert werden, denn die Integration der Differentialgleichung auf den Teilintervallen kann auch gleichzeitig vorgenommen werden.

Die Berücksichtigung einer GNB der Form (15.82) erfordert die Integration des differentiell-algebraischen Systems

$$\dot{\mathbf{x}} = \mathbf{f}(\mathbf{x}, \mathbf{u}, t)$$
$$0 = \mathbf{G}(\mathbf{x}, \mathbf{u}, t)$$

anstatt von Differentialgleichungen (15.80). Dazu kommt, dass die diskretisierte GNB

$$\mathbf{G}(\mathbf{x}_j, \mathbf{u}_j) = \mathbf{0}, \quad j = 0, \ldots, K,$$

im statischen Ersatzproblem berücksichtigt werden muss. Dabei ist zu beachten, dass die numerische Integration des differentiell-algebraischen Systems nur für GNB 1. Ordnung (vgl. Abschn. 11.3.1) algorithmisch einfach ist. Für weitere Hinweise, s. [49]. Die Erweiterung des Verfahrens auf die Berücksichtigung freier Endzeiten, weiterer Parameter oder hybrider Dynamiken [49] ist analog zum Vorgehen bei der direkten Kollokation aus Abschn. 15.4.3 möglich.

15.5 Übungsaufgaben

15.1 Für die dynamische Problemstellung des Beispiels 15.8 sei nun folgender approximierter Ansatz verwendet

$$\tilde{x}(t) = c_1 \sin\left(\frac{\pi}{T}t\right) + c_2 \sin\left(\frac{2\pi}{T}t\right).$$

Sind die Randbedingungen der Problemstellung durch diesen Ansatz erfüllt? Berechnen Sie die Parameterwerte $\mathbf{c}^*$ zur Minimierung des Gütefunktionals (15.91). Geben Sie den

Verlauf der Näherungslösung $\tilde{x}(t)$, $\tilde{u}(t)$ an. Zeichnen und vergleichen Sie diese Verläufe mit der exakten Lösung. (Hinweis: Die Näherungslösung für $T = 1$ lautet

$$\tilde{x}(t) = \frac{2}{\pi^3 - \pi} \sin \pi t + \frac{1}{\pi - 4\pi^2} \sin 2\pi t$$

$$\tilde{u}(t) = \frac{2}{\pi^2 - 1} \cos \pi t + \frac{2}{1 - 4\pi^2} \cos 2\pi t \;.)$$

15.2 Zur Minimierung des Gütefunktionals

$$J = \frac{1}{2} \int_0^1 x^2 + u^2 \, dt$$

unter Berücksichtigung von $\dot{x} = u$, $x(0) = 1$ wird folgender Näherungsansatz zugrunde gelegt

$$\tilde{u}(t) = c_1 + c_2 t + c_3 t^2.$$

(a) Geben Sie die in (15.105) einzusetzende Funktion $\tilde{f}$ an. Lösen Sie (15.105) analytisch.
(b) Geben Sie die Hamilton-Funktion (15.108) an. Leiten Sie die Differentialgleichung (15.109) für $\lambda(t)$ ab. Lösen Sie diese analytisch.
(c) Berechnen Sie den reduzierten Gradienten $\nabla_c \overline{J}$ aus (15.107). Geben Sie die aus $\nabla_c \overline{J} = \mathbf{0}$ resultierenden optimalen Werte $\mathbf{c}^*$ an.
(d) Vergleichen Sie die angenäherte Lösung mit der aus Abschn. 10.4 bekannten exakten Lösung der Problemstellung.
(e) Nun sei zusätzlich $u \geq -0.5$ gefordert. Formulieren Sie das transformierte statische Problem so, dass die UNB zu den Zeitpunkten $t = 0.1, 0.2, \ldots, 1$ respektiert wird.

15.3 Man betrachte die Minimierung des Funktionals

$$J = \frac{1}{2} \int_0^1 x^2 + u^2 \, dt$$

unter Berücksichtigung von $\dot{x} = -x^2 + u$, $x(0) = 10$. Nach Einsetzen von $u = \dot{x} + x^2$ ins Gütefunktional soll folgender Näherungsansatz eingesetzt werden

$$\tilde{x}(t) = 10 + c_1 t + c_2 t^2 \;.$$

(a) Formulieren Sie das transformierte statische Problem zur angenäherten Lösung der dynamischen Problemstellung.
(b) Nun sei auch $x(t) + 8t \geq 8$ gefordert. Formulieren Sie das transformierte statische Problem so, dass die UNB zu den Zeitpunkten $t = 0.1, 0.2, \ldots, 1$ respektiert wird.

15.4 Führen Sie die algorithmischen Schritte der zulässigen Richtung für die Problemstellung von Beispiel 15.4 mit $t_e = 1$ unter der zusätzlichen Auflage durch, dass

$$|u(t)| \leq 1, \quad 0 \leq t \leq 1$$

gelten soll. Diskutieren Sie hierbei den Einfluss des Gewichtungsfaktors $S \geq 0$ und vergleichen Sie mit dem Ergebnis der Übung 11.12.

15.5 Für das Problem der zeitoptimalen Steuerung eines doppelintegrierenden Systems (Beispiel 11.7) soll das Verfahren der Quasilinearisierung eingesetzt werden.

(a) Formen Sie das Optimierungsproblem so um, dass es durch das Verfahren der Quasilinearisierung numerisch behandelt werden kann. (Hinweis: Führen Sie das neue Zeitargument $\tau = \alpha t$ ein. Wandeln Sie die UNB durch Einführung von Schlupfvariablen in GNB um.)
(b) Geben Sie die iterativen Gleichungen zur Durchführung des Algorithmus der Quasilinearisierung an.
(c) Bestimmen Sie für einige Anfangswerte $\mathbf{x}_0$ und geeignete Starttrajektorien numerisch die Problemlösung.

15.6 Nehmen Sie für ein Kollokationsverfahren an, dass der Zustand ebenso wie die Steuerung durch lineare Funktionen approximiert wird. Dabei wird für den Zustand Stetigkeit gefordert. Bestimmen Sie das statische Ersatzproblem für (15.79)–(15.84).

15.7 Betrachten Sie die Aufgabenstellung aus Beispiel 10.1. Verwenden Sie das Kollokationsverfahren, um ein statisches Ersatzproblem zu erhalten. Nehmen Sie dafür an, dass $T = 1$ gilt und diskretisieren Sie mit $K = 2$.

Literatur

1. Betts J (1998) Survey of numerical methods for trajectory optimization. J Guid Control Dynam 21:193–207
2. von Stryk O, Bulirsch R (1992) Direct and indirect methods for trajectory optimization. Ann Oper Res 37:357–373
3. Betts J (2001) Practical methods for optimal control using nonlinear programming, vol 55. Appl Mech Review
4. Biegler L (2010) Nonlinear programming: concepts, algorithms, and applications to chemical processes. Society for Industrial Mathematics
5. Cervantes A, Biegler L (2001) Optimization strategies for dynamic systems. Encyclopedia of Optimization 4:216
6. Pytlak R (1999) Numerical methods for optimal control problems with state constraints. Springer, Berlin, Heidelberg

7. Stör J, Bulirsch R (5. Aufl., 2005) Numerische Mathematik 2. Springer, Berlin, Heidelberg

8. Bornemann F (3. Aufl., 2008) Numerische Mathematik 2. de Gruyter

9. Munz CD, Westermann T (2. Aufl., 2009) Numerische Behandlung gewöhnlicher und partieller Differenzialgleichungen: Ein interaktives Lehrbuch für Ingenieure. Springer, Berlin, Heidelberg

10. Strehmel K, Weiner R, Podhaisky H (2. Aufl., 2012) Numerik gewöhnlicher Differential-gleichungen: Nichtsteife, steife und differential-algebraische Gleichungen. Springer, Berlin, Heidelberg

11. Bryson Jr A, Ho Y (1969) Applied optimal control. Ginn, Waltham, Massachusetts

12. Tapley B, Lewalle J (1967) Comparison of several numerical optimization methods. J Optimiz Theory App 1:1–32

13. Bock H (1978) Numerical solution of nonlinear multipoint boundary value problems with applications to optimal control. Z Angew Math Mech 58:407ff

14. Mitter S (1966) Successive approximation methods for the solution of optimal control problems. Automatica 3:135–149

15. Papageorgiou M (2. Aufl., 1996) Optimierung. Statische, dynamische, stochastische Verfahren für die Anwendung. Oldenbourg

16. Sage A, White C (1977) Optimum systems control. Prentice-Hall, Englewood Cliffs, New Jersey

17. Papageorgiou M, Mayr R (1988) Comparison of direct optimization algorithms for dynamic network flow control. Optim Contr Appl Met 9:175–185

18. Sarachik P (1968) Davidon's method in Hilbert space. SIAM J Appl Math 16:676–695

19. Tripathi S, Narendra K (1970) Optimization using conjugate gradient methods. IEEE T Automat Contr 15:268–270

20. Lasdon L, Mitter S, Waren A (1967) The conjugate gradient method for optimal control problems. IEEE T Automat Contr 12:132–138

21. Jones D, Finch J (1984) Comparison of optimization algorithms. Int J Control 40:747–761

22. Pagurek B, Woodside C (1968) The conjugate gradient method for optimal control problems with bounded control variables. Automatica 4:337–349

23. Kirk D (1970) Optimal control theory. Prentice-Hall, Englewood Cliffs, New Jersey

24. Moreno Baños J, Papageorgiou M, Schäffner C (1991) Optimal flow control in undersaturated packet-switched networks. In: IEEE Decis Contr P, S 2196–2197

25. Abadie J (1970) Application of the GRG algorithm to optimal control problems. In: Abadie J (Hrsg) Integer and Nonlinear Programming, North-Holland, Amsterdam, S 191–211

26. Bhouri N, Papageorgiou M, Blosseville J (1990) Optimal control of traffic flow on periurban ringways with application to the boulevard périphérique in paris. In: 11th IFAC World Congress, vol 10, S 236–243

27. Mehra R, Davis R (1972) A generalized gradient method for optimal singular arcs 17:69–79

28. Okamura K (1965) Some mathematical theory of the penalty method for solving optimum control problems. J SIAM Control 2:317–331

29. Tripathi S, Narendra K (1972) Constrained optimisation problems using multiplier methods. J Optimiz Theory App 9:59–70

30. Bellman R, Kalaba R (1965) Quasilinearization and nonlinear boundary-value problems. Elsevier Press, New York

31. Kenneth P, Gill RM (1966) Two-point boundary-value-problem techniques. In: Leondes C (Hrsg) Advances in Control Systems, Academic Press, S 69–109

32. Kalaba R, Spingarn K (1983) On the rate of convergence of the quasi-linearization method. IEEE T Automat Contr 28:798–799

33. Kraft D (1985) On converting optimal control problems into nonlinear programming codes. In: Schittowski K (Hrsg) NATO ASI Series 5 on Computational Mathematical Programming, Springer, Berlin, S 261–280

34. Vlassenbroek J, van Dooren R (1988) A Chebychev technique for solving nonlinear optimal control problems. IEEE T Automat Contr 33:333–340

35. Williamson W (1971) Use of polynomial approximations to calculate suboptimal controls. AIAA Journal 9:2271–2273

36. Strand S, Balchen J (1990) A comparison of constrained optimal control algorithms. In: 11th IFAC World Congress, Tallinn, Estland, vol 6, S 191–199

37. Rosen O, Luus R (1992) Global optimization approach to nonlinear optimal control. J Optimiz Theory App 73:547–562

38. Hicks G, Ray W (1971) Approximation methods for optimal control synthesis. Can J Chem Eng 49:522–528

39. Litt F, Delcommune J (1985) Numerical problems involved in finding optimal control strategies by nonlinear programming techniques. In: 5th IFAC Workshop on Control Applications of Nonlinear Programming and Optimization, Capri, Italien, S 103–110

40. Hargraves CR, Paris SW (1987) Direct trajectory optimization using nonlinear programming and collocation. In: Journal of Guidance, Control, and Dynamics, AAS/AIAA Astrodynamics Conference, vol 10, S 338–342

41. Tsang T, Himmelblau D, Edgar T (1975) Optimal control via collocation and non-linear programming. Int J on Control 21:763–768

42. Biegler L (1984) Solution of dynamic optimization problems by successive quadratic programming and orthogonal collocation. Comput Chem Eng 8:243–247

43. von Stryk O (1993) Numerical solution of optimal control problems by direct collocation. In: Bulirsch R, Miele A, Stoer J, Well K (Hrsg.) Optimal Control, vol 111 of Int. Ser. Numerical Mathematics, Birkhäuser Verlag, S 129–143

44. von Stryk O (1994) Numerische Lösung optimaler Steuerungsprobleme: Diskretisierung, Parameteroptimierung und Berechnung der adjungierten Variablen. No. 441 in Fortschritt-Berichte VDI, Reihe 8: Mess-, Steuer- und Regelungstechnik, VDI Verlag, Düsseldorf

45. Elnagar G, Kazemi M, Razzaghi M (1995) The pseudospectral legendre method for discretizing optimal control problems. IEEE T Automat Contr 40:1793–1796

46. Russell RD, Christiansen J (1978) Adaptive mesh selection strategies for solving boundary value problems. SIAM J Numer Anal 15:59–80

47. von Stryk O (1999) User's guide for DIRCOL (version 2.1): A direct collocation method for the numerical solution of optimal control problems. Tech. rep., Fachgebiet Simulation und Systemoptimierung, Technische Universität Darmstadt

48. Bock H, Plitt K (1984) A multiple shooting algorithm for direct solution of optimal control problems. In: 9th IFAC World Congress, S 242–247

49. Leineweber D, Bauer I, Bock H, Schlöder J (2003) An efficient multiple shooting based reduced SQP strategy for large-scale dynamic process optimization – part I: Theoretical aspects, part II: Software aspects and applications. Comput Chem Eng 27:157–174

50. Diehl M, Bock H, Schlöder J (2005) A real-time iteration scheme for nonlinear optmization in optimal feedback control. SIAM J Control Optim 43:1714–1736

51. Diehl M (2011) Script for numerical optimal control course. Tech. rep., ETH Zurich

Stochastische dynamische Programmierung 16

Wir haben uns bereits im zweiten Teil dieses Buches mit Problemstellungen der optimalen Regelung befasst, allerdings haben wir bisher angenommen, dass die auf den Prozess wirkenden Störungen klein sind und keine bekannte Stochastik aufweisen. Bei vielen praktischen Anwendungen ist aber die Problemumgebung innerhalb bestimmter Grenzen ungewiss. In solchen Fällen werden unsichere, problemrelevante Ereignisse und Entwicklungen üblicherweise durch die Einführung entsprechender *stochastischer Variablen* oder *Zufallsvariablen* modelliert, deren genaue Werte zum Zeitpunkt der optimalen Entscheidungsfindung zwar unbekannt sind, deren Wahrscheinlichkeitsverteilung aber als gegeben vorausgesetzt wird. Die dynamische Optimierungsaufgabe besteht dann darin, unter Berücksichtigung der üblichen Problemgegebenheiten und der *Wahrscheinlichkeitsverteilungen* der Zufallsvariablen die Entscheidungsvariablen so festzulegen, dass der *Erwartungswert eines Gütefunktionals* minimiert wird. Um Grundbegriffe der Wahrscheinlichkeitstheorie aufzufrischen, wird dem Leser an dieser Stelle die Lektüre des Abschn. 19.3 empfohlen.

Das uns aus Kap. 14 bekannte Verfahren der dynamischen Programmierung, das auf dem Bellman'schen Optimalitätsprinzip basiert, wird in diesem Kapitel in Form der *stochastischen dynamischen Programmierung* für zeitdiskrete dynamische Systeme verallgemeinert, s. Abschn. 16.1–16.3.[1] Unter anderem kann aus der stochastischen dynamischen Programmierung dann eine stochastische Version des LQ-Reglers abgeleitet werden, s. Abschn. 16.5. Wir studieren zur Einführung ein Beispiel aus [4]. Im Anschluss werden wir die allgemeine Problemstellung angeben.

Beispiel 16.1 Wir betrachten das Problem des mehrstufigen Entscheidungsprozesses von Abb. 16.1. Um den kostengünstigsten Weg vom Punkt A zur Linie B zu bestimmen, kann bekanntlich die dynamische Programmierung herangezogen werden. Diese liefert nicht

---

[1] Wir beschränken uns in diesem Kapitel auf die Behandlung *zeitdiskreter* stochastischer Optimierungsprobleme. Für die Berücksichtigung des zeitkontinuierlichen Falls s. beispielsweise. [1–3].

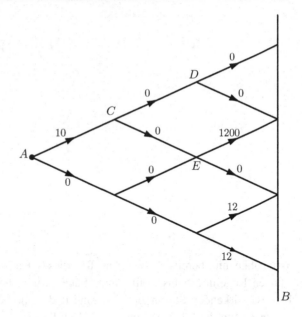

Abb. 16.1 Mehrstufiger Entscheidungsprozess

nur die optimale Trajektorie von A nach B, sondern ein optimales Regelgesetz, das an jedem Knoten auf die einzuschlagende Richtung (*Links* oder *Rechts*) hinweist. Wirken keine unerwarteten Störungen auf das Prozessgeschehen, so führen im deterministischen Fall die optimale Steuerung und die optimale Regelung zum gleichen minimalen Wert des Gütefunktionals.

Nun wollen wir diese Problemstellung im stochastischen Sinne folgendermaßen modifizieren. Wenn an einem Punkt L (Linksfahrt) entschieden wird, dann wird mit einer Wahrscheinlichkeit von 0.75 auch links gefahren oder aber mit einer Wahrscheinlichkeit von 0.25 rechts gefahren. Wird hingegen R (Rechtsfahrt) entschieden, so beträgt die Wahrscheinlichkeit einer Rechtsfahrt 0.75 und die einer Linksfahrt 0.25. Unter diesen neuen Gegebenheiten können wir zwar auf den Fahrweg von A nach B und auf die damit verbundenen Kosten mittels L- bzw. R-Entscheidungen Einfluss nehmen, eine vollständige Determinierung des Fahrweges und der Übertragungskosten bleibt uns aber verwehrt. Eine optimale Entscheidungsstrategie in dieser stochastischen Problemumgebung kann durch die Forderung definiert werden, dass der *Erwartungswert* der Übertragungskosten von A nach B minimiert werden soll. Um eine stochastische optimale *Steuer*trajektorie zu bestimmen, können wir alle acht möglichen Wege von A nach B untersuchen und denjenigen wählen, der die erwarteten Übertragungskosten minimiert. Beispielsweise führt die Entscheidungssequenz L–L–L mit einer Wahrscheinlichkeit von 27/64 zum Weg L–L–L, dessen Kosten sich auf 10 belaufen, mit einer Wahrscheinlichkeit von 9/64 zum Weg R–L–L mit Kosten 1200 usw. Der Erwartungswert der Übertragungskosten bei der Entscheidung L–L–L berechnet sich somit aus

$$E_{LLL} = \frac{27}{64} 10 + \frac{9}{64}(1200 + 1210 + 10) + \frac{3}{64}(10 + 0 + 12) + \frac{1}{64} 12 = 345.75 \, .$$

Abb. 16.2 Optimale Regelungsstrategie

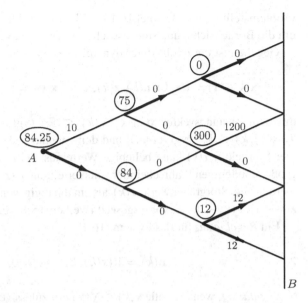

Wenn wir diese Berechnung für alle möglichen Entscheidungssequenzen durchführen (s. Übung 16.1), erhalten wir die optimale Steuertrajektorie L–L–R mit den minimalen erwarteten Kosten von 120.75.

Zur Bestimmung einer optimalen *Regelungs*strategie wollen wir wie in Kap. 14 verfahren, d. h. vom Ziel B anfangend, rückwärts fortschreitend die optimale Bewegungsrichtung an jedem Punkt bestimmen. Nehmen wir hierzu an, dass wir uns an einem Punkt C der Stufe k befinden und dass wir die minimalen Erwartungskosten der zwei Nachfolgepunkte D, E (s. Abb. 16.1) der Stufe $k + 1$ mit E_D^* und E_E^* bereits bestimmt haben. Dann berechnen sich die Erwartungskosten E_C bei L-Entscheidung zu $0.75E_D^* + 0.25E_E^*$ und bei R-Entscheidung zu $0.25E_D^* + 0.75E_E^*$. Der kleinere dieser zwei Erwartungskosten ergibt E_C^* und die entsprechende Richtung ist die optimale Bewegungsentscheidung am Punkt C. Das Resultat dieser Berechnung, ausgeführt für alle Punkte, zeigt Abb. 16.2, wobei die jeweiligen minimalen Erwartungskosten in einem Kreis über dem entsprechenden Punkt vermerkt sind (s. Übung 16.1). Offenbar betragen die optimalen Erwartungskosten des Übergangs von A nach B für die optimale Regelung $E_A^* = 84.25$ und sind somit geringer als die optimalen Erwartungskosten der optimalen Steuersequenz.

Das schlechtere Abschneiden der optimalen Steuersequenz rührt daher, dass die einmal auf der Grundlage der bekannten Wahrscheinlichkeiten beschlossene Fahrsequenz stur – ohne Rücksicht auf den tatsächlich eintretenden Fahrweg – eingesetzt wird. Die optimale Regelung ist hingegen flexibler, macht sie doch ihre Entscheidung bei jeder Entscheidungsstufe von dem aktuell eingetretenen Zustand abhängig.   □

Wir wollen nun das Grundproblem der stochastischen dynamischen Programmierung zur Berechnung optimaler Regelgesetze vorstellen, das eine Verallgemeinerung der

Problemstellung von Beispiel 16.1 ist. Ebenso wird hier die Problemstellung aus Kap. 14 um die Berücksichtigung stochastischer Störgrössen verallgemeinert [5].

Gegeben ist ein zeitdiskretes dynamisches System (vgl. (14.2))

$$\mathbf{x}(k+1) = \mathbf{f}(\mathbf{x}(k), \mathbf{u}(k), \mathbf{z}(k), k), \quad \mathbf{x}(0) = \mathbf{x}_0, \quad k = 0, \dots, K-1 \tag{16.1}$$

mit dem Zustandsvektor $\mathbf{x}(k) \in \mathcal{X}(k) \subset \mathbb{R}^n$ (vgl. (14.5)), dem Steuervektor $\mathbf{u}(k) \in \mathcal{U}(\mathbf{x}(k), k) \subset \mathbb{R}^m$ (vgl. (14.4)) und dem stochastischen Störvektor $\mathbf{z}(k) \in \mathcal{Z}(k) \subset \mathbb{R}^p$. Der Störvektor $\mathbf{z}(k)$ kann beliebige Werte aus $\mathcal{Z}(k)$ mit der zeit-, zustands- und steuergrößenabhängigen Wahrscheinlichkeitsverteilung $P(\mathbf{z}| \mathbf{x}(k), \mathbf{u}(k), k)$ annehmen. Hierbei werden die Störgrößenwerte $\mathbf{z}(k)$ als unabhängig von allen früheren Störgrößenwerten $\mathbf{z}(k-1), \mathbf{z}(k-2), \dots$, vorausgesetzt (weißer stochastischer Prozess).

Ein *Regelgesetz* für das System (16.1)

$$\mathbf{u}(k) = \mathbf{R}(\mathbf{x}(k), k), \quad k = 0, \dots, K-1 \tag{16.2}$$

heißt *zulässig*, wenn für alle $\mathbf{x}(k) \in \mathcal{X}(k)$ ein zulässiger Steuervektor $\mathbf{u}(k) \in \mathcal{U}(\mathbf{x}(k), k)$ aus (16.2) resultiert. Demnach repräsentiert $\mathcal{X}(k)$ im hiesigen Problem keine Zustandsbeschränkung (wie im deterministischen Fall von Kap. 14), sondern lediglich einen Wertebereich, der der Natur der Zustandsgrößen entspringt. In der englischsprachigen Literatur werden die Regelgesetze als *policy* bezeichnet. Verbreitet ist dabei auch die Notation μ_k für das Regelgesetz $\mathbf{R}(\mathbf{x}(k), k)$. Das zeitvariante Regelgesetz wird dann in π zusammengefasst als

$$\pi = \{\mu_0, \dots, \mu_{K-1}\}.$$

Nun betrachten wir folgenden Erwartungswert über $\mathbf{z}(k)$, $k = 0, \dots, K-1$, eines zeitdiskreten Gütefunktionals (vgl. (14.1))

$$J = E\left\{\vartheta(\mathbf{x}(K)) + \sum_{k=0}^{K-1} \phi(\mathbf{x}(k), \mathbf{u}(k), \mathbf{z}(k), k)\right\}. \tag{16.3}$$

Das *Grundproblem der stochastischen dynamischen Programmierung* besteht darin, ein zulässiges Regelgesetz (16.2) zu bestimmen, das das Gütefunktional (16.3) unter Berücksichtigung der Systemgleichung (16.1) minimiert. Wir beschränken uns im Folgenden weiterhin auf Probleme mit endlichem Horizont K (*finite-horizon*). Ist K unendlich, spricht man von Problemen mit unendlichem Horizont (*infinite-horizon*), s. Abschn. 16.4 und [6] für deren Behandlung.

Wenn die Problemstörungen $\mathbf{z}(k)$ nicht mit $\mathbf{x}(k)$, $\mathbf{u}(k)$ sondern mit früheren Werten $\mathbf{z}(k-1), \mathbf{z}(k-2), \dots$ korreliert sind, so besteht oft die Möglichkeit, ein *Störgrößenmodell* (vgl. Abschn. 12.7.3) anzugeben

$$\mathbf{z}(k+1) = \mathbf{F}(k)\mathbf{z}(k) + \boldsymbol{\xi}(k), \quad k = 0, 1, \dots, K-1, \tag{16.4}$$

wobei $\boldsymbol{\xi}(k)$ zeitlich unabhängige Störgrößen mit bekannter Wahrscheinlichkeitsverteilung sind. Durch Ankoppeln von (16.4) an (16.1) entsteht somit eine erweiterte Problemstellung mit Zustandsvektor $[\mathbf{x}^T \ \mathbf{z}^T]^T$ und Störvektor $\boldsymbol{\xi}$, die die Form des Grundproblems aufweist. Freilich setzt diese Vorgehensweise voraus, dass die eigentlichen Störgrößen $\mathbf{z}(k)$, die nun als neue Zustandsgrößen auch in das Regelgesetz eintreten, messbar sind.

Beispiel 16.2 Die stochastische Problemstellung des Beispiels 16.1 kann in der Bezeichnungsweise des Grundproblems ausgedrückt werden, wenn wir am Punkt A die Lage des Koordinatenursprungs ($x = 0, k = 0$) vereinbaren. Wir erhalten dann

$$x(k + 1) = x(k) + u(k) + z(k), \quad k = 0, 1, 2$$

mit $\mathcal{X}(0) = \{0\}$, $\mathcal{X}(1) = \{1, -1\}$, $\mathcal{X}(2) = \{2, 0, -2\}$, $\mathcal{X}(3) = \{3, 1, -1, -3\}$; $\mathcal{U} = \{1, -1\}$; $\mathcal{Z} = \{2, 0, -2\}$. Die steuergrößenabhängige Wahrscheinlichkeitsverteilung der Störung ist durch folgende diskrete Wahrscheinlichkeitswerte charakterisiert

$$p(z = 2| u = 1) = 0, \ p(z = 2| u = -1) = \frac{1}{4},$$

$$p(z = 0| u = 1) = \frac{3}{4}, \ p(z = 0| u = -1) = \frac{3}{4},$$

$$p(z = -2| u = 1) = \frac{1}{4}, \ p(z = -2| u = -1) = 0.$$

Für das Gütefunktional erhält man $\vartheta(x(3)) = 0$ und mit der Abkürzung $U = u + z$

$$\phi(x = 0, U = 1, k = 0) = 10, \ \phi(x = 0, U = -1, k = 0) = 0,$$

$$\phi(x(1), U(1), k = 1) = 0,$$

$$\phi(x = 2, U(2), k = 2) = 0, \ \phi(x = -2, U(2), k = 2) = 12,$$

$$\phi(x = 0, U = 1, k = 2) = 1200, \ \phi(x = 0, U = -1, k = 2) = 0.$$

Das für diese Problemstellung in tabellarischer Form abgeleitete optimale Regelgesetz (16.2) kann Abb. 16.2 entnommen werden. □

Beispiel 16.3 Die dynamische Entwicklung eines Lagerinhaltes wird beschrieben durch

$$x(k + 1) = x(k) + u(k) - z(k). \tag{16.5}$$

Hierbei sind $x(k)$ der Lagerinhalt einer bestimmten Ware, $u(k)$ die bestellte und verzögerungsfrei gelieferte Warenmenge und $z(k)$ die Verkaufsnachfrage mit gegebener Wahrscheinlichkeitsverteilung, wobei $z(0), \ldots, z(K - 1)$ unabhängig voneinander sind. Wenn $z(k)$ die vorhandene und bestellte Warenmenge $x(k) + u(k)$ überschreitet, dann wird $x(k + 1)$ negativ und die entsprechende überschüssige Nachfrage wird erst in den nachfolgenden Zeitperioden gedeckt. Das zu minimierende Gütefunktional lautet

$$J = E \left\{ \sum_{k=0}^{K-1} c\, u(k) + p \max\{0, z(k) - x(k) - u(k)\} + h \max\{0, x(k) + u(k) - z(k)\} \right\}.$$

(16.6)

Es sind c der Einheitspreis der bestellten Ware, p die Einheitskosten für nicht sofort befriedigte Nachfrage und h die Einheitskosten der Lagerung. Das Gütefunktional (16.6) drückt somit die erwarteten Gesamtkosten zur Deckung der stochastischen Nachfrage aus, die minimiert werden sollen. Hierbei ist die bestellte Warenmenge $u(k) \geq 0$ die Steuergröße der Problemstellung.   □

Beispiel 16.4 (Torschlussproblem [5]) Eine Person ist im Besitz einer Ware (z. B. einer Immobilie), für deren Verkauf regelmäßig Verkaufsangebote ankommen. Die entsprechenden Preise $z(k) \in Z$, $k = 0, \ldots, K-1$, sind stochastisch, untereinander unabhängig und weisen eine bekannte zeitinvariante Wahrscheinlichkeitsverteilung auf. Wenn der Besitzer ein gegebenes Angebot annimmt, dann kann er die entsprechende Geldmenge mit einer Zinsrate $r > 0$ pro Zeitperiode anlegen; wenn er ablehnt, dann muss er bis zum nächsten Zeitpunkt auf ein neues Angebot warten. Wir setzen voraus, dass abgelehnte Angebote verfallen, und dass der Besitzer spätestens zum Zeitpunkt $K - 1$ verkaufen *muss*. Die Aufgabenstellung besteht darin, eine Annahme-Ablehnungs-Strategie festzulegen, die den erwarteten Ertrag zum Zeitpunkt K maximiert.

Offenbar sind die Angebote $z(k) \in Z \subset \mathbb{R}^+$ die stochastischen Störgrößenwerte im Sinne des Grundproblems. Die Steuergröße $u(k)$ kann zwei Werte annehmen, nämlich $u^1 \triangleq$ Verkaufen und $u^2 \triangleq$ Ablehnen des Angebots $z(k - 1)$. Als Definitionsbereich der Zustandsgröße legen wir $x(k) \in Z \cup \{T\}$ fest. Gilt $x(k) = T$, so ist die Ware verkauft (T ist hierbei nicht als Wert sondern als Marke zu verstehen); gilt $x(k) \neq T$, so ist die Ware nicht verkauft und der Wert von $x(k)$ drückt das aktuell vorliegende Angebot aus. Wir erhalten somit folgende Zustandsgleichung

$$x(k + 1) = \begin{cases} T & \text{wenn} \quad u(k) = u^1 \quad \text{oder} \quad x(k) = T \\ z(k) & \text{sonst.} \end{cases}$$

Das zu maximierende Gütefunktional (16.3) ist durch folgende Funktionen definiert

$$\vartheta(x(K)) = \begin{cases} x(K) & \text{wenn} \quad x(K) \neq T \\ 0 & \text{sonst} \end{cases}$$

$$\phi(x(k), u(k), k) = \begin{cases} (1 + r)^{K-k} x(k) & \text{wenn} \quad x(k) \neq T \quad \text{und} \quad u(k) = u^1 \\ 0 & \text{sonst.} \end{cases}$$

□

Bisher haben wir angenommen, dass die Zustände und Steuerungen kontinuierliche Grössen sind. In vielen Problemen nehmen aber die Zustandsvariablen ausschließlich diskrete Werte an. Dies mag entweder ihrer Natur entsprechen, s. Beispiel 16.3 und 16.4, oder das Resultat einer Wertediskretisierung sein (s. Abschn. 16.2). Wenn alle Zustandsvariablen wertediskret sind und die Anzahl der entsprechenden diskreten Werte endlich ist, dann gibt es zu jedem Zeitpunkt k eine endliche Anzahl diskreter Zustandswerte $\mathbf{x}_1, \mathbf{x}_2, \ldots, \mathbf{x}_n$, die der Systemzustand $\mathbf{x}(k)$ annehmen kann. Ohne Einschränkung der Allgemeinheit kann man in solchen Fällen der Einfachheit halber von einer diskreten, *skalaren* Zustandsgröße $x_k \in \{1, 2, \ldots, n\}$ ausgehen. Es gilt hier per Definition $x_k = i$, wenn zum Zeitpunkt k der i-te Zustand angenommen wird. Auf derselben Grundlage können auch diskrete Steuervektoren $\mathbf{u}(k)$ durch eine skalare Steuergröße u_k ersetzt werden, deren ganzzahlige Werte $u_k \in \{1, 2, \ldots, m\}$ diskreten Steuerungswerten entsprechen.

Bei skalaren, wertediskreten Zuständen ist die Beschreibung des dynamischen Prozesses durch *Markov-Ketten* verbreitet. Kern dieser Beschreibung sind die Übergangswahrscheinlichkeiten

$$p_{ij}(u, k) = p(x_{k+1} = j \,|\, x_k = i, u_k = u)\,. \tag{16.7}$$

Durch $p_{ij}(u, k)$ wird die Wahrscheinlichkeit angegeben, dass der zum Zeitpunkt k folgende Zustand $x_{k+1} = j$ ist, wenn der jetzige Zustand $x_k = i$ ist und die Steuerung $u_k = u$ wirkt, wobei die Wahrscheinlichkeiten (16.7) anstelle der stochastischen Variablen $\mathbf{z}(k)$ nunmehr die stochastische Prozessnatur widerspiegeln.

Diese Beschreibung lässt sich leicht in die Zustandsbeschreibung (16.1) umformen, indem man

$$x_{k+1} = z_k \tag{16.8}$$

als Zustandsgleichung nimmt und für z_k die Wahrscheinlichkeitswerte $p(z_k = j \,|\, x_k = i, u_k = u) = p_{ij}(u, k)$ festlegt. Auch die Transformation einer Zustandsgleichung (16.1) in eine Markov-Kette ist möglich [5]. Beide Beschreibungen sind äquivalent.

Für die Kostenfunktion gilt in Analogie zu (16.3)

$$J = E\left\{ \vartheta(x_K) + \sum_{k=0}^{K-1} \phi(x_k, u_k, x_{k+1}, k) \right\}, \tag{16.9}$$

wobei x_{k+1} in Anbetracht von (16.8) die stochastische Störung in der Kostenfunktion ersetzt. Wenn man für u_k das optimale Regelgesetz $\mu_k(x_k)$ aus π einsetzt und x_0 als Startwert definiert, dann sind $J^\pi(x_0)$ die Gesamtkosten, die akkumuliert werden, wenn man im Zustand x_0 startet und das Regelgesetz π verwendet.

Beispiel 16.5 Die diskrete stochastische Problemstellung des Beispiels 16.1 lässt sich in weniger umständlicher Weise als in Beispiel 16.2 auch als Markov-Kette formulieren.

Unter Beibehaltung der in Beispiel 16.2 eingeführten Werte für Zustand x und Steuerung u erhalten wir folgende unabhängige Übergangswahrscheinlichkeiten gemäß (16.7)

$$p_{i,i+1}(u) = \begin{cases} 0.75 & \text{wenn } u = 1 \\ 0.25 & \text{wenn } u = -1 \end{cases}$$

$$p_{i,i-1}(u) = \begin{cases} 0.25 & \text{wenn } u = 1 \\ 0.75 & \text{wenn } u = -1 \,, \end{cases}$$

während alle anderen p_{ij} Null sind.

Für die Kostenfunktion haben wir wieder $\vartheta(x_3) = 0$, während die Übergangskosten $\phi(x_k, x_{k+1}, k)$ unabhängig von der Steuerung u sind. So haben wir z. B. aus Abb. 16.1 $\phi(x_0 = 0, x_1 = 1, k = 0) = 10$, $\phi(x_0 = 0, x_1 = -1, k = 0) = 0$, u.s.w.

Diese Formulierung kann nun, unter Nutzung von (16.8), zu einer alternativen Zustandsbeschreibung desselben Problems führen, die sich von derjenigen des Beispiels 16.2 unterscheidet.   □

16.1 Zeitdiskrete stochastische dynamische Programmierung

Wie in Abschn. 14.3 definieren wir zunächst die *verbleibenden Erwartungskosten* (*cost-to-go*) J_k wie folgt

$$J_k = E \left\{ \vartheta(\mathbf{x}(K)) + \sum_{\kappa=k}^{K-1} \phi(\mathbf{x}(\kappa), \mathbf{u}(\kappa), \mathbf{z}(\kappa), \kappa) \right\} , \tag{16.10}$$

wobei der Erwartungswert über $\mathbf{z}(\kappa)$, $\kappa = k, \dots, K-1$, genommen wird. Für eine gegebene Problemstellung hängen die minimalen Erwartungskosten $J_k^* = \min J_k$ (unter Beachtung aller Nebenbedingungen) ausschließlich von $\mathbf{x}(k)$ und k ab. Wir bezeichnen diese minimalen Kosten (*optimal cost-to-go*) mit der *V-Funktion* $V(\mathbf{x}(k), k)$ und erhalten

$$V(\mathbf{x}(k), k) = \min J_k = \min \; E\{\phi(\mathbf{x}(k), \mathbf{u}(k), \mathbf{z}(k), k) + J_{k+1}\} , \tag{16.11}$$

wobei das Minimum über alle $\mathbf{u}(\kappa)$, $\kappa = k, \dots, K-1$, genommen wird, die die Nebenbedingungen erfüllen. Der Erwartungswert in (16.11) wird nur über $\mathbf{z}(k)$ genommen, da alle nachfolgenden $\mathbf{z}(k+1), \dots, \mathbf{z}(K-1)$ unabhängig von $\mathbf{x}(k)$, $\mathbf{u}(k)$ und $\mathbf{z}(k)$ sind. Nun erhalten wir aus (16.11) durch Anwendung des Optimalitätsprinzips

$$V(\mathbf{x}(k), k) = \min_{\mathbf{u}(k)} \; E\{\phi(\mathbf{x}(k), \mathbf{u}(k), \mathbf{z}(k), k) + V(\mathbf{x}(k+1), k+1)\} \tag{16.12}$$

und nach Einsetzen von (16.1) auch

$$\begin{aligned} V(\mathbf{x}(k), k) = \min_{\mathbf{u}(k)} \; &E\{\phi(\mathbf{x}(k), \mathbf{u}(k), \mathbf{z}(k), k) \\ &+ V(\mathbf{f}(\mathbf{x}(k), \mathbf{u}(k), \mathbf{z}(k), k), k+1)\} , \end{aligned} \tag{16.13}$$

wobei das Minimum nunmehr allein über die Steuergröße $\mathbf{u}(k) \in \mathcal{U}(\mathbf{x}(k), k)$ des Zeitpunkts k genommen wird. Gleichung (16.13) ist die *stochastische Version der Bellmanschen Rekursionsformel* (14.9), die den mehrstufigen stochastischen Entscheidungsprozess in K einstufige Entscheidungsprobleme zerlegt und zur Bestimmung eines stochastischen optimalen Regelgesetzes führt. Die Randbedingung für (16.13) lautet offenbar

$$V(\mathbf{x}(K), K) = \vartheta(\mathbf{x}(K)) . \qquad (16.14)$$

Die Auswertung der Rekursionsformel (16.13) erfolgt rückwärts, vom Endzeitpunkt K mit (16.14) anfangend, analog zum deterministischen Fall. In der stochastischen Version muss allerdings zu jeder Gütefunktionsberechnung in der einstufigen Minimierungsprozedur der Erwartungswert über $\mathbf{z}(k)$ berechnet werden, wie es bereits in Beispiel 16.1 praktiziert wurde. Diese Vorgehensweise der stochastischen dynamischen Programmierung liefert ein globales Minimum der Problemstellung, sofern die einstufige Minimierung ebenfalls global erfolgt.

Beispiel 16.6 Wir wollen das Verfahren der stochastischen dynamischen Programmierung zur analytischen Lösung des Torschlussproblems von Beispiel 16.4 einsetzen [5]. Mit den dortigen Festlegungen erhalten wir aus (16.13), (16.14)

$$V(x(K), K) = \begin{cases} x(K) & \text{wenn} \quad x(K) \neq T \\ 0 & \text{wenn} \quad x(K) = T \end{cases} \qquad (16.15)$$

$$V(x(k), k) = \begin{cases} \max\left\{ (1+r)^{K-k} x(k), E\{V(z(k), k+1)\}\right\} & \text{wenn} \quad x(k) \neq T \\ 0 & \text{wenn} \quad x(k) = T . \end{cases}$$

$$(16.16)$$

Offenbar lautet also die optimale Strategie bei $x(k) \neq T$

Annahme des Angebots $z(k-1) = x(k)$, wenn $x(k) > a(k)$
Ablehnung des Angebots $z(k-1) = x(k)$, wenn $x(k) < a(k)$

mit der Abkürzung

$$a(k) = \frac{E\{V(z(k), k+1)\}}{(1+r)^{K-k}} . \qquad (16.17)$$

Wenn $x(k) = a(k)$ gilt, dann sind beide Entscheidungen optimal. Das Problem wird somit auf die Berechnung der Wertefolge $a(k)$ reduziert, die eine zeitvariante Entscheidungsschwelle darstellt (vgl. Abb. 16.3).

Zur Vereinfachung der Berechnung definieren wir den unverzinsten erwarteten optimalen Ertrag

$$L(x(k), k) = \frac{V(x(k), k)}{(1+r)^{K-k}} \quad \forall x(k) \neq T \qquad (16.18)$$

und erhalten aus obigen Rekursionsgleichungen (16.15), (16.16)

$$
L(x(k), k) = \begin{cases} x(k) & \text{wenn} \quad x(k) > a(k) \\ a(k) & \text{wenn} \quad x(k) < a(k). \end{cases} \tag{16.19}
$$

Aus den Definitionen (16.17), (16.18) resultiert zunächst

$$
a(k) = \frac{1}{1+r} E\{L(z(k), k+1)\}.
$$

Aus dieser Gleichung erhalten wir ferner unter Beachtung von (16.19) und (19.78)

$$
a(k) = \frac{1}{1+r} \left(\int_0^{a(k+1)} a(k+1) \, dP(z(k)) + \int_{a(k+1)}^{\infty} z(k) \, dP(z(k)) \right), \tag{16.20}
$$

wobei $P(z)$ die bekannte Wahrscheinlichkeits-Verteilungsfunktion der Störgröße ist (vgl. Abschn. 19.3). Nach Auswertung des ersten Termes ergibt sich schließlich aus (16.20)

$$
a(k) = \frac{P(a(k+1))}{1+r} a(k+1) + \frac{1}{1+r} \int_{a(k+1)}^{\infty} z(k) \, dP(z(k)). \tag{16.21}
$$

Mit (16.21) erhalten wir bei bekannter Verteilungsfunktion $P(z)$ eine zeitdiskrete deterministische Gleichung, die, von dem Endwert $a(K) = 0$ ausgehend, zur Berechnung der Folge $a(K-1), \ldots, a(0)$ rückwärts ausgewertet werden kann.

Nun ist die Wahrscheinlichkeitsverteilung P eine monoton wachsende, stetige Funktion. Unter Nutzung dieser Eigenschaft kann man allgemein nachweisen, dass obige Folge monoton steigend ist, $a(K) \leq a(K-1) \leq \cdots \leq a(0)$ (vgl. Abb. 16.3), wie aus dem Problemkontext auch zu erwarten war, und dass sie gegen einen stationären Wert $\bar{a}$ konvergiert, der folgende stationäre Version von (16.21) erfüllt

$$
\bar{a}(1+r) = P(\bar{a})\bar{a} + \int_{\bar{a}}^{\infty} z \, dP(z). \tag{16.22}
$$

Wenn also der zeitliche Optimierungshorizont für das Torschluss-Problem genügend lang ist $(K \to \infty)$, so lautet die optimale Entscheidungsstrategie

Annahme, wenn $x(k) > \bar{a}$
Ablehnung, wenn $x(k) < \bar{a}$,

wobei $\bar{a}$ aus der Lösung von (16.22) resultiert (s. auch Übung 16.4). $\square$

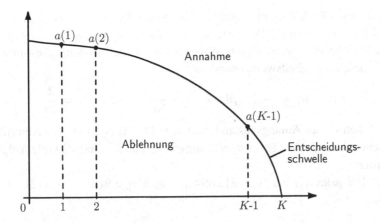

Abb. 16.3 Optimale zeitvariante Entscheidungsschwelle

16.2 Diskrete stochastische dynamische Programmierung

Um die stochastische dynamische Programmierung zur numerischen Auswertung von Problemen der stochastischen optimalen Regelung mit kontinuierlichen Wertebereichen $\mathcal{X}$, $\mathcal{U}$, $\mathcal{Z}$ einsetzen zu können, muss, wie im deterministischen Fall aus Abschn. 14.4, eine Diskretisierung dieser Wertebereiche im Sinne entsprechender Punktegitter vorgenommen werden. Darüber hinaus werden jedem diskreten Gitterpunkt der Störgrößen $\mathbf{z}^i(k)$ diskrete Werte bedingter Wahrscheinlichkeiten $p(\mathbf{z}^i(k)\,|\,\mathbf{x}^j(k),\mathbf{u}^l(k),k)$ zugewiesen, d. h. die Wahrscheinlichkeitsdichtefunktion wird ebenso diskretisiert.

Nach der Diskretisierung der Wertebereiche und der Wahrscheinlichkeitsdichtefunktion kann eine Auswertung der Rekursionsformeln (16.13), (16.14), ähnlich wie in Abschn. 14.4, vorgenommen werden. Zusätzlich muss allerdings im stochastischen Fall die numerische Berechnung des in (16.13) enthaltenen Erwartungswertes durchgeführt werden, wie wir im Beispiel 16.1 bereits gesehen haben. Hierdurch erhöht sich die benötigte Rechenzeit zur Auswertung des Algorithmus im Vergleich zu (14.21) um den Faktor γ^p, wobei γ die Anzahl der Störgrößengitterpunkte und $p = \dim(\mathbf{z})$ sind.

Beispiel 16.7 Wir betrachten eine modifizierte und diskretisierte Version des Lagerhaltungsproblems von Beispiel 16.3, bei der der Lagerinhalt $x(k)$ und die Bestellmenge $u(k)$ nichtnegative ganze Zahlen sind. Ferner gibt es eine obere Grenze für die Summe $x(k) + u(k)$, die gelagert werden kann. Schließlich wird vorausgesetzt, dass die überschüssige Nachfrage $z(k) - x(k) - u(k) > 0$ zwar wie in (16.6) bestraft, aber nicht mehr gedeckt wird. Wir erhalten folglich die Lagergleichung

$$x(k+1) = \max\{0, x(k) + u(k) - z(k)\}\,.$$

Wir wollen dieses Problem mit folgenden Zahlenangaben lösen: Die maximale Lager-
menge $x(k) + u(k)$ beträgt 2 Warenstücke; ferner sind $K = 3$, $h = c = 1$, $p = 3$; die
Nachfrage $z(k)$ hat eine zeitinvariante Wahrscheinlichkeitsverteilung, die durch folgende
diskrete Wahrscheinlichkeitswerte charakterisiert ist

$$p(z = 0) = \frac{1}{10}, \quad p(z = 1) = \frac{7}{10}, \quad p(z = 2) = \frac{2}{10}.$$

Schließlich beträgt der Anfangszustand $x(0) = 0$. Die Auswertung des Algorithmus der
stochastischen dynamischen Programmierung erfolgt nun für diese diskrete Aufgabenstellung wie folgt:

Stufe 2: Für jedes $x(2) \in \{0, 1, 2\}$ soll das zugehörige $u(2) = R(x(2), 2)$ bestimmt
werden, das

$$J_2 = \underset{z(2)}{E} \{u(2) + \max\{0, x(2) + u(2) - z(2)\} + 3\max\{0, z(2) - x(2) - u(2)\}\}$$

unter Berücksichtigung von $0 \le u(2) \le 2 - x(k)$ minimiert. Diese Minimierung wollen
wir beispielhaft für $x(2) = 1$ ausführen. Wir erhalten

$$J_2 = \underset{z(2)}{E} \{u(2) + \max\{0, 1 + u(2) - z(2)\} + 3\max\{0, z(2) - 1 - u(2)\}\}$$

$$= u(2) + \frac{1}{10}\left(\max\{0, 1 + u(2)\} + 3\max\{0, -1 - u(2)\}\right)$$

$$+ \frac{7}{10}\left(\max\{0, u(2)\} + 3\max\{0, -u(2)\}\right)$$

$$+ \frac{2}{10}\left(\max\{0, u(2) - 1\} + 3\max\{0, 1 - u(2)\}\right).$$

Die Beschränkungen ergeben für diesen Fall $u(2) \in \{0, 1\}$; obiger Ausdruck ergibt für
$u(2) = 0$, $J_2 = 0.7$ und für $u(2) = 1$, $J_2 = 1.9$. Wir erhalten somit $R(x(2) = 1, 2) = 0$,
$V(x(2) = 1, 2) = 0.7$ und auf ähnliche Weise auch

$$R(x(2) = 0, 2) = 1, \quad V(x(2) = 0, 2) = 1.7$$
$$R(x(2) = 2, 2) = 0, \quad V(x(2) = 2, 2) = 0.9.$$

Stufe 1: Für jedes $x(1) \in \{0, 1, 2\}$ soll das zugehörige $u(1) = R(x(1), 1)$ bestimmt
werden, das

$$J_1 = \underset{z(1)}{E} \{u(1) + \max\{0, x(1) + u(1) - z(1)\} + 3\max\{0, z(1) - x(1) - u(1)\}$$

$$+ V(\max\{0, x(1) + u(1) - z(1)\}, 2)\}$$

unter Berücksichtigung von $0 \le u(1) \le 2 - x(1)$ minimiert. Für $x(1) = 1$ gilt

$$J_1 = \underset{z(1)}{E} \{u(1) + \max\{0, 1 + u(1) - z(1)\} + 3\max\{0, z(1) - 1 - u(1)\}$$

$$+ V(\max\{0, x(1) + u(1) - z(1)\}, 2)\}$$

$$= u(1)$$

$$+ \frac{1}{10} \left(\max\{0, 1 + u(1)\} + 3 \max\{0, -1 - u(1)\} + V(\max\{0, 1 + u(1)\}, 2) \right)$$

$$+ \frac{7}{10} \left(\max\{0, u(1)\} + 3 \max\{0, -u(1)\} + V(\max\{0, u(1)\}, 2) \right)$$

$$+ \frac{2}{10} \left(\max\{0, u(1) - 1\} + 3 \max\{0, 1 - u(1)\} + V(\max\{0, u(1) - 1\}, 2) \right) .$$

Die Beschränkungen liefern $u(1) \in \{0, 1\}$ und obiger Ausdruck ergibt für $u(1) = 0$, $J_1 = 2.3$ und für $u(1) = 1$, $J_1 = 2.82$. Wir erhalten somit $R(x(1) = 1, 1) = 0$, $V(x(1) = 1, 1) = 2.3$ und auf ähnliche Weise auch

$$R(x(1) = 0, 1) = 1, \quad V(x(1) = 0, 1) = 3.3$$
$$R(x(1) = 2, 1) = 0, \quad V(x(1) = 2, 1) = 1.82 .$$

Stufe 0: Für $x(0) = 0$ bestimme $u(0) = R(x(0), 0)$, so dass

$$J_0 = \underset{z(0)}{E} \{ u(0) + \max\{0, u(0) - z(0)\} + 3 \max\{0, z(0) - u(0)\}$$

$$+ V(\max\{0, u(0) - z(0)\}, 1) \}$$

unter Berücksichtigung von $0 \le u(0) \le 2$ minimiert wird. Ähnlich wie vorhin erhalten wir

$$R(x(0) = 0, 0) = 1, \quad V(x(0) = 0, 0) = 4.9 .$$

Zusammenfassend lautet also die optimale Lagerhaltungsstrategie für dieses Beispiel

$$R(x(k), k) = \begin{cases} 1 & \text{wenn} \quad x(k) = 0 \\ 0 & \text{sonst} \end{cases}$$

für $k = 0, 1, 2$. $\qquad\qquad\qquad\qquad\qquad\qquad\qquad\qquad\qquad\qquad\qquad$ $\square$

Legt man einen diskreten Raum für die Zustände zu Grunde und verwendet zur Beschreibung des dynamischen Verhaltens eine Markov-Kette, so kann man die verbleibenden Erwartungskosten nach $k - 1$ Schritten für $x_k = 1, \ldots, n$ als

$$J_k^\pi(x_k) = E \left\{ \vartheta(x_K) + \sum_{\kappa=k}^{K-1} \phi(x_\kappa, \mu_\kappa(x_\kappa), x_{\kappa+1}, \kappa) \right\}$$

$$= E \{ \phi(x_k, \mu_k(x_k), x_{k+1}, k) + J_{k+1}(x_{k+1}) \} \qquad (16.23)$$

definieren, vgl. (16.9) und (16.10). Berechnet man nun den Erwartungswert und ersetzt zur Vereinfachung x_k durch i, x_{k+1} durch j und $\mu_\kappa(x_\kappa)$ durch u, so erhält man

$$J_k^\pi(i) = \sum_{j=1}^{n} p_{ij}(u, k) \left(\phi(i, u, j) + J_{k+1}(j) \right) .$$

Aus dem Bellmanschen Prinzip resultiert die Rekursionsformel für $i = 1, \ldots, n$ und $k = K - 1, \ldots, 0$

$$J_k^*(i) = \min_u \sum_{j=1}^n p_{ij}(u, k) \left(\phi(i, u, j) + J_{k+1}^*(j) \right) , \qquad (16.24)$$

wobei $J_k^*(i) = \min_\pi J_k^\pi(i)$ mit der in Abschn. 16.1 verwendeten V-Funktion $V(i, k)$ identifiziert werden kann. Bei der Minimierung über die Steuerung u können nur zulässige Steuerungen berücksichtigt werden, die hier entweder als zulässig in Abhängigkeit von der Zeit notiert werden, $u \in \mathcal{U}(k)$, oder als zulässig in Abhängigkeit des aktuellen Zustands, $u \in \mathcal{U}(i)$. Gestartet wird der Iterationsprozess mit $J_K^*(i) = \vartheta(i)$ für $i = 1, \ldots, n$.

16.3 Zeitinvarianter Fall

Die Lösung des Grundproblems liefert ein *zeitinvariantes Regelgesetz*, wenn folgende Voraussetzungen erfüllt sind:

- Die Problemfunktionen ϕ, **f** sind nicht explizit zeitabhängig.
- Die Funktion ϕ ist positiv semidefinit.
- Die Beschränkungen der Steuergrößen und die Wahrscheinlichkeitsverteilung der Störgrößen sind zeitinvariant.
- Der Optimierungshorizont K ist unendlich.

Die damit entstehende Problemstellung macht zunächst einen Sinn, wenn trotz unendlichen Zeithorizontes das Gütefunktional zumindest für einige Anfangswerte $\mathbf{x}(0)$ endlich bleibt. In vielen Fällen kann es aber auch sinnvoll sein, Problemstellungen zu behandeln, bei denen lediglich der Mittelwert des Gütefunktionals pro Zeitintervall endlich bleibt, s. [5] für eine genaue Beschreibung.

Sind diese Voraussetzungen erfüllt, so kann das zeitinvariante Regelgesetz mittels der stochastischen dynamischen Programmierung bestimmt werden. Hierzu wird der Algorithmus von einem beliebigen Endwert (16.14) gestartet und, wie gewohnt, rückwärts fortgesetzt, bis die entstehenden Regelgesetze $\mathbf{R}(\mathbf{x}(K-1), K-1), \mathbf{R}(\mathbf{x}(K-2), K-2), \ldots$ gegen ein stationäres Regelgesetz $\overline{\mathbf{R}}(\mathbf{x}(k))$ konvergieren, das das gesuchte zeitinvariante Regelgesetz ist. Eine analytische Berechnung des zeitinvarianten Regelgesetzes demonstriert Beispiel 16.6.

Beispiel 16.8 Wir betrachten das Regelungsproblem der kollisionsfreien Bewegung eines autonomen Fahrzeugs im zweidimensionalen Raum [7]. Das Fahrzeug soll möglichst mit maximaler Geschwindigkeit $u_1(k) \approx u_{1,\max}$, und möglichst ohne Ausweichmanöver $(u_2(k) \approx 0)$ in Koordinatenrichtung 1 fahren. Begegnet ihm aber ein (bewegliches)

Abb. 16.4 Mögliche Bewegungen des Fahrzeugs zu jedem Zeitpunkt

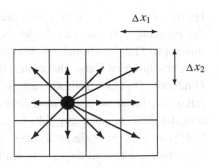

Hindernis, so darf das Fahrzeug abbremsen oder gar zurückfahren ($u_1(k) < u_{1,\text{max}}$) bzw. ausweichen ($u_2(k) \neq 0$), um eine Kollision mit dem Hindernis zu vermeiden. Fahrzeug und Hindernis sind rechteckförmig und bewegen sich im Raum ohne ihre Orientierung zu verändern, d. h. sie verschieben sich parallel zu den Achsenkoordinaten 1 und 2, wobei ihre Seiten parallel zu diesen Koordinaten verlaufen. Unter dieser Voraussetzung darf man das Fahrzeug als punktförmig betrachten, da seine Dimensionen auf das Hindernis übertragen werden können. Sei mit $\mathbf{x}(k) \in \mathcal{X} \subset \mathbb{R}^2$ die messbare Entfernung zwischen dem punktförmigen Fahrzeug und dem Hinderniszentrum bezeichnet. Die Bewegungsgleichung lautet (für das Zeitintervall $T = 1$)

$$\mathbf{x}(k + 1) = \mathbf{x}(k) - \mathbf{u}(k) + \mathbf{z}(k) \,. \tag{16.25}$$

Hierbei ist die Fahrzeuggeschwindigkeit $\mathbf{u}(k) \in \mathbb{R}^2$ wie folgt beschränkt (vgl. Abb. 16.4)

$$u_1(k) \in \mathcal{U}_1 = \{0.8, 0.4, 0, -0.4\}, \quad u_2(k) \in \mathcal{U}_2 = \{0.4, 0, -0.4\} \,. \tag{16.26}$$

Die Hindernisgeschwindigkeit $\mathbf{z}(k)$ ist ein stochastischer Prozess mit

$$z_i(k) \in \{0.8, 0.4, 0, -0.4, -0.8\}, \quad i = 1, 2 \tag{16.27}$$

und gleichverteilter Wahrscheinlichkeit über obige diskrete Werte. Hierbei ist der jeweilige Wert $\mathbf{z}(k)$ unabhängig von $\mathbf{x}(k)$, $\mathbf{u}(k)$ und von $\mathbf{z}(k-1)$, $\mathbf{z}(k-2)$, ... Um die beschriebene Aufgabenstellung zu erfüllen, wird folgendes zu minimierendes Gütefunktional definiert

$$J = E\left\{\sum_{k=0}^{\infty} \alpha_1 (0.8 - u_1(k))^2 + \alpha_2 u_2(k)^2 + \psi(\mathbf{x}(k))\right\}, \tag{16.28}$$

wobei

$$\psi(\mathbf{x}) = \begin{cases} 1 & \text{wenn } |x_1| \leq \frac{l_1}{2} \text{ und } |x_2| \leq \frac{l_2}{2} \\ 0 & \text{sonst.} \end{cases}$$

Hierbei sind $l_1 = 1.6$ und $l_2 = 4$ die bekannten Seitenlängen des (um die Dimensionen des Fahrzeugs erweiterten) Hindernisses und $\alpha_1 = 0.05, \alpha_2 = 0.1$ sind Gewichtungsfaktoren. Das Gütefunktional (16.28) bestraft mittels der ersten zwei Terme Abweichungen vom erwünschten Kurs, und mittels des dritten Terms eine mögliche Kollision mit dem Hindernis. Da beide Teilforderungen konkurrierend sind, müssen die Gewichtungsfaktoren α_1, α_2 im Sinne eines Kompromisses geeignet gewählt werden. Werden die Gewichtungsfaktoren zu hoch gewählt, so kümmert sich das Fahrzeug zu wenig um mögliche Kollisionen; werden sie zu niedrig gewählt, so zeigt das Fahrzeug ein sehr zögerliches Verhalten und kommt angesichts des Hindernisses kaum vorwärts. Der Optimierungshorizont wird unendlich lang gewählt, da die Dauer eines Kollisionskonfliktes unbekannt ist. Das Problem der stochastischen dynamischen Programmierung lautet mit diesen Festlegungen:

Bestimme ein Regelgesetz

$$\mathbf{u}(k) = \mathbf{R}(\mathbf{x}(k)) \,, \tag{16.29}$$

so dass (16.28) unter Berücksichtigung von (16.25) und (16.26) minimiert wird.

Das gesuchte Regelgesetz ist zeitinvariant, da die Problemstellung alle Voraussetzungen des Abschn. 16.3 erfüllt. Um den Einsatz der diskreten stochastischen dynamischen Programmierung zur Lösung dieses Problems zu ermöglichen, wird eine Diskretisierung des Wertebereiches $\mathcal{X}$ auf der Grundlage $\triangle x_1 = \triangle x_2 = 0.4$ vorgenommen, vgl. Abb. 16.4. Die Lösung dieses Problems bis zur Konvergenz gegen ein stationäres Regelgesetz erforderte die Auswertung von $K = 24$ Zeitschritten.

Das resultierende Regelgesetz (16.29) ist in Abb. 16.5 visualisiert. Hierbei entspricht der Koordinatenursprung der aktuellen Lage des punktförmigen Fahrzeugs. Das gestrichelte Rechteck um diesen Ursprung umrandet den Kollisionsbereich. Der Bereich $\mathcal{X}$ um das Fahrzeug ist in Abb. 16.5 in Teilbereiche mit angegebener Fahrzeuggeschwindigkeit unterteilt. Befindet sich also das Hindernis aktuell in einer Entfernung $\mathbf{x}(k)$ vom Fahrzeug, so geben die Diagramme die optimalen Fahrzeuggeschwindigkeiten $u_1(k)$, $u_2(k)$ als Funktionen von $\mathbf{x}(k)$ an.

Abbildung 16.5a zeigt, dass das Fahrzeug seine Vorwärtsgeschwindigkeit reduziert oder gar zurückfährt, wenn ihm das Hindernis in Vorwärtsrichtung entsprechend nahe kommt. Die seitliche Fahrzeuggeschwindigkeit (Abb. 16.5b) wird entsprechend eingesetzt, wenn die Hindernislage als Kollisionsgefahr empfunden wird. Interessanterweise weicht das Fahrzeug relativ spät aus, wenn sich das Hindernis direkt vor ihm, nahe der x_1-Achse, befindet. Der Grund für dieses gelassene Fahrzeugverhalten liegt darin, dass das Hindernis als beweglich vorausgesetzt wurde; demzufolge besteht eine entsprechende Wahrscheinlichkeit, dass es sich vom Fahrzeugkurs wegbewegen und das Fahrzeug (ohne Ausweichen) passieren lassen wird.

Abbildung 16.6 zeigt ein spezifisches Anwendungsszenario für das Regelgesetz der Abb. 16.5 mit einem Hindernis, dessen Geschwindigkeiten $z_i(k), i = 1, 2$, aus dem Bereich $[-1, 1]$ mit gleichförmiger Wahrscheinlichkeit erzeugt wurden. Wir notieren, dass das Hindernis schneller als das Fahrzeug sein kann. Auf beiden Trajektorien der Abb. 16.6

a

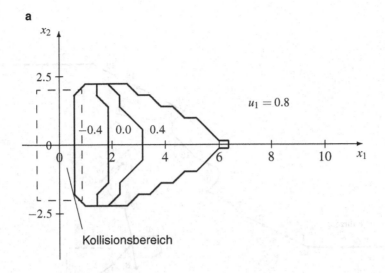

b

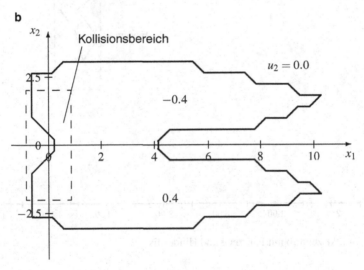

Abb. 16.5 Optimales Regelgesetz für Fahrzeugbewegung: **a** $u_1(\mathbf{x})$, **b** $u_2(\mathbf{x})$

sind die diskreten Zeitpunkte während der Bewegung des Fahrzeugs und des Hindernisses vermerkt. Die Dimension des Hindernisses ist nur beim Anfangszeitpunkt eingezeichnet. Abbildung 16.6 zeigt, dass das Fahrzeug zunächst nach links auszuweichen versucht; die gefährliche Annäherung des Hindernisses führt aber zu einem Rückschritt ($k = 9$). Ein zweiter Versuch endet ähnlich ($k = 15$), bevor ein dritter Versuch schließlich ein erfolgreiches Passieren ermöglicht (s. Übung 16.3 für Verallgemeinerungen dieser Problemstellung). □

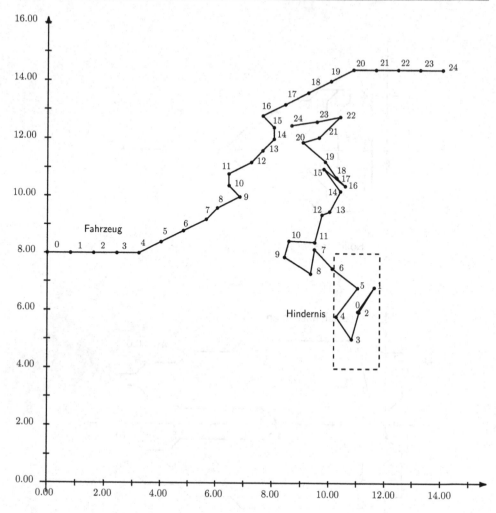

Abb. 16.6 Konfliktszenario mit Fahrzeug und Hindernis

16.4   Approximate dynamic Programming

Durch die dynamische Programmierung können nur Probleme von relativ kleiner Dimension gelöst werden, vgl. die Diskussion in Abschn. 14.4. Zudem gibt es Problemstellungen für die eine Modellbeschreibung nicht in analytischer Form vorliegt, z. B. weil das Prozessgeschehen nur in Simulationen beobachtet werden kann. Unter dem Begriff *approximate dynamic programming (ADP)* werden Methoden zusammengefasst, die suboptimale Lösungen des Steuerungsproblems für hochdimensionale Modelle oder ohne analytisches Modellbeschreibung berechnen können. Diese Methoden sind in der Literatur auch unter der Bezeichnung *neuro-dynamic programming* oder *reinforcement learning* bekannt.

ADP ist ein relativ junges Forschungsgebiet, dessen Weiterentwicklung durch zahlreiche aktuelle Publikationen belegt wird. Für weiterführendes Studium seien die Fach- bzw. Lehrbücher von Bertsekas [5, 6, 8], sowie die Monographien [9–11] empfohlen.

In diesem Abschnitt werden wir eine kurze Übersicht über Verfahrensklassen des ADP geben und im Anschluss das *Q-Learning*-Verfahren etwas ausführlicher vorstellen. Hier liegt der Fokus auf modellfreien Verfahren, wobei eine Modellbeschreibung durch eine Differenzengleichung wie in (16.1) nicht bekannt ist, bzw. die Übergangswahrscheinlichkeiten (16.7) nicht vorliegen. Es wird davon ausgegangen, dass man Zustandstrajektorien zu ausgewählten Regelgesetzen durch Simulation erhalten kann, möglicherweise mittels eines sehr komplexen Simulationsmodells. Alternativ kann diese Information auch im realen Betrieb einer Anlage erhalten werden.

Generell kann man zwischen Verfahren der *value iteration* und Verfahren der *policy iteration* unterscheiden.

Bei der value iteration ist das Ziel, durch einen iterativen Prozess eine Approximation der Kostenfunktion, oder sogar der optimalen Überführungskosten, aus den Simulationsergebnissen zu ermitteln, um daraus das optimale Regelgesetz ableiten zu können. Einerseits kann die approximierende Kostenfunktion dabei durch einen parametrisierten Ansatz, z. B. durch Linearkombination von Basisfunktionen (vgl. Abschn. 15.4.1), dargestellt werden, wobei die Parameter iterativ verbessert werden (*parametric approximator*). Andererseits kann die approximierende Kostenfunktion auch tabellarisch erfasst werden, was zu einem *non-parametric approximator* führt.

Bei den Verfahren der policy iteration dagegen wird nicht die Kostenfunktion iterativ verbessert, sondern direkt das Regelgesetz. In jeder Iteration wird eine Aktualisierung des Regelgesetzes so vorgenommen, dass die bei der Regelung anfallenden Kosten verbessert werden. Policy iteration Verfahren sind auch als *actor-critic-Verfahren* bekannt. Dabei bezeichnet *critic* die Evaluierung der gewählten policy und *actor* die Verbesserung der policy.

Desweiteren gibt es *policy search* Verfahren [9] und auch Verfahren der *modellprädiktiven Regelung (model predictive control (MPC))* können als Verfahren des ADP betrachtet werden. Durch die wiederholte Lösung des Steuerungsproblems bei der modellprädiktiven Regelung auf einem kleinen Horizont wird nur eine suboptimale Lösung des Gesamtproblems gefunden, allerdings mit vergleichsweise reduziertem Rechenaufwand [12, 13].

Im Folgenden wird erst die *Q-Iteration* und darauf aufbauend das *Q-Learning* detaillierter eingeführt [14]. Beide Verfahren sind Repräsentanten der value iteration, wobei die *Q*-Iteration voraussetzt, dass das Systemmodell analytisch vorliegt, während das *Q*-Learning einen Simulationsansatz realisiert. Für das *Q*-Learning, das eines der bekanntesten Verfahren des ADP ist, wird sowohl ein Ansatz mit einem non-parametric approximator, als auch mit einem parametric approximator vorgestellt.

Bevor wir zu den Verfahren kommen, sind noch einige Vorbemerkungen nötig. Es liege ein zeit- und wertediskretes Steuerungsproblem vor, dessen Dynamik durch eine Markov-Kette, wie anfangs in diesem Kapitel definiert, modelliert werden kann. Vorerst wird angenommen, dass die Übergangswahrscheinlichkeiten aus (16.7) bekannt und unabhängig von k sind, später wird das dynamische Verhalten des Prozesses nur durch Simulationsergebnisse bekannt sein. Zudem wird ein Steuerungsproblem mit unendlichem Horizont betrachtet, wodurch die Kostenfunktion (16.9), die die Kosten angibt, um aus dem Zustand x_0 durch das Regelgesetz π das Regelziel zu erreichen, modifiziert wird zu

$$J^{\pi}(x_0) = \lim_{K \to \infty} E \left\{ \sum_{\kappa=0}^{K-1} \phi(x_k, \mu_k(x_k), x_{k+1}) \right\} . \qquad (16.30)$$

Zur Vereinfachung der Notation ersetzen wir im Folgenden wieder x_k durch i und x_{k+1} durch j. Für Steuerungsprobleme mit unendlichem Horizont gilt dann für die optimalen Überführungskosten

$$J^*(i) = \min_{\pi} J^{\pi}(i), \quad i = 1, \dots, n .$$

Weiterhin nehmen wir an, dass das gesuchte Regelgesetz stationär ist, d. h. $\pi = (\mu, \mu, \dots)$, vgl. Abschn. 16.3. Zusätzlich wird angenommen, dass es einen terminierenden Nullzustand gibt. Wird der Nullzustand erreicht, fallen keine weiteren Kosten mehr an. Diese Klasse von Steuerungsproblemen sind unter dem Namen *stochastic shortest path* Probleme bekannt. Man kann zeigen, dass gilt

$$J^*(i) = \lim_{K \to \infty} \min_{\pi} E \left\{ \sum_{\kappa=0}^{K-1} \phi(i, u, j) \right\}, i = 1, \dots, n.$$

Daher gilt auch (vgl. (16.24))

$$J^*(i) = \min_u \sum_{j=1}^{n} p_{ij}(u) \left(\phi(i, u, j) + J^*(j) \right), \ i = 1, \dots, n. \qquad (16.31)$$

Die Gleichung wird als *Bellman-Gleichung* bezeichnet. Deren Lösungen sind die optimalen Überführungskosten für die diskreten Zustände i. Wieder werden bei der Minimierung nur zulässige Steuerungen u in Betracht gezogen. Die Gleichung ist implizit für J^*, und eine Lösung kann im Allgemeinen nur iterativ gefunden werden. Wir nehmen im Folgenden an, dass ein optimales Regelgesetz existiert, mit dem der terminierende Nullzustand erreicht werden kann. Dann kann man zeigen, dass durch Iteration der Bellman-Gleichung die optimalen Überführungskosten gefunden werden können. Dazu bezeichnen wir die rechte Seite von (16.31) durch $(T\mathbf{J})(i)$ und interpretieren die Bellman-Gleichung als Abbildung, die einem Kostenvektor $\mathbf{J} = [J(1) \dots J(n)]$ den Kostenvektor $(T\mathbf{J})(i)$, $i = 1, \dots, n$ zuweist. Wendet man nun die Abbildung wiederholt an, so kann man zeigen, dass für $l \to \infty$ aus einem beliebigen Startwert $\mathbf{J}$ der Vektor der optimalen Überführungskosten $\mathbf{J}^* = [J^*(1) \dots J^*(n)]$ erhalten wird

$$\lim_{l \to \infty} T^l \mathbf{J} = \mathbf{J}^* .$$

Dieses Vorgehen bezeichnet man als *exact value iteration*. Simulationsbasierte value iteration Ansätze, wie das bekannte *Q-Learning*-Verfahren, ahmen dieses Vorgehen nach, allerdings ohne die Übergangswahrscheinlichkeiten p_{ij} explizit nutzen zu können.

Das Q-Learning-Verfahren iteriert nicht die bisher betrachteten optimalen Überführungskosten, sondern es werden *Q-Funktionen* wie folgt definiert

$$Q^*(i,u) = \sum_{j=1}^{n} p_{ij}(u)\left(\phi(i,u,j) + J^*(j)\right).$$

Im Gegensatz zur bisher betrachteten Funktion J^*, die in der Literatur auch als *V-Funktion* bekannt ist und die jedem Zustand i die optimalen Kosten zuweist, weist eine Q-Funktion dem Paar aus Zustand i *und* Steuerung u die optimalen Kosten zu. Für den terminierenden Nullzustand gilt $Q^*(0,u) = 0$. Es folgt

$$J^*(i) = \min_u Q^*(i,u),$$

so dass man aus (16.31)

$$Q^*(i,u) = \sum_{j=1}^{n} p_{ij}(u)\left(\phi(i,u,j) + \min_v Q^*(j,v)\right)$$

erhält. Startet man nun von einer nicht-optimalen Q-Funktion und berechnet

$$Q(i,u) = \sum_{j=1}^{n} p_{ij}(u)\left(\phi(i,u,j) + \min_v Q(j,v)\right), \tag{16.32}$$

so entspricht das der bereits durch (16.31) für die V-Funktion eingeführten value iteration für die Q-Funktion. Man kann die Konvergenz des iterativen Verfahrens unter schwachen Voraussetzungen zeigen.

Durch Umschreiben von (16.32) gilt für die Q-Iteration auch

$$Q(i,u) = (1-\gamma)Q(i,u) + \gamma \sum_{j=1}^{n} p_{ij}(u)\left(\phi(i,u,j) + \min_v Q(j,v)\right), \tag{16.33}$$

wobei $0 \leq \gamma < 1$ als Schrittweite oder Lernrate interpretiert wird. Sind die Übergangswahrscheinlichkeiten p_{ij} nicht bekannt, so kann eine simulationsbasierte Variante von (16.33) verwendet werden, die als Q-Learning bekannt ist, und aus einer Approximation der Q-Funktion $Q(i,v)^-$ eine Verbesserung $Q(i,u)^+$ berechnet

$$Q(i,u)^+ = (1-\gamma)Q(i,u)^- + \gamma\left(\phi(i,u,j) + \min_v Q(j,v)^-\right). \tag{16.34}$$

Statt wie in (16.33) den Erwartungswert zu berechnen, wird hier nur ein Übergang vom Zustand i in den Zustand j für die Aktualisierung von $Q(i, u)$ berücksichtigt. Der Zustand j wird angenommen, wenn im Zustand i die Steuerung u wirkt. Für $\gamma = 0$ findet kein Lernen statt; der neue Wert von Q ist gleich dem alten Wert. Dementsprechend berücksichtigt Q für kleine γ die neuen Simulationsergebnisse nur wenig. Für wachsendes γ wird der neue Wert für Q aus einer gewichteten Summe des alten Werts und des gelernten Wertes $\phi(i, u, j) + \min_v Q(j, v)^-$, der sich aus den Kosten für den Schritt von Zustand i nach Zustand j und den Überführungskosten von Zustand j in den Endzustand berechnet. Die Berechnung der Überführungskosten basiert dabei auf die zu diesem Zeitpunkt des Lernens vorhandenen Werte von Q, die nur eine Approximation der tatsächlichen Überführungskosten sind. Allerdings kann die Konvergenz hier nur dann (unter milden Bedingungen an die Schrittweite γ) gezeigt werden, wenn jedes Paar (i, u) unendlich oft besucht wird. Dieses Problem ist allgemein als Problem von *exploitation versus exploration* bekannt. Einerseits muss der gesamte Raum der Paare (i, u) durch Simulation abgedeckt werden, um eine gute Approximation für die Q-Funktion zu erhalten (exploration). Andererseits kann auch das Wissen über die Q-Funktion verwendet werden, um frühzeitig eine bessere Approximation für das optimale Regelgesetz durch

$$u^* = \operatorname*{argmin}_u Q^*(i, u) \tag{16.35}$$

zu erhalten (exploitation). Eine zentrale Fragestellung ist demnach, welches Regelgesetz zur Generierung der Simulationsergebnisse verwendet wird und inwieweit damit der unter Umständen sehr grosse Raum der Paare aus Zustand und Steuerung (i, u) abgedeckt wird. Im Allgemeinen ist das Q-Learning Verfahren daher eher für Systeme mit geringer Dimensionalität erfolgreich.

Abschliessend erweitern wir das bisherige Vorgehen noch auf den Fall parametrisierter Schätzungen für die Q-Funktionen der Form $\tilde{Q}(i, u, \mathbf{p})$. Es ist also nicht wie bisher gefordert, dass für jedes Paar (i, u) ein Wert Q in einer Tabelle abgespeichert werden kann, sondern die Parameter $\mathbf{p}$ der Funktion $\tilde{Q}$ sollen so bestimmt werden, dass die Funktion $\tilde{Q}$ die wahre Funktion Q bzw. die Tabellenwerte möglichst gut annähert. Dafür wurde folgende Aktualisierung für den Parametervektor $\mathbf{p}$ vorgeschlagen [8]

$$\mathbf{p}^+ = \mathbf{p}^- + \gamma \nabla_{\mathbf{p}} \tilde{Q}(i, u, \mathbf{p}^-) \left(\phi(i, u, j) + \min_v \tilde{Q}(j, v, \mathbf{p}^-) - \tilde{Q}(i, u, \mathbf{p}^-) \right). \tag{16.36}$$

Diese Gleichung resultiert aus einer heuristischen Überlegung. Aus (16.34) folgt die gewünschte Aktualisierung von Q als

$$\gamma \left(\phi(i, u, j) + \min_v Q(i, v) - Q(i, u) \right).$$

Allerdings kann diese Aktualisierung nur durch Variation von $\mathbf{p}$ in $\tilde{Q}$ erreicht werden, so dass der Gradient $\nabla_{\mathbf{p}} \tilde{Q}(i, u, \mathbf{p})$ die Richtung der Aktualisierung für $\mathbf{p}$ vorgibt. Für diese parametrisierte Variante des Q-Learning liegen, trotz erfolgreichem Einsatz in der Praxis, keine beweisbaren Konvergenzresultate vor.

Abb. 16.7 Q-Learning
Verfahren für cliff walking
Beispiel [11]

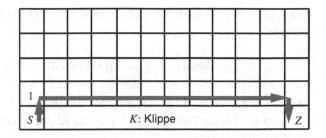

Beispiel 16.9 Zur Verdeutlichung des Vorgehens beim Q-Learning betrachten wir eine
Adaption eines einfachen, deterministischen Beispiels aus [11], das unter dem Namen
cliff walking in der Literatur bekannt ist. Gegeben ist ein Raster wie in Abb. 16.7, wobei
ein Kästchen links unten der Startzustand S, und ein Kästchen rechts unten der Zielzustand Z ist. Ein weiteres, größeres Kästchen wird als gefährlich betrachtet und durch
den Zustand K gekennzeichnet. Die restlichen Kästchen sind ungefährlich und werden
nummeriert, so dass der Wertebereich $i \in \{S, 1, \ldots, n, Z, K\}$ für die Zustände resultiert.
Es gilt, das Ziel vom Start aus durch die Steuerbefehle {links, rechts, oben, unten} (oder
eine geeignete Untermenge hiervon für die Randkästchen) für die Steuerung u zu erreichen, ohne jemals den Zustand K anzunehmen. Anschaulich gesehen entspricht das einem
Spaziergang entlang einer Klippe ohne Sturz über den Klippenrand. Das Minimierungsproblem kann so formuliert werden, dass beim Übergang in einen ungefährlichen Zustand
die Kosten $\phi = 1$ zu den akkumulierten Kosten addiert werden, während beim Übergang in den gefährlichen Zustand K die Kosten $\phi = 100$ auftreten. Eine *Episode* endet,
wenn entweder das Ziel erreicht, oder der Zustand K angenommen wurde. Der optimale
Pfad, der durch Q-Learning bestimmt werden soll, verläuft offensichtlich direkt entlang
der Klippe vom Start ins Ziel, vgl. Abb. 16.7.

Für den Lernalgorithmus wird zuerst die Q-Funktion beliebig initialisiert, d. h. jedem
Paar aus Zustand i und Steuerung u wird ein beliebiger Wert für Q zugeordnet. Dann
beginnt man im Startzustand $i = S$, um die erste Episode zu generieren. Für die Generierung der Steuerbefehle (*action selection*) gibt es zahlreiche Möglichkeiten. Wir haben
hier einen Ansatz gewählt, der als ε-*greedy* bekannt ist. Dabei wird mit einer Wahrscheinlichkeit ε eine zufällige Steuerung aus dem entsprechenden Wertebereich ausgewählt,
andernfalls wird die Steuerung gewählt, die auf Basis des derzeitigen Wissens über die
Überführungskosten die minimalen Kosten in der Zukunft verspricht, vgl. (16.35),

$$u = \operatorname*{argmin}_{u} Q(i, u).$$

Dabei wird ein Kompromiss zwischen exploration durch die zufällige Wahl der Steuerungen und exploitation durch die gierige Wahl der Steuerungen eingegangen. In unserem
Beispiel wird demnach mit Wahrscheinlichkeit ε ein zufälliger Steuerungswert und mit
Wahrscheinlichkeit $1 - \varepsilon$ z. B. die Steuerung $u =$ oben für den Startzustand festgelegt
und der durch diese Steuerung resultierende Folgezustand $j = 1$ und die entsprechen-

den Kosten $\phi = 1$ bestimmt. Daraufhin wird die Q-Funktion $Q(S, \text{oben})$ durch (16.34) aktualisiert

$$Q(S, \text{oben})^+ = (1 - \gamma)Q(S, \text{oben})^- + \gamma(1 + \min_v Q(1, v)^-),$$

und das Vorgehen wird für den nächsten Zustand der Episode, $i = 1$, wiederholt. Man schreitet fort bis der Zielzustand Z oder die Klippe K erreicht wird. Daraufhin wird eine neue Episode gestartet.

Obwohl der Lernalgorithmus Konvergenz gegen die optimale Q-Funktion Q^* zeigt und den optimalen Pfad, der direkt überhalb der Klippe verläuft, findet, kann unter Umständen ein Problem auftreten. Durch die Möglichkeit der zufälligen Wahl der Steuerung beim ε-*greedy* Ansatz, findet immer wieder ein Sturz über den Klippenrand statt. Das führt zu einem Problem für große Gitter, weil die Episode dann beendet ist, obwohl vielleicht erst ein kleiner Bereich des Zustandsraums abgesucht wurde. Der Sturz über den Klippenrand ist aber insbesondere dann ein Problem, wenn zur Generierung der Episoden nicht die Simulation, sondern ein reales System, wie z. B. ein mobiler Roboter, verwendet wird, das in so einem Fall beschädigt wird.   □

16.5 Stochastische LQ-Optimierung

Wir betrachten nun einen wichtigen Spezialfall des Grundproblems, bei dem die Systemgleichung folgende lineare Form aufweist

$$\mathbf{x}(k+1) = \mathbf{A}(k)\mathbf{x}(k) + \mathbf{B}(k)\mathbf{u}(k) + \mathbf{z}(k), \quad k = 0, \ldots, K-1 \tag{16.37}$$

und das Gütefunktional quadratisch ist

$$J = E\left\{\|\mathbf{x}(K)\|_{\mathbf{S}}^2 + \sum_{k=0}^{K-1} \|\mathbf{x}(k)\|_{\mathbf{Q}(k)}^2 + \|\mathbf{u}(k)\|_{\mathbf{R}(k)}^2\right\} \tag{16.38}$$

mit $\mathbf{x}(k) \in \mathbb{R}^n$, $\mathbf{u}(k) \in \mathbb{R}^m$ und mit den Gewichtungsmatrizen $\mathbf{S} \geq 0$, $\mathbf{Q}(k) \geq 0$, $\mathbf{R}(k) > 0$. Alternativ zu $\mathbf{R}(k) > \mathbf{0}$ darf zwar $\mathbf{R}(k)$ positiv *semi*definit sein, dann müssen aber die Matrizen

$$\mathbf{R}(K-1) + \mathbf{B}(K-1)^T\mathbf{S}\mathbf{B}(K-1) \quad \text{und} \quad \mathbf{R}(k) + \mathbf{B}(k)^T\mathbf{Q}(k+1)\mathbf{B}(k)$$

für $k = 0, \ldots, K-2$ regulär sein. Die Störungen $\mathbf{z}(k)$ sind unabhängig von $\mathbf{x}(k)$, $\mathbf{u}(k)$, $\mathbf{z}(k-1)$, $\mathbf{z}(k-2)$, ... und haben bekannte Wahrscheinlichkeitsverteilungen. Ferner haben die Störgrößen $\mathbf{z}(k)$ verschwindende Mittelwerte und beschränkte Momente zweiter Ordnung.

Das mit (16.37), (16.38) definierte *stochastische LQ-Optimierungsproblem* ist eine naheliegende Erweiterung der uns aus Kap. 12 bzw. Abschn. 13.2 bekannten LQ-Problemstellung im stochastischen Sinne.

Durch Anwendung der rekursiven Gleichungen (16.13), (16.14) der stochastischen dynamischen Programmierung erhalten wir für die LQ-Problemstellung

$$V(\mathbf{x}(K), K) = \|\mathbf{x}(K)\|_{\mathbf{S}}^2 \tag{16.39}$$

$$V(\mathbf{x}(k), k) = \min_{\mathbf{u}(k)} E\{\|\mathbf{x}(k)\|_{\mathbf{Q}(k)}^2 + \|\mathbf{u}(k)\|_{\mathbf{R}(k)}^2$$

$$+ V(\mathbf{A}(k)\mathbf{x}(k) + \mathbf{B}(k)\mathbf{u}(k) + \mathbf{z}(k), k+1)\} . \tag{16.40}$$

Zur analytischen Auswertung dieser Gleichungen starten wir mit Stufe $K - 1$

$$V(\mathbf{x}(K-1), K-1) = \min_{\mathbf{u}(K-1)} E\{\|\mathbf{x}(K-1)\|_{\mathbf{Q}(K-1)}^2 + \|\mathbf{u}(K-1)\|_{\mathbf{R}(K-1)}^2$$

$$+ \|\mathbf{A}(K-1)\mathbf{x}(K-1) + \mathbf{B}(K-1)\mathbf{u}(K-1) + \mathbf{z}(K-1)\|_{\mathbf{S}}^2\} .$$

Nach Ausmultiplizieren und unter Nutzung der Voraussetzung $E\{\mathbf{z}(K-1)\} = \mathbf{0}$ zur Elimination entsprechender Terme erhalten wir aus obiger Gleichung

$$V(\mathbf{x}(K-1), K-1) = \|\mathbf{x}(K-1)\|_{\mathbf{Q}(K-1)}^2 + \min_{\mathbf{u}(K-1)} \{\mathbf{u}(K-1)^T \mathbf{R}(K-1)\mathbf{u}(K-1)$$

$$+ \mathbf{u}(K-1)^T \mathbf{B}(K-1)^T \mathbf{S} \mathbf{B}(K-1)\mathbf{u}(K-1)$$

$$+ \mathbf{x}(K-1)^T \mathbf{A}(K-1)^T \mathbf{S} \mathbf{A}(K-1)\mathbf{x}(K-1)$$

$$+ 2\mathbf{x}(K-1)^T \mathbf{A}(K-1)^T \mathbf{S} \mathbf{B}(K-1)\mathbf{u}(K-1)\}$$

$$+ E\{\mathbf{z}(K-1)^T \mathbf{S} \mathbf{z}(K-1)\} . \tag{16.41}$$

Die in dieser Gleichung enthaltene Minimierung liefert nach Differenzieren nach $\mathbf{u}(K-1)$ und Nullsetzen folgendes lineares Regelgesetz

$$\mathbf{u}(K-1) = -(\mathbf{R}(K-1) + \mathbf{B}(K-1)^T \mathbf{S} \mathbf{B}(K-1))^{-1} \mathbf{B}(K-1)^T \mathbf{S} \mathbf{A}(K-1)\mathbf{x}(K-1) , \tag{16.42}$$

wobei die invertierte Matrix unseren Voraussetzungen entsprechend tatsächlich vollen Rang hat. Durch Einsetzen von (16.42) in (16.41) erhalten wir ferner

$$V(\mathbf{x}(K-1), K-1) = \mathbf{x}(K-1)^T \mathbf{P}(K-1)\mathbf{x}(K-1) + E\{\mathbf{z}(K-1)^T \mathbf{S} \mathbf{z}(K-1)\} \tag{16.43}$$

mit

$$\mathbf{P}(K-1) = \mathbf{A}(K-1)^T \left(\mathbf{S} - \mathbf{S} \mathbf{B}(K-1) \left(\mathbf{B}(K-1)^T \mathbf{S} \mathbf{B}(K-1) + \mathbf{R}(K-1) \right)^{-1} \mathbf{B}(K-1)^T \mathbf{S} \right)$$

$$\mathbf{A}(K-1) + \mathbf{Q}(K-1) .$$

Die Matrix $\mathbf{P}(K-1)$ ist offenbar symmetrisch. Ferner ist $\mathbf{P}(K-1)$ positiv semidefinit. Um dies zu sehen, beachte man, dass für alle $\mathbf{x} \in \mathbb{R}^n$ folgende Beziehung gilt

$$\mathbf{x}^T \mathbf{P}(K-1)\mathbf{x} = \min_{\mathbf{u}} \|\mathbf{x}\|_{\mathbf{Q}(K-1)}^2 + \|\mathbf{u}\|_{\mathbf{R}(K-1)}^2 + \|\mathbf{A}(K-1)\mathbf{x} + \mathbf{B}(K-1)\mathbf{u}\|_{\mathbf{S}}^2 .$$

Da aber $\mathbf{Q}(K-1)$, $\mathbf{R}(K-1)$, $\mathbf{S}$ positiv semidefinit sind, ist obiger Term nichtnegativ und er bleibt es natürlich auch nach der Minimierung nach $\mathbf{u}$; folglich ist $\mathbf{P}(K-1)$ positiv semidefinit.

Zusammenfassend stellen wir also fest, dass das Regelgesetz (16.42) linear und die Funktion $V(\mathbf{x}(K-1), K-1)$, die für die Minimierung der Stufe $K-2$ benötigt wird, eine positiv semidefinite quadratische Funktion ist, wie es $V(\mathbf{x}(K), K)$ bei der gerade ausgeführten Minimierung der Stufe $K-1$ auch gewesen ist. (Hierbei ist der konstante Faktor in (16.43) für die einstufige Minimierung ohne Bedeutung.) Folglich wird die Minimierung in der nächsten Stufe $K-2$ in analoger Weise ebenso ein lineares Regelgesetz und eine positiv semidefinite quadratische Funktion $V(\mathbf{x}(K-2), K-2)$ liefern usw. Wenn wir die entsprechenden Gleichungen für $K-2, K-3, \dots$ aufstellen, erhalten wir die nachfolgend ausgeführte Lösung des stochastischen LQ-Problems.

Das optimale Regelgesetz der stochastischen LQ-Problemstellung lautet

$$\mathbf{u}(k) = -\mathbf{L}(k)\mathbf{x}(k), \quad k = 0, \dots, K-1, \tag{16.44}$$

wobei $\mathbf{L}(k)$ eine zeitvariante *Rückführmatrix* ist, die aus folgender Gleichung bestimmt wird

$$\mathbf{L}(k) = \left(\mathbf{B}(k)^T \mathbf{P}(k+1)\mathbf{B}(k) + \mathbf{R}(k)\right)^{-1} \mathbf{B}(k)^T \mathbf{P}(k+1)\mathbf{A}(k), \tag{16.45}$$

wobei $\mathbf{P}(k)$ folgende Matrix-Differenzengleichung erfüllt

$$\mathbf{P}(k) = \mathbf{A}(k)^T \mathbf{P}(k+1)\mathbf{A}(k) + \mathbf{Q}(k) - \mathbf{L}(k)^T \mathbf{B}(k)^T \mathbf{P}(k+1)\mathbf{A}(k)$$

$$\mathbf{P}(K) = \mathbf{S}. \tag{16.46}$$

Die Gleichungen (16.44)–(16.46) sind mit den Ergebnissen (13.27)–(13.29) der deterministischen LQ-Optimierung identisch. Nun bemerken wir, dass die Problemstellung der deterministischen LQ-Optimierung von Abschn. 13.2 aus der stochastischen LQ-Problemstellung entsteht, wenn man die Zufallsvariablen $\mathbf{z}(k)$ durch ihren Mittelwert (Null) ersetzt. Diese Feststellung legt die Frage nahe, ob alle Problemstellungen der stochastischen optimalen Regelung dadurch behandelt werden können, dass man die darin enthaltenen Zufallsvariablen durch ihre Erwartungswerte ersetzt und anschließend das resultierende deterministische Optimierungsproblem löst. Diese Frage muss negativ beantwortet werden. Die eben beschriebene Vorgehensweise, als *Gewissheits-Äquivalenz-Prinzip* bekannt, liefert nämlich nur in Sonderfällen (darunter die LQ-Optimierung) eine exakte Lösung der stochastischen Optimierungsaufgabe. In allen anderen Fällen kann das Gewissheits-Äquivalenz-Prinzip bestenfalls zu Näherungslösungen der entsprechenden stochastischen Aufgabenstellung führen und ist somit eine Methode des ADP. Nichtsdestoweniger bildet das Gewissheits-Äquivalenz-Prinzip in Anbetracht omnipräsenter Unsicherheiten (Modellungenauigkeiten, Messfehler, Störungen, ...) die unausgesprochene Grundlage jeder deterministischen Regelungs- bzw. Optimierungsproblemstellung.

Wenden wir uns nun wieder der Problemstellung der stochastischen LQ-Optimierung zu. Wenn wir die Rekursionsschritte der stochastischen dynamischen Programmierung durchführen, so ist es unschwer, den minimalen Erwartungswert des Gütefunktionals (16.38) wie folgt zu bestimmen

$$J^* = V(\mathbf{x}(0), 0) = \mathbf{x}(0)^T \mathbf{P}(0)\mathbf{x}(0) + \sum_{k=0}^{K-1} E\{\mathbf{z}(k)^T \mathbf{P}(k+1)\mathbf{z}(k)\}. \tag{16.47}$$

Ein Vergleich mit dem minimalen Wert des deterministischen Gütefunktionals (13.30) zeigt, dass, auch wenn die optimalen Regelgesetze beider Problemstellungen identisch sind, die Einwirkung der Störgröße zu einer Erhöhung der minimalen Erwartungskosten gegenüber dem deterministischen Fall führt. Dies ist in Anbetracht der durch die Störung verursachten Schwankungen der Zustandsgrößen und der Steuergrößen nicht verblüffend.

Auch für die stochastische LQ-Optimierung kann gezeigt werden, dass bei Erfüllung der Voraussetzungen des Abschn. 16.3 ein zeitinvariantes Regelgesetz resultiert, das sich aus (13.31)–(13.33) berechnen lässt [5].

Wir schließen diesen Abschnitt mit der Anmerkung, dass weitere stochastische Variationen der LQ-Optimierung denkbar sind, so z. B. der Fall unsicherer Systemmatrizen $\mathbf{A}(k)$ und $\mathbf{B}(k)$ mit bekannten Wahrscheinlichkeitsverteilungen, s. Übung 16.7.

16.6   Stochastische Probleme mit unvollständiger Information

Bei der Formulierung des Grundproblems sind wir davon ausgegangen, dass der vollständige Systemzustand $\mathbf{x}(k)$ zu jedem Zeitpunkt exakt messbar ist. Nun ist es aber bei vielen Problemstellungen so, dass

- Zustandsmessungen ungenau, z. B. verrauscht, sind,
- manche Systemzustände für die Messung nicht zugänglich sind,
- eine vollständige Zustandsmessung sehr teuer ist, weshalb man an Alternativlösungen interessiert ist,
- die Zustandsermittlung eher das Ziel als das Lösungsmittel der Optimierungsaufgaben darstellt, s. Beispiel 16.10.

Zur Berücksichtigung aller dieser Fälle wird nun im Grundproblem angenommen, dass anstelle von exakter und vollständiger Zustandsinformation neben den Steuergrößen folgende Systemmessungen verfügbar sind

$$\mathbf{y}(k) = \mathbf{c}(\mathbf{x}(k), \mathbf{u}(k-1), \mathbf{v}(k), k), \quad k = 1, \ldots, K-1, \tag{16.48}$$

wobei $\mathbf{y}(k) \in \mathcal{Y}(k) \subset \mathbb{R}^q$ die messbaren *Ausgangsgrößen* des Systems sind. Die *Messstörung* $\mathbf{v}(k) \in \mathcal{V}(k)$ ist eine Zufallsvariable mit bekannter zeit-, zustands- und steuergrößenabhängiger Wahrscheinlichkeitsverteilung, die unabhängig von $\mathbf{v}(k-1), \ldots, \mathbf{v}(0)$ und von $\mathbf{z}(k), \ldots, \mathbf{z}(0)$ vorausgesetzt wird. Ferner wird auch der nunmehr nicht messbare Anfangszustand $\mathbf{x}(0)$ als Zufallsvariable mit gegebener Wahrscheinlichkeitsverteilung angenommen. Schließlich wird der zulässige Steuerbereich $\mathbf{u}(k) \in \mathcal{U}(k)$ für das Problem mit unvollständiger Information als zustandsunabhängig vorausgesetzt, da die Zustandsvariablen zu keinem Zeitpunkt genau bekannt sind.

Nun fassen wir die zum Zeitpunkt k vorliegende Systeminformation in einem *Informationsvektor* zusammen

$$\mathbf{I}(k) = [\mathbf{y}(0)^T \, \mathbf{u}(0)^T \, \mathbf{y}(1)^T \, \mathbf{u}(1)^T \ldots \mathbf{y}(k-1)^T \, \mathbf{u}(k-1)^T \, \mathbf{y}(k)^T]^T. \tag{16.49}$$

Das gesuchte optimale Regelgesetz muss seine Entscheidungen auf $\mathbf{I}(k)$ basieren, d. h. (16.2) wird durch

$$\mathbf{u}(k) = \mathbf{R}(\mathbf{I}(k), k), \quad k = 0, \ldots, K - 1 \tag{16.50}$$

ersetzt.

Beispiel 16.10 (Hypothesen-Test [5]) Ein Entscheidungsträger muss sich anhand unvollständiger Information entscheiden, welche von endlich vielen Hypothesen über einen konstanten Prozesszustand aktuell zutrifft. Als Beispiel können wir ein Bildverarbeitungssystem anführen, das anhand seiner Sensorinformationen entscheiden muss, ob auf einem Foto ein Mann oder eine Frau abgebildet ist. Der Entscheidungsträger erhält laufend Messungen $\mathbf{y}(0), \mathbf{y}(1), \ldots, \mathbf{y}(K - 1)$, auf deren Grundlage er zu jedem Zeitpunkt entscheiden muss,

- entweder eine bestimmte Aussage zu treffen (z. B. „Frau") und den Vorgang zu beenden; ist hierbei seine Aussage falsch, so werden entsprechende Kosten verursacht;
- oder seine Entscheidung um mindestens ein Zeitintervall zu verschieben und, um einen gewissen Preis, erstmal eine weitere Messung abzuwarten; die Entscheidung muss aber spätestens zum Zeitpunkt $K - 1$ gefällt sein.

Die Zustandsgröße $x(k)$ nimmt Werte $1, 2, \ldots$ an, je nachdem, welche Hypothese in der Realität vorliegt. Die Steuergröße $u(k)$ beträgt 0, wenn sich der Entscheidungsträger zum Zeitpunkt k noch nicht festlegt, oder aber $1, 2, \ldots$ wenn sich der Entscheidungsträger zum Zeitpunkt k für Hypothese $1, 2, \ldots$ festlegt. Wenn der Entscheidungsträger seine Entscheidung zum Zeitpunkt k gefällt hat, so wird dies, ähnlich wie in Beispiel 16.4, durch $x(\kappa) = T, \kappa = k + 1, \ldots, K$, signalisiert. Die reale, zu erfassende Situation wird natürlich als konstant vorausgesetzt (Frau bleibt Frau und Mann bleibt Mann), so dass die Systemgleichung folgende Form annimmt

$$x(k + 1) = \begin{cases} T & \text{wenn} \quad u(k) \neq 0 \quad \text{oder} \quad x(k) = T \\ x(k) & \text{sonst.} \end{cases}$$

Die Messungen werden als zeitlich unabhängige Zufallsvariablen vorausgesetzt

$$\mathbf{y}(k) = \mathbf{v}(k),$$

die, mittels entsprechender bekannter Wahrscheinlichkeitsverteilungen $P(\mathbf{v} \mid x, k)$, eine bedingte Aussagekraft über das Zutreffen der einen oder anderen Hypothese enthalten. Anders ausgedrückt, ist $P(\mathbf{v} \mid i, k)$ die Wahrscheinlichkeitsverteilung für das Auftreten von $\mathbf{v}$, wenn die Hypothese i in der Realität vorliegt. Ferner wird die Wahrscheinlichkeitsverteilung für $x(0)$ (z. B. die a priori Wahrscheinlichkeit, dass eine Frau abgebildet sein wird) als bekannt vorausgesetzt.

Mit diesen Festlegungen wird das zu minimierende Gütefunktional (16.3) mittels folgender Funktionen definiert:

$$\vartheta(x(K)) = \begin{cases} 0 & \text{wenn} \quad x(K) = T \\ \infty & \text{sonst} \end{cases}$$

$$\phi(x(k), u(k)) = \begin{cases} C & \text{wenn} \quad u(k) = 0 \quad \text{und} \quad x(k) \neq T \\ 0 & \text{wenn} \quad x(k) = T \\ L_{ij} & \text{wenn} \quad u(k) = i \quad \text{und} \quad x(k) = j, i \neq j \\ 0 & \text{wenn} \quad u(k) = i \quad \text{und} \quad x(k) = i \, . \end{cases}$$

Hierbei ist C der Preis für eine weitere Messung und L_{ij} sind die Strafkosten einer Fehlentscheidung. Somit wurde die Problemstellung des Hypothesen-Tests ins Format des Grundproblems mit unvollständiger Information gebracht.   □

Zur Lösung des Grundproblems mit unvollständiger Information kann man einen neuen Zustand einführen, der jede verfügbare Information bis zum Zeitpunkt k umfasst. Dieser neue Zustand kann zunächst kein anderer als der Informationsvektor (16.49) sein, so dass die neue Systemgleichung wie folgt lautet

$$\mathbf{I}(k+1) = \left(\mathbf{I}(k)^T \mathbf{y}(k+1)^T \mathbf{u}(k)^T\right)^T, \quad k = 0, 1, \dots, K-2 \tag{16.51}$$

$$\mathbf{I}(0) = \mathbf{y}(0) \, . \tag{16.52}$$

Diese Gleichungen werden nun als Systemgleichungen einer neuen Problemstellung interpretiert, die die Form des Grundproblems aufweisen soll. Hierbei ist $\mathbf{I}(k)$ der neue Zustandsvektor, $\mathbf{u}(k)$ der neue und alte Steuervektor und $\mathbf{y}(k)$ der neue Störungsvektor, dessen Wahrscheinlichkeitsverteilung auf der Grundlage der bekannten Verteilungen von $\mathbf{x}(0)$, $\mathbf{z}(k)$, $\mathbf{v}(k)$ unter Nutzung von (16.48) berechnet werden kann. Ebenso ist es möglich, das ursprüngliche Gütefunktional (16.3) als Funktion von $\mathbf{I}(k)$ und $\mathbf{u}(k)$ auszudrücken. Da der neue Zustandsvektor $\mathbf{I}(k)$ im gesuchten optimalen Regelgesetz (16.50) enthalten ist, nimmt die neue Problemstellung tatsächlich das Format des Grundproblems mit vollständiger Information an und kann folglich mittels der stochastischen dynamischen Programmierung gelöst werden.

Der Nachteil der beschriebenen Verfahrensweise besteht darin, dass die Dimensionen der neuen Zustandsgröße $\mathbf{I}(k)$ bei jedem Zeitschritt k erweitert werden, so dass bei auch nur mäßig langen Optimierungshorizonten der erforderliche rechentechnische Aufwand zur Auswertung des Algorithmus der stochastischen dynamischen Programmierung selbst für Großrechneranlagen überwältigend wird. Diese unbefriedigende Situation wirft die Frage auf, ob tatsächlich *alle* früheren Messwerte bei der Festlegung des optimalen Regelgesetzes (16.50) erforderlich sind. Mit anderen Worten, es stellt sich die Frage, ob das gesuchte optimale Regelgesetz auch in der Form

$$\mathbf{u}(k) = \mathbf{R}\left(\mathbf{S}(\mathbf{I}(k), k), k\right) \tag{16.53}$$

gewonnen werden kann, wobei die Funktion **S** den Informationsvektor $\mathbf{I}(k)$ auf einen Vektor geringerer Dimensionen abbildet. Eine Funktion **S** dieser Art trägt den Namen *ausreichende Statistik*. Es kann gezeigt werden [5], dass es mehrere ausreichende Statistiken gibt, wobei die üblichste

$$\mathbf{S}(\mathbf{I}(k), k) = P(\mathbf{x}(k)|\mathbf{I}(k)) \tag{16.54}$$

die Wahrscheinlichkeitsverteilung des alten Zustandsvektors $\mathbf{x}(k)$ bei vorliegendem Informationsvektor $\mathbf{I}(k)$ in (16.53) einbringt. Ein Vorteil von (16.54) liegt darin, dass $P(\mathbf{x}(k)|\mathbf{I}(k))$ bei vielen Problemstellungen deutlich geringere Dimensionen als der Informationsvektor aufweist, die mit fortschreitender Zeit konstant bleiben. Ferner kann $P(\mathbf{x}(k)|\mathbf{I}(k))$ anhand der jeweiligen konkreten Problemgegebenheiten auf der Grundlage der Regel von Bayes relativ einfach in der rekursiven Form

$$P(\mathbf{x}(k+1)|\mathbf{I}(k+1)) = \Phi\left(P(\mathbf{x}(k)|\mathbf{I}(k)), \mathbf{u}(k), \mathbf{y}(k+1), k\right) \tag{16.55}$$

berechnet werden.

Diese Vorgehensweise entspricht der Umwandlung des Grundproblems mit unvollständiger Information in ein Grundproblem mit vollständiger Information mit neuer Zustandsgröße $P(\mathbf{x}(k)|\mathbf{I}(k))$ und Regelgesetz

$$\mathbf{u}(k) = \mathbf{R}\left(P(\mathbf{x}(k)|\mathbf{I}(k)), k\right) . \tag{16.56}$$

Da aber der neue Zustand $P(\mathbf{x}(k)|\mathbf{I}(k))$ zu jedem Zeitpunkt erst einmal aus (16.55) rekursiv, unter Nutzung aktueller Daten $\mathbf{u}(k)$, $\mathbf{y}(k+1)$, berechnet werden muss, beinhaltet das Regelgesetz (16.56) zwei Komponenten:

- ein *Schätzglied*, das $P(\mathbf{x}(k)|\mathbf{I}(k))$ aus aktuellen Daten berechnet,
- einen *Regler*, der auf Grundlage von $P(\mathbf{x}(k)|\mathbf{I}(k))$ die neue Steuergröße berechnet.

Diese Struktur werden wir bei einer spezifischen Aufgabenstellung der stochastischen Optimierung mit unvollständiger Information in Kap. 18 wiederfinden.

Sieht man von Spezialfällen ab (Kap. 18), so kann im allgemeinen Fall die Auswertung des Grundproblems mit unvollständiger Information nach der eben beschriebenen Vorgehensweise auch aufwendig sein. In vielen Fällen wird man daher bestrebt sein, suboptimale Lösungsstrukturen einzusetzen, vgl. Abschn. 16.4. Die üblichste Vorgehensweise ist wie folgt beschrieben und kann ebenfalls als ADP bezeichnet werden:

- Zu jedem Zeitpunkt wird auf der Grundlage der vorliegenden Information ein Schätzwert für den Systemzustand (vgl. Kap. 17)

$$\hat{\mathbf{x}}(k) = E(\mathbf{x}(k)|\mathbf{I}(k)) \tag{16.57}$$

gebildet.

• Die Systemstörung $\mathbf{z}(k)$ wird in der Systemgleichung (16.1) und im Gütefunktional (16.3) durch ihren Erwartungswert $\bar{\mathbf{z}}(k)$ ersetzt (Gewissheits-Äquivalenz-Prinzip, vgl. Abschn. 16.5) und folglich ist die Bildung des Erwartungswertes im Gütefunktional (16.3) nicht mehr erforderlich. Auf diese Weise erhält man aber ein deterministisches Optimierungsproblem, für dessen Lösung zwei alternative Möglichkeiten bestehen. Erstens kann ein deterministisches optimales Regelgesetz entwickelt werden, das $\hat{\mathbf{x}}$ aus (16.57) als Zustandsmessung nutzt. Zweitens, kann zu jedem Zeitpunkt k das deterministische Optimierungsproblem mit Anfangszustand $\hat{\mathbf{x}}(k)$ aus (16.57) mittels der bekannten Methoden von Teil II dieses Buches im Sinne der Bestimmung einer optimalen Steuerfolge on-line ausgewertet werden, aber nur der jeweils erste Wert der Steuergröße kommt tatsächlich zum Einsatz (modellprädiktive Regelung).

16.7 Übungsaufgaben

16.1 Berechnen Sie für den stochastischen mehrstufigen Entscheidungsprozess von Abb. 16.1 mit den Gegebenheiten von Beispiel 16.1 die Erwartungskosten aller möglichen Steuersequenzen und bestimmen Sie die optimale Steuersequenz. Führen Sie ferner alle Berechnungen durch, die zur Bestimmung des optimalen Regelgesetzes führen. Berechnen Sie schließlich die Erwartungskosten der optimal gesteuerten Regelung für den gleichen mehrstufigen Entscheidungsprozess.

16.2 Im Beispiel 16.1 trete bei L-Entscheidung an jedem Punkt eine L- bzw. R-Fahrt mit einer Wahrscheinlichkeit von 9/10 bzw. 1/10 auf. Bei einer R-Entscheidung bestehen folgende Wahrscheinlichkeiten: 1/2 für R-Fahrt, 4/10 für L-Fahrt und 1/10 dafür, dass man unmittelbar und kostenlos das Ziel B erreicht. Bestimmen sie die optimale Steuersequenz und das optimale Regelgesetz.

16.3 Das Problem der Bewegungsregelung eines autonomen Fahrzeugs soll in verschiedener Hinsicht erweitert bzw. verallgemeinert werden. Formulieren Sie geeignete Problemstellungen der stochastischen optimalen Regelung für folgende Fälle:

(a) Das Hindernis hat eine beliebige Form, definiert durch

$$F = \{\chi \mid \mathbf{g}(\mathbf{x}, \chi) \leq \mathbf{0}\}.$$

Hierbei ist F die Menge der Punkte, die vom Hindernis belegt sind und $\mathbf{g}$ beinhaltet Funktionen, die die Hindernisform festlegen. (Wie ist F definiert, wenn das Hindernis kreisförmig bzw. rechteckförmig ist?)

(b) Das Fahrzeug soll die Hindernisse jagen.

(c) Die Bewegung des Fahrzeugs und des Hindernisses findet im dreidimensionalen Raum statt.

(d) Das Fahrzeug bewegt sich in einem Flur mit varianter aber messbarer Breite, dessen Wände möglichst nicht berührt werden dürfen.
(e) Das Fahrzeug begegnet gleichzeitig mehreren Hindernissen.
(f) Das Hindernis hat eine messbare Geschwindigkeit und eine stochastische Beschleunigung.
(g) Das Fahrzeug hat eine steuerbare Beschleunigung; sowohl seine Beschleunigung *wie auch* seine Geschwindigkeit sind begrenzt.

16.4 Stellen Sie die zeitdiskrete Gleichung zur Berechnung der optimalen zeitvarianten Entscheidungsschwelle für das Torschlussproblem von Beispiel 16.6 unter der Annahme auf, dass die Angebote $z(k)$ im Bereich $[z_{\min}, z_{\max}]$ gleichverteilt sind, d. h.

$$P(z) = \begin{cases} 1 & \text{wenn} \quad z > z_{\max} \\ \frac{z-z_{\min}}{z_{\max}-z_{\min}} & \text{wenn} \quad z_{\min} \leq z \leq z_{\max} \\ 0 & \text{wenn} \quad z < z_{\min}. \end{cases}$$

Bestimmen Sie die stationäre optimale Entscheidungsstrategie für den Fall $K \to \infty$ mit den Zahlenwerten $z_{\min} = 1, z_{\max} = 2, r = 0.01$.

16.5 In einem Betrieb wird ein bestimmtes Rohprodukt zu einer gegebenen Zeit K in der Zukunft benötigt. Der Kaufpreis $z(k)$ des Produkts schwankt täglich und es stellt sich die Frage, ob man sofort, zum aktuellen Kaufpreis, oder später kaufen sollte. Die Preise $z(0), z(1), \ldots, z(K)$ sind unabhängig voneinander und weisen eine bekannte zeitinvariante Wahrscheinlichkeitsverteilung auf.

(a) Leiten Sie die optimale Entscheidungsstrategie zur Minimierung des Kaufpreises ab.
(b) Die Kaufpreise sind im Bereich $[z_{\min}, z_{\max}]$ gleichverteilt. Wie lautet die optimale Entscheidungsstrategie?
(c) Betrachten Sie die Fälle (a) und (b) unter der Annahme $K \to \infty$.

(Hinweis: Verfolgen Sie die Schritte der Beispiele 16.4, 16.6.)

16.6 In einem Betrieb wird eine Maschine genutzt, die manchmal wegen Defekts ausfallen kann. Wenn die Maschine über eine ganze Woche funktioniert, so führt sie zu einem Bruttogewinn von 1000 Euro. Wenn sie aber während der Woche ausfällt, ist der Bruttogewinn Null. Wenn die Maschine zum Wochenbeginn läuft und vorsorglich überholt wird, so besteht eine Wahrscheinlichkeit von 0.4, dass sie während der Woche ausfallen wird, während ohne Überholen die Ausfallwahrscheinlichkeit 0.7 beträgt. Die Überholungskosten belaufen sich auf 700 Euro. Wenn die Maschine zum Wochenbeginn funktionsuntüchtig ist (weil sie in der Woche davor ausgefallen war), so bestehen zwei Möglichkeiten:

• Die Maschine für 400 Euro reparieren; diese Möglichkeit führt zu einer Ausfallwahrscheinlichkeit von 0.4 während der beginnenden Woche.

- Eine neue Maschine für 1500 Euro anschaffen, die während ihrer ersten Woche garantiert nicht ausfallen wird.

Bestimmen Sie eine optimale Entscheidungsstrategie für Reparatur, Überholung und Ersetzen der Maschine dergestalt, dass der erwartete Gesamtprofit über vier Wochen maximiert wird, wobei zu Beginn der vier Wochen eine neue Maschine vorausgesetzt wird.

16.7 Wir betrachten die stochastische LQ-Problemstellung (16.37), (16.38), nehmen aber zusätzlich an, dass die Systemmatrizen $\mathbf{A}(k)$, $\mathbf{B}(k)$ stochastische Werte annehmen, die unabhängig untereinander und von $\mathbf{x}(k)$, $\mathbf{u}(k)$, $\mathbf{z}(k)$, $\mathbf{A}(k-1)$, $\mathbf{B}(k-1)$,... sind. Die Wahrscheinlichkeitsverteilungen für $\mathbf{A}(k)$ und $\mathbf{B}(k)$ sind bekannt und die Momente zweiter Ordnung sind beschränkt.

Zeigen Sie durch analytische Auswertung der rekursiven Gleichung der stochastischen dynamischen Programmierung, dass diese stochastische Version der LQ-Optimierung zu folgendem linearem Regelgesetz führt

$$\mathbf{u}(k) = -\mathbf{L}(k)\mathbf{x}(k)$$

mit der Rückführmatrix

$$\mathbf{L}(k) = -\left(\mathbf{R}(k) + E\{\mathbf{B}(k)^T\mathbf{P}(k+1)\mathbf{B}(k)\}\right)^{-1} E\{\mathbf{B}(k)^T\mathbf{P}(k+1)\mathbf{A}(k)\},$$

wobei die Matrix $\mathbf{P}(k)$ folgende Differenzengleichung erfüllt

$$\mathbf{P}(k) = E\{\mathbf{A}(k)^T\mathbf{P}(k+1)\mathbf{A}(k)\} - E\{\mathbf{A}(k)^T\mathbf{P}(k+1)\mathbf{B}(k)\}\mathbf{L}(k) + \mathbf{Q}(k)$$
$$\mathbf{P}(K) = \mathbf{S}.$$

Literatur

1. Haussmann U (1981) Some examples of optimal stochastic controls or: the stochastic maximum principle at work. SIAM Review 23:292–307

2. Sworder D (1968) On the stochastic maximum principle. J Math Anal Appl 24:627–640

3. Whittle P (1991) A risk-sensitive maximum principle: The case of imperfect state observation. IEEE T Automat Contr 36:793–801

4. Dreyfus S (1962) Some types of optimal control of stochastic systems. SIAM J of Control Ser A 2:120–134

5. Bertsekas D (2005) Dynamic programming and optimal control I, 3. Aufl. Athena Scientific, Belmont, Mass., U.S.A.

6. Bertsekas D (2007) Dynamic programming and optimal control II, 3. Aufl. Athena Scientific, Belmont, Mass., U.S.A.

7. Papageorgiou M, Bauschert T (1991) A stochastic control framework for moving objects in changing environments. In: IFAC Symposium on Robot Control, S 765–770

8. Bertsekas D (1996) Neuro-dynamic programming. Athena Scientific, Belmont, Mass., U.S.A.

9. Busoiniu L, Babuska R, Schutter BD (2010) Reinforcement learning and dynamic programming using function approximators. CRC Press

10. Powell W (2007) Approximate dynamic programming: solving the curses of dimensionality. Wiley-Interscience

11. Sutton R, Barto A (1998) Reinforcement learning: an introduction. The MIT Press

12. Ernst D, Glavic M, Capitanescu F, Wehenkel L (2009) Reinforcement learning versus model predictive control: a comparison on a power system problem. IEEE T Syst Man Cy B 39:517–529

13. Garcia C, Prett D, Morari M (1989) Model predictive control: theory and practice — a survey. Automatica 25:335–348

14. Watkins C, Dayan P (1992) Q-learning. Mach Learn 8:279–292

Optimale Zustandsschätzung dynamischer Systeme

17

Wir haben zu verschiedenen Anlässen festgestellt, so z. B. in den Abschn. 12.6 und 16.6, dass die *Schätzung des Systemzustandes* unter Nutzung verfügbarer (unvollständiger) Messinformation eine Voraussetzung für den Einsatz effektiver Regelungs- und Steuerstrategien sein kann. Darüber hinaus ist die Problemstellung der Zustandsschätzung für Zwecke der *Systemüberwachung*, der *Ausfalldetektion* u. ä. von besonderer Bedeutung. Wir werden uns in diesem Kapitel mit der Problemstellung der Zustandsschätzung für einige Spezialfälle befassen, die bei einem breiten Spektrum technischer und nichttechnischer Anwendungsfälle entstehen. Für ausführlichere und weitergehende Information wird auf dedizierte Bücher in der Literatur verwiesen [1–6].

17.1 Zustandsschätzung zeitkontinuierlicher linearer Systeme

Im Rahmen dieses Abschnittes werden wir die Problemstellung und die Lösung der optimalen Zustandsschätzung zeitkontinuierlicher, zeitvarianter, linearer, dynamischer Systeme vorstellen. An diese Betrachtungen werden sich der Spezialfall der zeitinvarianten Zustandsschätzung sowie eine Erweiterung der Problemstellung anschließen. Wir betrachten den zeitkontinuierlichen, zeitvarianten, linearen, dynamischen Prozess

$$\dot{\mathbf{x}} = \mathbf{A}(t)\mathbf{x} + \mathbf{B}(t)\mathbf{u} + \mathbf{D}(t)\mathbf{z}; \quad \mathbf{x}(t_0) = \mathbf{x}_0 \tag{17.1}$$

$$\mathbf{y} = \mathbf{C}(t)\mathbf{x} + \mathbf{w} . \tag{17.2}$$

Hierbei ist $\mathbf{x} \in \mathbb{R}^n$ der Zustandsvektor, $\mathbf{u} \in \mathbb{R}^m$ der Eingangsvektor und $\mathbf{y} \in \mathbb{R}^q$ der *messbare* Ausgangsvektor. Der *Systemstörvektor* $\mathbf{z} \in \mathbb{R}^p$ und der *Messungsstörvektor* $\mathbf{w} \in \mathbb{R}^q$ werden als zeitkontinuierliche, zeitlich unabhängige, stochastische Prozesse (weißes Rauschen) vorausgesetzt, deren Wahrscheinlichkeitsverteilung die Gaußform (s. Abschn. 19.3) aufweist. Die Annahme einer gaußförmigen Wahrscheinlichkeitsverteilung, die die Problemlösung erheblich erleichtert, ist eine brauchbare Näherung für viele re-

© Springer-Verlag Berlin Heidelberg 2015
M. Papageorgiou, M. Leibold, M. Buss, *Optimierung*, DOI 10.1007/978-3-662-46936-1_17

al auftretende stochastische Störungen. Für $\mathbf{z}$ und $\mathbf{w}$ wird ferner angenommen, dass beide verschwindende Erwartungswerte aufweisen, und dass deren Kovarianzmatrizen wie folgt gegeben sind

$$E\{\mathbf{z}(t)\mathbf{z}(\tau)^T\} = \mathbf{Z}(t)\,\delta(t - \tau) \qquad (17.3)$$

$$E\{\mathbf{w}(t)\mathbf{w}(\tau)^T\} = \mathbf{W}(t)\,\delta(t - \tau)\,. \qquad (17.4)$$

Für die Kovarianzmatrizen wird hierbei $\mathbf{Z} \geq \mathbf{0}$, $\mathbf{W} > \mathbf{0}$ vorausgesetzt. Die Annahme, dass $\mathbf{W}$ positiv definit sein soll, kann für praktische Anwendungen unter Umständen einschränkend sein, da sie den Fall störungsfreier Messungen ausschließt. Erweiterungen, die die Aufhebung dieser Voraussetzung beinhalten, werden in [7] angegeben.

Der Anfangswert $\mathbf{x}_0$ in (17.1) wird ebenso als eine Zufallsvariable mit gaußförmiger Wahrscheinlichkeitsverteilung und mit bekanntem Mittelwert

$$E\{\mathbf{x}_0\} = \bar{\mathbf{x}}_0 \qquad (17.5)$$

und bekannter Kovarianzmatrix

$$E\{(\mathbf{x}_0 - \bar{\mathbf{x}}_0)(\mathbf{x}_0 - \bar{\mathbf{x}}_0)^T\} = \mathbf{\Pi}_0, \qquad \mathbf{\Pi}_0 \geq \mathbf{0} \qquad (17.6)$$

vorausgesetzt. Schließlich werden $\mathbf{x}_0$, $\mathbf{z}$, $\mathbf{w}$ als wechselseitig unabhängig vorausgesetzt, s. Abschn. 17.1.3 für den Fall korrelierter Störgrößen.

Zusammengefasst besteht das *Gegebene* der Problemstellung aus den Problemmatrizen $\mathbf{A}(t)$, $\mathbf{B}(t)$, $\mathbf{C}(t)$, $\mathbf{D}(t)$ und aus den stochastischen Eigenschaften des Anfangswertes und der Störungen, die die Kenntnis von $\bar{\mathbf{x}}_0$, $\mathbf{\Pi}_0$, $\mathbf{Z}(t)$, $\mathbf{W}(t)$ einschließen. Darüber hinaus kann die zum Zeitpunkt $t > t_0$ vorliegende Information in folgender *Informationsmenge* zusammengefasst werden

$$\mathcal{I}(t) = \{\mathbf{u}(\tau),\ \mathbf{y}(\tau);\quad t_0 \leq \tau \leq t\}\,. \qquad (17.7)$$

Bei Vorhandensein dieser Informationsmenge wird nun ein Schätzwert (vgl. Abschn. 19.3.3)

$$\hat{\mathbf{x}}(t_1|t) = \hat{\mathbf{x}}(t_1 \mid \mathcal{I}(t)) \qquad (17.8)$$

für den Zustandsvektor $\mathbf{x}(t_1)$ gesucht, der den Erwartungswert der quadratischen Norm des Schätzfehlers

$$J(\hat{\mathbf{x}}(t_1|t)) = E\{\|\mathbf{x}(t_1) - \hat{\mathbf{x}}(t_1|t)\|^2\} \qquad (17.9)$$

minimiert.

Zu dieser Problemformulierung sind nun einige erläuternde Anmerkungen erforderlich. Zunächst fällt auf, dass die quadratische Bestrafung des Schätzfehlers in (17.9) keine Gewichtungsmatrix beinhaltet. In der Tat kann nachgewiesen werden, dass die Problemlösung unabhängig von einer möglichen (positiv definiten) Gewichtungsmatrix ist. Ferner kann auf der Grundlage der Annahme gaußförmiger Wahrscheinlichkeitsverteilungen nachgewiesen werden, dass der aus der Lösung obiger Problemstellung resultierende optimale Schätzvektor $\hat{\mathbf{x}}(t_1|t)$ *erwartungstreu* ist, d. h. er erfüllt folgende Beziehung

$$E\{\hat{\mathbf{x}}(t_1|t)\} = E\{\mathbf{x}(t_1)\} .\tag{17.10}$$

Die formulierte Problemstellung lässt folgende Fallunterscheidung zu:

(a) $t_1 < t$: Dieser Fall führt zu der Problemstellung der optimalen *Glättung*, den wir hier nicht weiter betrachten wollen, s. z. B. [5].

(b) $t_1 = t$: Dieser Fall führt zu der Problemstellung der optimalen *Filterung*, deren Lösung im folgenden Abschn. 17.1.1 angegeben wird.

(c) $t_1 > t$: Dieser Fall führt zu der Problemstellung der optimalen *Prädiktion*, deren Lösung sich aus folgenden zwei Schritten zusammensetzt:

– Durch Lösung des Problems der optimalen Filterung wird zunächst ein Schätzwert $\hat{\mathbf{x}}(t|t)$ bereitgestellt.

– Die Zustandsprädiktion für $t_1 > t$ erfolgt durch Auswertung der ungestörten Systemdifferentialgleichung

$$\dot{\hat{\mathbf{x}}}(t_1|t) = \mathbf{A}(t_1)\hat{\mathbf{x}}(t_1|t) + \mathbf{B}(t_1)\mathbf{u}(t_1)\tag{17.11}$$

vom Anfangszustand $\hat{\mathbf{x}}(t|t)$ ausgehend. Freilich muss der prognostizierte Verlauf der Eingangsgrößen $\mathbf{u}(t_1)$, $t_1 > t$, zur Auswertung von (17.11) vorliegen.

17.1.1 Kalman-Bucy-Filter

Die Lösung der eben formulierten optimalen Filterungsaufgabe lieferten *R.E. Kalman* und *R.S. Bucy* in der Form des nach ihnen benannten *Kalman-Bucy-Filters*, das in den letzten Jahrzehnten unzählbare praktische Anwendungen in vielen technischen und nichttechnischen Bereichen gefunden hat. Wir werden hier auf eine Herleitung des Kalman-Bucy-Filters verzichten (s. z. B. den Originalaufsatz [8]) und uns auf die Vorstellung und Erläuterung der Filtergleichungen beschränken.

Der kürzeren Schreibweise halber werden wir für die folgenden Ausführungen $\hat{\mathbf{x}}(t|t) = \hat{\mathbf{x}}(t)$ vereinbaren. Die Erzeugung des optimalen Schätzwertes $\hat{\mathbf{x}}(t)$ mittels des Kalman-Bucy-Filters erfolgt durch Auswertung der Differentialgleichung

$$\dot{\hat{\mathbf{x}}}(t) = \mathbf{A}(t)\hat{\mathbf{x}} + \mathbf{B}(t)\mathbf{u} + \mathbf{H}(t)\left(\mathbf{y} - \mathbf{C}(t)\hat{\mathbf{x}}\right)\tag{17.12}$$

ausgehend vom Anfangszustand

$$\hat{\mathbf{x}}(t_0) = \overline{\mathbf{x}}_0 .\tag{17.13}$$

Hierbei wird die Matrix $\mathbf{H}(t)$ folgendermaßen berechnet

$$\mathbf{H}(t) = \mathbf{\Pi}(t)\mathbf{C}(t)^T\mathbf{W}(t)^{-1} .\tag{17.14}$$

Die in (17.14) enthaltene Matrix $\mathbf{\Pi}(t)$ muss schließlich eine Matrix-Differentialgleichung erfüllen

$$\dot{\mathbf{\Pi}} = \mathbf{A}\mathbf{\Pi} + \mathbf{\Pi}\mathbf{A}^T - \mathbf{\Pi}\mathbf{C}^T\mathbf{W}^{-1}\mathbf{C}\mathbf{\Pi} + \mathbf{D}\mathbf{Z}\mathbf{D}^T \tag{17.15}$$

mit der Anfangsbedingung

$$\mathbf{\Pi}(t_0) = \mathbf{\Pi}_0 . \tag{17.16}$$

Gleichungen (17.12)–(17.16) sind die Gleichungen des Kalman-Filters und stellen die Lösung des optimalen Filterungsproblems dar. Zur Erläuterung der Bedeutung und der Nutzung dieser Gleichungen wollen wir nun folgende Anmerkungen anführen:

- Gleichung (17.12) weist die aus der Regelungstheorie bekannte Struktur eines *Beobachters* auf. In der Tat besteht diese Gleichung zunächst aus dem ungestörten Systemmodell (17.1). Da jedoch der echte Anfangswert $\mathbf{x}_0$ vom Mittelwert $\bar{\mathbf{x}}_0$ in (17.13) abweichen kann, und da ferner das reale Prozessgeschehen, durch (17.1) beschrieben, durch den Term $\mathbf{D}(t)\mathbf{z}$ gestört ist, muss eine laufende Korrektur der (Modell-)Schätzung vorgenommen werden, die mittels des letzten Terms von (17.12) erfolgt.
- Der *Korrekturterm* in (17.12) basiert auf der Abweichung des gemessenen Ausgangs $\mathbf{y}(t)$ vom Filterausgang $\hat{\mathbf{y}}(t) = \mathbf{C}(t)\hat{\mathbf{x}}(t)$, um mittels der zeitvarianten *Filter-Rückführmatrix* $\mathbf{H}(t)$ eine Anpassung des Schätzwertes $\hat{\mathbf{x}}(t)$ an den realen (aber unbekannten) Zustand $\mathbf{x}(t)$ zu ermöglichen.
- Die Rückführmatrix $\mathbf{H}(t)$ wird in den Filtergleichungen mittels (17.14) eindeutig vorgeschrieben. Hierbei ist die in (17.14) enthaltene Matrix $\mathbf{\Pi}(t)$ die *Kovarianzmatrix des Schätzfehlers*, d. h.

$$\mathbf{\Pi}(t) = E\{(\mathbf{x}(t) - \hat{\mathbf{x}}(t))(\mathbf{x}(t) - \hat{\mathbf{x}}(t))^T\} , \tag{17.17}$$

die folglich symmetrisch und positiv semidefinit ist

$$\mathbf{\Pi}(t) \geq \mathbf{0} . \tag{17.18}$$

- Zur Erzeugung von $\mathbf{\Pi}(t)$ muss die Matrix-Differentialgleichung (17.15) vom Anfangswert (17.16) ausgehend (numerisch oder analytisch) integriert werden. Gleichung (17.15) weist die uns aus Kap. 12 bekannte Form einer *Riccati-Differentialgleichung* auf, die (ebenso wie (17.14)) unabhängig von der Informationsmenge (17.7) ist. Folglich können (17.14), (17.15) off-line ausgewertet werden, um die zeitvariante Rückführmatrix $\mathbf{H}(t)$ zu berechnen und abzuspeichern, die dann in (17.12) zum on-line Einsatz kommt. Wegen der Symmetrie von $\mathbf{\Pi}(t)$ erfordert bekanntlich die Auswertung der Riccati-Gleichung die Integration von $n(n + 1)/2$ (statt n^2) skalaren, verkoppelten Differentialgleichungen.
- Im Unterschied zu Kap. 12 liegt uns hier die Riccati-Gleichung in Form eines Anfangswertproblems vor. Folglich besteht die Möglichkeit, (17.14)–(17.16) auch on-line auszuwerten, um den aktuellen Wert der Rückführmatrix $\mathbf{H}(t)$ zu erzeugen, der in

(17.12) benötigt wird. Bei dieser Auswertungsalternative braucht offenbar, um den Preis eines höheren Rechenaufwandes on-line, keine Abspeicherung von $\mathbf{H}(t)$ vorgenommen zu werden.

- Obwohl die vollständige Informationsmenge (17.7), die alle früheren Messwerte enthält, zur Verfügung steht, machen die Filtergleichungen lediglich von den aktuellen Werten $\mathbf{y}(t)$ und $\mathbf{u}(t)$ Gebrauch. Diese erhebliche Vereinfachung der Lösung ist auf die Voraussetzungen der Problemstellung (lineares System, gaußförmige Verteilung) zurückzuführen.

- Ist die Wahrscheinlichkeitsverteilung der Störgrößen $\mathbf{z}$ und $\mathbf{w}$ nicht gaußförmig, so ist das Kalman-Bucy-Filter kein optimales Filter schlechthin, wohl aber das beste unter den *linearen* Filtern, die also auf einem linearen Zusammenhang zwischen Messung $\mathbf{y}(t)$ und Schätzung $\hat{\mathbf{x}}(t)$ basieren.

- Die Lösungen der optimalen Filterung und der LQ-Regelung eines dynamischen Systems weisen eine duale Beziehung zueinander auf. In der Tat lassen sich die zwei Lösungen mittels folgender Zuordnungen der beteiligten Problemgrößen direkt ineinander überführen: $\mathbf{A} \triangleq \mathbf{A}^T$, $\mathbf{B} \triangleq \mathbf{C}^T$, $\mathbf{C} \triangleq \mathbf{D}^T$, $\mathbf{Q} \triangleq \mathbf{Z}$, $\mathbf{R} \triangleq \mathbf{W}$, $\mathbf{S} \triangleq \mathbf{\Pi}_0$, $\mathbf{K} \triangleq \mathbf{H}^T$, $\mathbf{P} \triangleq \mathbf{\Pi}$, $t \triangleq -t$.

- Aus (17.1), (17.2), (17.12) lässt sich die Differentialgleichung des Schätzfehlers $\tilde{\mathbf{x}} = \mathbf{x} - \hat{\mathbf{x}}$ wie folgt ableiten

$$\dot{\tilde{\mathbf{x}}} = (\mathbf{A}(t) - \mathbf{H}(t)\mathbf{C}(t))\,\tilde{\mathbf{x}} + \mathbf{D}(t)\mathbf{z} - \mathbf{H}(t)\mathbf{w}$$

$$\tilde{\mathbf{x}}(t_0) = \mathbf{x}_0 - \overline{\mathbf{x}}_0. \tag{17.19}$$

- Die Optimalität des Kalman-Bucy-Filters ist eng mit dem verwendeten Prozessmodell gekoppelt. Beschreibt das verwendete Modell das Prozessgeschehen ungenügend, so kann eine Divergenz der vom Filter gelieferten Schätzwerte von den tatsächlichen Zustandswerten auftreten. Dieses Problem kann verstärkt auftreten, wenn die System- und Ausgangsgleichung nur leicht gestört sind und darüber hinaus eine lange Reihe von Messwerten bereits ausgewertet wurde. In solchen Fällen „lernt" das Filter das ungenaue Modell zu gut, was sich durch entsprechend kleine Rückführelemente im Korrekturterm ausdrückt; Letzteres hat wiederum zur Folge, dass neue Messwerte kaum mehr ins Gewicht fallen. Geeignete Gegenmaßnahmen umfassen die uns aus Abschn. 6.1.4 bekannten Verfahren des *Vergesslichkeitsfaktors* und des *rollenden Zeithorizontes*, s. [5] für Einzelheiten.

Abbildung 17.1 zeigt den Signalflussplan des Kalman-Bucy-Filters zur optimalen Schätzung des Systemzustandes $\mathbf{x}(t)$.

Beispiel 17.1 Wir betrachten den gestörten, linearen, dynamischen Prozess

$$\dot{x} = -\frac{1}{2}x + u + z, \quad x(0) = x_0$$

mit der gestörten Messung

$$y = x + w.$$

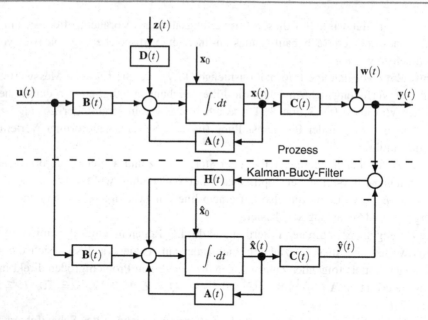

Abb. 17.1 Das Kalman-Bucy-Filter

Für den Anfangszustand gilt

$$E\{x_0\} = 0, \quad E\{x_0^2\} = \Pi_0 \,.$$

Das Signalrauschen $z(t)$ und das Messrauschen $w(t)$ sind stationäre stochastische Prozesse (gaußsches weißes Rauschen) mit

$$E\{z(t)\} = E\{w(t)\} = 0$$
$$E\{z(t)z(\tau)\} = Z\delta(t - \tau), \quad E\{w(t)w(\tau)\} = W\delta(t - \tau), Z, W > 0 \,,$$

und $x_0, z(t), w(t)$ sind wechselseitig unabhängig.

Obwohl die Zustandsgröße $x(t)$ des Prozesses offenbar gemessen wird, sind wir daran interessiert, mittels eines Kalman-Bucy-Filters den durch das Messrauschen verursachten Fehler zu reduzieren. Aus (17.12), (17.13) bekommen wir zunächst die Filtergleichung

$$\dot{\hat{x}} = -\frac{1}{2}\hat{x} + u + H(t)(y - \hat{x}), \quad \hat{x}(0) = \overline{x}_0 \,. \tag{17.20}$$

Der zeitvariante Rückführkoeffizient $H(t)$ ergibt sich mit (17.14) aus

$$H(t) = \frac{\Pi(t)}{W} \,. \tag{17.21}$$

Zur Berechnung der Varianz $\Pi(t)$ des Schätzfehlers werden (17.15), (17.16) herangezogen und ergeben

$$\dot{\Pi} = -\Pi - \frac{\Pi^2}{W} + Z; \quad \Pi(0) = \Pi_0 . \tag{17.22}$$

Zur analytischen Lösung dieser nichtlinearen Riccati-Differentialgleichung machen wir den Ansatz

$$\Pi(t) = \begin{cases} \alpha + \beta \tanh(\gamma t + \phi) & \text{wenn} \quad \Pi_0 < \overline{\Pi} \\ \alpha + \beta \coth(\gamma t + \phi) & \text{wenn} \quad \Pi_0 > \overline{\Pi} , \end{cases} \tag{17.23}$$

wobei $\overline{\Pi} = \alpha + \beta$, mit den unbekannten Parametern α, β, γ, ϕ. Mit der Abkürzung $\vartheta = \gamma t + \phi$ erhalten wir durch Einsetzen des oberen Falls von (17.23) in (17.22)

$$\beta \gamma + \alpha + \frac{\alpha^2}{W} - Z + \beta \left(1 + \frac{2\alpha}{W} \right) \tanh \vartheta + \beta \left(\frac{\beta}{W} - \gamma \right) \tanh^2 \vartheta = 0 .$$

Da diese Beziehung für alle $t \geq 0$ gelten muss, erhalten wir die Beziehungen

$$\beta \gamma + \alpha + \frac{\alpha^2}{W} - Z = 0, \quad \beta \left(1 + \frac{2\alpha}{W} \right) = 0, \quad \beta \left(\frac{\beta}{W} - \gamma \right) = 0$$

und daraus schließlich die Parameterwerte

$$\gamma = \sqrt{\frac{1}{4} + \frac{Z}{W}}, \quad \alpha = -\frac{W}{2}, \quad \beta = \sqrt{\frac{W^2}{4} + ZW} .$$

Die gleichen Parameterwerte ergeben sich auch durch Einsetzen des unteren Falls von (17.23) in (17.22). Der letzte Parameter des Ansatzes (17.23) ergibt sich unter Nutzung der Anfangsbedingung $\Pi(0) = \Pi_0$ zu

$$\phi = \begin{cases} \operatorname{arctanh} \frac{\Pi_0 - \alpha}{\beta} & \text{wenn} \quad \Pi_0 < \overline{\Pi} \\ \operatorname{arccoth} \frac{\Pi_0 - \alpha}{\beta} & \text{wenn} \quad \Pi_0 > \overline{\Pi} . \end{cases}$$

Abbildung 17.2 zeigt den zeitlichen Verlauf von $\Pi(t)$ bei zwei verschiedenen Anfangswerten $\Pi_0^{(1)}$, $\Pi_0^{(2)}$ für $Z = W = 1$. Wie uns aus Kap. 12 bekannt ist, konvergiert die Lösung der Riccati-Gleichung ungeachtet des (nichtnegativen) Anfangswertes gegen einen nichtnegativen stationären Wert $\overline{\Pi}$. Abbildung 17.3 zeigt den Signalflussplan des Filters, einschließlich der on-line Auswertung der Riccati-Gleichung. □

17.1.2 Zeitinvarianter Fall

Bei den meisten praktischen Anwendungen ist das zugrundeliegende Systemmodell (17.1), (17.2) zeitinvariant und es gilt, eine zeitinvariante Schätzeinrichtung zu entwerfen, die also auf einer zeitinvarianten Rückführmatrix **H** beruht. In diesem Fall wird der

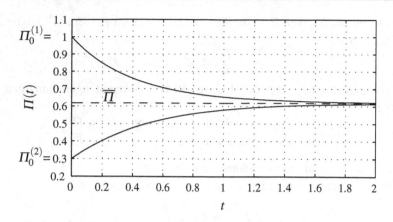

Abb. 17.2 Verlauf von $\Pi(t)$ für Beispiel 17.1

Filtereinsatz dadurch erleichtert, dass weder ein **H**-Verlauf abgespeichert, noch eine on-line Auswertung von (17.14)–(17.16) benötigt werden. Um dieser praktisch bedeutungsvollen Anforderung zu entsprechen, stellt sich nun die Frage nach den zusätzlichen Voraussetzungen, die in der mathematischen Problemformulierung erfüllt sein müssen, wenn eine zeitinvariante Rückführmatrix aus der Problemlösung resultieren soll.

Die Voraussetzungen, die zu einem zeitinvarianten Kalman-Bucy-Filter führen, sind, ähnlich wie in Kap. 12, die folgenden:

(i) Die Problemmatrizen **A, C, D, Z, W** sind zeitinvariant.

(ii) Die Anfangszeit liegt unendlich weit zurück: $t_0 \to -\infty$; diese Voraussetzung hat freilich einen rein theoretischen Charakter, da sie bei keiner praktischen Anwendung exakt zutreffen kann; als Konsequenz wird das zeitinvariante Kalman-Bucy-Filter während einer Einschwingphase eine suboptimale Filterung bewirken.

(iii) Das Matrizenpaar [**A, C**] ist beobachtbar.

(iv) Das Matrizenpaar [**A, F**] ist steuerbar, wobei **F** eine beliebige Matrix ist, die $\mathbf{FF}^T = \mathbf{DZD}^T$ erfüllt.

Unter diesen Voraussetzungen führt die Lösung der Riccati-Gleichung (17.15), von einem positiv semidefiniten Anfangswert $\Pi(t_0) = \Pi_0 \geq 0$ ausgehend, bekanntlich zu einem stationären Wert $\overline{\Pi} \geq 0$ und mit (17.14) folglich auch zu einer zeitinvarianten Rückführmatrix **H**. Die Berechnung der stationären Kovarianzmatrix $\overline{\Pi}$ des Schätzfehlers kann auf zweierlei Art erfolgen (vgl. auch Abschn. 12.2):

(a) Durch Integration der Riccati-Gleichung (17.15), von einem beliebigen positiv semidefiniten Anfangswert ausgehend, bis zum Erreichen eines stationären Wertes $\overline{\Pi}$.

(b) Durch Bestimmung der positiv semidefiniten Lösung der aus (17.15) entstehenden *stationären Riccati-Gleichung*

$$\mathbf{A}\overline{\Pi} + \overline{\Pi}\mathbf{A}^T - \overline{\Pi}\mathbf{C}^T\mathbf{W}^{-1}\mathbf{C}\overline{\Pi} + \mathbf{DZD}^T = 0 \,. \tag{17.24}$$

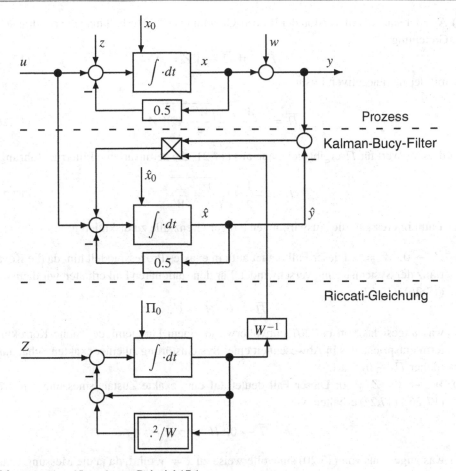

Abb. 17.3 Signalflussplan zu Beispiel 17.1

Das unter obigen Voraussetzungen entstehende *zeitinvariante Kalman-Bucy-Filter* ist asymptotisch stabil, d.h. alle Eigenwerte der zeitinvarianten Systemmatrix $\mathbf{A}_F = \mathbf{A} - \mathbf{H}\mathbf{C}$ des Schätzfehlers (vgl. (17.19)) liegen in der linken komplexen Halbebene.

Beispiel 17.2 Wir betrachten die Problemstellung des Beispiels 17.1, unser Interesse gilt aber nun der Ableitung eines *zeitinvarianten* Kalman-Bucy-Filters. Da alle Voraussetzungen dieses Abschnittes erfüllt sind, können wir die Berechnung der stationären Varianz $\overline{\Pi}$ des Schätzfehlers auf zweierlei Art vornehmen:

(a) Durch Bildung des Grenzwertes für $t \to \infty$ in (17.23) (vgl. auch Abb. 17.2) erhält man

$$\lim_{t \to \infty} \Pi(t) = \overline{\Pi} = -\frac{W}{2} + \sqrt{\frac{W^2}{4} + WZ}\,.$$

(b) Aus der stationären Version der Riccati-Gleichung (17.22) erhält man die quadratische Gleichung

$$\overline{\Pi}^2 + W\overline{\Pi} - WZ = 0 \tag{17.25}$$

mit der nichtnegativen Lösung

$$\overline{\Pi} = -\frac{W}{2} + \sqrt{\frac{W^2}{4} + WZ} \, . \tag{17.26}$$

Mit diesem Wert für $\overline{\Pi}$ ergibt sich dann aus (17.21) die zeitinvariante Filterrückführung

$$H = -\frac{1}{2} + \sqrt{\frac{1}{4} + \frac{Z}{W}} \, . \tag{17.27}$$

Es ist nun interessant, die Auswirkungen einiger Grenzfälle zu diskutieren:

(i) $Z \to 0$, $W \neq 0$: Dieser Fall deutet auf ein exaktes Prozessmodell hin, da die Kovarianz der Systemstörung verschwindet. Für den stationären Fall erhalten wir dann mit (17.26), (17.27)

$$\overline{\Pi} \to 0, \ H \to 0 \, ,$$

was angesichts von (17.20) sinnvollerweise einem Parallelmodell ohne Korrekturterm entspricht, das in Abwesenheit einer Systemstörung zu einer exakten Schätzung (daher $\overline{\Pi} \to 0$) führt.

(ii) $W \to 0$, $Z \neq 0$: Dieser Fall deutet auf eine exakte Zustandsmessung hin. Mit (17.26), (17.27) erhalten wir

$$\overline{\Pi} \to 0, \ H \to \infty \, ,$$

was angesichts von (17.20) sinnvollerweise zu $\hat{x} = y$ führt, da ja die Messung exakt ist. $\qquad\qquad\qquad\qquad\qquad\qquad\qquad\qquad\qquad\qquad\qquad\qquad\qquad\qquad\qquad\Box$

17.1.3 Korrelierte Störungen

Wir betrachten die Problemstellung (17.1)–(17.9), nehmen aber nun an, dass die System- und Messstörung korreliert sind, d. h.

$$E\{\mathbf{z}(t)\mathbf{w}(\tau)^T\} = \mathbf{G}(t)\delta(t - \tau) \, . \tag{17.28}$$

In diesem Fall bleiben (17.12), (17.13), (17.16) unberührt, aber (17.14), (17.15) müssen wie folgt erweitert werden [5]

$$\mathbf{H}(t) = \left(\mathbf{\Pi}(t)\mathbf{C}(t)^T + \mathbf{D}(t)\mathbf{G}(t)\right)\mathbf{W}(t)^{-1} \tag{17.29}$$

$$\dot{\mathbf{\Pi}} = \mathbf{A}\mathbf{\Pi} + \mathbf{\Pi}\mathbf{A}^T + \mathbf{D}\mathbf{Z}\mathbf{D}^T - (\mathbf{\Pi}\mathbf{C}^T + \mathbf{D}\mathbf{G})\mathbf{W}^{-1}(\mathbf{C}\mathbf{\Pi} + \mathbf{G}^T\mathbf{D}^T) \, . \tag{17.30}$$

Beispiel 17.3 Wir betrachten die Problemstellung von Beispiel 17.2 nunmehr unter der Annahme, dass

$$E\{z(t)w(\tau)\} = G\delta(t - \tau) \,.$$

Die stationäre Riccati-Gleichung (17.25) erweitert sich dann gemäß (17.30) wie folgt

$$\overline{\Pi}^2 + (2G + W)\overline{\Pi} - Z + G^2 = 0 \,.$$

Die nichtnegative Lösung dieser Gleichung

$$\overline{\Pi} = G - \frac{W}{2} + \sqrt{\frac{W^2}{4} + W(Z + G)}$$

weist darauf hin, dass die Korrelation der beiden Störungen zu einer Verschlechterung der Filterergebnisse führt (vgl. (17.26)). □

17.2   Zustandsschätzung zeitdiskreter linearer Systeme

Wir wollen nun die analoge Problemstellung des Abschn. 17.1 in zeitdiskreter Problemumgebung betrachten. Für den zeitdiskreten, zeitvarianten, linearen, dynamischen Prozess

$$\mathbf{x}(k + 1) = \mathbf{A}(k)\mathbf{x}(k) + \mathbf{B}(k)\mathbf{u}(k) + \mathbf{D}(k)\mathbf{z}(k), \quad \mathbf{x}(k_0) = \mathbf{x}_0 \qquad (17.31)$$

liegen Messungen vor

$$\mathbf{y}(k) = \mathbf{C}(k)\mathbf{x}(k) + \mathbf{w}(k) \,, \qquad (17.32)$$

wobei die Bedeutung und die Dimension der Variablen Abschn. 17.1 entnommen werden können. Die Systemstörung $\mathbf{z}(k)$ und die Messstörung $\mathbf{w}(k)$ werden als gaußverteilte, weiße, stochastische Prozesse mit verschwindenden Erwartungswerten und mit Kovarianzmatrizen

$$E\{\mathbf{z}(k)\mathbf{z}(\kappa)^T\} = \mathbf{Z}(k)\delta_{k\kappa}, \quad E\{\mathbf{w}(k)\mathbf{w}(\kappa)^T\} = \mathbf{W}(k)\delta_{k\kappa} \qquad (17.33)$$

vorausgesetzt. Hierbei gilt

$$\delta_{k\kappa} = \begin{cases} 1 & \text{wenn} \quad k = \kappa \\ 0 & \text{wenn} \quad k \neq \kappa \,. \end{cases}$$

Der Anfangszustand $\mathbf{x}_0$ ist eine gaußverteilte Zufallsvariable mit

$$E\{\mathbf{x}_0\} = \overline{\mathbf{x}}_0, \quad E\{(\mathbf{x}_0 - \overline{\mathbf{x}}_0)(\mathbf{x}_0 - \overline{\mathbf{x}}_0)^T\} = \mathbf{\Pi}_0 \,. \qquad (17.34)$$

Ferner wird vorausgesetzt, dass $\mathbf{z}$, $\mathbf{w}$ und $\mathbf{x}_0$ wechselseitig unabhängig sind und dass entweder $\mathbf{W}(k) > \mathbf{0}$ oder die Matrizen

$$\mathbf{C}(k_0)\mathbf{\Pi}_0\mathbf{C}(k_0)^T + \mathbf{W}(k_0) \quad \text{und} \quad \mathbf{C}(k+1)\mathbf{D}(k)\mathbf{Z}(k)\mathbf{D}(k)^T\mathbf{C}(k+1)^T + \mathbf{W}(k+1)$$

für $k = k_0$, $k_0 + 1, \ldots$ regulär sind.

Die zum Zeitpunkt k verfügbare Informationsmenge ist

$$\mathcal{I}(k) = \{\mathbf{y}(k_0), \mathbf{u}(k_0), \mathbf{y}(k_0 + 1), \mathbf{u}(k_0 + 1), \ldots, \mathbf{y}(k)\}\,.$$

Auf der Grundlage dieser Informationsmenge wird ein Schätzwert

$$\hat{\mathbf{x}}(k_1 \mid k) = \hat{\mathbf{x}}(k_1 \mid \mathcal{I}(k)) \tag{17.35}$$

für den Zustandsvektor $\mathbf{x}(k_1)$ gesucht, der den Erwartungswert der quadratischen Norm des Schätzfehlers

$$J(\hat{\mathbf{x}}(k_1|k)) = E\{\|\mathbf{x}(k_1) - \hat{\mathbf{x}}(k_1|k)\|^2\} \tag{17.36}$$

minimiert. Es kann nachgewiesen werden, dass dieser Schätzwert erwartungstreu sein wird, d. h.

$$E\{\hat{\mathbf{x}}(k_1|k)\} = E\{\mathbf{x}(k_1)\}\,. \tag{17.37}$$

Hierbei kann die Definition der Probleme der optimalen Glättung, Filterung und Prädiktion analog zu Abschn. 17.1 vorgenommen werden.

17.2.1 Kalman-Filter

Soll die Schätzung des Systemzustandes zu Regelungszwecken herangezogen werden, d. h.%

$$\mathbf{u}(k_1) = \mathbf{R}(\hat{\mathbf{x}}(k_1|k))\,, \tag{17.38}$$

so können vor allem bei Problemen mit kurzen Zeitintervallen Echtzeitprobleme entstehen, wenn $k_1 = k$ in (17.38) gelten soll, vgl. Abb. 17.4.

Fällt nämlich zum Zeitpunkt k der aktuelle Messvektor $\mathbf{y}(k)$ an, so müssen erst die Gleichungen der optimalen Schätzung und des Regelgesetzes in einem digitalen Rechner ausgewertet werden, bevor der Steuervektor $\mathbf{u}(k_1)$ vorliegt. Gilt nun $k_1 = k$, so wird der Steuervektor $\mathbf{u}(k)$ nicht zum Zeitpunkt kT, sondern erst zum Zeitpunkt $kT + \tau$ vorliegen, wobei mit τ die erforderliche Rechenzeit für Schätzung und Regelung bezeichnet wird. Wenn nun das Verhältnis τ/T nicht genügend klein ist, wird es günstiger sein, $k_1 = k + 1$ festzulegen, d. h. das Regelgesetz (17.38) anhand einer *Ein-Schritt-Prädiktion (a priori Schätzung)* $\hat{\mathbf{x}}(k + 1|k)$ zu berechnen

$$\mathbf{u}(k + 1) = \mathbf{R}(\hat{\mathbf{x}}(k + 1|k))\,, \tag{17.39}$$

wobei der resultierende Steuervektor $\mathbf{u}(k + 1)$ erst zum Zeitpunkt $k + 1$ zum Einsatz kommt, wie in Abb. 17.4 angedeutet wird.

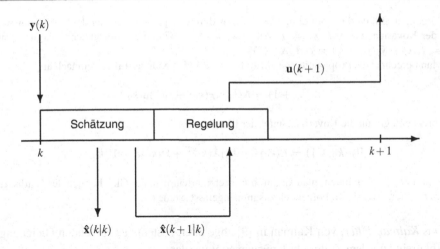

Abb. 17.4 Zeitlicher Ablauf von Schätzung und Regelung

Im Fall $\tau/T \ll 1$, sowie für Zwecke der Systemüberwachung ist man hingegen an einer optimalen *Filterschätzung (a posteriori Schätzung)* $\hat{\mathbf{x}}(k|k)$ interessiert. Um diesen unterschiedlichen Interessen entgegenkommen zu können, wollen wir die Gleichungen des zeitdiskreten Kalman-Filters so formulieren, dass sowohl eine Filterschätzung $\hat{\mathbf{x}}(k|k)$, als auch eine Ein-Schritt-Prädiktion $\hat{\mathbf{x}}(k+1|k)$ zu jedem Zeitpunkt erzeugt wird. Der kürzeren Schreibweise halber wollen wir $\hat{\mathbf{x}}_F(k) = \hat{\mathbf{x}}(k|k)$ und $\hat{\mathbf{x}}_P(k) = \hat{\mathbf{x}}(k|k-1)$ vereinbaren.

Die Bestimmungsgleichungen für die Filterschätzung $\hat{\mathbf{x}}_F(k)$ und die Ein-Schritt-Prädiktion $\hat{\mathbf{x}}_P(k)$ können mit Hilfe der Formeln der adaptiven kleinsten Quadrate aus Abschn. 6.1.4 hergeleitet werden. Man startet hier mit der Schätzung für den Zeitpunkt k_0 und setzt voraus, dass die beste Schätzung durch den Mittelwert des Startwerts $\hat{\mathbf{x}}_P(k_0) = \bar{\mathbf{x}}(k_0)$ gegeben ist. Die zugehörige Kovarianz ist durch $\mathbf{\Pi}_P(k_0) = \mathbf{\Pi}_0$ gegeben. Nun soll die erste vorliegende Messung $\mathbf{y}(k_0)$ verwendet werden, um die Schätzung zu verbessern. Wie bei den adaptiven kleinsten Quadraten wird also eine zusätzliche Messinformation $\mathbf{y}(k_0)$ berücksichtigt, um eine verbesserte Schätzung $\hat{\mathbf{x}}_F(k_0)$ aus der vorliegenden Schätzung $\hat{\mathbf{x}}_P(k_0)$ zu berechnen. In Übereinstimmung mit (6.37)–(6.39) führt das zur Bestimmung der Filterschätzung $\hat{\mathbf{x}}_F(k_0)$ aus der bisherigen Schätzung $\hat{\mathbf{x}}_P(k_0)$ mittels

$$\mathbf{H}(k_0) = \mathbf{\Pi}_P(k_0)\mathbf{C}(k_0)^T \left(\mathbf{C}(k_0)\mathbf{\Pi}_P(k_0)\mathbf{C}(k_0)^T + \mathbf{W}(k_0) \right)^{-1}$$
$$\hat{\mathbf{x}}_F(k_0) = \hat{\mathbf{x}}_P(k_0) + \mathbf{H}(k_0)\left(\mathbf{y}(k_0) - \mathbf{C}(k_0)\hat{\mathbf{x}}_P(k_0) \right)$$

und zur Berechnung der Kovarianz der Filterschätzung als

$$\mathbf{\Pi}_F(k_0) = \left(\mathbf{I} - \mathbf{H}(k_0)\mathbf{C}(k_0) \right) \mathbf{\Pi}_P(k_0) \,.$$

Im nächsten Schritt kann dann eine Schätzung für den Zeitpunkt $k_0 + 1$ vorgenommen werden, indem berechnet wird, wie sich die Filterschätzung und deren Kovarianz unter der linearen Abbildung

$$\mathbf{x}(k_0 + 1) = \mathbf{A}(k_0)\mathbf{x}(k_0) + \mathbf{B}(k_0)\mathbf{u}(k_0) + \mathbf{D}(k_0)\mathbf{z}(k_0) \tag{17.40}$$

verhalten.

Allgemein gilt für die Abbildung $\mathbf{y} = \mathbf{Ax} + \mathbf{w}$ durch simple Auswertung des Erwartungswertes und der Kovarianz von $\mathbf{y}$ $E\{\mathbf{y}\} = E\{\mathbf{Ax} + \mathbf{w}\} = \mathbf{A\bar{x}} + \mathbf{\bar{w}}$ und mit der gleichen Argumentation $\mathbf{\Pi_y} = E\{(\mathbf{y} - \mathbf{\bar{y}})(\mathbf{y} - \mathbf{\bar{y}})^T\} = \mathbf{A\Pi_x A}^T + \mathbf{W}$.

Man berechnet die Propagation des Mittelwertes für den Kalman-Filter demnach als

$$\hat{\mathbf{x}}_P(k_0 + 1) = \mathbf{A}(k_0)\hat{\mathbf{x}}_F(k_0) + \mathbf{B}(k)\mathbf{u}(k_0).$$

Entsprechend gilt für die Kovarianz unter der linearen Abbildung

$$\mathbf{\Pi}_P(k_0 + 1) = \mathbf{A}(k_0)\mathbf{\Pi}_F(k_0)\mathbf{A}(k_0)^T + \mathbf{D}(k_0)\mathbf{Z}(k)\mathbf{D}(k_0)^T.$$

Schreitet man fort, indem man k_0 durch k ersetzt, erhält man die Gleichungen des zeitdiskreten Kalman-Filters, wie sie im Folgenden zusammengefasst werden.

Das *Kalman-Filter*, von Kalman in [9] abgeleitet, besteht aus folgenden Gleichungen, die rekursiv zu jedem Zeitpunkt k ausgewertet werden:

$$\mathbf{H}(k) = \mathbf{\Pi}_P(k)\mathbf{C}(k)^T \left(\mathbf{C}(k)\mathbf{\Pi}_P(k)\mathbf{C}(k)^T + \mathbf{W}(k)\right)^{-1} \tag{17.41}$$

$$\hat{\mathbf{x}}_F(k) = \hat{\mathbf{x}}_P(k) + \mathbf{H}(k)\left(\mathbf{y}(k) - \mathbf{C}(k)\hat{\mathbf{x}}_P(k)\right) \tag{17.42}$$

$$\mathbf{\Pi}_F(k) = (\mathbf{I} - \mathbf{H}(k)\mathbf{C}(k))\,\mathbf{\Pi}_P(k) \tag{17.43}$$

$$\hat{\mathbf{x}}_P(k + 1) = \mathbf{A}(k)\hat{\mathbf{x}}_F(k) + \mathbf{B}(k)\mathbf{u}(k) \tag{17.44}$$

$$\mathbf{\Pi}_P(k + 1) = \mathbf{A}(k)\mathbf{\Pi}_F(k)\mathbf{A}(k)^T + \mathbf{D}(k)\mathbf{Z}(k)\mathbf{D}(k)^T \tag{17.45}$$

mit den Anfangswerten

$$\hat{\mathbf{x}}_P(k_0) = \mathbf{\bar{x}}_0 \tag{17.46}$$

$$\mathbf{\Pi}_P(k_0) = \mathbf{\Pi}_0. \tag{17.47}$$

Hierbei ist $\mathbf{H}(k)$ die Rückführmatrix und $\mathbf{\Pi}_F(k)$ bzw. $\mathbf{\Pi}_P(k)$ die Kovarianzmatrix des Schätzfehlers für Filterung bzw. Ein-Schritt-Prädiktion

$$\mathbf{\Pi}_F(k) = E\{(\mathbf{x}(k) - \hat{\mathbf{x}}_F(k))(\mathbf{x}(k) - \hat{\mathbf{x}}_F(k))^T\} \tag{17.48}$$

$$\mathbf{\Pi}_P(k) = E\{(\mathbf{x}(k) - \hat{\mathbf{x}}_P(k))(\mathbf{x}(k) - \hat{\mathbf{x}}_P(k))^T\}. \tag{17.49}$$

Da die Anmerkungen von Abschn. 17.1 in analoger Weise auf den zeitdiskreten Fall übertragbar sind, wollen wir auf eine Kommentierung dieser Gleichungen verzichten. Die Auswertung der Gleichungen (17.41)–(17.47) beim on-line Einsatz kann in folgender Reihenfolge erfolgen:

(a) Initialisierung: Setze $\hat{\mathbf{x}}_P(k_0)$ und $\mathbf{\Pi}_P(k_0)$ aus (17.46), (17.47); berechne $\mathbf{H}_0(k_0)$ mittels (17.41).
(b) Zu jedem Zeitpunkt k: Lese den Messwert $\mathbf{y}(k)$ ein; berechne $\hat{\mathbf{x}}_F(k)$, $\mathbf{\Pi}_F(k)$ mittels (17.42), (17.43); berechne $\hat{\mathbf{x}}_P(k + 1)$, $\mathbf{\Pi}_P(k + 1)$ mittels (17.44), (17.45); berechne $\mathbf{H}(k + 1)$ mittels (17.41).

Ist man an der Ein-Schritt-Prädiktion $\hat{\mathbf{x}}_P$ nicht interessiert, so lassen sich (17.41)–(17.47) in folgender kompakter Form ausdrücken

$$\mathbf{H}(k) = \left(\mathbf{A}(k)\boldsymbol{\Pi}_F(k)\mathbf{A}(k)^T + \mathbf{D}(k)\mathbf{Z}(k)\mathbf{D}(k)^T\right)\mathbf{C}(k+1)^T$$
$$\left(\mathbf{C}(k+1)\left(\mathbf{A}(k)\boldsymbol{\Pi}_F(k)\mathbf{A}(k)^T + \mathbf{D}(k)\mathbf{Z}(k)\mathbf{D}(k)^T\right)\mathbf{C}(k+1)^T + \mathbf{W}(k+1)\right)^{-1}$$
$$= \boldsymbol{\Pi}_F(k+1)\mathbf{C}(k+1)^T\mathbf{W}(k+1)^{-1} \tag{17.50}$$

$$\hat{\mathbf{x}}_F(k+1) = \mathbf{A}(k)\hat{\mathbf{x}}_F(k) + \mathbf{B}(k)\mathbf{u}(k)$$
$$+ \mathbf{H}(k)\left(\mathbf{y}(k+1) - \mathbf{C}(k+1)\mathbf{A}(k)\hat{\mathbf{x}}_F(k) - \mathbf{C}(k+1)\mathbf{B}(k)\mathbf{u}(k)\right) \tag{17.51}$$

$$\boldsymbol{\Pi}_F(k+1) = (\mathbf{I} - \mathbf{H}(k)\mathbf{C}(k+1))\left(\mathbf{A}(k)\boldsymbol{\Pi}_F(k)\mathbf{A}(k)^T + \mathbf{D}(k)\mathbf{Z}(k)\mathbf{D}(k)^T\right) \tag{17.52}$$

Wenn die verfügbare Informationsmenge erst zum Zeitpunkt $k_0 + 1$ anfängt, haben wir die Anfangswerte

$$\hat{\mathbf{x}}_F(k_0) = \bar{\mathbf{x}}_0 \tag{17.53}$$

$$\boldsymbol{\Pi}_F(k_0) = \boldsymbol{\Pi}_0 . \tag{17.54}$$

Ist man nur an der Ein-Schritt-Prädiktion $\hat{\mathbf{x}}_P$ interessiert, so lassen sich (17.41)–(17.47) in folgender kompakter Form ausdrücken

$$\hat{\mathbf{x}}_P(k+1) = \mathbf{A}(k)\hat{\mathbf{x}}_P(k) + \mathbf{B}(k)\mathbf{u}(k) + \mathbf{H}(k)\left(\mathbf{y}(k) - \mathbf{C}(k)\hat{\mathbf{x}}_P(k)\right) \tag{17.55}$$

$$\mathbf{H}(k) = \mathbf{A}(k)\boldsymbol{\Pi}_P(k)\mathbf{C}(k)^T\left(\mathbf{C}(k)\boldsymbol{\Pi}_P(k)\mathbf{C}(k)^T + \mathbf{W}(k)\right)^{-1} \tag{17.56}$$

$$\boldsymbol{\Pi}_P(k+1) = (\mathbf{A}(k) - \mathbf{H}(k)\mathbf{C}(k))\boldsymbol{\Pi}_P(k)\mathbf{A}(k)^T + \mathbf{D}(k)\mathbf{Z}(k)\mathbf{D}(k)^T \tag{17.57}$$

$$\hat{\mathbf{x}}_P(k_0) = \bar{\mathbf{x}}_0 \tag{17.58}$$

$$\boldsymbol{\Pi}_P(k_0) = \boldsymbol{\Pi}_0 . \tag{17.59}$$

Schliesslich können wir die Gleichungen des Kalman-Filters auch in folgender äquivalenter Form notieren, wobei $\boldsymbol{\Pi}_{\mathbf{y}}(k)$ die Kovarianz des Ausgangs $\mathbf{y}(k)$ und $\boldsymbol{\Pi}_{\mathbf{xy}}(k)$ die Kreuzkovarianz des Zustands $\mathbf{x}(k)$ und des Ausgangs $\mathbf{y}(k)$ beschreibt

$$\boldsymbol{\Pi}_{\mathbf{y}}(k) = \mathbf{C}(k)\boldsymbol{\Pi}_P(k)\mathbf{C}(k)^T + \mathbf{W}(k) \tag{17.60}$$

$$\boldsymbol{\Pi}_{\mathbf{xy}}(k) = \boldsymbol{\Pi}_P(k)\mathbf{C}(k)^T \tag{17.61}$$

$$\mathbf{H}(k) = \boldsymbol{\Pi}_{\mathbf{xy}}(k)\boldsymbol{\Pi}_{\mathbf{y}}(k)^{-1} \tag{17.62}$$

$$\hat{\mathbf{x}}_F(k) = \hat{\mathbf{x}}_P(k) + \mathbf{H}(k)\left(\mathbf{y}(k) - \mathbf{C}(k)\hat{\mathbf{x}}_P(k)\right) \tag{17.63}$$

$$\boldsymbol{\Pi}_F(k) = \boldsymbol{\Pi}_P(k) - \mathbf{H}(k)\boldsymbol{\Pi}_{\mathbf{y}}(k)\mathbf{H}(k)^T \tag{17.64}$$

$$\hat{\mathbf{x}}_P(k+1) = \mathbf{A}(k)\hat{\mathbf{x}}_F(k) + \mathbf{B}(k)\mathbf{u}(k) \tag{17.65}$$

$$\boldsymbol{\Pi}_P(k+1) = \mathbf{A}(k)\boldsymbol{\Pi}_F(k)\mathbf{A}(k)^T + \mathbf{D}(k)\mathbf{Z}(k)\mathbf{D}(k)^T . \tag{17.66}$$

Beispiel 17.4 Für den zeitdiskreten linearen Prozess

$$x(k+1) = a\,x(k) + z(k), \quad x(0) = x_0 \tag{17.67}$$

$$y(k) = x(k) + w(k) \tag{17.68}$$

mit $a = 1$ soll ein Kalman-Filter eingesetzt werden. Die Störungen z und w sind unabhängige, gaußverteilte, weiße stochastische Prozesse mit verschwindenden Erwartungswerten und folgenden Kovarianzen

$$E\{z(k)z(\kappa)\} = Z\delta_{\kappa\kappa}, \quad E\{w(k)w(\kappa)\} = W\delta_{\kappa\kappa} .$$

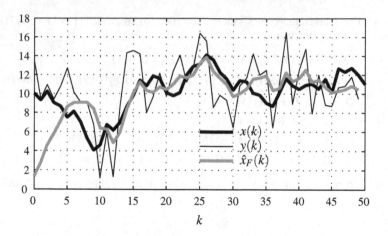

Abb. 17.5 Zeitverläufe zu Beispiel 17.4

Der Anfangswert x_0 wird als unabhängige Zufallsvariable mit verschwindendem Erwartungswert und Varianz $\Pi_0 = 1$ angenommen.

Mit (17.41)–(17.47) erhalten wir für diese Problemstellung die rekursiven Gleichungen

$$H(k) = \frac{\Pi_P(k)}{\Pi_P(k) + W} \tag{17.69}$$

$$\hat{x}_F(k) = \hat{x}_P(k) + H(k)\,(y(k) - \hat{x}_P(k)) \tag{17.70}$$

$$\Pi_F(k) = ((1 - H(k))\,\Pi_P(k) \tag{17.71}$$

$$\hat{x}_P(k + 1) = \hat{x}_F(k) \tag{17.72}$$

$$\Pi_P(k + 1) = \Pi_F(k) + Z \tag{17.73}$$

mit den Anfangswerten

$$\hat{x}_P(0) = 0$$
$$\Pi_P(0) = 1\,.$$

Abbildung 17.5 zeigt den Verlauf der Zustandsgröße $x(k)$ bei einem realen Anfangswert $x(0) = 10$ sowie die Verläufe der gestörten Zustandsmessung $y(k)$ und des optimalen Schätzwertes $\hat{x}_F(k)$. Hierbei wurde eine Realisierung von $z(k)$ und $w(k)$ auf der Grundlage $Z = 1$ und $W = 3$ herangezogen. Wir stellen fest, dass:

- der Filterwert $\hat{x}_F(k)$ die anfängliche Abweichung von $x(k)$ während einer kurzen Einschwingphase zügig abbaut,
- der Filterwert $\hat{x}_F(k)$ im eingeschwungenen Zustand eine bessere Schätzung für $x(k)$ als die gestörte Messung $y(k)$ bereitstellt. $\qquad\qquad\qquad\qquad\qquad\qquad\square$

17.2.2 Zeitinvarianter Fall

Aus den gleichen Gründen wie in Abschn. 17.1.2 ist man auch im zeitdiskreten Fall an der zeitinvarianten Version des Kalman-Filters interessiert. Um ein asymptotisch stabiles Filterverhalten zu garantieren, sind auch hier folgende zusätzliche Voraussetzungen erforderlich:

(i)   Die Problemmatrizen $\mathbf{A}, \mathbf{C}, \mathbf{D}, \mathbf{Z}, \mathbf{W}$ sind zeitinvariant.
(ii) Die Anfangszeit liegt unendlich weit zurück: $k_0 \to -\infty$.
(iii) Das Matrizenpaar $[\mathbf{A}, \mathbf{C}]$ ist beobachtbar.
(iv) Das Matrizenpaar $[\mathbf{A}, \mathbf{F}]$ ist steuerbar, wobei $\mathbf{F}$ eine beliebige Matrix ist, die $\mathbf{FF}^T = \mathbf{DZD}^T$ erfüllt.

Bei Erfüllung dieser Voraussetzungen sind die Rückführmatrix $\mathbf{H}$ und die Kovarianzmatrizen $\mathbf{\Pi}_P$ und $\mathbf{\Pi}_F$ zeitinvariant. Deren Werte können analog zum zeitkontinuierlichen Fall, mittels Auswertung der Formeln (17.41), (17.43), (17.45), und (17.47) bis zur Konvergenz gegen stationäre Werte oder aber aus der stationären Version von (17.41), (17.43) und (17.45) abgeleitet werden.

Beispiel 17.5 Wir betrachten die Problemstellung des Beispiels 17.4, unser Interesse gilt aber nun der Ableitung eines *zeitinvarianten* Kalman-Filters. Da alle Voraussetzungen dieses Abschnittes erfüllt sind, erhalten wir aus der stationären Version von (17.69)–(17.73)

$$H = \frac{\overline{\Pi}_P}{\overline{\Pi}_P + W}, \quad \overline{\Pi}_F = (1 - H)\overline{\Pi}_P, \quad \overline{\Pi}_P = \overline{\Pi}_F + Z$$

und daraus

$$H = \frac{Z + \sqrt{Z^2 + 4ZW}}{Z + \sqrt{Z^2 + 4ZW} + 2W}, \quad \overline{\Pi}_P = \frac{Z}{2} + \sqrt{\frac{Z^2}{4} + ZW},$$

$$\overline{\Pi}_F = -\frac{Z}{2} + \sqrt{\frac{Z^2}{4} + ZW}.$$

Wir wollen nun untersuchen, ob das Kalman-Filter tatsächlich einen Schätzfehler geringerer Varianz liefert, als bei direkter Verwendung der gestörten Zustandsmessung (17.68). Hierzu muss $\overline{\Pi}_F \leq W$ gelten, d. h.

$$-\frac{Z}{2} + \sqrt{\frac{Z^2}{4} + ZW} \leq W.$$

Diese Ungleichung ist in der Tat für alle $Z, W \geq 0$ erfüllt. Wie steht es aber mit der Fehlervarianz der Ein-Schritt-Prädiktion im Vergleich zu der Fehlervarianz der Messung?

Setzt man $\overline{\Pi}_P \le W$, d. h.

$$\frac{Z}{2} + \sqrt{\frac{Z^2}{4} + ZW} \le W\,,$$

so stellt man fest, dass diese Ungleichung nur gilt, wenn $W \ge 2Z$, sonst ist die Fehler-varianz der Ein-Schritt-Prädiktion höher als die der Messung. Will man nun auch zwei Extremfälle untersuchen, so erhält man ähnlich wie in Beispiel 17.2

- für $Z = 0$, $W \ne 0$ mit $\overline{\Pi}_P = \overline{\Pi}_F = H = 0$ ein Parallelmodell ohne Korrekturterm
- für $W = 0$, $Z \ne 0$ mit $\overline{\Pi}_F = 0$, $\overline{\Pi}_P = Z$, $H = 1$

$$\hat{x}_F(k) = y(k)$$
$$\hat{x}_P(k + 1) = \hat{x}_F(k)\,.\qquad\qquad\qquad \square$$

17.2.3 Korrelierte Störungen

Wir betrachten die Problemstellung von Abschn. 17.2.1, nehmen aber nun an, dass die System- und Messstörung miteinander korreliert sind, d. h.

$$E\{\mathbf{z}(k)\mathbf{w}(\kappa)^T\} = \mathbf{G}(k)\delta_{k\kappa}\,. \tag{17.74}$$

In diesem Fall müssen (17.44), (17.45) wie folgt erweitert werden [5]

$$\hat{\mathbf{x}}_P(k + 1) = \mathbf{A}(k)\hat{\mathbf{x}}_F(k) + \mathbf{B}(k)\mathbf{u}(k)$$
$$+ \mathbf{D}(k)\mathbf{G}(k)\left(\mathbf{C}(k)\mathbf{\Pi}_P(k)\mathbf{C}(k)^T + \mathbf{W}(k)\right)^{-1}$$
$$\left(\mathbf{y}(k) - \mathbf{C}(k)\hat{\mathbf{x}}_P(k)\right) \tag{17.75}$$
$$\mathbf{\Pi}_P(k + 1) = \mathbf{A}(k)\mathbf{\Pi}_F(k)\mathbf{A}(k)^T + \mathbf{D}(k)\mathbf{Z}(k)\mathbf{D}(k)^T$$
$$- \mathbf{D}(k)\mathbf{G}(k)\left(\mathbf{C}(k)\mathbf{\Pi}_P(k)\mathbf{C}(k)^T + \mathbf{W}(k)\right)^{-1}\mathbf{G}(k)^T\mathbf{D}(k)$$
$$- \mathbf{A}(k)\mathbf{H}(k)\mathbf{G}(k)^T\mathbf{D}(k)^T - \mathbf{D}(k)\mathbf{G}(k)\mathbf{H}(k)^T\mathbf{A}(k)^T\,. \tag{17.76}$$

Die restlichen Gleichungen (17.41)–(17.43), (17.46) und (17.47) des Kalman-Filters blei-ben von dieser Erweiterung unberührt.

17.3 Zustandsschätzung statischer Systeme

Bei der Herleitung der Gleichungen des Kalman-Filters haben wir die in Abschn. 6.1.3 hergeleiteten Gleichungen der rekursiven kleinsten Quadrate verwendet. Hier schliessen wir den Kreis und betrachten das Kalman-Filter für statische Systeme. Dadurch erhalten wir wieder rekursive kleinste Quadrate.

Wir untersuchen die rekursive Schätzung eines statischen Zustandsvektors $\mathbf{x} \in \mathbb{R}^n$ anhand anfallender Messungen $\mathbf{y}(k) \in \mathbb{R}^q$

$$\mathbf{y}(k) = \mathbf{c}(k)\mathbf{x} + \mathbf{w}(k) \,, \tag{17.77}$$

wobei $\mathbf{c}(k) \in \mathbb{R}^{q \times n}$ eine Modellmatrix ist, während der Störgrößenvektor $\mathbf{w}(k)$ Mess- und Modellfehler beinhaltet.

17.3.1 Konstanter Zustand

Um das Kalman-Filter auf die Problemstellung von Abschn. 6.1.3 anwenden zu können, werden wir (17.77) als Ausgangsgleichung im Sinne von (17.32) interpretieren

$$\mathbf{y}(k) = \mathbf{c}(k)\mathbf{x}(k) + \mathbf{w}(k) \,. \tag{17.78}$$

Da der zu schätzende Zustand konstant ist, kann

$$\mathbf{x}(k + 1) = \mathbf{x}(k) \tag{17.79}$$

formal als (störungsfreies) Prozessmodell (mit $\mathbf{Z} = \mathbf{0}$) im Sinne von (17.31) herangezogen werden. Die Störung $\mathbf{w}(k)$ wird als gaußverteiltes, weißes Rauschen mit verschwindendem Erwartungswert und folgender Kovarianzmatrix

$$E\{\mathbf{w}(k)\mathbf{w}(\kappa)^T\} = \mathbf{W}(k)\delta_{k\kappa} \tag{17.80}$$

angenommen.

Um den Erwartungswert $\bar{\mathbf{x}}_0$ und die Varianz $\mathbf{\Pi}_0$ für den Anfangswert $\mathbf{x}(0) = \mathbf{x}_0$ abzuleiten, wollen wir eine Initialisierungsphase vorsehen, bei der n skalare Messwerte $y(i)$, $i = 1, \ldots, n$, mit linear unabhängigen Vektoren $\mathbf{c}_0(i)^T$ aufgenommen werden. Mit den Definitionen

$$\mathbf{y}_0 = \begin{bmatrix} y(1) \\ \vdots \\ y(n) \end{bmatrix}, \quad \mathbf{C}_0 = \begin{bmatrix} \mathbf{c}_0(1)^T \\ \vdots \\ \mathbf{c}_0(n)^T \end{bmatrix}, \quad \mathbf{w}_0 = \begin{bmatrix} w(1) \\ \vdots \\ w(n) \end{bmatrix}$$

erhalten wir dann

$$\mathbf{y}_0 = \mathbf{C}_0\mathbf{x}_0 + \mathbf{w}_0 \iff \mathbf{x}_0 = \mathbf{C}_0^{-1}\mathbf{y}_0 + \mathbf{C}_0^{-1}\mathbf{w}_0 \,.$$

Somit gilt

$$E\{\mathbf{x}_0\} = \mathbf{C}_0^{-1}\mathbf{y}_0 + \mathbf{C}_0^{-1}E\{\mathbf{w}_0\} = \mathbf{C}_0^{-1}\mathbf{y}_0 = \bar{\mathbf{x}}_0 \tag{17.81}$$

$$E\{(\mathbf{x}_0 - \bar{\mathbf{x}}_0)(\mathbf{x}_0 - \bar{\mathbf{x}}_0)^T\} = E\{\mathbf{C}_0^{-1}\mathbf{w}_0\mathbf{w}_0^T\mathbf{C}_0^{-T}\} = (\mathbf{C}_0^T\mathbf{\Omega}\mathbf{C}_0)^{-1} \,, \tag{17.82}$$

wobei $\mathbf{\Omega} = \mathbf{diag}(W(1), \ldots, W(n))$.

Mit dieser Festlegung können wir nun das Kalman-Filter formal auf den „Prozess" (17.78), (17.79) anwenden und erhalten mit (17.50)–(17.54) die optimale Filtergleichung

$$\mathbf{H}(k) = \mathbf{\Pi}(k)\mathbf{c}(k+1)^T \left(\mathbf{c}(k+1)\mathbf{\Pi}(k)\mathbf{c}(k+1)^T + \mathbf{W}(k+1)\right)^{-1} \tag{17.83}$$

$$\hat{\mathbf{x}}(k+1) = \hat{\mathbf{x}}(k) + \mathbf{H}(k)\left(\mathbf{y}(k+1) - \mathbf{c}(k+1)\hat{\mathbf{x}}(k)\right) \tag{17.84}$$

$$\mathbf{\Pi}(k+1) = \mathbf{\Pi}(k) - \mathbf{H}(k)\mathbf{c}(k+1)\mathbf{\Pi}(k) \tag{17.85}$$

$$\hat{\mathbf{x}}(0) = \mathbf{C}_0^{-1}\mathbf{y}_0 \tag{17.86}$$

$$\mathbf{\Pi}(0) = (\mathbf{C}_0\mathbf{\Omega}\mathbf{C}_0)^{-1}. \tag{17.87}$$

Diese Gleichungen sind aber identisch mit (6.37)–(6.39), wenn man $\mathbf{W}(k+1)^{-1}$ als Gewichtungsmatrix für die anfallenden Messungen interpretiert. Diese Interpretation ist sicherlich sinnvoll, da die Varianz einer Messstörung umgekehrt proportional zu der Zuverlässigkeit der entsprechenden Messung und folglich auch zu deren Gewichtung ist, vgl. Abschn. 6.1.2. Somit entpuppt sich das zeitdiskrete Kalman-Bucy-Filter bei dieser Problemstellung als ein Algorithmus der rekursiven kleinsten Quadrate mit sinnvoller Gewichtung der anfallenden Messungen. Gleichzeitig entpuppt sich die in Kap. 6 als Abkürzung eingeführte Matrix $\mathbf{\Pi}$ im Falle gaußverteilter, weißer Messstörungen als die Kovarianzmatrix des Schätzfehlers.

Beispiel 17.6 Wir betrachten die Schätzung einer skalaren, konstanten Größe x, für die Messungen

$$y(k) = x(k) + w(k)$$

mit gaußverteiltem, weißem Rauschen $w(k)$ anfallen. Es gilt

$$E\{w(k)\} = 0, \quad E\{w(k)w(\kappa)\} = \delta_{k\kappa}.$$

Die rekursiven Gleichungen (17.83)–(17.87) ergeben hier

$$H(k) = \frac{\Pi(k)}{\Pi(k) + 1}$$

$$\hat{x}(k+1) = \hat{x}(k) + H(k)\left(y(k+1) - \hat{x}(k)\right)$$

$$\Pi(k+1) = (1 - H(k))\,\Pi(k).$$

Abbildung 17.6 visualisiert eine Realisierung der Schätzprozedur für $x = 1$, $\hat{x}(0) = -1.5$, $\Pi(0) = 1$. Es wird ersichtlich, dass trotz erheblichen Messrauschens der Schätzwert $\hat{x}(k)$ gegen $x = 1$ konvergiert.   □

17.3.2 Adaptive Schätzung

Wie bereits in Abschn. 6.1.4 erörtert, ist der statische Prozesszustand $\mathbf{x}$ bei vielen praktisch interessierenden Anwendungen leicht zeitveränderlich. Um eine adaptive Schätzung zu

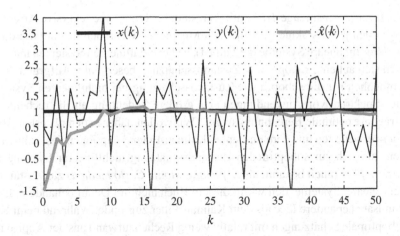

Abb. 17.6 Zeitverläufe zu Beispiel 17.6

ermöglichen, wurden in Abschn. 6.1.4 die Verfahren des Vergesslichkeitsfaktors und des rollenden Zeithorizontes entwickelt. Eine dritte Möglichkeit einer adaptiven Schätzung bietet sich nun anhand des Kalman-Filters an. Hierzu wird (17.79) um eine Systemstörung (gaußverteiltes, mittelwertfreies, weißes Rauschen) erweitert

$$\mathbf{x}(k + 1) = \mathbf{x}(k) + \mathbf{z}(k) \ . \tag{17.88}$$

Durch diese Modifikation wird nun der mathematischen Problemstellung signalisiert, dass der zu schätzende Zustand nicht strikt konstant ist, sondern Veränderungen erfährt. Bei geeigneter Wahl der Kovarianzmatrix $\mathbf{Z}$ für $\mathbf{z}(k)$ wird dann das Filter in die Lage versetzt, Wertveränderungen von $\mathbf{x}$ zügig zu folgen. Praktische Erfahrungen und weitergehende theoretische Erkenntnisse deuten auf ein besseres adaptives Verhalten des Kalman-Filters hin, verglichen mit den Verfahren des Abschn. 6.1.4.

Die sich bei der beschriebenen Vorgehensweise ergebenden rekursiven Beziehungen bestehen aus (17.84), (17.86), (17.87) und

$$\mathbf{H}(k) = (\mathbf{\Pi}(k) + \mathbf{Z}) \, \mathbf{c}(k + 1)^T$$
$$\left(\mathbf{c}(k + 1) \, (\mathbf{\Pi}(k) + \mathbf{Z}) \, \mathbf{c}(k + 1)^T + \mathbf{W}(k + 1)\right)^{-1} \tag{17.89}$$
$$\mathbf{\Pi}(k + 1) = \mathbf{\Pi}(k) + \mathbf{Z} - \mathbf{H}(k)\mathbf{c}(k + 1) \, (\mathbf{\Pi}(k) + \mathbf{Z}) \ . \tag{17.90}$$

17.4 Zustandsschätzung nichtlinearer Systeme

Für die optimale Zustandsschätzung nichtlinearer Systeme liegen weitreichende theoretische Erkenntnisse vor, deren ausführliche Darlegung in dedizierten Schriften enthalten ist [5, 10, 11]. Als grundlegendes Resultat soll hier festgehalten werden, dass eine optimale Zustandsschätzung nichtlinearer Systeme zu jedem Zeitpunkt *alle* früheren Messungen, die in der Informationsmenge $\mathcal{I}(k)$ enthalten sind, benötigt. Eine rekursive Ausarbeitung, die nur von den jeweils aktuell anfallenden Messungen Gebrauch macht (wie dies beim Kalman-Filter für lineare Systeme der Fall ist), ist bei nichtlinearen Systemen nur möglich, wenn man sich auf eine *suboptimale* Zustandsschätzung beschränkt. Aufgrund ihrer relativen Einfachheit hat die suboptimale Zustandsschätzung bei nichtlinearen Systemen für ein weites Spektrum von Anwendungen eine größere Bedeutung als die rechentechnisch schwer tragbare optimale Berechnungsweise. Wir wollen daher in den nächsten Abschnitten mit dem erweiterten und dem unscented Kalman-Filter Adaptionen des Kalman-Filters vorstellen, die sich zur suboptimalen Zustandsschätzung nichtlinearer Systeme eignen. Dem *particle filter* (auch bekannt als *sequential Monte Carlo method*) zur Zustandsschätzung nichtlinearer Systeme, den wir in diesem Buch nicht im Detail behandeln, liegt eine vom Grundsatz her andere Idee als dem Kalman-Filter zugrunde. Während beim Kalman-Filter suboptimale Schätzungen mit relativ wenig Rechenaufwand aus der Approximation der nichtlinearen Systemanteile gewonnen werden, ist die Zustandsschätzung durch particle filter höchst rechenintensiv, liefert aber optimale Schätzungen sogar für hochgradig nichtlineare Dynamiken. Dabei wird ein sampling-basierter Ansatz verwendet, d. h. um die Stochastik der Dynamik zu erfassen, wird eine große Anzahl an Realisierungen des Zufallsprozesses für die Schätzung berücksichtigt. Ein erster particle filter Ansatz wurde bereits in den 40er Jahren von Wiener vorgestellt [12]. Der Durchbruch der particle filter gelang aber erst vor Kurzem und ist durch die stetig steigende Rechnerleistung bedingt, s. [11, 13, 14].

17.4.1 Erweitertes Kalman-Filter

Wir betrachten das nichtlineare System

$$\mathbf{x}(k+1) = \mathbf{f}(\mathbf{x}(k), \mathbf{u}(k), \mathbf{z}(k), k), \quad \mathbf{x}(k_0) = \mathbf{x}_0 \tag{17.91}$$

$$\mathbf{y}(k) = \mathbf{c}(\mathbf{x}(k), k) + \mathbf{w}(k), \tag{17.92}$$

wobei $\mathbf{f}$, $\mathbf{c}$ differenzierbare Funktionen sind. Die Bedeutung der Problemvariablen ist die gleiche wie im linearen Fall, ebenso wie die Voraussetzungen für die Zufallsvariable $\mathbf{x}_0$ und für die stochastischen Prozesse $\mathbf{z}(k)$ und $\mathbf{w}(k)$. Zur Entwicklung eines suboptimalen Filters auf der Grundlage von Messungen $\mathbf{u}(k)$, $\mathbf{y}(k)$ erscheint es in Anbetracht von (17.42), (17.44) naheliegend, die *Struktur* des Kalman-Filters beizubehalten, jedoch bei der Zustands- bzw. Ausgangsrekonstruktion die nichtlinearen Beziehungen von (17.91), (17.92) heranzuziehen

$$\hat{\mathbf{x}}_F(k) = \hat{\mathbf{x}}_P(k) + \mathbf{H}(k)\left(\mathbf{y}(k) - \mathbf{c}(\hat{\mathbf{x}}_P(k), k)\right) \tag{17.93}$$

$$\hat{\mathbf{x}}_P(k+1) = \mathbf{f}(\hat{\mathbf{x}}_F(k), \mathbf{u}(k), \mathbf{0}, k). \tag{17.94}$$

Wie sollte aber die Rückführmatrix $\mathbf{H}(k)$ für den Korrekturterm im nichtlinearen Fall berechnet werden? Da sich die Berechnungsweise (17.41), (17.43) und (17.45) des linearen

Falls auf den Prozessmatrizen $\mathbf{A}(k)$, $\mathbf{C}(k)$, $\mathbf{D}(k)$ stützte, liegt es nahe, diese Matrizen im nichtlinearen Fall durch Linearisierung zu erzeugen. Wir definieren

$$\mathbf{A}(k) = \frac{\partial \mathbf{f}}{\partial \mathbf{x}(k)}, \quad \mathbf{C}(k) = \frac{\partial \mathbf{c}}{\partial \mathbf{x}(k)}, \quad \mathbf{D}(k) = \frac{\partial \mathbf{f}}{\partial \mathbf{z}(k)}, \tag{17.95}$$

wobei die Linearisierung um die letzte Ein-Schritt-Prädiktion $\hat{\mathbf{x}}_P(k)$ bzw. um den letzten Filterwert $\hat{\mathbf{x}}_F(k)$ vorgenommen werden kann. Durch die on-line Aktualisierung der Linearisierung kann eine möglichst getreue Approximation des nichtlinearen Prozessverhaltens angestrebt werden.

Die zu jedem Zeitpunkt k benötigten Rechenschritte bei Einsatz des *erweiterten Kalman-Filters* lauten also zusammenfassend (vgl. auch Abschn. 17.2.1):

(i)   Lese den Messwert $\mathbf{y}(k)$ ein.
(ii)   Berechne $\hat{\mathbf{x}}_F(k)$, $\mathbf{\Pi}_F(k)$ mittels (17.93), (17.43).
(iii)   Führe die Linearisierung (17.95) um $\hat{\mathbf{x}}_F(k)$ zur Erzeugung von $\mathbf{A}(k)$, $\mathbf{D}(k)$ durch.
(iv)   Berechne $\hat{\mathbf{x}}_P(k+1)$, $\mathbf{\Pi}_P(k+1)$ mittels (17.94), (17.45).
(v)   Führe die Linearisierung (17.95) um $\hat{\mathbf{x}}_P(k+1)$ zur Erzeugung von $\mathbf{C}(k+1)$ durch.
(vi)   Berechne $\mathbf{H}(k+1)$ mittels (17.41).

Im Vergleich zum linearen Kalman-Filter erhöht sich hier der rechentechnische Aufwand um die Linearisierungsschritte (iii) und (v).

Die Vorgehensweise des Einsatzes des erweiterten Kalman-Filters in einer zeitkontinu-ierlichen Problemumgebung verläuft völlig analog zum zeitdiskreten Fall und braucht hier nicht ausführlich dargelegt zu werden (s. Übung 17.4). Zum Abschluss sollte noch einmal betont werden, dass das erweiterte Kalman-Filter eine *suboptimale* Zustandsschätzung darstellt, so dass unter Umständen, selbst bei genauem nichtlinearem mathematischem Modell, Divergenz der Schätzwerte von den tatsächlichen Werten auftreten kann.

17.4.2   Zustands- und Parameterschätzung

Bei vielen praktischen Anwendungen besteht zwar ein (lineares oder nichtlineares) ma-thematisches Prozessmodell, jedoch sind einzelne darin enthaltene Parameter unbekannt

$$\mathbf{x}(k+1) = \mathbf{f}(\mathbf{x}(k), \mathbf{u}(k), \mathbf{z}(k), \mathbf{a}(k), k), \quad \mathbf{x}(k_0) = \mathbf{x}_0 \tag{17.96}$$

$$\mathbf{y}(k) = \mathbf{c}(\mathbf{x}(k), \mathbf{a}(k), k) + \mathbf{w}(k). \tag{17.97}$$

Hierbei beinhaltet der Vektor $\mathbf{a}(k)$ die (möglicherweise zeitvarianten) unbekannten Mo-dellparameter. Die Bedeutung der restlichen Variablen in (17.96), (17.97) ist gleich wie in früheren Abschnitten, ebenso wie die Voraussetzungen für die Zufallsvariable $\mathbf{x}_0$ und für die stochastischen Prozesse $\mathbf{z}(k)$ und $\mathbf{w}(k)$.

In solchen Anwendungsfällen bietet sich die Möglichkeit an, eine *gleichzeitige* Echt-zeitschätzung des Prozesszustandes $\mathbf{x}(k)$ und der unbekannten Modellparameter $\mathbf{a}(k)$ vor-zunehmen. Um dies zu ermöglichen, wird der Vektor der unbekannten Modellparameter formal als zusätzlicher Zustandsvektor betrachtet, der mittels

$$\mathbf{a}(k+1) = \mathbf{a}(k) \tag{17.98}$$

oder mittels

$$\mathbf{a}(k+1) = \mathbf{a}(k) + \boldsymbol{\xi}(k) \tag{17.99}$$

beschrieben wird, je nachdem ob die Parameter konstant oder zeitveränderlich sind. Hier-bei wird $\boldsymbol{\xi}(k)$ als gaußverteiltes, mittelwertfreies, weißes Rauschen angenommen, dessen Kovarianzmatrix $\boldsymbol{\Xi}$ je nach erwarteten zeitlichen Parametervariationen geeignet festgelegt werden muss. Ferner muss in beiden Fällen (17.98), (17.99) ein Anfangswert $E\{\mathbf{a}(0)\} = \bar{\mathbf{a}}_0$ und dessen Varianz

$$\boldsymbol{\Sigma}_0 = E\{(\mathbf{a}_0 - \bar{\mathbf{a}}_0)(\mathbf{a}_0 - \bar{\mathbf{a}}_0)^T\}$$

nach vorliegenden Erkenntnissen geschätzt werden.

Mit diesen Festlegungen kann nun ein erweiterter Zustandsvektor definiert werden

$$\tilde{\mathbf{x}}^T = [\ \mathbf{x}^T \quad \mathbf{a}^T \ ]$$

für den (17.96) und (17.98) bzw. (17.99) die Zustandsgleichungen und (17.97) nach wie vor die Ausgangsgleichung darstellen. Es sollte vermerkt werden, dass die erweiterte Problemstellung der Zustandsschätzung von $\tilde{\mathbf{x}}$ selbst dann nichtlinear ist, wenn das ur-sprüngliche Modell (17.96), (17.97) linear in $\mathbf{x}$ war. Folglich kommt zur kombinierten Zustands- und Parameterschätzung nur das erweiterte Kalman-Filter von Abschn. 17.4.1 in Frage. Die detaillierte Ableitung der Filtergleichungen zur kombinierten Zustands- und Parameterschätzung sowie die völlig analoge Behandlung des zeitkontinuierlichen Falls werden dem Leser überlassen (s. Übung 17.5).

Beispiel 17.7 Wir betrachten die Problemstellung des Beispiels 17.4 unter der Annahme, dass der Wert des konstanten Modellparameters a unbekannt sei. Wir sind daran inter-essiert, durch Anwendung des erweiterten Kalman-Filters eine gleichzeitige Schätzung des Systemzustandes x und des Parameters a in Echtzeit vorzunehmen. Hierzu legen wir formal

$$a(k+1) = a(k), \quad a(0) = a_0$$

sowie $E\{a_0\} = \bar{a}_0 = 0$ und $\Sigma_0 = E\{(a_0 - \bar{a}_0)^2\} = 1$ zugrunde.

Mit diesen Festlegungen erhalten wir ein erweitertes nichtlineares Systemmodell

$$\tilde{\mathbf{x}}(k+1) = \tilde{\mathbf{f}}(\tilde{\mathbf{x}}(k)) + \tilde{\mathbf{D}}z(k)$$
$$y(k) = \tilde{\mathbf{C}}\tilde{\mathbf{x}}(k) + w(k)$$

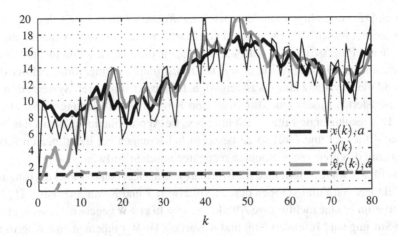

Abb. 17.7 Zeitverläufe zu Beispiel 17.7

mit

$$\tilde{\mathbf{x}} = \begin{bmatrix} x \\ a \end{bmatrix}, \quad \tilde{\mathbf{f}}(\tilde{\mathbf{x}}(k)) = \begin{bmatrix} a(k)x(k) \\ a(k) \end{bmatrix}, \quad \tilde{\mathbf{D}} = \begin{bmatrix} 1 \\ 0 \end{bmatrix}, \quad \tilde{\mathbf{C}} = \begin{bmatrix} 1 & 0 \end{bmatrix}.$$

Für das erweiterte Systemmodell kann nun ein erweitertes Kalman-Filter nach Abschn. 17.4.1 zur Schätzung von $x(k)$ und $a(k)$ entworfen werden (s. Übung 17.5).

Abbildung 17.7 zeigt die Verläufe der Zustandsgröße $x(k)$ bei einem realen Anfangswert $x(0) = 10$ und des konstanten Modellparameters $a = 1$. Ferner werden die Verläufe der gestörten Zustandsmessung $y(k)$ und der Schätzwerte $\hat{x}_F(k)$ und $\hat{a}_F(k)$ abgebildet. Hierbei wurde eine Realisierung von $z(k)$ und $w(k)$ auf der Grundlage $Z = 1$ und $W = 3$ herangezogen. Wir stellen fest:

- Der Schätzwert $\hat{a}_F(k)$ erreicht nach einer kurzen Überschwingphase bei ca. $k = 30$ den realen Parameterwert $a = 1$ und rückt in der Folge von diesem Wert nicht mehr ab.
- Nach einer Einschwingphase von ca. 30 Zeitschritten erreicht auch $\hat{x}_F(k)$ die Nähe des Zustandes $\hat{x}(k)$ und liefert ab ca. $k > 30$ bessere Zustandsschätzungen als die gestörte Zustandsmessung $y(k)$. □

17.4.3 Unscented Kalman-Filter

Das erweiterte Kalman-Filter, das in Abschn. 17.4.1 eingeführt wurde, liefert ein lineares Filter für einen nichtlinearen Prozess durch Linearisierung der Prozessgleichungen. Ist der Prozess stark nichtlinear, so resultieren oft schlechte Schätzungen oder sogar Divergenz.

Julier *et al.* [15, 16] schlugen mit dem *unscented Kalman-Filter (UKF)* eine Alternative in der Approximation der Nichtlinearitäten vor. Statt der linearen Approximation nichtlinearer Anteile der Prozessdynamik wird vorgeschlagen, die Wahrscheinlichkeitsverteilungen zu approximieren. Dazu wird die *unscented transformation* eingeführt, bei der der Mittelwert und die Kovarianz eines Ausgangssignals eines nichtlinearen Systems durch einen sampling-basierten Ansatz aus Mittelwert und Kovarianz des Eingangssignals berechnet werden. Das resultierende Filter weist eine bessere Approximationsgüte als das erweiterte Kalman-Filter auf und führt so zu besseren Schätzungen bei nichtlinearen Prozessen, allerdings um den Preis eines erhöhten rechentechnischen Aufwands.

Zuerst führen wir die unscented transformation ein. Gegeben ist dabei als Eingangsgröße ein Vektor $\mathbf{x}$ von Zufallsgrößen dessen Mittelwert $\bar{\mathbf{x}}$ und Kovarianzmatrix $\mathbf{\Pi}_{\mathbf{x}}$ bekannt sind. Weiterhin ist eine nichtlineare Abbildung $\mathbf{y} = \mathbf{h}(\mathbf{x}) + \mathbf{w}$ gegeben. Es sei $\mathbf{w}$ eine gaußverteilte Störung mit Mittelwert Null und Kovarianz $\mathbf{W}$. Wir möchten eine Approximation des Mittelwerts $\bar{\mathbf{y}}$ und der Kovarianz $\mathbf{\Pi}_{\mathbf{y}}$ des Systemausgangs $\mathbf{y}$ berechnen.

Für nichtlineare Abbildungen $\mathbf{h}$ wird mit der unscented transformation folgendes Vorgehen vorgeschlagen:

(i) Definiere $2n$ Sigma-Punkte $\mathbf{x}^{(i)}$ durch

$$\mathbf{x}^{(i)} = \bar{\mathbf{x}} + \tilde{\mathbf{x}}^{(i)}, \quad i = 1, \ldots, 2n \tag{17.100}$$

mit

$$\tilde{\mathbf{x}}^{(i)} = (\sqrt{n\mathbf{\Pi}_{\mathbf{x}}})_i^T \quad \text{und} \quad \tilde{\mathbf{x}}^{(n+i)} = -(\sqrt{n\mathbf{\Pi}_{\mathbf{x}}})_i^T, \quad i = 1, \ldots, n \,.$$

Es gilt dabei $\sqrt{n\mathbf{\Pi}_{\mathbf{x}}}^T \sqrt{n\mathbf{\Pi}_{\mathbf{x}}} = n\mathbf{\Pi}_{\mathbf{x}}$ und $(\sqrt{n\mathbf{\Pi}_{\mathbf{x}}})_i$ ist die i-te Zeile von $\sqrt{n\mathbf{\Pi}_{\mathbf{x}}}$.

(ii) Transformiere die Sigma-Punkte durch

$$\mathbf{y}^{(i)} = \mathbf{h}(\mathbf{x}^{(i)}) \,. \tag{17.101}$$

(iii) Approximiere Mittelwert und Kovarianz von $\mathbf{y}$ durch

$$\bar{\mathbf{y}} = \frac{1}{2n} \sum_{i=1}^{2n} \mathbf{y}^{(i)} \tag{17.102}$$

$$\mathbf{\Pi}_{\mathbf{y}} = \frac{1}{2n} \sum_{i=1}^{2n} (\mathbf{y}^{(i)} - \bar{\mathbf{y}})(\mathbf{y}^{(i)} - \bar{\mathbf{y}})^T + \mathbf{W} \,. \tag{17.103}$$

Man kann durch Taylor-Entwicklung zeigen, dass die Approximation des Mittelwerts $\bar{\mathbf{y}}$ und der Kovarianz $\mathbf{\Pi}_{\mathbf{y}}$ die entsprechenden exakten Werte in dritter Ordnung approximieren. Dagegen wird durch die Linearisierung der Prozessdynamik nur eine Approximation erster Ordnung des Mittelwerts und der Kovarianz erhalten.

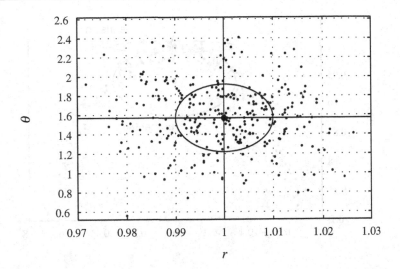

Abb. 17.8 Verteilung von r und θ

Beispiel 17.8 [11] Für die gaußverteilten, unabhängigen Zufallsgrößen r und θ wird die nichtlineare Abbildung

$$y_1 = r \cos \theta \qquad (17.104)$$
$$y_2 = r \sin \theta \qquad (17.105)$$

untersucht. Dabei gelte für die Mittelwerte $\overline{r} = 1$ und $\overline{\theta} = \frac{\pi}{2}$ und die Varianzen werden mit σ_r^2 und σ_θ^2 bezeichnet.

Die Sigma-Punkte können mit $\mathbf{x} = [r\ \theta]^T$, $\mathbf{\Pi_x} = \mathbf{diag}(\sigma_r^2, \sigma_\theta^2)$ und $n = 2$ berechnet werden und resultieren in

$$\mathbf{x}^{(1)} = \begin{bmatrix} 1 + \sigma_r \sqrt{2} \\ \frac{\pi}{2} \end{bmatrix} \qquad \mathbf{x}^{(2)} = \begin{bmatrix} 1 \\ \frac{\pi}{2} + \sigma_\theta \sqrt{2} \end{bmatrix}$$

$$\mathbf{x}^{(3)} = \begin{bmatrix} 1 - \sigma_r \sqrt{2} \\ \frac{\pi}{2} \end{bmatrix} \qquad \mathbf{x}^{(4)} = \begin{bmatrix} 1 \\ \frac{\pi}{2} - \sigma_\theta \sqrt{2} \end{bmatrix}$$

Man erhält $\mathbf{y}^{(i)}$, $i = 1, 2, 3, 4$ als

$$\mathbf{y}^{(i)} = \begin{bmatrix} x_1^{(i)} \cos x_2^{(i)} \\ x_1^{(i)} \sin x_2^{(i)} \end{bmatrix}$$

und kann daraus mit (17.102) und (17.103) den Mittelwert und die Kovarianz $\mathbf{\Pi_y}$ berechnen, s. Abb. 17.8 und 17.9 für numerische Ergebnisse für 300 Ziehungen mit $\sigma_r = 0.01$ und $\sigma_\theta = 0.35$. Abbildung 17.8 zeigt die Verteilung von r und θ. Der Mittelwert und

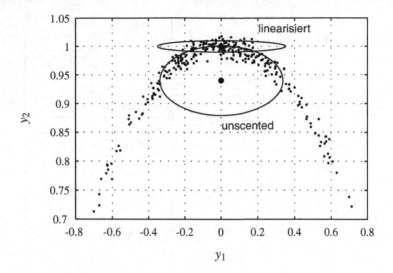

Abb. 17.9 Verteilung von y_1 und y_2

die Varianz sind durch einen Punkt und eine Ellipse visualisiert. Abbildung 17.9 zeigt die Verteilung von y_1 und y_2. Wieder sind Mittelwert und Varianz durch einen Punkt und eine Ellipse visualisiert.

Alternativ können (17.104) und (17.105) auch linearisiert werden. Man erhält den Mittelwert $\bar{\mathbf{y}} = [0, 1]^T$ aus $\bar{\mathbf{y}} = \mathbf{A}\bar{\mathbf{x}}$ und die Kovarianz $\mathbf{\Pi}_y = \mathbf{diag}(\sigma_\theta^2, \sigma_r^2)$ aus $\mathbf{\Pi}_y = \mathbf{A}\mathbf{\Pi}_x\mathbf{A}^T$ mit

$$\mathbf{A} = \begin{bmatrix} 0 & -1 \\ 1 & 0 \end{bmatrix}.$$

Man sieht in Abbildung 17.9, dass die Approximation durch das unscented Kalman-Filter die Verteilung besser approximiert, als die lineare Approximation.   □

Für das Filter werden die nichtlinearen Prozessgleichungen

$$\mathbf{x}(k + 1) = \mathbf{f}(\mathbf{x}(k), \mathbf{u}(k), k) + \mathbf{z}(k) \quad \mathbf{x}(k_0) = \mathbf{x}_0 \tag{17.106}$$

$$\mathbf{y}(k) = \mathbf{c}(\mathbf{x}(k), k) + \mathbf{w}(k) \tag{17.107}$$

vorausgesetzt. Dabei sind Zustand $\mathbf{x}$, Eingang $\mathbf{u}$, Ausgang $\mathbf{y}$ und die Störungen $\mathbf{z}$ und $\mathbf{w}$ wie in Abschn. 17.2.1 für lineare Dynamiken bzw. wie in Abschn. 17.4.1 für das erweiterte Kalman-Filter definiert.

Gesucht sind die Ein-Schritt-Prädiktion $\hat{\mathbf{x}}_P$ und deren Kovarianz $\mathbf{\Pi}_P$, die, wie im linearen Fall, initialisiert werden durch

$$\hat{\mathbf{x}}_P(k_0) = \bar{\mathbf{x}}_0 \tag{17.108}$$

$$\mathbf{\Pi}_P(k_0) = \mathbf{\Pi}_0. \tag{17.109}$$

Weiterhin sind wieder die Filterschätzung $\hat{\mathbf{x}}_F$ und dessen Kovarianz $\mathbf{\Pi}_F$ gesucht. Folgender Algorithmus realisiert das unscented Kalman-Filter.

(a) Initialisierung: Setze $\hat{\mathbf{x}}_P(k_0)$ und $\mathbf{\Pi}_P(k_0)$ aus (17.108) und (17.109). Setze $k = k_0$.

(b) Bestimme Sigma-Punkte für $\hat{\mathbf{x}}_P(k)$ mit Hilfe der Kovarianzmatrix $\mathbf{\Pi}_P(k)$ (vgl. (17.100)). Wende die nichtlineare Abbildung $\mathbf{c}(\cdot, k)$ auf die Sigma-Punkte an und bestimme so $\hat{\mathbf{y}}(k)$ und die Kovarianzen $\mathbf{\Pi}_{\mathbf{y}}(k)$ und $\mathbf{\Pi}_{\mathbf{x}_P\mathbf{y}}(k)$, vgl. (17.101)–(17.103).

(c) Lese den Messwert $\mathbf{y}(k)$ ein. Bestimme die Filterschätzung wie in (17.62)–(17.64) durch

$$\mathbf{H}(k) = \mathbf{\Pi}_{\mathbf{xy}}(k)\mathbf{\Pi}_{\mathbf{y}}(k)^{-1} \tag{17.110}$$

$$\hat{\mathbf{x}}_F(k) = \hat{\mathbf{x}}_P(k) + \mathbf{H}(k)\left(\mathbf{y}(k) - \hat{\mathbf{y}}(k)\right) \tag{17.111}$$

$$\mathbf{\Pi}_F(k) = \mathbf{\Pi}_P(k) - \mathbf{H}(k)\mathbf{\Pi}_{\mathbf{y}}(k)\mathbf{H}(k)^T . \tag{17.112}$$

(d) Bestimme Sigma-Punkte für $\hat{\mathbf{x}}_F(k)$ mit Hilfe der Kovarianzmatrix $\mathbf{\Pi}_F(k)$ (vgl. (17.100)). Wende die nichtlineare Abbildung $\mathbf{f}(\cdot, \mathbf{u}(k), k)$ auf die Sigma-Punkte an und bestimme so die Ein-Schritt-Prädiktion $\hat{\mathbf{x}}_P(k + 1)$ und deren Kovarianz $\mathbf{\Pi}_P(k + 1)$, vgl. (17.101)–(17.103).

(e) Wiederhole von (b) mit $k := k + 1$.

Im Prozessmodell wurde hier angenommen, dass die Störungen $\mathbf{z}$ und $\mathbf{w}$ linear in das Modell eingehen. Ist dies nicht der Fall, kann der Algorithmus entsprechend angepasst werden [17].

17.5 Übungsaufgaben

17.1 Für den Prozess

$$\dot{x} = -x + z, \quad x(0) = 0$$
$$y = x + w$$

soll ein Kalman-Bucy-Filter entworfen werden. Hierbei sind z und w jeweils gaußverteiltes, weißes Rauschen mit verschwindenden Erwartungswerten und Kovarianzen

$$E\{z(t)z(\tau)\} = Z\delta(t - \tau), \quad E\{w(t)w(\tau)\} = W\delta(t - \tau)$$
$$E\{z(t)w(\tau)\} = G\delta(t - \tau).$$

(a) Geben Sie alle Filtergleichungen an.

(b) Lösen Sie die Kovarianzgleichung analytisch und skizzieren Sie deren Lösung $\Pi(t)$.

(c) Bestimmen Sie die stationäre Lösung $\Pi(t \to \infty) = \overline{\Pi}$ und den entsprechenden Rückführkoeffizienten H des Filters.

Abb. 17.10 Abbildung zu
Aufgabe 17.2

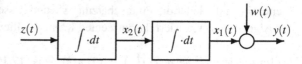

17.2 Gegeben ist das in der Abb. 17.10 abgebildete System. $z(t)$ und $w(t)$ sind stationäre stochastische Prozesse (gaußsches weißes Rauschen) mit $E\{z(t)\} = E\{w(t)\} = 0$, $E\{z(t)z(\tau)\} = \delta(t - \tau)$, $E\{w(t)w(\tau)\} = 16\delta(t - \tau)$. Der Anfangszustand $\mathbf{x}(0)$ ist eine Zufallsvariable mit

$$E\{\mathbf{x}(0)\} = \mathbf{0}, \quad E\{\mathbf{x}(0)\mathbf{x}(0)^T\} = \begin{bmatrix} 1 & 0 \\ 0 & 0 \end{bmatrix}.$$

$v(t)$, $w(t)$ und $\mathbf{x}(0)$ sind untereinander unabhängig. Es soll ein Kalman-Bucy-Filter zur Schätzung des Zustandes $\mathbf{x}(t)$ entworfen werden:

(a) Stellen Sie die Zustandsgleichungen des Prozesses auf, und geben Sie eine mögliche physikalische Ausdeutung des gegebenen Prozesses an.
(b) Geben Sie alle Filtergleichungen an.
(c) Skizzieren Sie ein Blockschaltbild des Filters.

17.3 Entwerfen Sie ein zeitinvariantes Kalman-Filter für die Problemstellung von Beispiel 17.5 nunmehr unter der Annahme, dass

$$E\{z(k)w(\kappa)\} = G\delta_{k\kappa}.$$

Geben Sie alle Filtergleichungen sowie die Berechnungsformeln für $H, \overline{\Pi}_P, \overline{\Pi}_F$ an.

17.4 Geben Sie die Vorgehensweise und die Gleichungen des erweiterten Kalman-Filters im zeitkontinuierlichen Fall an. (Hinweis: Verfolgen Sie die Schritte von Abschn. 17.4.)

17.5 Geben Sie alle Gleichungen für die kombinierte Zustands- und Parameterschätzung (Abschn. 17.4.2) durch Anwendung des erweiterten Kalman-Filters an. Wenden Sie diese Gleichungen auf die Problemstellung von Beispiel 17.7 zur gleichzeitigen Schätzung des Zustandes $x(k)$ und des Modellparameters $a(k)$ an.

17.6 Wir betrachten den dynamischen Prozess

$$\dot{x} = ax + z$$
$$y_1 = x + w_1$$
$$y_2 = x + w_2,$$

Abb. 17.11 Abbildung zu Aufgabe 17.7

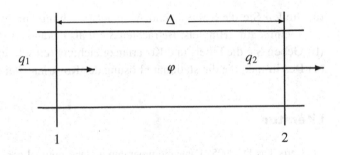

wobei z, w_1, w_2 wechselseitig unabhängige, stationäre, gaußverteilte, mittelwertfreie stochastische Prozesse sind mit

$$E\{z(t)z(\tau)\} = Z\delta(t); \quad E\{w_i(t)w_i(\tau)\} = W_i\delta(t), i = 1, 2$$

$W_1 > 0$, $W_2 > 0$. Leiten Sie für den Fall $t_0 \to \infty$ die Gleichungen des zeitinvarianten Kalman-Bucy-Filters ab,

(a) wenn nur die Messung y_1 vorliegt,
(b) wenn beide Messungen y_1, y_2 vorliegen.
(c) Vergleichen Sie die Ergebnisse von (a) und (b).

17.7 Die Fahrzeugbilanz in einem Straßensegment (s. Abb. 17.11) ergibt

$$\dot{\rho} = \frac{q_1 - q_2}{\Delta}$$

mit $\rho \triangleq$ Verkehrsdichte (Fahrzeuge/km), $q_1, q_2 \triangleq$ Verkehrsstärke (Fahrzeuge/h), $\Delta \triangleq$ Segmentlänge (km).

Zur Schätzung der Verkehrsdichte werden an den Stellen 1, 2 die Verkehrsstärken gemessen und deren Differenz erzeugt

$$u = q_1 - q_2 + v,$$

wobei v (gaußverteilt, weiß) die Detektorfehler mit $E\{v\} = 0$ repräsentiert. Ferner wird am Querschnitt 2 mittels eines Videosensors die Messung der lokalen Verkehrsdichte vorgenommen

$$y = \rho + w,$$

wobei w (gaußverteilt, weiß, $E\{w\} = 0$) durch die Verkehrsinhomogenität und durch Messfehler entsteht. Es seien

$$E\{v(t)v(\tau)\} = V\delta(t-\tau), \ E\{w(t)w(\tau)\} = W\delta(t-\tau), \ E\{\rho(0)\} = \bar{\rho}_0; \ E\{\rho(0)^2\} = \pi_0$$

v, w, $\rho(0)$ gegenseitig unabhängig.

(a) Stellen Sie die System- und Ausgangsgleichung zur Anwendung der Kalman-Filter Technik auf. (Hinweis: Betrachten Sie u als bekannte (messbare) Eingangsgröße.)

(b) Geben Sie die Filter- und Kovarianzgleichung (einschließlich der Anfangswerte) an.

(c) Bestimmen Sie die stationäre Lösung der Kovarianzgleichung.

Literatur

1. Bertsekas D (2005) Dynamic programming and optimal control I, 3. Aufl. Athena Scientific, Belmont, Mass., U.S.A.

2. Bertsekas D (2007) Dynamic programming and optimal control II, 3. Aufl. Athena Scientific, Belmont, Mass., U.S.A.

3. Brammer K, Schiffling G (1975) Stochastische Grundlagen des Kalman-Bucy-Filters. Oldenbourg Verlag, München

4. Chui C, Chen G (1987) Kalman filtering. Springer, Berlin

5. Jazwinski A (1970) Stochastic processes and filtering theory. Academic Press, New York

6. Ruymgaart P, Soong T (1988) Mathematics of Kalman-Bucy filtering. Springer, Berlin

7. Bryson Jr A, Johansen D (1965) Linear filtering for time-varying systems using measurements containing colored noise. IEEE T Automat Contr 10:4–10

8. Kalman R, Bucy R (1961) New results in linear filtering and prediction theory. J Basic Eng 83:95–108

9. Kalman R (1960) A new approach to linear filtering and prediction problems. J Basic Eng 82:35–45

10. Kushner H (1967) Dynamical equations for optimal nonlinear filtering. J Differ Equations 3:179–190

11. Simon D (2006) Optimal state estimation. Wiley-Interscience

12. Wiener N (1956) I am a mathematician. MIT Press, Cambridge, Massachusetts

13. Doucet A, de Freitas N, Gordon N (Hrsg.) (2001) Sequential Monte Carlo methods in practice. Springer, New York

14. Ristic B, Arulampalam S, Gordon N (2004) Beyond the Kalman filter: particle filters for tracking applications. Artech House, Norwell, Massachusetts

15. Julier S, Uhlmann J, Durrant-Whyte H (1995) A new approach for filtering nonlinear systems. In: Amer Contr Conf, S 1628–1632

16. Julier S, Uhlmann J, Durrant-Whyte H (2000) A new method for the nonlinear transformation of means and covariances in filters and estimators. IEEE T Automat Contr 45:477 – 482

17. Julier S, Uhlman J (2004) Unscented filtering and nonlinear estimation. P IEEE 92:401–422

Lineare quadratische Gaußsche (LQG-)Optimierung

18

Wir werden in diesem Kapitel ein besonderes Problem der stochastischen optimalen Regelung mit unvollständiger Information (vgl. Abschn. 16.6) behandeln, das für praktische Anwendungen aufgrund seiner relativ einfachen, selbst bei hochdimensionalen Aufgabenstellungen in Echtzeit ausführbaren Lösung eine große Bedeutung erlangt hat. Es handelt sich um die Minimierung des Erwartungswertes eines quadratischen Gütefunktionals unter Berücksichtigung linearer, durch gaußverteiltes weißes Rauschen gestörter Zustandsgleichungen auf der Grundlage von gestörten Ausgangsgrößenmessungen. Diese Problemstellung kündigte sich bereits in den Abschn. 12.6 und 16.5 an, als wir feststellten, dass zwar die mittels (deterministischer oder stochastischer) LQ-Optimierung entstehenden Regelgesetze eine vollständige Zustandsrückführung verlangen, dass aber die Messung *aller* Zustandsvariablen für die meisten praktischen Anwendungen aus technischen bzw. wirtschaftlichen Gründen ausgeschlossen ist.

Die Lösungsverfahren dieses Kapitels sind allgemein als *LQG-Optimierung* oder auch *LQG-Regelung* bekannt und sind im Wesentlichen auf die Arbeiten von *R.E. Kalman* zurückzuführen. Wir werden die LQG-Problemstellung für den zeitkontinuierlichen und für den zeitdiskreten Fall in zwei getrennten Abschn. 18.1 und 18.2 behandeln. Auf Beweise der Ergebnisse werden wir in diesem Kapitel weitgehend verzichten, s. z. B. [1, 2].

18.1 Zeitkontinuierliche Probleme

Wir betrachten den zeitkontinuierlichen, zeitvarianten, linearen, dynamischen Prozess

$$\dot{\mathbf{x}} = \mathbf{A}(t)\mathbf{x} + \mathbf{B}(t)\mathbf{u} + \mathbf{D}(t)\mathbf{z}, \quad \mathbf{x}(t_0) = \mathbf{x}_0 \tag{18.1}$$

$$\mathbf{y} = \mathbf{C}(t)\mathbf{x} + \mathbf{w}, \tag{18.2}$$

der allen Vereinbarungen und Voraussetzungen des Abschn. 17.1 unterliegt, d. h.:

© Springer-Verlag Berlin Heidelberg 2015
M. Papageorgiou, M. Leibold, M. Buss, *Optimierung*, DOI 10.1007/978-3-662-46936-1_18

- $\mathbf{x} \in \mathbb{R}^n$ ist der Zustandsvektor, $\mathbf{u} \in \mathbb{R}^m$ ist der Eingangsvektor und $\mathbf{y} \in \mathbb{R}^q$ ist der messbare Ausgangsvektor.
- Der Systemstörvektor $\mathbf{z} \in \mathbb{R}^p$ und der Messungsstörvektor $\mathbf{w} \in \mathbb{R}^q$ werden jeweils als mittelwertfreies, gaußverteiltes, weißes Rauschen mit bekannten Kovarianzmatrizen

$$E\{\mathbf{z}(t)\mathbf{z}(\tau)^T\} = \mathbf{Z}(t)\delta(t-\tau), \quad \mathbf{Z}(t) \geq 0 \qquad (18.3)$$

$$E\{\mathbf{w}(t)\mathbf{w}(\tau)^T\} = \mathbf{W}(t)\delta(t-\tau), \quad \mathbf{W}(t) > 0 \qquad (18.4)$$

vorausgesetzt.

- Der Anfangswert $\mathbf{x}_0$ ist eine gaußverteilte Zufallsvariable mit bekanntem Mittelwert und bekannter Kovarianzmatrix

$$E\{\mathbf{x}_0\} = \overline{\mathbf{x}}_0, E\{(\mathbf{x}_0 - \overline{\mathbf{x}}_0)(\mathbf{x}_0 - \overline{\mathbf{x}}_0)^T\} = \mathbf{\Pi}_0 \,. \qquad (18.5)$$

- Die stochastischen Variablen $\mathbf{x}_0$, $\mathbf{z}$, $\mathbf{w}$ sind wechselseitig unabhängig.
- Die zum Zeitpunkt $t \geq t_0$ verfügbare Informationsmenge umfasst

$$\mathcal{I}(t) = \{\mathbf{u}(\tau), \mathbf{y}(\tau); t_0 \leq \tau \leq t\} \,. \qquad (18.6)$$

Auf der Grundlage dieser Gegebenheiten wird nun ein Regelgesetz (vgl. (16.50))

$$\mathbf{u}(t) = \mathbf{R}(\mathcal{I}(t), t) \qquad (18.7)$$

gesucht, das den Erwartungswert des quadratischen Gütefunktionals

$$J = E\left\{ \|\mathbf{x}(T)\|_{\mathbf{S}}^2 + \int_{t_0}^{T} \|\mathbf{x}(t)\|_{\mathbf{Q}(t)}^2 + \|\mathbf{u}(t)\|_{\mathbf{R}(t)}^2 dt \right\} , \qquad (18.8)$$

minimiert, wobei $\mathbf{S} \geq 0$, $\mathbf{Q}(t) \geq 0$, $\mathbf{R}(t) > 0$ und T fest vorausgesetzt werden. Bezüglich des Sinns und der Bedeutung des quadratischen Gütefunktionals sei hier auf die entsprechenden Ausführungen von Kap. 12 verwiesen. Wie bereits in Abschn. 16.6 ausgeführt wurde, kann die Lösung eines Problems der stochastischen optimalen Regelung mit unvollständiger Information in zwei Komponenten gegliedert werden, nämlich ein Schätzglied und einen Regler. Im vorliegenden Fall ist die resultierende Problemlösung eine besonders einfache. Diese besteht nämlich aus der Zusammenschaltung eines Kalman-Bucy-Filters zur Schätzung des Systemzustandes $\hat{\mathbf{x}}$, wie wir es in Abschn. 17.1 kennengelernt haben, und eines LQ-Reglers, der den geschätzten Zustand $\hat{\mathbf{x}}$ (anstelle des nicht verfügbaren echten Zustandes $\mathbf{x}$) gemäß Abschn. 12.1 bzw. 16.5 rückführt. Diese Entkoppelung in der Lösung der LQG-Problemstellung, die das Verfahren besonders attraktiv für praktische Anwendungen macht, ist allgemein als das *Separations-Prinzip* bekannt.

Die Lösung der LQG-Problemstellung lautet somit wie folgt. Das gesuchte Regelgesetz (18.7) hat die Form einer vollständigen linearen Zustandsrückführung

$$\mathbf{u}(t) = -\mathbf{K}(t)\hat{\mathbf{x}}(t) \,, \tag{18.9}$$

wobei die Rückführmatrix $\mathbf{K}(t)$ identisch mit der Rückführmatrix des entsprechenden deterministischen LQ-Problems ist, d. h. sie berechnet sich aus (vgl. (12.16))

$$\mathbf{K}(t) = \mathbf{R}(t)^{-1}\mathbf{B}(t)^T\mathbf{P}(t) \,. \tag{18.10}$$

Hierbei ist $\mathbf{P}(t)$ die Lösung der *Riccati-Gleichung* (vgl. (12.12), (12.13))

$$\dot{\mathbf{P}} = -\mathbf{P}\mathbf{A} - \mathbf{A}^T\mathbf{P} + \mathbf{P}\mathbf{B}\mathbf{R}^{-1}\mathbf{B}^T\mathbf{P} - \mathbf{Q}, \quad \mathbf{P}(T) = \mathbf{S} \,. \tag{18.11}$$

Somit sind also $\mathbf{K}(t)$ und $\mathbf{P}(t)$ unabhängig von den stochastischen Problemgegebenheiten $\bar{\mathbf{x}}_0$, $\mathbf{\Pi}_0$, $\mathbf{Z}(t)$, $\mathbf{W}(t)$, sowie unabhängig von der Informationsmenge $\mathcal{I}(t)$ und können folglich off-line berechnet und abgespeichert werden.

Der im Rückführgesetz (18.9) benötigte Schätzwert $\hat{\mathbf{x}}(t)$ wird von einem Kalman-Bucy-Filter erzeugt, d. h. (vgl. (17.12), (17.13))

$$\dot{\hat{\mathbf{x}}} = \mathbf{A}(t)\hat{\mathbf{x}} + \mathbf{B}(t)\mathbf{u} + \mathbf{H}(t)\,(\mathbf{y} - \mathbf{C}(t)\hat{\mathbf{x}}) \,, \quad \hat{\mathbf{x}}(t_0) = \bar{\mathbf{x}}_0 \tag{18.12}$$

mit der üblichen Rückführmatrix (vgl. (17.14))

$$\mathbf{H}(t) = \mathbf{\Pi}(t)\mathbf{C}(t)^T\mathbf{W}(t)^{-1} \tag{18.13}$$

und der Kovarianzmatrix $\mathbf{\Pi}(t)$ des Schätzfehlers als Lösung des Anfangswertproblems (vgl. (17.15), (17.16))

$$\dot{\mathbf{\Pi}} = \mathbf{A}\mathbf{\Pi} + \mathbf{\Pi}\mathbf{A}^T - \mathbf{\Pi}\mathbf{C}^T\mathbf{W}^{-1}\mathbf{C}\mathbf{\Pi} + \mathbf{D}\mathbf{Z}\mathbf{D}^T, \quad \mathbf{\Pi}(t_0) = \mathbf{\Pi}_0 \,. \tag{18.14}$$

Somit sind also $\mathbf{H}(t)$ und $\mathbf{\Pi}(t)$ unabhängig von den Gewichtungsmatrizen $\mathbf{S}$, $\mathbf{Q}(t)$, $\mathbf{R}(t)$, sowie unabhängig von der Informationsmenge $\mathcal{I}(t)$ und können on-line oder off-line berechnet werden, vgl. Abschn. 17.1.1.

Gleichungen (18.9)–(18.14) konstituieren die Lösung der zeitkontinuierlichen LQG-Problemstellung. Der sich mittels dieser Gleichungen ergebende minimale Erwartungswert des Gütefunktionals (18.8) lautet

$$J^* = \|\bar{\mathbf{x}}_0\|^2_{\mathbf{P}(t_0)} + \text{Spur}(\mathbf{P}(t_0)\mathbf{\Pi}_0) + \int_{t_0}^{T} \text{Spur}(\mathbf{P}(t)\mathbf{Z}(t))\,dt$$

$$+ \int_{t_0}^{T} \text{Spur}(\mathbf{P}\mathbf{B}\mathbf{R}^{-1}\mathbf{B}^T\mathbf{P}\mathbf{\Pi})(t)\,dt \,. \tag{18.15}$$

Hierbei umfasst der erste Term von (18.15) die Standard-Kosten der deterministischen LQ-Optimierung (vgl. (12.18)). Der zweite und der vierte Term führen zu entsprechenden Erhöhungen der optimalen Kosten, die auf die Unsicherheit des im Regelgesetz verwendeten Anfangswertes $\hat{\mathbf{x}}(t_0)$ (zweiter Term) und der Schätzwerte $\hat{\mathbf{x}}(t)$, $t > 0$, (vierter Term) zurückzuführen sind. Schließlich ist die mit dem dritten Term von (18.15) zusammenhängende Erhöhung der optimalen Kosten auf die Systemstörung $\mathbf{z}(t)$ zurückzuführen.

Die in (18.15) steckende Information ist nicht zuletzt deswegen interessant, weil sie als eine Grundlage für Entwurfsüberlegungen genutzt werden kann. Fragt man sich beispielsweise, ob es im Hinblick auf gute Regelungsergebnisse angebracht wäre, bessere und teurere Messinstrumente im Regelungssystem einzusetzen, die also zu „kleinem" $\mathbf{W}$ und folglich zu einer besseren Schätzung („kleines" $\mathbf{\Pi}$) führen, so zeigt (18.15), dass die entsprechende Verbesserung unter Umständen geringer als erwartet ausfallen könnte, wenn die Systemstörung $\mathbf{z}(t)$ besonders stark ist ($\mathbf{Z}$ „groß"). Um dies zu sehen, beachte man, dass der dritte Term von (18.15) von $\mathbf{Z}$ und $\mathbf{P}$, nicht aber von der Güte der Schätzung ($\mathbf{\Pi}$) abhängt.

Der LQG-Regler kann als ein *dynamischer Mehrgrößenregler* interpretiert werden, der mittels folgender, aus (18.9), (18.12) entstehender Differentialgleichungen beschrieben wird

$$\dot{\hat{\mathbf{x}}} = \left(\mathbf{A}(t) - \mathbf{B}(t)\mathbf{K}(t) - \mathbf{H}(t)\mathbf{C}(t) \right) \hat{\mathbf{x}} + \mathbf{H}(t)\mathbf{y}, \quad \hat{\mathbf{x}}(t_0) = \overline{\mathbf{x}}_0 \qquad (18.16)$$

$$\mathbf{u} = -\mathbf{K}(t)\hat{\mathbf{x}}(t) . \qquad (18.17)$$

Hierbei fungiert also $\mathbf{y}$ als Eingangsgröße, $\hat{\mathbf{x}}$ als Zustandsgröße und $\mathbf{u}$ als Ausgangsgröße des dynamischen Mehrgrößenreglers.

Da die Zustandsschätzung $\hat{\mathbf{x}}(t)$ mittels eines Kalman-Bucy-Filters erfolgt, ist die Beschreibungsgleichung des Schätzfehlers $\tilde{\mathbf{x}}(t) = \mathbf{x}(t) - \hat{\mathbf{x}}(t)$ durch (17.19) gegeben. Für das mittels LQG-Regelung optimal geregelte System kann demnach folgende Gesamt-Differentialgleichung angegeben werden

$$\begin{bmatrix} \dot{\mathbf{x}} \\ \dot{\tilde{\mathbf{x}}} \end{bmatrix} = \begin{bmatrix} \mathbf{A} - \mathbf{B}\mathbf{K} & \mathbf{B}\mathbf{K} \\ \mathbf{0} & \mathbf{A} - \mathbf{H}\mathbf{C} \end{bmatrix} \begin{bmatrix} \mathbf{x} \\ \tilde{\mathbf{x}} \end{bmatrix} + \begin{bmatrix} \mathbf{I} & \mathbf{0} \\ \mathbf{I} & -\mathbf{H} \end{bmatrix} \begin{bmatrix} \mathbf{z} \\ \mathbf{w} \end{bmatrix}$$

$$\begin{bmatrix} \mathbf{x}(t_0) \\ \tilde{\mathbf{x}}(t_0) \end{bmatrix} = \begin{bmatrix} \mathbf{x}_0 \\ \mathbf{x}_0 - \overline{\mathbf{x}}_0 \end{bmatrix} . \qquad (18.18)$$

Die Eigenwerte des optimal geregelten Systems setzen sich in Anbetracht von (18.18) aus den Eigenwerten der Matrizen $\mathbf{A} - \mathbf{B}\mathbf{K}$ und $\mathbf{A} - \mathbf{H}\mathbf{C}$, d. h. aus den Eigenwerten der LQ-Regelung und des Kalman-Bucy-Filters, in *entkoppelter* Form zusammen. Diese Entkoppelung der Eigenwerte, sowie der Berechnung der Rückführmatrizen $\mathbf{K}$ und $\mathbf{H}$ für Regelung und Filterung sollte aber nicht zu dem Trugschluss verleiten, dass auch die

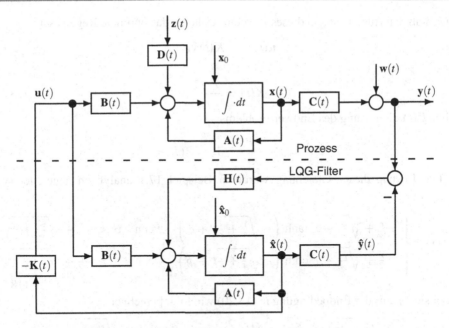

Abb. 18.1 Linearer Prozess mit LQG-Regler

Entwurfsentscheidungen für den LQG-Regler entkoppelt vorgenommen werden sollten [3]. So hat es beispielsweise wenig Sinn, die Gewichtungsmatrizen **S**, **Q**, **R** im
Hinblick auf eine „schnelle" Regelung (Eigenwerte von **A** − **BK** weit links in der komplexen Halbebene) festzulegen, wenn die sich anhand von $\boldsymbol{\Pi}_0$, **Z**, **W** ergebende Filterung
eher „langsam" (Eigenwerte von **A** − **HC** nahe der imaginären Achse) ist.

   Abbildung 18.1 zeigt das Signalflussbild des aus Prozess und LQG-Regler bestehenden
Gesamtsystems, das offenbar aus einer Kombination der Abb. 12.1 und 17.1 entsteht. Die
Realisierung der LQG-Reglergleichung auf kleinen digitalen Rechnern erfordert selbst bei
hochdimensionalen Problemstellungen einen geringen Aufwand, s. [4] für eine ausführliche Diskussion.

Beispiel 18.1 Wir betrachten den gestörten linearen, dynamischen Prozess von Beispiel 17.1, sind aber nun an einem optimalen Regelgesetz (18.7) interessiert, das das
quadratische Gütefunktional

$$J = E\{Sx(T)^2 + \int_0^T x(t)^2 + ru(t)^2 dt\}, \quad S \geq 0, r > 0$$

minimiert.

Gemäß den Ausführungen dieses Abschnittes lautet das optimale Regelgesetz

$$u(t) = -K(t)\hat{x}(t)$$

mit

$$K(t) = \frac{P(t)}{r}, \tag{18.19}$$

wobei $P(t)$ die Lösung des Endwertproblems

$$\dot{P} = P + \frac{P^2}{r} - 1, \quad P(T) = S \tag{18.20}$$

ist. Die Lösung dieser Gleichung wurde in Beispiel 17.1 analytisch abgeleitet (vgl. (17.23))

$$P(t) = \begin{cases} -\frac{r}{2} + \sqrt{\frac{r^2}{4} + r} \tanh\left(-\sqrt{\frac{1}{4} + \frac{1}{r}}t + \phi\right) & \text{wenn} \quad S < -\frac{r}{2} + \sqrt{\frac{r^2}{4} + r} \\ -\frac{r}{2} + \sqrt{\frac{r^2}{4} + r} \coth\left(-\sqrt{\frac{1}{4} + \frac{1}{r}}t + \phi\right) & \text{wenn} \quad S > -\frac{r}{2} + \sqrt{\frac{r^2}{4} + r}, \end{cases} \tag{18.21}$$

wobei sich ϕ aus der Endbedingung in (18.20) wie folgt berechnet

$$\phi = \begin{cases} T\sqrt{\frac{1}{4} + \frac{1}{r}} + \text{arctanh} \frac{2S+r}{\sqrt{r^2+4r}} & \text{wenn} \quad S < -\frac{r}{2} + \sqrt{\frac{r^2}{4} + r} \\ T\sqrt{\frac{1}{4} + \frac{1}{r}} + \text{arccoth} \frac{2S+r}{\sqrt{r^2+4r}} & \text{wenn} \quad S > -\frac{r}{2} + \sqrt{\frac{r^2}{4} + r}. \end{cases} \tag{18.22}$$

Der im Regelgesetz enthaltene Schätzwert ergibt sich wie in Beispiel 17.1 aus

$$\dot{\hat{x}} = -\frac{1}{2}\hat{x} + u + H(t)(y - \hat{x}), \quad \hat{x}(0) = \overline{x}_0$$

mit $H(t)$ aus (17.21), (17.23). □

Bei den meisten praktischen Anwendungen ist das zugrundeliegende Prozessmodell zeitinvariant und man ist aus Gründen der einfacheren Realisierung daran interessiert, einen *zeitinvarianten LQG-Regler* zu erhalten. Die zusätzlichen mathematischen Voraussetzungen, die in der Problemstellung von Abschn. 18.1 erfüllt sein müssen, damit zeitinvariante Rückführmatrizen **K** und **H** aus der Problemlösung resultieren, entstehen aus der Zusammenlegung der Voraussetzungen der Abschn. 12.2 und 17.1.2:

- Die Problemmatrizen **A, B, C, D, Q, R, Z, W** sind zeitinvariant.
- Für die Anfangszeit gilt $t_0 \to -\infty$ und für die Endzeit $T \to \infty$.
- Die Matrizenpaare [**A, B**] und [**A, F**] sind steuerbar, wobei $\mathbf{FF}^T = \mathbf{DZD}^T$.
- Die Matrizenpaare [**A, G**] und [**A, C**] sind beobachtbar, wobei $\mathbf{G}^T\mathbf{G} = \mathbf{Q}$.

Unter diesen Voraussetzungen erhält man aus den Lösungen der Riccati-Gleichungen (18.11) und (18.14) die stationären Werten $\overline{\mathbf{P}}$ und $\overline{\mathbf{\Pi}}$ und folglich die stationären Rückführmatrizen **K** und **H**.

Die Berechnung der stationären Riccati-Matrizen $\overline{\mathbf{P}}$ und $\overline{\mathbf{\Pi}}$ kann bekanntlich entweder durch Integration der entsprechenden Riccati-Gleichungen, von positiv semidefiniten End- bzw. Anfangswerten ausgehend, bis zur Konvergenz oder aus den stationären Versionen derselben Riccati-Gleichungen gewonnen werden. Das entstehende zeitinvariante optimal geregelte System ist asymptotisch stabil, d. h. alle Eigenwerte der Matrizen (vgl. (18.18)) $\mathbf{A} - \mathbf{BK}$ und $\mathbf{A} - \mathbf{HC}$ liegen in der linken komplexen Halbebene. Es kann allerdings gezeigt werden, dass für den LQG-Regler die für praktische Anwendungen wichtigen Robustheitseigenschaften des LQ-Reglers (vgl. Abschn. 12.4) im Allgemeinen nicht garantiert werden können. Dieser Nachteil kann allerdings aufgehoben werden, wenn spezielle Entwurfsprozeduren angewandt werden [5, 6].

Beispiel 18.2 Wir betrachten die Problemstellung von Beispiel 18.1, sind aber nunmehr an der Entwicklung eines *zeitinvarianten* LQG-Reglers interessiert. Hierzu lassen wir formal die Anfangszeit t_0 gegen $-\infty$ und die Endzeit T gegen ∞ gehen und erhalten, da alle Voraussetzungen dieses Abschnittes erfüllt sind, den LQG-Regler

$$\dot{\hat{x}} = -\frac{1}{2}\hat{x} + u + H(y - \hat{x})$$

$$u = -K\hat{x}$$

mit konstanten Rückführkoeffizienten H und K. Während H uns aus Beispiel 17.2 mit (17.27) bereits bekannt ist, berechnet sich K mit (18.19), (18.21) wie folgt

$$K = \frac{\overline{P}}{r} = \frac{1}{r} \lim_{T \to \infty} P(t) = \frac{1}{2} + \sqrt{\frac{1}{4} + \frac{1}{r}}.$$

Dieser Wert lässt sich auch aus der nichtnegativen Lösung der stationären Version von (18.20) ableiten.

Die Differentialgleichung des Schätzfehlers $\tilde{x} = x - \hat{x}$ berechnet sich nun wie folgt

$$\dot{\tilde{x}} = \dot{x} - \dot{\hat{x}} = -\left(\frac{1}{2} + H\right)\tilde{x} + z - Hw.$$

Für das optimal geregelte System erhalten wir hiermit

$$\begin{bmatrix} \dot{x} \\ \dot{\tilde{x}} \end{bmatrix} = \begin{bmatrix} -\left(\frac{1}{2} + K\right) & K \\ 0 & -\left(\frac{1}{2} + H\right) \end{bmatrix} \begin{bmatrix} x \\ \tilde{x} \end{bmatrix} + \begin{bmatrix} 1 & 0 \\ 1 & -H \end{bmatrix} \begin{bmatrix} z \\ w \end{bmatrix}$$

mit den entkoppelten stabilen Eigenwerten

$$\Lambda_1 = -\left(\frac{1}{2} + K\right) = -\sqrt{\frac{1}{4} + \frac{1}{r}} < 0$$

für die Regelung und

$$\Lambda_2 = -\left(\frac{1}{2} + H\right) = -\sqrt{\frac{1}{4} + \frac{z}{w}} < 0$$

für die Filterung. $\qquad\square$

18.2   Zeitdiskrete Probleme

Wir betrachten nun den zeitdiskreten, zeitvarianten, linearen, dynamischen Prozess

$$\mathbf{x}(k+1) = \mathbf{A}(k)\mathbf{x}(k) + \mathbf{B}(k)\mathbf{u}(k) + \mathbf{D}(k)\mathbf{z}(k), \quad \mathbf{x}(k_0) = \mathbf{x}_0 \tag{18.23}$$

$$\mathbf{y}(k) = \mathbf{C}(k)\mathbf{x}(k) + \mathbf{w}(k), \tag{18.24}$$

der allen Vereinbarungen und Voraussetzungen des Abschn. 17.2.1 unterliegt, d. h.

- $\mathbf{x} \in \mathbb{R}^n$ ist der Zustandsvektor, $\mathbf{u} \in \mathbb{R}^m$ ist der Eingangsvektor und $\mathbf{y} \in \mathbb{R}^q$ ist der messbare Ausgangsvektor.
- Der Systemstörvektor $\mathbf{z} \in \mathbb{R}^p$ und der Messungsstörvektor $\mathbf{w} \in \mathbb{R}^q$ werden jeweils als mittelwertfreies, gaußverteiltes weißes Rauschen mit bekannten Kovarianzmatrizen

$$E\{\mathbf{z}(k)\mathbf{z}(\kappa)^T\} = \mathbf{Z}(k)\delta_{k\kappa}, \quad E\{\mathbf{w}(k)\mathbf{w}(\kappa)^T\} = \mathbf{W}(k)\delta_{k\kappa} \tag{18.25}$$

  vorausgesetzt.
- Der Anfangswert $\mathbf{x}_0$ ist eine gaußverteilte Zufallsvariable mit bekanntem Mittelwert und bekannter Kovarianzmatrix

$$E\{\mathbf{x}_0\} = \overline{\mathbf{x}}_0, E\{(\mathbf{x}_0 - \overline{\mathbf{x}}_0)(\mathbf{x}_0 - \overline{\mathbf{x}}_0)^T\} = \Pi_0. \tag{18.26}$$

- Die stochastischen Variablen $\mathbf{x}_0, \mathbf{z}, \mathbf{w}$ sind wechselseitig unabhängig und $\mathbf{W}(k) > \mathbf{0}$ (s. Abschn. 17.2.1 für eine schwächere Bedingung).
- Die zum Zeitpunkt $k \geq k_0$ verfügbare Informationsmenge umfasst

$$\mathcal{I}(k) = \{\mathbf{y}(k_0), \mathbf{u}(k_0), \ \mathbf{y}(k_0 + 1), \ \mathbf{u}(k_0 + 1), \ldots, \mathbf{y}(k)\}. \tag{18.27}$$

Auf der Grundlage dieser Gegebenheiten wird ein Regelgesetz (vgl. (16.50))

$$\mathbf{u}(k) = \mathbf{R}(\mathcal{I}(k-1), k) \tag{18.28}$$

gesucht, das den Erwartungswert des quadratischen Gütefunktionals

$$J = E\left\{\|\mathbf{x}(K)\|_{\mathbf{S}}^2 + \sum_{k=k_0}^{K-1} \|\mathbf{x}(k)\|_{\mathbf{Q}(k)}^2 + \|\mathbf{u}(k)\|_{\mathbf{R}(k)}^2\right\} \tag{18.29}$$

minimiert, wobei $\mathbf{S} \geq \mathbf{0}$, $\mathbf{Q}(k) \geq \mathbf{0}$, $\mathbf{R}(k) > \mathbf{0}$ (s. Abschn. 16.5 für eine schwächere Bedingung) vorausgesetzt werden. Der Grund, weshalb die um einen Zeitschritt zurückliegende Informationsmenge $\mathcal{I}(k-1)$ in (18.28) berücksichtigt wird, wurde in Abschn. 17.2.1 ausführlich erläutert, vgl. auch Abb. 17.4. Für eine Erweiterung der hier vorgestellten Problemstellung im Sinne unterschiedlicher Zeitintervalle für jede Ein- bzw. Ausgangsgröße s. z. B. [7].

Auch im zeitdiskreten Fall gilt das Separations-Prinzip, so dass die Lösung der LQG-Problemstellung aus der Zusammenschaltung eines zeitdiskreten Kalman-Filters (Ein-Schritt-Prädiktion) und eines zeitdiskreten LQ-Reglers entsteht [1, 8]. Somit hat das gesuchte Regelgesetz die Form einer vollständigen linearen Zustandsrückführung

$$\mathbf{u}(k) = -\mathbf{L}(k)\hat{\mathbf{x}}_P(k), \tag{18.30}$$

wobei die Rückführmatrix $\mathbf{L}(k)$ identisch mit der Rückführmatrix des entsprechenden deterministischen LQ-Problems ist, d. h. sie berechnet sich aus (vgl. (13.28))

$$\mathbf{L}(k) = \left(\mathbf{B}(k)^T \mathbf{P}(k+1)\mathbf{B}(k) + \mathbf{R}(k)\right)^{-1} \mathbf{B}(k)^T \mathbf{P}(k+1)\mathbf{A}(k) . \tag{18.31}$$

Hierbei ist $\mathbf{P}(k)$ die Lösung der *zeitdiskreten Riccati-Gleichung* (vgl. (13.29))

$$\mathbf{P}(k) = \mathbf{A}(k)^T \mathbf{P}(k+1)\mathbf{A}(k) + \mathbf{Q}(k) - \mathbf{L}(k)^T \mathbf{B}(k)^T \mathbf{P}(k+1)\mathbf{A}(k)$$
$$\mathbf{P}(K) = \mathbf{S} . \tag{18.32}$$

Somit sind $\mathbf{L}(k)$ und $\mathbf{P}(k)$ unabhängig von den stochastischen Gegebenheiten $\bar{\mathbf{x}}_0$, $\mathbf{\Pi}_0$, $\mathbf{Z}(k)$, $\mathbf{W}(k)$, sowie unabhängig von der Informationsmenge $\mathcal{I}(k)$ und können folglich off-line berechnet und abgespeichert werden.

Die im Rückführgesetz (18.30) benötigte Ein-Schritt-Prädiktion $\hat{\mathbf{x}}_P(k)$ wird von einem zeitdiskreten Kalman-Filter erzeugt, d. h. (vgl. (17.55)–(17.59))

$$\hat{\mathbf{x}}_P(k) = \mathbf{A}(k-1)\hat{\mathbf{x}}_P(k-1) + \mathbf{B}(k-1)\mathbf{u}(k-1)$$
$$+ \mathbf{H}(k-1)\left(\mathbf{y}(k-1) - \mathbf{C}(k-1)\hat{\mathbf{x}}_P(k-1)\right) ,$$
$$\hat{\mathbf{x}}_P(k_0) = \bar{\mathbf{x}}_0 \tag{18.33}$$

$$\mathbf{H}(k-1) = \mathbf{A}(k-1)\mathbf{\Pi}_P(k-1)\mathbf{C}(k-1)^T$$
$$\left(\mathbf{C}(k-1)\mathbf{\Pi}_P(k-1)\mathbf{C}(k-1)^T + \mathbf{W}(k-1)\right)^{-1} \tag{18.34}$$

$$\mathbf{\Pi}_P(k) = (\mathbf{A}(k-1) - \mathbf{H}(k-1)\mathbf{C}(k-1))\,\mathbf{\Pi}_P(k-1)\mathbf{A}(k-1)^T$$
$$+ \mathbf{D}(k-1)\mathbf{Z}(k-1)\mathbf{D}(k-1)^T$$
$$\mathbf{\Pi}_P(k_0) = \mathbf{\Pi}_0 . \tag{18.35}$$

Somit sind $\mathbf{H}(k)$ und $\mathbf{\Pi}(k)$ unabhängig von den Gewichtungsmatrizen $\mathbf{S}$, $\mathbf{Q}(k)$, $\mathbf{R}(k)$, sowie unabhängig von der Informationsmenge $\mathcal{I}(k)$ und können on-line oder off-line berechnet werden.

Gleichungen (18.30)–(18.35) konstituieren die Lösung der zeitdiskreten LQG-Problemstellung. Der sich mittels dieser Gleichungen ergebende minimale Erwartungswert des Gütefunktionals (18.29) lautet

$$J^* = \|\bar{\mathbf{x}}_0\|^2_{\mathbf{P}(k_0)} + \mathrm{Spur}(\mathbf{P}(k_0)\mathbf{\Pi}_0) + \sum_{k=k_0}^{K-1} \mathrm{Spur}(\mathbf{P}(k+1)\mathbf{Z}(k))$$

$$+ \sum_{k=k_0}^{K-1} \mathrm{Spur}(\mathbf{\Pi}(k)\mathbf{L}(k)^T \mathbf{B}(k)^T \mathbf{P}(k+1)\mathbf{A}(k)) \tag{18.36}$$

(vgl. hierzu die Erläuterungen zu (18.15)).

Auch der zeitdiskrete LQG-Regler kann als ein *dynamischer Mehrgrößenregler* interpretiert werden, der mittels folgender, aus (18.30), (18.33) entstehender Differenzengleichungen beschrieben wird

$$\hat{\mathbf{x}}_P(k) = (\mathbf{A}(k-1) - \mathbf{B}(k-1)\mathbf{L}(k-1) - \mathbf{H}(k-1)\mathbf{C}(k-1))\,\hat{\mathbf{x}}_P(k-1)$$
$$+ \mathbf{H}(k-1)\mathbf{y}(k-1), \quad \hat{\mathbf{x}}_P(k_0) = \bar{\mathbf{x}}_0 \tag{18.37}$$
$$\mathbf{u}(k) = -\mathbf{L}(k)\hat{\mathbf{x}}_P(k)\,. \tag{18.38}$$

Mit der Definition $\tilde{\mathbf{x}}_P(k) = \mathbf{x}(k) - \hat{\mathbf{x}}_P(k)$ des Schätzfehlers der Ein-Schritt-Prädiktion lässt sich die Differenzengleichung des optimal geregelten Systems wie folgt angeben

$$\begin{bmatrix} \mathbf{x}(k+1) \\ \tilde{\mathbf{x}}_P(k+1) \end{bmatrix} = \begin{bmatrix} \mathbf{A}(k) - \mathbf{B}(k)\mathbf{L}(k) & \mathbf{B}(k)\mathbf{L}(k) \\ \mathbf{0} & \mathbf{A}(k) - \mathbf{H}(k)\mathbf{C}(k) \end{bmatrix} \begin{bmatrix} \mathbf{x}(k) \\ \tilde{\mathbf{x}}(k) \end{bmatrix}$$
$$+ \begin{bmatrix} \mathbf{I} & \mathbf{0} \\ \mathbf{I} & -\mathbf{H}(k) \end{bmatrix} \begin{bmatrix} \mathbf{z}(k) \\ \mathbf{w}(k) \end{bmatrix}$$
$$\begin{bmatrix} \mathbf{x}(k_0) \\ \tilde{\mathbf{x}}(k_0) \end{bmatrix} = \begin{bmatrix} \mathbf{x}_0 \\ \mathbf{x}_0 - \bar{\mathbf{x}}_0 \end{bmatrix}\,. \tag{18.39}$$

In Anbetracht von (18.39) setzen sich somit auch hier die Eigenwerte des Gesamtsystems aus den Eigenwerten der LQ-Regelung und des Kalman-Filters in entkoppelter Form zusammen, vgl. auch die Anmerkungen zu (18.18).

Beispiel 18.3 Wir betrachten den zeitdiskreten linearen Prozess von Beispiel 17.4, sind aber nun an einem optimalen Regelgesetz (18.28) interessiert, das das quadratische Gütefunktional

$$J = E\left\{ Sx(K)^2 + \sum_{k=0}^{K-1} x(k)^2 + ru(k)^2 \right\} \quad S \geq 0,\ r \geq 0$$

minimiert.

Gemäß den Ausführungen dieses Abschnittes lautet das optimale Regelgesetz

$$u(k) = -L(k)\hat{x}_P(k)\,,$$

wobei $L(k)$, $P(k)$ aus Beispiel 13.2 bekannt sind. Der im Regelgesetz enthaltene Schätzwert ergibt sich aus

$$\hat{x}_P(k) = \hat{x}_P(k-1) + u(k-1) + H(k-1)(y(k-1) - \hat{x}_P(k-1)), \quad \hat{x}_P(0) = \bar{x}_0$$
$$H(k-1) = \frac{\Pi_P(k-1)}{\Pi_P(k-1) + W}$$
$$\Pi_P(k) = (1 - H(k-1))\Pi_P(k-1) + Z\,. \qquad\qquad \square$$

Um bei der Lösung der zeitdiskreten LQG-Problemstellung zeitinvariante Rückführmatrizen $\mathbf{L}$ und $\mathbf{H}$ zu bekommen, müssen folgende Voraussetzungen, die eine

Zusammenlegung der Voraussetzungen der Abschn. 13.2.2 und 17.2.2 darstellen, erfüllt sein:

- Die Problemmatrizen $\mathbf{A}, \mathbf{B}, \mathbf{C}, \mathbf{D}, \mathbf{Q}, \mathbf{R}, \mathbf{Z}, \mathbf{W}$ sind zeitinvariant.
- Für die Anfangszeit gilt $k_0 \to -\infty$ und für die Endzeit $K \to \infty$.
- Die Matrizenpaare $[\mathbf{A}, \mathbf{B}]$ und $[\mathbf{A}, \mathbf{F}]$ sind steuerbar, wobei $\mathbf{FF}^T = \mathbf{DZD}^T$.
- Die Matrizenpaare $[\mathbf{A}, \mathbf{G}]$ und $[\mathbf{A}, \mathbf{C}]$ sind beobachtbar, wobei $\mathbf{G}^T \mathbf{G} = \mathbf{Q}$.

Unter diesen Voraussetzungen führen die Lösungen der Differenzengleichungen (18.31), (18.32) und (18.34), (18.35) zu stationären Werten $\overline{\mathbf{P}}$, $\mathbf{L}$ und $\overline{\mathbf{\Pi}}_P$, $\mathbf{H}$, die bekanntlich durch Integration dieser Gleichungen bis zur Konvergenz oder aus deren stationären Version gewonnen werden können. Das entstehende zeitinvariante optimal geregelte System ist asymptotisch stabil, d. h. alle Eigenwerte der Matrizen (vgl. (18.39)) $\mathbf{A} - \mathbf{BL}$ und $\mathbf{A} - \mathbf{HC}$ liegen im Einheitskreis.

Beispiel 18.4 Wir betrachten die Problemstellung von Beispiel 18.3, sind aber nunmehr an der Entwicklung eines *zeitinvarianten* LQG-Reglers interessiert. Hierzu lassen wir formal die Anfangszeit k_0 gegen $-\infty$ und die Endzeit K gegen $+\infty$ gehen und erhalten, da alle Voraussetzungen dieses Abschnittes erfüllt sind, den LQG-Regler

$$\hat{x}_P(k+1) = \hat{x}_P(k) + u(k) + H(y(k) - \hat{x}_P(k))$$
$$u(k) = -L\,\hat{x}_P(k)$$

mit konstanten Rückführkoeffizienten L und H, die uns aus Beispielen 13.3 und 17.5 bekannt sind

$$L = \frac{1 + \sqrt{1 + 4r}}{2r + 1 + \sqrt{1 + 4r}}, \quad H = \frac{Z + \sqrt{Z^2 + 4ZW}}{2W + Z + \sqrt{Z^2 + 4ZW}}.$$

Die Differenzengleichung des Schätzfehlers lautet

$$\tilde{x}_P(k+1) = (1 - H)\tilde{x}_P(k) + z(k) - Hw(k).$$

Für das optimal geregelte System erhalten wir hiermit

$$\begin{bmatrix} x(k+1) \\ \tilde{x}_P(k+1) \end{bmatrix} = \begin{bmatrix} 1 - L & L \\ 0 & 1 - H \end{bmatrix} \begin{bmatrix} x(k) \\ \tilde{x}_P(k) \end{bmatrix} + \begin{bmatrix} 1 & 0 \\ 1 & -H \end{bmatrix} \begin{bmatrix} z(k) \\ w(k) \end{bmatrix}$$

mit den entkoppelten stabilen Eigenwerten

$$\Lambda_1 = 1 - L = \frac{2r}{2r + 1 + \sqrt{1 + 4r}}$$

für die Regelung und

$$\Lambda_2 = 1 - H = \frac{2W}{2W + Z + \sqrt{Z^2 + 4ZW}}$$

für die Filterung.

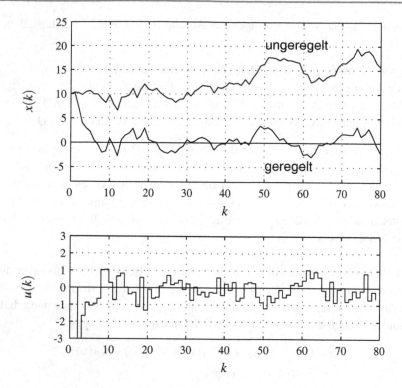

Abb. 18.2 Optimale Verläufe zu Beispiel 18.4

Abbildung 18.2 zeigt den Verlauf der Zustandsgröße $x(k)$ im geregelten und im ungeregelten Fall bei einem realen Anfangswert $x(0) = 10$ sowie den Verlauf der mittels des zeitinvarianten LQG-Reglers resultierenden Steuergröße $u(k)$. Hierbei wurden folgende Zahlenwerte zugrunde gelegt:

$$\hat{x}_P(0) = 0, \quad \Pi_P(0) = 1, \quad Z = 1, \quad W = 3, \quad r = 1, \quad H = 0.434, \quad L = 0.618 .$$

Wir stellen fest:

• Die LQG-Regelung bewirkt eine Stabilisierung um den Nullpunkt des grenzstabilen Prozesses.
• Die Schwankungsbreite des geregelten Zustandes ist stärker während einer Einschwingphase und erreicht ab ca. $k = 20$ einen eingeschwungenen Zustand.   □

18.3 Übungsaufgaben

18.1 Auf den Prozess der Übung 17.2 soll nun eine Eingangsgröße u wirken

$$\dot{x}_1 = x_2$$
$$\dot{x}_2 = u + z \,,$$

sonst bleiben alle dortigen Angaben und Voraussetzungen in Kraft. Entwerfen Sie einen zeitvarianten LQG-Regler, der das Gütefunktional

$$J = E \left\{ \int_0^\infty x_1(t)^2 + u(t)^2 dt \right\}$$

minimiert.

18.2 Auf den Prozess der Übung 17.1 soll nun eine Eingangsgröße u wirken

$$\dot{x} = -x + u + z \,,$$

sonst bleiben alle dortigen Angaben und Voraussetzungen in Kraft. Entwerfen sie einen zeitvarianten LQG-Regler, der das Gütefunktional

$$J = E \left\{ \int_0^T x(t)^2 + u(t)^2 dt \right\}$$

minimiert.

Literatur

1. Aström K (1970) Introduction to stochastic control theory. Academic Press, New York
2. Grimble M, Johnson M (1988) Optimal Control and Stochastic Estimation, Volume Two. Wiley, Chichester
3. Athans M (1971) The role and use of the stochastic linear-quadratic-Gaussian problem in control system design. IEEE T Automat Contr 16:529–552
4. Farrar F, Eidens R (1980) Microprocessor requirements for implementing modern control logic. IEEE T Automat Contr 25:461–468
5. Doyle J, Stein G (1981) Multivariable feedback design: Concept for a classical/modern synthesis. IEEE T Automat Contr 26:4–16
6. Lehtomaki N, Sandell Jr N, Athans M (1981) Robustness results in linear-quadratic-gaussian based multivariable control designs. IEEE T Automat Contr 26:75–93
7. Colaneri P, Scattolini R, Schiavoni N (1992) LQG optimal control of multirate sampled-data systems. IEEE T Automat Contr 37:675–682
8. Athans M (1972) The discrete time linear-quadratic-gaussian stochastic control problem. Ann Econ Soc Meas 1:446–488

Mathematische Grundlagen

19

19.1 Vektoren und Matrizen

19.1.1 Notation

Vektoren $\mathbf{x} \in \mathbb{R}^n$ und Matrizen $\mathbf{A} \in \mathbb{R}^{n \times m}$

$$\mathbf{x} = \begin{bmatrix} x_1 \\ \vdots \\ x_n \end{bmatrix}, \quad \mathbf{A} = \begin{bmatrix} a_{11} & \cdots & a_{1m} \\ \vdots & \ddots & \vdots \\ a_{n1} & \cdots & a_{nm} \end{bmatrix} \tag{19.1}$$

werden durch fette Buchstaben gekennzeichnet. Die Schreibweise

$$\mathbf{x} = \mathbf{y} \quad \text{bzw.} \quad \mathbf{A} = \mathbf{B} \tag{19.2}$$

ist nur bei Vektoren bzw. Matrizen identischer Dimensionen erlaubt und bedeutet, dass $x_i = y_i$, $i = 1, \ldots, n$, bzw. $a_{ij} = b_{ij}$, $i = 1 \ldots, n$; $j = 1 \ldots, m$. Die Schreibweise

$$\mathbf{x} \leq \mathbf{y} \tag{19.3}$$

ist nur bei Vektoren identischer Dimensionen erlaubt und bedeutet, dass $x_i \leq y_i$, $i = 1 \ldots, n$.

Transponieren wird durch einen oberen Index T gekennzeichnet

$$\mathbf{x}^T = [\, x_1 \quad \ldots \quad x_n \,], \quad \mathbf{A}^T = \begin{bmatrix} a_{11} & \cdots & a_{n1} \\ \vdots & \ddots & \vdots \\ a_{1m} & \cdots & a_{nm} \end{bmatrix} . \tag{19.4}$$

Die *quadratische Norm* eines Vektors $\mathbf{x} \in \mathbb{R}^n$ ist definiert durch

$$\|\mathbf{x}\|^2 = \mathbf{x}^T \mathbf{x} . \tag{19.5}$$

© Springer-Verlag Berlin Heidelberg 2015
M. Papageorgiou, M. Leibold, M. Buss, *Optimierung*, DOI 10.1007/978-3-662-46936-1_19

Die *Länge* oder der *Betrag* eines Vektors ist definiert durch

$$|\mathbf{x}| = \|\mathbf{x}\| = \sqrt{\mathbf{x}^T \mathbf{x}} \,. \tag{19.6}$$

Die *Spur* einer quadratischen Matrix $\mathbf{A} \in \mathbb{R}^{n \times n}$ ist definiert durch

$$\text{Spur}(\mathbf{A}) = \sum_{i=1}^{n} a_{ii} \,. \tag{19.7}$$

Offenbar gilt bei quadratischen Matrizen $\mathbf{A}, \mathbf{B}$

$$\text{Spur}(\mathbf{AB}) = \text{Spur}(\mathbf{BA}) \,. \tag{19.8}$$

Die *Einheitsmatrix* wird mit $\mathbf{I} = \mathbf{diag}(1, 1, \ldots, 1)$ bezeichnet.

Die *Eigenwerte* einer quadratischen Matrix $\mathbf{A} \in \mathbb{R}^{n \times n}$ werden mit Λ_i, $i = 1, \ldots, n$, bezeichnet und berechnen sich als möglicherweise komplexe Wurzeln der Gleichung n-ter Ordnung

$$\det(\mathbf{A} - \Lambda \mathbf{I}) = 0 \,. \tag{19.9}$$

19.1.2   Definitionen

Das Argument einer skalaren Funktion $f(x_1, \ldots, x_n)$ mehrerer Variablen kann der kürzeren Schreibweise wegen durch einen n-dimensionalen Spaltenvektor $\mathbf{x}$ dargestellt werden, wodurch $f(\mathbf{x})$ entsteht. Differenziert man eine stetig differenzierbare Funktion $f(\mathbf{x})$ partiell nach jeder Variablen x_i und fasst die partiellen Ableitungen in einem Spaltenvektor zusammen, so erhält man den *Gradienten* ∇f der Funktion

$$\nabla f(\mathbf{x}) = \begin{bmatrix} \frac{\partial f}{\partial x_1} \\ \vdots \\ \frac{\partial f}{\partial x_n} \end{bmatrix} \,. \tag{19.10}$$

Eine weitere Bezeichnungen für den Gradienten ist $\nabla_\mathbf{x} f$ oder $\text{grad} f(\mathbf{x})$. Den Zeilenvektor der partiellen Ableitungen bezeichnet man als Ableitung der Funktion und schreibt

$$\frac{df(\mathbf{x})}{d\mathbf{x}} = \begin{bmatrix} \frac{\partial f}{\partial x_1} & \cdots & \frac{\partial f}{\partial x_n} \end{bmatrix} \,. \tag{19.11}$$

Eine Kurzschreibweise ist $f_\mathbf{x}$. Es gilt somit für den Zusammenhang zwischen Gradient und Ableitung:

$$\nabla f(\mathbf{x}) = \frac{df(\mathbf{x})}{d\mathbf{x}}^T \,. \tag{19.12}$$

Die *Hessesche Matrix* (oder Hessematrix) einer skalaren, zweifach stetig differenzierbaren Funktion $f(\mathbf{x}), \mathbf{x} \in \mathbb{R}^n$, die als Verallgemeinerung der zweiten Ableitung einer Funktion einer Variablen aufgefasst werden kann, ist wie folgt definiert

$$\frac{d^2 f(\mathbf{x})}{d\mathbf{x}^2} = \begin{bmatrix} \frac{\partial^2 f}{\partial x_1^2} & \cdots & \frac{\partial^2 f}{\partial x_1 \partial x_n} \\ \vdots & \ddots & \vdots \\ \frac{\partial^2 f}{\partial x_n \partial x_1} & \cdots & \frac{\partial^2 f}{\partial x_n^2} \end{bmatrix}. \tag{19.13}$$

Wegen der kommutativen Eigenschaft der Differentiation ist die Hessesche Matrix, die auch durch $H(f(\mathbf{x}))$, $f_{\mathbf{xx}}$, $\nabla^2_{\mathbf{xx}} f$ oder $\nabla^2 f$ bezeichnet wird, immer symmetrisch.

Hat man es mit mehreren Funktionen (s. z. B. (2.1), (2.2)) mehrerer Variablen zu tun, so definiert man eine *Vektorfunktion* $\mathbf{f}(\mathbf{x})$, deren verallgemeinerte 1. Ableitung nunmehr eine Matrix, die *Jacobische Matrix*, ist

$$\frac{d\mathbf{f}(\mathbf{x})}{d\mathbf{x}} = \begin{bmatrix} \frac{\partial f_1}{\partial x_1} & \cdots & \frac{\partial f_1}{\partial x_n} \\ \vdots & \ddots & \vdots \\ \frac{\partial f_m}{\partial x_1} & \cdots & \frac{\partial f_m}{\partial x_n} \end{bmatrix}, \tag{19.14}$$

wobei dim $\mathbf{f} = m$ angenommen wurde.

19.1.3 Differentiationsregeln

Aus den obigen Definitionen resultieren die Differentiationsregeln für Matrizen und Vektoren. Dem ungeübten Leser wird zwecks besseren Verständnisses dieser Regeln die Bearbeitung der Übung 19.1 empfohlen.

Produkte

$$\frac{d(\mathbf{g}(\mathbf{x})^T \mathbf{f}(\mathbf{x}))}{d\mathbf{x}} = \mathbf{f}(\mathbf{x})^T \frac{d\mathbf{g}(\mathbf{x})}{d\mathbf{x}} + \mathbf{g}(\mathbf{x})^T \frac{d\mathbf{f}(\mathbf{x})}{d\mathbf{x}} \tag{19.15}$$

$$\frac{d(g(\mathbf{x})\mathbf{f}(\mathbf{x}))}{d\mathbf{x}} = \mathbf{f}(\mathbf{x}) \frac{dg(\mathbf{x})}{d\mathbf{x}} + g(\mathbf{x})^T \frac{d\mathbf{f}(\mathbf{x})}{d\mathbf{x}} \tag{19.16}$$

Lineare Terme

$$\frac{d(\mathbf{A}\mathbf{x})}{d\mathbf{x}} = \mathbf{A} \tag{19.17}$$

$$\frac{d(\mathbf{a}^T \mathbf{x})}{d\mathbf{x}} = \frac{d(\mathbf{x}^T \mathbf{a})}{d\mathbf{x}} = \mathbf{a}^T \tag{19.18}$$

$$\nabla(\mathbf{a}^T \mathbf{x}) = \nabla(\mathbf{x}^T \mathbf{a}) = \mathbf{a} \tag{19.19}$$

$$\frac{d(\mathbf{x}^T \mathbf{A})}{d\mathbf{x}} = \mathbf{A}^T \tag{19.20}$$

Quadratische Terme

$$\frac{d(\mathbf{x}^T \mathbf{A} \mathbf{x})}{d\mathbf{x}} = (\mathbf{A} + \mathbf{A}^T)\mathbf{x} \tag{19.21}$$

Kettenregeln

$$\frac{df(\mathbf{y}(\mathbf{x}))}{d\mathbf{x}} = \frac{df}{d\mathbf{y}} \frac{d\mathbf{y}}{d\mathbf{x}} \tag{19.22}$$

$$\frac{df(\mathbf{z}(\mathbf{w}(\cdots(\mathbf{y}(\mathbf{x})))))}{d\mathbf{x}} = \frac{d\mathbf{f}}{d\mathbf{z}} \frac{d\mathbf{z}}{d\mathbf{w}} \cdots \frac{d\mathbf{y}}{d\mathbf{x}} \tag{19.23}$$

Zeitabhängige Vektoren und Matrizen

$$\frac{d(\mathbf{x}^T \mathbf{y})}{dt} = \dot{\mathbf{x}}^T \mathbf{y} + \mathbf{x}^T \dot{\mathbf{y}} \tag{19.24}$$

$$\frac{d(\mathbf{A} \mathbf{x})}{dt} = \dot{\mathbf{A}} \mathbf{x} + \mathbf{A} \dot{\mathbf{x}} \tag{19.25}$$

$$\frac{d(\mathbf{A} \mathbf{B})}{dt} = \dot{\mathbf{A}} \mathbf{B} + \mathbf{A} \dot{\mathbf{B}} \tag{19.26}$$

$$\frac{d(\mathbf{x}^T \mathbf{A} \mathbf{x})}{dt} = \dot{\mathbf{x}}^T \mathbf{A} \mathbf{x} + \mathbf{x}^T \dot{\mathbf{A}} \mathbf{x} + \mathbf{x}^T \mathbf{A} \dot{\mathbf{x}} \tag{19.27}$$

19.1.4 Quadratische Formen

Eine skalare Funktion wird eine *quadratische Form* genannt, wenn sie folgende Form aufweist

$$Q(\mathbf{x}) = \|\mathbf{x}\|_{\mathbf{A}}^2 = \mathbf{x}^T \mathbf{A} \mathbf{x}. \tag{19.28}$$

Hierbei ist $\mathbf{x} \in \mathbb{R}^n$ und $\mathbf{A} \in \mathbb{R}^{n \times n}$ ist eine symmetrische Matrix.

Die Annahme, dass $\mathbf{A}$ symmetrisch sei, ist keine Einschränkung der Allgemeinheit. Betrachtet man in der Tat den Term $\mathbf{x}^T \mathbf{B} \mathbf{x}$ mit $\mathbf{B}$ nichtsymmetrisch, so gilt $\mathbf{B} = 1/2(\mathbf{B} - \mathbf{B}^T + \mathbf{B} + \mathbf{B}^T)$ und durch Einsetzen in obigen Term erhält man

$$\mathbf{x}^T \mathbf{B} \mathbf{x} = \mathbf{x}^T \mathbf{B}_S \mathbf{x}, \tag{19.29}$$

wobei $\mathbf{B}_S = 1/2(\mathbf{B} + \mathbf{B}^T)$ eine symmetrische Matrix ist. Somit kann jede quadratische Form mit einer nichtsymmetrischen Matrix unter Nutzung von (19.29) in eine quadratische Form mit einer symmetrischen Matrix umgewandelt werden.

Man definiert nun die *nordwestlichen Unterdeterminanten* D_i, $i = 1, \ldots, n$, einer quadratischen Matrix $\mathbf{A} \in \mathbb{R}^{n \times n}$, wie folgt

$$D_1 = a_{11}, \quad D_2 = \begin{vmatrix} a_{11} & a_{12} \\ a_{21} & a_{22} \end{vmatrix}, \ldots, \quad D_n = \begin{vmatrix} a_{11} & \cdots & a_{1n} \\ \vdots & \ddots & \vdots \\ a_{n1} & \cdots & a_{nn} \end{vmatrix},$$

Tab. 19.1 Definitheitskriterien

	$\mathbf{A} > \mathbf{0}$	$\mathbf{A} \geq \mathbf{0}$	$\mathbf{A} < \mathbf{0}$	$\mathbf{A} \leq \mathbf{0}$
Sylvester-Kriterium[a]	$D_i > 0$	$D_i \geq 0$	$(-1)^i D_i > 0$	$(-1)^i D_i \geq 0$
Eigenwerte-Kriterium	$\Lambda_i > 0$, reell	$\Lambda_i \geq 0$, reell	$\Lambda_i < 0$, reell	$\Lambda_i \leq 0$, reell

[a] Der englische Mathematiker *James J. Sylvester* erfand im Jahre 1860, gleichzeitig mit seinem Landsmann *Arthur Cayley*, die Matrizen in der Mathematik.

wobei a_{ij} die Elemente der Matrix **A** darstellen. Weiterhin nennen wir eine quadratische Form

$$\textit{positiv definit, wenn } Q(\mathbf{x}) > 0 \quad \forall \mathbf{x} \neq \mathbf{0}$$

$$\textit{positiv semidefinit, wenn } Q(\mathbf{x}) \geq 0 \quad \forall \mathbf{x}$$

$$\textit{negativ definit, wenn } Q(\mathbf{x}) < 0 \quad \forall \mathbf{x} \neq \mathbf{0}$$

$$\textit{negativ semidefinit, wenn } Q(\mathbf{x}) \leq 0 \quad \forall \mathbf{x}.$$

Je nachdem heißt auch die gemäß (19.28) beteiligte Matrix **A** *positiv definit, positiv semidefinit, negativ definit* und *negativ semidefinit* und diese Eigenschaften werden jeweils durch $\mathbf{A} > \mathbf{0}$, $\mathbf{A} \geq \mathbf{0}$, $\mathbf{A} < \mathbf{0}$ und $\mathbf{A} \leq \mathbf{0}$ gekennzeichnet. Ist eine quadratische Form für manche **x**-Werte positiv und für andere negativ, so heißen die quadratische Form und die entsprechende Matrix **A** *indefinit*. Tabelle 19.1 bietet zwei Kriterien an, die im Sinne von notwendigen und hinreichenden Bedingungen zur Untersuchung der Definitheit einer Matrix **A** herangezogen werden können. Hierbei bezeichnen Λ_i, $i = 1, \ldots, n$, die Eigenwerte der Matrix. Schließlich gilt bei positiv bzw. negativ definiten Matrizen (s. Übung 19.3)

$$\mathbf{A} > \mathbf{0} \iff \mathbf{A}^{-1} > \mathbf{0} \tag{19.30}$$

$$\mathbf{A} < \mathbf{0} \iff \mathbf{A}^{-1} < \mathbf{0}. \tag{19.31}$$

Eine quadratische Form (19.28) heißt *positiv definit unter der Restriktion Y*, wenn

$$Q(\mathbf{x}) > 0 \quad \forall \mathbf{x} \in Y - \{\mathbf{0}\}, \tag{19.32}$$

wobei

$$Y = \{\mathbf{x} | \mathbf{M}\mathbf{x} = \mathbf{0}\} \tag{19.33}$$

und die gegebene rechteckige Matrix $\mathbf{M} \in \mathbb{R}^{m \times n}$ mit $m < n$ vollen Rang hat. Die Eigenschaft (19.32) ist genau dann vorhanden, wenn alle Wurzeln des folgenden Polynoms $(n - m)$-ten Grades $p(\Lambda)$ reell und positiv sind

$$p(\Lambda) = \begin{vmatrix} \Lambda\mathbf{I} - \mathbf{A} & \mathbf{M}^T \\ \mathbf{M} & \mathbf{0} \end{vmatrix} = 0, \tag{19.34}$$

wobei $\mathbf{I}$ die Einheitsmatrix ist. Für die quadratische Form gilt unter der gleichen Restriktion Y auch $Q \geq 0$, $Q < 0$, $Q \leq 0$, genau wenn die Wurzeln des gleichen Polynoms reell und entsprechend nicht negativ, negativ, nicht positiv sind. Ist die Nebenbedingung Y nicht vorhanden, so entsprechen die Wurzeln des Polynoms aus (19.34) den Eigenwerten der Matrix $\mathbf{A}$, wodurch man das aus Tab. 19.1 bekannte Eigenwerte-Kriterium erhält. Ist eine Matrix $\mathbf{A}$ definit, so behält sie ihre Definitheit offensichtlich unter jeder Restriktion Y.

19.1.5 Transponieren und Invertieren von Matrizen

Für das Transponieren bzw. Invertieren eines Produktes von Matrizen geeigneter Dimensionen gilt

$$(\mathbf{AB}\ldots\mathbf{C})^T = \mathbf{C}^T\ldots\mathbf{B}^T\mathbf{A}^T \,. \tag{19.35}$$

Außerdem gilt für quadratische, invertierbare Matrizen (s. auch Übung 19.4)

$$(\mathbf{AB}\ldots\mathbf{C})^{-1} = \mathbf{C}^{-1}\ldots\mathbf{B}^{-1}\mathbf{A}^{-1} \tag{19.36}$$

$$(\mathbf{A}^{-1})^T = (\mathbf{A}^T)^{-1} \,. \tag{19.37}$$

Eine nützliche Beziehung bei der Inversion einer Summe von Matrizen liefert das nachfolgende *Matrixinversionslemma* für Matrizen geeigneter Dimensionen

$$(\mathbf{A} + \mathbf{BCD})^{-1} = \mathbf{A}^{-1} - \mathbf{A}^{-1}\mathbf{B}(\mathbf{DA}^{-1}\mathbf{B} + \mathbf{C}^{-1})^{-1}\mathbf{DA}^{-1} \,. \tag{19.38}$$

Einen Spezialfall des Matrixinversionslemmas stellt folgende Beziehung dar

$$(\mathbf{A} + \mathbf{uv}^T)^{-1} = \mathbf{A}^{-1} - \frac{\mathbf{A}^{-1}\mathbf{uv}^T\mathbf{A}^{-1}}{1 + \mathbf{v}^T\mathbf{A}^{-1}\mathbf{u}} \,. \tag{19.39}$$

19.1.6 Übungsaufgaben

19.1 Leiten Sie auf der Grundlage der Definitionen (19.10), (19.13), (19.14) die Formeln (19.15)–(19.27) aus Abschn. 19.1.3 ab. (Hinweis: Die Formeln (19.15), (19.16), (19.17) und (19.22) sollen elementar, d. h. durch Betrachtung der einzelnen Vektoren- und Matrizenelemente, abgeleitet werden. Die restlichen Formeln lassen sich dann aus den obigen Formeln in kurzer Vektor- und Matrixschreibweise ableiten.)

19.2 Wann ist eine diagonale Matrix positiv bzw. negativ definit und wann ist sie indefinit?

19.3 Beweisen Sie (19.30) und (19.31). Warum gilt diese Eigenschaft nicht für positiv bzw. negativ semidefinite Matrizen?

19.4 Beweisen Sie die Formeln (19.35), (19.36), (19.37). (Hinweis: Beweisen Sie bei (19.35), (19.36) die Formeln zunächst für zwei Matrizen.)

19.2 Mathematische Systemdarstellung

Bei den für die Belange dieses Buches interessierenden Systemen unterscheidet man gemäß Abb. 19.1 zunächst zwischen *Eingangsgrößen*, die von der Systemumgebung herrührend das Systemverhalten beeinflussen, und *Ausgangsgrößen*, die im System entstehen. Bei näherer Betrachtung unterteilen wir die Eingangsgrößen in steuerbare Eingangsgrößen oder *Steuergrößen* oder (eigentliche) Eingangsgrößen **u** und in nichtsteuerbare Eingangsgrößen oder *Störgrößen* **z**. Darüber hinaus werden die systeminternen Größen in *Zustandsgrößen* **x** und *(messbare) Ausgangsgrößen* **y** eingeteilt, s. Abb. 19.2.

Je nach Systemnatur unterscheiden wir zwischen statischen/dynamischen, linearen/nichtlinearen, deterministischen/stochastischen Systemen. Mathematische Berechnungen werden mittels eines geeigneten mathematischen Systemmodells ermöglicht. Wir bezeichnen Systeme mit *einer* Steuer- und *einer* Ausgangsgröße als *SISO-Systeme* (Single-Input-Single-Output) und Systeme mit *mehreren* Steuer- und *mehreren* Ausgangsgrößen als *MIMO-Systeme* (Multi-Input-Multi-Output).

19.2.1 Dynamische Systeme

Die mathematische Darstellung dynamischer Systeme lässt sich in einer zeitkontinuierlichen oder zeitdiskreten Umgebung durchführen. Wir beschränken uns hier auf dynamische Systeme mit konzentrierten Parametern.

19.2.1.1 Zeitkontinuierliche Systemdarstellung

Die hier interessierenden dynamischen Systeme lassen sich mittels folgender Gleichungen beschreiben

$$\text{Zustandsmodell:} \quad \dot{\mathbf{x}}(t) = \mathbf{f}(\mathbf{x}(t), \mathbf{u}(t), \mathbf{z}(t), t), \quad \mathbf{x}(t_0) = \mathbf{x}_0 \qquad (19.40)$$

$$\text{Ausgangsmodell:} \quad \mathbf{y}(t) = \mathbf{c}(\mathbf{x}(t), \mathbf{u}(t), \mathbf{z}(t), t) . \qquad (19.41)$$

Hierbei ist (19.40) die *Zustandsdifferentialgleichung* und (19.41) die *Ausgangsgleichung*. Das Zeitargument wird mit t bezeichnet.

Bei vorgegebenem Verlauf der Eingangsgrößen $\mathbf{u}(t), \mathbf{z}(t), t \in [t_0, t_e]$, und vorliegendem *Anfangszustand* $\mathbf{x}(t_0) = \mathbf{x}_0$ lassen sich $\mathbf{x}(t), \mathbf{y}(t), t \in [t_0, t_e]$ aus (19.40), (19.41) (unter

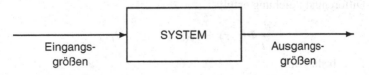

Abb. 19.1 Schema eines Systems

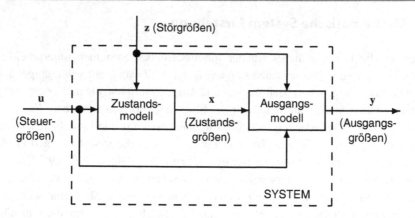

Abb. 19.2 Systemstruktur

bestimmten, bei praktischen Anwendungen meist erfüllten Voraussetzungen) mittels Integration eindeutig berechnen. Wir bezeichnen $(\mathbf{u}_S(t), \mathbf{z}_S(t), \mathbf{x}_S(t), \mathbf{y}_S(t);\ t_0 \leq t \leq t_e)$ als eine *Systemtrajektorie*, wenn sich hierdurch (19.40), (19.41) erfüllen lassen.

Im Spezialfall linearer Systeme sehen die Zustands- und Ausgangsgleichung folgendermaßen aus (das Zeitargument wird zur Einfachheit bei den Systemvariablen weggelassen)

$$\dot{\mathbf{x}} = \mathbf{A}(t)\mathbf{x} + \mathbf{B}(t)\mathbf{u} + \mathbf{F}(t)\mathbf{z}, \quad \mathbf{x}(t_0) = \mathbf{x}_0 . \tag{19.42}$$

$$\mathbf{y} = \mathbf{C}(t)\mathbf{x} + \mathbf{D}(t)\mathbf{u} + \mathbf{G}(t)\mathbf{z} . \tag{19.43}$$

Teilklassen linearer Systeme entstehen, wenn man einzelne Systemmatrizen zu Null setzt bzw. wenn man die Systemvariablen weiter unterteilt. Im Weiteren konzentrieren wir uns auf die Lösung der linearen zeitvarianten Differentialgleichung

$$\dot{\mathbf{x}} = \mathbf{A}(t)\mathbf{x} + \mathbf{B}(t)\mathbf{u}, \quad \mathbf{x}(t_0) = \mathbf{x}_0 \tag{19.44}$$

mit $\mathbf{x} \in \mathbb{R}^n$, $\mathbf{u} \in \mathbb{R}^m$ und mit der Voraussetzung, dass die Matrizen $\mathbf{A}(t) \in \mathbb{R}^{n \times n}$ und $\mathbf{B}(t) \in \mathbb{R}^{n \times m}$ stetige und beschränkte Funktionen sind. Für gegebenen Verlauf $\mathbf{u}(\tau), t_0 \leq \tau \leq t$, und gegebenen Anfangswert $\mathbf{x}_0$ lautet die eindeutige Lösung von (19.44)

$$\mathbf{x}(t) = \mathbf{\Phi}(t, t_0)\mathbf{x}_0 + \int_{t_0}^{t} \mathbf{\Phi}(t, \tau)\mathbf{B}(\tau)\mathbf{u}(\tau)\, d\tau , \tag{19.45}$$

wobei $\mathbf{\Phi}(t, \tau)$ als die *Transitionsmatrix* des linearen Systems bezeichnet wird, die folgende Matrix-Differentialgleichung erfüllt

$$\frac{d}{dt}\mathbf{\Phi}(t, \tau) = \mathbf{A}(t)\mathbf{\Phi}(t, \tau) \quad \forall t, \tau \tag{19.46}$$

mit der Anfangsbedingung

$$\mathbf{\Phi}(\tau, \tau) = \mathbf{I} \quad \forall \tau . \tag{19.47}$$

Diese Beziehungen können zur Berechnung von $\mathbf{x}(t)$ in (19.45) genutzt werden.

Beispiel 19.1 Im Rahmen von Beispiel 11.3 gilt es, folgende skalare, zeitvariante Differentialgleichung (11.61) zu lösen

$$\dot{\lambda} = -\sigma + \frac{1}{\sigma^3} - \frac{\lambda}{\sigma^2}, \quad \lambda(0) = \lambda_0$$

mit der Abkürzung $\sigma = \sqrt{x_0^2 - 2t}$. Im Sinne von (19.44) erhalten wir hierfür

$$A(t) = -\frac{1}{x_0^2 - 2t}, \quad B(t) = 1, \quad u(t) = -\sqrt{x_0^2 - 2t} + \frac{1}{(x_0^2 - 2t)^{\frac{3}{2}}}.$$

Mit (19.46) lautet die Differentialgleichung für den Transitionskoeffizienten $\Phi(t,\tau)$

$$\frac{d}{dt}\Phi(t,\tau) = -\frac{\Phi(t,\tau)}{x_0^2 - 2t} \iff \frac{d\Phi(t,\tau)}{\Phi(t,\tau)} = -\frac{dt}{x_0^2 - 2t},$$

so dass wir durch Integration folgende Lösung erhalten

$$\Phi(t,\tau) = c\sqrt{x_0^2 - 2t}$$

und mit der Anfangsbedingung $\Phi(\tau,\tau) = 1$ (vgl. (19.47)) schließlich auch

$$\Phi(t,\tau) = \frac{\sqrt{x_0^2 - 2t}}{\sqrt{x_0^2 - 2\tau}}.$$

Durch Einsetzen dieses Transitionskoeffizienten in (19.45) resultiert ferner

$$\lambda(t) = \sigma\left\{\frac{\lambda_0}{x_0} + \int_0^t -1 + \frac{1}{(x_0^2 - 2\tau)^2}d\tau\right\}$$

$$= \sigma\left(\frac{\lambda_0}{x_0} - t - \frac{1}{2x_0^2}\right) + \frac{1}{2\sigma},$$

was die gesuchte Lösung ist. □

Weitere Eigenschaften der Transitionsmatrix, die immer regulär ist, sind:

$$\Phi(\tau_1,\tau_2) = \Phi(\tau_1,\tau_3)\Phi(\tau_3,\tau_2) \quad \forall \tau_1,\tau_2,\tau_3 \tag{19.48}$$

$$\Phi(t,\tau) = \Phi(\tau,t)^{-1} \quad \forall \tau,t. \tag{19.49}$$

Wenn die Systemmatrix $\mathbf{A}$ zeitinvariant ist und ohne Einschränkung der Allgemeinheit $t_0 = 0$ angenommen wird, dann gilt

$$\Phi(t,t_0) = \Phi(t,0) \triangleq \Phi(t) = e^{\mathbf{A}t} = \sum_{k=0}^{\infty} \frac{\mathbf{A}^k}{k!}t^k \tag{19.50}$$

$$\Phi(t,\tau) \triangleq \Phi(t-\tau). \tag{19.51}$$

Für zeitinvariante $\mathbf{A}$ gilt offenbar

$$\mathbf{A}e^{\mathbf{A}t} = e^{\mathbf{A}t}\mathbf{A} . \tag{19.52}$$

Wir nennen ein dynamisches System (19.40) *frei*, wenn es keine Eingangs- bzw. Störgrößen beinhaltet. Ein freies dynamisches System mit $\mathbf{f}(\mathbf{x} = \mathbf{0}, t) = \mathbf{0}$ heißt *asymptotisch stabil* im Bereich $X_0(t_0)$, wenn für alle $\mathbf{x}(t_0) \in X_0(t_0)$ die Lösung von (19.40) zu $\lim_{t \to \infty} \mathbf{x}(t) \to \mathbf{0}$ führt. Ein lineares zeitinvariantes System ist asymptotisch stabil für alle $\mathbf{x}_0 \in \mathbb{R}^n$, genau wenn alle Eigenwerte der Matrix $\mathbf{A}$ negative Realteile aufweisen.

19.2.1.2 Zeitdiskrete Systemdarstellung

Die Modellgleichungen der hier interessierenden Systeme lauten im *zeitdiskreten Fall*

$$\text{Zustandsmodell:} \quad \mathbf{x}(k+1) = \mathbf{f}(\mathbf{x}(k), \, \mathbf{u}(k), \, \mathbf{z}(k), k), \quad \mathbf{x}(k_0) = \mathbf{x}_0 \tag{19.53}$$

$$\text{Ausgangsmodell:} \quad \mathbf{y}(k) = \mathbf{c}(\mathbf{x}(k), \, \mathbf{u}(k), \, \mathbf{z}(k), k) , \tag{19.54}$$

wobei $k = k_0, k_0 + 1, \ldots$ den diskreten Zeitindex darstellt. Für alle beteiligten Variablen gilt die Konvention $\circ(k) = \circ(kT)$, wobei T das zugrundeliegende *Zeitintervall* (Abtastzeit) kennzeichnet. Gleichung (19.53) ist die *Zustandsdifferenzengleichung* und (19.54) ist die zeitdiskrete *Ausgangsgleichung*.

Bei vorgegebenem Verlauf der Eingangsgrößen $\mathbf{u}(k)$, $\mathbf{z}(k)$, $k \in [k_0, K]$, und vorliegendem Anfangszustand $\mathbf{x}(k_0) = \mathbf{x}(0)$ lassen sich $\mathbf{x}(k+1)$, $\mathbf{y}(k)$, $k \in [k_0, K]$, mittels (19.53), (19.54) eindeutig berechnen.

Im Spezialfall linearer Systeme erhält man anstelle von (19.53) und (19.54)

$$\mathbf{x}(k+1) = \mathbf{A}(k)\mathbf{x}(k) + \mathbf{B}(k)\mathbf{u}(k) + \mathbf{F}(k)\mathbf{z}(k), \quad \mathbf{x}(k_0) = \mathbf{x}_0 \tag{19.55}$$

$$\mathbf{y}(k) = \mathbf{C}(k)\mathbf{x}(k) + \mathbf{D}(k)\mathbf{u}(k) + \mathbf{G}(k)\mathbf{z}(k) . \tag{19.56}$$

Im Weiteren wollen wir (19.55) betrachten und $\mathbf{z}(k) = \mathbf{0}$ voraussetzen (bzw. $\mathbf{z}(k)$ mit $\mathbf{u}(k)$ zusammenfassen). Für gegebenen Verlauf $\mathbf{u}(\kappa)$, $k_0 \leq \kappa \leq K$ und gegebenen Anfangswert $\mathbf{x}_0$ lautet dann die eindeutige Lösung von (19.55)

$$\mathbf{x}(k) = \mathbf{\Phi}(k, k_0)\mathbf{x}_0 + \sum_{\kappa=k_0}^{k-1} \mathbf{\Phi}(k, \kappa + 1)\mathbf{B}(\kappa)\mathbf{u}(\kappa) , \tag{19.57}$$

wobei die *zeitdiskrete Transitionsmatrix* $\mathbf{\Phi}(k, \kappa)$ folgende Matrix-Differenzengleichung erfüllt

$$\mathbf{\Phi}(k+1, \kappa) = \mathbf{A}(k)\mathbf{\Phi}(k, \kappa) \quad \forall k, \kappa . \tag{19.58}$$

Darüber hinaus gelten

$$\mathbf{\Phi}(k, k) = \mathbf{I} \tag{19.59}$$

$$\mathbf{\Phi}(k, \kappa) = \prod_{i=\kappa}^{k-1} \mathbf{A}(i) . \tag{19.60}$$

Auch die zeitdiskrete Transitionsmatrix hat die Eigenschaften

$$\Phi(k_1, k_2) = \Phi(k_1, k_3)\Phi(k_3, k_2) \quad \forall k_1, k_2, k_3 \tag{19.61}$$

$$\Phi(k_1, k_2) = \Phi(k_2, k_1)^{-1} \quad \forall k_1, k_2 . \tag{19.62}$$

Wenn **A** zeitinvariant ist, so gilt

$$\Phi(k, \kappa) = \mathbf{A}^{k-\kappa} . \tag{19.63}$$

Ein zeitdiskretes, lineares zeitinvariantes System ist *asymptotisch stabil*, genau wenn alle (möglicherweise komplexen) Eigenwerte Λ_i der Matrix **A** im Einheitskreis liegen, d. h.

$$\sqrt{\mathrm{Re}(\Lambda_i)^2 + \mathrm{Im}(\Lambda_i)^2} < 1 . \tag{19.64}$$

Bei zeitdiskreten SISO-Systemen (mit $\mathbf{z}(k) = \mathbf{0}$) können (19.55), (19.56) auch wie folgt ausgedrückt werden

$$y(k) = a_1 u(k - 1) + \cdots + a_m u(k - m) + b_1 y(k - 1) + \cdots + b_n y(k - n) , \quad (19.65)$$

wodurch eine alternative Beschreibungsgleichung für das System entsteht. Hierbei können die Parameter $a_1, \ldots, a_m, b_1, \ldots, b_n$ von (19.65) auf der Grundlage der Systembeschreibung (19.55), (19.56) geeignet berechnet werden.

Steuerbarkeit und Beobachtbarkeit

Ein zeitinvariantes, zeitkontinuierliches oder zeitdiskretes, lineares System heißt *steuerbar*, wenn jeder beliebige Anfangszustand in jeden beliebigen Endzustand in endlicher Zeit überführt werden kann. In mathematischen Bedingungen ausgedrückt heißt ein zeitinvariantes lineares System bzw. ein Matrizenpaar [**A**, **B**] (vollständig) steuerbar, wenn die rechteckige Matrix

$$[\ \mathbf{B} \quad \mathbf{AB} \quad \mathbf{A}^2\mathbf{B} \quad \ldots \quad \mathbf{A}^{n-1}\mathbf{B} \ ] \tag{19.66}$$

vollen Rang ($= n$) hat.

Ein zeitinvariantes, zeitkontinuierliches oder zeitdiskretes, lineares System heißt *beobachtbar*, wenn sein Zustand aus Ausgangsmessungen über endliche Zeit eindeutig festgelegt werden kann. In mathematischen Bedingungen ausgedrückt heißt ein zeitinvariantes lineares System bzw. ein Matrizenpaar [**A**, **C**] (vollständig) beobachtbar, wenn die rechteckige Matrix

$$[\ \mathbf{C}^T \quad \mathbf{A}^T\mathbf{C}^T \quad (\mathbf{A}^T)^2\mathbf{C}^T \quad \ldots \quad (\mathbf{A}^T)^{n-1}\mathbf{C}^T \ ] \tag{19.67}$$

vollen Rang ($= n$) hat.

19.2.2 Statische Systeme

Für bestimmte Anwendungen spielt der dynamische Teil des Systems in Anbetracht langer
Zeithorizonte und zeitinvarianter Dynamik eine untergeordnete Rolle. In solchen Fällen
lässt sich durch $\dot{\mathbf{x}} = \mathbf{0}$ in (19.40) bzw. $\mathbf{x}(k + 1) = \mathbf{x}(k)$ in (19.53) eine statische (oder
stationäre) Modellversion angeben

$$\text{Zustandsmodell:}\quad \mathbf{g}(\mathbf{x}, \mathbf{u}, \mathbf{z}) = \mathbf{0} \tag{19.68}$$

$$\text{Ausgangsmodell:}\quad \mathbf{y} = \mathbf{c}(\mathbf{x}, \mathbf{u}, \mathbf{z})\ . \tag{19.69}$$

Bei vorgegebenen Eingangsgrößen $\mathbf{u}, \mathbf{z}$ lässt sich das nichtlineare Gleichungssystem
(19.68), (19.69) analytisch oder numerisch nach $\mathbf{x}$ und $\mathbf{y}$ auflösen, wobei die Lösung im
allgemeinen nichtlinearen Fall auch mehrdeutig sein kann. Eine Lösung $(\tilde{\mathbf{x}}, \tilde{\mathbf{u}}, \tilde{\mathbf{z}}, \tilde{\mathbf{y}})$ der
statischen Version eines dynamischen Modells heißt *Ruhelage* des dynamischen Modells.

19.3 Grundbegriffe der Wahrscheinlichkeitstheorie

19.3.1 Wahrscheinlichkeit

Wir betrachten ein wiederholt (unter gleichen Bedingungen) durchführbares Experiment
mit Experimentausgang $\omega \in \Omega$, wobei Ω die Menge aller möglichen Experimentausgän-
ge darstellt. Ferner betrachten wir eine Ansammlung F von Untermengen von Ω, die als
Ereignisse bezeichnet werden, und die folgende Eigenschaften aufweisen:

(i) $\Omega \in F$.
(ii) Wenn $A \in F$, dann $\Omega - A \in F$.
(iii) Wenn $A_1, \ldots, A_n \in F$, dann $\bigcup\limits_{i=1}^{n} A_i \in F$ und $\bigcap\limits_{i=1}^{n} A_i \in F$.
(iv) Eigenschaft (iii) gilt auch für $n \to \infty$.

Nun weisen wir mittels einer Funktion $W(A)$ jedem Ereignis $A \in F$ eine reelle Zahl zu,
die die *Wahrscheinlichkeit* des Ereignisses A bezeichnet wird, und die folgende Eigenschaften aufweist:

(a) $W(A) \geq 0$.
(b) $W(\Omega) = 1$.
(c) Wenn $A_i \cap A_j = \{\}, i \neq j, i,\ j = 1, \ldots, n$, dann

$$W(A_1 \cup A_2 \cup \ldots \cup A_n) = W(A_1) + W(A_2) + \ldots + W(A_n)\ .$$

(d) Eigenschaft (c) gilt auch für $n \to \infty$.

Beispiel 19.2 In dem Fall eines idealen Würfels gilt $\Omega = \{1, 2, 3, 4, 5, 6\}$. Folgende Ansammlung von Mengen ist eine Ereignisansammlung, da sie die Eigenschaften (i) bis (iv) aufweist.

$$F_1 = \{\text{gerade Zahlen, ungerade Zahlen}, \{\}, \Omega\}$$

mit

$$W(\text{gerade Zahlen}) = W(\text{ungerade Zahlen}) = \frac{1}{2}, \quad W(\Omega) = 1, \quad W(\{\}) = 0.$$

Jedoch ist die Ansammlung

$$F_2 = \{\{1, 3, 5\}, \{2, 4, 6\}, \{\}, \Omega, \{1\}\}$$

keine Ereignisansammlung, da sie mit

$$\{1\} \cup \{2, 4, 6\} = \{1, 2, 4, 6\} \notin F_2$$

die Eigenschaft (iii) verletzt.   □

19.3.2 Zufallsvariablen

Eine reellwertige, beschränkte Funktion $X(\cdot)$ mit Definitionsbereich Ω wird als eine *stochastische Variable* oder *Zufallsvariable* bezeichnet, wenn für jede reelle Zahl x die Menge

$$\{\omega \in \Omega \mid X(\omega) \leq x\}$$

ein Ereignis aus der Ansammlung F darstellt. Anschaulicher betrachtet wird also mittels $X(\cdot)$ jeder Experimentausgang ω durch eine reelle Zahl ausgedrückt. Beim idealen Würfel ist eine naheliegende Festlegung $X(i) = i, i = 1, \ldots, 6$. Im Rahmen der Abschn. 19.3.2, 19.3.3 werden wir zwischen der stochastischen Variable X und den Werten x (Realisierungen), die diese annimmt, durch jeweils Groß- und Kleinbuchstaben unterscheiden, um das Verständnis der Grundbegriffe zu erleichtern. In Abschn. 19.3.4 und im Hauptteil des Buches werden wir diese Unterscheidung fallen lassen und es wird aus dem jeweiligen Kontext ersichtlich sein, ob von der Zufallsvariable oder von ihrer Realisierung die Rede ist.

Die Funktion

$$P(x) = W(X \leq x) \tag{19.70}$$

wird als *Verteilungsfunktion* der Zufallsvariable X bezeichnet. Es ist unschwer zu zeigen, dass $P(x)$ eine monoton steigende Funktion ist, und dass

$$\lim_{x \to -\infty} P(x) = 0, \quad \lim_{x \to \infty} P(x) = 1 \tag{19.71}$$

gelten. Die Verteilungsfunktion $P(x)$ beschreibt vollständig die Eigenschaften der Zufallsvariable X.

Wenn Ω abzählbar viele Elemente aufweist, dann ist X eine *diskrete Zufallsvariable* mit

$$X \in \{x_1, x_2, \ldots, x_n\} .$$

Die Wahrscheinlichkeitsverteilung von X ist in diesem Fall durch entsprechende diskrete Wahrscheinlichkeitswerte

$$p_i(x_i) = W(X = x_i), \quad i = 1, \ldots, n$$

vollständig charakterisiert.

Wenn $P(x)$ eine stetige Funktion mit endlich vielen Ecken ist, dann ist X eine *kontinuierliche Zufallsvariable*. In diesem Fall kann die *(Wahrscheinlichkeits-) Dichtefunktion* $f(x)$ wie folgt definiert werden

$$f(x) = \frac{dP(x)}{dx} . \tag{19.72}$$

Da $P(x)$ monoton steigend ist, gilt $f(x) \geq 0$. Ferner gelten die Beziehungen

$$W(\xi \leq X \leq \zeta) = \int_{\xi}^{\zeta} f(x)\,dx \tag{19.73}$$

$$W(-\infty \leq X \leq \infty) = \int_{-\infty}^{\infty} f(x)\,dx = 1 . \tag{19.74}$$

Eine im Intervall $[x_{min}, x_{max}]$ *gleichförmig verteilte* Zufallsvariable hat eine Verteilungsfunktion

$$P(x) = \begin{cases} 0 & \text{für} \quad x \leq x_{min} \\ \frac{x - x_{min}}{x_{max} - x_{min}} & \text{für} \quad x_{min} \leq x \leq x_{max} \\ 1 & \text{für} \quad x \geq x_{max} \end{cases} \tag{19.75}$$

und folglich eine Dichtefunktion

$$f(x) = \begin{cases} 0 & \text{für} \quad x < x_{min} \quad \text{oder} \quad x > x_{max} \\ \frac{1}{x_{max} - x_{min}} & \text{für} \quad x_{min} \leq x \leq x_{max} . \end{cases} \tag{19.76}$$

Der *Erwartungswert* einer Funktion $g(\cdot)$ einer Zufallsvariable X mit Dichtefunktion $f(x)$ ist wie folgt definiert

$$E\{g(\mathrm{X})\} = \int_{-\infty}^{\infty} g(x) f(x)\,dx . \tag{19.77}$$

Als Spezialfälle können hiermit der *Mittelwert* (oder erstes Moment) der Zufallsvariable

$$m = E\{X\} = \int_{-\infty}^{\infty} x f(x)\,dx = \int_{-\infty}^{\infty} x\,dP(x) \tag{19.78}$$

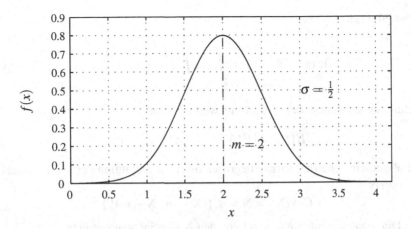

Abb. 19.3 Gaußförmige Dichtefunktion

sowie deren *Varianz* (oder zweites Moment)

$$\sigma^2 = E\{(X - m)^2\} = \int\limits_{-\infty}^{\infty} (x - m)^2 f(x)\, dx \qquad (19.79)$$

definiert werden. Der Wert σ wird als *Standardabweichung* bezeichnet.

Von besonderer Bedeutung sind *gauß*- oder *normal*verteilte Zufallsvariablen mit der Dichtefunktion

$$f(x) = \frac{1}{\sqrt{2\pi}\sigma} \exp\left(-\frac{1}{2}\left(\frac{x - m}{\sigma}\right)^2\right), \qquad (19.80)$$

wobei m, σ Mittelwert und Standardabweichung der Zufallsvariable sind, wie durch Einsatz von (19.78), (19.79) leicht festgestellt werden kann. Die grafische Darstellung von (19.80) weist die bekannte gaußsche Glockenform auf, s. Abb. 19.3.

Somit werden gaußverteilte Zufallsvariablen durch ihre ersten zwei Momente vollständig charakterisiert.

Die bisher eingeführten Begriffe können nun auf einen Verbund von Zufallsvariablen $X_1, \ldots, X_n$ erweitert werden, die den gleichen Definitionsbereich Ω aufweisen. Mit $\mathbf{X} = [X_1 \ldots X_n]^T$ definieren wir die (*Verbunds-*) *Verteilungsfunktion*

$$P(x_1, \ldots, x_n) = P(\mathbf{x}) = W(\mathbf{X} \leq \mathbf{x}) \qquad (19.81)$$

und die (*Verbundswahrscheinlichkeits-*) *Dichtefunktion*

$$f(x_1, \ldots, x_n) = f(\mathbf{x}) = \frac{\partial^n P(\mathbf{x})}{\partial x_1 \ldots \partial x_n}. \qquad (19.82)$$

Ist man an der Verbunds-Verteilungsfunktion $P(x_1, \ldots, x_m)$ von nur $m < n$ Zufallsvariablen interessiert, so gilt als unmittelbare Konsequenz der Definition (19.81)

$$P(x_1, \ldots, x_m) = P(x_1, \ldots, x_m, \infty, \ldots, \infty). \qquad (19.83)$$

Offenbar gilt (vgl. (19.73))

$$W(\boldsymbol{\xi} \leq \mathbf{X} \leq \boldsymbol{\zeta}) = \int\limits_{\xi_1}^{\zeta_1} \cdots \int\limits_{\xi_n}^{\zeta_n} f(\mathbf{x})\, dx_n \cdots dx_1 \,. \tag{19.84}$$

Wir definieren sinngemäß den Erwartungswert (-vektor)

$$E\{\mathbf{X}\} = [E\{X_1\} \ldots E\{X_n\}]^T = \mathbf{m}\,. \tag{19.85}$$

Die Verallgemeinerung des Varianzbegriffes führt zur Definition der symmetrischen *Kovarianzmatrix*

$$\mathrm{Cov}(\mathbf{X}) = \mathbf{N} = E\{(\mathbf{X}-\mathbf{m})(\mathbf{X}-\mathbf{m})^T\} \tag{19.86}$$

mit den Diagonalelementen $N_{ii} = \sigma_i^2$ und den Außerdiagonalelementen

$$N_{ji} = N_{ij} = E\{(X_i - m_i)(X_j - m_j)\}$$
$$= \int\limits_{-\infty}^{\infty} \int\limits_{-\infty}^{\infty} (x_i - m_i)(x_j - m_j) f(x_i, x_j)\, dx_i dx_j \,. \tag{19.87}$$

N_{ij} wird als die *Kovarianz* von X_i und X_j bezeichnet.

Die Verallgemeinerung der gaußförmigen Verteilung im mehrdimensionalen Fall liefert anstelle von (19.80)

$$f(\mathbf{x}) = \frac{1}{\sqrt{2\pi \det(\mathbf{N})}} \exp\left(-\frac{1}{2}(\mathbf{x}-\mathbf{m})^T \mathbf{N}^{-1} (\mathbf{x}-\mathbf{m})\right)\,. \tag{19.88}$$

Zwei Zufallsvariablen X_1, X_2 heißen *unabhängig*, wenn

$$f(x_1, x_2) = f(x_1) f(x_2)\,. \tag{19.89}$$

Zwei Zufallsvariablen X_1, X_2 heißen *unkorreliert*, wenn

$$E\{X_1 X_2\} = E\{X_1\} E\{X_2\}\,, \tag{19.90}$$

und für die Kovarianz folgt $N_{12} = 0$. Wenn zwei Zufallsvariablen unabhängig sind, dann sind beide auch unkorreliert. Aus der Tatsache, dass zwei Zufallsvariablen unkorreliert sind, kann aber im Allgemeinen nicht gefolgert werden, dass beide unabhängig sind.

19.3.3 Bedingte Wahrscheinlichkeit

Die *bedingte Wahrscheinlichkeit* eines Ereignisses A, wenn ein Ereignis B eingetroffen ist, ist wie folgt definiert

$$W(A \mid B) = \frac{W(A \cap B)}{W(B)}, \quad W(B) > 0\,. \tag{19.91}$$

Entsprechend gilt für die *bedingte Verteilungsfunktion* für zwei Verbundsvariablen X, Y

$$P(x \mid y) = P(x \mid Y = y) = W(X \le x \mid Y = y) . \tag{19.92}$$

Die *bedingte Dichtefunktion* für zwei Verbundsvariablen X, Y lautet

$$f(x \mid y) = f(x \mid Y = y) = \frac{f(x, y)}{f(y)}, \quad f(y) > 0 . \tag{19.93}$$

In Anbetracht von (19.89) erhalten wir für unabhängige Variablen

$$f(x \mid y) = f(x) . \tag{19.94}$$

Es ist unschwer, anhand von (19.93) zu zeigen, dass folgende *Regel von Bayes* allgemein gilt

$$f(x \mid y) = \frac{f(y \mid x) f(x)}{f(y)}, \quad f(y) > 0 . \tag{19.95}$$

Für den *bedingten Erwartungswert* einer Funktion $g(\cdot)$ einer Zufallsvariable X gilt

$$E\{g(X) \mid y\} = \int_{-\infty}^{\infty} g(x) f(x \mid y)\, dx . \tag{19.96}$$

19.3.4 Stochastische Prozesse

Wenn sich eine Zufallsvariable $\mathbf{x}$ zeitlich entwickelt, dann sprechen wir von einem *stochastischen Prozess*, der zeitdiskret $\mathbf{x}(k)$ oder zeitkontinuierlich $\mathbf{x}(t)$ sein kann. Für stochastische Prozesse definieren wir den *Mittelwert*

$$\bar{\mathbf{x}}(t) = E\{\mathbf{x}(t)\} \quad \text{bzw.} \quad \bar{\mathbf{x}}(k) = E\{\mathbf{x}(k)\} \tag{19.97}$$

und die *(Kreuz-) Kovarianzmatrix*

$$\mathbf{C}(t, \tau) = E\{(\mathbf{x}(t) - \bar{\mathbf{x}}(t))(\mathbf{x}(\tau) - \bar{\mathbf{x}}(\tau))^T\} \tag{19.98}$$

bzw.

$$\mathbf{C}(k, \kappa) = E\{(\mathbf{x}(k) - \bar{\mathbf{x}}(k))(\mathbf{x}(\kappa) - \bar{\mathbf{x}}(\kappa))^T\} . \tag{19.99}$$

Gilt $\bar{\mathbf{x}}(t) = 0 \ \forall t$ bzw. $\bar{\mathbf{x}}(k) = 0 \ \forall k$, so heißt der stochastische Prozess *mittelwertfrei*.

Ein stochastischer Prozess heißt *stationär*, wenn seine statistischen Eigenschaften zeitunabhängig sind. Ein stochastischer Prozess heißt *gaußverteilt* oder *normalverteilt*, wenn die Verteilung der zugrundeliegenden Zufallsvariablen in deren zeitlichen Entwicklung gaußförmig ist. Die stochastischen Eigenschaften eines gaußverteilten Prozesses lassen sich durch Mittelwert und Kovarianzmatrix eindeutig charakterisieren.

Ein stochastischer Prozess heißt *weiß* oder *weißes Rauschen*, wenn $\mathbf{x}(t)$ bzw. $\mathbf{x}(k)$ unabhängig von allen früheren $\mathbf{x}(\tau)$ bzw. $\mathbf{x}(\kappa)$, $\tau < t$ bzw. $\kappa < k$ sind. Die statistischen Eigenschaften eines zeitdiskreten, gaußschen, weißen stochastischen Prozesses lassen sich durch Mittelwert $\overline{\mathbf{x}}(k) = E\{\mathbf{x}(k)\}$ und Kovarianzmatrix

$$E\{(\mathbf{x}(k) - \overline{\mathbf{x}}(k))(\mathbf{x}(\kappa) - \overline{\mathbf{x}}(\kappa))^T\} = \mathbf{Q}(k)\delta_{k\kappa} \tag{19.100}$$

vollständig charakterisieren. Hierbei wird durch

$$\delta_{k\kappa} = \begin{cases} 1 & \text{für} \quad k = \kappa \\ 0 & \text{für} \quad k \neq \kappa \end{cases} \tag{19.101}$$

die Unabhängigkeit von $\mathbf{x}(k)$ und $\mathbf{x}(\kappa)$, $k \neq \kappa$ (weißes Rauschen) zum Ausdruck gebracht. Wenn bei Verringerung der Zeitschrittweite T die „Signalstärke" zu jedem Zeitpunkt konstant erhalten wird, dann bekommt man im Grenzfall $T \to 0$ einen zeitkontinuierlichen, gaußschen, weißen stochastischen Prozess mit Mittelwert

$$\overline{\mathbf{x}}(t) = E\{\mathbf{x}(t)\} \tag{19.102}$$

und Kovarianzmatrix

$$E\{(\mathbf{x}(t) - \overline{\mathbf{x}}(t))(\mathbf{x}(\tau) - \overline{\mathbf{x}}(\tau))^T\} = \mathbf{Q}(t)\delta(t - \tau), \tag{19.103}$$

wobei $\delta(\cdot)$ den Dirac-Impuls darstellt. Bei stationären Prozessen sind $\overline{\mathbf{x}}$ und $\mathbf{Q}$ zeitunabhängig.

Sachverzeichnis

A

Abbruchkriterium, **42**
ableitungsfreie Verfahren, **56**
absolutes Minimum, *siehe* globales Minimum
Abstiegsrichtung, 41, **42**
    dynamische Optimierung, 399
achsenparallele Suche, 57
action selection, 455
active-set-Verfahren, 112
actor-critic-Verfahren, 451
adjungierte Variable, 209
Anfahren eines Prozesses, 391
Anfangswertproblem
    Einschrittverfahren, 392
    explizite Verfahren, 392
    implizite Verfahren, 392
    Mehrschrittverfahren, 392
    numerische Lösung, 391
    Runge-Kutta-Verfahren, 392
    Schrittweitensteuerung, 392
    steif, 393
approximate dynamic programming (ADP), **450**
Arbeitspunkt, 336
Armijo-Verfahren, **44**
asymptotische Stabilität, 302, 351, 522, 523
    des Kalman-Bucy-Filters, 475
    des Kalman-Filters, 483
    des LQG-Reglers, 505, 509
    des LQ-Reglers, 303
augmented Lagrangian, 107
Ausgangsgleichung, 519
    zeitdiskret, 522
Ausgangsgröße, 313, 519
Ausgangsmatrix, 313
ausreichende Statistik, 462

autonomes Fahrzeug, 446, 463

B

Bananenfunktion, 68
bang-bang Steuerung, 267
Barriere-Parameter, 119
Barriere-Verfahren, 106
Basismatrix, 156
Basisvariablen, 155
Bayes, Regel von, 529
Bellman, R. E., 357, 407
Bellman-Gleichung, 452
Bellmansche Rekursionsformel
    stochastisch, 441
Beobachtbarkeit, **523**
Beobachter, 470
Bernoulli Jacques, 187, 201
Bernoulli Jean, 187, 201
BFGS-Formel, 49
bipartiter Graph, 179
Boltzmann-Konstante, 61
Bolza-Form, 207
Brachystochrone, 201, 233
Bucy, R. S., 469

C

Caratheodory, C., 242, 376
Cayley, A., 517
central path, 118
Cholesky-Zerlegung, 48
cliff walking, 455
cost-to-go, 440
curve fitting, 145

D

de l'Hospital Marquis, 201
dead-beat-Regelung, 352

© Springer-Verlag Berlin Heidelberg 2015
M. Papageorgiou, M. Leibold, M. Buss, *Optimierung*, DOI 10.1007/978-3-662-46936-1

DFP-Formel, 49
Dichtefunktion, 526
    bedingte, 529
    gaußverteilt, 527
    gleichförmig, 526
    normalverteilt, 527
    Verbunds-, 527
Dido, 4
Differentialspiel, 181
diskrete Optimierung, 12, **177**
Drei-Punkt-Randwert-Problem, 226
duale Funktion, 95
Dualitätslücke, 95
dünnbesetzt, 388
dynamische Programmierung, **357**
    differentielle diskrete, 372
    diskret, **367**
    kombinatorische Probleme, **359**
    lineare Interpolation, 369
    stochastisch, **433**
        diskret, **443**
        LQ-Regler, 456
        unvollständige Information, **459**
        zeitdiskret, **440**
        zeitinvariant, **446**

E
Echtzeit, 7
Ecke, 195, 208
Eigenwerte-Kriterium, 517
Einfachschießen, **417**
Eingangsgröße, 519
Eingrenzungsphase, **25**
Ein-Punkt-Randwert-Problem, 298
Ein-Schritt-Prädiktion, 478
Einsetzverfahren, 73
elastic mode, 117
Endbedingung, 192, 207
Endzeitterm, 191
energieoptimale Steuerung, 222, 276
Entscheidungsvariable, 11
Ereignis, 524
Ernährungsproblem, 168
erwartungstreue Schätzung, 469
Erwartungswert, 526
    bedingter, 529
erweitertes Kalman-Filter, **488**
Euler, L., 187

Euler-Lagrangesche Differentialgleichung, 190,
    192
Euler-Verfahren
    explizit, 392
evolutionäre Algorithmen, **62**
exact value iteration, 453
Expertensystem, 2
Extremale, 190

F
Filterung, **469**
Fletcher-Reeves Formel, 51
Fluch der Dimensionalität, 371
Folgeregelung, **323**
forward-backward-sweep, 390, 398
Funktional, 186
    Erwartungswert, 433
    Minimierung, **185**
        allgemeine Endbedingung, **192**
        feste Endzeit, **187**
        freie Endzeit, **191**
        GNB an internen Punkten, 194
        unter GNB, **199**, **203**

G
ganzzahlige Optimierung, 12
Gauß, C. F., 133
Gauß-Newton-Verfahren, 148
Gauß-Seidel-Verfahren, 57
genetische Algorithmen, 62
    elitistische, 62
    Individuen, 62
    Kreuzpunkt, 63
    Maß der Anspassung, 62
    Mutation, 63
    Rekombination, 63
    Selektion, 62
    verteilte, 63
Gewissheits-Äquivalenz-Prinzip, 458, 463
gewöhnliche Differentialgleichungen
    numerische Lösung, 391
Glättung, 469
gleichförmige Verteilung, 526
Gleichungsnebenbedingungen (GNB), 11, 73
    dynamische Optimierung, 199
    j-ter Ordnung, 257
globales Minimum, 13, 14, 17, 39, 42, 60, 95,
    102, 153, 361, 364
    eindeutig, 13, 17

Globalisierung, 47
Goldener-Schnitt-Verfahren, **30**
Gradient, 514
   numerische Berechnung, 56
Gradientenverfahren, **45**
   indirekt, **398**
Graphentheorie, 177
greedy, 455
Gütefunktion, 2
   einer Variable, **21**
   mehrerer Variablen, **37**
   reduziert, 74
   unter GNB, **73**
   unter UNB und GNB, **84**
   Vektor, 173
Gütefunktional, *siehe* Funktional
Gütefunktion
   unter Nebenbedingungen, **73**
Gütefunktional
   Bolza-Form, 207
   Mayer-Form, 207

H
hängende Kette, 203
Hamilton, W.R., 209
Hamilton-Funktion, 209, 244
   erweiterte, 244
   Optimalitätsbedingungen, **253**
   zeitdiskret, 345
Hamilton-Jacobi-Bellman-Gleichung, **374**
Heron aus Alexandrien, 121
Hessesche Matrix, 515
Hilbertraum, 185
hinreichende Negativität, 52
Holland, J.H.,, 62
hybride dynamische Systeme, 231
Hyperkugel, 46
Hypothesen-Test, 460

I
Iarbas, 4
indirekte Verfahren, **393**
Informationsmenge, 468, 478
Informationsvektor, 459
Innere-Punkte-Verfahren
   lineare Probleme, 160
   nichtlineare Probleme, **117**
Integrationsnebenbedingungen, **223**
interior-point method, 117

interne GNB, 194
interner Zeitpunkt, 194
Interpolation
   kubisch, 28
   quadratisch, 26
Interpolations-Verfahren, **26**
Inversionslemma, 518
Investitionsplanung, 165
Isochronen, 272
Isokosten, 40
isoperimetrische Probleme, 203, 225

J
Jacobische Matrix, 515

K
Kalman, R. E., 295, 469, 499
Kalman-Bucy-Filter
   Korrekturterm, 470
   korrelierte Störungen, **476**
   Rückführmatrix, 470
   zeitinvariant, **473**
Kalman-Filter
   erweitert, **488**
   korrelierte Störungen, **484**
   unscented, **491**
   zeitdiskret, **478**
   zeitinvariant, **483**
Kalman-Ungleichung, 309
kanonische Differentialgleichungen, 209, 245
kanonische Differenzengleichungen, 345
Karthago, 4
Karush, W., 84
kleinste Quadrate, **133**
   adaptiv, **141**
   gewichtet, **137**
   mehrdimensional, 141
   nichtlinear, **147**
   rekursiv, **138**, 486
   unter GNB, **136**
Knotenfärbung, 177
Köln, 4
Kollokationsverfahren, **419**
kombinatorische Optimierung, 12, **177**
Kondition, 46
Konditionierung, 57
konjugierte Gradienten, **51**
   dynamische Optimierung, 401
   skaliert, 56

konkave Funktion, 15
    strikt konkav, 15
Kontraktionsfaktor, 30
konvexe Funktion, 14
    strikt konvex, 15
konvexe Menge, 14
konvexes Optimierungsproblem, 16
    strikt konvex, 16
Koordinaten-Verfahren, **57**
Koppelgleichung, 210, 246
    zeitdiskret, 345
korrelierte Störungen, 476, 484
Kostenfunktion, 2
Kostenvektor, 156
    reduziert, 156
Kovarianz, 528
Kovarianzmatrix, 528, 529
    Kreuz-, 529
Kozustand, 209
    zeitdiskret, 345
Kozustandsdifferentialgleichungen, 209
Kozustandsdifferenzengleichungen, 345
künstlichen Variable, Verfahren der, 160
kürzeste Bahn, 178, 361
Kuhn-Tucker-Bedingungen, 87
Kuhn-Tucker-Multiplikatoren, 87, 246, 344

L
längste Bahn, 162
Lagerhaltungsproblem, 437
Lagrange, J. L., 187
Lagrange-Funktion, 76, 87
    erweiterte, 107
Lagrange-Funktional, 199
Lagrange-Multiplikator, 76, 344
Lagrange-Multiplikatorfunktion, 200, 254
large-scale problems, 50
Legendresche Bedingung, **195**, 201, 210
Leibniz, G. W., 2, 201
lineare Programmierung, **153**
    entarteter Fall, 159
    Initialisierungsphase, **160**
    Standardform, 153
Linearisierung, 295, **336**
Liniensuche, 41, **43**
    Armijo-Verfahren, **44**
    exakt, **43**
lokales Minimum, 13
    hinreichende Bedingungen, 22, 39

notwendige Bedingungen 1. Ordnung, 22,
    38
notwendige Bedingungen 2. Ordnung, 22,
    39
    striktes, 13
    unter GNB, **74**
    unter UNB und GNB, **86**
LQG-Optimierung, **499**
    zeitdiskret, **506**
    zeitkontinuierlich, **499**
LQG-Regler, 499
    zeitinvariant, 508
LQI-Regler, **328**
    stationäre Genauigkeit, **330**
LQ-Optimierung, **295**, 379
    stochastisch, **456**
    zeitdiskret, **348**
LQ-Regler, 298
    Entwurf, **307**
    interne Straftermen, 340
    minimale Stabilitätsreserve, **310**
    mit Integralrückführung, **328**
    Robustheit, **309**
    stationäre Genauigkeit, **328**
    stochastisch, 458
    Störgrößenreduktion, **317**
    zeitdiskret, 349
    zeitinvariant, **302**
    zeitminimal, 286

M
Maratos-Effekt, 117
Markov-Kette, 439
Matrix, **513**
    Definitheit, 517
    Definitheit unter Restriktionen, 517
    Differentiationsregeln, **515**
    Eigenwerte, 514
    Invertieren, **518**
    Spur, 514
    Transponieren, **518**
Maximalstromproblem, **166**
Mayer-Form, 207
Mehrfachschießen, **423**
Mehrgrößenregler, 295, 307, 314
    dynamisch, 502, 508
    zeitdiskret, 348
Mehrgrößensysteme, 331
mehrstufige Entscheidungsprobleme, 359

Merit-Funktion, 116
MIMO-Systeme, 519
Minimalgerüst, 179
Minimum-Prinzip, **241**
   Beispiele, **266**
   Erweiterungen, **254**
   UNB der Zustandsgrößen, **257**
Min-Max-Problem, 95, 180
Mittelwert, 526, 529
model predictive control, 451
modellprädiktive Regelung, 451
MPC, 451
Multiplikatoren-Penalty-Funktion, **107**

N
neighboring extremals, 397
Nelder-Mead-Verfahren, **58**
Netzplan, 162
Netzplantechnik, **162**, 178
neuro-dynamic programming, 450
neuronales Netz, 145
Newton, I., 201
Newton-Verfahren, **46**
   dynamische Optimierung, 400
   gedämpft, **47**
   globalisiert, 47
   inexakt, 50
   modifiziert, 47
Nichtbasismatrix, 156
Nichtbasisvariablen, 155
nichtglatte Optimierung, 12
nichtlineare Programmierung, 11
   numerische Verfahren, **103**
non-parametric approximator, 451
Normalität, 200, 209, 245
Nulltrajektorie, 270

O
off-line, 7
on-line, 7
optimale Filter, **467**
optimale Regelung, **214**, 361
optimale Reglerparameter, **63**
   unter Beschränkungen, **96**
optimale Steuerung, **207**, 214
   diskontinuierliche Zustandsgleichungen, **228**
   globales Minimum, 370
   interne GNB, **225**

   notwendige Bedingungen, **208**
   numerische Verfahren, **387**
   statisch, **83**
   zeitdiskrete Systeme, **343**
optimales Regelgesetz, 214
   Verifizierung, 378
   zeitdiskret, 349
Optimalitätsprinzip, 357
Optimierungsvariable, 11

P
Parameteroptimierung, **412**
Parameterschätzung, **144**
   dynamischer Systeme, **146**
   statischer Systeme, **144**
   stochastischer Systeme, 489
parametric approximator, 451
Pareto optimaler Bereich, 173
particle filter, 488
Pattern-Search-Verfahren, 57
Penalty-Funktion
   exakt, 106
Penalty-Terme, 103
Penalty-Verfahren, **103**
periodische optimale Steuerung, **280**
Phasenrand, 97
Polak-Ribière Formel, 51
policy iteration, 451
Polyoptimierungsproblem, 173
Pontryagin, L. S., 245, 357
Prädiktion, 469
primal-duale Innere-Punkte-Verfahren für
   lineare Probleme, 160
primal-duales System, 119
Produktionsplanung, 164, 167
projizierter Gradient, 404
Pseudoinverse, 135, 137
   rechte, 136

Q
Q-Funktion, 453
Q-Iteration, 451
Q-Learning, 451
QP-Verfahren, **111**
quadratische Form, **516**
   Definitheit, 517
   Definitheit unter Restriktionen, 517
Qualifikationsbedingung, 84
Quasi-Newton-Verfahren, **49**

dynamische Optimierung, 401
skaliert, 56

R
Randbedingungen, **211**
   feste Endzeit, **211**
   freie Endzeit, **213**
reduzierte Gütefunktion, 74, 156
reduzierter Gradient, **80**
   statisch, **80**
Regelfläche, 64
Regelkreisentwurf
   im Frequenzbereich, 96
   im Zeitbereich, 99
regulärer Punkt, 73
reinforcement learning, 450
relatives Minimum, *siehe* lokales Minimum
Restart, 52
   periodisch, 52
Riccati-Differentialgleichung, 297
   Kalman-Bucy-Filter, 470
Riccati-Gleichung, 501
   stationär, 303
Riccati-Matrix, 297
   zeitdiskret, 349, 507
Robustheit, 100, 308, 309, 505
rollender Zeithorizont, 142, 471
Rosenbrock, 68
Rückführmatrix, 298
   zeitdiskret, 349
   zeitinvariant, 303
Ruhelage, 327, 336, 524

S
Sattelpunkt, 38, 108
Sattelpunkt-Bedingung, **94**, 102
Schätzfehler, 470
schaltende Steuerung, 267
Schaltkurve, 270
Schießverfahren
   direkt, **417**
   indirekt, **395**, **423**
Schlupffunktion, 204, 242
Schlupfvariable, 85, 154
schwaches Minimum, 186
   notwendige Bedingungen, 189, 192, 195
Seifenblasenprobleme, 203
Separations-Prinzip, 500
Simplex, 58

Simplexiteration, 159
Simplex-Methode, **155**
   Tableau-Version, 159
Simplex-Verfahren von Nelder und Mead, *siehe*
      Nelder-Mead-Verfahren
simulated annealing, 61
simuliertes Ausglühen, 61
singuläre optimale Steuerung, **261**
singuläres Problem, 261
singulärer Lösungsanteil, 261
SISO-Systeme, 519
Skalarprodukt im Hilbertraum, 400
Skalierung, **54**
   on-line, 55
Skalierungsmatrix, 54
slack variables, 85
sparse, 50, 388
Spieler, 180
Spieltheorie, 180
SQP-Verfahren, **113**
Stabilitätsreserve, **310**
Standardabweichung, 527
starkes Minimum, 196
   notwendige Bedingungen, **195**
Startpunkt, 41
   zulässig, 105
Starttrajektorie, 399
stationärer Punkt, 38
Stationaritätsbedingung, 38
statische Optimierung, **11**
steilster Abstieg, **45**
   dynamische Optimierung, 400
   skaliert, 55
Steuerbarkeit, **523**
Steuergröße, 519
Steuermatrix, 295
Steuerziel, 207
stochastic shortest path Problem, 452
stochastische LQ-Optimierung, **456**
stochastische Verfahren, **60**
stochastischer Prozess, **529**
   gaußverteilt, 529
   mittelwertfrei, 529
   normalverteilt, 529
   stationär, 529
   weiß, 530
Störgröße, 519
Störgrößenaufschaltung, 318, 320
Störgrößenmatrix, 328

Störgrößenmodell, 322, 436
stückweise stetig, 195
stützende Hyperebene, 16
Suchrichtung, 41
    dynamische Optimierung, 399
Sylvester, J.J., 517
Sylvester-Kriterium, 517
Synthese-Problem, 214
System, **519**
    dynamisch, zeitdiskret, **522**
    dynamisch, zeitkontinuierlich, **519**
    linear, 520, 522
    statisch, **524**
Systemmatrix, 295
Systemtrajektorie, 324, 520

T
Terminplanung, 162
Torschlussproblem, 438, 441
Totzeit, 98, 100, 210, 347
Transitionsmatrix, 396, 520
    zeitdiskret, 522
Transportproblem, **163**
Transversalitätsbedingung, 190, 192, 246
    für Endzustand, 210
Transversalitätsbedingung
    für Endzeit, 210
Trust-Region-Verfahren, **52**

U
Überschwingweite, 100
Überwachung, 467
UKF, 491
Ungleichungsnebenbedingungen (UNB), 11, 84
    aktiv, 84
    dynamische Optimierung, 203
    gerade aktiv, 88
    inaktiv, 84
    j-ter Ordnung, 258
    strikt aktiv, 88
unimodale Funktion, 25
unscented Kalman-Filter, **491**
unscented transformation, 492

V
value iteration, 451
Variable-Metrik-Verfahren, *siehe*
    Quasi-Newton-Verfahren
Varianz, 527

Variation
    erste, 22, 188
    zulässige, 74, 187
    zweite, 22, 195
Variationsrechnung, **185**, 187
    Fundamentallemma, 188
Vektor, **513**
    Betrag, 514
    Differentiationsregeln, **515**
    Länge, 514
    quadratische Norm, 513
Vektorfunktion, **173**, 515
verallgemeinerte Inverse, *siehe* Pseudoinverse
verbrauchsoptimale Steuerung, **275**
Veredelungsproblem, 168
Verfolgungs-Ausweich-Problem, 181
Vergesslichkeitsfaktor, 142, 471
Verteilungsfunktion, 525
    bedingte, 529
    Verbunds-, 527
V-Funktion, 363, 440, 453
Vorwärtssteuerung, 325

W
Wahrscheinlichkeit, **524**
    bedingte, **528**
Wahrscheinlichkeitstheorie, **524**
Weierstraß, K., 23
Weierstraß-Bedingung, 198, 201, 211
Weierstraß-Erdmann-Eckbedingungen, 196,
    200, 211
weißes Rauschen, 530
Wolfe-Powell-Bedingungen, 45

Z
zeit-/verbrauchsoptimale Steuerung, 276
zeitdiskrete Optimierungsprobleme
    sequentieller Ansatz, 389
    simultaner Ansatz, 388
zeitoptimale Steuerung, **266**
zentraler Pfad, 118
Zufallsvariable, **525**
    diskret, 526
    kontinuierlich, 526
    unabhängig, 528
    unkorreliert, 528
zulässige Basislösung, 156
zulässige Richtung, Verfahren
    freie Endzeit, 405

zulässiger Bereich, 12
zulässiger Punkt, 12
zulässiger Steuerbereich, 242
zulässiger Zustandsbereich, 362
Zuordnungsproblem, 179
Zustandsdifferentialgleichung, 519
Zustandsgleichung, 519
    zeitdiskret, 522
Zustandsgröße, 519
Zustandsschätzung, 467
    lineare, zeitdiskrete, **477**

lineare, zeitkontinuierliche, **467**
nichtlineare, **487**, **488**
statisch, 134, **484**
statisch, adaptiv, **486**
und Parameterschätzung, **489**
Zwei-Personen-Spiel, 180
Zwei-Punkt-Randwert-Problem (ZPRWP), 190,
    210, 246
    mit Koppelgleichungen, 410
    zeitdiskret, 346
Zykloid, 203

Printed in the United States
By Bookmasters